中等卫生职业教育创新教材

供中等职业教育护理、药剂、中医、医学检验技术、康复技术、口腔修复工艺、医学影像技术等专业使用

正常人体学基础

（第5版）

主　编　王之一　覃庆河

副主编　吴炳锐　姚　红　申贤淑

编　者　（按姓氏汉语拼音排序）

莫智明（来宾市卫生学校）

覃庆河（桂东卫生学校）

申贤淑（黑龙江省林业卫生学校）

王之一（吕梁市卫生学校）

吴炳锐（广西医科大学附设玉林卫生学校）

薛文兵（吕梁市卫生学校）

杨丽芳（桂东卫生学校）

杨全凤（本溪市卫生学校）

杨再青（酒泉卫生学校）

姚　红（淮南卫生学校）

张春华（朝阳市卫生学校）

赵国志（通化医药健康职业学校）

科学出版社

北　京

内 容 简 介

本书是中等卫生职业教育创新教材中的一本。全书共15章，系统介绍了正常人体各主要器官的位置、形态、结构及生理功能和人体各系统功能的调节，以及几种生命物质的功能及其主要代谢过程，将解剖学、组织学、胚胎学、生理学和生物化学有机地融为一体。本书具有医学-人文融合、基础-临床融合的特点，内容严谨、言简意赅、重点突出、图文并茂，教师易教、学生易学，是一本符合教育部最新教学标准要求的、蕴涵着创新理念的新型实用教材。

本书可供中等职业教育护理、药剂、中医、医学检验技术、康复技术、口腔修复工艺、医学影像技术等专业学生使用。

图书在版编目（CIP）数据

正常人体学基础 / 王之一，覃庆河主编 .—5版 .—北京：科学出版社，2022.6

中等卫生职业教育创新教材

ISBN 978-7-03-070493-1

Ⅰ.正… Ⅱ.①王… ②覃… Ⅲ.人体科学–中等专业学校–教材 Ⅳ.Q98

中国版本图书馆CIP数据核字（2021）第225895号

责任编辑：池 静 / 责任校对：杨 赛

责任印制：霍 兵 / 封面设计：涿州锦晖

科学出版社 出版

北京东黄城根北街16号

邮政编码:100717

http://www.sciencep.com

北京中科印刷有限公司印刷

科学出版社发行 各地新华书店经销

*

2003年8月第 一 版 开本：850×1168 1/16

2022年6月第 五 版 印张：23

2024年8月第三十三次印刷 字数：492 000

定价：99.80元

（如有印装质量问题，我社负责调换）

前　言

党的二十大报告指出“人民健康是民族昌盛和国家强盛的重要标志。把保障人民健康放在优先发展的战略位置，完善人民健康促进政策。”贯彻落实党的二十大决策部署，积极推动健康事业发展，离不开人才队伍建设。“培养造就大批德才兼备的高素质人才，是国家和民族长远发展大计。”教材是教学内容的重要载体，是教学的重要依据、培养人才的重要保障。本次教材修订旨在贯彻党的二十大报告精神，坚持为党育人、为国育才。

为贯彻党中央、国务院关于加强和改进新形势下职业教育教材建设的意见，进一步落实《国家职业教育改革实施方案》《职业院校教材管理办法》等文件精神，实现卫生职业院校教育教学改革优质成果更快传播，编者在深入调研的基础上，正式启动了对《正常人体学基础》的修订工作。

为了努力编写出适合我国中等卫生职业教育特点的高质量教材，服务于健康中国的国家战略。本教材按照继承与发展的原则，着重从以下几方面进行了编写：①将落实立德树人根本任务，发展素质教育的战略部署要求贯穿教材编写全过程，注重加强职业素质教育，在教材内容中渗透医学人文的温度与情怀，着力培养学生敬佑生命、救死扶伤、甘于奉献、大爱无疆的医者精神，体现了教材的时代性和人文性。②坚持工学结合、知行合一，适度介绍本学科的前沿知识，适当增加了与临床密切相关的内容，使学生了解学科发展，启迪其创新思维。③把握与相关学科的有机联系和内容的协调统一，调整和优化了部分章节的内容，体现科学性和适用性。④适度融入了内涵丰富的文化元素，医者仁心、案例、链接等模块穿插其中，既拓宽了学生的自学空间，又激发了学生的学习兴趣。⑤注重基础理论与临床实践相结合，依据国家护士执业资格考试大纲，全面优化和充实了自测题，突出实用性。⑥为了进一步提升教材的质量，紧跟图谱化教科书的发展趋势，本次编写进一步扩充了彩图，风格统一，细致精美，增加了教材的易读性。⑦增加了数字资源，形成了纸质教材 + 数字资源全方位、多视角、立体化的融合。

在本书编写过程中参考了国内多种教材，各位编者对编写中的问题也做了多次讨论，力求精益求精，但由于知识水平和编写能力所限，若存在不妥之处，敬请同仁批评指正。

编　者

2023 年 7 月

配 套 资 源

欢迎登录“中科云教育”平台，免费数字化课程等你来！

“中科云教育”平台数字化课程登录路径

电脑端

- 第一步：打开网址 http://www.coursegate.cn/short/E0B6P.action
- 第二步：注册、登录
- 第三步：点击上方导航栏“课程”，在右侧搜索栏搜索对应课程，开始学习

手机端

- 第一步：打开微信“扫一扫”，扫描下方二维码

- 第二步：注册、登录
- 第三步：用微信扫描上方二维码，进入课程，开始学习

PPT 课件：请在数字化课程各章节里下载！

目　　录

第1章 绪论

一、概述

（一）正常人体学基础的分科和任务

1. 正常人体学基础的分科　正常人体学基础是研究正常人体的形态结构、物质组成、生命活动规律、新陈代谢和发生发育规律的科学。正常人体学基础以人体各系统的形态、结构和功能为主线，将系统解剖学、组织学、胚胎学、生理学和生物化学有机地融为一体进行研究和学习。

（1）系统解剖学（systematic anatomy）：是按照人体的器官功能系统阐述正常人体器官形态结构的科学。

（2）组织学（histology）：是研究机体微细结构及其相关功能的科学，包括细胞、组织、器官和系统。微细结构是指在显微镜下才能清晰观察到的结构，显微镜有光学显微镜（简称光镜）和电子显微镜（简称电镜）之分，故微细结构也有光镜结构与电镜结构之别。

（3）胚胎学（embryology）：是研究从受精卵发育为新生个体的过程及其机制的科学。

（4）生理学（physiology）：是研究生物体生命活动及其功能活动规律的一门科学。生物体即机体，是自然界中一切有生命物体的总称。**人体生理学**（human physiology）是研究人体功能活动及其规律的科学。通常把人体生理学简称为**生理学**。构成人体的各系统、器官、组织、细胞等所具有的功能活动称为**生命活动**，如肌肉收缩、血液循环、腺体分泌、呼吸、食物的消化与吸收、大脑的思维活动等。

（5）生物化学（biochemistry），即生命的化学：是研究生物体内化学分子与化学反应的科学，从分子水平探讨生命现象的本质。主要研究生物体分子结构与功能、新陈代谢与调节，以及遗传信息传递的分子基础与调控规律。

2. 正常人体学基础的任务　阐明人体各系统的组成，各主要器官的位置、形态结构，以及机体各组成部分在正常状态下所表现出的各种生命活动、产生机制、物质代谢，内外环境变化的影响及机体为适应环境变化和维持生命活动所作出的相应调节，简要介绍人胚早期发育，从而揭示生命活动的规律，为防治疾病、增进人类健康提供理论依据。正常人体学基础是学习其他基础医学与临床护理学的先修课和必修课。

（二）人体的分部和器官系统

1. 人体的分部　人体从外形上可分为头、颈、躯干和四肢4部分。其中，头部包括后上方的颅部和前下方的面部，颈部包括前方的颈部和后方的项部，躯干部包括胸部、腹部、背部和盆会阴部。四肢包括上肢和下肢，上肢分为肩、臂、前臂和手，下肢分为臀、大腿、小

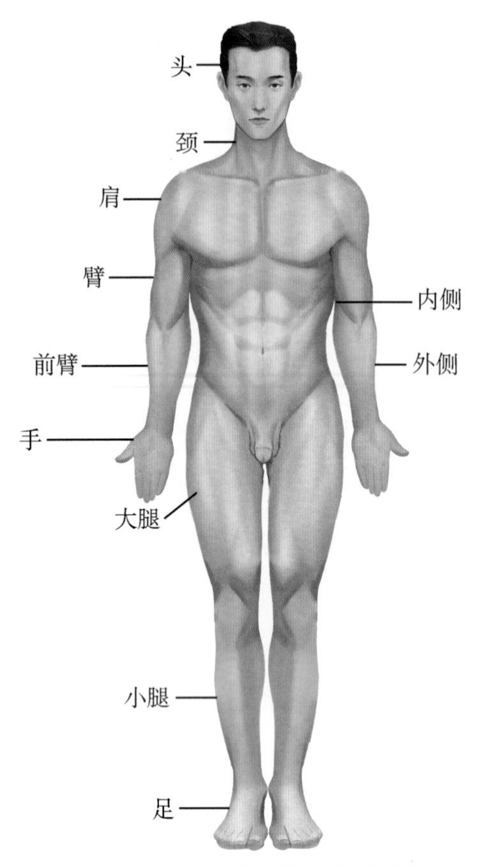

图 1-1 解剖学姿势及方位术语

腿和足（图 1-1）。

2. 器官系统　**细胞**（cell）是构成人体的基本结构和功能单位，是组织和器官的结构基础。在细胞之间有一些非细胞形态的物质，称为**细胞外基质**。细胞外基质由细胞产生，参与构成细胞生存的微环境，起支持、联系、营养和保护细胞的作用。许多形态相似、功能相关的细胞，与细胞外基质形成的细胞群，称为**组织**（tissue）。一般将其分为上皮组织、结缔组织、肌组织和神经组织 4 种，统称为基本组织。

几种不同的组织，构成具有一定形态，完成特定功能的**器官**（organ），如心、肝、脾、肺、肾等。许多结构相似、功能相关的器官联合在一起构成**系统**（system）。组成人体的有九大系统，即**运动系统**、**消化系统**、**呼吸系统**、**泌尿系统**、**生殖系统**、**循环系统**、**感觉器**、**神经系统**和**内分泌系统**。解剖学上，将位于胸腔、腹腔和盆腔内的消化、呼吸、泌尿和生殖系统的器官，称为**内脏**（viscera），各内脏借一定的孔道直接或间接与外界相交通。

考点 人体的基本组织和九大系统

（三）解剖学术语

解剖学基本术语是正确描述人体器官的位置关系和形态结构的依据。

1. 解剖学姿势　又称标准姿势，是指身体直立，两眼平视，上肢下垂，下肢并拢，手掌和足尖向前（图 1-1）。无论人体处于何位、标本或模型以何种方位放置，均应按解剖学姿势描述方位。

2. 方位术语　按照解剖学姿势，又规定了一些表示方位的术语：①**上和下**，近头者为上，近足者为下；②**前和后**，近腹侧者为前，近背侧者为后；③**内侧和外侧**，近正中矢状面者为内侧，远者为外侧；④**内和外**，凡为空腔器官，近内腔者为内，远者为外；⑤**浅和深**，是描述与皮肤表面相对距离关系的术语，近皮肤者为浅，远离皮肤而距人体内部中心近者为深；⑥**近侧和远侧**，在四肢，距肢体附着部较近者为近侧，较远者为远侧。

考点 解剖学姿势和方位术语

3. 人体的轴和面

（1）轴：是叙述关节运动时常用的术语，依据解剖学姿势，人体可设置相互垂直的 3 种轴（图 1-2）。①**垂直轴**，为上下方向并与地平面垂直的轴；②**矢状轴**，为前后方向垂直于垂直轴的轴；③**冠状轴**，又称额状轴，为左右方向垂直于上述两轴的轴。

（2）面：依据上述 3 种轴，可设置出人体相互垂直的 3 种面。①**矢状面**，为前后方向，将人体纵切为左、右两部分的断面。通过人体正中的矢状面称为**正中矢状面**，它将人体分为左右对等的两半。②**冠状面**，又称额状面，为左右方向，将人体纵切为前、后两部分的断面。③**水平面**，又称横切面，为与垂直轴垂直，将人体分为上、下两部分的断面。但在描述器官的切面时，常以器官自身的长轴为准。与其长轴平行的切面为**纵切面**，与其长轴垂直的切面则为**横切面**。

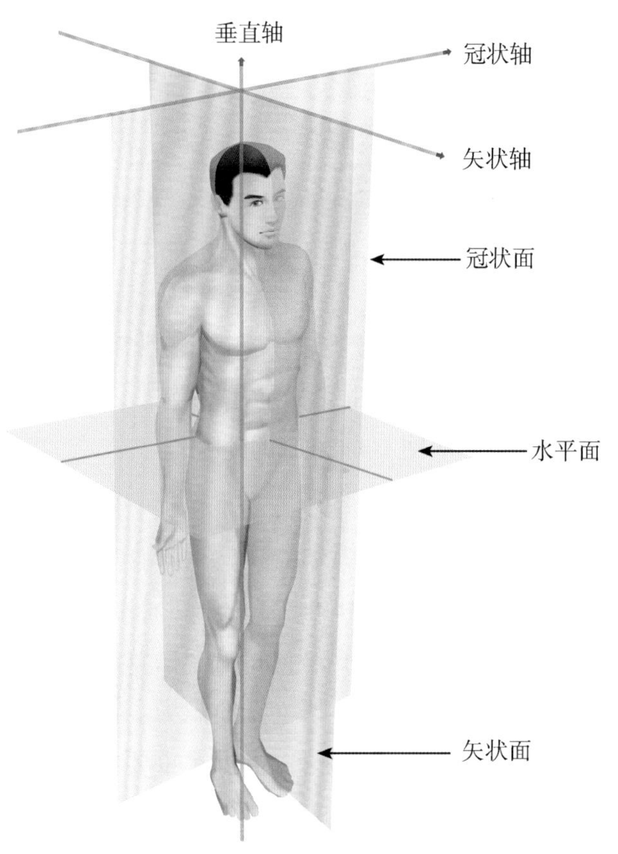

图 1-2 人体的轴和面

4. 胸部的标志线和腹部的分区 为了正确描述胸、腹腔内各器官的位置及其体表投影，通常在胸、腹部体表确定若干标志线和划分一些区域，这对于临床检查和诊断具有重要意义。

（1）胸部的标志线（图 1-3）：①**前正中线**，沿身体前面正中所作的垂直线；②**胸骨线**，沿胸骨最宽处的外侧缘所作的垂直线；③**锁骨中线**，经锁骨中点所作的垂直线；④**胸骨旁线**，经胸骨线与锁骨中线之间连线的中点所作的垂直线；⑤**腋前线**，沿腋前襞所作的垂直线；⑥**腋后线**，沿腋后襞所作的垂直线；⑦**腋中线**，经腋前线与腋后线之间连线的中点所作的垂直线；⑧**肩胛线**，经肩胛骨下角所作的垂直线；⑨**后正中线**，沿身体后面正中即沿各椎骨棘突所作的垂直线。

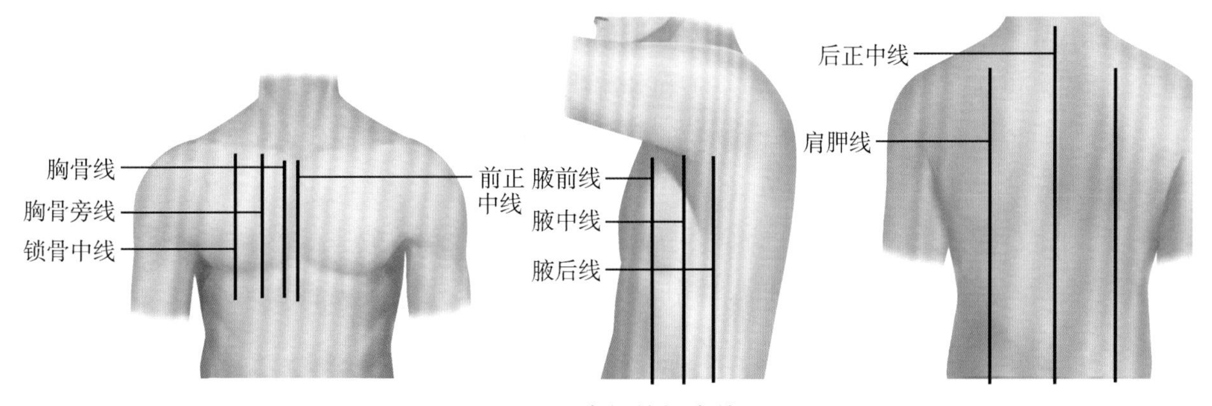

图 1-3 胸部的标志线

（2）腹部的分区（图 1-4）：为了便于描述腹腔器官的位置，可将腹部分成若干区域。临床上常用的简便方法是通过脐各作一水平面和矢状面，将腹部分为左上腹、右上腹、左下腹和右下腹 4 个区。而解剖学上常用的是九区分法，即通过两侧肋弓最低点（第 10 肋最低点）所作的肋下平面和通过两侧髂结节所作的结节间平面将腹部分为上腹部、中腹部和下腹部，再由两侧腹股沟韧带中点所作的两个矢状面，将腹部分为九个区域：上腹部的腹上区和左、右季肋区，中腹部的脐区和左、右外侧（腰）区，下腹部的腹下（耻）区和左、右髂（腹股沟）区。

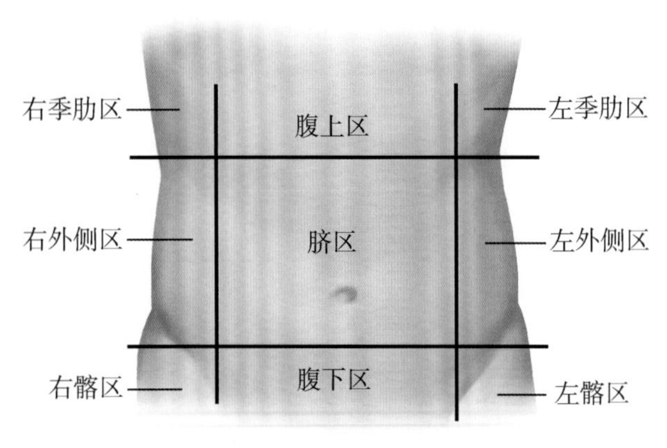

图 1-4 腹部的分区

（四）学习正常人体学基础的方法和感恩教育

正常人体学基础是一门实践性很强的形态功能学科，内容丰富、结构复杂、名词繁多、功能各异。因此，在学习的过程中，既要重视基本理论的学习，又要注重理论联系实际、形态联系功能、基础联系临床、标本联系活体。在理解的基础上记忆，以辩证唯物主义的观点为指导，坚持进化发展的观点、形态与功能相联系的观点、局部与整体相统一的观点、理论与实际相结合的观点去学习。逐步建立从细胞到组织、从组织到器官、从器官到系统、从局部到整体的概念，用整体的、动态的观点去全面正确地认识和理解人体的形态结构及功能活动。

需要特别注意的是，每一名医学生必须要尊重和爱护每一件解剖标本，感恩无偿捐献遗体的每一位“无言良师”，他们为了医学事业的发展和进步、解剖学的教学与科研，奉献出了宝贵的遗体，为医学生提供了重要的学习素材，他们是每一名医学生应该发自内心真正尊重和敬畏的“无言良师”。

二、生命活动的基本特征

人们通过对各种生物体基本生命活动的长期观察研究，发现人类生命活动的基本特征主要包括新陈代谢、兴奋性、适应性和生殖。

（一）新陈代谢

新陈代谢（metabolism）是指生物体通过与周围环境不断进行物质和能量交换而实现自我更新的过程，包括合成代谢（同化作用）和分解代谢（异化作用）两个方面。在新陈代谢过程中，既有物质合成，又有物质分解。物质的合成与分解，亦称为**物质代谢**。伴随物质代谢而产生的能量的释放、储存、转化和利用的过程，称为**能量代谢**。物质代谢和能量代谢是新陈代谢过程中同时进行、互为依存的两个方面。新陈代谢是生命活动的最基本特征，机体的一切生命活动都是在新陈代谢的基础上实现的，新陈代谢一旦停止，生命活动也将结束。

（二）兴奋性

机体或组织对刺激产生反应的能力或特性，称为**兴奋性**（excitability）。机体的各种组织中，神经、肌肉和腺体的兴奋性最高。

1. 刺激　引起机体或组织发生反应的各种环境条件变化，称为**刺激**。刺激的种类有很多种，按其发挥作用的性质不同，可分为物理性刺激（如电、声、光、冷热）、化学性刺激（如药物、酸、碱）、生物性刺激（如细菌、病毒）、精神性刺激（如某些含有特定内容的语言、文字、图片）四大类。

2. 反应　机体或组织接受刺激后所发生的一切变化，称为**反应**。反应有两种基本形式，即兴奋或抑制。机体或组织接受刺激后，由安静状态转变为活动状态或活动由弱变强，称为**兴奋**；反之，机体或组织接受刺激后，由活动状态转变为安静状态或活动由强变弱，称为**抑**

制。刺激引起机体或组织产生的反应是兴奋还是抑制，取决于刺激的性质、强度以及机体当时的功能状态。如人在饥饿时，对食物的反应就表现为兴奋；而在饱食时，对食物的反应通常则表现为抑制。

3. 衡量兴奋性的指标 刺激有强弱或大小的差别，凡能引起组织发生反应的最小刺激强度，称为**阈强度**或阈值。小于阈强度的刺激，称为**阈下刺激**；大于阈强度的刺激，称为**阈上刺激**，故生理学常用阈值作为衡量组织兴奋性高低的指标。阈值与兴奋性呈反变关系，阈值越小，说明组织兴奋性越高；阈值越大，说明组织兴奋性越低。

考点 新陈代谢、兴奋性和阈值的概念

（三）适应性

人类在长期进化的过程中，已逐步建立了一套通过自我调节以适应生存环境改变需要的反应方式。机体按环境变化调整自身生理功能和心理活动的过程称为**适应**。机体能根据内外环境的变化调整体内各种活动，以适应变化的能力称为**适应性**（adaptability）。适应可分为生理性适应和行为性适应两种。如长期居住在高原地区的人，其血液中红细胞数和血红蛋白含量比居住在平原地区的人要高，以适应高原缺氧的生存需要，这属于生理性适应；寒冷时人们通过添衣和取暖活动来抵抗严寒，这是行为性适应。

（四）生殖

生物体保持种系延续的生理过程，称为**生殖**（reproduction），是生物体生命活动的基本特征之一。

三、内环境及其稳态

人体直接接触的外界环境，称为**外环境**，包括自然环境和社会环境。外环境是不断变化的，如环境中的温度、阳光、空气等。人体通过适应性的变化与外环境达到协调统一。

人体内的液体总称为体液，分为分布在细胞内的细胞内液和分布在细胞外的细胞外液两大类。细胞外液（主要包括组织液、血浆和淋巴）是体内细胞直接生存的体内环境，称为**内环境**。内环境是细胞直接接触和赖以生存的环境。外环境可以有很大变化而内环境则是相对稳定的。例如，外环境温度可由零下几十度变化到零上几十度，但人体的体温是相对稳定的，始终维持在37℃左右。1859年法国生理学家伯尔纳首先指出只有保持内环境的相对稳定，复杂的多细胞动物才能生存，强调了保持内环境相对稳定的意义。

内环境的各种化学成分和理化性质（如温度、酸碱度、渗透压和各种液体成分等）保持相对恒定的状态，称为内环境的稳态，简称**稳态**。稳态实际上是一种动态平衡，一方面受外环境变化和新陈代谢的影响，不可避免地遭受干扰和破坏；另一方面机体通过不断调整各器官、组织的生理活动来恢复和维持稳态。如天气变冷，机体散热增加会使体温下降，人体可以通过减少皮肤血流、增添衣服来减少散热，同时提高骨骼肌肌紧张以增加产热，维持体温的相对稳定。如果内环境的理化条件发生重大变化，超过机体自身调节维持稳态的能力，则机体的正常生理功能将会受到严重影响，疾病就会随之发生，甚至危及生命。在这种情况下，往往需要通过适当的药物或其他医疗手段来帮助机体恢复内环境的平衡。

考点 内环境和稳态的概念

四、人体生理功能的调节

人体有一整套调节机制，它能根据体内、外环境的变化来调整和节制机体各部分的活动，使机体内部以及机体与环境之间达到平衡统一，这一生理过程称为调节。

（一）人体生理功能的调节方式

人体对各种功能活动的调节方式有 3 种，即神经调节、体液调节和自身调节。

1. 神经调节　是指通过神经系统的活动对机体功能进行的调节，神经调节的基本方式是反射。**反射**是指在中枢神经系统的参与下，机体对内、外环境刺激所做出的规律性应答。例如，某肢体受到伤害刺激时，该肢体立即缩回就是一种反射。反射活动的结构基础是**反射弧**，由感受器、传入（感觉）神经、神经中枢、传出（运动）神经、效应器 5 个部分组成（图 1-5）。效应器是应答刺激的反应器官，包括骨骼肌、平滑肌、心肌和腺体，其反应是肌肉的收缩或腺体的分泌等。每一种反射，都有一个完整的反射弧，故一定的刺激便引起一定的反射活动。反射弧中的任何一个环节被破坏，都将使相应的反射消失，故临床上常用检查反射的方法来协助诊断神经系统的疾病。

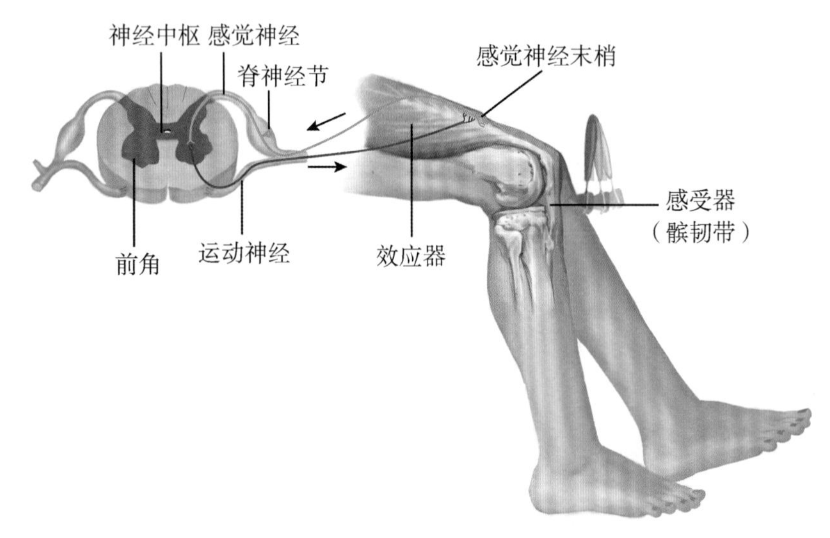

图 1-5　反射弧组成示意图

考点　反射的概念和反射弧的组成

反射的种类很多，按其形成过程和条件的不同，可分为非条件反射和条件反射两类（表 1-1）。

表 1-1　非条件反射与条件反射的比较

项目	非条件反射	条件反射
形成	先天遗传，种族共有	后天获得，个体特有
反射弧	固定而简单	易变而复杂
中枢部位	皮质下中枢	大脑皮质
数量	有限	无限
意义	维持生存、适应环境变化	灵活适应环境变化

形成条件反射的基本条件是无关刺激与非条件刺激在时间上的结合，此过程称为**强化**。任何刺激通过强化后，都可成为条件刺激而建立条件反射，因而条件反射数量无限。初建立的条件反射尚不巩固，容易消退，经过多次强化后，就可以巩固下来。人们的学习过程就是条件反射建立的过程，要想获得巩固的知识，就要不断地复习强化。

2. 体液调节　是指体内激素等特殊化学物质通过体液途径而影响生理功能的一种调节方式。**激素**（hormone）是由内分泌腺或内分泌细胞分泌的具有传递调节信息功能的高效能生物活性物质，是参与体液调节的主要化学物质。体液调节可分为全身性体液调节和局部性体液调节两类（表1-2）。

表1-2　体液调节

项目	全身性体液调节	局部性体液调节
化学物质	多为激素	多为组织细胞的代谢产物（如 CO_2、H^+、乳酸）
调节途径	血液运输	组织液局部扩散
调节对象	全身的组织细胞	邻近细胞
意义	体液调节的主要方式	体液调节的辅助方式

人体内多数内分泌腺或内分泌细胞接受神经的支配，在这种情况下，体液调节便成为神经调节反射弧的传出部分，这种调节称为**神经-体液调节**（图1-6）。如肾上腺髓质受交感神经节前纤维支配，交感神经兴奋时，可引起肾上腺髓质分泌肾上腺素和去甲肾上腺素，从而使神经与体液因素共同参与机体的调节活动。

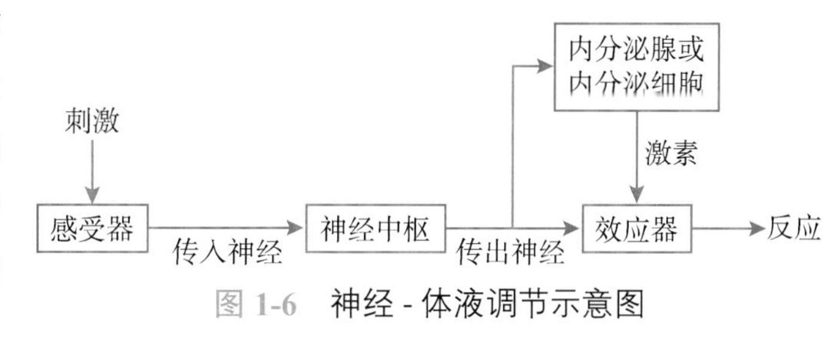

图1-6　神经-体液调节示意图

3. 自身调节　是指体内的某些组织细胞不依赖于神经或体液因素，自身对环境刺激产生的一种适应性反应。如血管平滑肌在受到牵拉刺激时，会发生收缩反应。

一般认为，以上3种调节方式中，神经调节的特点是反应迅速、调节精确而短暂，是机体最主要的调节方式；体液调节则相对缓慢、持久而弥散（即作用范围广泛）；自身调节的幅度和范围较小，但有一定的意义。神经调节、体液调节和自身调节相互配合，可使生理功能活动更趋完善。

考点　体液调节的概念；神经调节的特点

（二）人体功能活动的反馈调节

人体生理功能的调节过程与自动控制系统的工作原理相似。自动控制系统的基本特点是在控制部分与受控部分之间存在着双向信息联系，形成一个闭环回路。在人体功能的各种调节活动中，通常将反射中枢或内分泌腺等看作是控制部分，而将效应器或靶细胞等看作是受控部分。由控制部分发送到受控部分的信息称为**控制信息**；由受控部分返回到控制部分的信息称为**反馈信息**。受控部分发出的反馈信息反过来影响控制部分活动的过程称为**反馈**。根据反馈信息对控制部分作用的结果，可将反馈分为负反馈和正反馈两类。

1. 负反馈　反馈信息与控制信息作用相反的反馈，称为**负反馈**。例如，当动脉（受控部分）血压升高时，反馈信息通过一定的途径抑制心血管中枢（控制部分）的活动，使血压下降；相反，当动脉血压降低时，反馈信息又通过一定的途径增强心血管中枢的活动，使血压升高。由此可见，负反馈的生理意义在于维持机体某项生理功能的相对稳定。人体内的负反馈极为多见，又极其重要，如机体内环境的稳态、体温、呼吸、血压等各种生理功能的调节都是通过负反馈来实现的。

2. 正反馈　反馈信息与控制信息作用相同的反馈，称为**正反馈**。例如，在排尿过程中，当排尿中枢（控制部分）发动排尿后，由于尿液刺激了后尿道（受控部分）的感受器，受控部分不断发出反馈信息进一步加强排尿中枢的活动，使排尿反射一再加强，直至膀胱内的尿液排完为止。由此可见，正反馈的生理意义在于使某项生理过程逐步加强并尽快完成。正反馈在体内屈指可数，除上述排尿反射外，还有排便、分娩与血液凝固等生理过程。

考点 反馈的概念；负反馈和正反馈的生理意义

自测题

A_1/A_2 型题

1. 解剖学姿势中，小指位于（　　）
   A. 内侧　B. 外侧　C. 远侧　D. 浅层　E. 近侧
2. 常用来描述空腔器官的方位术语是（　　）
   A. 前和后　B. 近侧和远侧　C. 浅和深　D. 内和外　E. 上和下
3. 将人体纵切为前、后两部分的断面是（　　）
   A. 矢状面　B. 水平面　C. 冠状面　D. 正中矢状面　E. 横切面
4. 内环境是指（　　）
   A. 血液　B. 细胞内液　C. 体内环境　D. 细胞外液　E. 体液
5. 神经调节的基本方式是（　　）
   A. 反射　B. 反应　C. 反馈　D. 反射弧　E. 负反馈
6. 反射活动的结构基础是（　　）
   A. 反应　B. 反射　C. 反射弧　D. 肌肉的结构　E. 突触
7. 中枢神经系统受到破坏后，消失的现象是（　　）
   A. 反应　B. 兴奋　C. 兴奋性　D. 抑制　E. 反射
8. 属于正反馈作用的生理过程是（　　）
   A. 体温调节　B. 排尿反射　C. 减压反射　D. 血糖浓度调节　E. 正常呼吸频率的维持

（王之一）

第 2 章 细　胞

人体是自然界中进化程度最高、结构和功能最复杂的有机体，由 200 余种不同的细胞类型按照一定的规律组合而成，执行着复杂多样的功能活动。因此，人体是一个繁忙而有序的细胞社会。人体所有的生理功能、生化反应和病理变化，都是在细胞及其产物的基础上进行的，人体疾病的发生、发展也离不开细胞的结构基础，故细胞关系着人类生、老、病、死。要全面了解人体的形态和结构，首先从认识细胞开始。

一、细胞的形态

组成人体的细胞，种类繁多，形态各异，大小悬殊，功能不同，一般都需借助显微镜才能观察到。细胞的形态、结构常与其所处的部位及功能相适应（图 2-1）。例如，排列紧密的上皮细胞呈扁平形和柱状等；呈球形的血细胞便于在血液中流动；凡具有较强吞噬功能的细胞，必然含有较多的溶酶体，以消化吞噬物等。细胞的多样性反映出细胞结构与其功能状态密切相关。

二、细胞的基本结构

虽然细胞的大小、形态、结构和功能活动千差万别，但它们均具有相同的基本结构。在光学显微镜下，可见它们均由细胞膜、细胞质和细胞核 3 部分组成（图 2-1）。

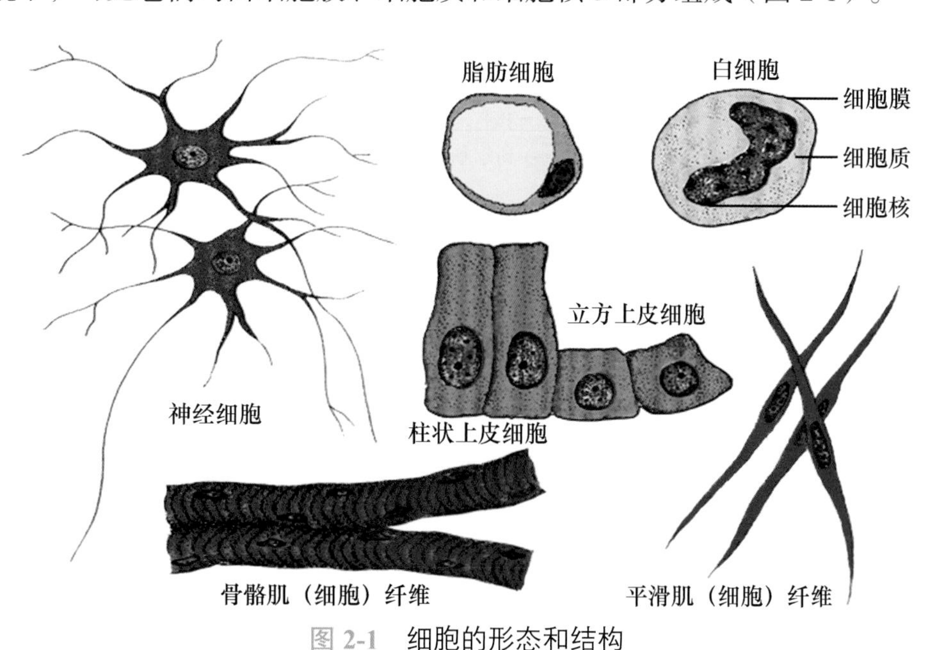

图 2-1　细胞的形态和结构

（一）细胞膜

细胞膜是分隔细胞质与细胞周围环境的一层膜结构（图 2-1），其主要化学成分是脂质、蛋白质和少量糖类物质。其中，蛋白质和脂质的比例在不同种类的细胞可相差很大。一般而言，在功能活跃的细胞，膜蛋白含量较高；而在功能简单的细胞，膜蛋白含量相对较低。关于各种化学成分在细胞膜中排列的形式，目前广为接受的是液态镶嵌模型学说：液态脂质双分子层构成细胞膜的基架，不同结构和功能的蛋白质镶嵌于其中，糖类分子与脂质、蛋白质结合后附在细胞膜的外表面（图 2-2）。脂质双分子层的主要功能是限制物质的通过，即发挥屏障作用。细胞膜的各种功能主要由膜蛋白来完成。

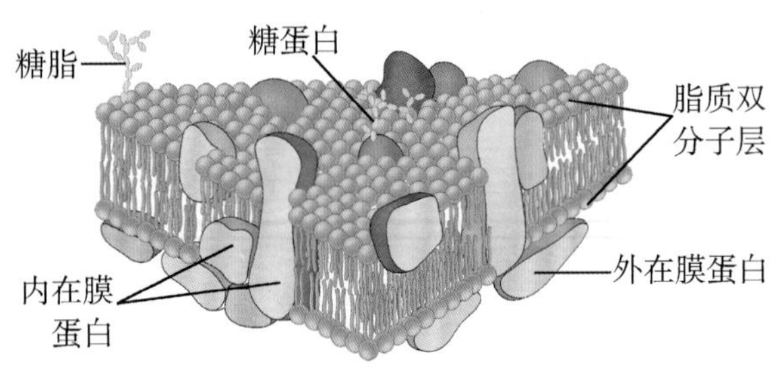

图 2-2　细胞膜分子结构模式图

（二）细胞质

细胞质是位于细胞膜与细胞核之间的部分（图 2-1），包括细胞液、细胞器、包含物和细胞骨架，是细胞完成多种重要生命活动的场所。

1. 细胞液　是填充于细胞质有形结构之间的无定形透明胶状物，是细胞进行多种物质代谢的重要场所。

2. 细胞器　是指细胞质内具有一定形态结构和生理功能的“小器官”，包括**线粒体**、**核糖体**、**内质网**、**高尔基体**、**溶酶体**、**过氧化物酶体**和**中心体**（图 2-3，图 2-4，表 2-1）等。细胞器结构复杂而精巧，功能上分工合作，使生命活动能够在变化的环境中自我调控、高效有序地进行。

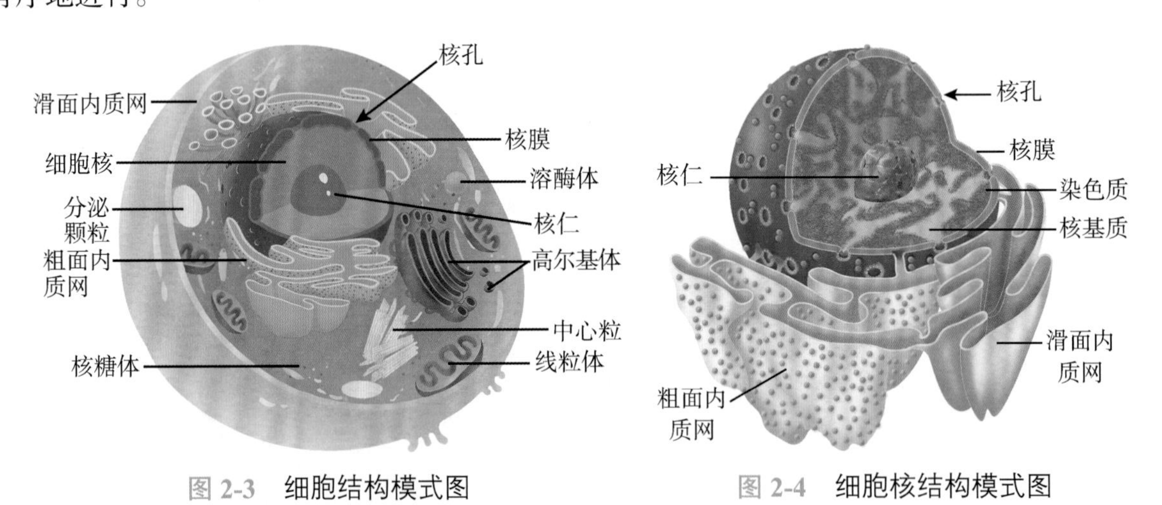

图 2-3　细胞结构模式图　　图 2-4　细胞核结构模式图

表 2-1　细胞器及其主要功能

细胞器		主要功能
线粒体		参与细胞内的能量代谢，为细胞的活动提供所需的能量，被喻为细胞的“动力工厂”
核糖体		合成蛋白质的场所
内质网	粗面内质网	合成分泌蛋白和膜蛋白
	滑面内质网	合成类固醇激素、参与解毒功能、储存和释放 Ca^{2+} 等

续表

细胞器	主要功能
高尔基体	对来自粗面内质网合成的分泌蛋白进行加工、修饰、浓缩和包装，形成分泌颗粒或溶酶体，被视为细胞内的“加工、包装车间”
溶酶体	内含60多种酸性水解酶，具有强大的细胞内消化功能，被视为细胞内的“消化器”
过氧化物酶体	具有解毒功能
中心体	参与细胞分裂

3. 包含物　是细胞质内具有一定形态（细胞器除外）的各种代谢产物和储存物质的总称。如腺细胞内的分泌颗粒、脂肪细胞内的脂滴和肝细胞内的糖原颗粒等。

4. 细胞骨架　是由微管、微丝、中间丝以及更细的微梁网等构成的立体网架结构，在维持细胞形状、参与细胞活动和细胞内物质输送（微管）等方面发挥重要作用。

考点 细胞的基本结构

（三）细胞核

细胞核在形态上是核物质的集中区域，在功能上是遗传信息传递的中枢、细胞内合成蛋白质的控制台。人体内的细胞除成熟的红细胞外都含有细胞核，大多数细胞通常只有一个位于其中央的核（图2-3），少数为两个或多个细胞核。细胞核由核膜、核仁、染色质和核基质4部分组成（图2-4）。**核膜**上的许多核孔是细胞核与细胞质之间进行物质交换的通道；**核仁**为核内的圆形小体，是合成核糖体的场所；**核基质**是维持细胞核形状的纤维网架结构。

染色质和**染色体**是遗传信息的载体，是由脱氧核糖核酸（DNA）和组蛋白构成的能被碱性染料染成紫蓝色的物质（图2-4）。在细胞分裂间期，染色质呈细丝状，弥散在细胞核内；当细胞进入分裂期时，染色质高度螺旋、折叠而缩短变粗，最终凝集成条状的染色体。因此，染色质与染色体实际上是同一种物质在细胞分裂不同时期的两种表现形态。

人类体细胞核内有46条染色体（23对），其中22对为男、女性所共有，称为**常染色体**；另一对随男、女性别而异，称为**性染色体**，男性为XY染色体，女性为XX染色体。正常男性体细胞核型描述为46，XY；正常女性体细胞核型描述为46，XX。

考点 细胞核的结构；男、女性的体细胞核型

三、细胞的基本功能

（一）跨细胞膜的物质转运

物质经过细胞膜进出细胞的过程称为细胞膜的跨膜物质转运。细胞在新陈代谢过程中所需的营养物质及细胞产生的代谢产物，均必须通过细胞膜的跨膜物质转运。现将几种常见的跨膜物质转运方式介绍如下。

1. 单纯扩散　是指脂溶性的小分子物质由细胞膜的高浓度一侧向低浓度一侧转运的过程。这是一种单纯的物理扩散过程，以这种方式进出细胞膜的物质很少，主要有O_2、CO_2和N_2等。单纯扩散的特点是物质顺浓度差转运，不需膜蛋白的帮助，也不需要消耗细胞本身的能量。

影响单纯扩散的因素主要有：①细胞膜两侧浓度差，一般情况下，膜两侧的浓度差是物质扩散的动力，与物质扩散量成正比；②细胞膜对该物质的通透性，即物质通过细胞膜的难易程度，通透性越大，扩散量也越大。

2. 易化扩散　是指非脂溶性分子或脂溶性很小的物质，在膜蛋白的帮助下，由膜的高浓度一侧向低浓度一侧扩散的过程。根据参与的膜蛋白不同，将易化扩散分为载体转运和通道转运两种类型。

（1）载体转运：指载体蛋白与被转运物质结合后，通过本身构型的变化，把物质从高浓度一侧向低浓度一侧扩散的过程。载体蛋白就像一条渡船，可反复循环使用。转运物质主要有葡萄糖、氨基酸等。

载体转运的特点：①高度特异性，一种载体只能选择性地转运某种特定结构的物质。②饱和性，由于膜上载体的数量有限，被转运物质的浓度达到一定数量后，转运量就不随浓度增加而增多。③竞争性抑制，如果一个载体可以同时转运化学结构相似的 A、B 两种物质，当 A 物质转运量增多时，B 物质的转运量就会减少。

（2）通道转运：是指某些带电离子借助通道蛋白的帮助，从高浓度一侧向低浓度一侧扩散的过程。通道蛋白就像带闸门的管道，有开、闭两种状态。当通道开放时，能够使离子通过，所以又称离子通道。有 Na^+ 通道、K^+ 通道、Ca^{2+} 通道等，分别能转运 Na^+、K^+、Ca^{2+}。

通道转运的主要特点：①离子选择性，每种通道对一种或几种离子有较高的通透性，其他离子则不易或不能通过；②门控性，通道的开闭受控于不同因素，如电压门控通道由膜两侧电位差改变来控制通道的开放与关闭。

单纯扩散和易化扩散都是顺浓度差转运，不需要细胞代谢提供能量，故属于被动转运。

3. 主动转运　是指小分子物质或离子在膜蛋白质的帮助下，逆浓度差或电位差把物质从细胞膜的一侧转运到另一侧的过程，是一种重要的转运方式。主动转运就像水泵消耗电能抽水上山一样，又称为生物泵，如钠 - 钾泵、钙泵等，分别转运 Na^+、K^+、Ca^{2+} 等，目前研究最充分的是钠 - 钾泵，其是最重要的一种生物泵。

考点 易化扩散和主动转运的概念

钠 - 钾泵，简称为**钠泵**，其本质是 Na^+-K^+ 依赖式 ATP 酶。正常情况下，钠泵的作用是保持细胞外高 Na^+，细胞内高 K^+ 的状态。当膜内 Na^+ 浓度升高和膜外 K^+ 浓度升高时可激活钠泵，分解 ATP 获得能量，将 Na^+ 从膜内泵出膜外，同时将 K^+ 从膜外摄入膜内。通常每分解 1 分子 ATP 可泵出 3 个 Na^+，同时摄入 2 个 K^+。总之，钠泵经过不停地逆浓度差耗能转运，维持了细胞外高 Na^+、细胞内高 K^+ 的不均衡分布状态，这是可兴奋细胞产生生物电的基础。

细胞外高 Na^+ 浓度的维持，也为膜上转运蛋白完成某些物质的主动转运间接提供了能量来源。如葡萄糖转运体逆浓度差转运葡萄糖，是间接地来自钠泵活动所形成的细胞 Na^+ 的高势能。因此，把间接利用 ATP 获得能量的转运方式，称为**继发性主动转运**。而钠泵等直接利用 ATP 获得能量的转运方式，称为**原发性主动转运**。

以上 3 种转运方式的共同点都是转运小分子或离子，而后两种的相同点是需要膜蛋白质的帮助。但是，大分子物质的转运则依赖膜泡运输来完成。

4. 出胞与入胞　是指大分子或团块状物质通过细胞膜的过程（图2-5），需要消耗能量。

（1）出胞：细胞内的大分子或团块状物质被排出细胞的过程。如内分泌腺细胞分泌激素，消化腺细胞分泌消化液，神经轴突末梢释放递质等。

（2）入胞：细胞外的大分子或团块状物质进入细胞内的过程。固体物质进入细胞内称为**吞噬**，如白细胞吞噬细菌；液体物质进入细胞内称为**吞饮**，如小肠上皮细胞对营养物质的吸收过程。

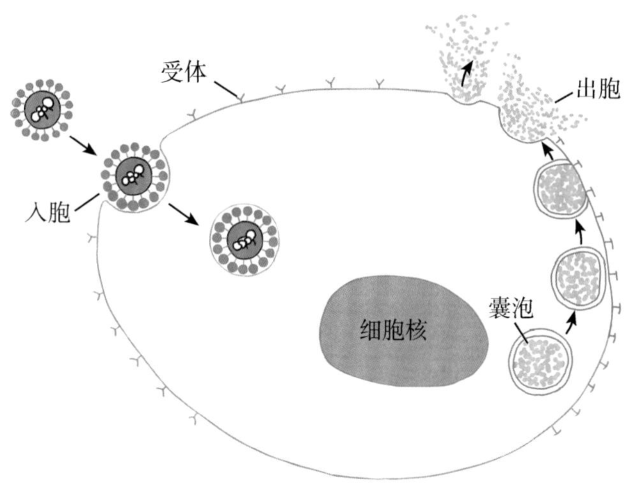

图2-5　出胞和入胞示意图

（二）受体

受体是指存在于细胞膜上或细胞内，能识别并结合特异性化学信息，进而引起细胞产生特定生物效应的特殊蛋白质。分布于细胞膜中的受体称为**膜受体**，位于细胞质内和细胞核内的受体则分别称为**胞质受体**和**核受体**，其中以膜受体数量最多、最重要，通常所说的受体主要是指膜受体。凡能与受体发生特异性结合的生物活性物质（如神经递质、激素、细胞因子等）称为**配体**。

受体的主要功能：①识别功能，能识别配体并与之特异性结合。②转发信息，受体一旦与配体结合便能引发细胞内产生特定的生物效应。

（三）细胞的电活动

细胞在进行生命活动时都伴有的电现象称为**细胞生物电**。生物电有两种形式，包括安静时的静息电位和受到刺激时出现的动作电位。

1. 静息电位及产生机制

（1）静息电位：是指细胞安静时存在于细胞膜两侧的电位差。静息电位可用微电极测量，用示波器进行观察（图2-6）。正常细胞膜内电位较膜外低，膜内、外存在着电位差，这个电位差就是静息电位。通常以膜外电位为0，膜内电位即为负值，即内负外正，静息电位一般用膜内电位表示。不同细胞的静息电位数值不同，如神经细胞为–70mV，骨骼肌细胞为–90mV。

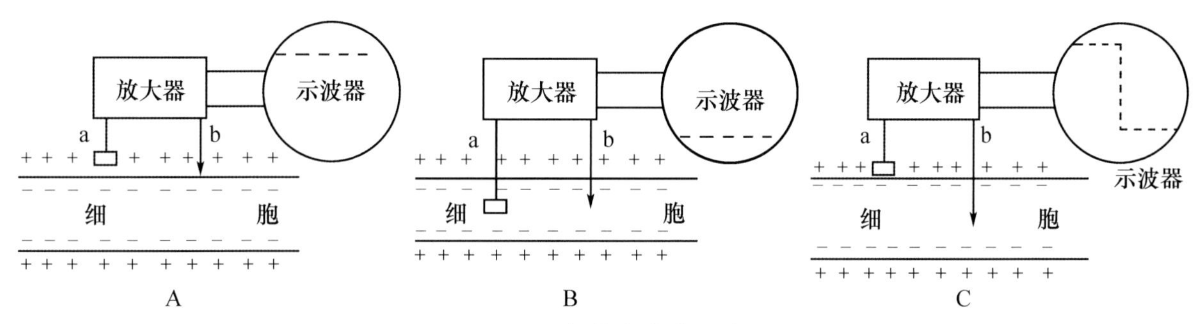

图2-6　测定静息电位示意图

在生理学上，通常把静息电位存在时，膜两侧所保持的电位内负外正的状态，称为**极化**。以此为标准，膜内电位向负值增大的方向变化，称为**超极化**，如从 –90mV 到 –100mV。膜内电位向负值减小的方向变化，称为**去极化**，如从 –90mV 到 –70mV。去极化后，膜电位又恢复到静息时的极化状态的过程，称为**复极化**。极化与静息电位都是细胞处于安静状态的标志。细胞的兴奋和抑制都是以极化为基础的，去极化时表现为兴奋，超级化时表现为抑制。

（2）静息电位的产生机制：通常采用离子流学说来解释，该学说认为，任何生物电的产生必须具备两个条件：①细胞膜内、外离子分布不均匀；②细胞膜在不同情况下对离子的通透性不同（表 2-2）。

表 2-2 细胞静息时膜内、外主要离子分布及膜对离子的通透性

主要离子	膜内浓度（mmol/L）	膜外浓度（mmol/L）	膜内、外浓度比	膜对离子的通透性
K^+	155	4	39 : 1	大
Cl^-	3.8	120	1 : 32	次之
Na^+	12	145	1 : 12	很小
A^-	60	15	4 : 1	无

安静状态下，细胞膜内、外两侧离子分布不均，细胞膜对 K^+ 有选择通透性，K^+ 在顺浓度差时由膜内向膜外扩散，膜内 A^- 不能通过细胞膜而留在细胞内，于是产生膜外变正而膜内变负的极化状态。随着 K^+ 的外流，膜外正电荷逐渐增多而变为正电位，膜两侧出现了内负外正的电位差，此电位差的存在对 K^+ 继续外流起到阻碍作用。随着 K^+ 外流的增多，电位差增大，对 K^+ 外流的阻力也增大，最后当促使 K^+ 外流的浓度差（动力）与阻止 K^+ 外流的电位差（阻力）两种力量相互拮抗达到平衡时，K^+ 停止外流。此时，细胞膜两侧就形成了一个相对稳定的电位差，即为静息电位。可见，静息电位是 K^+ 外流达到平衡时候的电位，所以又称为 **K^+ 平衡电位**。

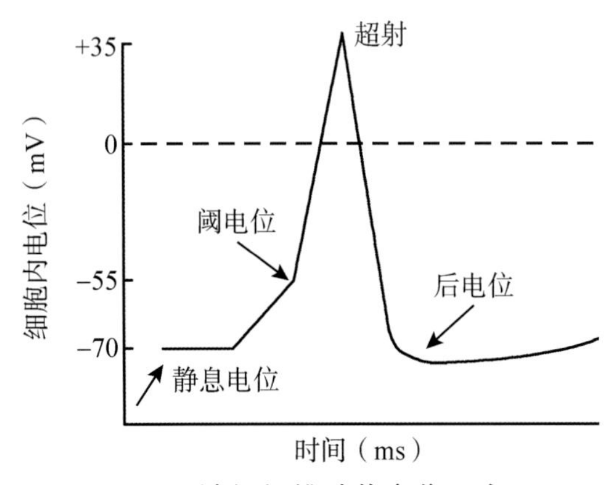

图 2-7 神经纤维动作电位示意图

2. 动作电位及产生机制

（1）动作电位：是指可兴奋细胞受到有效刺激后，在静息电位的基础上发生一次快速可扩布的电位变化（图 2-7）。动作电位是细胞兴奋的标志。

考点 静息电位和动作电位的概念

（2）动作电位的产生机制：所有细胞的动作电位都包括去极化和复极化两个过程。动作电位产生的机制同样用离子流学说来解释，其产生的前提条件和静息电位相同。

1）去极化：当细胞受到刺激时，受刺激部位细胞膜上少量 Na^+ 顺浓度差进入膜内，使膜内负电位减少，当减少到某一临界值时（称阈电位），会使 Na^+ 通道激活而迅速大量开放，膜对 Na^+ 的通透性突然增大，Na^+ 在膜外高浓度势能的推动下大量向膜内快速扩散。随着 Na^+ 内流，细胞内的负电位迅速减少，出现正电位，形成动作电位上升支。Na^+ 内流所造成的内正外负电位差，对 Na^+ 的继续内流起到阻碍作用。随着 Na^+ 内流的增加，阻力不断增大，当两种力量拮抗达到平衡时，Na^+ 净内流停止，膜两侧电位差达到一个新的平衡点，即 Na^+ 的平衡电位。因此，动作电位上升支是 Na^+ 内流形成的。

2）复极化：当膜电位达到峰值时，Na^+ 通道迅速关闭，Na^+ 内流停止，与此同时，K^+ 通道被激活而开放，膜对 K^+ 通透性增大，K^+ 快速外流，使膜内电位迅速由正变负，直到又恢复静息电位水平。因此，动作电位下降支是 K^+ 外流形成的。

复极后膜电位虽然恢复到静息电位水平，但细胞膜内外 Na^+、K^+ 浓度略有改变，于是激活钠泵。钠泵通过主动转运方式逆浓度差将细胞内的 Na^+ 泵出，同时将 K^+ 泵回，从而恢复细胞膜两侧的离子分布，称为**后电位**。

（3）动作电位传导：动作电位一旦在细胞膜上某一点产生，就会沿细胞膜向周围迅速扩布，直到整个细胞。动作电位在同一细胞上的扩布称为**传导**。在神经纤维上传导的动作电位又称为**神经冲动**。如果动作电位在两个细胞之间传播则称为**传递**。现以神经纤维为例说明动作电位传导。

1）动作电位的传导机制：目前多采用局部电流学说来解释。当细胞膜上某一处受到刺激而兴奋时，由静息时外正内负的极化状态转变为外负内正的反极化状态，而邻近膜电位仍处于外正内负的状态，这样，在膜两侧兴奋点与邻近未兴奋点之间就形成了电位差，因而出现电荷移动，形成了局部电流。其流动的方向是膜外侧由未兴奋点流向已兴奋点，膜内侧由已兴奋点流向未兴奋点，形成局部电流环路。这种局部电流的作用是使邻近未兴奋点的膜外电位降低，膜内电位升高，产生局部去极化。当去极化达到阈电位水平，即可引起相邻未兴奋点爆发动作电位，这个过程延续下去就使动作电位传遍整个细胞膜，实现动作电位在整条神经纤维的传导（图 2-8）。

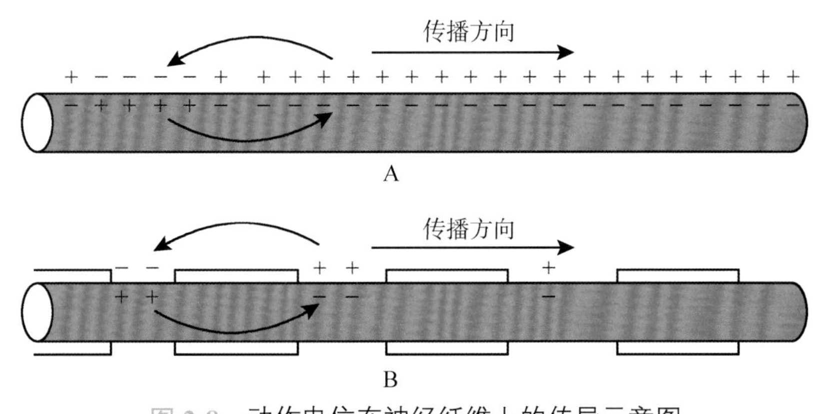

图 2-8 动作电位在神经纤维上的传导示意图

A. 无髓神经纤维上动作电位的传导；B. 有髓神经纤维上动作电位的传导

兴奋在有髓神经纤维上的传导和在无髓神经纤维上传导机制相同。但是，有髓神经纤维由于神经髓鞘的绝缘性，局部电流只能在相邻的无髓鞘的郎飞结之间传导，即兴奋由一个郎飞结跳到下一个郎飞结，称为**跳跃式传导**，所以，有髓神经纤维的传导速度比无髓神经纤维快。

2）动作电位的传导特点：①“全或无”现象，动作电位一旦产生就会达到最大值，因而动作电位幅度不会随着刺激强度的增大而增大。②不衰减性，动作电位的幅度不会因传导距离的增加而减小。③双向性，动作电位可沿神经纤维细胞膜向两端传导。

自 测 题

A_1/A_2 型题

1. 构成人体的基本结构和功能单位是（　　）
   A. 细胞　B. 细胞器
   C. 组织　D. 器官
   E. 基因
2. 被视为细胞内“消化器”的是（　　）
   A. 脂滴　B. 过氧化物酶体
   C. 线粒体　D. 高尔基体
   E. 溶酶体
3. 为细胞活动直接提供能量的是（　　）
   A. 滑面内质网　B. 线粒体
   C. 溶酶体　D. 高尔基体
   E. 粗面内质网
4. 遗传信息存在于（　　）
   A. 核仁　B. 核膜
   C. 染色质或染色体　D. 核基质
   E. 核液
5. O_2、CO_2 顺浓度差转运主要通过（　　）
   A. 单纯扩散　B. 易化扩散
   C. 主动转运　D. 出胞
   E. 入胞
6. 不属于出胞作用的是（　　）
   A. 内分泌细胞分泌激素
   B. 神经末梢释放递质
   C. 消化腺分泌消化酶
   D. 甲状腺分泌甲状腺素
   E. 细胞内 CO_2 排出
7. 单纯扩散、易化扩散和主动转运的共同点是（　　）
   A. 细胞本身耗能
   B. 顺电 - 化学梯度转运
   C. 逆电 - 化学梯度转运
   D. 需膜蛋白参与
   E. 转运离子和小分子物质
8. 不属于载体转运特点的是（　　）
   A. 逆浓度差转运　B. 有特异性
   C. 有竞争性抑制　D. 有饱和现象
   E. 需膜蛋白参与
9. K^+ 由细胞内排出细胞外，是通过（　　）
   A. 单纯扩散　B. 载体转运
   C. 通道转运　D. 主动转运
   E. 出胞
10. Na^+ 由细胞内排出细胞外，是通过（　　）
    A. 单纯扩散　B. 载体转运
    C. 通道转运　D. 主动转运
    E. 出胞
11. 可兴奋细胞兴奋的标志是（　　）
    A. 腺体分泌　B. 动作电位
    C. 肌肉收缩　D. 局部电位
    E. 阈电位
12. 动作电位去极化的产生是由于（　　）
    A. Na^+ 内流　B. K^+ 内流
    C. Na^+ 外流　D. K^+ 外流
    E. K^+ 外流、Na^+ 外流

（覃庆河）

第3章 基本组织

许多形态相似、功能相关的细胞，与细胞外基质形成的细胞群，称为组织。通常把人体的组织分为上皮组织、结缔组织、肌组织和神经组织4大类，它们是组成各器官的基本结构成分，故总称为**基本组织**。每种组织有一定的分布规律，并具有各自的形态结构和功能特点。

第1节 上皮组织

上皮组织（epithelial tissue）简称上皮，由大量形态规则、排列密集的上皮细胞和极少量的细胞外基质构成。上皮细胞具有明显的极性，即朝向身体的表面或有腔器官腔面的一面为**游离面**，与游离面相对的、朝向深部结缔组织的一面为**基底面**。极性在单层上皮细胞表现得最典型。上皮组织内常有丰富的感觉神经末梢，大都无血管，所需营养依靠结缔组织内的血管透过基膜供给。

根据其功能，上皮组织可分为被覆上皮和腺上皮两大类。被覆上皮具有保护、吸收、分泌和排泄等功能，腺上皮具有分泌功能。

一、被覆上皮

被覆上皮是指覆盖于身体表面或衬贴在体腔和有腔器官内表面的上皮。根据其构成细胞的层数和表层细胞侧面的形状，将被覆上皮进行如下分类和命名（表3-1）。

表3-1 被覆上皮的分类和分布

上皮类型		重要分布
单层上皮	单层扁平上皮	内皮：心、血管和淋巴管的腔面
		间皮：胸膜、腹膜和心包膜的表面
		其他：肺泡和肾小囊壁层的上皮
	单层立方上皮	肾小管、甲状腺滤泡等
	单层柱状上皮	胃、小肠、大肠、胆囊、子宫等腔面
	假复层纤毛柱状上皮	呼吸道等腔面
复层上皮	复层扁平上皮	皮肤表皮，口腔、食管、阴道等腔面
	变移上皮	肾小盏、肾大盏、肾盂、输尿管和膀胱等腔面

1. 单层扁平上皮　由一层扁平细胞组成。从表面观察，细胞呈不规则形或多边形，核为椭圆形，位于细胞中央，细胞边缘呈锯齿状，互相嵌合；在垂直切面上，细胞扁薄，只有含核的部分略厚（图3-1）。衬贴在心、血管和淋巴管腔面的单层扁平上皮称为**内皮**，其表面光滑，有利于血液和淋巴的流动。分布于胸膜、腹膜和心包膜表面的单层扁平上皮称为**间皮**，其表面光滑湿润，可减少器官活动时的摩擦。

2. 单层立方上皮　由一层近似立方形的细胞组成（图3-2）。从表面观察，细胞呈六角形或多边形；在垂直切面上，细胞呈立方形，核圆形，位于细胞中央。

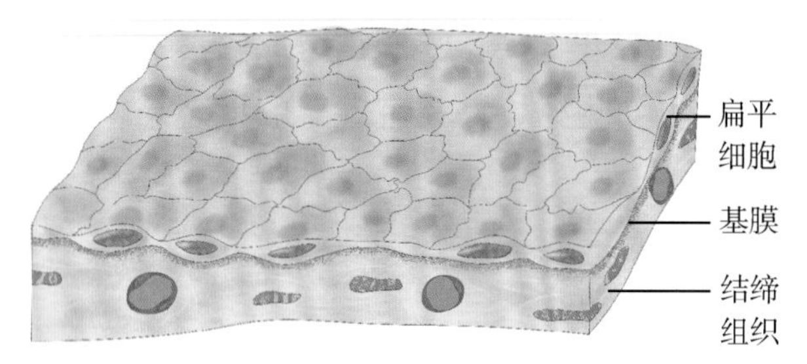

图3-1　单层扁平上皮模式图

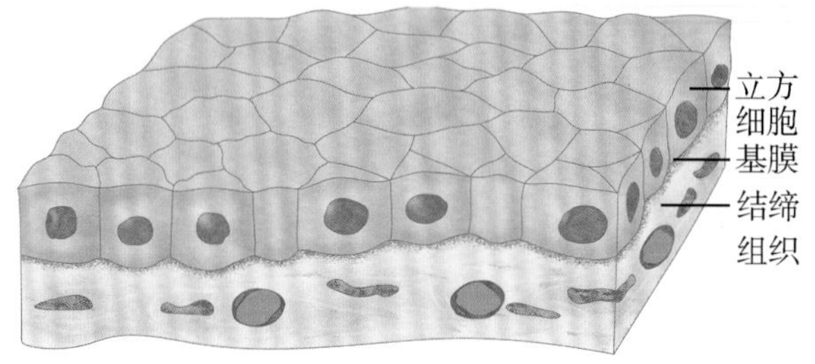

图3-2　单层立方上皮模式图

3. 单层柱状上皮　由一层柱状细胞组成。从表面观察，细胞呈六角形或多角形；在垂直切面上，细胞呈柱状，核椭圆形，靠近细胞基底部，与细胞长轴平行（图3-3）。在肠道的单层柱状上皮中，还有散在分布的形似高脚酒杯的杯状细胞。

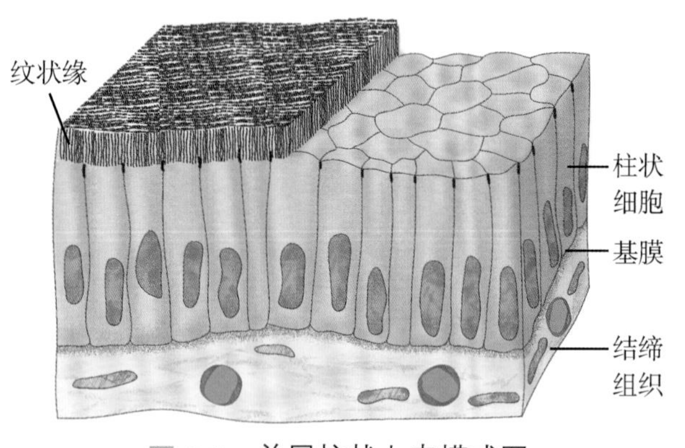

图3-3　单层柱状上皮模式图

4. 假复层纤毛柱状上皮　主要分布在呼吸道腔面，由柱状细胞、梭形细胞、锥形细胞和杯状细胞组成，其中柱状细胞最多，游离面有大量纤毛（图3-4）。虽然上述细胞形态不同、高矮不一，细胞核的位置不在同一水平面上，但其基底面均附着在基膜上，故在垂直切面上观察，形似复层，而实为单层。

5. 复层扁平上皮　由多层细胞组成，因表层细胞呈扁平鳞片状，故又称**复层鳞状上皮**（图3-5）。在垂直切面上，细胞形状不一，靠近表层的细胞扁平，中间为数层多边形细胞，基底层细胞为一层紧靠基膜排列的矮柱状细胞，为具有增殖分化能力的干细胞，其产生的部分子细胞逐渐向浅层移动，以补充表层不断脱落的细胞。复层扁平上皮具有耐摩擦和阻止异物侵入等作用，损伤后有很强的再生修复能力。

6. 变移上皮　变移上皮的特点是细胞的形状和层数可随器官的收缩或扩张状态而发生变化，故而得名。其主要分布于排尿管道，如膀胱空虚时，上皮变厚，细胞层数增多，细胞呈大的立方形（图3-6）；膀胱充盈扩张时，上皮变薄，细胞层数减少，细胞呈扁平状。

考点　上皮组织的结构特点；被覆上皮的分类及分布

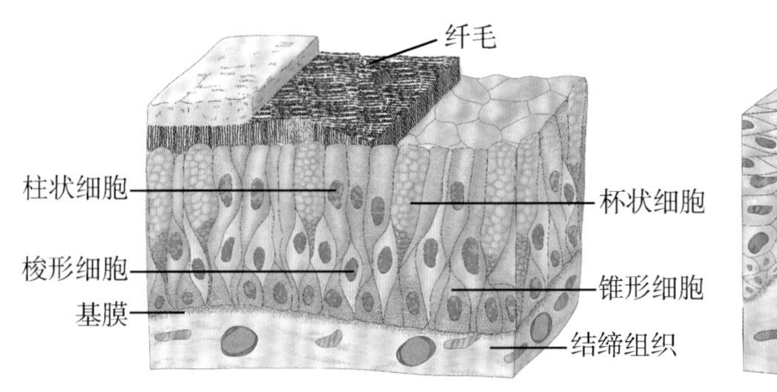

图 3-4 假复层纤毛柱状上皮模式图

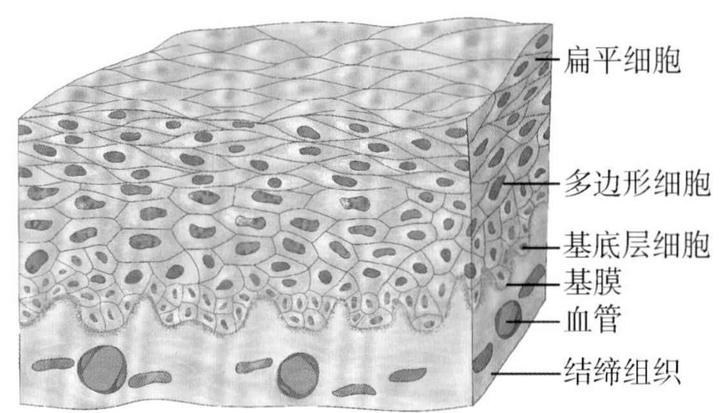

图 3-5 复层扁平上皮模式图

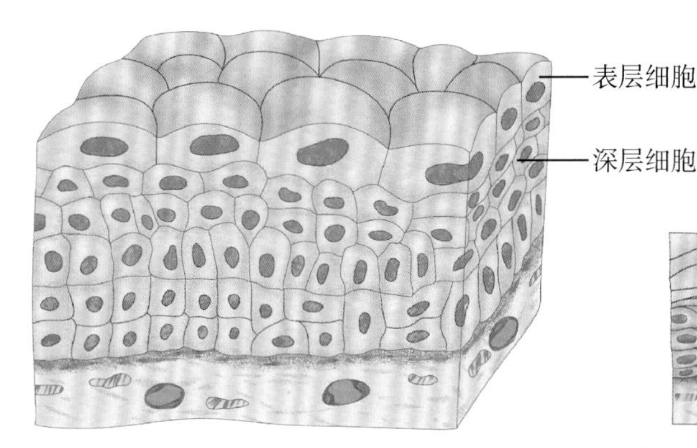

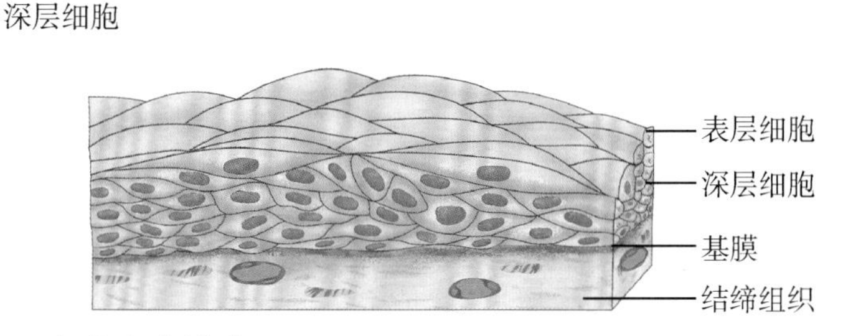

图 3-6 变移上皮模式图

二、腺上皮和腺

腺上皮是由腺细胞组成的以分泌功能为主的上皮。**腺**（gland）是以腺上皮为主要成分构成的器官或结构。腺细胞的分泌物有酶类、黏液和激素等。根据腺是否有导管，可将其分为外分泌腺和内分泌腺两类。分泌物经导管排至体表或有腔器官腔内的腺称为**外分泌腺**，如汗腺、唾液腺等。没有导管，分泌物（激素）一般释放入血液的腺称为**内分泌腺**，如甲状腺、肾上腺等。

在外分泌腺中，只有少数是在解剖学中可看到的独立器官，如3对大唾液腺和肝等；绝大部分为器官中的微细结构，只能在显微镜下观察到，如皮肤中的汗腺和皮脂腺、胃壁中的胃腺等。外分泌腺一般由产生分泌物的分泌部和排出分泌物的导管两部分组成。

三、上皮细胞的特化结构

上皮细胞的游离面分化形成了扩大细胞吸收面积的**微绒毛**和具有节律性定向摆动能力的**纤毛**（图3-4）。上皮细胞的侧面分化形成了加强细胞间的机械联系、维持上皮组织结构整体性和协调性的多种细胞连接，如紧密连接、桥粒、缝隙连接等（图3-7）。上皮细胞基底面的特化结构包括基膜、质膜内褶等。**基膜**是位于上皮细胞基底面与深部结缔组织之间的一层薄膜。**质膜内褶**是上皮细胞基底面的细胞膜折向胞质内形成的结构（图3-8），常见于肾小管等处，主要作用是扩大细胞基底面的表面积，有利于水和电解质的迅速转运。

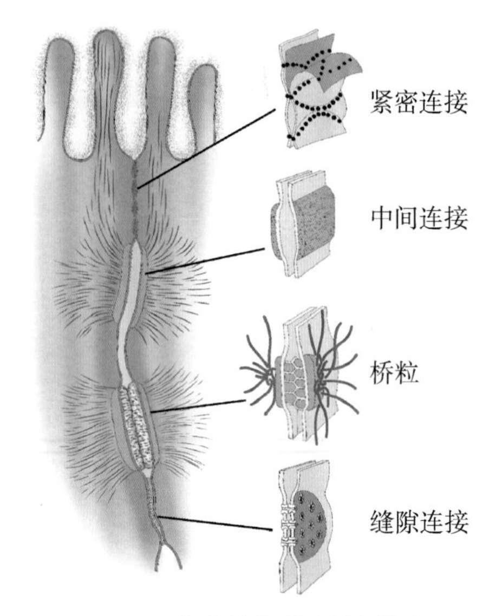

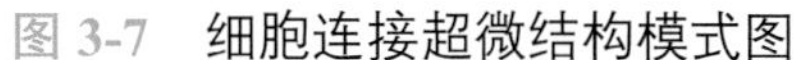
图 3-7 细胞连接超微结构模式图

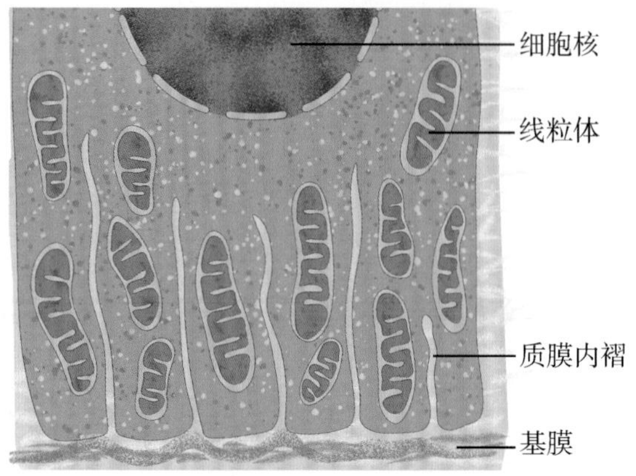

图 3-8 质膜内褶超微结构模式图

第 2 节 结 缔 组 织

结缔组织（connective tissue）由细胞和大量细胞外基质构成，细胞散在分布于细胞外基质内，故无极性。细胞外基质包括结缔组织细胞分泌产生的无定形基质、细丝状的纤维和不断循环更新的组织液。结缔组织分布广泛，形态多样，广义结缔组织包括固有结缔组织（即疏松结缔组织、致密结缔组织、脂肪组织和网状组织）、软骨组织、骨组织、血液与淋巴。结缔组织具有连接、支持、保护、储存营养和物质运输等多种功能。

一、固有结缔组织

（一）疏松结缔组织

疏松结缔组织广泛分布于器官之间和组织之间，具有连接、支持、防御和修复等功能。其结构特点：细胞种类较多而分散，纤维数量较少而排列稀疏（图 3-9），富含基质、血管和神经，组织松软而状如蜂窝，故又称为蜂窝组织。

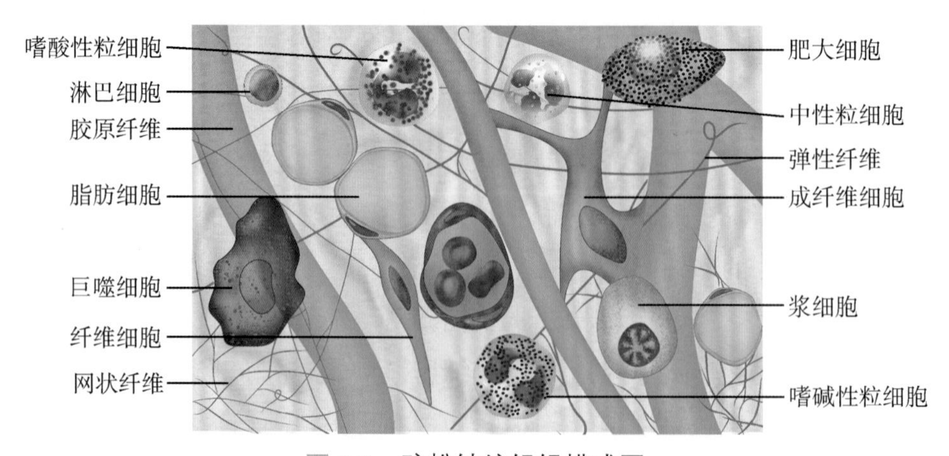

图 3-9 疏松结缔组织模式图

1. 细胞　疏松结缔组织内有成纤维细胞、巨噬细胞、浆细胞、肥大细胞、脂肪细胞（图 3-9），以及未分化间充质细胞和白细胞等。各类细胞的分布和数量随所在部位和功能状态而异。

（1）成纤维细胞：是疏松结缔组织中数量最多、最主要的细胞，常附着在胶原纤维上（图3-10）。功能活跃时，细胞扁平而多突起，细胞核大呈卵圆形，胞质较丰富呈弱嗜碱性。成纤维细胞具有合成和分泌疏松结缔组织的3种纤维和基质的功能，在创伤修复中起重要作用。

考点 疏松结缔组织的组成及结构特点

链接

HE染色

组织学中最常用的染色方法是苏木精和伊红染色，简称HE染色。苏木精是碱性染料，能将细胞核染成紫蓝色；伊红是酸性染料，能将细胞质染成红色。对碱性染料亲和力强者称为嗜碱性，对酸性染料亲和力强者称为嗜酸性。与碱性染料和酸性染料亲和力均不强者则称为中性。细胞内被染成蓝色或红色的颗粒分别称为嗜碱性颗粒或嗜酸性颗粒。

（2）巨噬细胞：是体内广泛分布的一种免疫细胞，来源于血液中的单核细胞。巨噬细胞形态多样，功能活跃时，常伸出较长的伪足而呈不规则形（图3-10）。细胞核较小，胞质内含有大量的溶酶体、吞噬体和吞饮泡等，胞质多呈嗜酸性。巨噬细胞具有趋化性运动、吞噬、分泌和抗原呈递等功能。

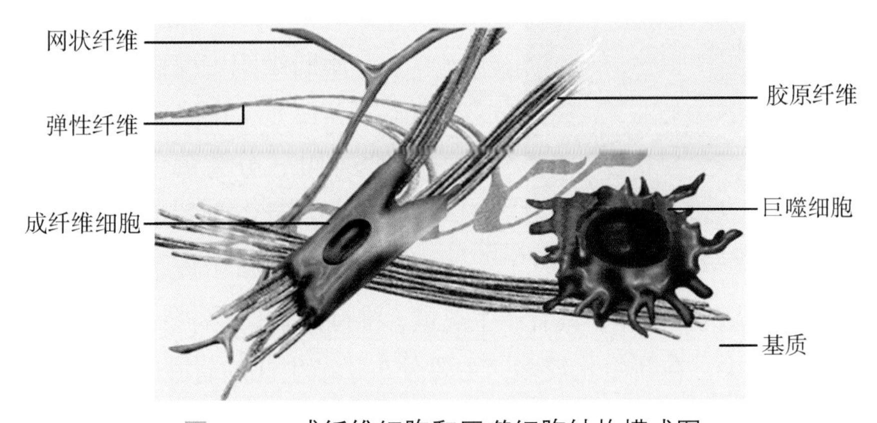

图3-10 成纤维细胞和巨噬细胞结构模式图

（3）浆细胞：又称效应B淋巴细胞，浆细胞呈圆形或卵圆形，细胞核小而圆，常偏居细胞一侧，染色质沿核膜内面呈辐射状分布（图3-9）。胞质丰富呈嗜碱性，细胞核旁有一浅染区。浆细胞由B细胞在抗原刺激下转化而来，具有合成和分泌免疫球蛋白（Ig）即抗体的功能，参与体液免疫。

（4）肥大细胞：细胞较大，呈圆形或卵圆形；细胞核小而圆，居中；胞质内充满粗大的嗜碱性分泌颗粒（图3-9），颗粒内含有肝素、组胺和嗜酸性粒细胞趋化因子，胞质内含有白三烯。肥大细胞分泌的**肝素**具有抗凝血作用。**组胺**和**白三烯**都与过敏反应有关。

（5）脂肪细胞：单个或成群存在。细胞体积大，呈球形或多边形，细胞核被胞质内的一个大脂滴推挤到细胞周缘（图3-9）。在HE染色的标本中，脂滴已被溶解而呈宝石戒指状。脂肪细胞能合成和储存脂肪，参与脂类代谢。

2. 纤维　疏松结缔组织中含有胶原纤维、弹性纤维和网状纤维（图3-9，图3-10）。

①**胶原纤维**，数量最多，因新鲜标本呈白色，故又称**白纤维**。在HE染色的标本中呈嗜酸性，胶原纤维的韧性大，抗拉力强。②**弹性纤维**，较细而富有弹性，因新鲜标本呈黄色，故又称**黄纤维**。在HE染色的标本中着淡红色，不易与胶原纤维区分。③**网状纤维**，细而短，分支多，交织成网。在镀银染色的标本中呈黑色，故又称**嗜银纤维**。

3. 基质　基质是填充于结缔组织细胞和纤维之间，由生物大分子构成的、无色透明的、具有一定黏性的无定形胶状物（图3-10）。其生物大分子主要为蛋白聚糖和纤维粘连蛋白。基质的孔隙中充满从毛细血管动脉端渗出的组织液。**组织液**是细胞与血液之间进行物质交换的媒介，构成细胞赖以生存的体液环境。当机体电解质和蛋白质代谢发生障碍时，组织液的产生和回流失去平衡，基质中的组织液含量可增多或减少，导致组织水肿或脱水。

（二）致密结缔组织

致密结缔组织以胶原纤维或弹性纤维为主要成分，纤维粗大，排列致密（图3-11），而细胞和基质成分较少，细胞以成纤维细胞为主。致密结缔组织主要构成肌腱、腱膜、韧带、皮肤的真皮、硬脑膜、黄韧带、项韧带以及多数器官的被膜，以支持、连接和保护为其主要功能。

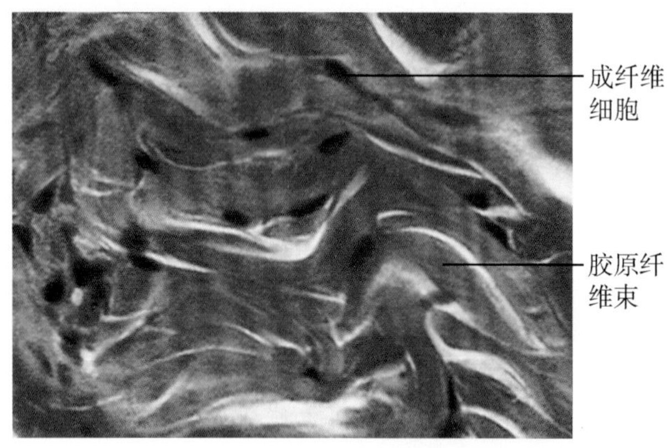

图3-11　致密结缔组织光镜结构像

（三）脂肪组织

脂肪组织主要由大量脂肪细胞聚集而成（图3-12），并被疏松结缔组织分隔成许多脂肪小叶，分为黄色脂肪组织和棕色脂肪组织两类。**黄色脂肪组织**即通常所说的脂肪组织，主要分布于皮下组织、网膜、肠系膜和黄骨髓等处，是体内最大的储能库，具有产生热量、维持体温、缓冲外力、保护和填充等作用；**棕色脂肪组织**在成人极少，在新生儿较多，主要分布于新生儿的肩胛间区、腋窝及项后部。在寒冷的刺激下，棕色脂肪细胞内的脂类分解、氧化，产生大量热能。

（四）网状组织

网状组织主要分布于造血组织如骨髓、脾和淋巴结等，由网状细胞和网状纤维构成（图3-13）。网状组织并不单独存在，而是参与构成造血组织和淋巴组织的支架，网孔内细胞和液体可自由流动，为血细胞发生和淋巴细胞发育提供适宜的微环境。

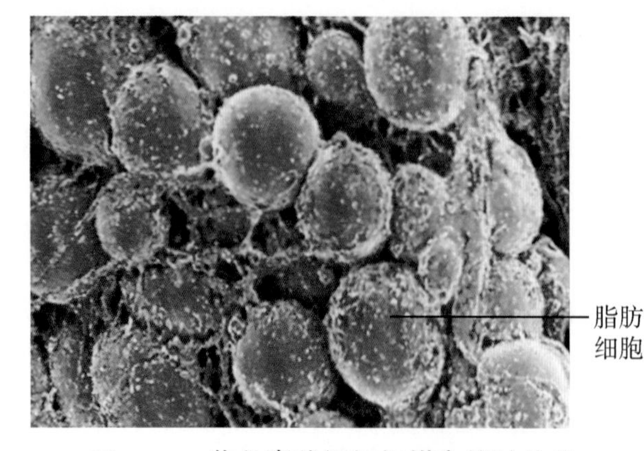

图3-12　黄色脂肪组织扫描电镜结构像

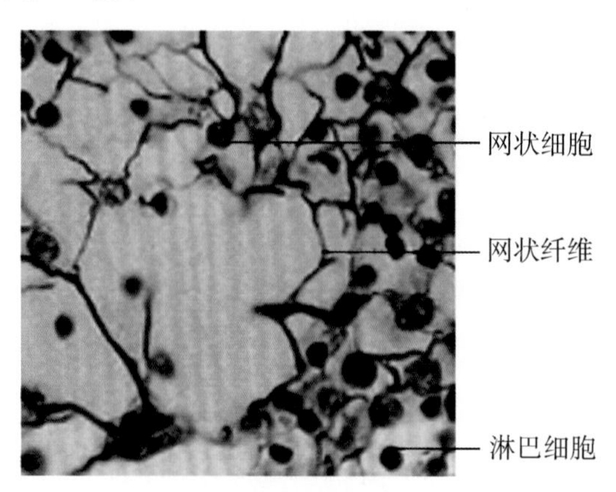

图3-13　网状组织（淋巴结）光镜结构像

二、软骨组织与软骨

（一）软骨组织

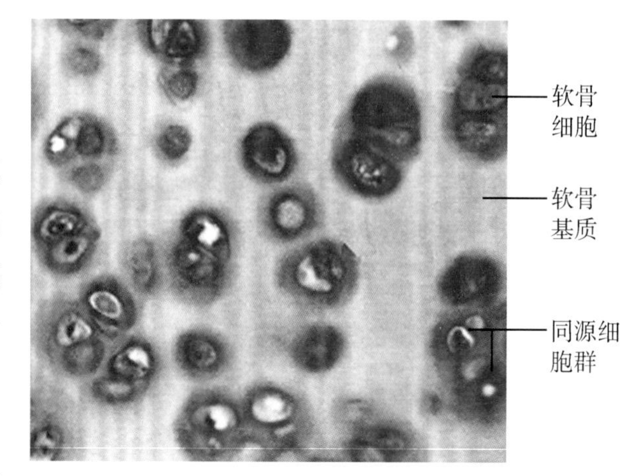

图 3-14 透明软骨（光镜）

软骨组织由软骨细胞和软骨基质构成（图 3-14）。**软骨基质**由无定形凝胶状基质和包埋其中的纤维构成。**软骨细胞**包埋于软骨基质内，其所在的腔隙称为软骨陷窝。靠近软骨周边部的软骨细胞幼稚，胞体小，单个分布。越靠近软骨中部，软骨细胞越成熟，体积越大，多为 2 ～ 8 个细胞为一群聚集在一个软骨陷窝内，由于它们皆由同一个幼稚的软骨细胞增殖而成，故称为**同源细胞群**。

（二）软骨

软骨由软骨组织及包裹它的软骨膜构成。软骨组织内无血管、淋巴管和神经，软骨细胞所需的营养由软骨膜内的血管通过渗透性很强的软骨基质供给。根据软骨基质内所含纤维的不同，可将软骨分为以下 3 种类型。

1. 透明软骨 因新鲜时呈半透明状而得名（图 3-14），分布较广，包括肋软骨、关节软骨和呼吸道软骨等。其结构特点是软骨基质内含有许多细小的胶原原纤维。基质中含水分较多是透明软骨呈半透明状的原因之一。

2. 弹性软骨 分布于耳郭、外耳道、咽鼓管和会厌等处，新鲜时呈黄色。其结构特点是软骨基质内含有大量交织排列的弹性纤维（图 3-15），故具有较强的弹性。

3. 纤维软骨 分布于椎间盘、关节盘、关节唇和耻骨联合等处，呈不透明的乳白色。其结构特点是软骨基质内含有大量平行或交叉排列的胶原纤维束（图 3-16），故具有很强的韧性。

考点 软骨的分类及其分布

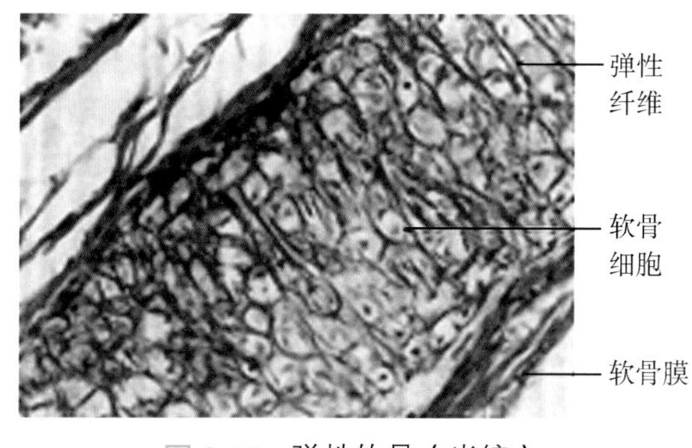

图 3-15 弹性软骨（光镜）

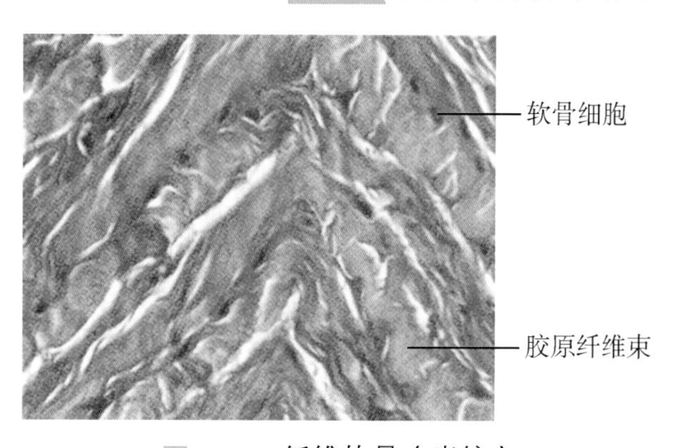

图 3-16 纤维软骨（光镜）

三、骨 组 织

骨组织是骨的结构主体，主要由骨细胞和骨基质构成。

1. 骨基质 即骨组织中钙化的细胞外基质，由有机成分和无机成分构成，含水极少。有机成分为大量胶原纤维（占 90%）和少量无定形基质，使骨具有韧性；无机成分又称**骨盐**，占干骨重量的65%，以钙、磷离子为主，主要为羟基磷灰石结晶，使骨坚硬。有机成分与无机成分的紧密结合使骨既坚硬又有韧性。骨基质结构呈板层状，称为**骨板**（图3-17）。

2. 骨组织的细胞　包括**骨祖细胞**、**成骨细胞**、**骨细胞**和**破骨细胞**（图3-18），其中，仅骨细胞位于骨组织内部，其余3种则分布在骨组织表面。骨细胞是有多个细长突起的细胞，单个比较均匀地分散于骨板之间或骨板内，由成骨细胞转变而成，具有一定的溶骨和成骨作用，参与调节钙、磷平衡。

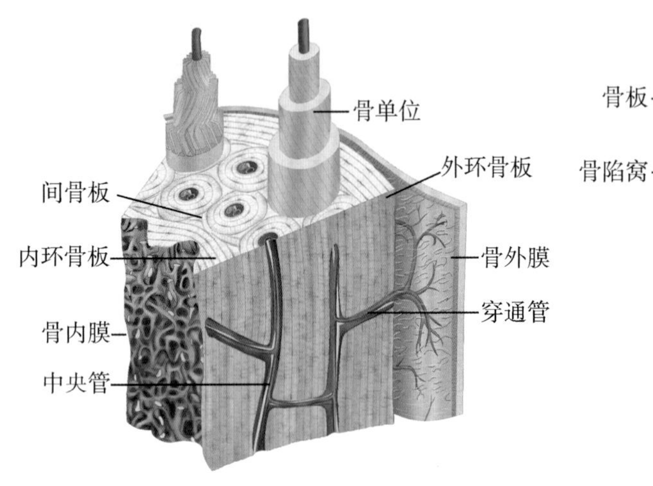

图3-17　长骨骨干立体结构模式图

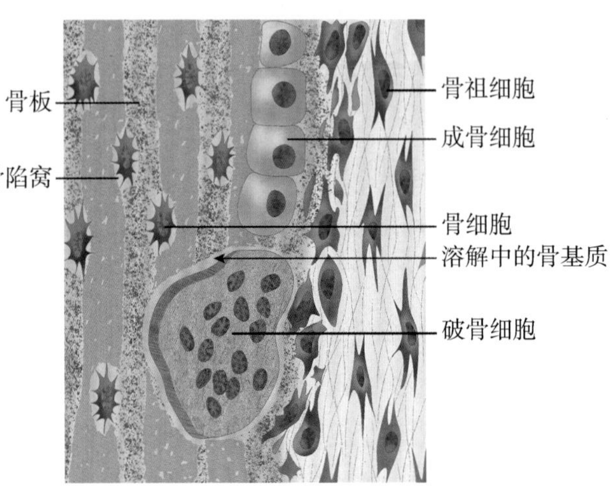

图3-18　骨组织的各种细胞结构模式图

四、血　液

案例3-1

患者，男性，56岁。患慢性肝炎多年，近日发现牙龈出血，皮肤有许多出血点而来医院就诊。血常规检查：全血细胞减少。临床诊断：肝硬化、脾功能亢进。

问题：1. 全血细胞是指血液中的哪些细胞？

2. 患者为什么会出现牙龈出血？

3. 脾功能亢进的患者为何会出现全血细胞减少？

血液（blood）是流动于心血管系统中的一种红色、液态的结缔组织。血液具有物质运输功能，能将氧气、营养物质运至全身，又将代谢产物运输到排泄器官排出体外；血液中含有多种缓冲物质，具有维持酸碱平衡的功能；血液可以参与调节和防御等功能，对体内各器官、系统活动和人体健康十分重要。

（一）血液的组成和理化特性

1. 血液的组成　血液由血浆和血细胞两部分组成。血浆相当于细胞外基质。血细胞分为红细胞、白细胞和血小板。血液经抗凝处理后，置于离心管中离心，可见离心管中的血液分出3层：上层为淡黄色的液体，称为**血浆**；下层红色的为红细胞，中间的白色薄层为白细胞和血小板（图3-19）。血细胞在全血中所占的容积百分比称为**血细胞比容**（HCT）。正常成人男性的血细胞比容为

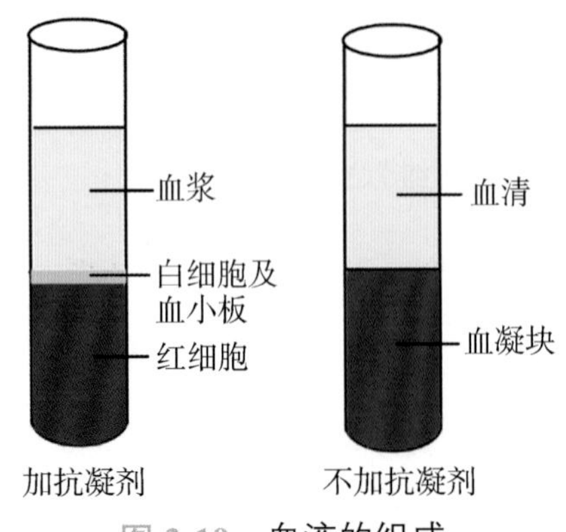

图3-19　血液的组成

40% ～ 50%，女性为 37% ～ 48%，新生儿为 55%。

2. 血液的理化特性

（1）颜色：血液的颜色主要取决于红细胞内血红蛋白的颜色。动脉血中的氧合血红蛋白含量较高，呈鲜红色；静脉血中氧合血红蛋白含量较少，呈暗红色。血浆因含微量血红蛋白的分解产物胆色素，故呈淡黄色。空腹时血浆清澈透明，进餐后，尤其是进食较多的脂类食物后，血浆因悬浮较多的脂蛋白滴而变得浑浊。因此，临床对血液成分进行检验时，要求空腹采血，以避免食物对血液检验结果产生影响。

（2）相对密度：正常全血的相对密度为 1.050 ～ 1.060，血浆的相对密度为 1.025 ～ 1.030，血液相对密度的大小主要取决于红细胞数量和血浆蛋白的含量。

（3）黏滞性：血液的黏滞性来源于液体内部溶质分子或颗粒分子之间的摩擦力。血液黏滞性是水的 4 ～ 5 倍。

（4）酸碱度：血液呈弱碱性，正常人血浆 pH 为 7.35 ～ 7.45，主要由血液中各种缓冲物质来维持。pH 的正常对维持机体正常代谢和功能活动十分重要，如血浆 pH $<$ 7.35 即为酸中毒；pH $>$ 7.45 则为碱中毒。

考点 血浆的 pH 正常值

（二）血浆

1. 血浆的成分及作用　血浆是血细胞的细胞外液，是机体内环境的重要组成部分，由水和溶解于水中的溶质组成。

（1）水：血浆中水占 91% ～ 92%。血浆中的营养物质、代谢产物等大多是溶解于水而进行运输的。

（2）血浆蛋白：是血浆中多种蛋白质的总称，主要包括白蛋白、球蛋白和纤维蛋白原 3 类。它们的正常含量及主要生理作用，见表 3-2。

表 3-2　正常成人血浆蛋白含量及主要生理作用

蛋白质名称	正常含量（g/L）	主要生理作用
白蛋白	40 ～ 48	形成血浆胶体渗透压，调节血管内外水的分布
球蛋白	15 ～ 30	免疫、防御，物质运输
纤维蛋白原	2 ～ 4	参与血液凝固

（3）无机盐：占血浆总量的 0.9%，阳离子以 Na^+ 为主，还有 K^+、Ca^{2+}、Mg^{2+} 等；阴离子主要是 Cl^-，还有少量的 HPO_4^{2-}、HCO_3^-、SO_4^{2-} 等。无机盐的主要作用是形成血浆晶体渗透压，维持酸碱平衡和神经肌肉的正常兴奋性。

（4）非蛋白含氮化合物：是血浆中除蛋白质以外含氮化合物的总称，主要包括尿素、尿酸、肌酸、肌酐等，均为体内蛋白质代谢过程中的中间产物。非蛋白含氮化合物中所含的氮称为**非蛋白氮**（NPN），正常情况下，血液中的 NPN 主要通过肾脏排出体外。测定血液中 NPN 的含量有助于了解体内蛋白质的代谢状况和肾脏功能情况，当肾功能不全时，血液中的 NPN 含量升高。

（5）其他：血浆中还含有葡萄糖、多种脂类 [如三酰甘油（甘油三酯）、胆固醇、磷脂]、酮体、乳酸等。此外还有酶、激素、维生素、O_2 和 CO_2 等。

2. 血浆渗透压

（1）血浆渗透压的组成及正常值：血浆渗透压主要由溶解于其中的晶体物质和胶体物质形成，由血浆中的晶体物质（如无机盐、葡萄糖和尿素等）所形成的称为**血浆晶体渗透压**，由血浆中的胶体物质（如血浆蛋白，主要是白蛋白）形成的称为**血浆胶体渗透压**。由于血浆中晶体物质颗粒小但数量非常多，血浆渗透压主要是晶体渗透压，约为 298.7mOsm/L，胶体物质分子量大而颗粒数目少，血浆胶体渗透压较小，仅为 1.3mOsm/L。以血浆渗透压为标准，渗透压与血浆渗透压相等的溶液称为**等渗溶液**，如 5% 葡萄糖溶液和 0.9%NaCl 溶液（生理盐水）。渗透压高于血浆渗透压的溶液为**高渗溶液**，低于血浆渗透压的溶液为**低渗溶液**。临床上给患者大量输液时，一般输入等渗溶液，以免影响细胞的形态和功能。

（2）血浆渗透压的生理作用：由于细胞膜和毛细血管壁是具有不同通透性的半透膜，血浆晶体渗透压和胶体渗透压可表现出不同的生理作用。

1）血浆晶体渗透压的生理作用：血浆中的晶体物质绝大部分不易透过细胞膜，在红细胞外形成相对稳定的血浆晶体渗透压，对保持细胞内外的平衡、维持红细胞的形态具有重要作用。当血浆晶体渗透压降低时，血浆中的水被吸引进入红细胞，引起细胞膨胀甚至破裂；反之，当血浆晶体渗透压升高时，红细胞中的水被移出，导致红细胞皱缩而变形（图 3-20）。

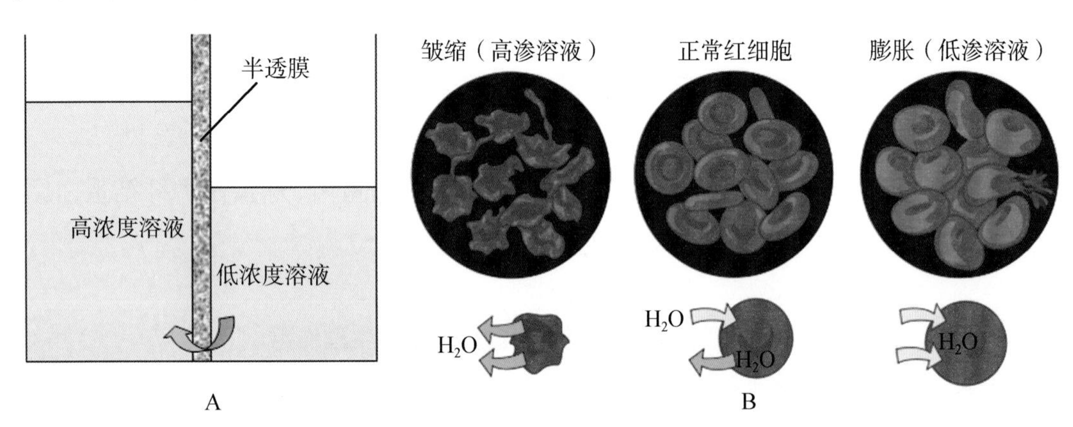

图 3-20 渗透压的作用

A. 溶液渗透压的作用；B. 血浆晶体渗透压对红细胞的作用

2）血浆胶体渗透压的生理作用：由于血浆蛋白分子量较大，不易透过毛细血管壁，正常情况下，血浆中的蛋白质浓度高于组织液中的蛋白质浓度，故血浆胶体渗透压高于组织液胶体渗透压，促使组织液中的水分不断渗入毛细血管内，维持血容量。因此，血浆胶体渗透压对维持血管内外水的平衡和保持正常的血浆容量具有重要作用。当某些疾病（如肝硬化、肾炎等）导致血浆蛋白减少，血浆胶体渗透压降低，可使进入毛细血管内的水减少，组织间隙的水增多而引起组织水肿。

考点 血浆晶体渗透压和血浆胶体渗透压的生理作用

（三）血细胞

血细胞包括红细胞、白细胞和血小板（图 3-21）。正常生理情况下，血细胞有一定的形态结构和相对稳定的数量。血细胞的形态、数量、百分比和血红蛋白含量的测定结果称为**血象**。患病时，血象常有显著变化，故临床上检查血象对了解机体状况和诊断疾病十分重要。

1. 红细胞

（1）红细胞的形态结构和正常值：在扫描电镜下，红细胞（RBC）呈双凹圆盘状，直径约7.5μm，中央较薄，周缘较厚。因此，在血涂片中，红细胞中央呈浅红色，周缘染色较深（图3-21）。成熟的红细胞内无细胞核，也无细胞器。红细胞内的蛋白质主要是血红蛋白（Hb），其可使红细胞呈红色，成年男性Hb为120～160g/L，女性Hb为110～150g/L。成熟的红细胞内无线粒体，糖酵解是其获得能量的唯一途径。

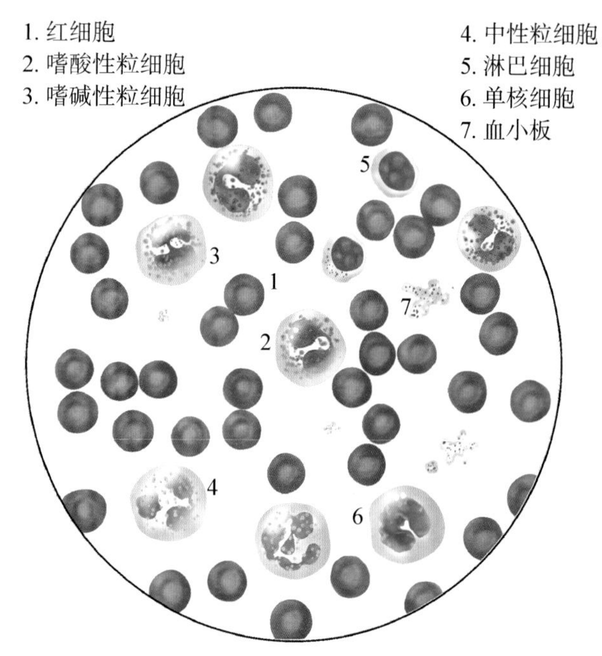

图3-21 血细胞仿真图

红细胞是血液中数量最多的血细胞，正常成年男性红细胞数量为（4.0～5.5）$\times 10^{12}$/L，女性为（3.5～5.0）$\times 10^{12}$/L。外周血中还有少量未完全成熟的红细胞从骨髓进入血液，这些红细胞内尚残留部分核糖体，用煌焦油蓝染色呈细网状，故称为**网织红细胞**。成人网织红细胞占红细胞总数的0.5%～1.5%。骨髓造血功能发生障碍的患者，网织红细胞计数降低。若贫血患者经治疗后网织红细胞计数增加，则说明治疗有效，故网织红细胞计数常作为了解红骨髓造血功能的一项重要指标。

（2）红细胞的生理功能：红细胞的主要功能是运输O_2和CO_2，红细胞运输气体的生理功能是由细胞内的Hb来实现的，Hb只有存在于红细胞内才能发挥作用，红细胞破裂Hb逸出到血浆中的现象称为**溶血**，一旦发生溶血，Hb就丧失了运输O_2和CO_2的功能。红细胞的另一个功能是参与调节血浆酸碱平衡，红细胞内有缓冲对和碳酸酐酶，在维持正常血浆酸碱度中起缓冲作用。

（3）红细胞的生理特性

1）可塑变形性：红细胞能从双凹圆盘状变为其他各种形态，以通过口径比它小的毛细血管和血窦孔隙，通过后又恢复其正常形态，红细胞的这一特征称为**可塑变形性**。

2）悬浮稳定性：是指红细胞在血浆中保持悬浮状态而不易下沉的特性，在临床上通常以红细胞在第1小时末下沉的毫米数来表示红细胞下沉的速度，称为**红细胞沉降率**（简称血沉，ESR）。正常成年男性为0～15mm/h，女性为0～20mm/h。女性月经期、妊娠期、风湿热及活动性结核病等时血沉加快。

3）渗透脆性：红细胞在等渗溶液中可保持其正常的形态和大小。若将正常红细胞置于低渗溶液，红细胞将会发生膨胀，直至破裂。这种红细胞在低渗盐溶液中发生膨胀破裂的特征称为红细胞的渗透脆性。

（4）红细胞的生成与破坏

1）红细胞的生成

生成部位：胚胎时期，红细胞主要在肝、脾和骨髓中生成。出生后则主要由骨髓造血。若骨髓造血功能受到放射线、药物（抗癌药物、氯霉素等）等理化因素的影响，将使红细胞的生成减少，从而引起再生障碍性贫血。

造血原料：红细胞的主要成分是血红蛋白，铁和蛋白质是血红蛋白的基本成分，故铁和蛋白质是红细胞生成的主要原料，正常膳食能保证供给。若铁摄入不足，可导致缺铁性贫血（即小细胞低色素性贫血）。

促成熟因子：在红细胞发育成熟的过程中，叶酸和维生素 B_{12} 是促使红细胞成熟的因子。当叶酸和维生素 B_{12} 缺乏时，可导致红细胞停滞在幼红细胞阶段，从而引起巨幼红细胞性贫血。

生成调节：①**促红细胞生成素**，由肾脏合成，是调节红细胞生成的主要因素。当组织缺氧时，促红细胞生成素释放，直接刺激红骨髓造血。严重肾病患者因促红细胞生成素合成不足发生贫血，称肾性贫血。②**雄激素**，可直接刺激红骨髓造血，它也可促进肾合成和释放促红细胞生成素。因此，青春期后，男性红细胞数量多于女性。

2）红细胞的破坏：红细胞的平均寿命约为 120 天。衰老的红细胞脆性增加，在血流湍急处因机械性冲撞而破损；或因变形能力减退，在通过微小孔隙时产生困难而滞留，被巨噬细胞所吞噬。肝、脾是红细胞破坏的主要场所。脾功能亢进时，可使红细胞破坏增加，导致脾性贫血。

2. 白细胞

（1）白细胞分类与正常值：白细胞（WBC）为无色有核的球形细胞，正常成人白细胞总数为（4.0 ～ 10.0）$\times 10^9$/L。根据白细胞胞质内有无特殊颗粒，可将其分为有粒白细胞（中性粒细胞、嗜酸性粒细胞、嗜碱性粒细胞）和无粒白细胞（单核细胞、淋巴细胞）两类。其中中性粒细胞占 50% ～ 70%，嗜酸性粒细胞占 0.5% ～ 3%，嗜碱性粒细胞占 0% ～ 1%，单核细胞占 3% ～ 8%，淋巴细胞占 25% ～ 30%。

（2）白细胞的形态结构（图 3-22）与功能

1）中性粒细胞：是数量最多的白细胞，细胞直径 10 ～ 12μm。核呈深染的弯曲杆状或分叶状，分叶核一般为 2 ～ 5 叶，叶间有细丝相连，正常人以 2 ～ 3 叶者居多。胞质呈极浅的粉红色，内含有许多细小而分布均匀的浅紫红色颗粒。中性粒细胞具有很强的趋化作用和吞噬功能，其吞噬对象以细菌为主，故临床上白细胞计数增加和中性粒细胞比例增高，往往提示可能为急性化脓性细菌感染。当机体受到细菌严重感染时，大量新生的中性粒细胞从红骨髓进入血液，杆状核与 2 叶核的细胞增多，称为核左移。当中性粒细胞在吞噬、处理了大量细菌后，自身受损死亡而成为脓细胞。

2）嗜酸性粒细胞：细胞直径 10 ～ 15μm，核常分为 2 叶。胞质内充满粗大而分布均匀的鲜红色嗜酸性颗粒。嗜酸性颗粒是一种特殊的溶酶体，除含一般溶酶体酶外，还含有组胺酶、芳基硫酸酯酶以及阳离子蛋白。

嗜酸性粒细胞的主要功能是限制嗜碱性粒细胞和肥大细胞合成与释放生物活性物质，从而减轻过敏反应，同时参与对蠕虫的免疫反应。因此患过敏性疾病和某些蠕虫病时，血液中嗜酸性粒细胞增多。

3）嗜碱性粒细胞：数量最少。细胞直径 10 ～ 12μm。核分叶，或呈 S 形或不规则形，着色较浅。胞质内含有大小不等、分布不均、染成蓝紫色的嗜碱性颗粒。嗜碱性颗粒内含有肝素、组胺和嗜酸性粒细胞趋化因子等，胞质内含有白三烯。嗜碱性粒细胞与肥大细胞的功能基本相同，参与过敏反应。

4）单核细胞：是体积最大的白细胞。细胞呈圆形或椭圆形，直径 14 ～ 20μm。核呈肾形、马蹄铁形或不规则形，胞质弱嗜碱性而呈灰蓝色。单核细胞在血液中停留 12 ～ 48 小时，然后离开血管进入结缔组织或其他组织，分化成巨噬细胞等具有吞噬功能的细胞。

单核细胞转变成巨噬细胞后，其吞噬能力明显增强，能吞噬和杀灭病原微生物或衰老损伤的细胞，识别和杀伤肿瘤细胞，还参与激活淋巴细胞的特异性免疫功能。

5）淋巴细胞：血液中的淋巴细胞大部分为直径 6 ～ 8μm 的小淋巴细胞，小部分为直径 9 ～ 12μm 的中淋巴细胞。小淋巴细胞的核大而圆，占细胞的大部分，一侧常有浅凹，着色深。胞质很少，为嗜碱性，呈蔚蓝色。淋巴细胞分为 T 细胞、B 细胞和自然杀伤细胞（简称 NK 细胞）3 类，**T 细胞**参与细胞免疫，**B 细胞**参与体液免疫，**NK 细胞**可直接杀伤肿瘤细胞、病毒或细菌感染的细胞。

考点 血细胞的分类、正常值及其功能

A B C D E

图 3-22 白细胞光镜下结构模式图

A. 中性粒细胞；B. 嗜酸性粒细胞；C. 嗜碱性粒细胞；D. 单核细胞；E. 淋巴细胞

3. 血小板

（1）血小板的形态结构：**血小板**是从骨髓巨核细胞脱落下来的胞质小块，并非严格意义上的细胞。血小板呈双凸圆盘状，体积甚小，直径 2 ～ 4μm，无细胞核，但有细胞器。在血涂片上，血小板常聚集成群，故无明显的轮廓。健康成人血液中血小板正常值为（100 ～ 300）$\times 10^9$/L。血小板的寿命一般为 7 ～ 14 天，但只在开始 2 天具有生理功能。衰老的血小板在脾内被吞噬处理。

（2）血小板的生理功能：由于血小板有黏附、聚集、释放、吸附和收缩的特性，故血小板的主要功能有两个方面。

1）维持毛细血管内皮的完整性：血小板对毛细血管内皮细胞有支持作用，能填补血管壁内皮细胞脱落后的间隙并融合入血管内皮中，从而维持毛细血管壁的完整性。当血小板数量减少至 50×10^9/L 以下时，毛细血管脆性增大，会出现皮肤瘀点或紫癜，称血小板减少性紫癜。

2）参与生理性止血：小血管损伤后血液从血管内流出，数分钟后出血可自行停止的现象，称生理性止血。

4. 血细胞发生概况　体内各种血细胞的寿命长短不一，每天都有一定数量的血细胞衰老死亡，同时又有相同数量的血细胞在骨髓生成并源源不断地进入血液，使外周血中血细胞的数量和质量维持动态平衡。

造血干细胞是在胚胎第 3 周由卵黄囊壁等处的血岛生成；胚胎第 6 周，从卵黄囊迁入肝的造血干细胞开始造血；胚胎第 12 周脾内造血干细胞增殖分化产生各种血细胞。胚胎第 4 个月时，在胸腺发育成熟的 T 细胞和在骨髓发育成熟的 B 细胞进入淋巴结定居下来，此时若受到抗原刺激后可增殖分化为效应性 T 淋巴细胞和（或）效应性 B 淋巴细胞。胚胎后期骨髓开始造血，出生后红骨髓成为终生造血的主要器官。

考点　胚胎后期至出生后主要的造血器官

（四）血液凝固与纤维蛋白溶解

1. 血液凝固　血液凝固简称凝血，是指血液由液体状态变成不能流动的凝胶状态的过程，其实质就是血浆中的可溶性纤维蛋白原转变为不溶性纤维蛋白的过程。纤维蛋白形成后，交织成网，把血细胞网罗在一起形成血凝块。目前认为，血液凝固是凝血因子参与的一系列生物化学反应过程。

（1）凝血因子：是指血液和组织中直接参与凝血的物质。公认的凝血因子共 12 种，用罗马数字编号（表 3-3）。除因子Ⅳ外，其他已知的凝血因子都是蛋白质，并且其中大多数是以酶原形式存在的蛋白酶，被激活后才具有活性，用代码加“a”表示凝血因子已被激活，如Ⅻa。除因子Ⅲ由组织细胞释放外，其他凝血因子都存在于血浆中，且多数在肝内合成，其中因子Ⅱ、Ⅶ、Ⅸ、Ⅹ在合成时需要维生素 K 参与。因此，肝的病变或维生素 K 缺乏，均会导致凝血功能障碍而产生出血倾向。

考点　血凝的概念

表 3-3　国际命名编号的凝血因子

凝血因子	名称	凝血因子	名称
Ⅰ	纤维蛋白原	Ⅷ	抗血友病因子
Ⅱ	凝血酶原	Ⅸ	血浆凝血活酶成分
Ⅲ	组织因子	Ⅹ	斯图亚特因子
Ⅳ	钙离子（Ca^{2+}）	Ⅺ	血浆凝血活酶前质
Ⅴ	前加速素，易变因子	Ⅻ	接触因子
Ⅶ	前转变素，稳定因子	XⅢ	纤维蛋白稳定因子

（2）凝血过程：血液凝固基本过程分 3 个步骤，即凝血酶原激活物形成、凝血酶形成和纤维蛋白形成（图 3-23）。

1）凝血酶原激活物形成：依靠血浆内的凝血因子从因子Ⅻ开始，或由于组织损伤，血管外组织释放因子Ⅲ，通过复杂的过程激活因子Ⅹ，因子Ⅹa 与Ⅴ、Ca^{2+} 和血小板因子Ⅲ（PF_3）

共同构成凝血酶原激活物。

2）凝血酶形成：凝血酶原激活物一旦形成后，可迅速地将血浆中的凝血酶原激活成凝血酶。凝血酶的主要作用是分解纤维蛋白原，并激活多种凝血因子，不断加速凝血过程。

3）纤维蛋白形成：凝血酶将可溶性的纤维蛋白原转变成纤维蛋白，纤维蛋白交织成网，把血细胞网罗其中形成稳定的血凝块。

血凝块形成后1～2小时发生回缩并析出淡黄色的液体称为**血清**。血清是血液凝固后的液体，缺少纤维蛋白原和其他参加血凝的物质。

（3）抗凝物质：血浆中抗凝物质主要是抗凝血酶Ⅲ和肝素。抗凝血酶Ⅲ由肝细胞合成，它能与凝血酶和Ⅸa、Ⅹa、Ⅺa、Ⅻa相结合，使之灭活，从而产生抗凝作用。肝素主要由肥大细胞和嗜碱性粒细胞产生，它主要通过增强抗凝血酶Ⅲ的活性而发挥抗凝作用，是一种作用强大的抗凝物质。

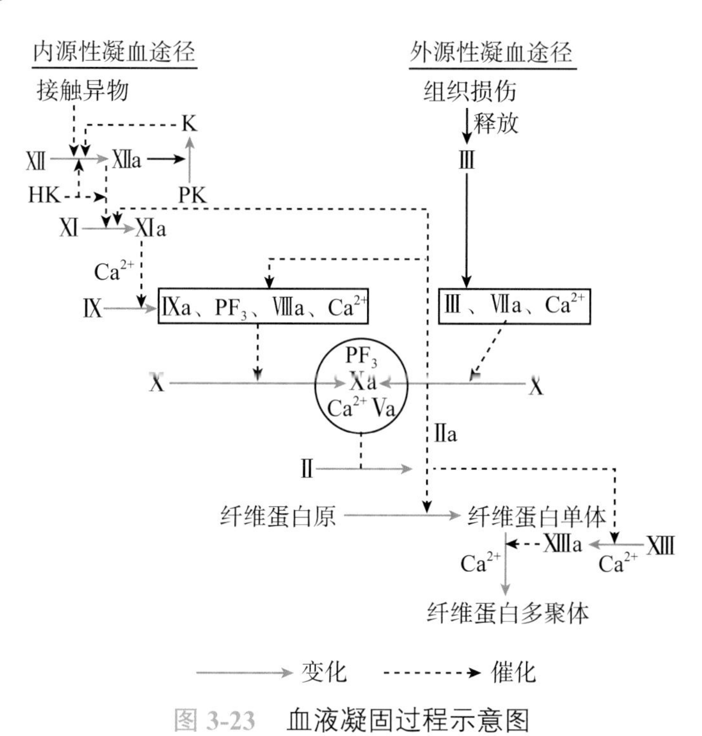

图3-23 血液凝固过程示意图

2. 纤维蛋白溶解 纤维蛋白在纤溶酶的作用下被分解液化的过程称为**纤维蛋白溶解**，简称**纤溶**。纤溶系统主要包括纤溶酶原、纤溶酶、纤溶酶原激活物和抑制物。纤溶的生理意义在于使血液保持液态、血流通畅。纤溶的基本过程可分为纤溶酶原的激活和纤维蛋白的降解两个阶段（图3-24）。

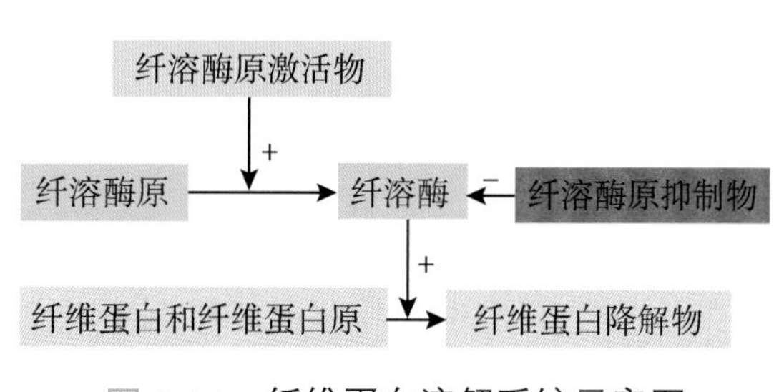

图3-24 纤维蛋白溶解系统示意图

（1）纤溶酶原的激活：在各种纤溶酶原激活物（组织激活物、血浆激活物和激肽释放酶）的作用下，纤溶酶原转变成有活性的纤溶酶。纤溶酶原激活物以组织激活物最为重要，存在于许多组织中，尤以子宫、甲状腺、前列腺、肺等处含量较多，在组织损伤时释放出来，因此这些器官手术时易发生术后渗血现象。

（2）纤维蛋白的降解：纤溶酶可使纤维蛋白或纤维蛋白原分解成多种可溶性降解物，使血凝块液化。凝血与纤溶是机体内两个重要的防御系统，既对立又统一。它们之间保持动态平衡，使机体在出血时既能有效地止血，又能防止血凝块堵塞血管。如果凝血作用大于纤溶作用，就会发生血栓，如果纤溶作用大于凝血作用，就会造成出血倾向。

（五）血量、血型与输血

1. 血量　**血量**又称血容量，是指循环系统中存在的血液总量。正常成人的血液总量相当于体重的 7% ～ 8%。机体安静时，大部分血液在心血管内循环流动，称为**循环血量**，还有一部分滞留于肝、脾、肺及皮下静脉等处，流动缓慢，称为**储存血量**。维持血量的相对恒定，对维持机体正常生理功能和内环境的稳定起到十分重要的作用，若血量不足就会引起器官代谢障碍和功能障碍。

2. 血型　血型通常是指红细胞膜上特异性抗原的类型。至今已发现了 35 个不同的红细胞血型系统，抗原近 300 个。其中，与临床关系最为密切的是 ABO 血型系统和 Rh 血型系统。

（1）ABO 血型系统：根据红细胞膜上是否含有 A 抗原（A 凝集原）和 B 抗原（B 凝集原）将血液分为 4 种血型：如红细胞膜上只含 A 抗原者为 **A 型**；只含 B 抗原者为 **B 型**；若 A、B 两种抗原都有者为 **AB 型**；若 A、B 两种抗原都没有者为 **O 型**。在人类血清中含有两种与上述抗原相对应的天然凝集素（血型抗体），抗 A 凝集素和抗 B 凝集素。不同血型的人，其血清中含有不同的凝集素，即不会含有与自身红细胞凝集原相对应的凝集素（表 3-4）。

表 3-4　ABO 血型系统的分型

血型	红细胞膜上的凝集原	血清中的凝集素
A 型	A	抗 B
B 型	B	抗 A
AB 型	A 和 B	无
O 型	无	抗 A 和抗 B

（2）Rh 血型系统

1）Rh 血型的分型与分布：Rh 血型系统是人类红细胞血型中最复杂的一个系统。在红细胞膜上已发现 Rh 抗原 40 多种，与临床关系密切的是 D、C、E、c、e 五种。其中以 D 抗原的抗原性最强，临床意义最为重要。因此，医学上将红细胞膜上有 D 抗原者称为 **Rh 阳性**；而红细胞膜上缺乏 D 抗原者称为 **Rh 阴性**。

2）Rh 血型的特点及其临床意义

输血溶血反应：Rh 血型的特点是血清中不存在抗 Rh 抗原的天然抗体，只有当 Rh 阴性者接受 Rh 阳性的血液后，通过体液免疫才产生抗 Rh 的免疫性抗体。因此，Rh 阴性的受血者在第一次接受 Rh 阳性的血液后，一般不会产生明显的输血反应。但 Rh 阴性的受血者在接受 Rh 阳性的血液后，可通过机体的体液免疫产生免疫性抗 D 抗体，故当再次或多次输入 Rh 阳性血液时，就会发生抗原 - 抗体反应，导致红细胞凝集而溶血。

新生儿溶血反应：当Rh阴性的母亲孕育了Rh阳性的胎儿时，胎儿的红细胞进入母体，可刺激母体产生免疫性抗D抗体。但一般只有在妊娠末期或分娩时才有足量的胎儿红细胞进入母体，故Rh阴性的母亲孕育第一胎Rh阳性的胎儿时，很少发生新生儿溶血现象。但若再次怀有Rh阳性胎儿时，母体的抗Rh抗体可通过胎盘进入胎儿体内，导致胎儿红细胞发生凝集，引起新生儿溶血。

3. 输血　输血在临床上应用颇为广泛。例如，输血可以补充循环血量，抢救各种原因的急性大失血；治疗各种原因造成的重度贫血；补充凝血因子，协助止血以及改善机体的功能状态，增强抵抗力等。输血也有很多弊端，例如，不按严格的程序操作，血源污染可以造成疾病的传播而引起严重的后果；血型测定、交叉配血试验不严谨，有可能引起血型不合而导致输血反应甚至危及生命。

（1）输血的原则：输血是非常严谨的一项工作，为了保证输血的安全和提高输血的效果，必须遵守输血原则，杜绝输血事故发生。

1）在准备输血前，首先必须进行ABO血型鉴定，在正常情况下，只有相同血型的人才能互相输血，还必须保证供血者与受血者的Rh血型相合。

2）在输血前必须进行交叉配血试验（图3-25），即便是在ABO血型相同的人之间进行输血，在输血前也必须进行此试验。把供血者的红细胞与受血者的血清进行配合的试验称为**交叉配血主侧**；再将受血者的红细胞与供血者的血清进行配合的试验称为**交叉配血次侧**。当两侧配血均无凝集时，配血相合，输血最理想；如主侧凝集，为配血不合，绝对不能输血；如主侧不凝集而次侧凝集，为配血基本相合，只能在紧急情况下少量（＜200ml）、缓慢输血，并密切观察受血者情况，一旦发生输血反应，必须立即停止输血。

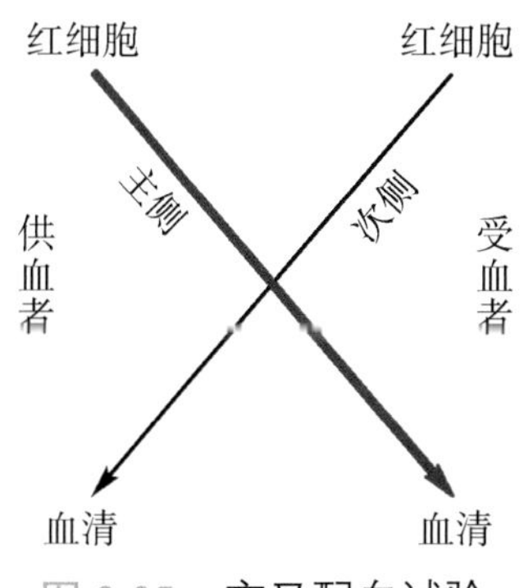

图3-25　交叉配血试验

以往曾把O型血的人称为“万能供血者”，认为他们的血液可以输给其他任何ABO血型的人，这种说法是不可取的。因为O型血的红细胞虽然不含A和B抗原，但血浆中存在抗A和抗B抗体，这些抗体能与其他血型受血者的红细胞发生凝集反应。当输入的血量较大时，供血者血浆中的抗体未能被受血者的血浆足够稀释时，受血者的红细胞将会被广泛凝集。同样，把AB型血的人称为“万能受血者”，认为AB型血的人可接受其他任何ABO血型供血者的血液，这种说法也是不可取的。

考点　输血的原则

（2）成分输血：是将供血者的血液成分，如红细胞、粒细胞、血小板、血浆和血浆蛋白等，用科学方法进行分离，分别制备成高纯度或高浓度的制品，依据患者的实际需要，分别输入相关的血液成分。随着医学和科学技术的进步，由于血液成分分离机的广泛应用以及分离技术和成分血质量的不断提高，传统的输全血方法已经被改变，发展为如今的成分输血。成分输血是临床输血的主要形式。按照“缺什么，补什么”的原则，不仅可以充分利用全血，而且可以减少各种输血反应。

第3节 肌 组 织

肌组织（muscular tissue）主要由具有收缩功能的肌细胞构成。肌细胞之间有少量的结缔组织、血管、淋巴管和神经。肌细胞因呈细长纤维状，故又称为**肌纤维**（muscle fiber）。肌细胞膜称为**肌膜**，细胞质称为**肌质**。肌组织分为骨骼肌、心肌和平滑肌3种（图3-26，表3-5），前两种均有明暗相间的横纹，属横纹肌。骨骼肌受躯体运动神经支配，属随意肌；心肌和平滑肌受内脏运动神经支配，为不随意肌。

考点 肌组织的分类及分布

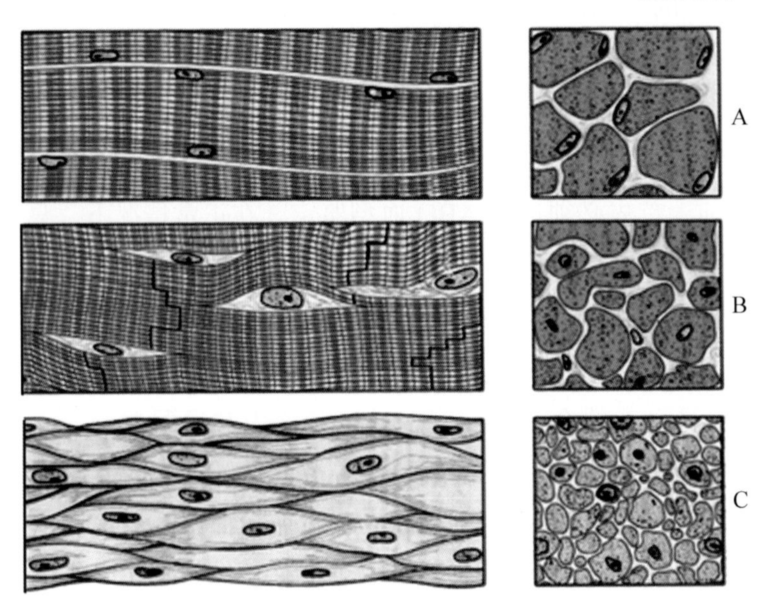

图3-26 骨骼肌、心肌和平滑肌结构模式图

A. 骨骼肌；B. 心肌；C. 平滑肌

表3-5 肌组织的分类、分布及形态结构特点

项目	骨骼肌	心肌	平滑肌
分布	头、颈、躯干和四肢	心壁和邻近心脏的大血管根部	内脏中空性器官和血管壁内
横纹	有，明显	有，但不明显	无
闰盘	无	有	无
肌质网	发达，形成三联体	不发达，形成二联体	只有少量

一、骨 骼 肌

（一）骨骼肌纤维的光镜结构

骨骼肌纤维是细长圆柱状、有横纹的多核细胞，长度不一，长者可达10cm以上。细胞核呈扁椭圆形，紧靠肌膜排列，一条肌纤维内含有几十个甚至几百个细胞核。肌质内含有大量与肌纤维长轴平行排列的肌原纤维。每条肌原纤维上有明暗相间、交替重复排列的**明带**（I带）和**暗带**（A带），各条肌原纤维的明带和暗带都准确地排列在同一平面上，因而构成了骨骼肌纤维明暗相间的周期性横纹。暗带中央有一浅色窄带，称为**H带**；H带中央有

一条深色的**M线**。明带中央有一条深色的**Z线**。相邻两条Z线之间的一段肌原纤维称为**肌节**。每个肌节由1/2 I带+A带+1/2 I带组成。肌节递次排列构成肌原纤维，其是骨骼肌纤维结构和功能的基本单位。

（二）骨骼肌纤维的超微结构

骨骼肌纤维的超微结构（图3-27）如下。

1. 肌原纤维　由粗、细两种肌丝沿肌纤维的长轴并按规则的空间布局互相穿插平行排列构成。**粗肌丝**位于肌节中部，贯穿暗带全长，中央借M线固定，两端游离。H带两侧的粗肌丝表面有许多横向小突起，称为**横桥**。**细肌丝**位于肌节两侧，一端附着于Z线，另一端伸至粗肌丝之间，止于H带的外缘。因此，明带仅由细肌丝构成，H带由粗肌丝构成，而H带两侧的暗带则由粗肌丝和细肌丝共同构成（图3-28）。

2. 横小管　是由肌膜向肌质内凹陷形成的管状结构，其走行方向与肌纤维长轴垂直，位于明带与暗带交界处。同一平面上的横小管分支吻合，环绕在每条肌原纤维的周围，可将肌膜的兴奋迅速传导至肌纤维内部。

3. 肌质网　是肌纤维内特化的滑面内质网，位于相邻两条横小管之间。其中部纵行包绕一段肌原纤维，称为**纵小管**；两端在横小管两侧扩大呈扁囊状，称为**终池**。每条横小管与两侧的终池组成**三联体**。肌质网的功能是调节控制肌质内Ca^{2+}的浓度。

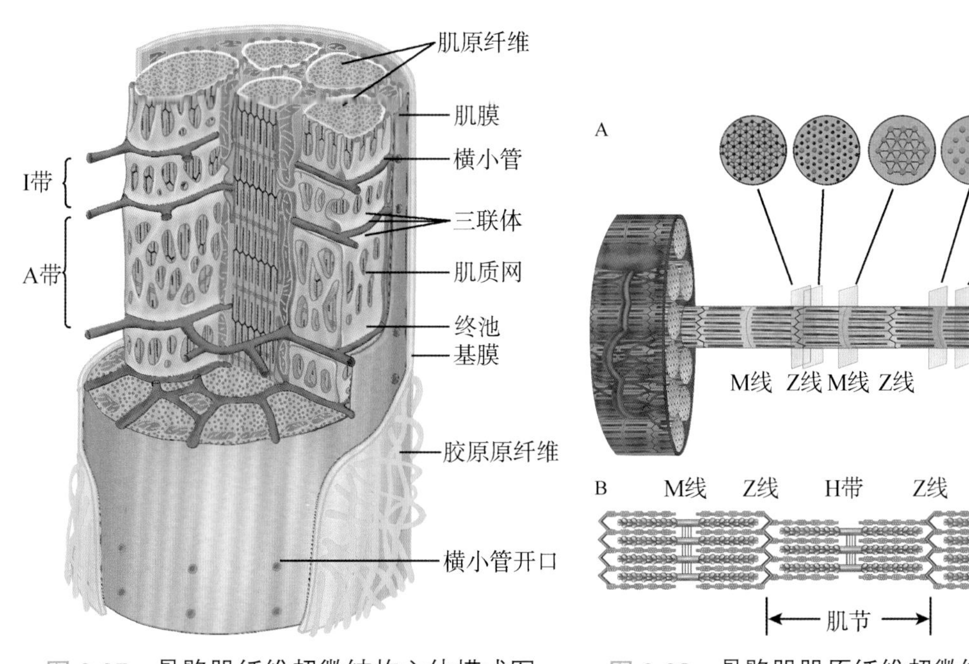

图3-27　骨骼肌纤维超微结构立体模式图

图3-28　骨骼肌肌原纤维超微结构模式图
A. 肌丝不同部位的横切面；B. 肌节的纵切面

（三）骨骼肌纤维的收缩功能

1. 肌丝的分子结构（图3-29）

（1）粗肌丝：主要由数百个肌球蛋白分子聚合而成。肌球蛋白分子呈豆芽状，有一个杆部和两个豆瓣状的头部，头部有规律地裸露于主干表面形成横桥。横桥有两个特征：①在一定条件下，可以与细肌丝的肌动蛋白分子呈可逆性结合；②具有ATP酶活性，可分解ATP

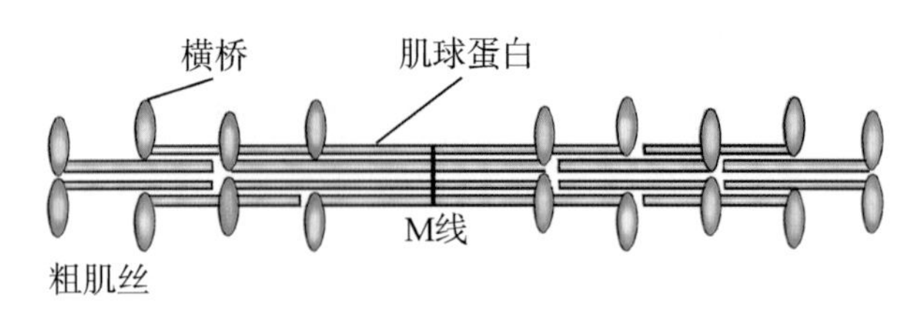

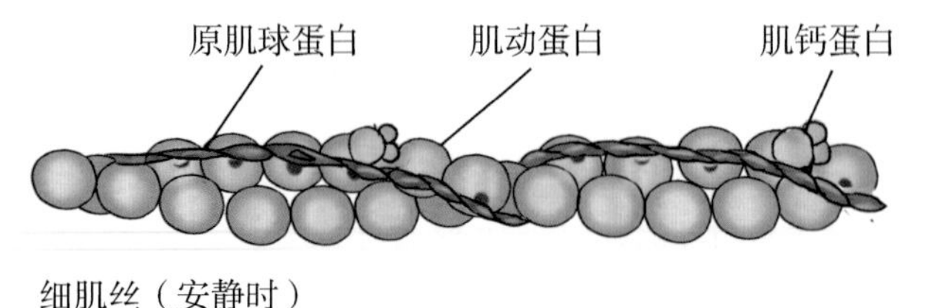

图 3-29 肌丝的分子结构模式图

提供能量，引起横桥扭动，拖动细肌丝向 M 线方向滑行。

（2）细肌丝：主要由肌动蛋白或称肌纤蛋白、原肌凝蛋白或称原肌球蛋白和肌钙蛋白 3 种蛋白质构成。在肌动蛋白分子上有与横桥结合的位点；原肌球蛋白在肌肉舒张时遮盖肌动蛋白与横桥结合的位点，阻断横桥与肌动蛋白结合；肌钙蛋白与 Ca^{2+} 有很强的亲和力，与 Ca^{2+} 结合后，其构型发生改变。

2. 骨骼肌纤维的收缩原理　目前肌丝滑行学说认为，肌纤维收缩时肌丝本身的长度并未缩短，而是粗肌丝牵拉细肌丝，使细肌丝向 M 线方向滑行，结果使肌节缩短，肌纤维收缩。细肌丝滑出，肌节恢复原有的长度，表现为肌纤维舒张。

3. 兴奋 - 收缩耦联　是指肌纤维兴奋的电位变化和肌纤维收缩的机械性变化联系起来的中介过程。兴奋 - 收缩耦联的过程包括：①动作电位经横小管传导到肌纤维内部；②三联管的信息传递，终池 Ca^{2+} 的储存、释放和再储存；③启动肌丝滑行，触发肌肉收缩与舒张。因而，兴奋 - 收缩耦联的结构基础是三联体，起关键作用的物质是 Ca^{2+}。

考点 兴奋 - 收缩耦联过程

二、心　肌

心肌纤维呈不规则的短圆柱状，有横纹、有分支并相互连接成网。相邻心肌纤维连接处有一条染色较深的阶梯状线，称为**闰盘**（图 3-30），是心肌纤维的特征性结构。多数心肌纤维只有一个卵圆形的细胞核，位于细胞的中央，少数为双核。核周围的胞质内可见脂褐素，随年龄的增长而增多。

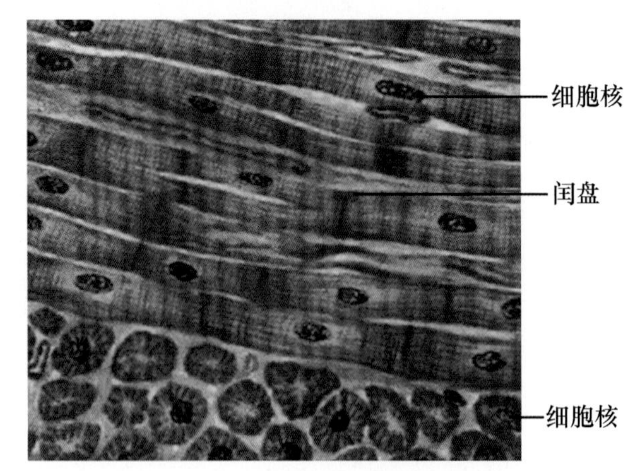

图 3-30 心肌纤维光镜结构模式图

三、平　滑　肌

平滑肌纤维呈长梭形，长短不一，中央有一个杆状或长椭圆形的细胞核，胞质呈嗜酸性，无横纹。平滑肌纤维可单独存在（如小肠绒毛中轴的平滑肌），但绝大部分是成束或成层分布的。

第 4 节　神 经 组 织

神经组织由神经细胞和神经胶质细胞构成（图 3-31）。**神经细胞**又称**神经元**，是神经系统的结构和功能单位，具有感受刺激、整合信息和传导冲动的功能。神经胶质细胞的数量是神经元的 10 ～ 50 倍，相当于细胞外基质，对神经元起支持、营养、保护和绝缘等作用。

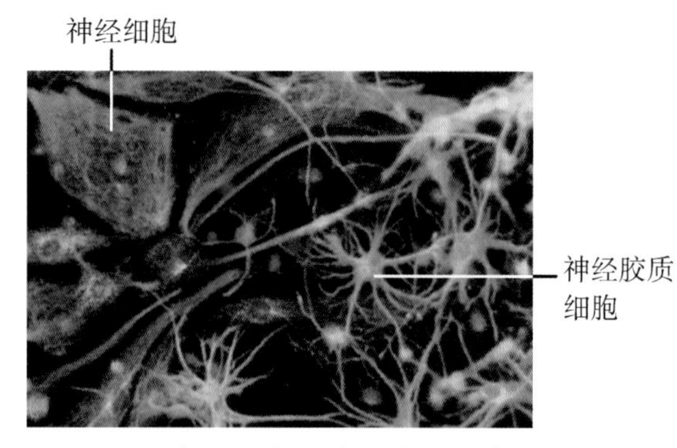

图 3-31 神经细胞和神经胶质细胞光镜结构像

一、神 经 元

（一）神经元的结构

神经元是有突起的细胞，形态多样，可分为胞体、树突和轴突 3 部分（图 3-32）。

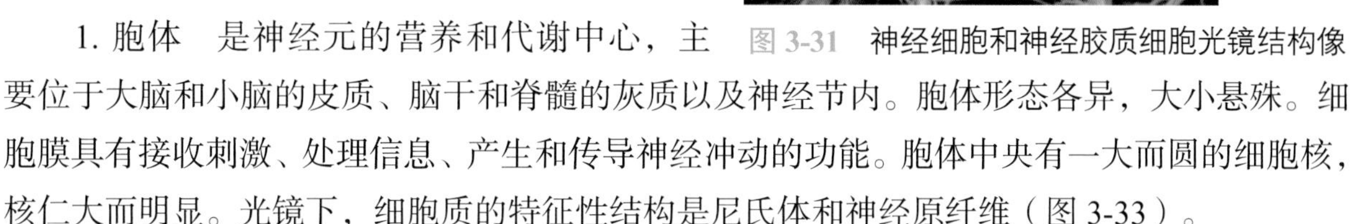

1. 胞体 是神经元的营养和代谢中心，主要位于大脑和小脑的皮质、脑干和脊髓的灰质以及神经节内。胞体形态各异，大小悬殊。细胞膜具有接收刺激、处理信息、产生和传导神经冲动的功能。胞体中央有一大而圆的细胞核，核仁大而明显。光镜下，细胞质的特征性结构是尼氏体和神经原纤维（图 3-33）。

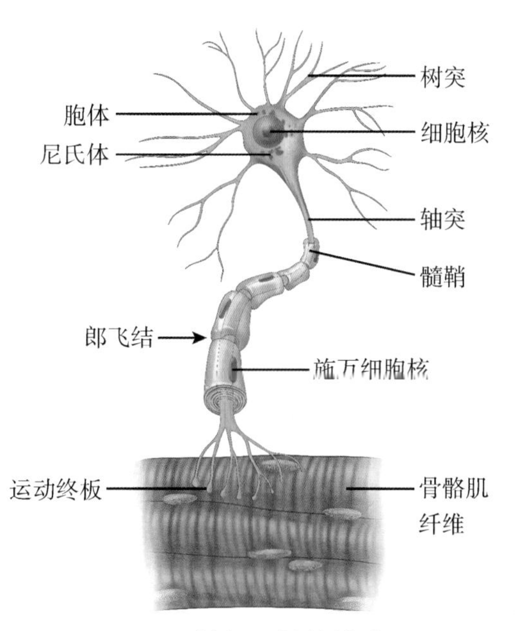

图 3-32 神经元结构模式图

（1）尼氏体：光镜下，是均匀分布的、呈强嗜碱性的斑块状或细颗粒状物质。电镜下，由发达的粗面内质网和游离核糖体构成，表明神经元具有活跃的蛋白质合成功能。

（2）神经原纤维：在镀银染色的标本中，呈棕黑色细丝，交错排列成网，并伸入树突和轴突内。构成了神经元的细胞骨架，参与细胞内的物质运输。

2. 树突 每个神经元有一个至多个形如树枝状的树突，在其分支上有许多棘状的小突起，称为**树突棘**。树突的功能主要是接收刺激。

3. 轴突 每个神经元只有一个轴突，短者仅数微米，长者可达 1m 以上。胞体发出轴突的起始部有一呈圆锥形浅染区，称为**轴丘**，轴丘和轴突内均无尼氏体。轴突的末端分支较多，形成轴突终末。轴突的主要功能是传导神经冲动。

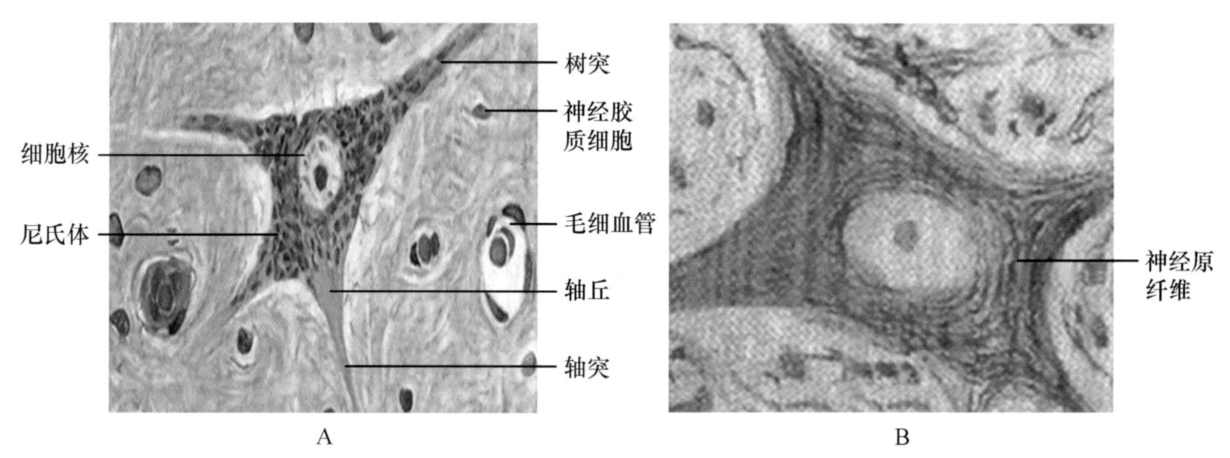

图 3-33 神经元光镜结构像（示尼氏体和神经原纤维）

A. 示尼氏体；B. 示神经原纤维

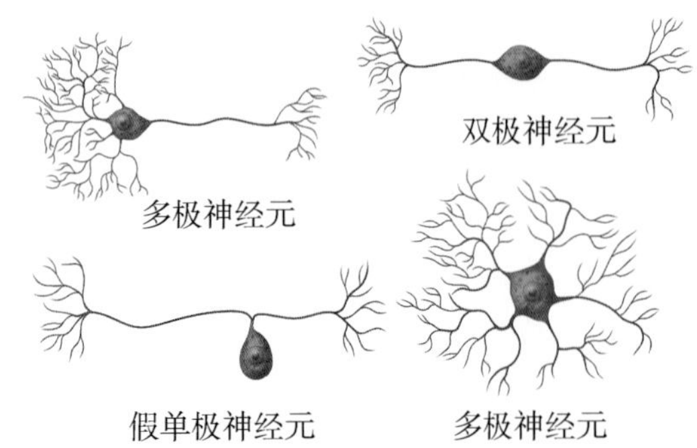

图 3-34　神经元的主要形态模式图

（二）神经元的分类

1. 按神经元的突起数量分类　可分为 3 类（图 3-34）：①**多极神经元**，有一个轴突和多个树突。②**双极神经元**，有一个树突和一个轴突。③**假单极神经元**，从胞体发出一个突起，但距胞体不远处呈 T 形分为两支，一支进入中枢神经系统，称为**中枢突**；另一支分布到周围的其他组织或器官，称为**周围突**。中枢突传出神经冲动，是轴突；周围突接收刺激，具有树突的功能。

2. 按神经元的功能分类　可分为 3 类（图 3-35）：①**感觉神经元**，又称**传入神经元**，多为假单极神经元，周围突接收刺激，并将刺激经中枢突传入中枢神经；②**运动神经元**，又称**传出神经元**，一般为多极神经元，能将脑和脊髓产生的神经冲动传递给肌细胞或腺细胞；③**中间神经元**，又称**联络神经元**，主要为多极神经元，占神经元总数的 99% 以上，位于感觉神经元与运动神经元之间，起信息加工和传递作用。

考点 神经元的结构特点、分类及功能

（三）突触

突触（synapse）是神经元与神经元之间或神经元与效应细胞（肌细胞、腺细胞等）之间一种特殊的细胞连接，是传递神经信息的功能结构。神经冲动只有通过突触，才能由一个神经元传至另一个神经元或效应细胞。在神经元之间的连接中，最常见的是一个神经元的轴突终末与另一个神经元的树突、树突棘或胞体连接，分别构成**轴 - 树突触**、**轴 - 棘突触**或**轴 - 体突触**（图 3-36）。

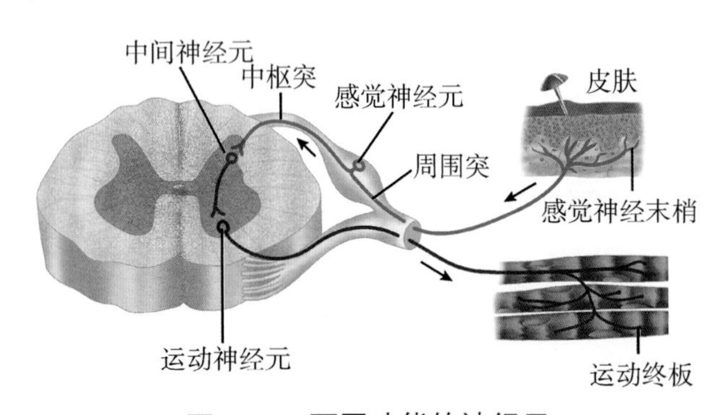

图 3-35　不同功能的神经元

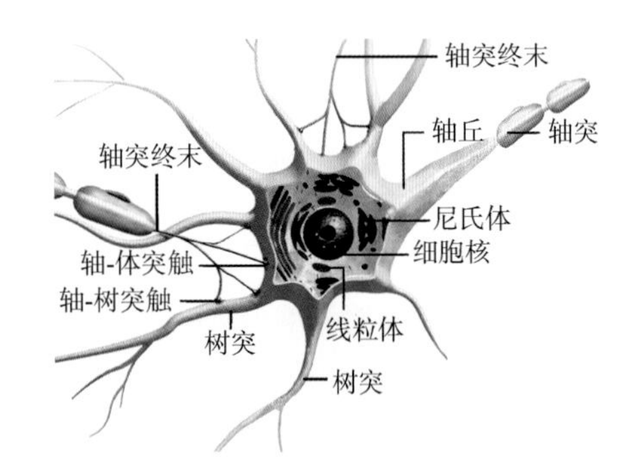

图 3-36　多极神经元及其突触结构模式图

根据传递信息的方式不同，可将突触分为电突触和化学突触两类。**电突触**实际上是神经元之间的缝隙连接，是以电流作为传递信息的载体。**化学突触**是以神经递质作为传递信息的媒介，即通常所说的突触，由突触前膜、突触间隙和突触后膜 3 部分构成（图 3-37）。

考点 尼氏体和突触的概念

二、神经胶质细胞

1. 中枢神经系统的神经胶质细胞　有 4 种（图 3-38）：①**星形胶质细胞**，除对神经元起

支持和绝缘作用外，还参与血 - 脑屏障的构成；②**少突胶质细胞**，形成中枢神经系统有髓神经纤维的髓鞘；③**小胶质细胞**，由血液内的单核细胞迁入神经组织后演化而成，当神经系统损伤时，可转变为巨噬细胞，吞噬死亡细胞的碎屑；④**室管膜细胞**，衬在脑室和脊髓中央管的腔面，形成单层上皮样的室管膜。

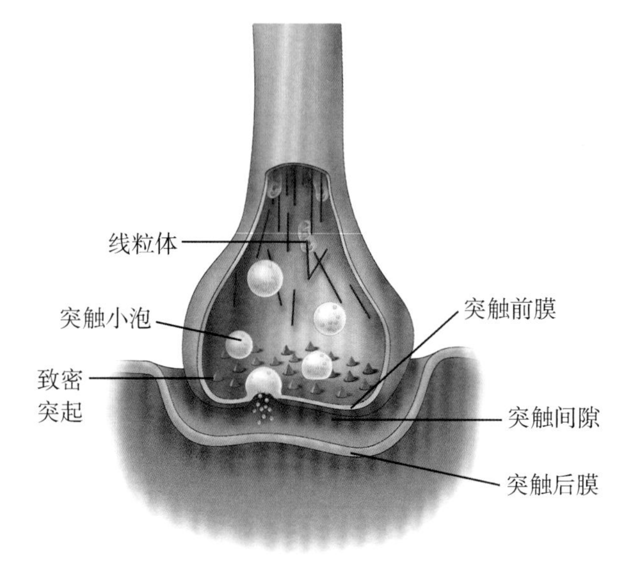

图 3-37 化学突触超微结构模式图

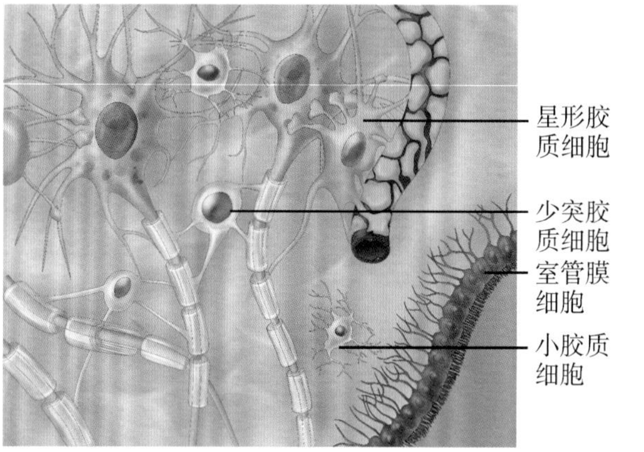

星形胶质细胞
少突胶质细胞
室管膜细胞
小胶质细胞

图 3-38 中枢神经系统的神经胶质细胞模式图

2. 周围神经系统的神经胶质细胞 包括**施万细胞**和**卫星细胞**。施万细胞参与周围神经系统中神经纤维的构成。

链接

神经干细胞

神经干细胞是存在于神经组织内的一些能自我更新和具有多向分化潜能的细胞，在成人主要分布于大脑海马齿状回、脑和脊髓的室管膜周围区域。神经干细胞在特定环境下可以增殖、迁移和分化为神经元、星形胶质细胞及少突胶质细胞。神经干细胞作为潜伏在神经组织中的一种储备细胞，可以替换自然死亡的细胞来维持神经组织结构的动态平衡。神经干细胞的发现，改变了人们长期认为神经组织中自然死亡或因病、伤死亡的神经元，不能获得新生神经元替换的观点。

三、神经纤维

神经纤维（nerve fiber）由神经元的长轴突和包绕在其外面的神经胶质细胞构成。根据神经胶质细胞是否形成髓鞘，将其分为有髓神经纤维和无髓神经纤维两类。

1. 有髓神经纤维 由施万细胞形成多层膜结构的髓鞘包裹轴突而构成（图 3-39）。**髓鞘**类似于电线外绝缘体，呈节段性包绕轴突，相邻节段间无髓鞘的缩窄部称为**郎飞结**。相邻两个郎飞结之间的一段神经纤维称为**结**

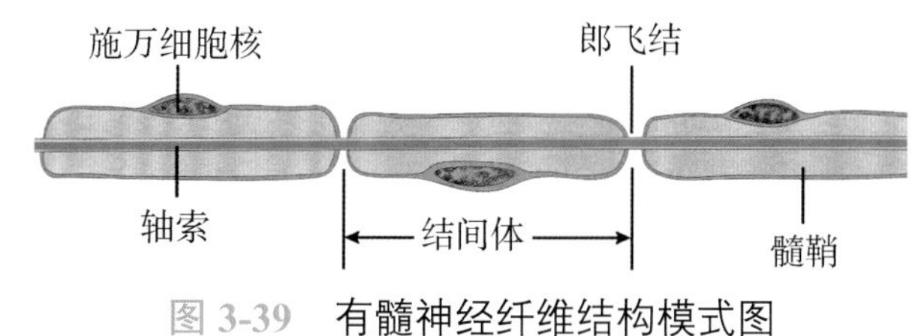

图 3-39 有髓神经纤维结构模式图

间体，因此，一个结间体的外周部分即为一个施万细胞。由于髓鞘的绝缘作用，有髓神经纤维的神经冲动是通过郎飞结处裸露的轴膜呈跳跃式传导的，即从一个郎飞结跳跃到下一个郎飞结，故其传导速度快。

2. 无髓神经纤维　其轴突外仅有单层施万细胞的细胞膜包绕，无髓鞘和郎飞结。一个施万细胞可包裹多条轴突，故一条无髓神经纤维可含多条轴突。无髓神经纤维因无髓鞘和郎飞结，神经冲动只能沿轴膜连续传导，故其传导速度慢。

考点　神经纤维的分类

四、神经末梢

神经末梢是周围神经纤维的终末部分，它们遍布全身，形成各种末梢装置。按功能分为感觉神经末梢和运动神经末梢两大类。

（一）感觉神经末梢

感觉神经末梢是感觉神经元（即假单极神经元）周围突的末端，与其周围组织共同构成感受器。其功能是接收刺激，并将刺激转化为神经冲动传至中枢而产生感觉。

1. 游离神经末梢　由较细的感觉神经纤维终末失去髓鞘后，反复分支而形成。广泛分布于皮肤表皮（图 3-40）、角膜及结缔组织等处，能感受冷、热、疼痛和轻触等刺激。

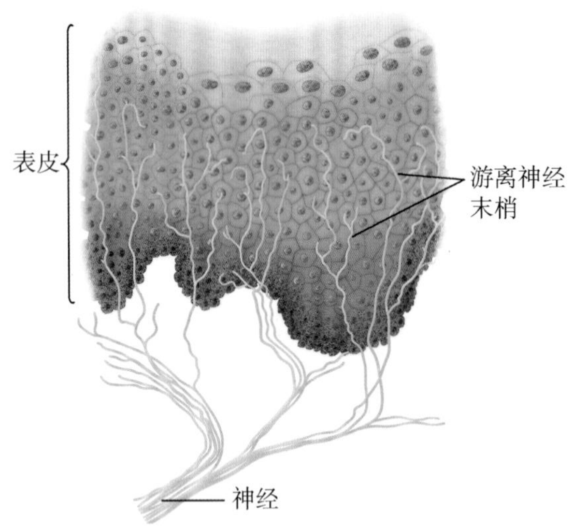

图 3-40　皮肤表皮的游离神经末梢仿真图

2. 触觉小体　是分布于皮肤真皮乳头层内的卵圆形小体，能感受触觉。以手指掌侧皮肤内最多，其数量可随年龄的增长而逐渐减少。

3. 环层小体　是广泛分布于皮下组织、腹膜、肠系膜、韧带和关节囊等处的圆形或卵圆形小体，能感受压觉和振动觉。

4. 肌梭　是分布于骨骼肌内的梭形结构，是一种本体感受器，能感受骨骼肌纤维的张力变化，在调控骨骼肌的活动中起重要作用。

（二）运动神经末梢

运动神经末梢是运动神经元的轴突分布在肌组织或腺体的终末结构，支配肌细胞的收缩、调节腺细胞的分泌，故又称**效应器**。可分为躯体运动神经末梢和内脏运动神经末梢两类。

1. 躯体运动神经末梢　是指躯体运动神经元的轴突终末失去髓鞘后反复分支，与骨骼肌细胞膜构成的**神经 - 肌突触**。因与骨骼肌细胞连接区域形成椭圆形板状隆起，故又称为**运动终板**（图 3-41）。

2. 内脏运动神经末梢　分布于心肌、内脏及血管的平滑肌和腺体等处。其轴突终末分支呈串珠样膨体，贴附于肌纤维表面或穿行于腺细胞之间，与效应细胞建立突触。

考点 神经末梢的分类

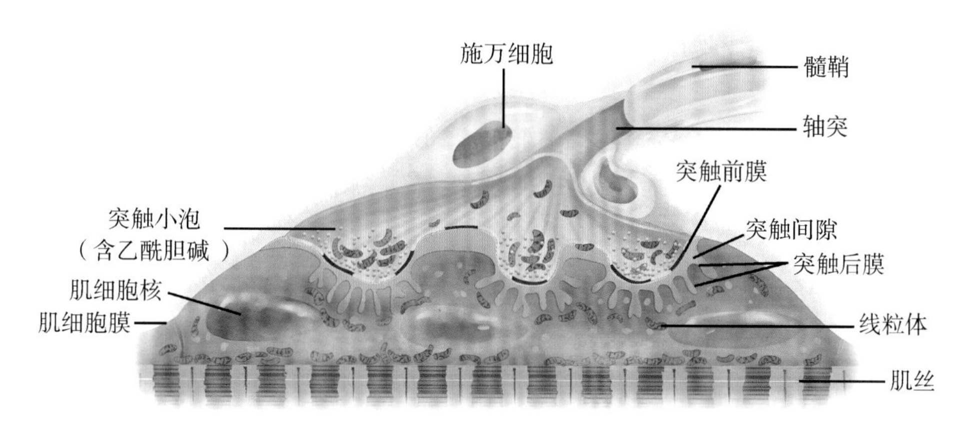

图 3-41 运动终板超微结构模式图

自 测 题

A_1/A_2 型题

1. 组织内没有血管分布的是（ ）
   A. 骨骼肌 B. 被覆上皮
   C. 心肌 D. 致密结缔组织
   E. 平滑肌
2. 人体最耐摩擦的上皮是（ ）
   A. 单层扁平上皮 B. 变移上皮
   C. 复层扁平上皮 D. 单层柱状上皮
   E. 单层立方上皮
3. 在创伤修复中起重要作用的细胞是（ ）
   A. 脂肪细胞 B. 浆细胞
   C. 巨噬细胞 D. 成纤维细胞
   E. 肥大细胞
4. 能分泌肝素、组胺和白三烯的细胞是（ ）
   A. 肥大细胞 B. 浆细胞
   C. 巨噬细胞 D. 成纤维细胞
   E. 脂肪细胞
5. 软骨组织损伤后，通常恢复较慢，主要是因为（ ）
   A. 软骨基质内纤维较多
   B. 软骨组织由液体包围
   C. 软骨组织呈固态
   D. 软骨细胞不能进行分裂
   E. 软骨组织内无血管分布
6. 正常成年女性血红蛋白的正常值为（ ）
   A. 100 ～ 150g/L B. 120 ～ 160g/L
   C. 170 ～ 200g/L D. 140 ～ 170g/L
   E. 110 ～ 150g/L
7. 临床上了解红骨髓造血功能的一项重要指标是（ ）
   A. 网织红细胞计数 B. 血红蛋白的含量
   C. 血细胞的形态 D. 血细胞计数
   E. 红细胞计数
8. 在急性化脓性细菌感染时，血液中明显增多的是（ ）
   A. 淋巴细胞 B. 嗜酸性粒细胞
   C. 嗜碱性粒细胞 D. 中性粒细胞
   E. 单核细胞
9. 出生后成为终生造血主要器官的是（ ）
   A. 黄骨髓 B. 肝 C. 红骨髓
   D. 脾 E. 卵黄囊壁的血岛
10. 关于神经元的描述，错误的是（ ）
    A. 神经元是神经系统的结构和功能单位
    B. 胞体是神经元的营养和代谢中心
    C. 尼氏体是神经元细胞质的特征性结构
    D. 多极神经元具有一个轴突和多个树突

E. 轴突的功能主要是接收刺激

11. 关于成人血液指标正常值的描述，错误的是（　　）

A. 女性红细胞的正常值为（3.5 ～ 5.0）$\times 10^{12}$/L

B. 男性红细胞的正常值为（4.0 ～ 5.5）$\times 10^{12}$/L

C. 白细胞的正常值为（4.0 ～ 10.0）$\times 10^{9}$/L

D. 血小板的正常值为（10 ～ 30）$\times 10^{9}$/L

E. 血红蛋白的含量男性为 120 ～ 160g/L

12. 临床常用的等渗溶液为（　　）

A. 1.0% 的 NaCl 溶液

B. 10% 的葡萄糖

C. 0.9% 的 NaCl 溶液

D. 0.42% 的 NaCl 溶液

E. 50% 的葡萄糖

13. 形成血浆晶体渗透压的物质主要是（　　）

A. 清蛋白　B. NaCl　C. 葡萄糖

D. 尿素　E. 血红蛋白

14. 形成血浆胶体渗透压的物质主要是（　　）

A. 纤维蛋白原　B. 血红蛋白

C. 球蛋白　D. 葡萄糖

E. 白蛋白

15. 生成红细胞的主要原料是（　　）

A. 叶酸　B. 维生素 C

C. 铁和蛋白质　D. 维生素 B_{12}

E. 钙

16. 巨幼红细胞性贫血最好选择下列哪项治疗措施（　　）

A. 补充蛋白质

B. 补充铁剂

C. 补充维生素 B_{12} 和叶酸

D. 输血

E. 注射促红细胞生成素

17. 某人的红细胞在抗 A 血清中凝聚，其血型可能是（　　）

A. A 型或 AB 型　B. O 型

C. B 型　D. A 型或 O 型

E. B 型或 O 型

18. 下列描述哪项是错误的（　　）

A. ABO 血型相符者输血前仍需做交叉配血试验

B. O 型血可少量、缓慢输给其他血型者

C. AB 型者可少量、缓慢接受其他血型血

D. Rh 阳性者可接受 Rh 阴性的血液

E. 父母的血可以直接输给子女

19. 对骨骼肌收缩起决定性作用的物质是（　　）

A. Ca^{2+}　B. K^{+}　C. Na^{+}

D. ATP　E. ADP

20. 兴奋 - 收缩耦联的结构基础是（　　）

A. 粗肌丝　B. 细肌丝

C. 纵管　D. 横管

E. 三联体

21. 患者，女性，6 岁。1 天前在刚刷过油漆的屋内玩耍，随后感觉全身皮肤瘙痒并出现红晕、皮疹，经医院检查诊断为接触性皮炎（油漆过敏）。此时与过敏最相符的血象变化是（　　）

A. 红细胞增多　B. 白细胞减少

C. 单核细胞增多　D. 中性粒细胞增多

E. 嗜酸性粒细胞增多

22. 患者，女性，52 岁。近 1 个月刷牙时经常牙龈出血，最近 1 周全身皮下出现瘀斑。请问在参与止血和凝血过程中起重要作用的是（　　）

A. 单核细胞　B. 中性粒细胞

C. 红细胞　D. 血小板

E. 嗜碱性粒细胞

（张春华　覃庆河）

第4章 运动系统

运动系统是构成人体的形态学基础，由骨、骨连结和骨骼肌3部分组成，约占成人体重的60%～70%。全身各骨通过骨连结构成骨骼，形成完整的人体支架，具有支持体重、保护内脏和维持体姿等功能。骨骼肌跨越关节并附着于骨面上，以关节为枢纽，牵动各骨而产生运动。在运动中，骨起杠杆作用，骨连结是运动的枢纽，骨骼肌则是运动的动力器官。

第1节 骨

一、概 述

骨（bone）是坚硬而富有弹性的器官，有丰富的血管和神经分布，不但能进行新陈代谢和生长发育，而且还具有不断改建、修复和再生的能力。经常进行锻炼可促进骨的良好发育和健康生长，长期失用则易导致骨质疏松。

（一）骨的分类

成人共有骨206块，除6块听小骨属于感觉器外，按其所在部位分为颅骨、躯干骨和四肢骨（即附肢骨）3部分（图4-1），前两者统称为**中轴骨**。按形态骨可分为以下4类（图4-2）：①**长骨**，分布于四肢，呈长管状，分为一体两端。中部较细为体或骨干，内有容纳骨髓的骨髓腔。两端膨大称为骺，表面有光滑的关节面。幼年时，骺与骨干之间保留的透明软骨称为**骺软骨**。成年后，骺软骨骨化，骺与骨干融为一体，其间遗留的痕迹称为**骺线**。②**短骨**，形似立方体，多成群分布于连结牢固且运动较灵活的部位，如腕骨和跗骨。③**扁骨**，呈板状，主要构成颅腔、胸腔和盆腔的壁，如颅盖骨、胸骨和肋骨。④**不规则骨**，形状不规则，如椎骨。有些不规则骨内具有含气的腔隙，称为含气骨，如上颌骨。

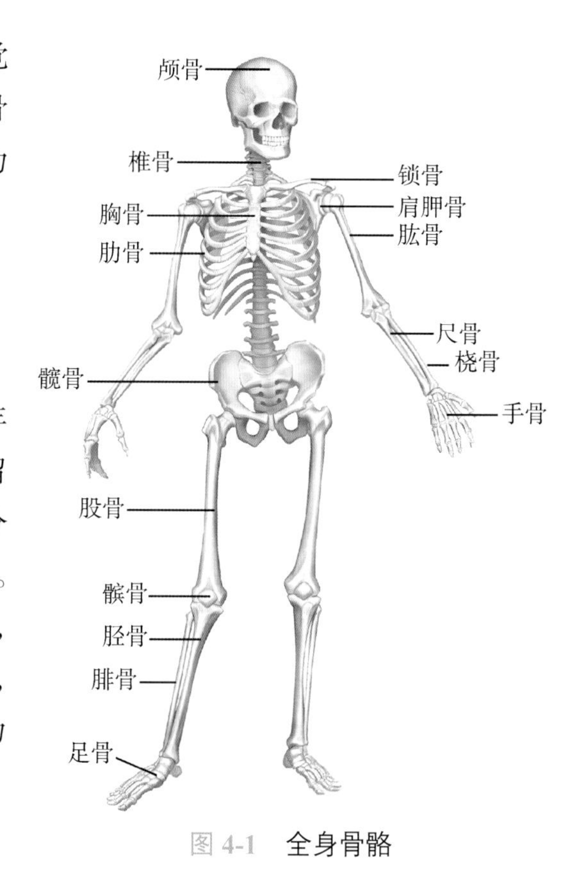

图4-1 全身骨骼

（二）骨的构造

骨主要由骨质、骨膜和骨髓构成（图4-3）。

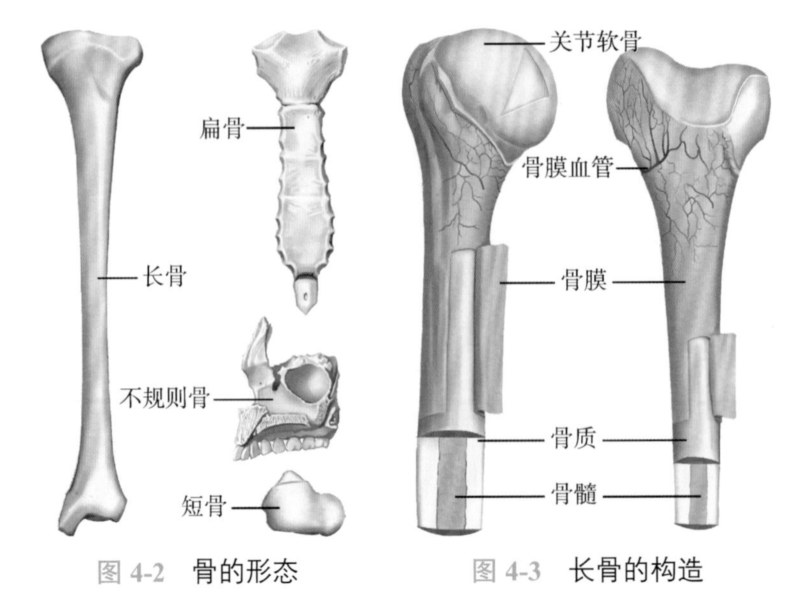

图 4-2 骨的形态　　图 4-3 长骨的构造

1. 骨质　由骨组织构成，分为骨松质和骨密质。**骨密质**配布于骨的表层和长骨骨干，质地致密坚实，具有较大的耐压性。颅盖骨内、外表层的骨密质分别形成内板和外板，两者之间的骨松质称为**板障**，有板障静脉经过（图 4-4）。**骨松质**配布于骨的内部，呈海绵状，是由大量针状或小片状的骨小梁连接而成的多孔隙网格样结构，孔隙内充满红骨髓。

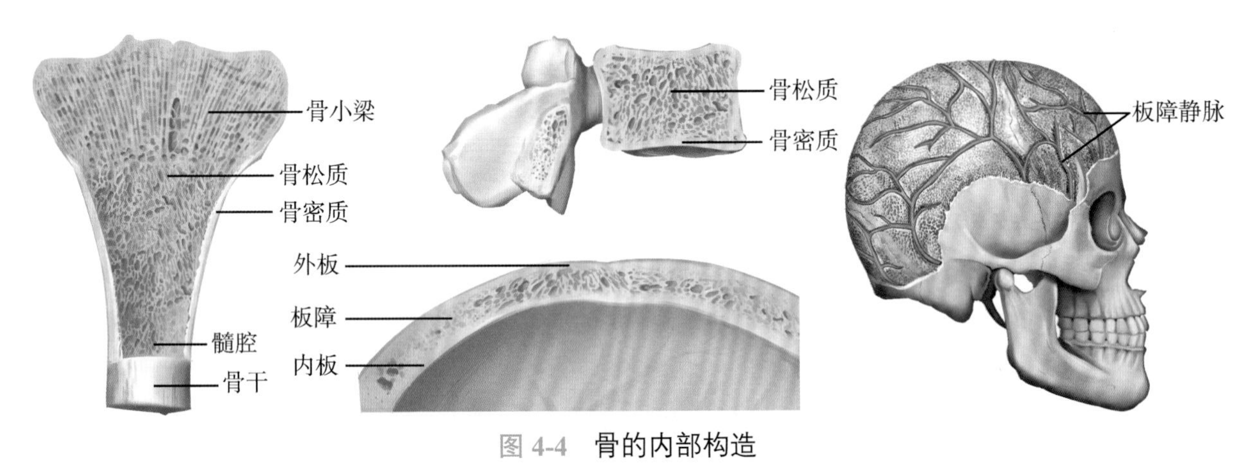

图 4-4 骨的内部构造

2. 骨膜　包裹在关节面以外骨表面的致密结缔组织膜称为**骨外膜**（即骨膜），而衬于骨髓腔和骨松质腔隙内的则称为**骨内膜**。骨外膜的内层和骨内膜的细胞可分化为成骨细胞和破骨细胞，对骨的发生、发育和修复起重要作用。

3. 骨髓　存在于长骨骨髓腔和骨松质间隙内，分为红骨髓和黄骨髓。**红骨髓**具有造血功能，胎儿和幼儿时期的骨髓全部是红骨髓；约从 5 岁开始，长骨骨髓腔内的红骨髓逐渐被脂肪组织代替而成为**黄骨髓**。黄骨髓内尚保留少量幼稚血细胞，故有造血潜能，当机体需要时（如失血过多）可转化为具有造血功能的红骨髓。由于椎骨、髂骨、肋骨、胸骨、肱骨和股骨的近侧端骨松质内的骨髓终生都是红骨髓，故临床上常在髂嵴、髂前上棘等处做骨髓穿刺，检查骨髓象以诊断某些血液系统疾病。

考点 骨的分类和构造

（三）骨的化学成分和物理特性

骨的化学成分主要是有机成分和无机成分。有机成分构成了骨的支架，并赋予骨韧性和弹性。无机成分使骨挺硬坚实。骨的物理特性随化学成分的改变而改变。幼儿骨的有机成分和无机成分约各占一半，故骨的弹性大而柔韧性好，在外力作用下易发生形态改变，但不易发生骨折或折而不断，出现青枝骨折。如幼儿不正确的坐立姿势、长期在电脑前趴坐、长期低头玩手机，都会引起骨的形态改变。成人骨的有机成分和无机成分比例（约为 3 ∶ 7）最为恰当，因而骨的弹性和坚硬性都处于最佳状态。老年人骨的无机成分所占比例更大，故脆性较大而易发生骨折。

二、躯　干　骨

躯干骨共 51 块，由椎骨、胸骨和肋骨组成，分别参与脊柱、骨性胸廓和骨盆的构成。

（一）椎骨

椎骨包括颈椎 7 块、胸椎 12 块、腰椎 5 块、骶骨 1 块和尾骨 1 块。

1. 椎骨的一般形态　**椎骨**由前方的椎体和后方的椎弓结合而成（图 4-5）。**椎体**呈短圆柱状，是椎骨负重的主要部分。椎体与后方的椎弓共同围成**椎孔**，全部椎骨的椎孔连结在一起形成的纵行管状结构，称为**椎管**，其内容纳脊髓等结构。**椎弓**前部与椎体相连的缩窄部分为**椎弓根**，后部较宽扁的部分为**椎弓板**。椎弓根上、下缘的切迹分别称为椎上切迹和椎下切迹，相邻椎骨的上、下切迹共同围成**椎间孔**，有脊神经和血管通过。由椎弓发出 7 个突起：椎弓向后或后下方伸出一个**棘突**，向两侧伸出一对**横突**，向上伸出一对**上关节突**，向下伸出一对**下关节突**。

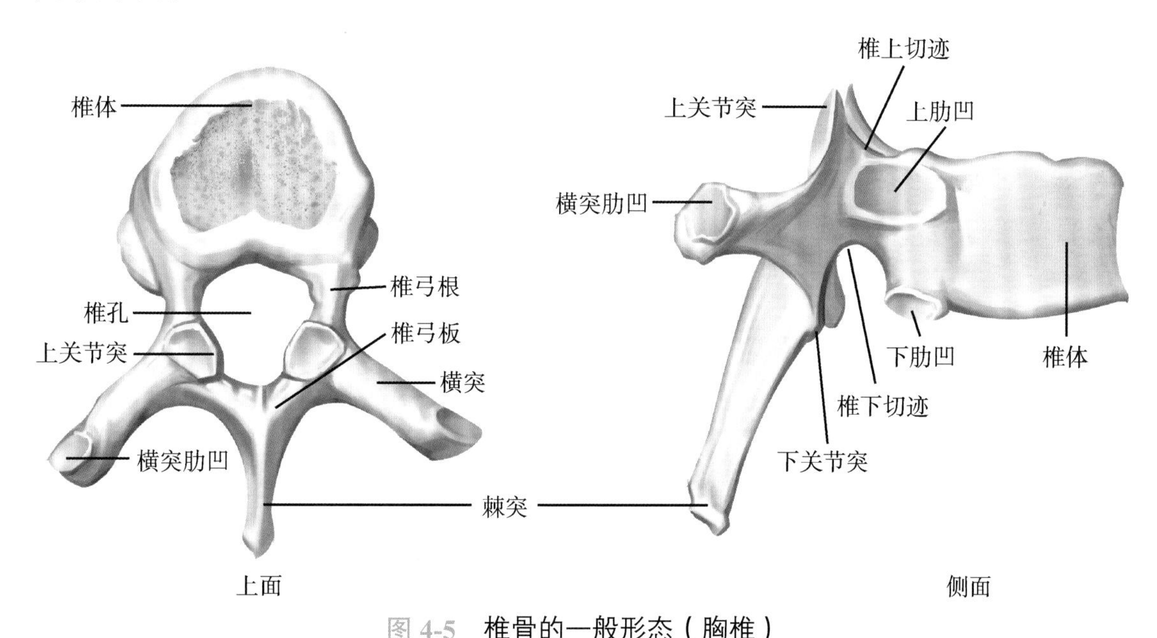

图 4-5　椎骨的一般形态（胸椎）

2. 各部位椎骨的主要形态特征

（1）颈椎：是体积最小、强度最差、活动频率最高、最易损伤的椎骨。颈椎椎体较小，椎孔较大，多呈三角形（图 4-6）。横突根部有**横突孔**，内有椎动脉和椎静脉通过。第 2 ～ 6

颈椎的棘突较短，末端分叉。

第 1 颈椎又名**寰椎**（图 4-7），呈环形，无椎体、棘突和关节突，由前弓、后弓和两个侧块组成。前弓较短，后面正中有一微凹的**齿突凹**。第 2 颈椎又名**枢椎**（图 4-8），由椎体向上伸出的一个指状突起，称为**齿突**，与寰椎的齿突凹相关节。第 7 颈椎又名**隆椎**（图 4-9），棘突最长，末端不分叉，低头时在项部皮下易触及。

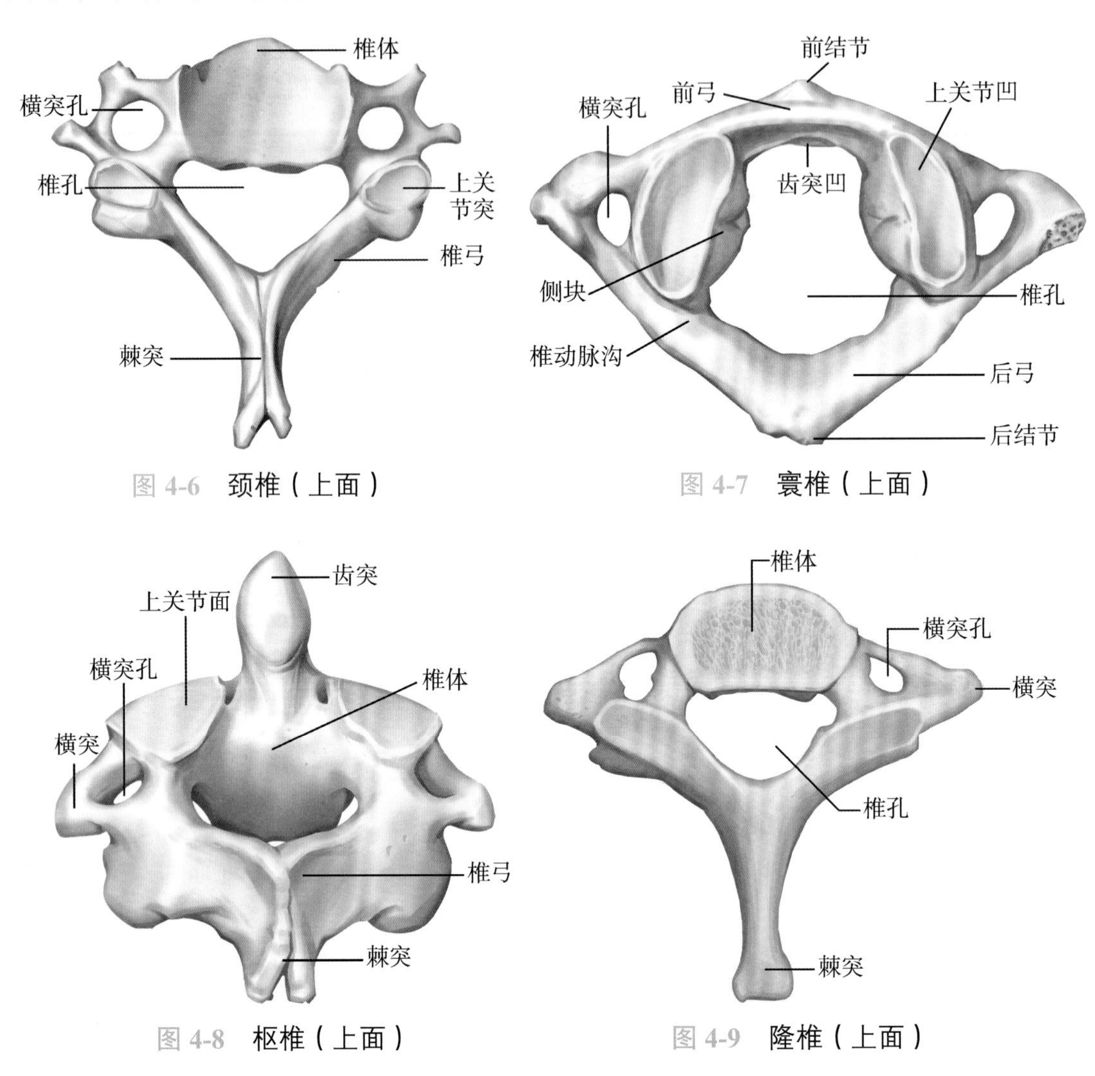

图 4-6 颈椎（上面）

图 4-7 寰椎（上面）

图 4-8 枢椎（上面）

图 4-9 隆椎（上面）

（2）胸椎：椎体自上而下依次增大，椎体侧面后份的上、下缘处各有一半圆形的浅凹，分别称为**上肋凹**和**下肋凹**，横突末端的前面有**横突肋凹**（图 4-5）。棘突较长，伸向后下方，彼此掩盖呈叠瓦状排列。

（3）腰椎：椎体粗壮，椎孔呈三角形。棘突宽短呈板状，水平伸向后方（图 4-10）。相邻棘突间距较大，临床上常在第 3、4 或第 4、5 腰椎棘突之间行腰椎穿刺术。

（4）骶骨：呈底朝上、尖向下的三角形（图 4-11）。前面光滑而微凹，上缘中份向前隆凸称为**岬**，中部 4 条横线的两端有 4 对**骶前孔**。背面粗糙隆凸，正中线处的隆起为**骶正中嵴**，两侧有 4 对**骶后孔**。骶骨两侧部的上份有**耳状面**。骶骨中央有一纵贯全长的**骶管**，上连椎管，向下开口于骶骨背面下部的**骶管裂孔**。裂孔两侧有向下突出的**骶角**，是重要的体表标志。

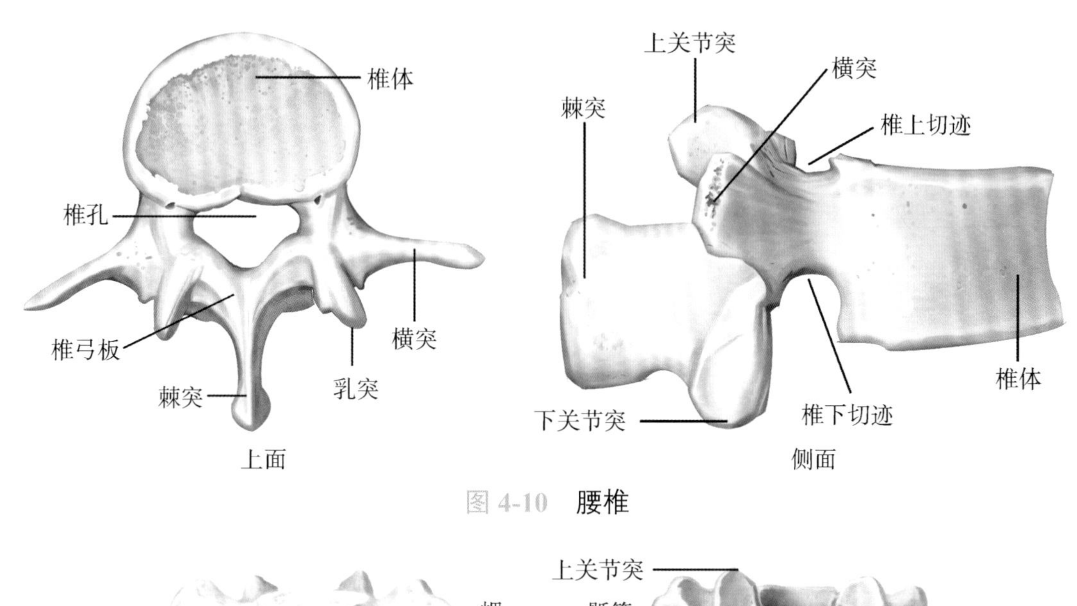

图 4-10 腰椎

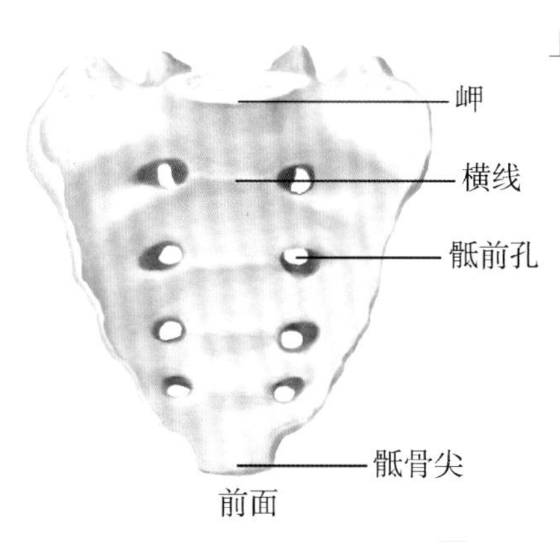

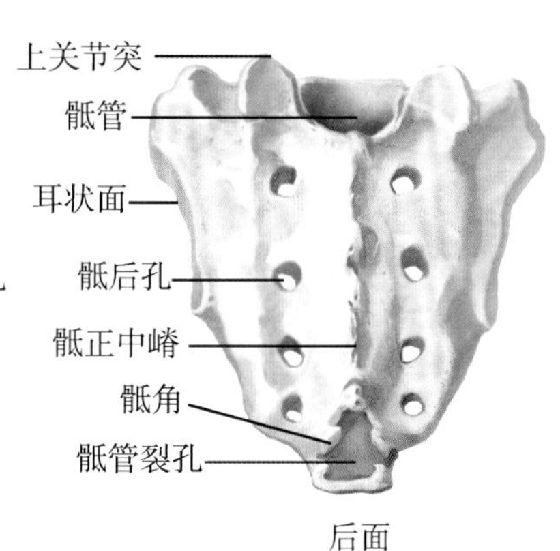

图 4-11 骶骨

（5）尾骨：上接骶骨，下端游离为尾骨尖（图 4-12）。

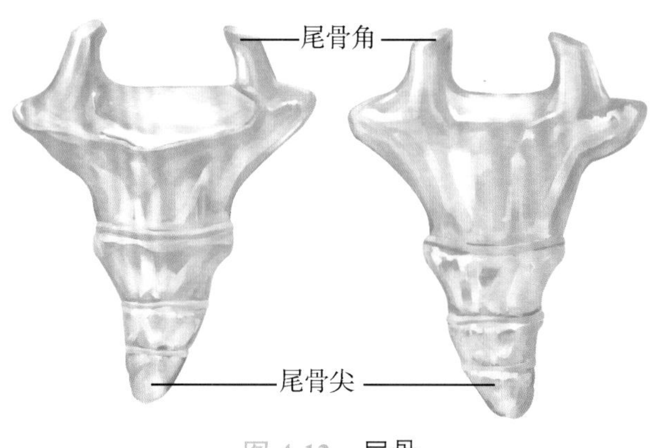

图 4-12 尾骨

（二）胸骨

胸骨是位于胸前壁正中的扁骨，自上而下分为胸骨柄、胸骨体和剑突 3 部分（图 4-13）。**胸骨柄**上缘中份为微凹的**颈静脉切迹**，两侧为锁切迹，与锁骨相关节。胸骨柄与胸骨体结合处形成微向前突的**胸骨角**，两侧平对第 2 肋，可在体表摸到，是计数肋的重要标志。**胸骨体**呈长方形，外侧缘连接第 2 ～ 7 肋软骨。**剑突**扁而薄，下端游离。

考点 躯干骨的组成；隆椎、骶角和胸骨角的临床意义

（三）肋

肋由肋骨和肋软骨构成，共 12 对。第 1 ～ 7 对肋骨的前端借肋软骨与胸骨直接相连，称为**真肋**；第 8 ～ 10 对肋骨的前端借肋软骨依次与上位肋软骨相连，称为**假肋**；第 11 ～ 12 对肋骨的前端游离于腹壁肌层中，称为**浮肋**。肋骨内面近下缘处有**肋沟**（图 4-14），肋间神经和肋间后血管在沟内通过。

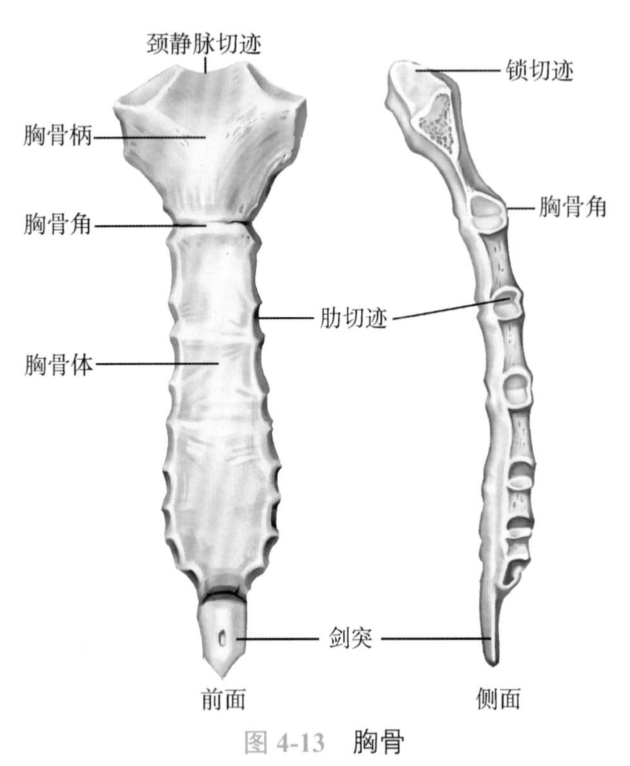

图 4-13 胸骨

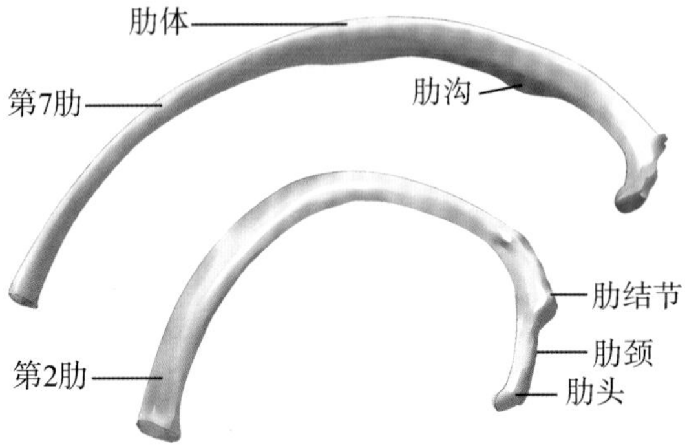

图 4-14 肋骨

三、颅　骨

颅骨共 23 块（不含 3 对听小骨），除下颌骨和舌骨外，彼此借骨连结形成颅，颅位于脊柱的上方。颅骨分为脑颅骨和面颅骨两部分。

（一）脑颅骨

脑颅骨位于颅的后上方，共 8 块，包括成对的**颞骨**、**顶骨**和不成对的**额骨**、**筛骨**、**蝶骨**及**枕骨**（图 4-15）。它们共同围成颅腔，具有容纳和保护脑的作用。

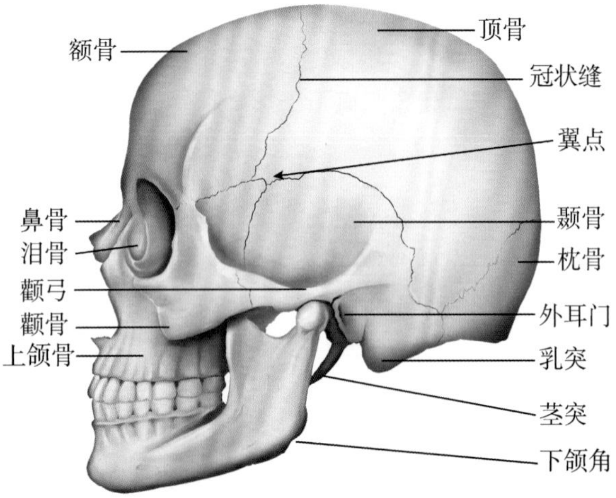

图 4-15 颅的侧面观

（二）面颅骨

面颅骨位于颅的前下方，共 15 块，包括成对的**上颌骨**、**腭骨**、**颧骨**、**鼻骨**、**泪骨**、**下鼻甲**和不成对的**犁骨**、**下颌骨**及**舌骨**，它们构成颜面的支架。在面颅诸骨中，上颌骨位于颜面中央，与下颌骨共同构成颜面的大部分。在上颌骨的内上方，内侧是鼻骨，后方是泪骨；上颌骨的外上方是颧骨，后内方是腭骨；下鼻甲位于鼻腔外侧壁的下部，其内侧有犁骨；上颌骨的下方是下颌骨，下颌骨的后下方是舌骨。

下颌骨是颅骨中唯一能够活动的一块骨，位于面部的前下份，略呈蹄铁形，分为一体两支（图 4-16）。**下颌体**呈弓形前凸，下缘为坚厚的下颌底。下颌体前外侧面有**颏孔**。**下颌支**是由下颌体伸向后上方的方形骨板，末端有两个突起，前方的为**冠突**，后方的为**髁突**。髁突的上端膨大为**下颌头**，头下方较细处为**下颌颈**。下颌支内面中央可见**下颌孔**。下颌支后缘与下颌底相交处称为**下颌角**，是重要的体表标志。

考点 脑颅骨和面颅骨的组成

（三）颅的整体观

1. 颅顶的外面观　颅腔的顶是呈穹隆状的颅盖，由前方的额骨、后方的枕骨和两者之间的左、右顶骨构成（图 4-15）。颅顶的外面呈前窄后宽的卵圆形，各骨之间有缝相连，额骨与左、右顶骨之间的称为**冠状缝**，左、右顶骨之间的称为**矢状缝**，左、右顶骨与枕骨之间的称为**人字缝**。顶骨最隆凸之处为**顶结节**。

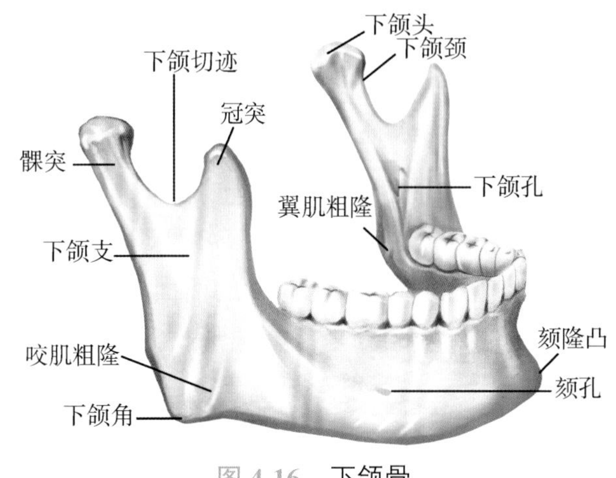

图 4-16　下颌骨

2. 颅的后面观　可见人字缝、乳突和枕骨中央最突出的**枕外隆凸**，乳突和枕外隆凸是重要的体表标志。

3. 颅底内面观（图 4-17）　颅腔的底凹凸不平，由位于中部的蝶骨、后方的枕骨、两侧的颞骨、前方的额骨和筛骨构成。颅底内面与脑底面的结构凸凹对应，相应形成了前高后低的阶梯状的颅前窝、颅中窝和颅后窝。窝中有诸多孔、裂，多数与颅底外面相交通。如颅前窝的筛板上有许多筛孔通鼻腔，颅中窝有垂体窝、视神经管、眶上裂、圆孔、卵圆孔、棘孔和破裂孔，颅后窝有枕骨大孔、舌下神经管内口、内耳门、颈静脉孔、横窦沟和乙状窦沟等。

4. 颅底外面观　颅底外面高低不平，神经、血管通过的孔裂甚多。从前向后依次可见牙槽弓、牙槽、骨腭、鼻后孔、卵圆孔、棘孔、下颌窝、关节结节、破裂孔、颈动脉管外口、颈静脉孔、枕骨大孔、枕髁、舌下神经管外口、茎突、茎乳孔等（图 4-18）。

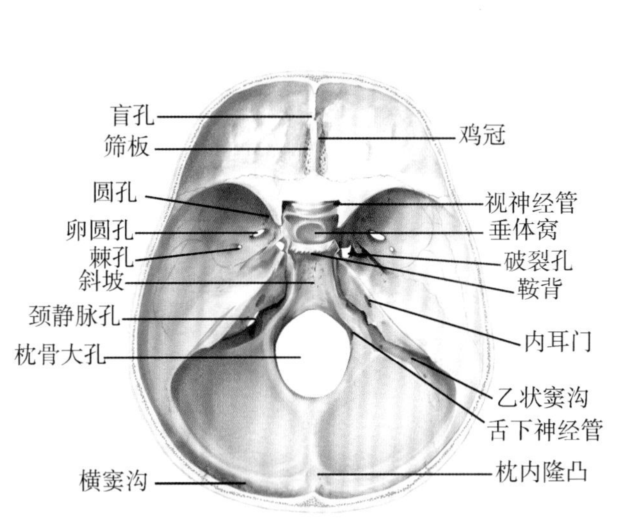

图 4-17　颅底内面观

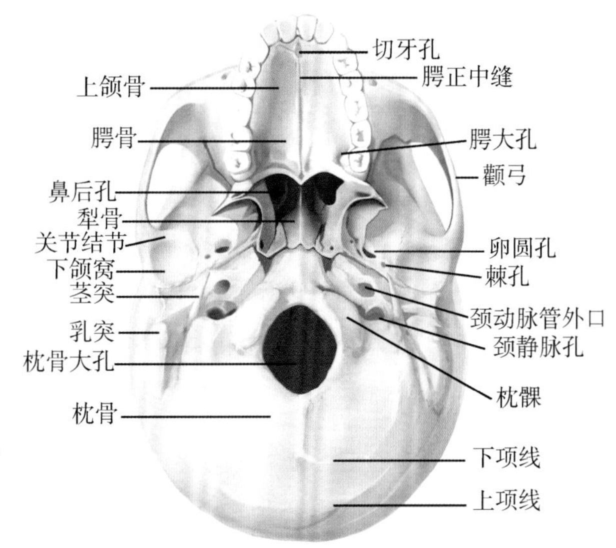

图 4-18　颅底外面观

5. 颅的侧面观　侧面中部可见**外耳门**（图 4-15），其前方有横行的**颧弓**，后下方为**乳突**，两者均可在体表摸到。颧弓将颅的侧面分为上方的颞窝和下方的颞下窝。颞窝前下部，额骨、顶骨、颞骨、蝶骨4骨会合处常形成H形的缝，称为**翼点**。翼点为颅外侧面的薄弱处，其内面有脑膜中动脉前支通过，骨折时易伤及该动脉而形成硬脑膜外血肿，有重要的临床意义。

考点 翼点的位置及其临床意义

6. 颅的前面观　位于面部中央的大孔为梨状孔。梨状孔外上方为眶，下方为由上颌骨和下颌骨围成的骨性口腔。颅的前面观分为额区、眶、骨性鼻腔和骨性口腔（图4-19）。

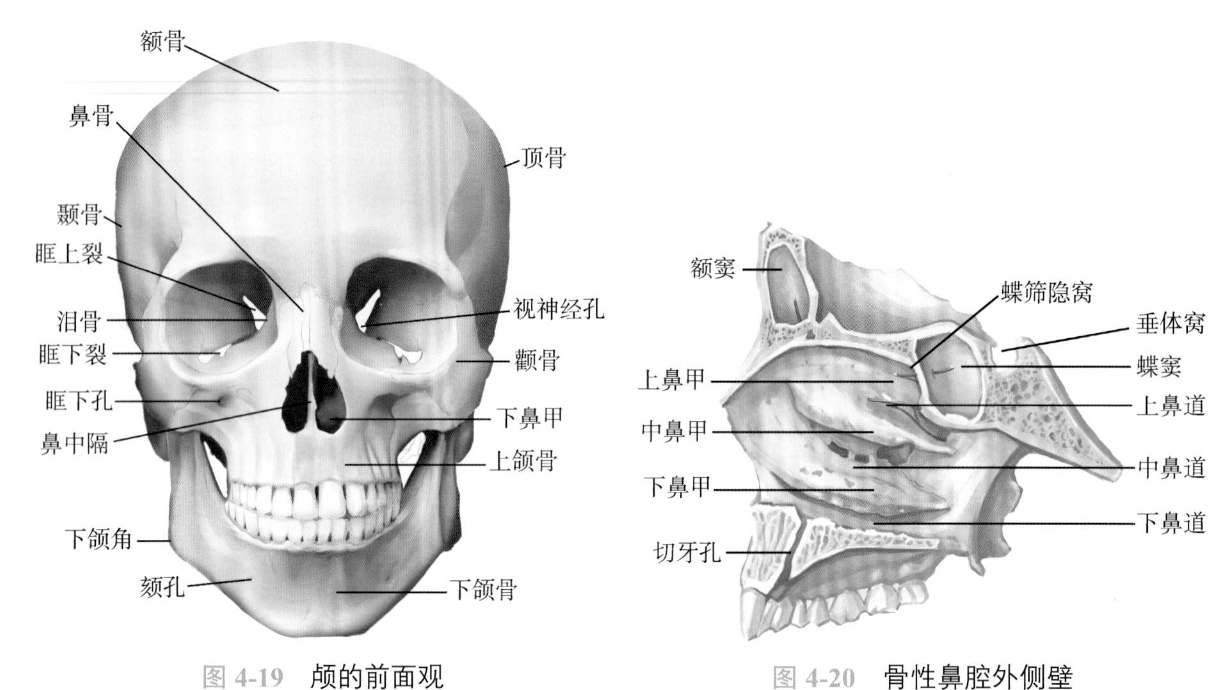

图4-19　颅的前面观　　图4-20　骨性鼻腔外侧壁

（1）眶：为底朝前外，尖朝后内的一对四棱锥体形骨腔，容纳眼球及其附属结构。眶上缘中、内1/3交界处可见**眶上孔**或**眶上切迹**，眶下缘中份下方有**眶下孔**。眶尖处的圆形孔为视神经孔，与颅中窝相通。眶上壁前外侧份的深窝为**泪腺窝**。内侧壁前下份有一长圆形的**泪囊窝**，向下经鼻泪管开口于下鼻道。下壁与外侧壁交界处的后份有眶下裂，眶下裂中部有前行的**眶下沟**，向前导入**眶下管**，开口于眶下孔。外侧壁与上壁交界处的后份有眶上裂，向后通入颅中窝。

（2）骨性鼻腔：位于面颅的中央，为一不规则腔隙。顶主要由筛板构成，底为骨腭，前方开口于梨状孔，后方有一对鼻后孔。骨性鼻腔被犁骨与筛骨垂直板构成的骨性鼻中隔分为左、右两个腔。每个腔的外侧壁上有3个向下弯曲的薄骨片，分别称为**上鼻甲**、**中鼻甲**和**下鼻甲**（图4-20）。各鼻甲下方都形成相应的鼻道，分别称为**上鼻道**、**中鼻道**和**下鼻道**。上鼻甲后上方与蝶骨体之间的凹陷部分称为**蝶筛隐窝**。

（3）鼻旁窦：是上颌骨、额骨、筛骨和蝶骨内的含气空腔，位于鼻腔周围并开口于鼻腔，分别称为上颌窦、额窦、筛窦和蝶窦。

（四）新生儿颅的特征

新生儿的脑颅远大于面颅（图4-21），其比例约为8∶1，而成人仅为4∶1。颅顶各骨尚未发育完全，在各骨交接处间隙较大，仍为结缔组织膜连接，称为**颅囟**。**前囟**最大，呈菱形，位于矢状缝与冠状缝相接处。**后囟**呈三角形，位于矢状缝与人字缝相接处。此外，还有位于顶骨前下角处的前外侧囟（**蝶囟**）和顶骨后下角处的后外侧囟（**乳突囟**）。前囟在出生后 1 ～ 1.5 岁闭合，其余各颅囟则在出生后不久闭合。前、后囟深面有上矢状窦通过，位置表浅而恒定，是新生儿颅囟穿刺的常用部位。

考点 前囟的位置及其闭合的时间

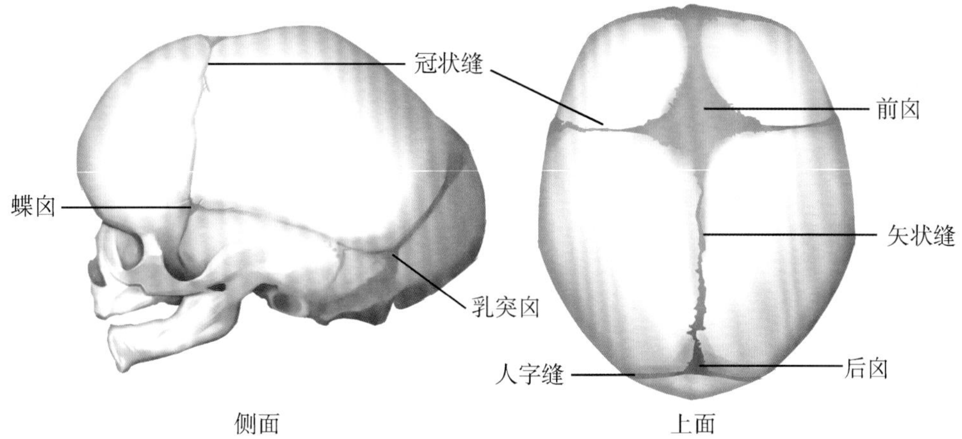

图 4-21 新生儿颅（示囟）

四、四 肢 骨

四肢骨包括上肢骨和下肢骨，上、下肢骨的数目和排列方式大致相同，分别由与躯干骨相连结的肢带骨、能自由活动的自由肢骨组成。

（一）上肢骨

上肢骨包括上肢带骨——锁骨、肩胛骨，自由上肢骨——肱骨、桡骨、尺骨和手骨，每侧 32 块，共 64 块。

1. 锁骨　横架于胸廓前上方，略呈“～”形（图 4-22），内侧 2/3 凸向前，外侧 1/3 凸向后。上面光滑，下面粗糙，全长均可在体表摸到。内侧端粗大为**胸骨端**，外侧端扁平为**肩峰端**。锁骨位置表浅，易发生骨折，骨折部位多位于中、外 1/3 交界处。

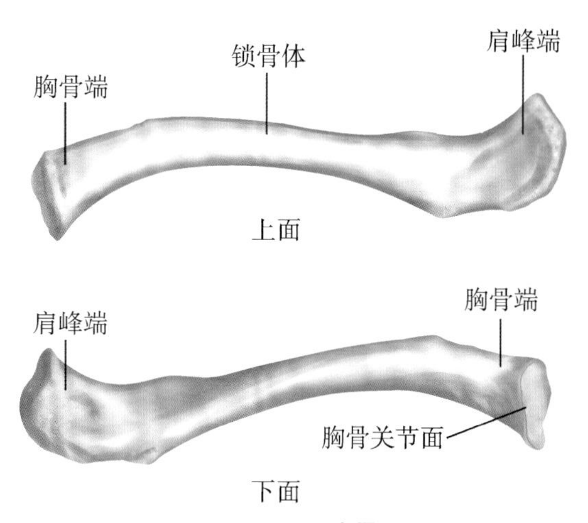

图 4-22 锁骨

2. 肩胛骨　为贴附于胸廓后外侧上份的三角形扁骨，介于第 2 肋至 7 肋之间，可分为 2 个面、3 个缘和 3 个角（图 4-23）。前面较大的浅窝为**肩胛下窝**。后面横向外上的骨嵴为**肩胛冈**，肩胛冈向外侧延伸形成扁平的**肩峰**，是肩部的最高点。肩胛冈上、下方的浅窝分别称为**冈上窝**和**冈下窝**。上缘外侧份的凹陷为肩胛切迹，肩胛切迹外侧向前弯曲的指状突起为**喙突**；外侧缘肥厚，邻近腋窝；内侧缘薄长，靠近脊柱。肩胛骨上角平对第 2 肋，肩胛骨下角平对第 7 肋或第 7 肋间隙，肩胛骨上、下角可作为计数肋的标志。外侧角肥厚，朝向外侧的梨形浅窝为**关节盂**。肩胛冈、肩峰、肩胛下角、内侧缘

和喙突都是重要的体表标志。

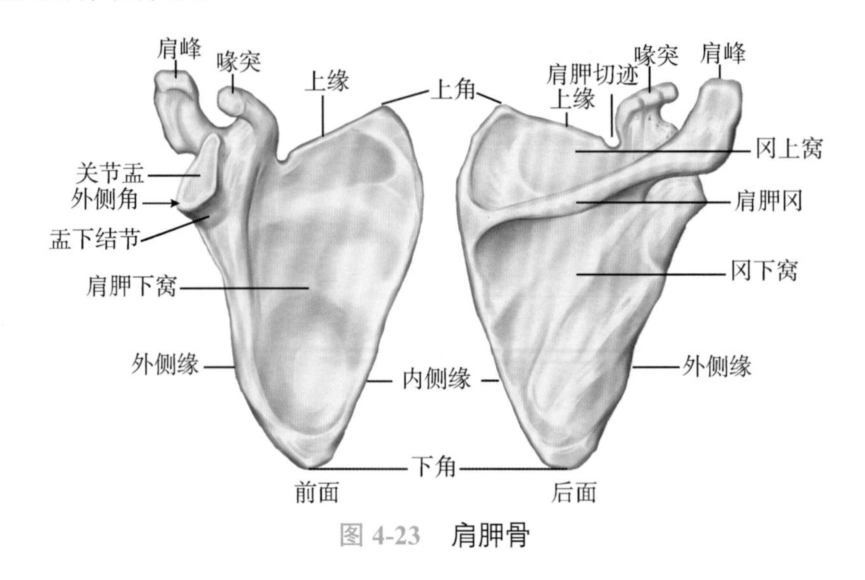

图 4-23 肩胛骨

3. 肱骨 为臂部的长骨，分为一体两端（图 4-24）。上端有朝向上后内的半球形**肱骨头**。肱骨头周围的环形浅沟为**解剖颈**，肱骨头外侧的隆起为**大结节**、前方的隆起为**小结节**，大、小结节之间的纵沟为**结节间沟**，内有肱二头肌长头腱通过。肱骨上端与体交界处稍细称为**外科颈**，是骨折的易发部位。肱骨体中部的外侧面有粗糙的**三角肌粗隆**，后面的中份有一自内上斜向外下方的**桡神经沟**，桡神经沿此沟经过，故肱骨中段骨折时可能伤及桡神经。下端外侧份有呈半球状的**肱骨小头**，内侧份有呈滑车状的**肱骨滑车**。肱骨滑车前上方可见**冠突窝**。肱骨小头的外侧和肱骨滑车的内侧各有一个突起，分别称为外上髁和内上髁。内上髁后下方的浅沟为**尺神经沟**，尺神经由此经过。肱骨大结节、内上髁、外上髁和尺神经沟都是重要的体表标志。

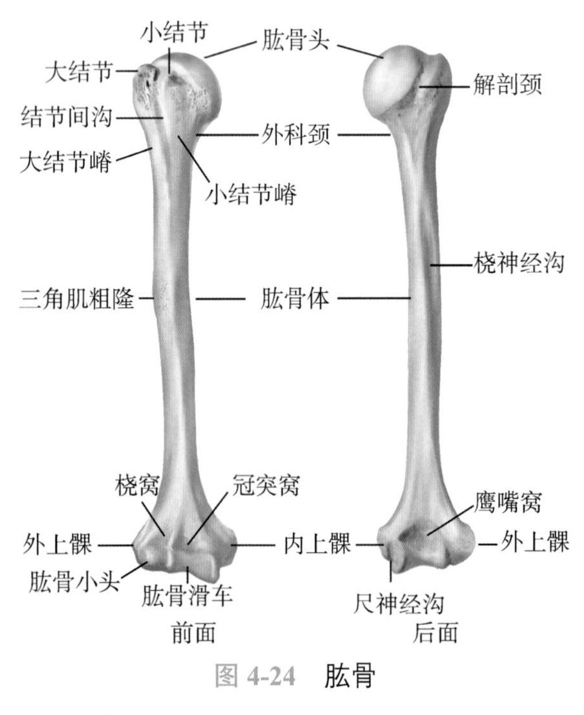

图 4-24 肱骨

4. 桡骨 位于前臂的外侧（图 4-25）。上端稍膨大处为**桡骨头**。头下方略细的部分为**桡骨颈**，桡骨颈下方的内侧有粗糙的**桡骨粗隆**。下端外侧份向下突起为**桡骨茎突**，内侧面有**尺切迹**。桡骨茎突和桡骨头都是重要的体表标志。

5. 尺骨 位于前臂的内侧（图 4-26）。上端较粗大，前面的半月形深凹为**滑车切迹**。切迹后上方的突起为**鹰嘴**，前下方的突起为**冠突**。冠突外侧面有**桡切迹**。下端为**尺骨头**。尺骨头后内侧的锥状突起为**尺骨茎突**。尺骨鹰嘴、尺骨后缘全长、尺骨头和尺骨茎突都是重要的体表标志。

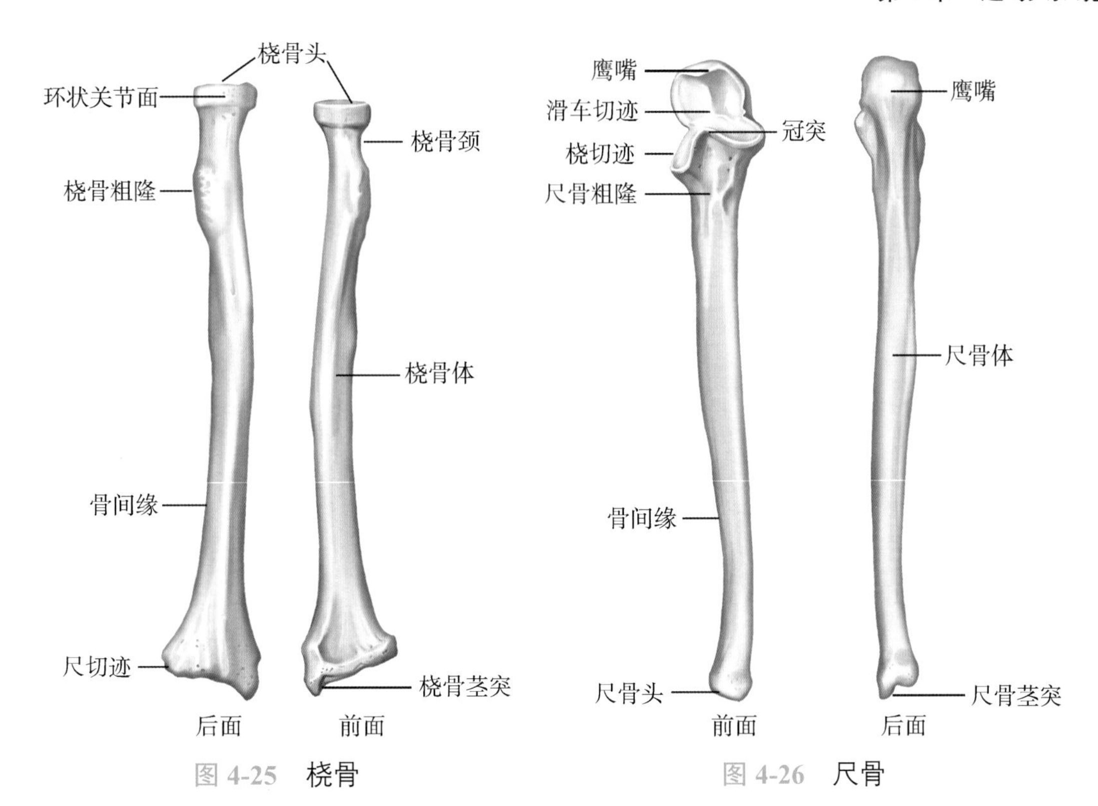

图 4-25 桡骨

图 4-26 尺骨

6. 手骨 包括腕骨、掌骨和指骨3部分，共27块（图4-27）。①**腕骨**，属于短骨，共8块，排成近、远两列。近侧列由桡侧向尺侧依次为**手舟骨**、**月骨**、**三角骨**和**豌豆骨**；远侧列为**大多角骨**、**小多角骨**、**头状骨**和**钩骨**。②**掌骨**，属于长骨，共5块，由桡侧向尺侧依次称为第1～5掌骨。掌骨的近侧端为掌骨底，远侧端称掌骨头，两者之间的部分为掌骨体。③**指骨**，属于长骨，共14块。除拇指为2节指骨外，其余各指均为3节。由近侧向远侧依次称为**近节指骨**、**中节指骨**和**远节指骨**。

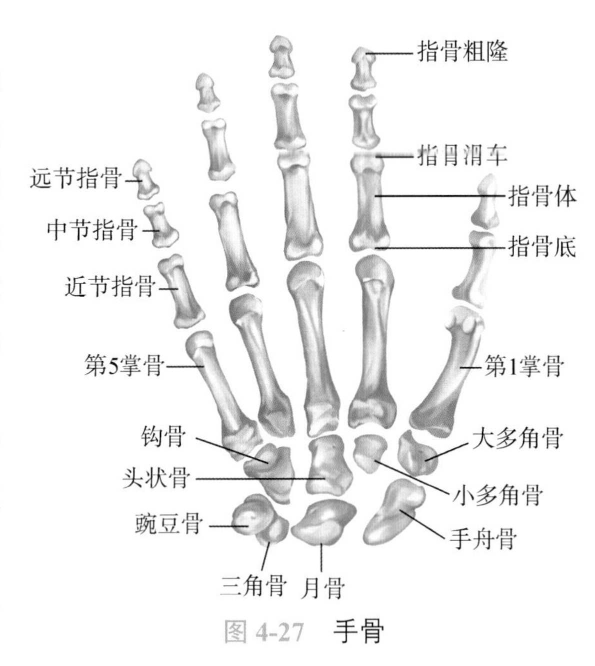

图 4-27 手骨

考点 上肢骨各骨的名称、位置、邻接关系及重要体表标志

医者仁心

中国手外科之父——王澍寰

中国工程院院士王澍寰教授是我国手外科专业的开拓者和奠基人之一，为中国手外科和显微外科事业的发展做出了突出的贡献，是当之无愧的中国手外科之父。他在青年时就树立了救死扶伤的理想信念。他通过艰苦耕耘，在北京积水潭医院创建了中国第一个手外科。王澍寰院士说："手外科医生应具有丰富的专业知识、精湛的操作技术、缜密的思考能力和坚韧不拔的意志。"

（二）下肢骨

下肢骨包括下肢带骨——髋骨（图 4-28），自由下肢骨——股骨、髌骨、胫骨、腓骨和足骨，每侧 31 块，共 62 块。

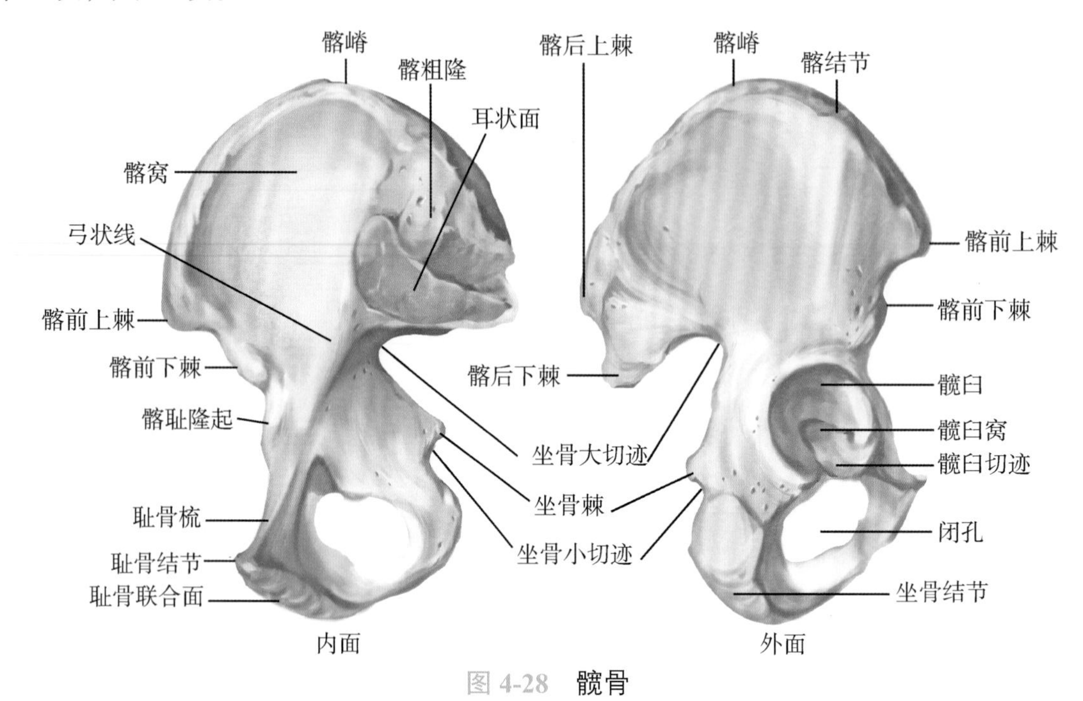

图 4-28 髋骨

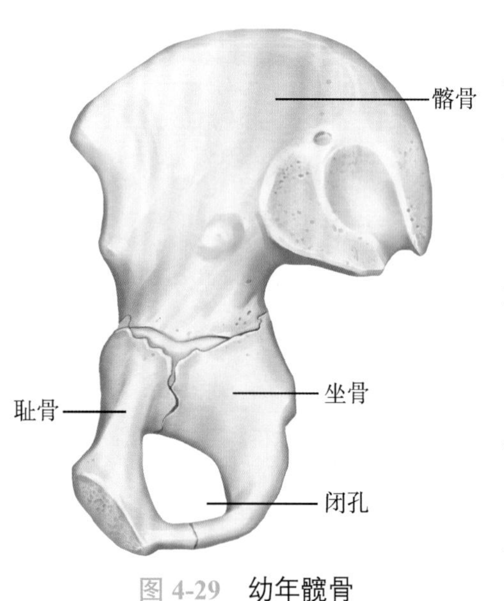

图 4-29 幼年髋骨

1. 髋骨 位于盆部，为不规则骨，左右各一，由髂骨、坐骨和耻骨 3 块骨在 16 岁左右融合而成（图 4-29），融合处有一朝向下外的深窝，称为**髋臼**，其下部的大孔称为**闭孔**。

（1）髂骨：构成髋骨的上部，上缘肥厚形成“～”形的**髂嵴**。两侧髂嵴最高点的连线约平对第 4 腰椎棘突，可作为腰椎穿刺的定位标志。髂嵴前端为**髂前上棘**，后端为**髂后上棘**。在髂前上棘上后方 5 ～ 7cm 处，髂嵴外唇向外突起，称为**髂结节**。在髂前上棘、髂后上棘下方各有一突起，分别称为**髂前下棘**和**髂后下棘**。髂骨内面前部为光滑而微凹的**髂窝**，髂窝下界圆钝的骨嵴为**弓状线**。髂骨后下方有粗糙的耳状面。髂嵴、髂前上棘、髂后上棘和髂结节都是重要的体表标志。

（2）坐骨：构成髋骨的后下部，髋臼后下方有肥厚而粗糙的**坐骨结节**，为坐骨最低处，是重要的体表标志。坐骨结节后上方的三角形突起为**坐骨棘**。坐骨棘上、下方的切迹分别称为**坐骨大切迹**和**坐骨小切迹**。

（3）耻骨：构成髋骨的前下部，弓状线向前延伸形成锐利的**耻骨梳**，耻骨梳向前终于圆形隆起的**耻骨结节**，是重要的体表标志。耻骨内侧面上有椭圆形的粗糙面，称为**耻骨联合面**。

2. 股骨 位于大腿部，是人体内最长的骨，分为一体两端（图4-30）。上端有朝向内上方的球形**股骨头**。股骨头中央稍下的小凹为**股骨头凹**。股骨头下外侧的狭细部为**股骨颈**。股骨颈与体连接处上外侧的方形隆起为**大转子**，内下方的隆起为**小转子**。股骨体略向前弓，后面的纵行骨嵴为**粗线**，上端向上外侧延续为**臀肌粗隆**。下端向后突出的两个膨大分别称为内侧髁和外侧髁。内、外侧髁侧面的最突起处，分别称为内上髁和外上髁。大转子、内上髁和外上髁都是重要的体表标志。

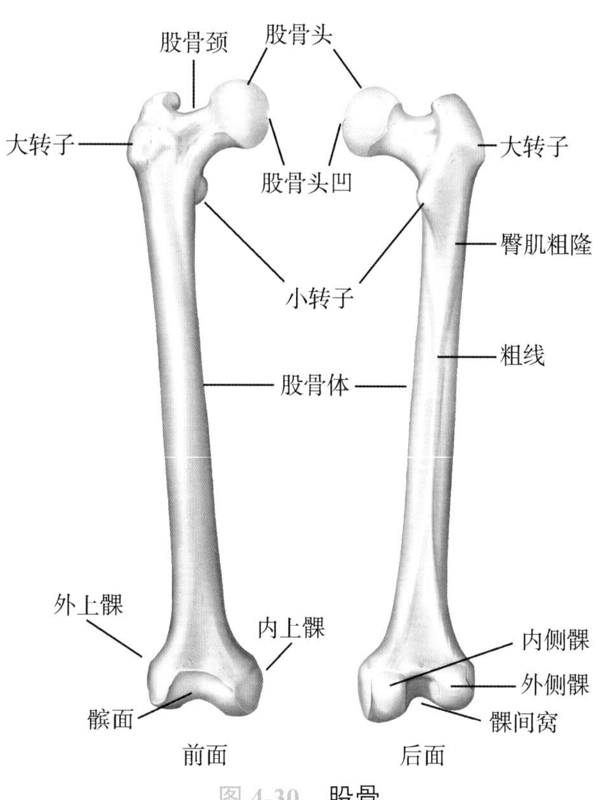

图4-30 股骨

3. 髌骨 是人体最大的籽骨，位于股四头肌肌腱内，上宽下尖，前面粗糙（图4-31），后面有光滑的关节面与股骨的髌面相关节。髌骨可在体表摸到。

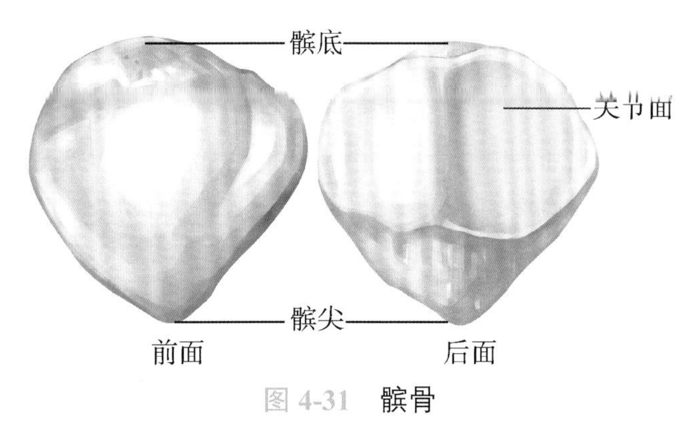

图4-31 髌骨

4. 胫骨 是粗大承重的长骨，位于小腿的内侧（图4-32）。上端膨大向两侧突出，形成内侧髁和外侧髁。外侧髁后下方有平坦的**腓关节面**与腓骨头相关节。胫骨上端前面的V形粗糙隆起为**胫骨粗隆**。胫骨体呈三棱柱形，前缘锐利，内侧面平坦，直接位于皮下，均可在体表摸到。下端内侧向下方的突起为**内踝**。胫骨粗隆、胫骨前缘、胫骨内侧面和内踝都是重要的体表标志。

5. 腓骨 位于小腿的外侧（图4-33）。上端稍膨大为**腓骨头**，头下方的缩窄部分为**腓骨颈**。下端膨大形成**外踝**。腓骨头和外踝都是重要的体表标志。

6. 足骨 包括跗骨、跖骨和趾骨3部分，共26块（图4-34）。①**跗骨**，属于短骨，共7块，分为前、中、后3列。后列包括位于上方的**距骨**和下方的**跟骨**，跟骨后端的粗大隆突为**跟骨结节**；中列是位于距骨前方的**足舟骨**；前列由内侧向外侧依次为**内侧楔骨**、**中间楔骨**、**外侧楔骨**和**骰骨**。跟骨结节是重要的体表标志。②**跖骨**，属于长骨，共5块，与掌骨相当，由内侧向外侧依次命名为第1～5跖骨。第5跖骨底的外侧份突向后外，称为**第5跖骨粗隆**，可在体表摸到。③**趾骨**，属于长骨，共14块。除䠀趾为2节外，其余各趾均为3节，形态和命名与指骨相同。

考点 下肢骨各骨的名称、位置、邻接关系及重要体表标志

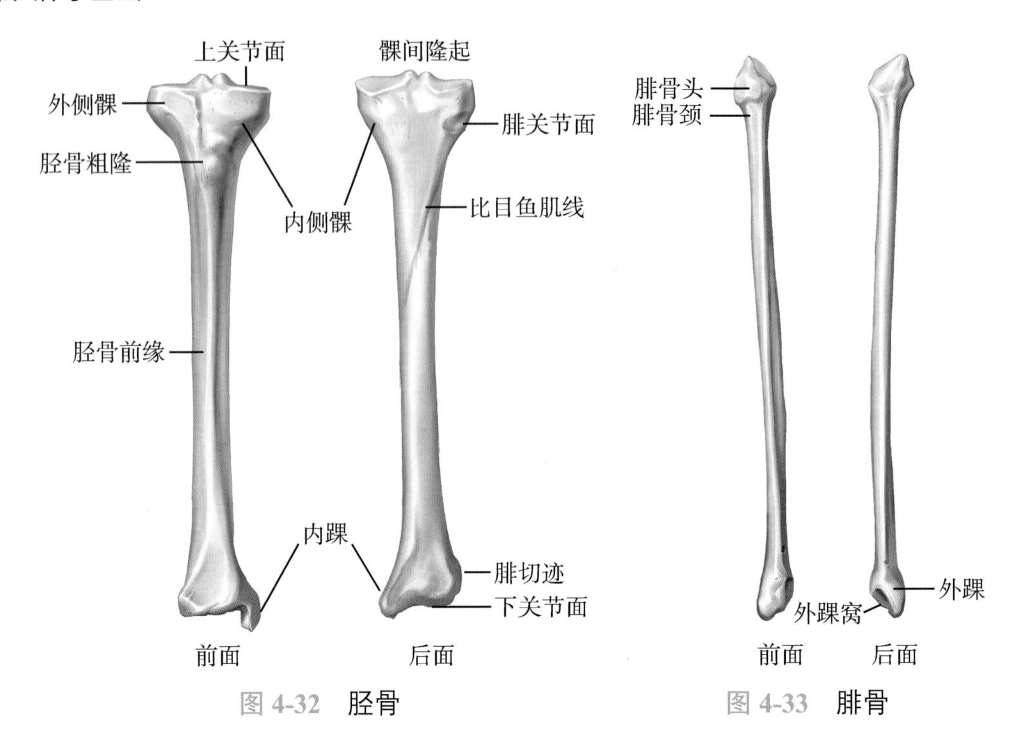

图 4-32 胫骨

图 4-33 腓骨

五、不同卧位易受压的骨性突起

卧位是患者休息、检查及治疗时采取的姿势，正确的卧位应符合人体的解剖生理特点。压疮多发生于经常受压和无肌肉包裹或肌肉较薄、缺乏脂肪组织保护的骨性突起处，故在护理工作中一定要重视易受压的骨性突起部位。临床上不同卧位易受压的骨性突起有（图 4-35）：①仰卧位，枕外隆凸、肩胛冈、尺骨鹰嘴、椎骨的棘突、骶骨、尾骨、髂后上棘和跟骨等处，最常发生于骶尾处；②侧卧位，耳郭、肩峰、肋骨、肱骨外上髁、髂结节、股骨大转子、股

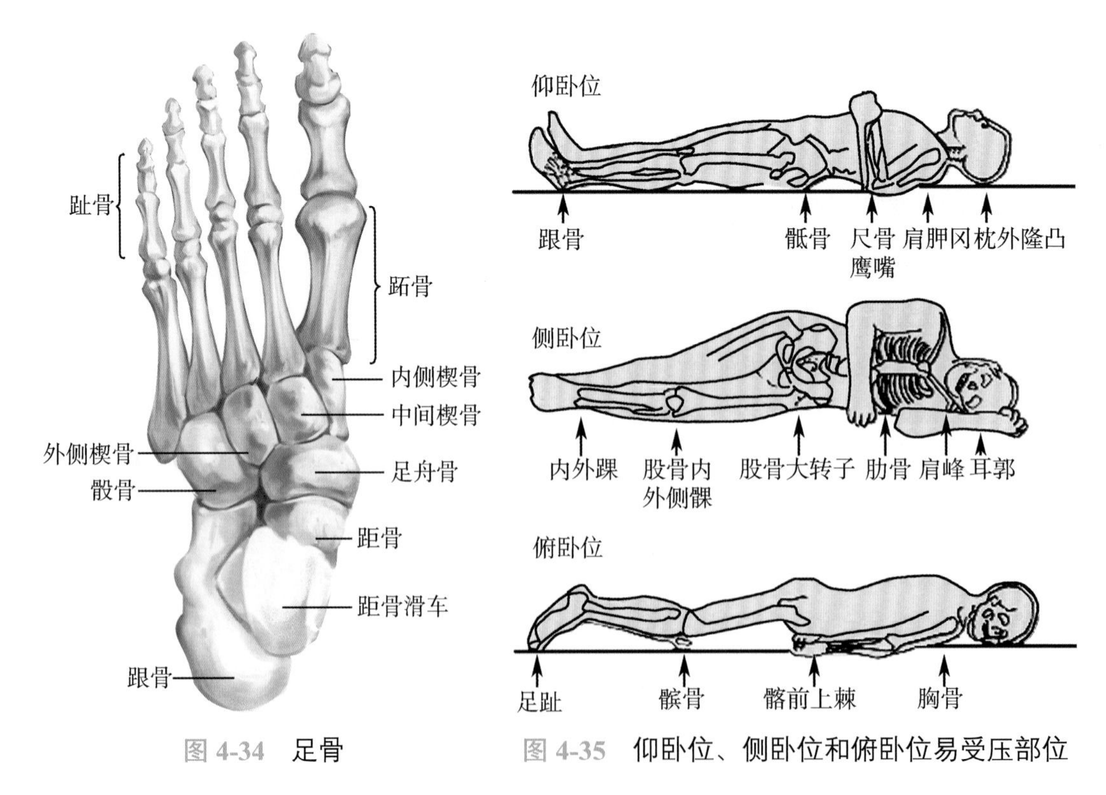

图 4-34 足骨

图 4-35 仰卧位、侧卧位和俯卧位易受压部位

骨内外侧髁、腓骨头、内踝和外踝等处；③俯卧位，额骨、下颌骨颏部、胸骨、肋骨、髂前上棘、髌骨和足趾等处；④坐位，坐骨结节、足跟等处。

考点 临床上常用的骨性标志；不同卧位易受压的骨性突起

第2节 骨 连 结

案例 4-1

患者，男性，30岁。自述5天前在农田劳作，弯腰扛一大包稻谷上肩转动身体时突感腰部剧痛，用力和咳嗽时疼痛加重，因近日腰痛加重而来医院就诊。体格检查：右腰部有钝痛、压痛，无皮下瘀斑和伤口等。CT检查显示：腰5椎间盘突出。

问题：1. 椎间盘是如何构成的？什么是椎间盘突出？

2. 椎间盘突出多发生在脊柱何处？

一、概 述

骨与骨之间的连结装置，称**骨连结**。依据连结方式的不同，可分为直接连结和间接连结两大类。

（一）直接连结

直接连结是指骨与骨之间借致密结缔组织、软骨或骨直接相连，相邻骨之间无间隙，不能活动或仅有少许活动。依据连结组织的不同，可分为纤维连结、软骨连结和骨性结合3种类型（图4-36）。

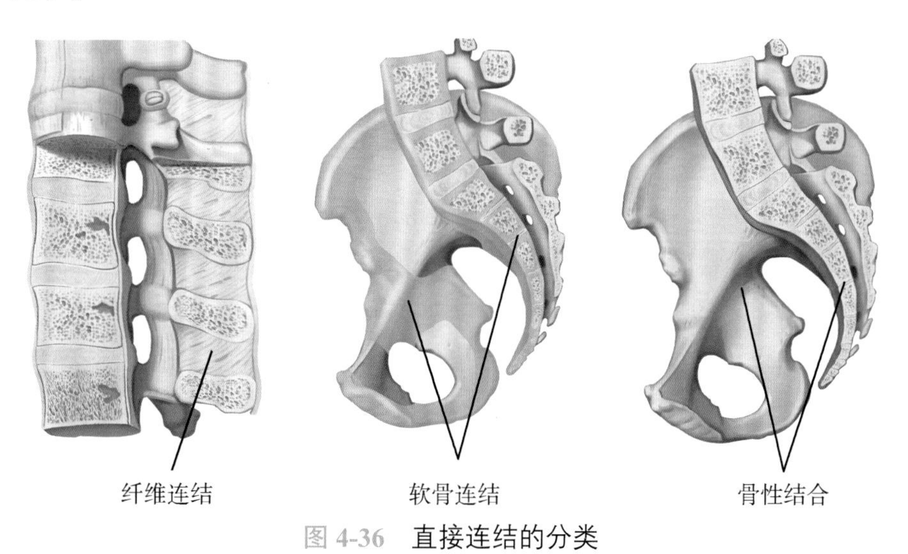

图4-36 直接连结的分类

（二）间接连结

间接连结又称滑膜关节，简称**关节**，是指相邻两骨之间借膜性的结缔组织囊的连结，以相对骨面之间具有腔隙和滑液为其特点，因而具有较大的活动性。

1. 关节的基本结构　全身各关节的形态和结构各异，但均具有**关节面**、**关节囊**和**关节腔**3种基本结构（图4-37）。

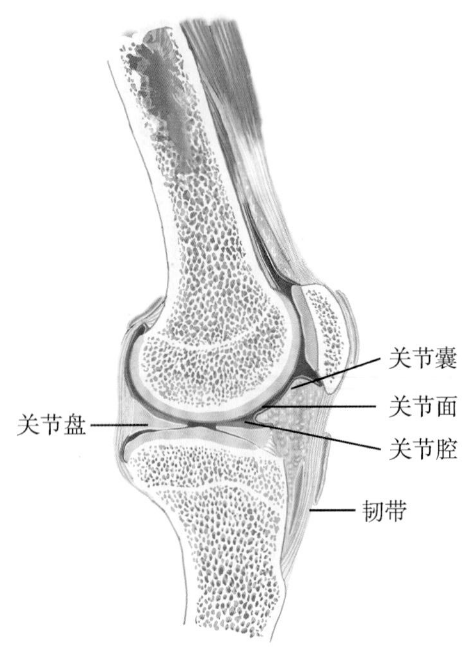

图 4-37 关节的基本结构

（1）关节面：是构成关节相邻骨的接触面。关节面上覆以**关节软骨**，多数为透明软骨，光滑而富有弹性，可减小运动时的摩擦，并能承受压力和吸收震荡。

（2）关节囊：是指附着于关节面周缘及附近骨面上的结缔组织囊，分为内、外两层。外层为致密结缔组织构成的**纤维层**，厚而坚韧；内层为**滑膜层**，由薄而光滑柔润的疏松结缔组织构成，紧贴于纤维层内面。滑膜富含血管，能产生滑液，具有润滑和营养关节软骨的作用。

（3）关节腔：是由关节囊滑膜层与关节软骨共同围成的密闭腔隙。腔内呈负压，含少量滑液，对维持关节的稳定性有一定作用。

2. 关节的辅助结构　关节除具备上述基本结构外，某些关节为适应其功能还形成了一些辅助结构，以增加关节的稳固性或灵活性。

（1）韧带：是指连于相邻两骨之间的致密结缔组织束，可增加关节的稳固性。韧带包括位于关节囊外的**囊外韧带**和关节囊内的**囊内韧带**。

（2）关节盘：是位于相邻两关节面之间的纤维软骨板，其周缘附着于关节囊，将关节腔分为两部分。关节盘使两关节面在运动时更加合适、灵活和稳定，以减少冲击和振荡。

（3）关节唇：是附着于关节窝周缘的纤维软骨环，有加深关节窝和增加关节稳固性的作用。

3. 关节的运动　关节的运动形式基本上是沿3个互相垂直的运动轴进行运动（图 4-38）。

（1）屈和伸：是关节沿冠状轴进行的运动。运动时，相关节的两骨之间角度变小称为**屈**；反之，角度增大则称为**伸**。

（2）内收和外展：是关节沿矢状轴进行的运动。运动时，骨向正中矢状面靠拢称为**收**或内收；反之，远离正中矢状面则称为**展**或外展。手指的收展是以中指为准的靠拢和散开运动，而足趾则是以第2趾为准的靠拢和散开运动。

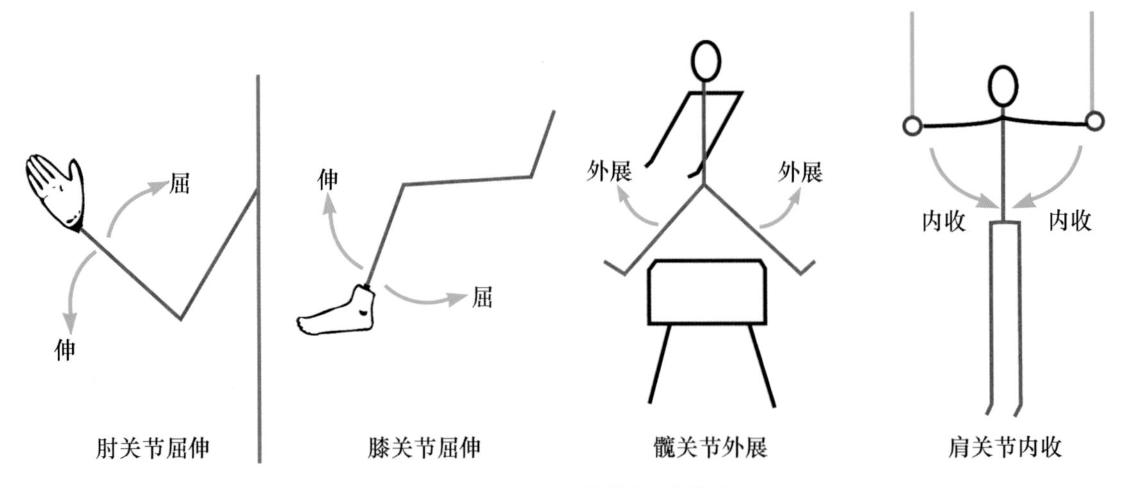

图 4-38 关节的运动类型

（3）旋转：是关节沿垂直轴进行的运动。运动时，骨向前内侧旋转称为**旋内**；反之，向后外侧旋转则称为**旋外**。

（4）环转：运动骨的上端在原位转动，下端则进行圆周运动，运动时全骨描绘出一圆锥形轨迹。环转运动实际上是屈、展、伸、收依次结合的连续动作。

考点 关节的基本结构及运动形式

二、躯干骨的连结

（一）脊柱

1. 脊柱的组成和位置　**脊柱**由 24 块椎骨、1 块骶骨和 1 块尾骨借骨连结构成，位于背部的正中，上承托颅，下接髋骨，构成了人体的中轴（图 4-39）。

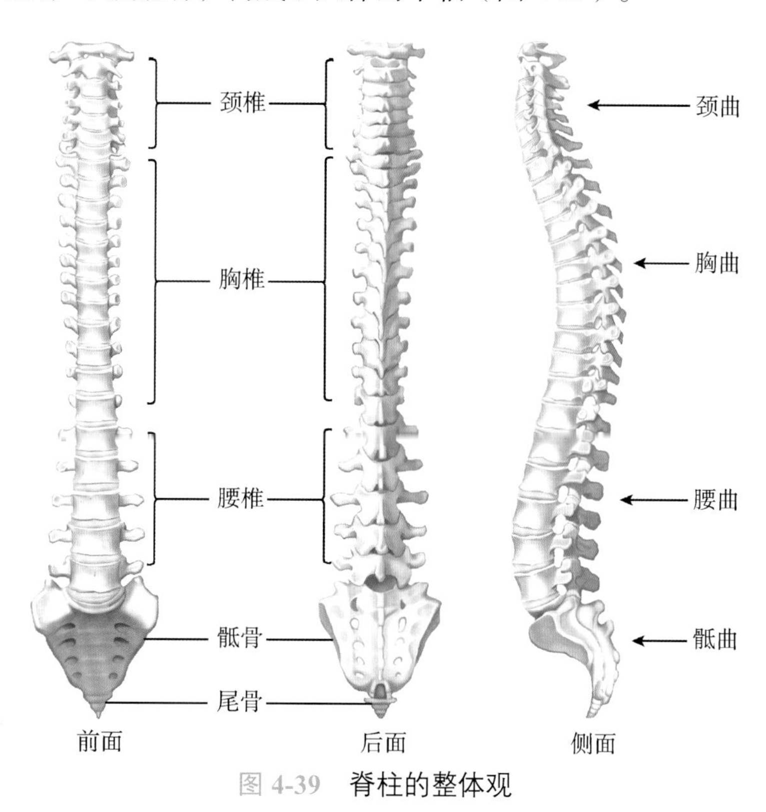

图 4-39　脊柱的整体观

2. 椎骨间的连结　相邻椎骨之间借椎间盘、韧带和关节相连结。

（1）椎间盘：是连结于相邻两椎体之间的纤维软骨盘，由中央的髓核和周围的纤维环构成（图 4-40）。**髓核**是柔软而富有弹性的胶状物质，**纤维环**由多层同心圆排列的纤维软骨构成，具有牢固连结相邻两个椎体和限制髓核向周围膨出的作用。椎间盘坚韧而富有弹性，承受压力时被压缩，除去压力后复原，因而具有弹性垫样缓冲震荡的作用。椎间盘共有 23 个，各部椎间盘厚薄不一，以中胸部最薄，颈部较厚，而腰部最厚，故脊柱颈、腰部的活动度较大。纤维环部分或全部破裂时，髓核易向后外突出，突入椎管或椎间孔，压迫脊髓或脊神经根，临床上称为椎间盘突出症。

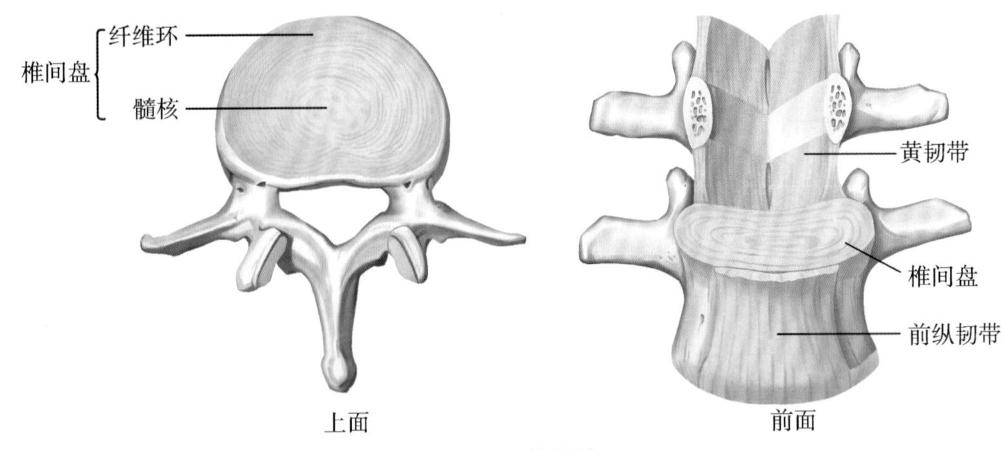

图 4-40　椎间盘

（2）韧带：连结椎骨的韧带（图 4-40，图 4-41）有长、短两类。

1）长韧带：有 3 条。①**前纵韧带**，为紧贴于椎体和椎间盘前面的纵行韧带，有防止脊柱过度后伸和椎间盘向前脱出的作用；②**后纵韧带**，为附着于椎体和椎间盘后面的纵行韧带，有限制脊柱过度前屈的作用；③**棘上韧带**，是连结胸、腰、骶椎各棘突尖之间的纵行韧带，其前方与棘间韧带相融合。棘上韧带在第 7 颈椎棘突以上扩展成矢状位三角形的**项韧带**。

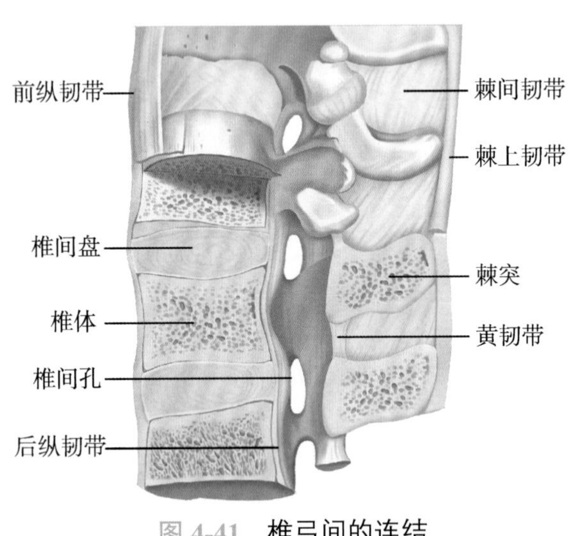

图 4-41　椎弓间的连结

2）短韧带：主要是黄韧带和棘间韧带。**黄韧带**为连结相邻两椎弓板之间的韧带，由黄色的弹性纤维构成，坚韧而富有弹性，协助围成椎管。**棘间韧带**为连结相邻棘突之间的韧带，前接黄韧带，向后与棘上韧带相移行。

（3）关节：包括关节突关节、寰枢关节和寰枕关节。**关节突关节**由相邻椎骨的上、下关节突构成。**寰枢关节**由寰椎和枢椎构成，寰椎以齿突为轴，使头连同寰椎进行旋转运动。**寰枕关节**是由寰椎两侧块的上关节凹与枕髁构成的联合关节。两侧关节同时活动，可使头做仰俯和侧屈运动。寰枕、寰枢关节的联合运动能使头做俯仰、侧屈和旋转运动。

3. 脊柱的整体观（图 4-39）　成年男性脊柱长约 70cm，女性长约 60cm。椎间盘的总厚度约为脊柱全长的 1/4。

（1）脊柱前面观：脊柱因承重关系椎体自上而下逐渐增大，直到骶骨耳状面以下，由于重力经髋关节传至下肢，椎体体积也逐渐变小。

（2）脊柱后面观：可见所有椎骨棘突连贯形成纵嵴，其两侧有纵行的脊柱沟。颈椎棘突短而分叉，近水平位；胸椎棘突呈叠瓦状排列；腰椎棘突间距较宽，适合进行腰椎穿刺和麻醉。

（3）脊柱侧面观：可见脊柱有颈、胸、腰、骶 4 个生理性弯曲，其中**颈曲**和**腰曲**凸向前，**胸曲**和**骶曲**凸向后。当婴儿开始抬头时，出现颈曲；婴儿开始坐立和站立时，出现腰曲。脊柱的生理性弯曲增大了脊柱的弹性，对维持人体的重心稳定和减轻震荡具有重要意义。

考点 脊柱的组成；椎间盘的构成；脊柱侧面观的 4 个生理性弯曲

4. 脊柱的运动 主要是脊柱的整体运动，可进行前屈、后伸、侧屈、旋转（图 4-42）和环转运动。由于颈、腰部运动灵活，故易损伤。

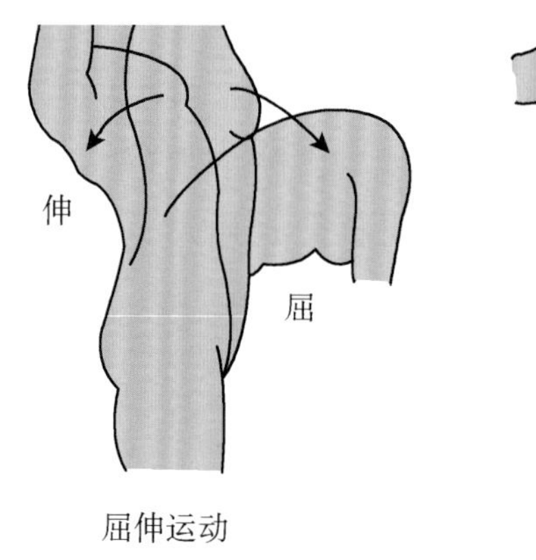

屈伸运动

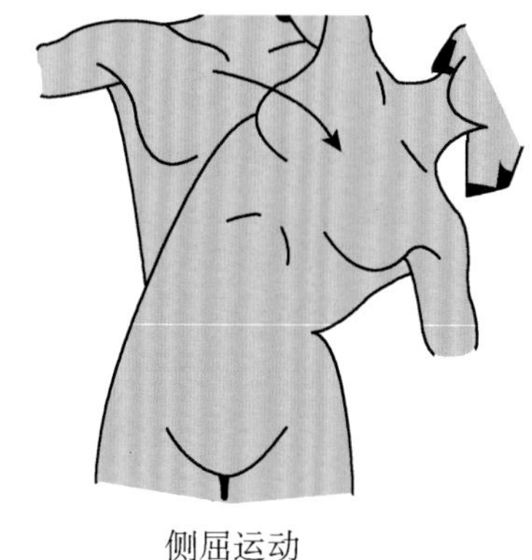
侧屈运动

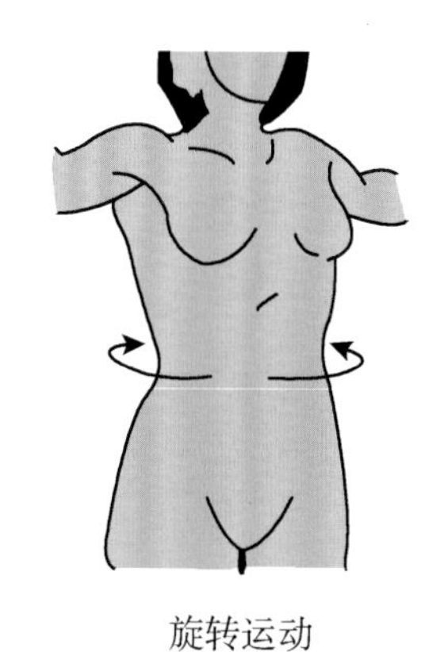
旋转运动

图 4-42 脊柱的运动

（二）胸廓

1. 胸廓的组成 **胸廓**由 12 块胸椎、12 对肋、1 块胸骨和它们之间的骨连结共同构成（图 4-43）。第 1 ～ 7 对肋骨的前端借助肋软骨与胸骨直接相连，第 8 ～ 10 对肋软骨的前端不直接与胸骨相连，而是依次与上位肋软骨相连形成软骨连结，构成左、右**肋弓**。

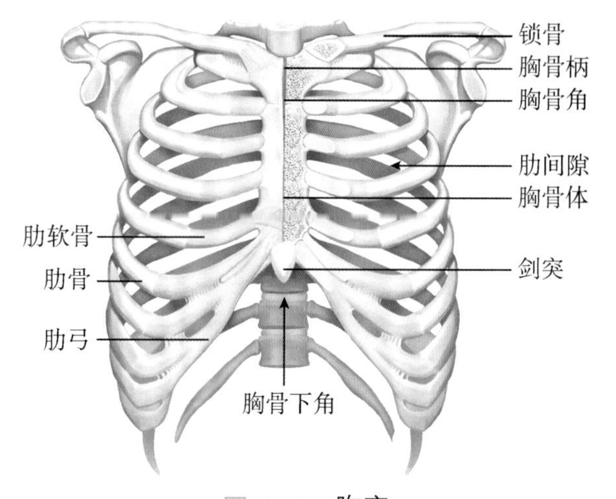

图 4-43 胸廓

2. 胸廓的整体观 成人胸廓为上窄下宽、前后略扁的圆锥形（图 4-43）。胸廓有上、下两口和前、后、外侧壁。胸廓上口较小，由胸骨柄上缘、第 1 对肋和第 1 胸椎体围成。胸廓下口宽而不整，由第 12 胸椎、第 11 对肋、第 12 对肋前端、左右肋弓和剑突共同围成。两侧肋弓在中线处相交形成向下开放的**胸骨下角**。剑突又将胸骨下角分成了左剑肋角和右剑肋角，**左剑肋角**的顶是心包穿刺的常选部位。相邻两肋之间的间隙称为**肋间隙**。

3. 胸廓的运动 胸廓除具有保护和支持功能外，还主要参与呼吸运动。

考点 胸廓的组成

三、颅骨的连结

各颅骨之间，多数以缝、软骨或骨直接相连结，如冠状缝、矢状缝、人字缝等，彼此之间的连结极其牢固（图 4-15）。只在颞骨与下颌骨之间形成了唯一的颞下颌关节。**颞下颌关节**又称下颌关节，由下颌骨的下颌头与颞骨的下颌窝和关节结节构成（图 4-44）。关节囊松弛，关节囊内有关节盘。两侧的颞下颌关节同时运动，可使下颌骨进行上提（闭口）与下降

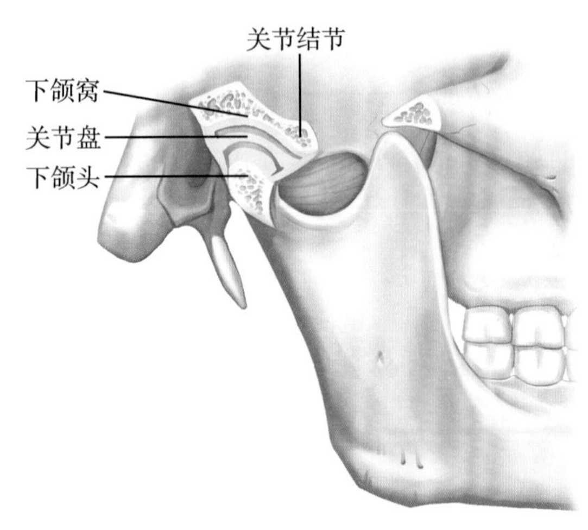

图 4-44 颞下颌关节

（张口）、前进与后退以及侧方运动。

四、四肢骨的连结

（一）上肢骨的连结

1. 肩关节 由肱骨头与肩胛骨的关节盂构成（图 4-45）。其结构特点是肱骨头大，关节盂浅小，关节盂周缘的盂唇使关节窝略为加深，关节囊薄而松弛，内有肱二头肌长头腱通过。肩关节是全身最灵活的关节，可进行屈、伸、收、展、旋内、旋外及环转运动。

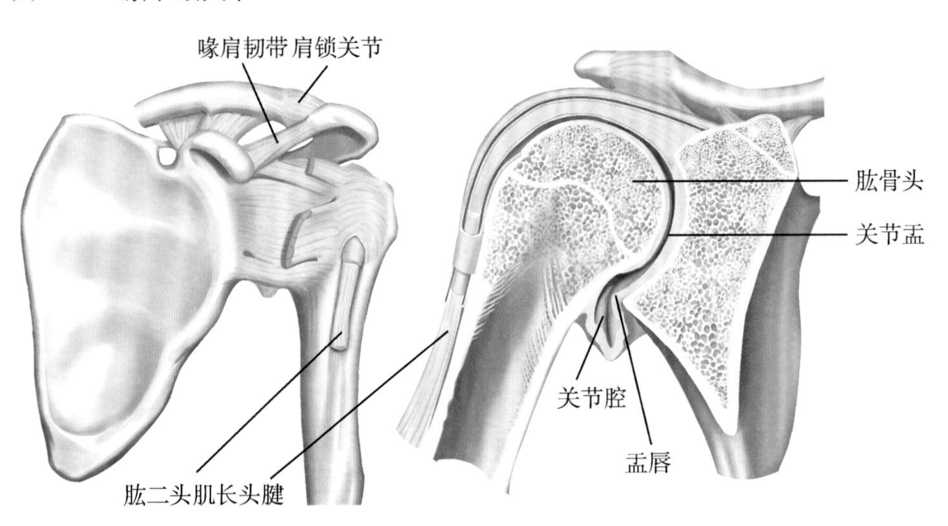

图 4-45 肩关节

2. 肘关节 由肱骨下端与桡、尺骨上端构成（图 4-46），包括肱尺关节、肱桡关节和桡尺近侧关节 3 个关节。**肱尺关节**由肱骨滑车与尺骨滑车切迹构成；**肱桡关节**由肱骨小头与桡骨头关节凹构成；**桡尺近侧关节**由桡骨头环状关节面与尺骨的桡切迹构成。上述 3 个关节共同包在一个关节囊内。关节囊前、后壁薄而松弛，两侧壁厚而紧张有加强，在桡骨头环状关节面周围有漏斗状的**桡骨环状韧带**包绕，可防止桡骨头脱出。肘关节可作屈、伸运动。

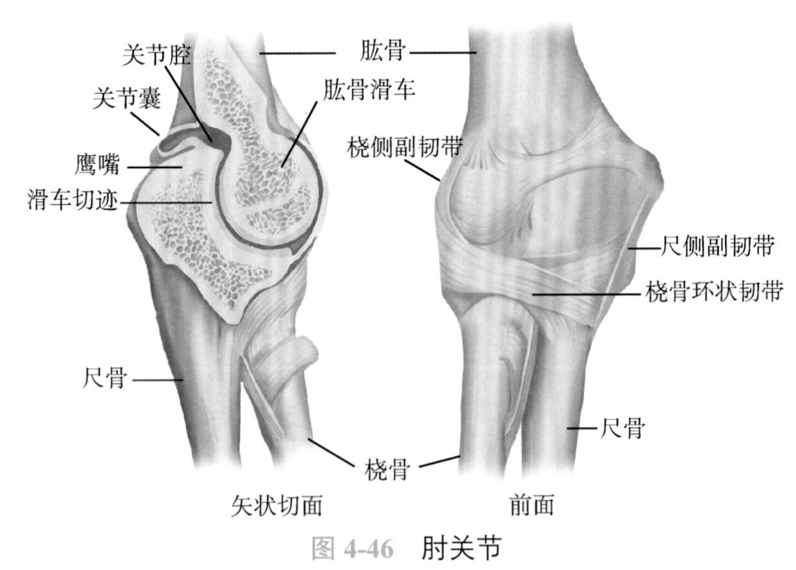

图 4-46 肘关节

3. 桡、尺骨的连结 桡、尺骨之间借桡尺近侧关节、前臂骨间膜和桡尺远侧关节相连结

（图4-47）。**桡尺远侧关节**由尺骨头环状关节面和桡骨的尺切迹以及尺骨头下面与关节盘的上面共同构成。桡尺近侧关节和远侧关节共同参与前臂的旋转运动。运动时，桡骨头在原位自转，而桡骨下端连同关节盘围绕尺骨头旋转。当桡骨转至尺骨前并与之相交叉时，手背向上，称为旋前；与此相反的运动，即桡骨转至尺骨外侧，而使手掌向上，称为旋后。

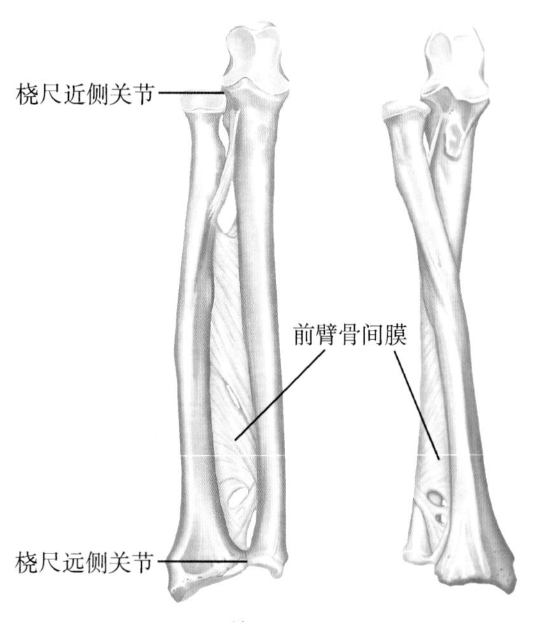

图4-47 桡、尺骨的连结

4. 手关节 包括桡腕关节、腕骨间关节、腕掌关节、掌指关节和指骨间关节（图4-48），各关节的名称均与构成关节各骨的名称相对应。①**桡腕关节**，又称**腕关节**，由桡骨下端的腕关节面、尺骨头下方的关节盘构成的关节窝，与手舟骨、月骨和三角骨的近侧关节面构成的关节头共同构成（图4-49）。腕关节可进行屈、伸、收、展和环转运动。②**拇指腕掌关节**由大多角骨与第1掌骨底构成，可进行屈、伸、收、展、环转和对掌运动。对掌运动是拇指尖的掌面与其余4指掌面相接触的运动。③**指骨间关节**，由各指相邻两节指骨间的底和滑车构成，只能进行屈、伸运动。

考点 肩关节、肘关节、桡腕关节的组成、结构特点及其运动

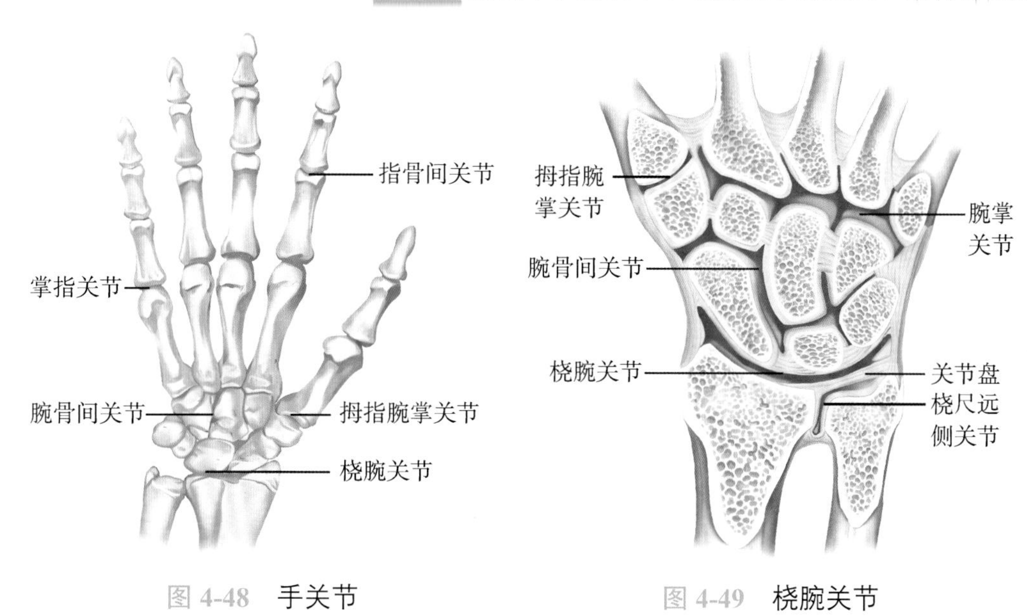

图4-48 手关节

图4-49 桡腕关节

（二）下肢骨的连结

1. 骨盆 是由左、右髋骨和骶骨、尾骨借骨连结构成的完整骨环（图4-50）。骨盆的主要功能是传导重力、支持和保护盆腔脏器，在女性骨盆又是胎儿娩出的产道，故产科常对初产妇进行产前骨盆测量，以评估分娩有无困难。

骨盆以界线为界，分为上方的大骨盆和下方的小骨盆。**界线**是由骶岬向两侧经弓状线、耻骨梳、耻骨结节至耻骨联合上缘构成的环形线（图4-50）。**小骨盆**又称真骨盆，分为骨盆

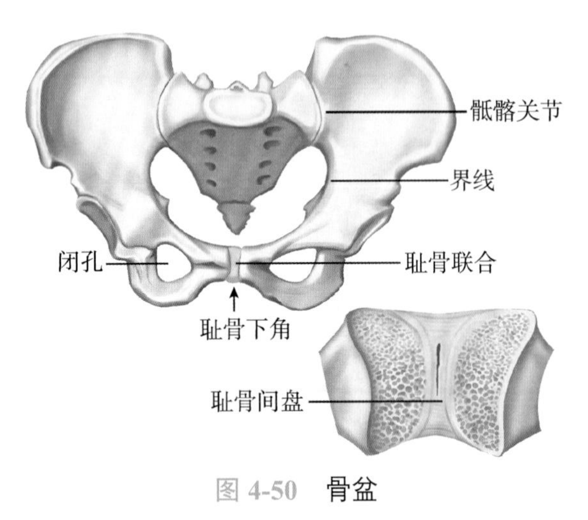

图 4-50 骨盆

上口、下口和骨盆腔。骨盆上口即由界线围成；骨盆下口由尾骨尖、骶结节韧带、坐骨结节、坐骨支、耻骨下支和耻骨联合下缘围成，呈菱形。骨盆上、下口之间的腔称为**骨盆腔**，骨盆腔是一个前壁短、侧壁和后壁较长的弯曲管道。两侧坐骨支和耻骨下支连成耻骨弓，它们之间的夹角称为**耻骨下角**，男性为 70° ～75° ，女性为 90° ～100° 。

骨盆的性别差异是从青春期开始逐渐趋于明显的。女性骨盆主要具有如下特征：骨盆外形短而宽；骨盆上口近似圆形，较宽大；骨盆腔呈桶状；骨盆下口和耻骨下角较大。女性骨盆的这些特点主要与妊娠和分娩有关。

考点 骨盆的组成、分部和女性骨盆的主要特征

2. 髋关节　由髋臼与股骨头构成（图 4-51）。髋臼周缘有髋臼唇增加其深度，股骨头几乎全部纳入髋臼内。关节囊坚韧而致密，股骨颈除后面的外侧 1/3 外，均包在关节囊内，故股骨颈骨折有囊内骨折、囊外骨折之分。关节囊周围有许多强劲的韧带加强，其中以前方的**髂股韧带**最为强大，可限制髋关节过度后伸。关节囊内有连于股骨头与髋臼之间的**股骨头韧带**，内含营养股骨头的血管。髋关节可进行屈、伸、收、展、旋内、旋外以及环转运动，但运动幅度较肩关节小。

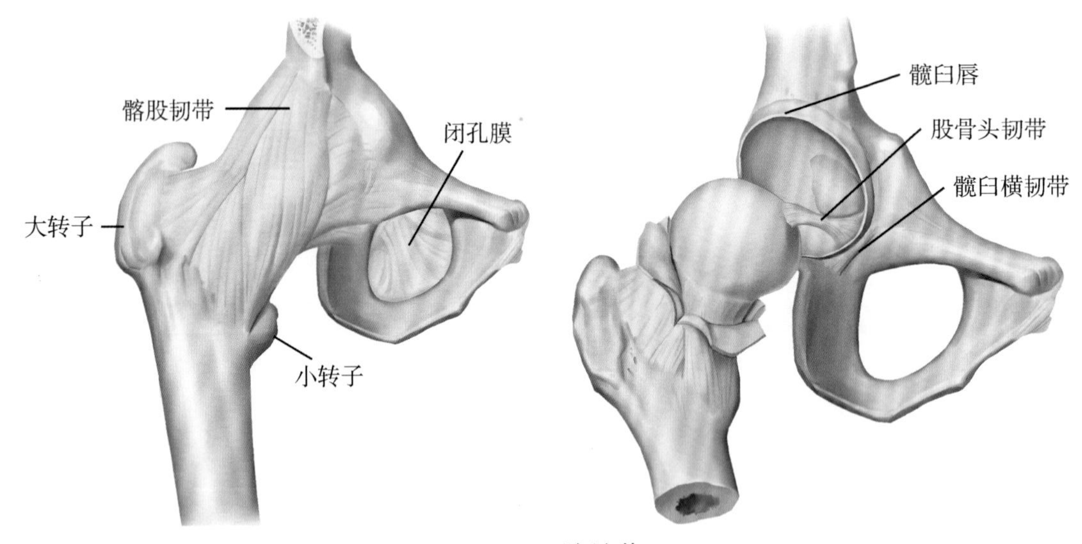

图 4-51 髋关节

3. 膝关节　由股骨下端、胫骨上端和髌骨构成。关节囊薄而松弛，前壁有股四头肌腱及其延伸的**髌韧带**加强，内侧有**胫侧副韧带**加强，外侧有**腓侧副韧带**加强（图 4-52）。关节囊内有前交叉韧带和后交叉韧带加强。在股骨内、外侧髁与胫骨内、外侧髁关节面之间垫有两块由纤维软骨板构成的内侧半月板和外侧半月板（图 4-53）。膝关节主要进行屈、伸运动。

考点 髋关节、膝关节、踝关节的组成、结构特点及其运动

4. 胫腓骨的连结 胫、腓两骨之间连结紧密，上端由胫骨外侧髁的腓关节面与腓骨头构成微动的**胫腓关节**，胫、腓两骨干之间有坚韧的小腿骨间膜相连，下端借强大的韧带连结，故小腿两骨间的活动度甚小。

5. 足关节 包括距小腿关节、跗骨间关节、跗跖关节、跖趾关节和趾骨间关节（图4-54），均由与关节名称相应的骨组成。**距小腿关节**又称**踝关节**，由胫、腓骨的下端与距骨滑车构成。关节囊的前、后壁薄而松弛，内、外侧均有韧带加强。踝关节可进行背屈（伸）和跖屈（屈）运动。足尖上抬，足背向小腿前面靠拢为踝关

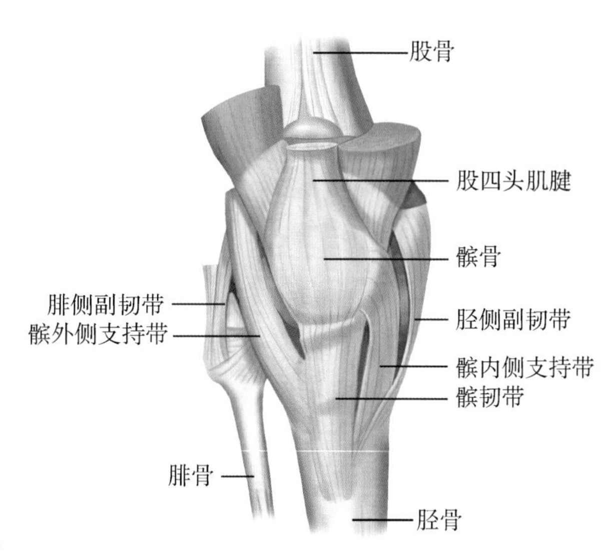

图4-52 膝关节（外部结构）

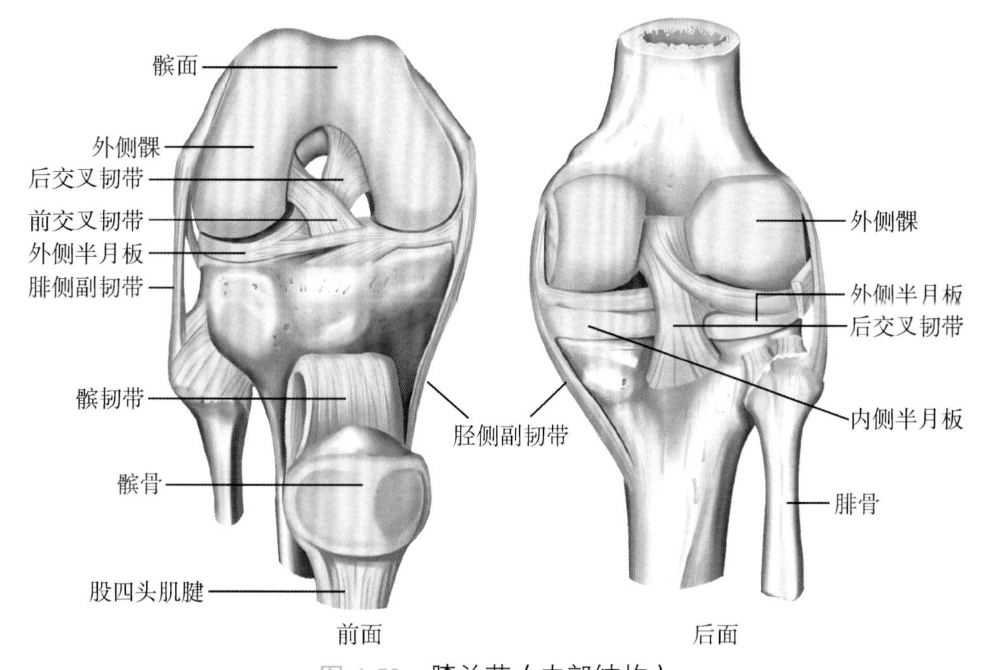

图4-53 膝关节（内部结构）

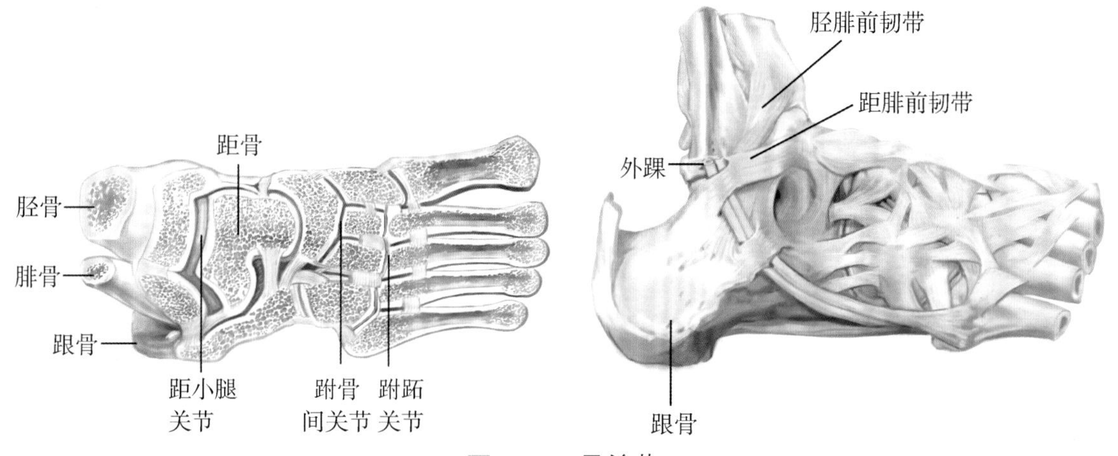

图4-54 足关节

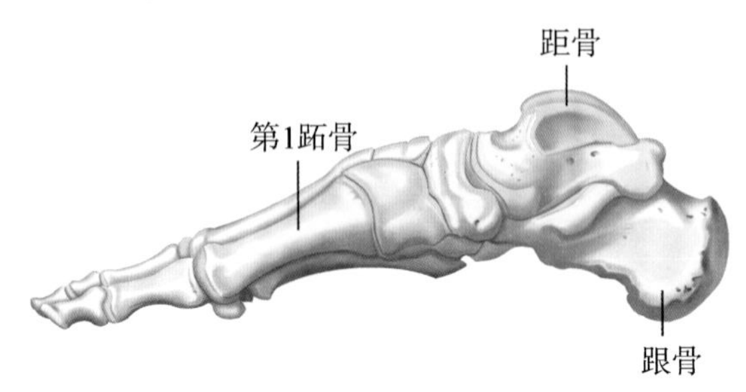

图 4-55 足弓

节的伸，也称背屈；足尖下垂为踝关节的屈，又称为跖屈。跗骨间关节与踝关节协同运动，可做足内翻（足底转向内侧）或足外翻运动（足底转向外侧）。

6. 足弓　是跗骨和跖骨借骨连结形成的凸向上方的弓形结构（图 4-55）。站立时，足以后方的跟骨结节和前方的第 1、5 跖骨头三点着地，使足成为稳定而具有弹性的三脚架，在行走或跳跃时发挥弹性和缓冲振荡的作用，同时还可保护足底的血管和神经免受压迫。

第 3 节　骨　骼　肌

一、概　　述

运动系统中的肌因多数附着于骨骼而称为骨骼肌，收缩时可牵动骨骼而产生各种运动。骨骼肌有 600 余块，约占体重的 40%。每块肌都具有一定的位置、形态、构造和功能，并有丰富的血管、淋巴管和神经分布，故每块肌都可视为一个器官。全身的肌依其分布部位，可分为头肌、颈肌、躯干肌和四肢肌。

（一）肌的构造和形态

1. 肌的构造　骨骼肌一般由中间的肌腹和两端的肌腱构成（图 4-56）。**肌腹**主要由骨骼肌纤维构成，色红而柔软，具有收缩能力。**肌腱**主要由平行致密的胶原纤维束构成，多位于肌的两端，色白、坚韧而无收缩能力。

2. 肌的形态　多种多样，按其外形大致可分为长肌、短肌、扁肌和轮匝肌 4 种（图 4-56）。①**长肌**，呈梭形，多分布于四肢，收缩时肌腹明显缩短，可引起大幅度的运动。②**短肌**，短小，多分布于躯干深层，收缩时运动的幅度不大。③**扁肌**，宽扁呈薄片状，多分布于胸、腹壁，扁肌的腱性部分呈薄膜状，故称为**腱膜**。④**轮匝肌**，主要由环形肌纤维构成，分布于孔裂的周围，收缩时可以关闭孔裂。

考点 肌的构造和形态分类

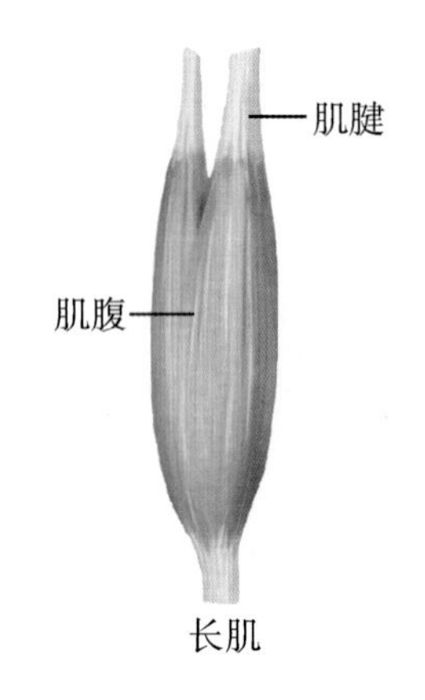

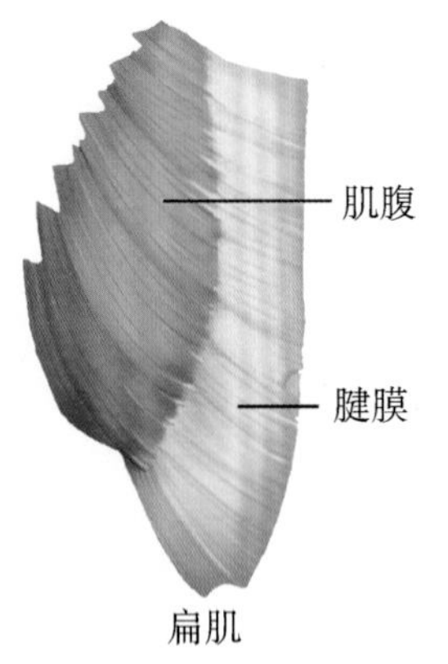

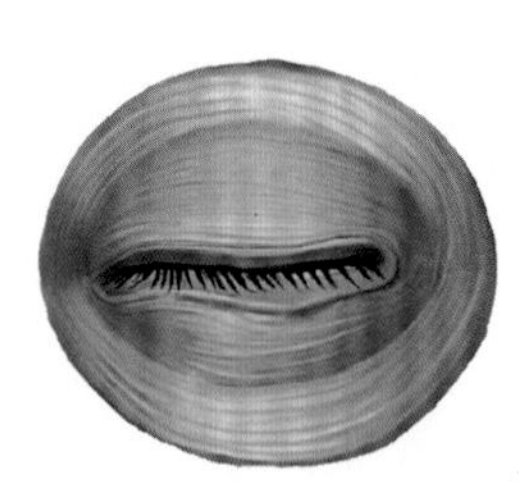

图 4-56 肌的形态和构造

（二）肌的起止和配布

1. 肌的起止　肌的两端通常附着于两块或两块以上的骨面上，中间跨过一个或多个关节，肌收缩时牵动骨而产生关节的运动。一般来说，运动时两块骨中总有一块骨的位置相对固定，而另一块骨则相对移动。肌在固定骨上的附着点称为**起点**或定点，在移动骨上的附着点则称为**止点**或动点。通常把接近躯干正中矢状面、四肢靠近侧的附着点作为肌的起点或定点（图4-57），把另一端则作为肌的止点或动点。

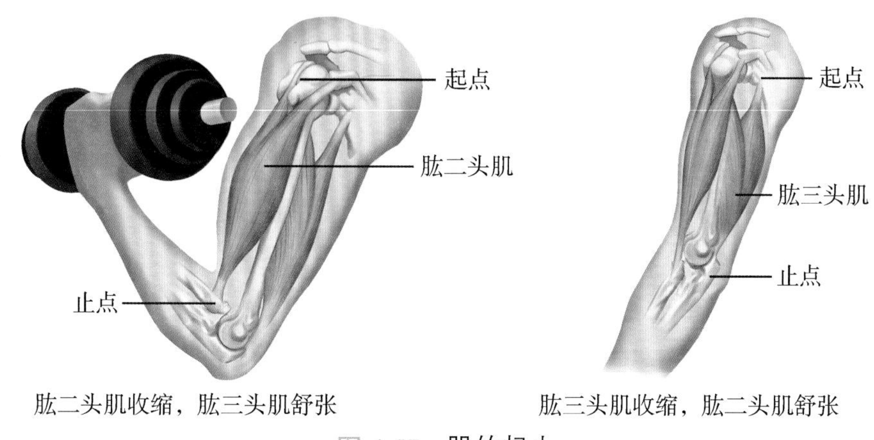

图4-57　肌的起止

2. 肌的配布　肌在关节周围的配布方式与关节的运动轴密切相关，即在一个运动轴的相对侧至少配布有两组在作用上互相对抗的肌或肌群，称为**拮抗肌**。而在一个运动轴同侧配布并具有相同作用的两块肌或多块肌则称为**协同肌**。

（三）肌的辅助装置

肌的周围有筋膜、滑膜囊、腱鞘和籽骨等辅助装置，具有维持肌的位置、保护和协助肌活动的作用。

1. 筋膜　分布于全身各处，分为浅筋膜和深筋膜两种。

（1）浅筋膜：又称皮下组织或皮下脂肪，位于真皮之下，包被全身，由富含脂肪的疏松结缔组织构成（图4-58），但所含脂肪的量却因人而异。浅筋膜内还分布有浅动脉、皮下静脉、皮神经和浅淋巴管，有些部位还有乳腺和皮肌等。

（2）深筋膜：又称固有筋膜，位于浅筋膜的深面，由致密结缔组织构成（图4-58），包被四肢的肌、血管和神经等。在四肢，深筋膜插入肌群之间并附着于骨，形成**肌间隔**。肌间隔与包被肌群的深筋膜构成筋膜鞘，保护肌免受摩擦，可保证各肌或肌群单独进行活动。

2. 滑膜囊　为扁薄封闭而内有滑液的结缔组织囊，多位于肌腱与骨面相接触处，以减少两者之间的摩擦。关节附近的滑膜囊可与关节腔相通。

3. 腱鞘　是套在腕、踝、手指和足趾长肌腱表面的鞘管（图4-59）。腱鞘的作用是将肌腱固定于一定的位置，并在肌活动中减少肌腱与骨面之间的摩擦。

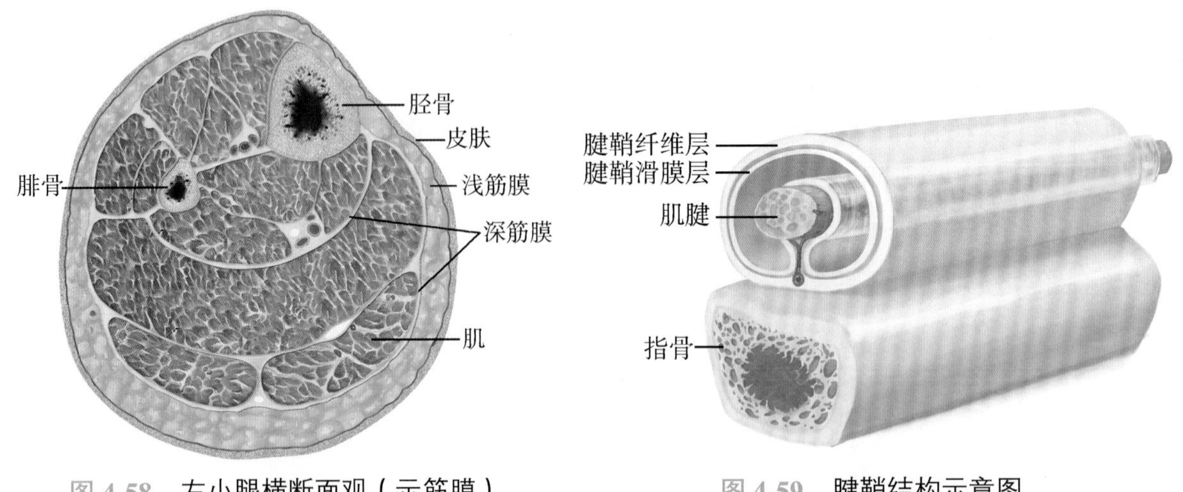

图 4-58 左小腿横断面观（示筋膜） 图 4-59 腱鞘结构示意图

二、头 肌

头肌（图 4-60）分为面肌和咀嚼肌两部分。

1. 面肌 为扁薄的皮肌，大多起自颅骨的不同部位，止于面部皮肤，如**枕额肌**、**眼轮匝肌**、**口轮匝肌**、**颊肌**等。面肌的作用是闭合或开大孔裂，同时牵动面部皮肤表达喜、怒、哀、乐等各种表情，故面肌又称为**表情肌**。

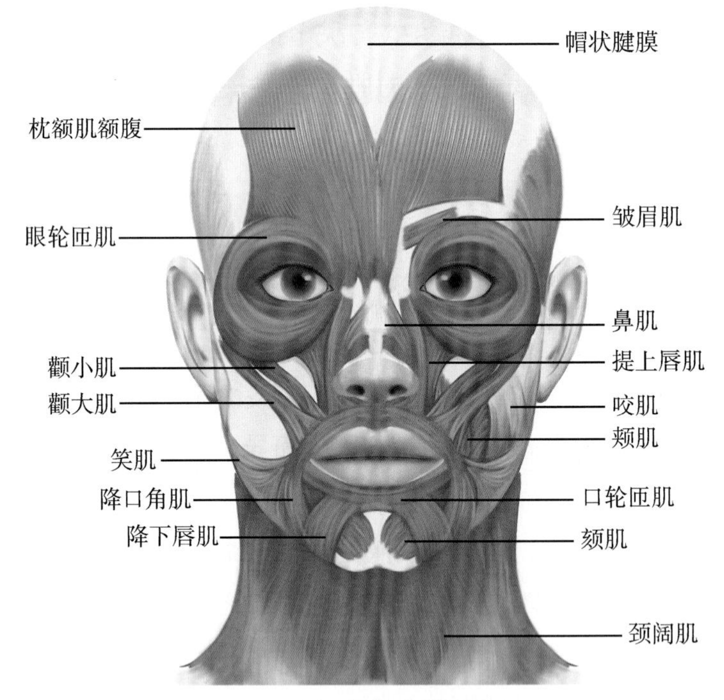

图 4-60 头肌（前面）

2. 咀嚼肌 配布于颞下颌关节的周围，包括**咬肌**、**颞肌**、**翼内肌**和**翼外肌**（图 4-61），参与咀嚼运动。当牙咬紧时，在下颌角的前上方可摸到坚实的咬肌，在颧弓上方可摸到颞肌。

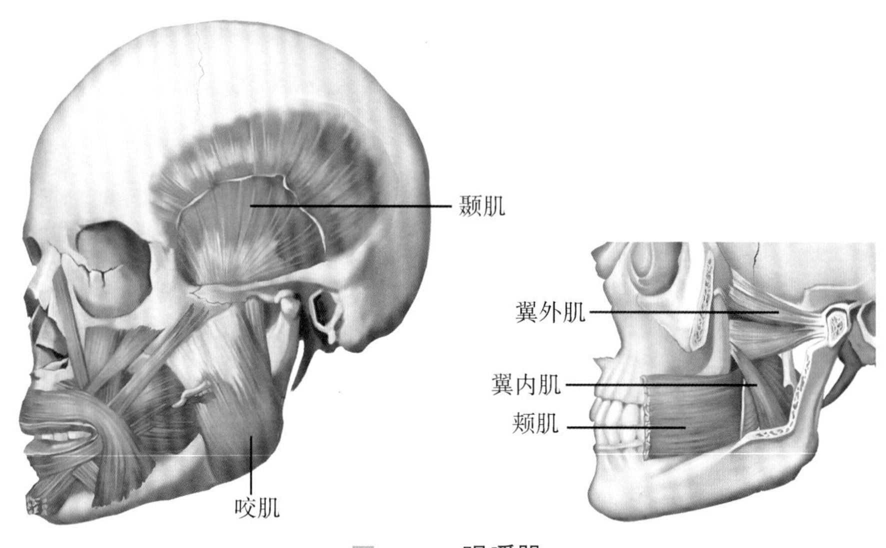

图 4-61 咀嚼肌

三、颈 肌

颈肌依其所在位置分为颈浅肌与颈外侧肌、颈前肌和颈深肌3群。①颈浅肌与颈外侧肌，包括颈阔肌和胸锁乳突肌（图4-62）。**胸锁乳突肌**斜位于颈部两侧，在体表可见其轮廓（图4-63），起自胸骨柄前面和锁骨的胸骨端,两头会合斜向后上,止于颞骨的乳突。一侧收缩使头向同侧倾斜，面转向对侧；两侧同时收缩可使头后仰。②颈前肌，包括舌骨上肌群和舌骨下肌群。③颈深肌，分为内侧群和外侧群。外侧群位于脊柱颈段的两侧，有前斜角肌、中斜角肌和后斜角肌（图4-64）。各肌均起自颈椎横突，前、中斜角肌止于第1肋，后斜角肌止于第2肋。前、中斜角肌与第1肋之间形成的三角形间隙，称为**斜角肌间隙**，内有锁骨下动脉和臂丛通过。

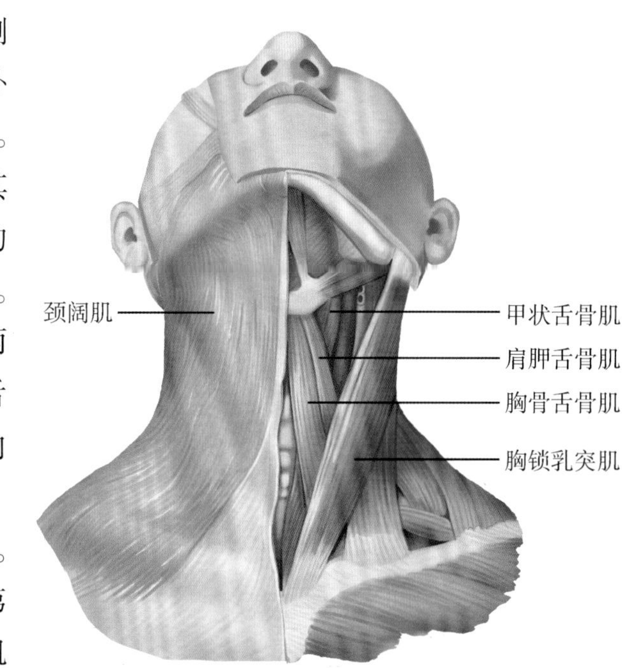

图 4-62 颈肌

考点 胸锁乳突肌的位置及其作用；通过斜角肌间隙的结构

链接

锁骨上小窝和锁骨上大窝的临床意义

锁骨上小窝为胸锁乳突肌胸骨头和锁骨头与锁骨上缘之间形成的三角形小窝，其深面有颈总动脉通过。锁骨上大窝位于锁骨中1/3的上方，是胸锁乳突肌后缘与斜方肌前缘之间的三角形凹陷（图4-63），在其窝内可触及条索状的臂丛和行经第1肋骨上面的锁骨下动脉的搏动，上肢外伤出血时可在此压迫止血。胸锁乳突肌后缘与锁骨形成的夹角处向外0.5～1.0cm处为锁骨下静脉锁骨上入路穿刺的进针点。

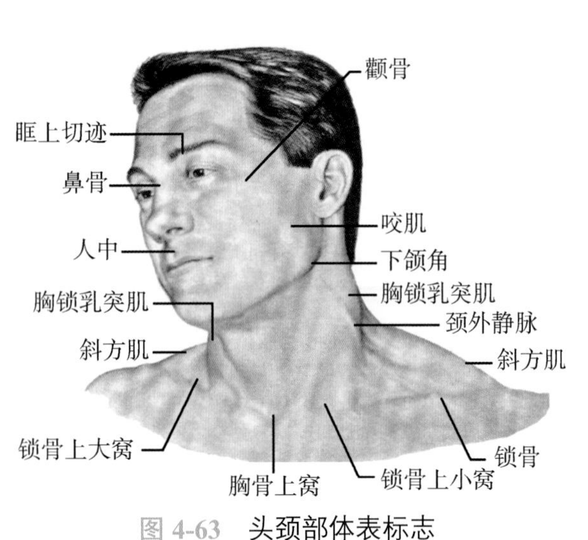

图 4-63 头颈部体表标志

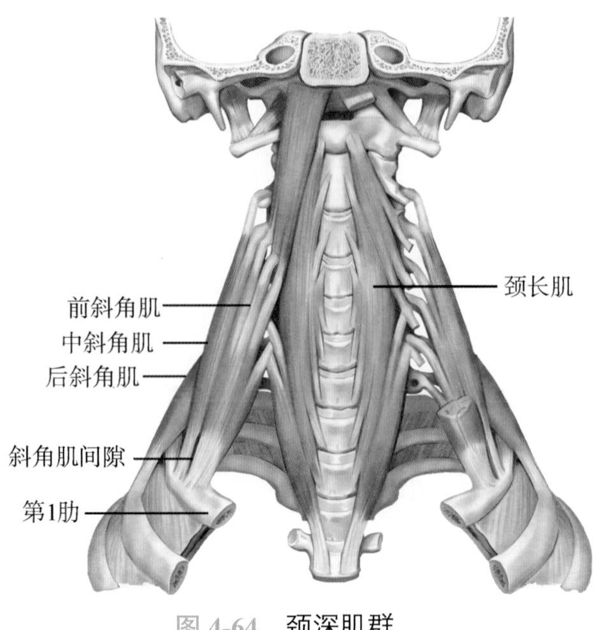

图 4-64 颈深肌群

四、躯 干 肌

躯干肌可分为背肌、胸肌、膈、腹肌和会阴肌。

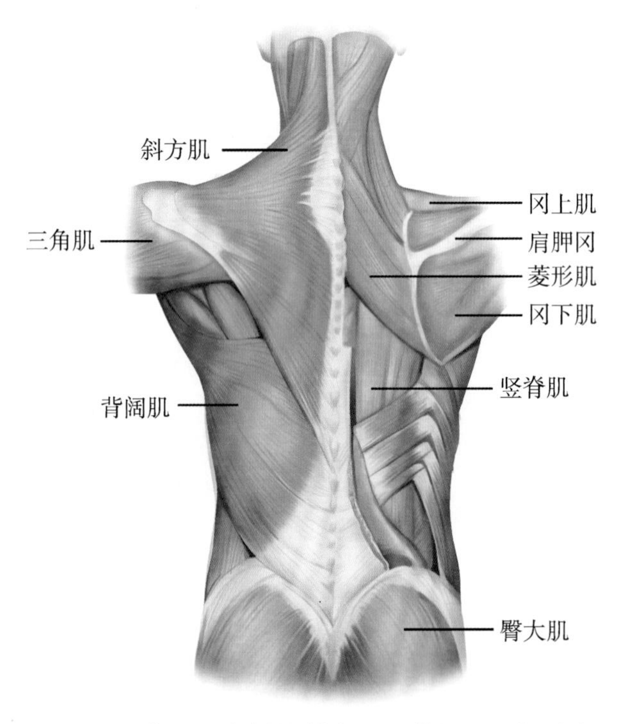

图 4-65 背肌（右侧的斜方肌和背阔肌已切除）

（一）背肌

背肌位于躯干的背面，分为背浅肌和背深肌两群。背浅肌的浅层有斜方肌和背阔肌，背深肌主要是竖脊肌（图 4-65）。①**斜方肌**，位于项部和背上部的浅层，一侧呈三角形，两侧合在一起则呈斜方形。作用是使肩胛骨向脊柱靠拢。如肩胛骨固定，两侧同时收缩可使头后仰。斜方肌瘫痪时出现塌肩，痉挛时易发生落枕。②**背阔肌**，位于背的下半部及胸的后外侧。作用是使肩关节内收、旋内和后伸，即完成背手动作。③**竖脊肌**，纵列于棘突两侧的深沟内，居背肌浅层的深面，是维持人体直立姿势的重要肌。两侧同时收缩可使脊柱后伸和仰头，一侧收缩可使脊柱侧屈。

（二）胸肌

胸肌主要包括胸大肌、胸小肌、前锯肌、肋间外肌和肋间内肌等。①**胸大肌**（图 4-66），是覆盖于胸廓前壁大部浅层的扇形扁肌，作用是使肩关节内收、旋内和前屈。当上肢固定时，可引体向上，并可提肋助吸气。②**胸小肌**，位于胸大肌的深面，呈三角形。当肩胛骨固定时，可提肋助吸气。③**前锯肌**，为贴附于胸廓侧壁的宽大扁肌，作用是拉肩胛骨向前并使其紧贴胸廓。当肩胛骨固定时，可上提肋以助深吸气。前锯肌瘫痪时，肩胛下角离开胸廓而突出于皮下，出现翼状肩。④**肋间外肌**，位于各肋间隙的浅层，起自上位肋骨的下缘，肌束斜向前下，止于下位肋骨的上缘，作用是提肋助吸气。⑤**肋间内肌**，位于肋间外肌的深面，起自下位肋骨的上缘，肌束斜向前上，止于上位肋骨的下缘，作用是降肋助呼气。

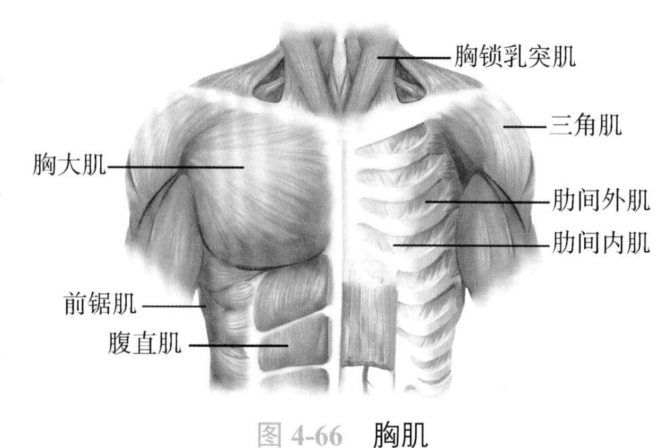

图 4-66　胸肌

（三）膈

膈是位于胸、腹腔之间的阔薄扁肌，呈穹隆状自腹腔凸向胸腔，构成胸腔的底和腹腔的顶（图 4-67）。膈有 3 个裂孔：在第 12 胸椎前方的为**主动脉裂孔**，有主动脉和胸导管通过；在主动脉裂孔的左前上方，约在第 10 胸椎水平有**食管裂孔**，有食管和迷走神经通过；在食管裂孔右前上方的中心腱内有**腔静脉孔**，约在第 8 胸椎水平，有下腔静脉通过。

膈是主要的呼吸肌，收缩时，膈穹隆下降，胸腔容积扩大，以助吸气；舒张时，膈穹隆上升恢复原位，胸腔容积减小，以助呼气。若膈与腹肌同时收缩，则能增加腹压，以协助排便、呕吐和分娩等活动。

考点　斜方肌、背阔肌、竖脊肌和胸大肌的位置及其作用；膈的位置及裂孔通过的结构

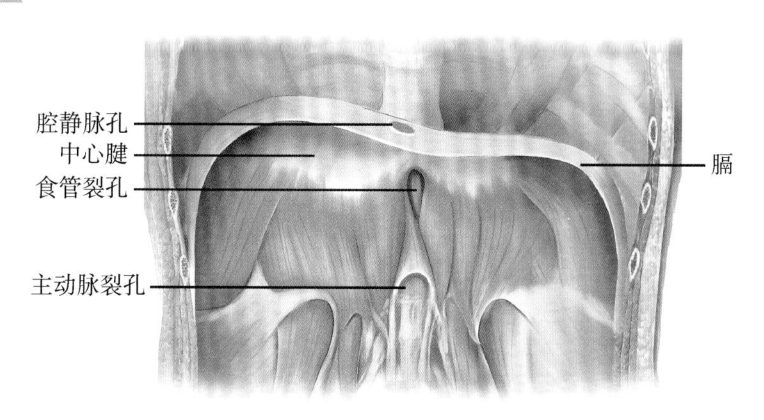

图 4-67　膈

（四）腹肌

腹肌位于胸廓下部与骨盆之间，按其位置分为前外侧群和后群。前外侧群构成腹腔的前外侧壁，包括位于腹前壁正中线两侧的腹直肌和外侧的腹外斜肌、腹内斜肌和腹横肌；后群位于腹后壁脊柱的两侧，由腰方肌和腰大肌组成（图 4-68）。

1. 腹直肌　位于腹前壁正中线两侧的腹直肌鞘内，为上宽下窄的带状肌，肌的全长被 3 ～ 4 条横行的**腱划**分成多个肌腹（图 4-69）。

2. 腹外斜肌　为腹前外侧壁最浅层的扁肌，肌束由外上斜向前下方，至腹直肌外侧缘处移行为腱膜。腹外斜肌腱膜（图 4-70）的下缘卷曲增厚，连于髂前上棘与耻骨结节之间，称为**腹股沟韧带**。

3. 腹内斜肌　位于腹外斜肌的深面，肌束呈扇形放射状走向内上方，大部分肌束向前至

腹直肌外侧缘处移行为腱膜，分前、后两层包裹腹直肌（图 4-68）。

4. 腹横肌　位于腹内斜肌的深面，肌束向前内侧横行，至腹直肌外侧缘处移行为腱膜（图 4-70）。

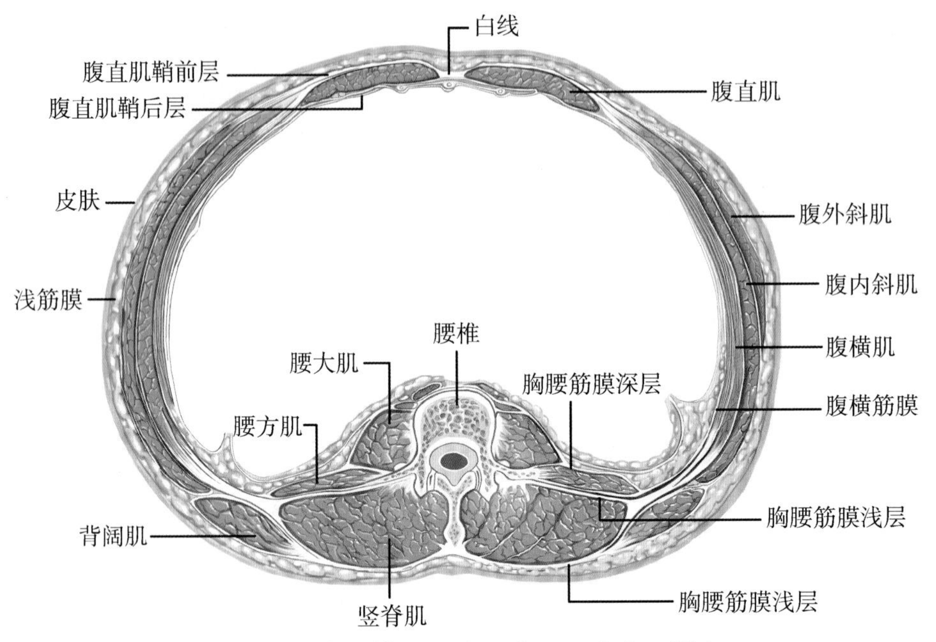

图 4-68　腹壁横切面（示腹肌和腹直肌鞘）

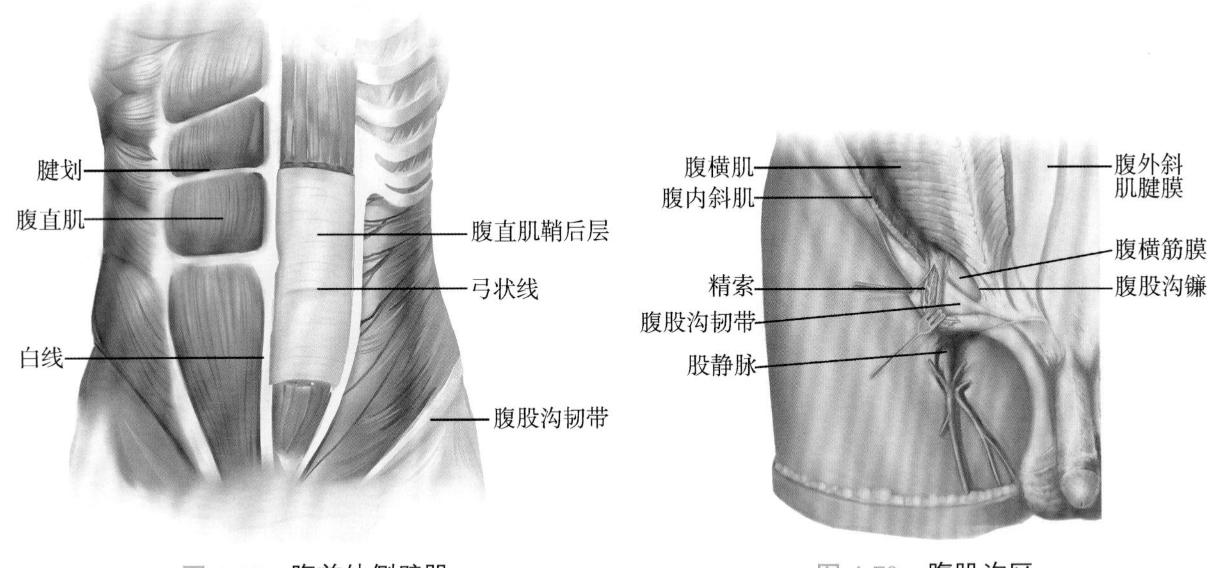

图 4-69　腹前外侧壁肌

图 4-70　腹股沟区

腹肌前外侧群的作用：保护腹腔脏器，维持腹压；收缩时，增加腹压，协助排便、分娩、呕吐及咳嗽等活动；并能降肋助呼气，也能使脊柱前屈、侧屈和旋转。

5. 腰方肌　位于腹后壁脊柱的两侧，内邻腰大肌，后方为竖脊肌（图 4-68）。作用是下降和固定第 12 肋，一侧收缩使脊柱侧屈。

6. 腹肌的相关结构

（1）腹直肌鞘：为包裹腹直肌的纤维性鞘，由腹前外侧壁 3 块扁肌的腱膜共同构成（图 4-68）。

（2）白线：位于腹前壁正中线上，介于左、右腹直肌鞘之间，由两侧腹外斜肌、腹内斜肌和腹横肌的腱膜纤维交织而成。上方起自剑突，下方止于耻骨联合（图4-68，图4-69）。

（3）腹股沟管：位于腹股沟韧带内侧半的上方，为腹前壁下部肌与腱膜之间的斜行裂隙（图4-71），长4～5cm，男性有精索、女性有子宫圆韧带通过。腹股沟管有两个口和4个壁。内口为腹股沟管深（腹）环，位于腹股沟韧带中点上方约1.5cm处，为腹横筋膜向外突形成的卵圆形孔；外口即腹股沟管浅环或皮下环，为腹外斜肌腱膜在耻骨结节外上方形成的三角形裂孔。前壁为腹外斜肌腱膜和腹内斜肌；后壁为腹横筋膜和腹股沟镰；上壁为腹内斜肌和腹横肌的弓状下缘；下壁为腹股沟韧带。腹股沟管为腹股沟斜疝的好发部位。

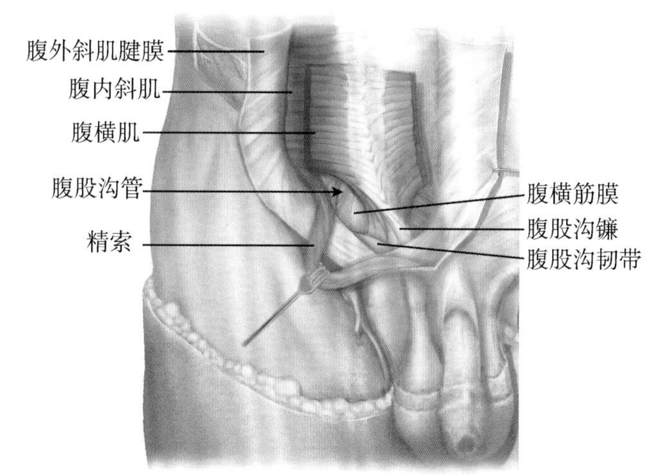

图4-71 腹股沟管

考点 通过腹股沟管的结构

（五）会阴肌

会阴肌是指封闭小骨盆下口诸肌的统称（图4-72），与相邻的上、下筋膜共同构成盆膈和尿生殖膈，具有承托、支持和固定腹、盆腔脏器的作用，并对阴道和肛管有括约作用。

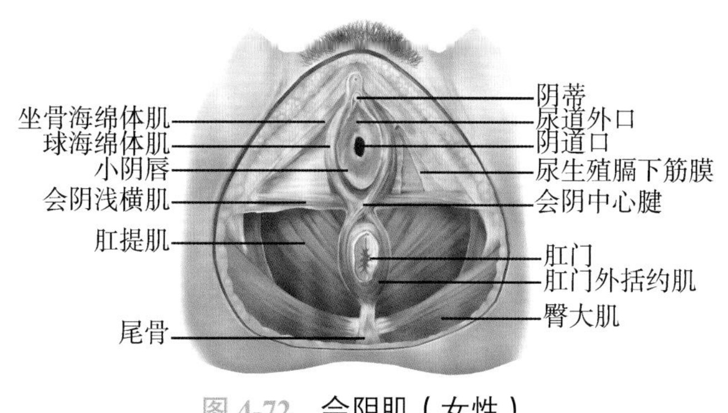

图4-72 会阴肌（女性）

五、四 肢 肌

（一）上肢肌

上肢肌按其所在部位分为上肢带肌、臂肌（图4-73，图4-74）、前臂肌和手肌。

1. 上肢带肌　共有6块，配布于肩关节周围。①**三角肌**，位于肩部，呈三角形覆盖肱骨上端，形成肩部圆隆的外形。起自锁骨的外侧1/3、肩峰和肩胛冈，肌束从前、外、后包绕肩关节，并逐渐向外下方集中，止于肱骨的三角肌粗隆。主要作用是使肩关节外展。三角肌是临床常用的肌内注射部位。②**冈上肌**，位于冈上窝内，作用是使肩关节外展。③**冈下肌**，位于冈下窝内，作用是使肩关节旋外。④**小圆肌**，位于冈下肌的下方，作用是使肩关节旋外。⑤**大圆肌**，位于小圆肌的下方，作用是使肩关节内收、旋内和后伸。⑥**肩胛下肌**，位于肩胛下窝，作用是使肩关节内收和旋内。

2. 臂肌　覆盖肱骨，分为前、后两群。前群包括浅层的肱二头肌及深层的喙肱肌和肱肌；后群即肱三头肌。①**肱二头肌**，起端有两个头，长头腱经肩关节囊和结节间沟下行；短头起自肩胛骨的喙突。两头在臂中部合成一肌腹，下端移行为肌腱，经肘关节的前方止于桡骨粗隆。作用是屈肘关节。当前臂处于旋前位时能使前臂旋后。②**肱三头肌**，起端有3个头，3个头向下合成肌腹后，以一共同肌腱止于尺骨鹰嘴，作用是伸肘关节。

考点 三角肌、肱二头肌和肱三头肌的位置及其作用

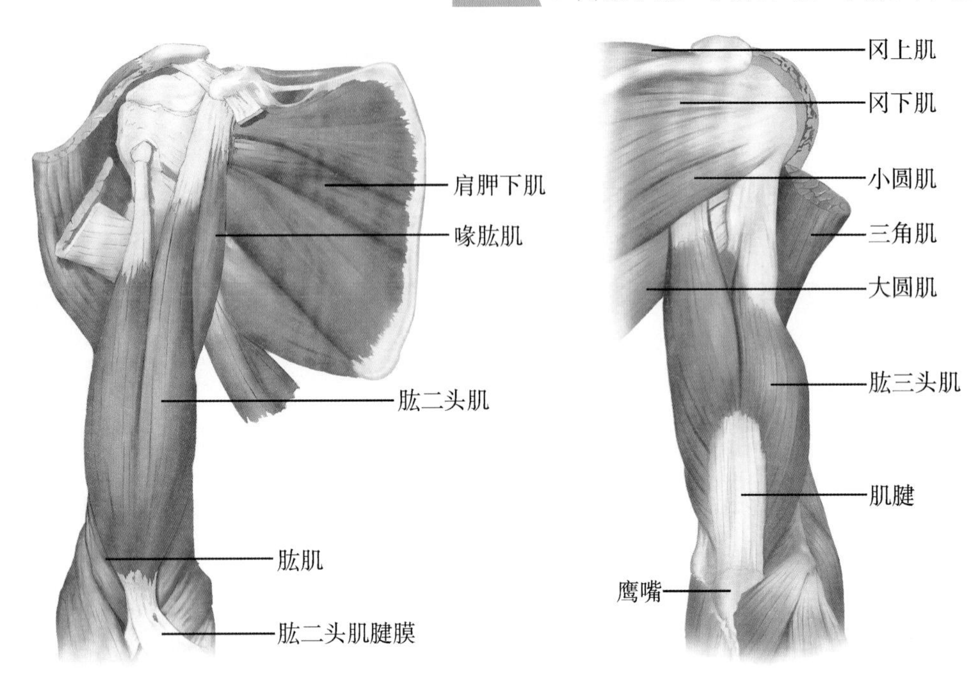

图 4-73 上肢带肌和臂肌（前群） 图 4-74 上肢带肌和臂肌（后群）

3. 前臂肌 位于尺、桡骨的周围，共有19块，分为前、后两群。前群主要是屈肌和旋前肌，后群主要是伸肌和旋后肌，肌的名称与肌的作用基本一致。

（1）前群：位于前臂的前面和内侧面，共有9块，分深、浅两层。①浅层，有6块，由桡侧向尺侧依次为肱桡肌、旋前圆肌、桡侧腕屈肌、掌长肌、指浅屈肌和尺侧腕屈肌（图 4-75）；②深层，有3块，即拇长屈肌、指深屈肌和旋前方肌。使前臂旋前的肌是旋前圆肌和旋前方肌。

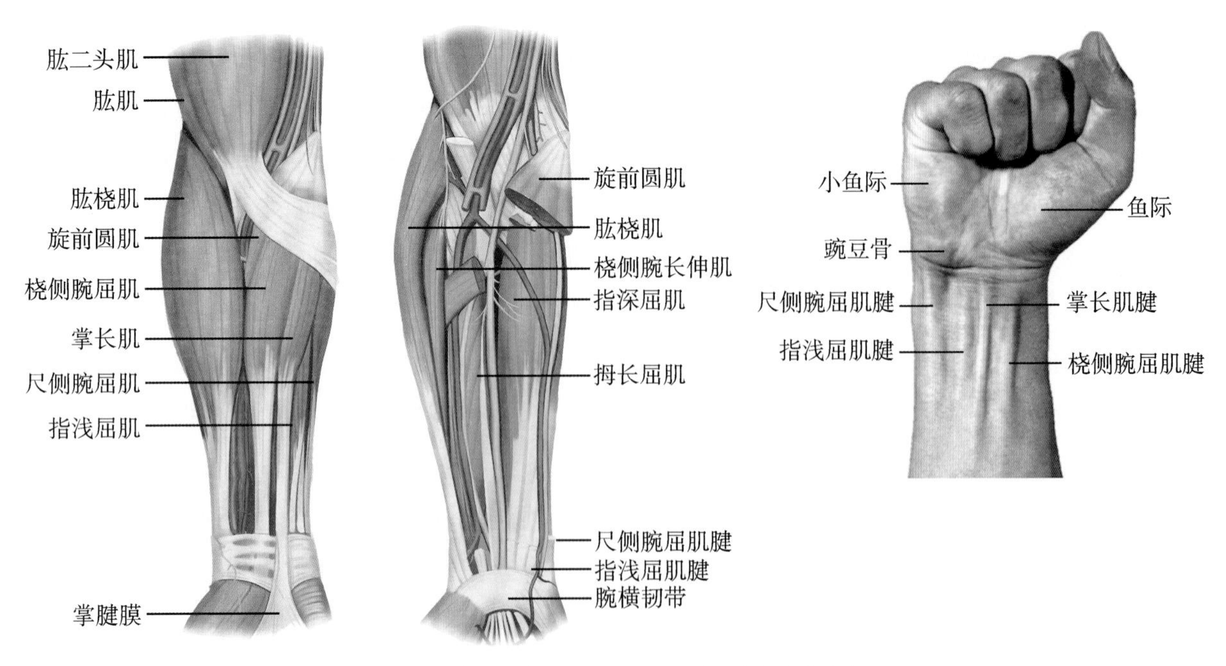

图 4-75 前臂肌前群、手肌和手掌侧的体表标志

（2）后群：位于前臂的后面，共有 10 块，分浅、深两层。①浅层，有 5 块，由桡侧向尺侧依次为桡侧腕长伸肌、桡侧腕短伸肌、指伸肌、小指伸肌和尺侧腕伸肌（图 4-76）；②深层，有 5 块，自上而下，由桡侧向尺侧依次为旋后肌、拇长展肌、拇短伸肌、拇长伸肌和示指伸肌。使前臂旋后的肌是旋后肌和肱二头肌。

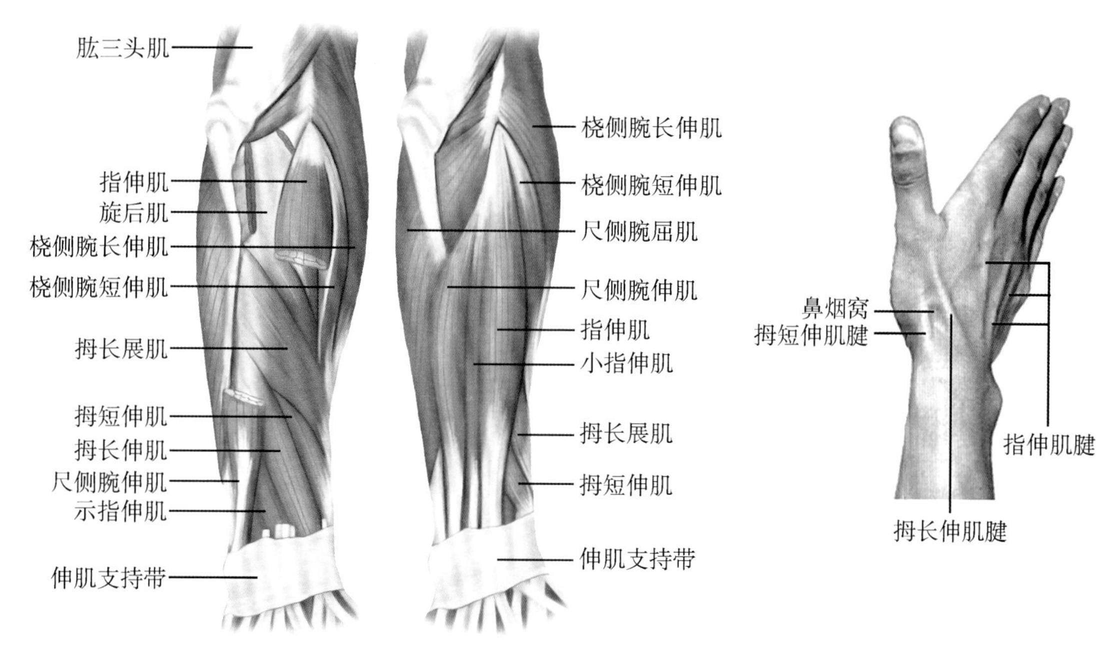

图 4-76 前臂肌后群和手背部的体表标志

4. 手肌 主要集中配布于手的掌侧面，分为 3 群（图 4-77）。①外侧群，在手掌拇指侧形成一丰满的隆起，称为**鱼际**，有 4 块肌，浅层外侧为拇短展肌，内侧为拇短屈肌；深层外侧为拇对掌肌，内侧为拇收肌。②内侧群，在手掌小指侧形成一隆起，称为**小鱼际**。③中间群，位于掌心和掌骨间隙，由 4 块蚓状肌和 7 块骨间肌组成。

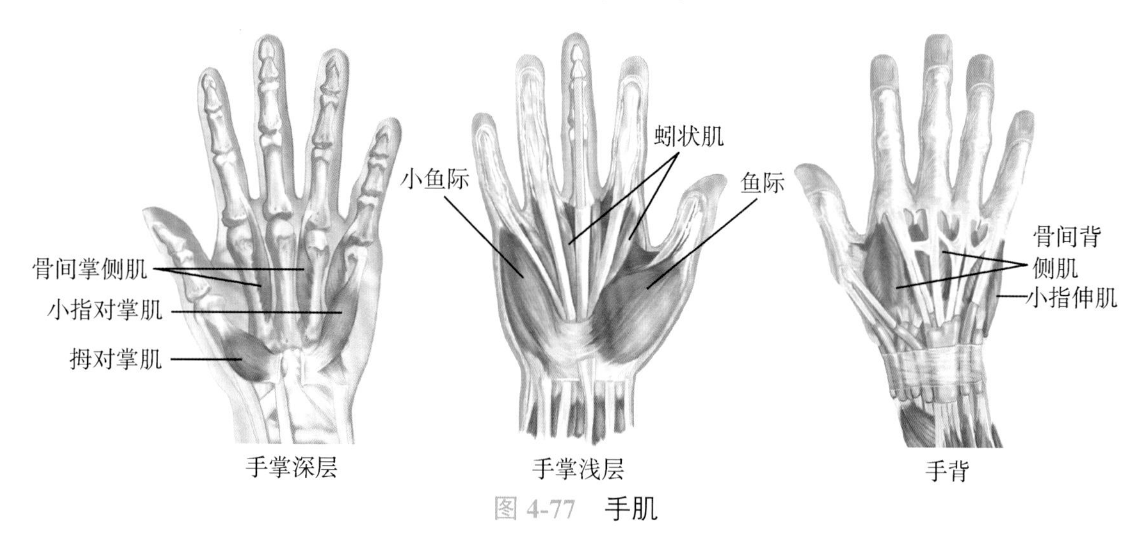

图 4-77 手肌

5. 上肢的局部特征

（1）腋窝：是位于臂上部内侧与胸外侧壁之间的锥体形腔隙。腋窝内除了有分布于上肢的血管和神经通过外，还有大量的脂肪组织及淋巴结、淋巴管等。

（2）肘窝：是位于肘关节前面的倒三角形凹窝。上界为肱骨内、外上髁之间的连线，下外侧界为肱桡肌，下内侧界为旋前圆肌（图 4-75），肘窝内主要结构由尺侧向桡侧依次为正中神经、肱动脉及其两条伴行静脉、肱二头肌腱和桡神经及其分支。

医者仁心　**现代临床解剖学的奠基人——钟世镇**

中国工程院院士钟世镇教授建立了应用解剖学研究体系，是我国现代临床解剖学的奠基人之一，中国数字人和数字医学领域的开拓者。他在显微外科应用解剖学领域有一系列的研究成果，为我国显微外科长期跻身于国际先进学术行列，提供了坚实的基础理论依据。中国现代临床解剖学在他的引领下从被他国轻视的夹缝地带发展至如今具有了国际影响地位。钟世镇教授在鼓励其学生刻苦钻研科学知识时曾说："把冷板凳坐热，才是最大的本事。"

（二）下肢肌

下肢肌按部位分为髋肌、大腿肌、小腿肌和足肌。

1. 髋肌　为运动髋关节的肌，按其所在部位分为前、后两群。

（1）前群：主要为**髂腰肌**，由腰大肌和髂肌组成（图 4-78）。**腰大肌**和**髂肌**向下会合后，经腹股沟韧带深面止于股骨小转子。作用是使髋关节前屈和旋外。当下肢固定时，可使躯干前屈，如仰卧起坐。

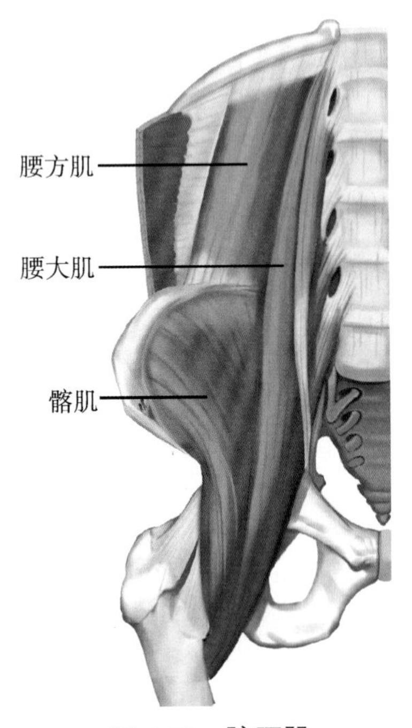

图 4-78　髂腰肌

（2）后群：主要位于臀部，故又称臀肌。浅层为臀大肌，深层有臀中肌、臀小肌和梨状肌等（图 4-79）。①**臀大肌**，位于臀部皮下，大而肥厚，形成臀部特有的膨隆外形。起自髂骨外面和骶骨背面，肌束斜向外下方，止于股骨的臀肌粗隆等。作用是使髋关节后伸和旋外。臀大肌是临床常用的肌内注射部位。②**臀中肌**，前上部位于皮下，后下部位于臀大肌的深面，为臀大肌上缘与髂嵴之间的隆起部分。③**臀小肌**，位于臀中肌的深面，臀中肌和臀小肌共同作用使髋关节外展。④**梨状肌**，位于臀中肌内下方。作用是使髋关节外展和旋外。

2. 大腿肌　位于股骨周围，共 10 块肌，分为前群、后群和内侧群。

（1）前群：为缝匠肌和股四头肌（图 4-80）。①**缝匠肌**，呈扁带状，作用是屈髋关节和膝关节，并使已屈的膝关节旋内。②**股四头肌**，是全身最大的肌，有**股直肌**、**股内侧肌**、**股外侧肌**和**股中间肌** 4 个头，4 个头向下形成一条肌腱，包绕髌骨的前面和两侧，向下延续为髌韧带，止于胫骨粗隆。股四头肌是膝关节强有力的伸肌，股直肌还可屈髋关节。

（2）内侧群：位于大腿的内侧，有 5 块肌，分层排列。浅层由外上向内下依次为耻骨肌、长收肌和股薄肌（图 4-80），深层有短收肌和大收肌。内侧群肌的主要作用是使髋关节内收。

（3）后群：位于大腿的后面，包括位于股后部外侧的**股二头肌**和内侧的**半腱肌**、**半膜肌**（图4-79），主要作用是屈膝关节和伸髋关节。

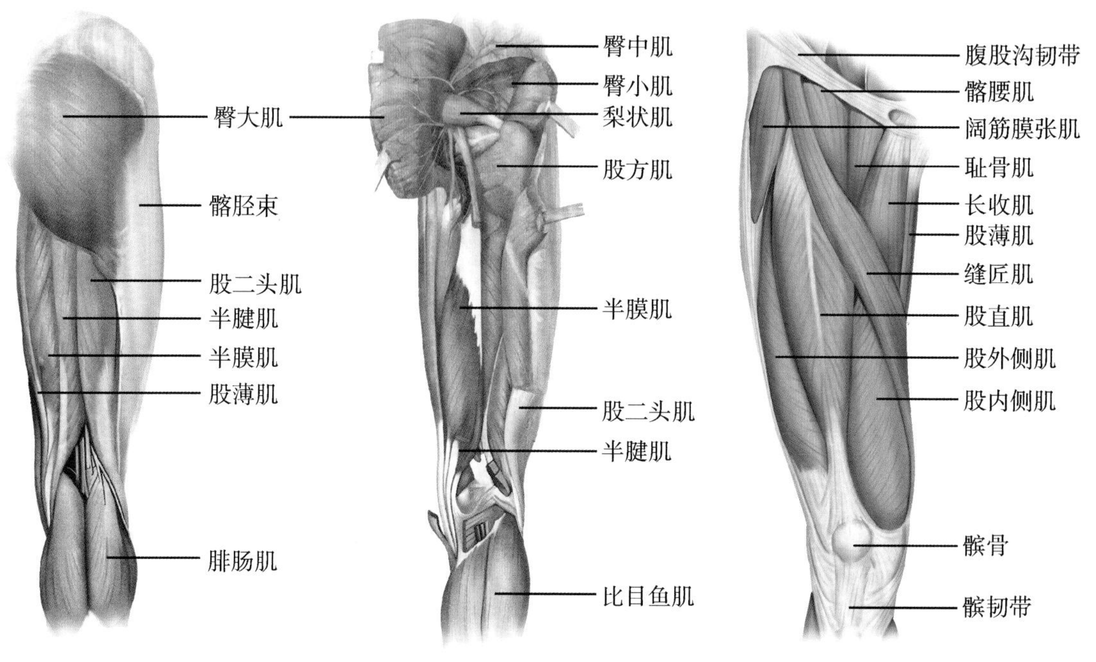

图4-79　髋肌和大腿肌后群

图4-80　大腿肌前群和内侧群

3. 小腿肌　位于胫、腓骨的周围，分为前群、外侧群和后群。①前群，位于小腿前外侧，由胫侧向腓侧依次为胫骨前肌、拇长伸肌和趾长伸肌（图4-81），前群各肌均可伸踝关节（背屈）。此外，胫骨前肌还可使足内翻，踇长伸肌可伸踇趾，趾长伸肌可伸第2～5趾。②外侧群，位于腓骨的外侧，包括浅层的腓骨长肌和深层的腓骨短肌（图4-82），两肌均可使足外翻和屈踝关节（跖屈）。③后群，位于小腿的后面，分浅、深两层。浅层为强大的**小腿三头肌**，由浅层的**腓肠肌**和深层的**比目鱼肌**（图4-83）组成，在小腿上部形成膨隆的“小腿肚”。

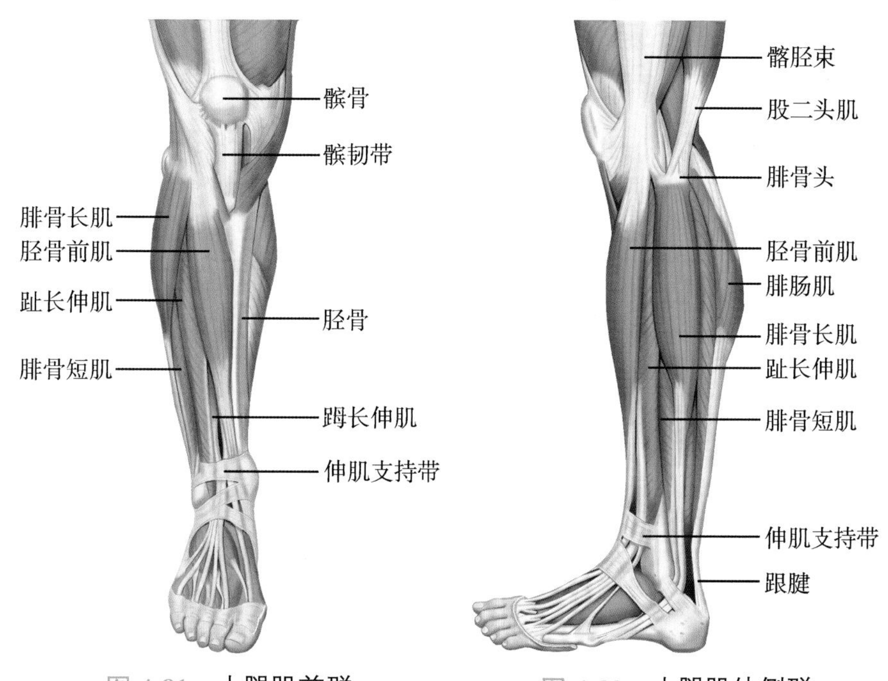

图4-81　小腿肌前群

图4-82　小腿肌外侧群

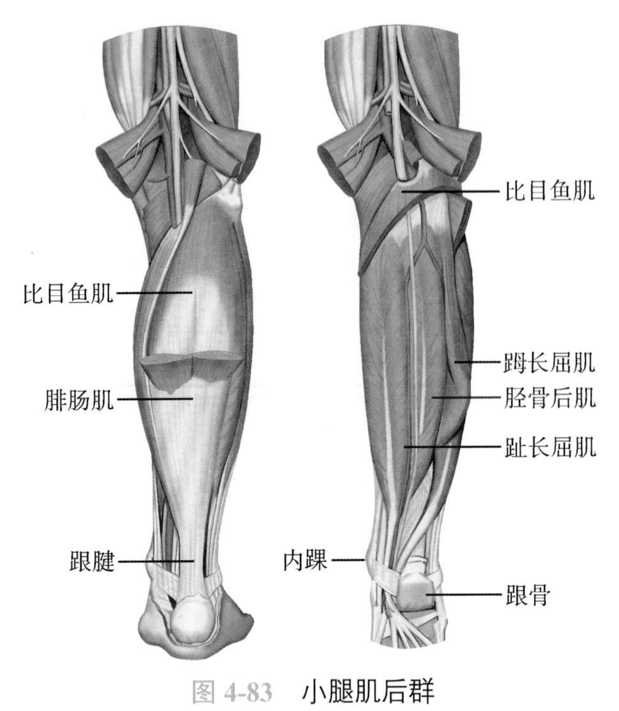

图 4-83 小腿肌后群

腓肠肌的内、外侧头分别起自股骨内、外侧髁的后面，比目鱼肌起自胫、腓骨后面的上部，3 头会合后，向下移行为粗大而强劲的**跟腱**，止于跟骨结节。作用是屈踝关节和膝关节。后群深层由胫侧向腓侧依次为趾长屈肌、胫骨后肌和姆长屈肌，各肌均可屈踝关节。此外，胫骨后肌还可使足内翻，姆长屈肌可屈姆趾，趾长屈肌可屈第 2 ～ 5 趾。

考点 臀大肌、股四头肌、缝匠肌和小腿三头肌的位置及其作用

4. 足肌 分为足背肌和足底肌。足背肌较弱小，为伸姆趾的姆短伸肌和伸第 2 ～ 5 趾的趾短伸肌。足底肌的主要作用在于维持足弓。

5. 下肢的局部特征

（1）股三角：位于股前内侧上部，呈一底向上、尖向下的倒三角形凹陷，向下与收肌管相续。上界为腹股沟韧带，外下界为缝匠肌内侧缘，内下界为长收肌内侧缘。股三角内的结构由外侧向内侧依次为股神经、股动脉、股静脉及股深淋巴结和脂肪等。

（2）腘窝：是位于膝关节后方的菱形凹陷。上外侧界为股二头肌，上内侧界为半腱肌和半膜肌，下外侧界和下内侧界分别为腓肠肌的外侧头和内侧头。腘窝内的结构由浅入深依次为胫神经、腘静脉和腘动脉，其外上界还有腓总神经，血管周围还有脂肪和淋巴结等。

六、临床上常用的肌性标志

临床上常用的肌性标志有咬肌、胸锁乳突肌、竖脊肌、三角肌、肱二头肌、掌长肌腱、指伸肌腱、臀大肌、臀中肌、腹股沟、股四头肌、髌韧带、小腿三头肌、跟腱等（图 4-84）。

七、临床上肌内注射部位的选择

肌内注射法是将一定量药液注入骨骼肌的方法。注射用的部位，必须具备操作方便、位置表浅、肌腹丰满且远离较大的血管和神经等条件。临床上最常用的肌内注射部位是臀大肌，其次为臀中肌与臀小肌、股外侧肌和三角肌。

1. 臀大肌注射部位的选择 坐骨神经在臀部的位置与臀大肌注射的位置关系最为重要，坐骨神经经梨状肌下孔出骨盆者约占 60.5%，穿出梨状肌下孔的体表投影点在髂后上棘与坐骨结节连线的中点外侧 2.5cm 处。为了防止损伤坐骨神经等结构，定位方法有两种（图 4-85）：①十字法，先从臀裂顶点向左或右侧画一条水平线，再从髂嵴最高点向下作一条垂线，两线相交成十字形，将每侧臀部分为 4 个象限，其外上 1/4 象限避开内下角即为注射部位；②连

线法，取髂前上棘与尾骨连线的外上 1/3 处为注射部位。

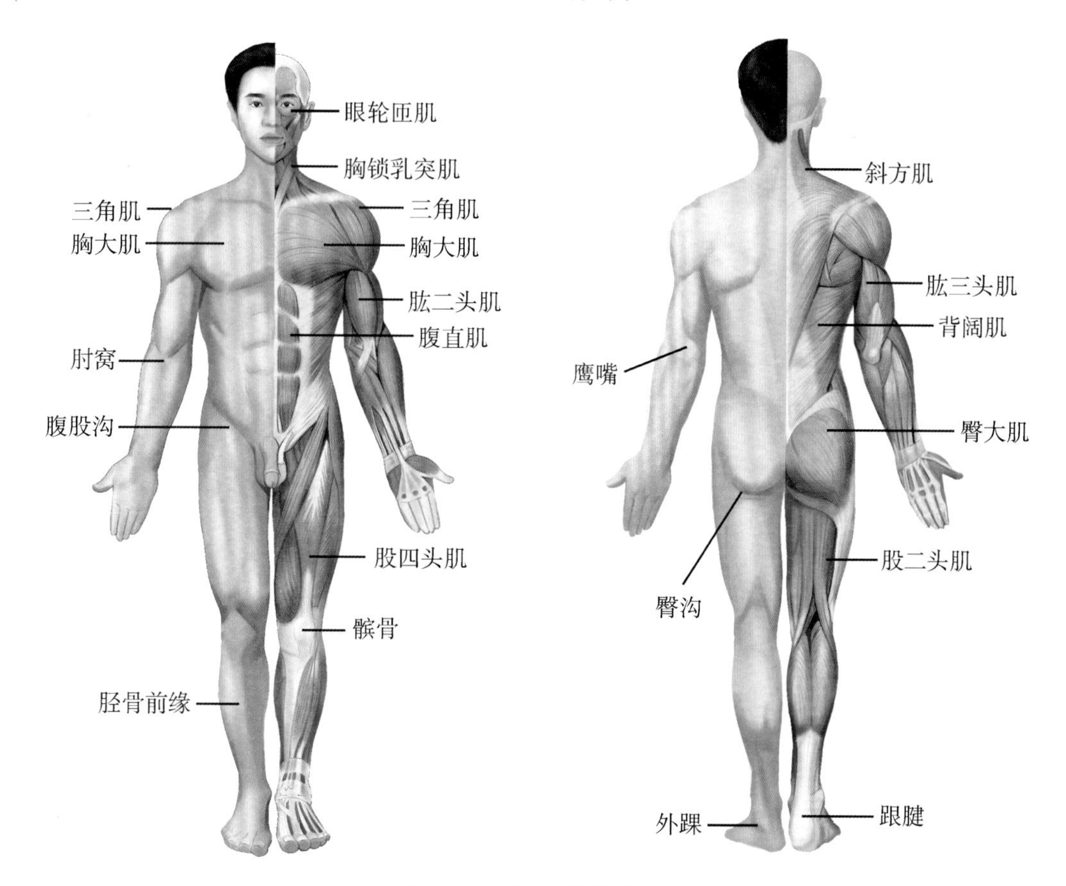

图 4-84　体表肌性标志

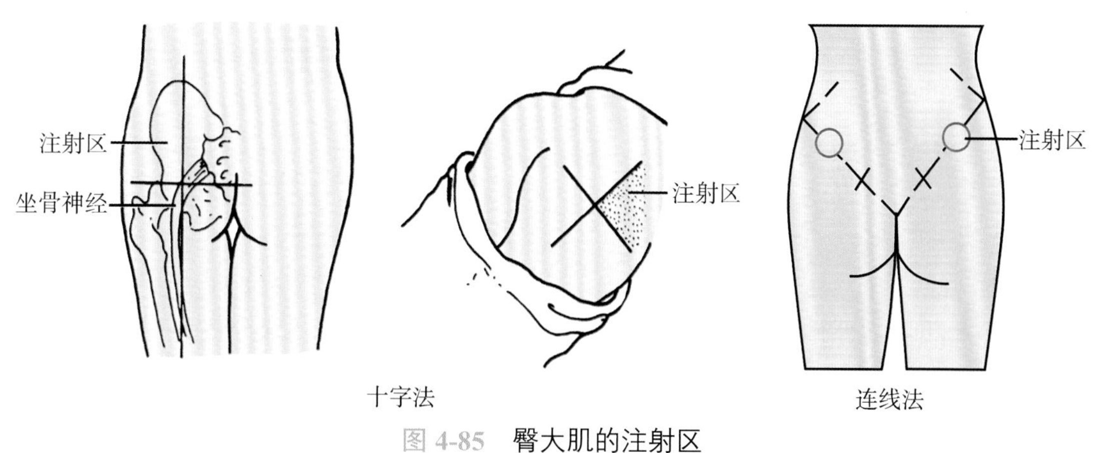

图 4-85　臀大肌的注射区

2. 臀中肌与臀小肌注射部位的选择　注射部位应避开穿出梨状肌上孔处的血管和神经。定位方法有两种：①髂前上棘后三角区（图 4-86），示指和中指尽量分开，指尖分别置于髂前上棘和髂嵴下缘处，使示指、中指和髂嵴构成一个三角形，示指和中指构成的内角，即为注射部位，因为此区域在坐骨神经位置之上；②髂前上棘后外区，即髂前上棘后外 3 横指处为注射部位（以患者自己的手指宽度为标准）。2 岁以下的婴幼儿因臀大肌不发达，宜选用臀中肌与臀小肌注射。

3. 股外侧肌注射部位的选择　通常选择在大腿中段外侧，膝关节上方 10cm 与髋关节下方 10cm 之间的宽约 7.5cm 的范围内。股外侧肌只适用于因各种原因无法进行臀肌和三角肌注射的患者。

4. 三角肌注射部位的选择　将三角肌长宽各分为三等份，分别作水平线和垂直线将全肌分为 9 个区（图 4-87）。中 1/3 部上、中区肌肉较厚，深部无大的血管和神经通过，为注射的安全区，即在臂外侧，肩峰下 2 ～ 3 横指处；其他区因有神经、血管通过或肌肉较薄，不宜作为注射部位。三角肌虽然宽阔，但其厚度有限，故只限于小剂量、少次数的肌内注射。

考点 臀大肌、臀中肌与臀小肌、股外侧肌和三角肌的注射部位

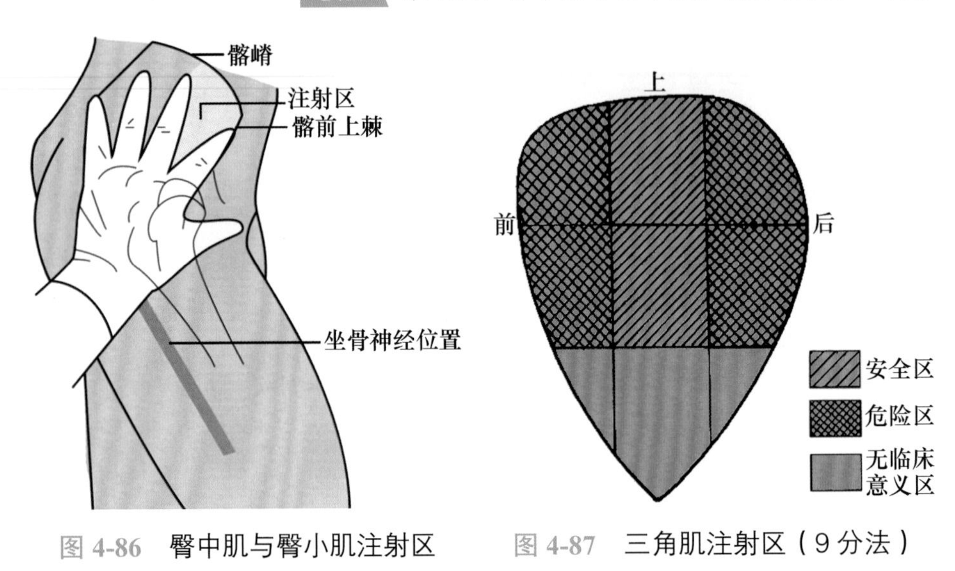

图 4-86　臀中肌与臀小肌注射区　　图 4-87　三角肌注射区（9 分法）

自 测 题

A$_1$/A$_2$ 型题

1. 关于骨的描述，错误的是（　　）
   A. 成人共有骨 206 块
   B. 骨是一种器官
   C. 分为中轴骨和四肢骨两部分
   D. 主要由骨质、骨膜和骨髓构成
   E. 骨又称为骨骼

2. 关于骨髓的描述，错误的是（　　）
   A. 分为红骨髓和黄骨髓两种
   B. 胎儿和幼儿的骨髓全部是红骨髓
   C. 骨髓仅存在于长骨的骨髓腔内
   D. 黄骨髓具有造血潜能
   E. 黄骨髓可以转变为红骨髓

3. 骨损伤后能参与修复的结构是（　　）
   A. 骨质　　B. 骨髓
   C. 骨骺　　D. 骨膜
   E. 关节软骨

4. 老年人易发生骨折是由于骨质中（　　）
   A. 骨密质较少
   B. 无机成分含量相对较多
   C. 有机成分和无机成分各占一半
   D. 骨松质较多
   E. 有机成分含量相对较多

5. 屈颈时，项部最明显的隆起是（　　）
   A. 第 1 胸椎棘突　　B. 第 2 胸椎棘突
   C. 第 5 颈椎棘突　　D. 第 6 颈椎棘突
   E. 第 7 颈椎棘突

6. 临床上进行骶管麻醉时，确定骶管裂孔位置的标志是（　　）
   A. 骶骨的岬　　B. 骶角
   C. 骶管　　D. 骶后孔
   E. 骶前孔

7. 胸骨角两侧平对（　　）

A. 第3肋　B. 第2肋　C. 第1肋　D. 第2肋间隙　E. 第4肋间隙

8. 肩部最高点的骨性标志是（　　）

A. 锁骨　B. 喙突　C. 肩峰　D. 肱骨头　E. 大结节

9. 肱骨易发生骨折的部位是（　　）

A. 三角肌粗隆　B. 桡神经沟　C. 肱骨小头　D. 外科颈　E. 解剖颈

10. 解剖学姿势时，下列何结构朝向前（　　）

A. 胸椎棘突　B. 冈上窝　C. 肩胛下窝　D. 肩胛冈　E. 臀肌粗隆

11. 两侧髂嵴最高点的连线约平对（　　）

A. 第1腰椎棘突　B. 第2腰椎棘突　C. 第3腰椎棘突　D. 第4腰椎棘突　E. 第5腰椎棘突

12. 体表可摸到的骨性标志应除外（　　）

A. 髂嵴　B. 耻骨结节　C. 髂前上棘　D. 三角肌粗隆　E. 坐骨结节

13. 小儿能抬头后脊柱出现的弯曲是（　　）

A. 颈曲　B. 胸曲　C. 腰曲　D. 骶曲　E. 会阴曲

14. 具有半月板和交叉韧带的关节是（　　）

A. 颞下颌关节　B. 髋关节　C. 膝关节　D. 肩关节　E. 肘关节

15. 最强大的脊柱伸肌是（　　）

A. 背阔肌　B. 竖脊肌　C. 斜方肌　D. 腰大肌　E. 腰方肌

16. 患者不能完成背手动作，提示可能是何肌瘫痪所致（　　）

A. 三角肌　B. 前锯肌　C. 胸大肌　D. 斜方肌　E. 背阔肌

17. 人体主要的呼吸肌是（　　）

A. 膈　B. 胸小肌　C. 肋间外肌　D. 胸大肌　E. 腹肌

18. 测量血压时，为寻找肱动脉，在肘窝中央需首先摸到的结构是（　　）

A. 肱肌腱　B. 肱三头肌腱　C. 肱二头肌腱　D. 旋前圆肌　E. 掌长肌腱

19. 下肢瘫痪而被迫处于长期坐位的患者，最易发生压疮的部位是（　　）

A. 外踝　B. 股骨大转子　C. 坐骨结节　D. 髌骨　E. 内踝

20. 患儿，女性，1岁6个月。因肺炎需肌内注射青霉素，其注射部位最好选用（　　）

A. 臀大肌　B. 肱桡肌　C. 三角肌下缘　D. 臀中肌与臀小肌　E. 股外侧肌

21. 小儿，男性，10月龄。常规生长发育监测报前囟未闭合，家长担心发育不正常。护士告知家长小儿正常前囟闭合的年龄是（　　）

A. 10～11个月　B. 12～18个月　C. 20～22个月　D. 22～24个月　E. 24～30个月

（吴炳锐）

第5章 消化系统

消化系统由消化管和消化腺两部分组成（图 5-1）。消化管又称消化道，是指从口腔至肛门的形态各异的管道，包括口腔、咽、食管、胃、小肠（包括十二指肠、空肠和回肠）和大肠（包括盲肠、阑尾、结肠、直肠和肛管）6 部分。临床上，通常把从口腔至十二指肠的一段消化管称为**上消化道**，空肠以下的消化管称为**下消化道**。消化腺分为大消化腺和小消化腺两种，大消化腺位于消化管壁外，是独立的器官，如大唾液腺、肝和胰。小消化腺分布于消化管壁的黏膜层或黏膜下层，如食管腺、胃腺和肠腺等。

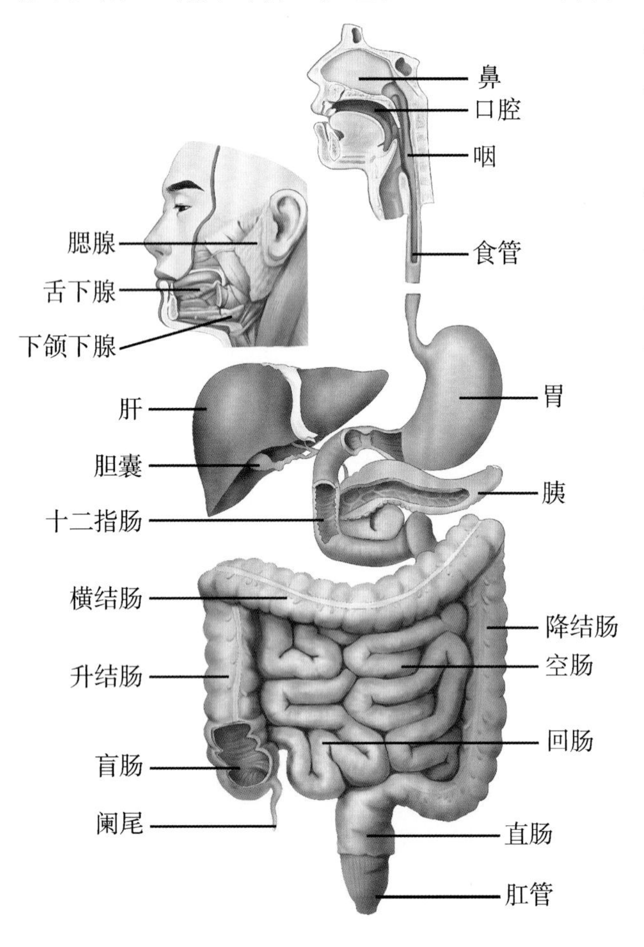

图 5-1　消化系统概况

消化系统的主要功能是从外界摄取食物、进行物理性和化学性消化、吸收营养物质并排出食物残渣。

考点 消化系统的组成；上、下消化道的概念

第1节　消　化　管

一、消化管壁的一般结构

除口腔与咽外，消化管壁由内向外依次分为黏膜、黏膜下层、肌层和外膜 4 层（图 5-2）。

1. 黏膜　由上皮、固有层和黏膜肌层组成。上皮在消化管的两端（口腔、咽、食管及肛门）为复层扁平上皮，以保护功能为主；其余部分为单层柱状上皮，以消化吸收功能为主。固有层为疏松结缔组织，胃、肠固有层内富含腺体和淋巴组织。黏膜肌层为薄层平滑肌。

2. 黏膜下层　为较致密的结缔组织，在食管和十二指肠的黏膜下层内分别有食管腺和十二指肠腺。在食管、胃、小肠和大肠，黏膜与黏膜下层共同向管腔面突起形成**皱襞**，具有扩大黏膜表面积的作用。

3. 肌层　除口腔、咽、食管上段的肌层和肛门处为骨骼肌外，其余大部分为平滑肌。肌层一般分为内环形、外纵行两层。在某些部位，环形肌局部增厚形成括约肌。

4. 外膜　消化管壁的最外层为外膜，消化管上段（咽和食管）及下段（直肠）的外膜是

由疏松结缔组织构成的纤维膜，与周围的组织相连；消化管中段，包括胃和肠的最外层是由薄层结缔组织和间皮构成的光滑浆膜，有利于胃肠的蠕动。

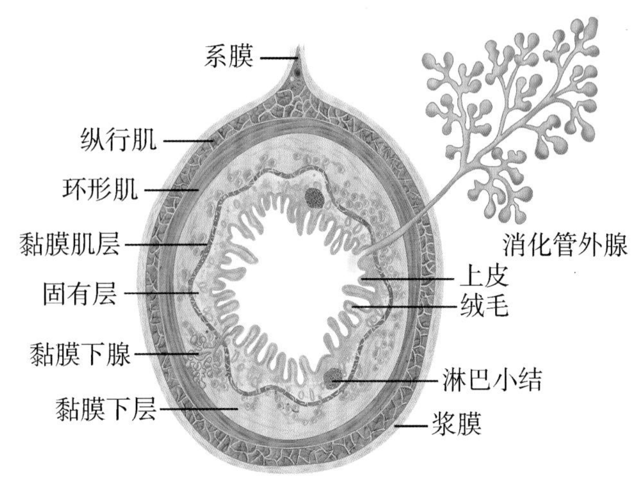

图 5-2 消化管壁微细结构模式图

二、口 腔

口腔是消化管的起始部，前壁为上唇和下唇，侧壁为颊，上壁为腭，下壁为口腔底。口腔向前经上、下唇围成的口裂通向外界，向后经咽峡与咽相通。口腔借上、下牙弓和牙龈分为前外侧部的口腔前庭和后内侧部的固有口腔。当上、下颌牙咬合时，两者之间可借第三磨牙后方的间隙相交通，故对牙关紧闭的患者可经此间隙插管注入营养物质或进行急救灌药等。

（一）口唇

口唇分为上唇和下唇，上、下唇两端的结合处称为**口角**（图 5-3）。上唇的两侧与颊部交界处，各有一呈弧形的**鼻唇沟**。正常人的鼻唇沟左右对称，当面肌瘫痪时，患侧鼻唇沟变浅或消失。在上唇外面正中线上有一纵行浅沟，称为**人中**，为人类所特有，其中、上1/3 交界处为人中穴，晕厥患者急救时常在此处进行指压或针刺。口唇的游离缘是皮肤与黏膜的移行部，内含丰富的毛细血管，色泽红润，故称为**唇红**。当机体缺氧时呈绛紫色，临床上称为发绀。

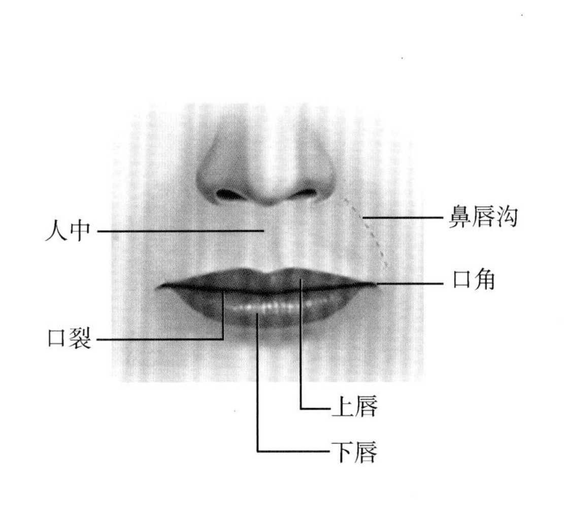

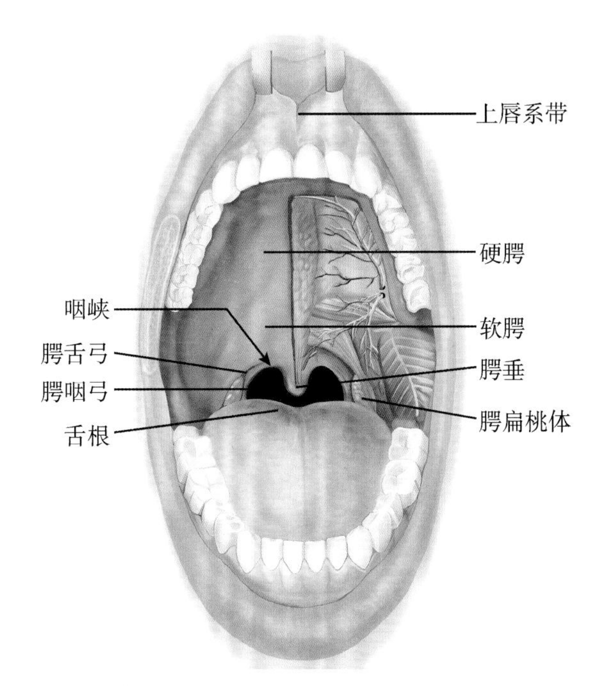

图 5-3 口腔及咽峡

（二）颊

颊构成口腔的两侧壁，由皮肤、颊肌、颊脂体和口腔黏膜构成。在上颌第二磨牙牙冠相对的颊黏膜上有腮腺管乳头，为腮腺管的开口部位。

（三）腭

腭构成口腔的上壁，分隔鼻腔与口腔，由前 2/3 的**硬腭**和后 1/3 的**软腭**构成（图 5-3）。软腭后缘游离，其中部有一向下悬垂的乳头状突起，称为**腭垂**或**悬雍垂**。腭垂两侧向外下方各分出两条弓状黏膜皱襞，前方的一对向下延伸至舌根的外侧，称为**腭舌弓**；后方的一对向下延伸至咽侧壁，称为**腭咽弓**。两弓间的三角形隐窝称为扁桃体窝，窝内容纳腭扁桃体。腭垂、两侧的腭舌弓及舌根共同围成**咽峡**，其是口腔与咽的分界标志。

（四）牙

牙嵌于上、下颌骨的牙槽内，是人体内最坚硬的器官，具有咀嚼食物和协助发音等功能。

1. 牙的种类和排列　人的一生中，先后萌出两组牙。第 1 组为**乳牙**，一般在出生后 6 个月开始萌出，至 2 ～ 2.5 岁出齐，共 20 个，上、下颌各 10 个（图 5-4）。第 2 组为**恒牙**，6 岁左右乳牙开始逐渐脱落，第一磨牙首先长出，大部分恒牙在 14 岁左右出齐。唯有第三磨牙萌出最迟，故又称为迟牙或智牙，第三磨牙终生不萌出者约占 30%。恒牙全部出齐共 32 个，上、下颌的左半和右半各 8 个（图 5-5）。

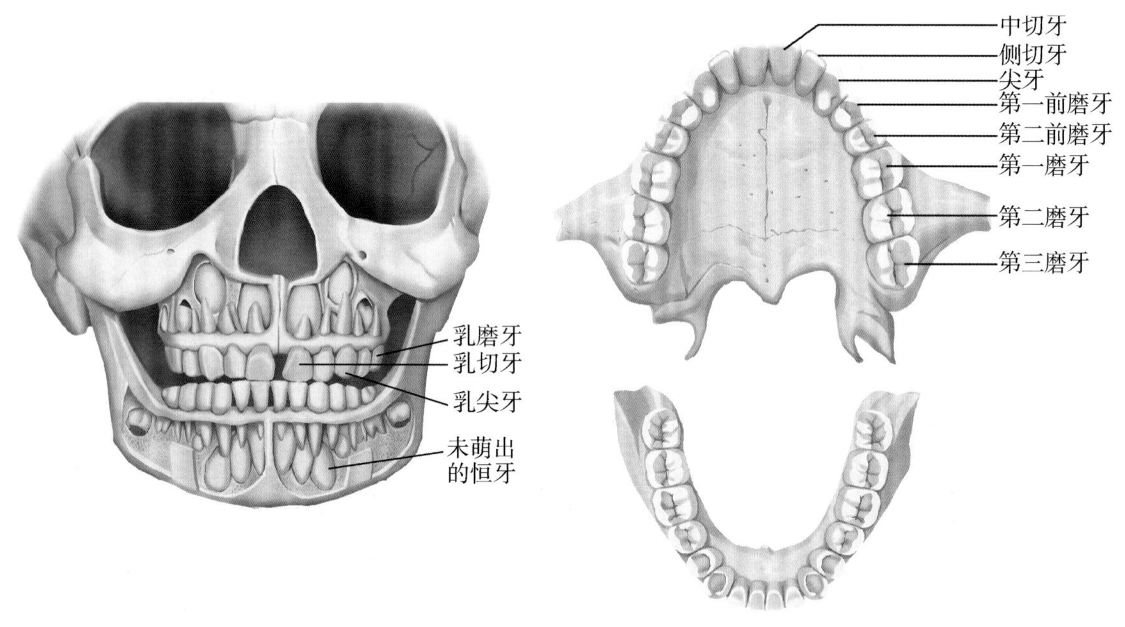

图 5-4　乳牙的名称及排列　　图 5-5　恒牙的名称及排列

根据牙的形态和功能，乳牙分为切牙、尖牙和磨牙 3 种，恒牙分为切牙、尖牙、前磨牙和磨牙 4 种。切牙主要用以咬切食物，尖牙可撕扯食物，磨牙和前磨牙则有研磨和粉碎食物的功能。

临床上，为了便于记录牙的位置，常以被检查者的解剖方位为准，以十记号划分成上、下颌及左、右 4 个区，并以罗马数字 Ⅰ ～ Ⅴ 标示乳牙（图 5-6），用阿拉伯数字 1 ～ 8 标示恒牙（图 5-7）。

考点 咽峡的组成；牙的形态、分类及排列顺序

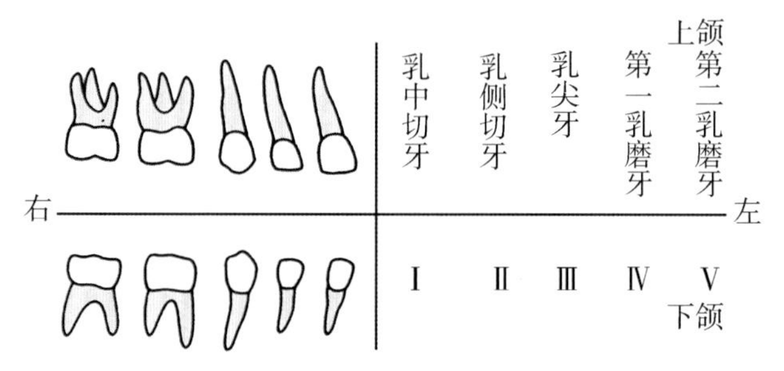

图 5-6 乳牙的名称及符号

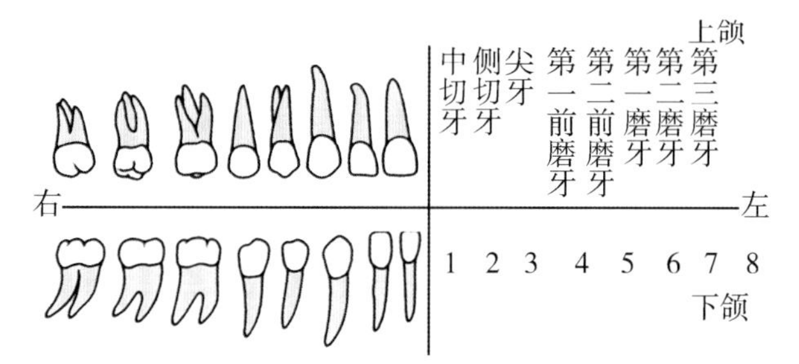

图 5-7 恒牙的名称及符号

2. 牙的形态 牙在外形上分为牙冠、牙根和牙颈3部分（图5-8）。**牙冠**暴露于口腔内，色白而有光泽。**牙根**是嵌入牙槽骨内的部分。牙冠与牙根之间的部分为**牙颈**，通常被牙龈所包绕。

3. 牙的构造 牙由牙质、釉质、牙骨质和牙髓构成（图5-8）。**牙质**构成牙的主体，在牙冠部的牙质外面覆有光滑的釉质，是人体内最坚硬的组织。在牙颈和牙根处，牙质的外面覆有**牙骨质**。牙内的空腔称为**牙腔**或髓腔，容纳牙髓。**牙髓**为疏松结缔组织，内含由根尖孔出入牙髓腔的血管、淋巴管和神经。当牙髓发炎时，常引起剧烈的疼痛。

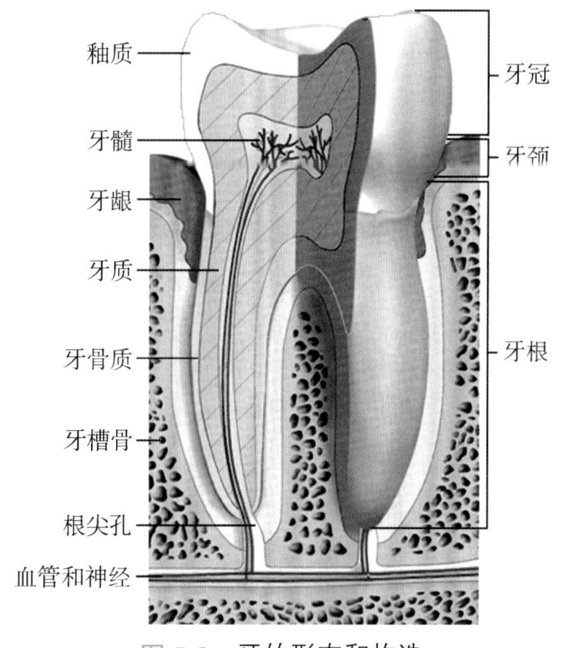

图 5-8 牙的形态和构造

4. 牙周组织 包括牙周膜、牙槽骨和牙龈3部分（图5-8），对牙起固定、保护和支持作用。**牙周膜**是介于牙根与牙槽骨之间的致密结缔组织，有固定牙根和缓冲咀嚼时所产生的压力的作用。**牙龈**是口腔黏膜的一部分，紧贴于牙颈周围及邻近的牙槽骨上，血管丰富，呈淡红色，坚韧而有弹性。

（五）舌

舌是位于口腔底的一个肌性器官（图5-3），由不同方向排列的骨骼肌交织而成，表面被覆黏膜。舌具有搅拌食物、协助吞咽、感受味觉和辅助发音等功能。口腔底部的上皮菲薄，通透性高，有利于某些药物的吸收，如治疗心绞痛的硝酸甘油即可在舌下含化。

1. 舌的形态 舌在舌背以向前开放的V形界沟为界分为舌体和舌根两部分（图5-9）。

舌体占舌的前 2/3，为界沟之前可游离活动的部分，其前端为舌尖。**舌根**占舌的后 1/3，以舌肌固定于舌骨和下颌骨等处。

2. 舌黏膜　舌背黏膜表面的许多小突起统称为舌乳头，一般分为 4 种（图 5-9）：①**丝状乳头**，数量最多，呈白色丝绒状，几乎遍布于舌背前 2/3；②**菌状乳头**，为散在分布于丝状乳头之间的红色小点状结构，多位于舌尖和舌体侧缘；③**轮廓乳头**，体积最大，有 7 ～ 11 个，列于界沟的前方；④**叶状乳头**，是呈叶片形的黏膜皱襞，位于舌侧缘的后部，在人类不发达。菌状乳头、轮廓乳头、叶状乳头等处的上皮中含有味觉感受器即味蕾，能感受酸、甜、苦、咸等味觉。而丝状乳头中无味蕾，故无味觉功能，只能感受触觉。在舌根背面的黏膜内，含有许多由淋巴组织构成的大小不等的突起，称为**舌扁桃体**。

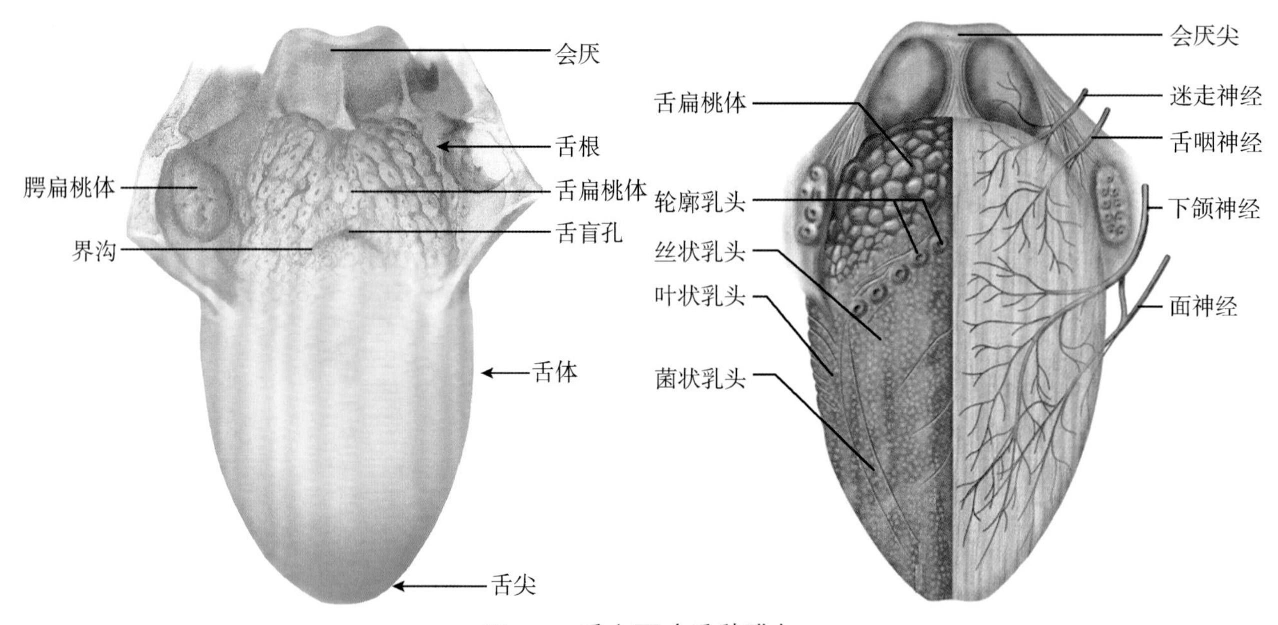

图 5-9　舌上面（舌黏膜）

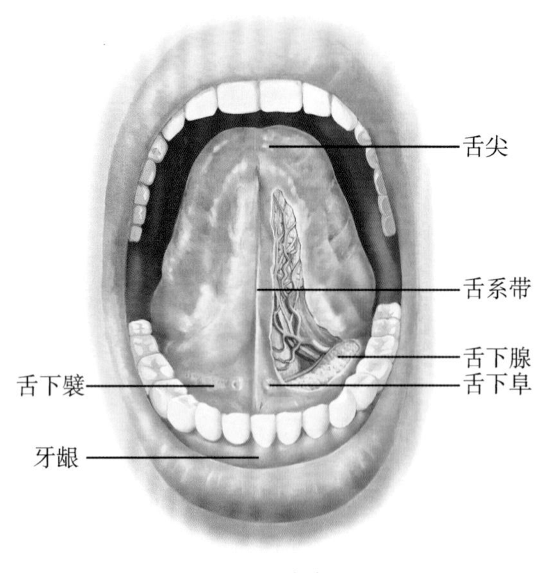

图 5-10　口腔底舌下面

舌下面的正中线上有一条连于口腔底的纵行黏膜皱襞，称为**舌系带**（图 5-10）。舌系带根部两侧各有一小圆形黏膜隆起，称为**舌下阜**。由舌下阜向后外侧延续的带状黏膜皱襞称为**舌下襞**，其深面藏有舌下腺。

3. 舌肌　为骨骼肌，分为舌内肌和舌外肌两部分。舌内肌构成舌的主体，肌的起、止点均在舌内，肌纤维纵横交错，收缩时可改变舌的形态。舌外肌起自舌外，止于舌内，收缩时可改变舌的位置。其中，以**颏舌肌**在临床上最为重要（图 5-11），其是一对强有力的伸舌肌。两侧颏舌肌同时收缩，拉舌向前下方，即伸舌；单侧收缩，使舌尖伸向对侧。

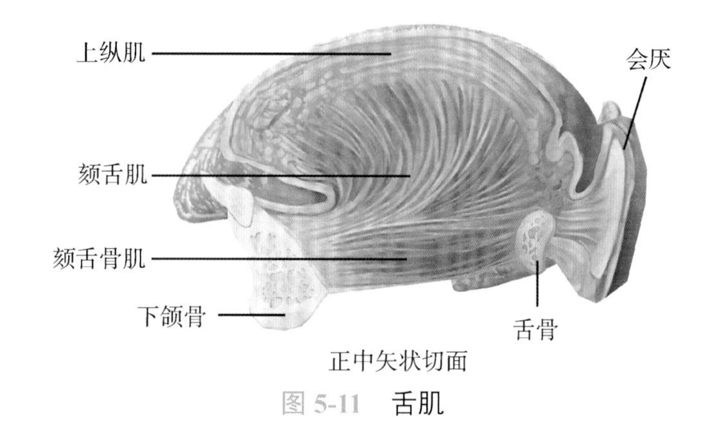

图 5-11 舌肌

（六）唾液腺

唾液腺分泌唾液，有大、小之分。小唾液腺数量众多，位于口腔各部的黏膜内。大唾液腺包括腮腺、下颌下腺和舌下腺 3 对（图 5-12）。

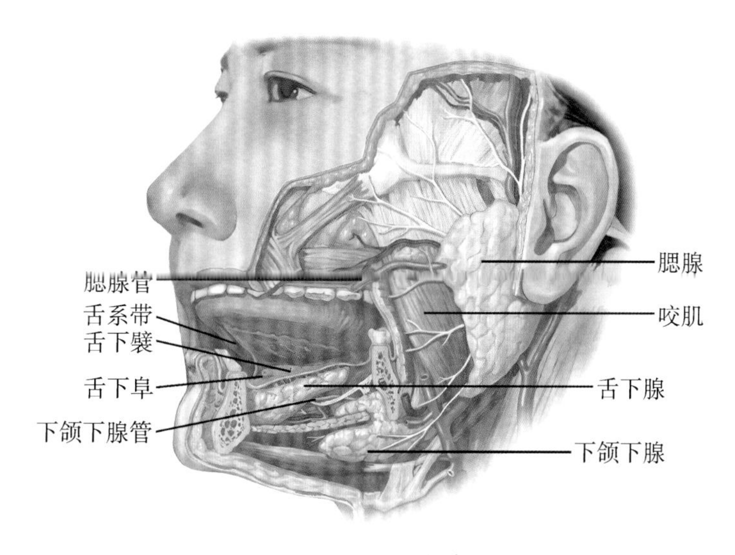

图 5-12 唾液腺

1. 腮腺　是最大的一对唾液腺，略呈三角形，位于耳郭前下方下颌支与胸锁乳突肌之间的下颌后窝内。腮腺管在颧弓下一横指处向前横越咬肌表面，至咬肌前缘处弯向内侧，开口于平对上颌第二磨牙牙冠所对颊黏膜上。

2. 下颌下腺　位于下颌体的内面，其导管开口于舌下阜。

3. 舌下腺　位于口腔底舌下襞的深面，其导管开口于舌下阜和舌下襞黏膜表面。

考点 大唾液腺的开口部位

三、咽

（一）咽的位置和形态

咽（图 5-13，图 5-14）位于第 1 ～ 6 颈椎体的前方，上端起自颅底，下端至第 6 颈椎体

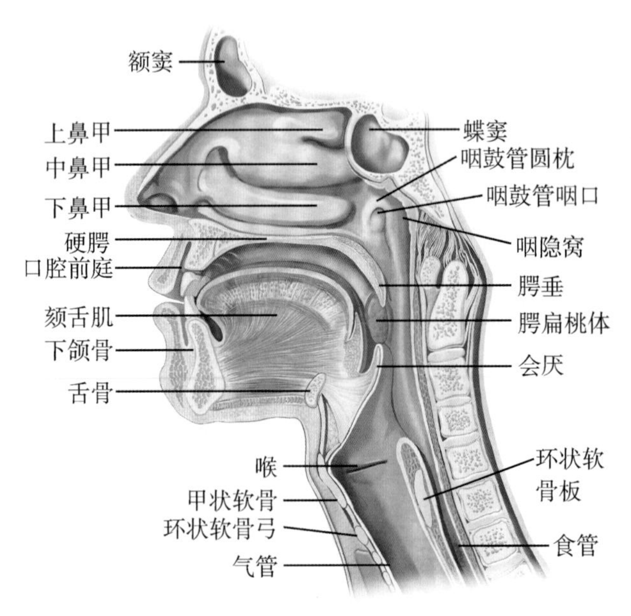

图 5-13 咽的正中矢状切面

下缘平面与食管相续。咽是一个前后略扁的漏斗状肌性管道，长约12cm。咽的前壁不完整，自上而下分别与鼻腔、口腔和喉腔相通。

（二）咽的分部

咽以软腭游离缘和会厌上缘平面为界，自上而下依次分为鼻咽、口咽和喉咽3部分，其中口咽和喉咽是消化道与呼吸道的共同通道。

1. 鼻咽　是咽的上部，位于鼻腔的后方，介于颅底与软腭游离缘平面之间，向前经鼻后孔与鼻腔相通。在鼻咽的两侧壁上，距下鼻甲后方约1cm处各有一个**咽鼓管咽口**，鼻咽腔由此口经咽鼓管与中耳的鼓室相通。咽鼓管咽口前、上、后方的弧形隆起称为**咽鼓管圆枕**，是寻找咽鼓管咽口的标志。咽鼓管圆枕后方与咽后壁之间的纵行凹陷称为**咽隐窝**，是鼻咽癌的好发部位。

2. 口咽　是咽的中部，介于软腭游离缘与会厌上缘平面之间，上续鼻咽，下通喉咽，向前经咽峡与口腔相通。口咽侧壁上可见扁椭圆形的**腭扁桃体**。

由咽后上方的咽扁桃体、两侧的咽鼓管扁桃体、腭扁桃体以及前下方的舌扁桃体共同围成咽淋巴环，对呼吸道和消化道具有防御与保护作用。

3. 喉咽　是咽的最下部，位于会厌上缘与第6颈椎体下缘平面之间，向下与食管相续，向前经喉口与喉腔相通。在喉口的两侧与甲状软骨内面之间各有一深窝，称为**梨状隐窝**，常为异物（如鱼刺）易停留之处。

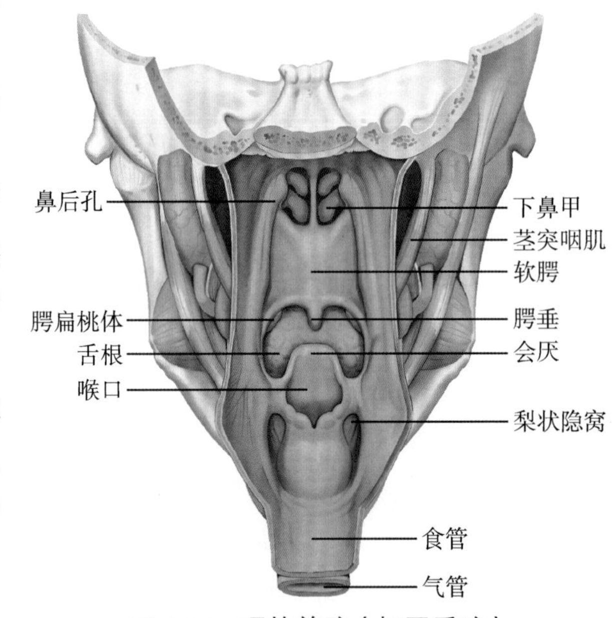

图 5-14 咽的前壁（切开后壁）

考点 咽的分部及交通；鼻咽癌的好发部位

四、食　　管

（一）食管的位置和分部

食管为一前后略扁的肌性管道，是消化管中最狭窄的部分。食管上端在第6颈椎体下缘平面与咽相接，向下沿脊柱前面下行，经胸廓上口入胸腔，穿膈的食管裂孔进入腹腔，下端约在第11胸椎体水平与胃的贲门相连接，全长约25cm。

食管可分为3部分（图5-15）：①颈部，长约5cm，介于第6颈椎体下缘与胸骨颈静脉切迹平面之间，前面借疏松结缔组织与气管后壁相贴；②胸部，最长，为18～20cm，介于胸骨颈静脉切迹平面与膈的食管裂孔之间，前方自上而下依次与气管、左主支气管和心包相毗邻；③腹部，最短，仅1～2cm，自食管裂孔至胃的贲门，其前方与肝左叶相邻。

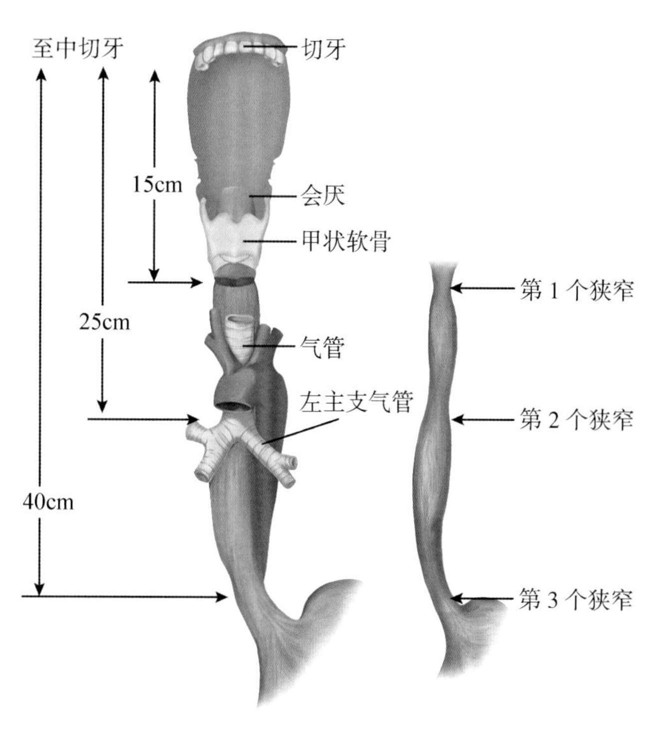

图5-15 食管及其主要毗邻（前面观）

（二）食管的狭窄部

食管最重要的特点是全长有3处生理性狭窄（图5-15）：第1个狭窄，位于食管的起始处，距中切牙约15cm；第2个狭窄，位于食管与其前方的左主支气管交叉处，距中切牙约25cm；第3个狭窄，为食管通过膈的食管裂孔处，距中切牙约40cm。各狭窄处常是食管异物滞留及食管癌的好发部位。临床上进行食管插管或胃管、胃镜操作时，要牢记3处狭窄距中切牙的距离，以免损伤狭窄处的黏膜。

（三）食管壁的微细结构特点

食管空虚时，黏膜形成7～11条纵行皱襞，食物通过时皱襞消失。食管黏膜的上皮为未角化的复层扁平上皮（图5-16），在食物通过时起机械性保护作用。黏膜下层的疏松结缔组织内，含有黏液性的食管腺，其分泌的黏液涂布于食管表面，有利于食物通过。肌层分内环形与外纵行两层，上1/3段为骨骼肌，下1/3段为平滑肌，中1/3段则由骨骼肌和平滑肌共同构成。

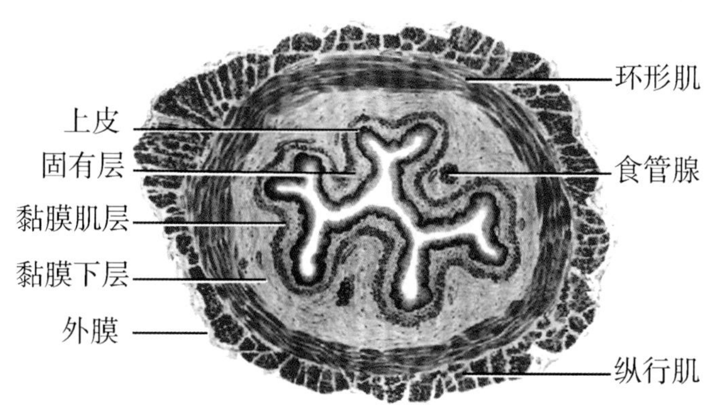

图5-16 食管的光镜结构模式图（横切面）

考点 食管3处狭窄的位置及其临床意义

五、胃

胃是消化管中最膨大的部分，上连食管，下续十二指肠（图5-1），成人胃容量约1500ml，具有容纳食物、分泌胃液和初步消化食物的功能。

（一）胃的形态和分部

1. 胃的形态　可因其充盈程度、体型、体位以及年龄等不同而异。胃在完全空虚时呈管状，而高度充盈时可呈球囊形。胃分为前后两壁、大小两弯和出入两口（图5-17）。前壁朝向前上方，后壁朝向后下方。**胃大弯**大部分凸向左下方；**胃小弯**凹向右上方，其最低点的明显转折处称为**角切迹**。胃的入口称**贲门**，与食管相续，距中切牙约 40cm；出口叫**幽门**，与十二指肠相连。

2. 胃的分部　胃通常分为 4 部（图 5-17）：①**贲门部**，是指位于贲门周围的部分，其界域不明显；②**胃底**，是指贲门平面以上向左上方膨出的部分，临床上称**胃穹隆**；③**胃体**，为自胃底向下至角切迹处的中间大部分，在胃大弯侧无明显界标；④**幽门部**，为胃体下界与幽门之间的部分。在幽门部的大弯侧有一不甚明显的中间沟，将幽门部分为右侧的**幽门管**和左侧的**幽门窦**。幽门窦较宽大，通常位于胃的最低部。临床上所称的胃窦为幽门窦或是包括幽门窦在内的幽门部。胃溃疡和胃癌多发生于幽门窦近胃小弯处。

考点　胃的位置、形态及分部；胃溃疡和胃癌的好发部位

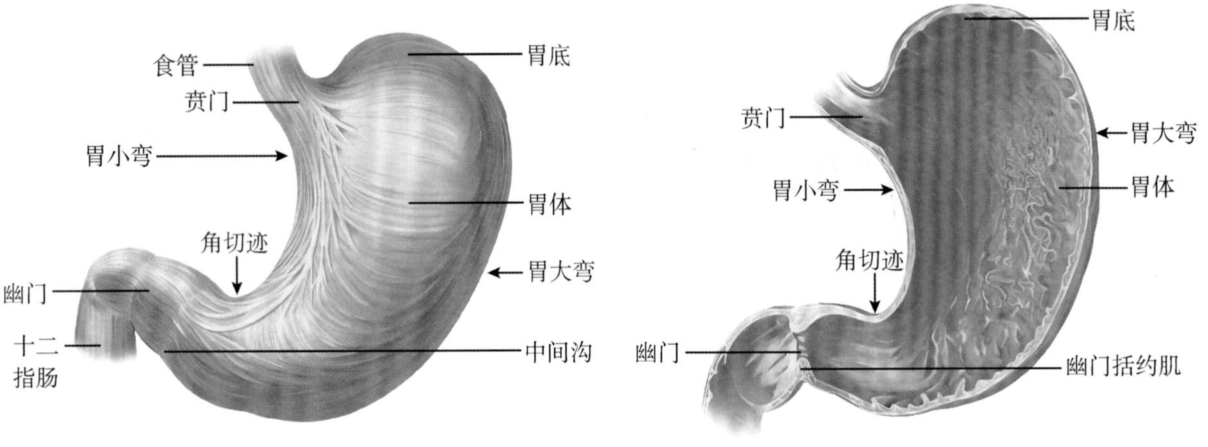

图 5-17　胃的形态和分部

（二）胃的位置与毗邻

胃的位置常因体型、体位及胃的充盈程度不同而有很大的变化。胃在中等程度充盈时，大部分位于左季肋区，小部分位于腹上区。胃前壁的右侧与肝左叶贴近，左侧与膈相邻（图 5-18），并被左肋弓所掩盖。胃前壁的中间部分位于剑突下方，直接与腹前壁相贴，为临床上胃的触诊部位。胃的后壁与胰、横结肠、左肾和左肾上腺相邻，胃底与膈和脾相邻。

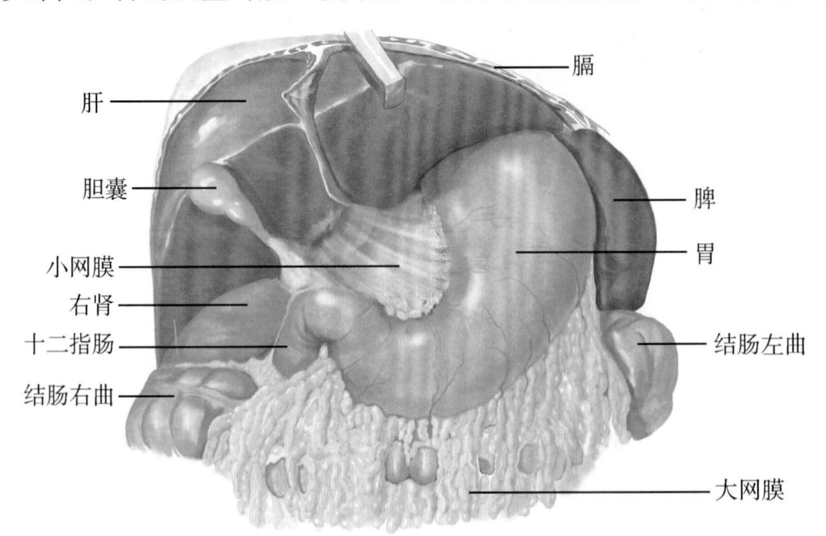

图 5-18　胃的位置与毗邻

（三）胃壁的微细结构特点

胃壁由黏膜、黏膜下层、肌层和浆膜构成（图 5-19），其结构特点主要体现在黏膜和肌层。

1. 黏膜　胃空虚时形成许多纵行皱襞。黏膜表面布满约 350 万个不规则形的小凹陷，称为**胃小凹**。每个胃小凹底部与 3 ～ 5 条胃腺连通（图 5-19）。

（1）上皮：主要由单层柱状的表面黏液细胞组成，上皮细胞分泌的黏液覆盖于上皮表面形成一层保护性黏液膜，可防止高浓度盐酸与胃蛋白酶对黏膜的自身消化以及食物对上皮的磨损。

（2）固有层：内含排列紧密的大量管状胃腺（图 5-19），依据所在部位可分为胃底腺、贲门腺和幽门腺 3 种。

1）胃底腺：又称为泌酸腺，分布于胃底和胃体。胃底腺由主细胞、壁细胞和颈黏液细胞等组成，**主细胞**（图 5-20）又称胃酶细胞，数量最多，分泌**胃蛋白酶原**；**壁细胞**又称泌酸细胞，能分泌盐酸和内因子；**颈黏液细胞**分泌可溶性的酸性黏液，对胃黏膜具有保护作用。

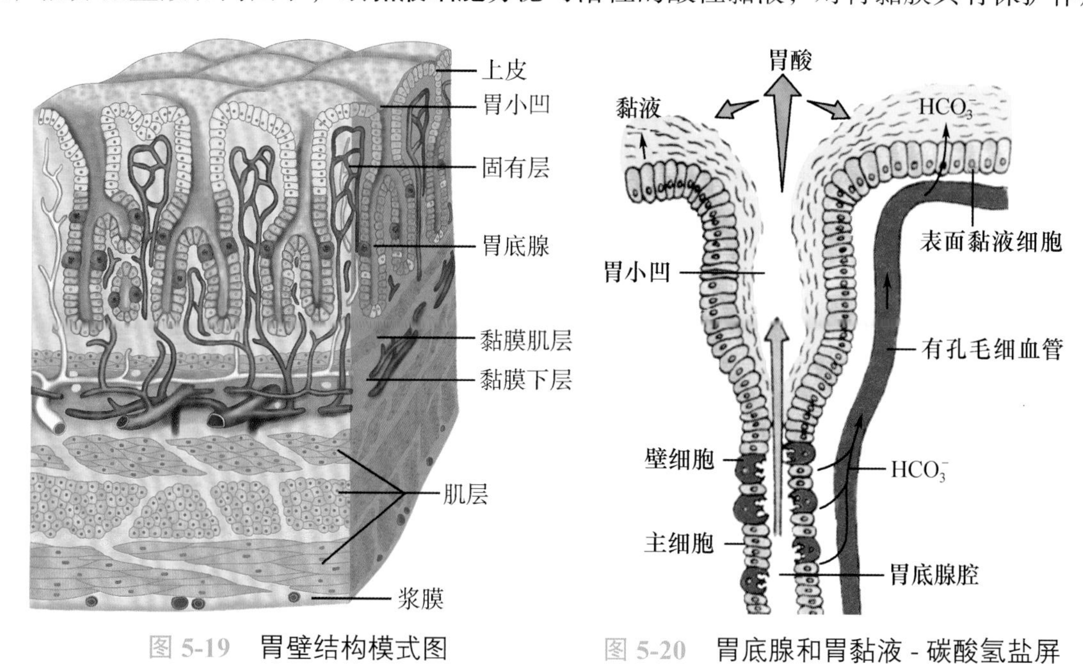

图 5-19　胃壁结构模式图

图 5-20　胃底腺和胃黏液 - 碳酸氢盐屏障模式图

2）贲门腺和幽门腺：分别分布于贲门部和幽门部的固有层内，分泌黏液和溶菌酶。

2. 肌层　较厚，一般由内斜行、中环形和外纵行 3 层平滑肌构成。环形肌在贲门和幽门处增厚，分别形成贲门括约肌和幽门括约肌。

考点　主细胞和壁细胞的功能

六、小　肠

小肠是消化管中最长的一段，全长 5 ～ 7m，是消化和吸收营养物质的主要部位。小肠上起幽门，下接盲肠，分为十二指肠、空肠和回肠 3 部分。

（一）十二指肠

十二指肠（图 5-1）介于胃与空肠之间，长约 25cm，由于相当于十二个横指并列的长度而得名。十二指肠大部分紧贴腹后壁，是小肠中长度最短、管径最大、位置最深且最为固定的部分。十二指肠整体呈 C 形包绕胰头，可分为上部、降部、水平部和升部 4 部（图 5-21）。十二指肠上部近幽门的一段长约 2.5cm 的肠管，管壁薄，管径大，黏膜面光滑而无环状襞，临床上称此段为**十二指肠球**，是十二指肠溃疡及穿孔的好发部位。十二指肠降部沿第 1 ～ 3 腰椎体和胰头的右侧垂直下行，黏膜除有环状襞外，在其后内侧壁上有纵行皱襞，称为**十二指肠纵襞**，其下端的圆形隆起称为**十二指肠大乳头**，距中切牙约 75cm，胆总管和胰管共同开口于此处，十二指肠大乳头是临床上寻找胆总管和胰管开口的标志。十二指肠升部自水平部末端起始，斜向左上方至第 2 腰椎体左侧急转向前下移行为空肠。十二指肠与空肠转折处形成的弯曲称为十二指肠空肠曲。十二指肠空肠曲借**十二指肠悬韧带**（又称 Treitz 韧带）固定于腹后壁，是手术中确定空肠起始部的重要标志。

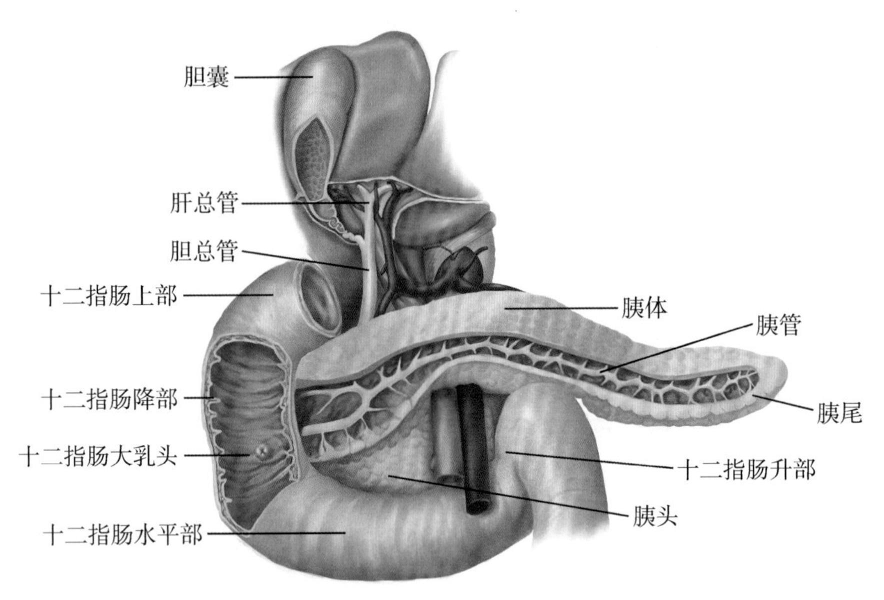

图 5-21 十二指肠和胰（前面观）

（二）空肠和回肠

空肠始于十二指肠空肠曲，占空、回肠全长的近侧 2/5（图 5-1）。**回肠**在右髂窝内接续盲肠，占空、回肠全长的远侧 3/5。空肠和回肠借肠系膜悬系于腹后壁，故合称为**系膜小肠**，有较大的活动度。

空肠和回肠两者之间无明显界限。就位置而言，空肠多位于左腰区和脐区；回肠常位于脐区、右髂区和盆腔内。从外观上看，空肠管径较大，管壁较厚，血管较多，颜色较红；而回肠管径较小，管壁较薄，血管较少，颜色较浅（图 5-22）。

考点 十二指肠溃疡的好发部位

（三）小肠黏膜的结构特点

小肠黏膜的结构特点主要体现在两个方面：一是小肠腔面有许多环形皱襞和细小的肠绒毛；二是固有层内含有大量的肠腺和丰富的淋巴组织。

1. 环形皱襞 从距幽门约 5cm 处开始出现，在十二指肠末段和空肠头段极发达，在空肠上 1/3 段高而密，继而逐渐减少、变矮，至回肠中段以下基本消失（图 5-22）。

2. 肠绒毛 是由上皮和固有层向肠腔内突起形成的许多细小突起（图 5-23），是小肠黏膜的特征性结构。绒毛中轴的结缔组织内，有 1 ～ 2 条以盲端起始的纵行毛细淋巴管，称为**中央乳糜管**（图 5-24），其周围有丰富的毛细血管和散在的少量纵行平滑肌纤维，其收缩使肠绒毛变短，利于淋巴和血液运行。

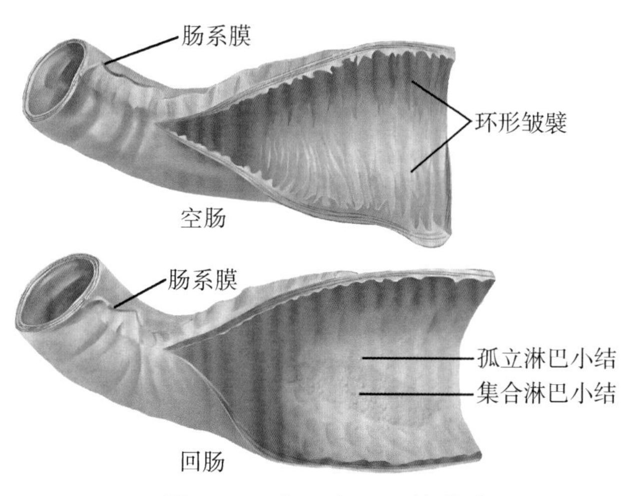

图 5-22 空肠和回肠的黏膜

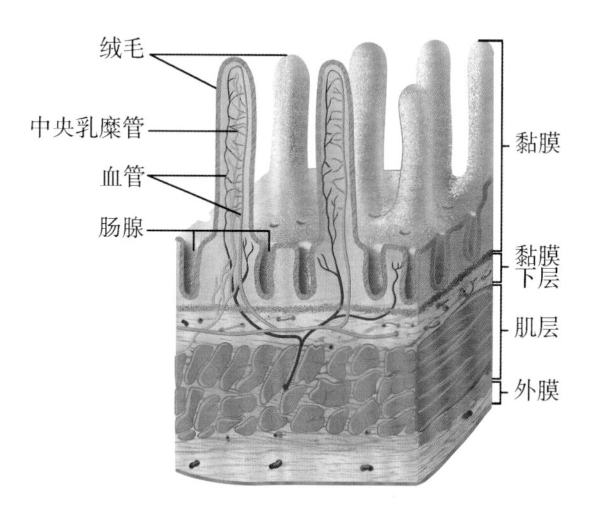

图 5-23 小肠绒毛和肠腺模式图

环形皱襞和肠绒毛使小肠内表面积扩大约 30 倍，加上小肠吸收细胞游离面发达的微绒毛，可使小肠内表面积扩大约 600 倍。

3. 肠腺 是肠绒毛根部的上皮陷入固有层内而形成的管状腺，直接开口于肠腔（图 5-23）。肠腺由吸收细胞、杯状细胞、帕内特细胞等构成。**帕内特细胞**是小肠的特征性细胞，常三五成群分布于肠腺底部，能分泌溶菌酶和防御素等物质。

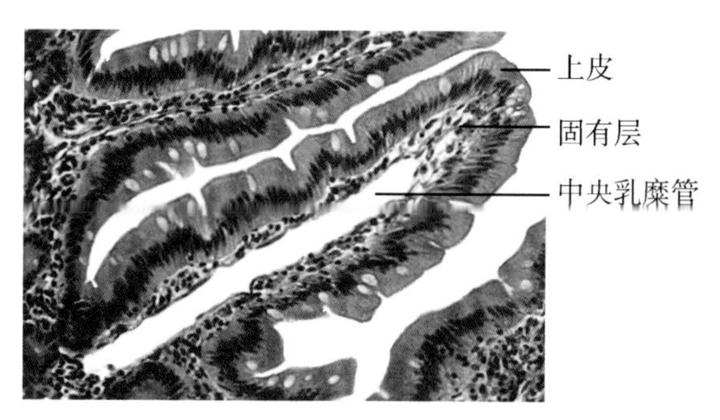

图 5-24 小肠绒毛和小肠腺（光镜）

4. 淋巴组织 固有层内的淋巴组织丰富，是小肠重要的防御结构。在十二指肠和空肠多为**孤立淋巴小结**，在回肠则为众多淋巴小结聚集而成的**集合淋巴小结**。

七、大 肠

大肠是消化管的下端，围绕在空肠、回肠的周围，全长约 1.5m，可分为盲肠、阑尾、结肠、直肠和肛管 5 部分（图 5-25）。大肠的主要功能是吸收水和电解质，将食物残渣形成粪便排出体外。

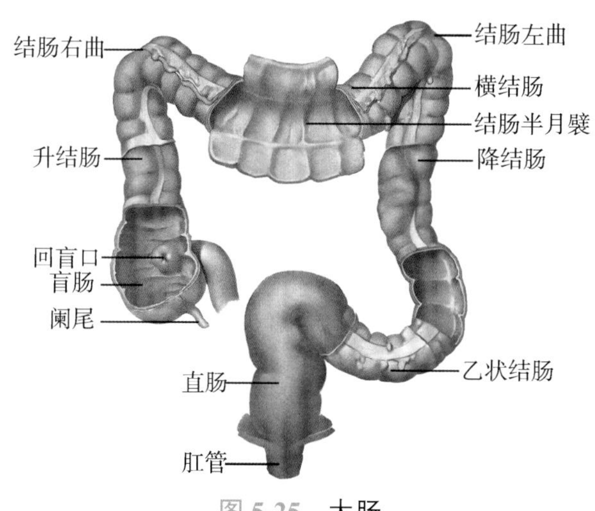

图 5-25 大肠

（一）盲肠

盲肠是大肠的起始部，长 6 ～ 8cm，下端为盲端，上续升结肠，左侧与回肠末端相连接。盲肠常位于右髂窝内，其体表投影在右侧腹股沟韧带外侧半的上方。回肠末端突向盲肠的回盲口处，形成上、下两片半月形的皱襞，称为**回盲瓣**。回盲瓣既可控制小肠内容物流入大肠的速度，使食物在小肠内充分消化吸收，又可防止盲肠内容物逆流到回肠。在回盲瓣下方约 2cm 处，有阑尾的开口。临床上常将回肠末端、盲肠和阑尾合称为**回盲部**（图 5-26）。

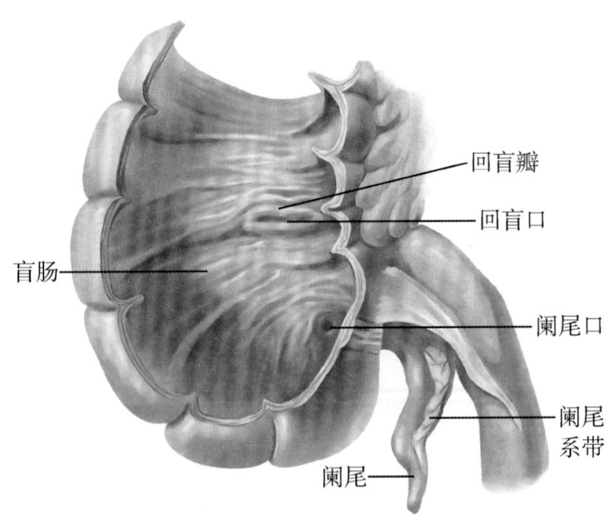

图 5-26 回盲部

（二）阑尾

1. 阑尾的形态和位置 **阑尾**是连于盲肠后内侧壁的一条蚯蚓状盲管（图 5-26），多位于右髂窝内，长 6 ～ 8cm，管径为 0.5 ～ 1.0cm，管腔狭小，因而排空欠佳。阑尾固有层内有极丰富的淋巴组织，故阑尾是具有黏膜免疫功能的器官。阑尾根部的位置相对固定，而尖端为游离的盲端，位置变化较大。阑尾以回肠后位和盲肠后位较多见，盆位次之，再次为盲肠下位和回肠前位（图 5-27）。鉴于阑尾位置变化颇多，手术中有时寻找困难，但由于 3 条结肠带均在阑尾根部汇集，故沿结肠带向下追踪，是寻找阑尾的可靠方法，临床上有顺着结肠带找阑尾之说。

2. 阑尾根部的体表投影 通常以脐与右髂前上棘连线的中、外 1/3 交点，即**麦氏点**（McBurney 点）为标志（图 5-28）。急性阑尾炎时，此点附近有明显压痛，有一定的诊断价值，麦氏点是选择阑尾手术切口的标志点。

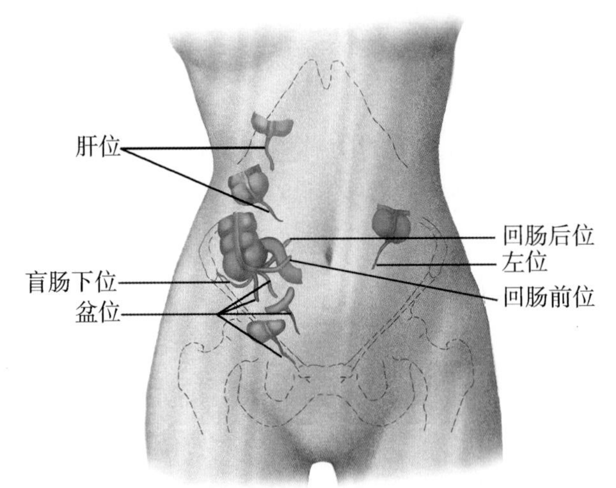

图 5-27 阑尾的位置

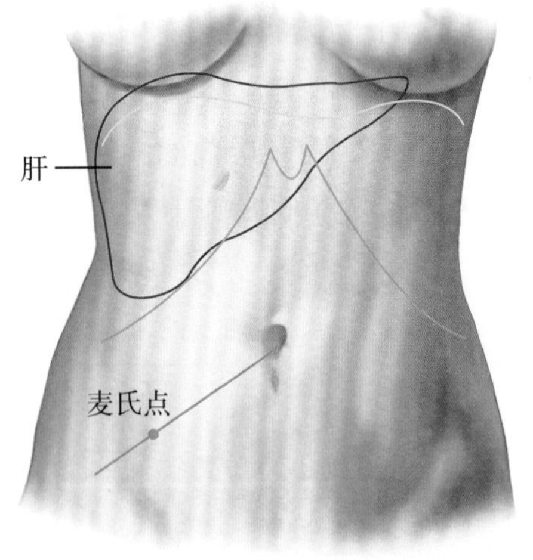

图 5-28 肝和阑尾根部的体表投影

（三）结肠

1. 结肠的分部 **结肠**为介于盲肠与直肠之间的大肠，整体呈 M 形围绕在空、回肠的周围。依据行径特点依次分为升结肠、横结肠、降结肠和乙状结肠 4 部分。①**升结肠**，在右髂窝内续于盲肠，沿腰方肌和右肾前面上升至肝右叶下方，转折向左前下方形成结肠右曲，移行为横结肠。②**横结肠**，起自结肠右曲，向左横行形成一略向下垂的弓形弯曲，至脾脏面下份转折向下形成结肠左曲，移行为降结肠。横结肠由横结肠系膜连于腹后壁，故活动度较大。③**降结肠**，起自结肠左曲，沿左肾外侧缘和腰方肌前面下行，至左髂嵴处续于乙状结肠；④**乙状结肠**，在左髂嵴处起自降结肠，呈乙字形沿左髂窝转入盆腔内，至第3骶椎平面续于直肠。乙状结肠借乙状结肠系膜连于盆腔左后壁，故活动度较大。乙状结肠是肿瘤、憩室等疾病的多发部位。

临床护理工作中，为了缓解患者便秘，常按升结肠、横结肠、降结肠、乙状结肠的顺序帮助患者做腹部环形按摩，以刺激肠蠕动，增加腹内压力，从而促进排便。

2. 结肠的结构特点　结肠黏膜表面光滑，无绒毛，但在结肠袋之间的横沟处有半月形皱襞。上皮为单层柱状，由吸收细胞和大量杯状细胞组成。吸收细胞主要吸收水和电解质，以及大肠细菌产生的B族维生素和维生素K。固有层内有稠密的结肠腺，内含大量杯状细胞，并可见孤立淋巴小结，分泌黏液是结肠腺的重要功能。盲肠和结肠具有结肠带、结肠袋和肠脂垂3种特征性结构（图5-29）。①**结肠带**，由肠壁的纵行肌局部增厚而形成，沿大肠的纵轴平行排列，3条结肠带均汇集于阑尾根部；②**结肠袋**，是由横沟隔开向外膨出的囊状突起；③**肠脂垂**，是沿结肠带两侧分布的许多大小不等的脂肪小突起。

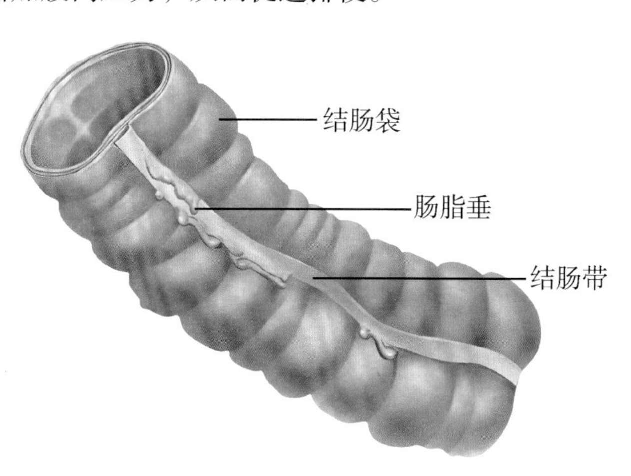

图5-29　结肠的外观特征（横结肠）

考点　盲肠和结肠的特征性结构；阑尾根部的体表投影

（四）直肠

1. 直肠的位置和形态结构　**直肠**（图5-30，图5-31）位于小骨盆腔下的后部，长10～14cm。上端在第3骶椎前方续于乙状结肠，沿骶骨和尾骨的前面下行，穿过盆膈移行为肛管。直肠并不直，在矢状面上形成两个弯曲：**直肠骶曲**凸向后，与骶骨盆面的弯曲一致，距肛门7～9cm；**直肠会阴曲**绕过尾骨尖凸向前，距肛门3～5cm。

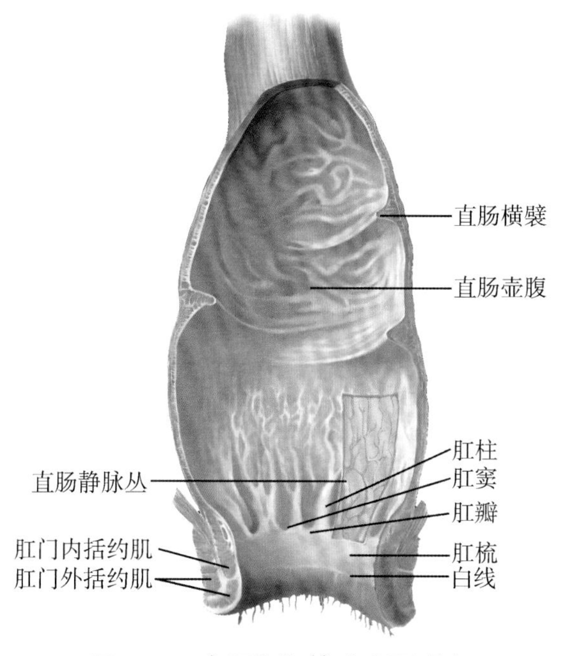

图5-30　直肠和肛管（内面观）

直肠下段肠腔显著膨大称为**直肠壶腹**，腔面有3个由黏膜和环形肌构成的**直肠横襞**。其中以中间的直肠横襞最大且明显，恒定地位于直肠右侧壁上，距肛门约7cm，常作为临床上直肠镜或乙状结肠镜检的定位标志。

2. 直肠的毗邻　男性直肠的前方与膀胱、前

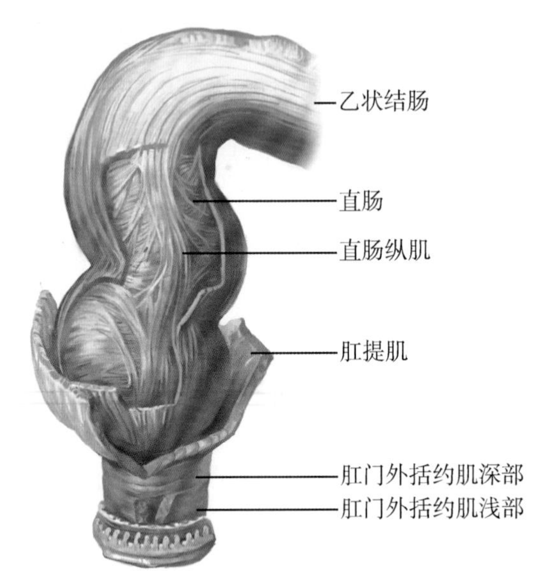

图 5-31 直肠和肛管（外面观）

列腺、精囊和输精管末端相邻，女性直肠的前方则与子宫、阴道和直肠子宫陷凹相邻。直肠指诊时可触及上述器官。

（五）肛管

肛管（图 5-30，图 5-31）是消化管的末端，长约 4cm，上端在盆膈平面接续直肠，下端终于肛门。肛管内面有 6 ～ 10 条纵行的黏膜皱襞，称为**肛柱**。各肛柱下端之间彼此借半月形黏膜皱襞即**肛瓣**相连。每个肛瓣与其相邻的两个肛柱下端之间形成开口向上的陷窝，称为**肛窦**，窦内常积存粪屑，易于感染而引起肛窦炎。各肛柱下端与各肛瓣的边缘共同连接成锯齿状的环形线，称为**齿状线**或肛皮线。齿状线是重要的解剖学标志并具有一定的临床意义。齿状线是区分内、外痔的标志，齿状线以上的静脉曲张为内痔，以下的为外痔（图 5-32），而在其上、下方同时出现的则为混合痔。

在齿状线下方有宽约 1cm 的环形带状区，称为**肛梳**或痔环（图 5-30）。肛梳下缘有一个不甚明显的环形浅沟，称为**白线**，其位置相当于肛门内、外括约肌的分界处，在活体上行直肠指诊时可触及此处为一环形浅沟。**肛门**是肛管的出口，为一前后纵行的裂孔，前后径 2 ～ 3cm。临床上行肛管排气时，插入肛门的合适深度为 15 ～ 18cm。

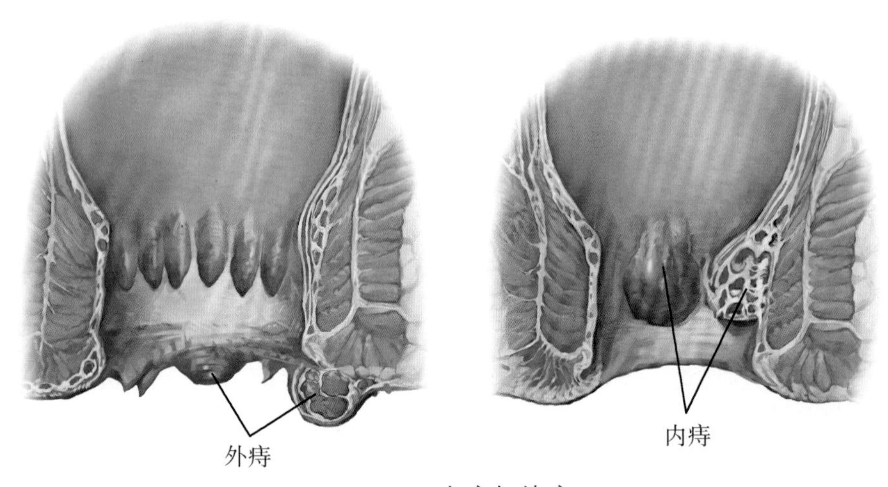

图 5-32 内痔与外痔

肛管周围有肛门内、外括约肌环绕。**肛门内括约肌**是由肠壁环形平滑肌增厚而成的，由内脏运动神经支配，有协助排便的作用，对控制排便作用不大。**肛门外括约肌**是围绕在肛门内括约肌外面的骨骼肌，由躯体运动神经支配，有较强的控制排便作用。按肛门外括约肌所在部位分为皮下部、浅部和深部 3 部分。皮下部是位于肛门周围皮下的环形肌束，若此部纤维被切断，不会引起大便失禁；浅部和深部是控制排便的重要肌束。肛门内括约肌、肠壁下份纵行肌、肛门外括约肌的浅部和深部及肛提肌等，共同构成一围绕肛管的强大肌环，称为

肛直肠环，对肛管起着极重要的括约作用，若手术损伤将导致大便失禁。

考点 直肠镜检的定位标志；齿状线的临床意义

第2节 消 化 腺

案例 5-1

患者，女性，52岁。因进食高脂肪午餐后数小时，突发右上腹绞痛，疼痛向右肩部放射，伴畏寒发热而急诊入院。体格检查：右上腹部压痛、反跳痛，墨菲征阳性。B型超声检查提示：胆囊体积明显增大，并见结石阴影。血常规检查：白细胞 10×10^9/L，中性粒细胞87%。临床诊断：急性胆囊炎，胆囊结石。经抗感染治疗待病情好转后拟行胆囊切除术。

问题：1. 胆囊位于何处？有何功能？

2. 在何部位可隔腹前壁触及胆囊底？

3. 急性胆囊炎患者感觉到的右肩部疼痛属于哪种疼痛？

一、肝

肝是人体内最大的消化腺，成人肝重约1500g。肝的血液供应十分丰富，故活体肝呈棕红色。肝的质地柔软而脆弱，受暴力冲击易破裂出血。肝具有极其复杂多样的生物化学功能，被称为人体内的“化工厂”。肝产生的胆汁作为消化液参与脂类食物消化；肝合成蛋白质等多类物质，直接分泌入血液；肝还参与糖、脂类、激素和药物等的代谢。

（一）肝的形态和位置

1. 肝的形态 肝似楔形（图5-33），可分为前、后两缘和上、下两面。前缘薄而锐利，后缘钝圆，朝向脊柱。肝的上面隆凸，与膈相接触，故又称膈面，借矢状位的镰状韧带分为大而厚的**肝右叶**和小而薄的**肝左叶**。肝的下面朝向后下方，邻接许多腹腔脏器，故又称脏面。脏面中部有一呈H形的沟，即左、右两条纵沟和一条横沟。横沟位于中间部，是肝左、右管，肝固有动脉左、右支，肝门静脉左、右支以及神经和淋巴管进出的门户，故称为**肝门**。左纵沟的前部有肝圆韧带通过，后部容纳静脉韧带。右侧纵沟的前部为容纳胆囊的胆囊窝；后部为腔静脉沟，有下腔静脉通过。肝的脏面借H形的沟分为4叶：即右侧纵沟右侧为肝右叶，左侧纵沟左侧为肝左叶，左、右纵沟之间在横沟前方的为**方叶**，横沟后方的为**尾状叶**。

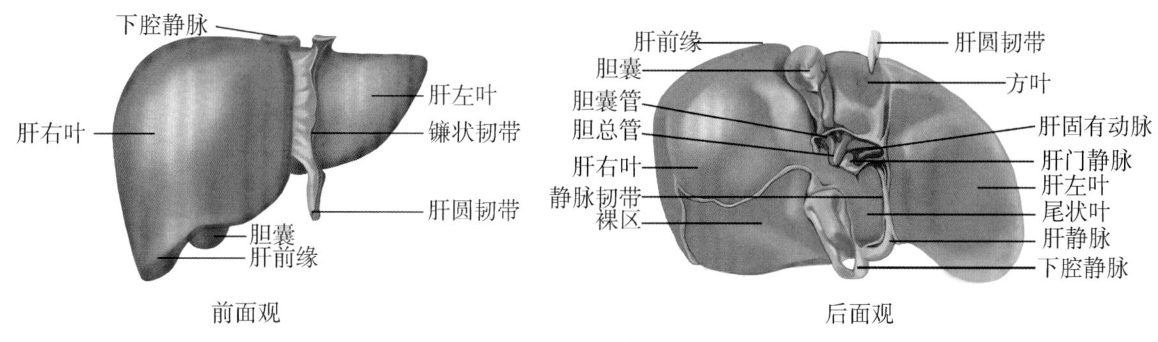

图5-33 肝的形态

2. 肝的位置 肝大部分位于右季肋区和腹上区，小部分位于左季肋区（图5-28）。肝的前部大部分被肋所掩盖，仅在腹上区的左、右肋弓之间，小部分露于剑突之下而直接与腹前壁相接触。肝的上界与膈穹隆一致，常用以下 3 点的连线来表示：即右锁骨中线与第 5 肋的交点，前正中线平胸骨体与剑突结合处，左锁骨中线与第 5 肋间隙的交点。肝的下界即肝前缘，右侧与右肋弓一致，中部超出剑突下约 3cm，左侧也被肋弓掩盖，故体检时，成人在右肋弓下不能触及肝。

考点 肝的位置和脏面的结构

（二）肝的微细结构

肝表面被覆以致密结缔组织被膜，肝门处的结缔组织随肝门静脉、肝固有动脉和肝左、右管伸入肝实质，将其分隔成许多肝小叶（图 5-34）。肝小叶之间各种管道密集的部位为门管区。

1. 肝小叶　是肝的基本结构单位，呈多角棱柱体（图 5-35），成人有 50 万～ 100 万个肝小叶。人的肝小叶之间结缔组织很少，故分界不清（图 5-36）。**肝小叶**中央有一条沿其长轴走行的**中央静脉**，周围是呈放射状排列的肝索和肝血窦。肝细胞（图 5-37）单层排列成凹凸不平的板状结构称为肝板，相邻肝板互相吻合连接成网，其切面呈索状，故又称肝索。

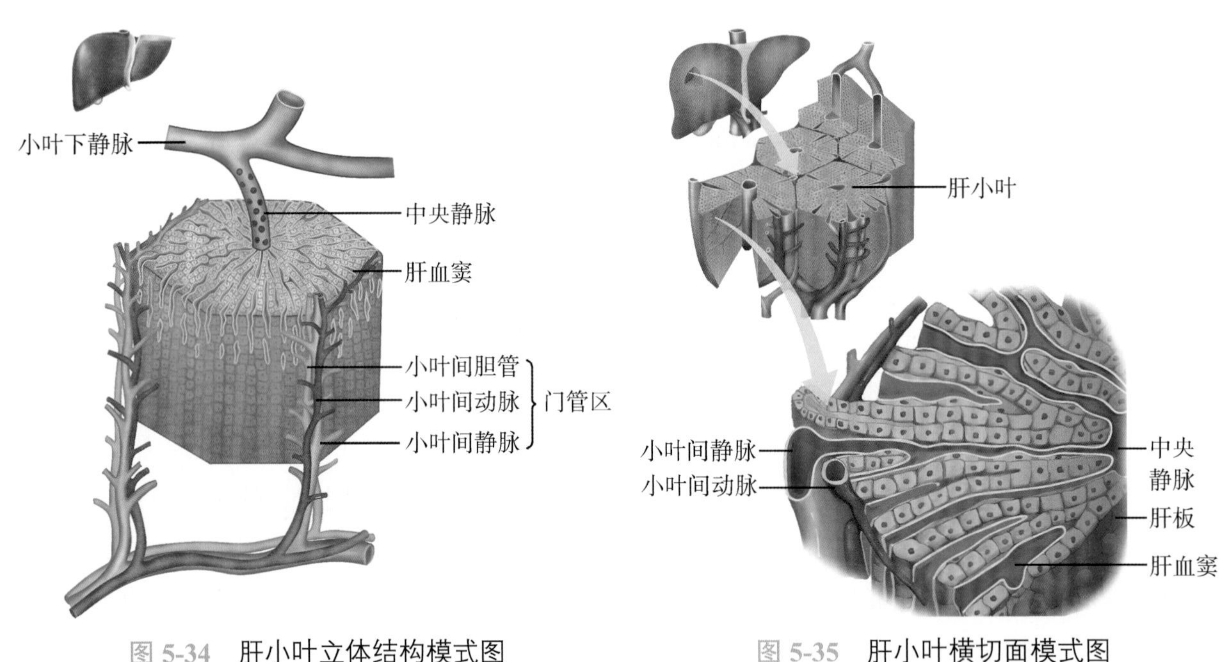

图 5-34　肝小叶立体结构模式图

图 5-35　肝小叶横切面模式图

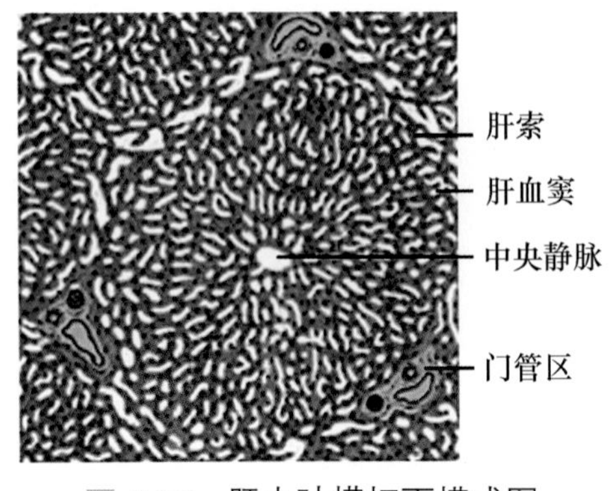

图 5-36　肝小叶横切面模式图

（1）肝细胞：体积较大，呈多面体形，核大而圆，双核细胞较多，胞质呈嗜酸性。肝细胞内含有各种细胞器以及糖原、脂滴等，是实现肝复杂功能的结构基础。线粒体为肝细胞的功能活动提供能量；粗面内质网能合成多种重要的血浆蛋白，包括白蛋白、纤维蛋白原、凝血酶原、脂蛋白和补体等；滑面内质网参与胆汁合成、脂类代谢、糖代谢、激素代谢和解毒等功能；高尔基体主要参与蛋白质的加工、包装和胆汁的分泌；溶酶体积极参与肝细胞的细胞内消化、胆红素的转运和铁的储存。肝细胞中的糖原是血糖的储备形式，受胰岛素和胰高血糖素的调节，进食后增多，饥饿时减少；正常时脂滴少，肝病时脂滴可增多。

（2）肝血窦：实际上是肝的毛细血管，为相邻肝板之间腔大而不规则的间隙，窦壁由一层有孔内皮细胞围成，内定居有**肝巨噬细胞**（又称库普弗细胞），由血液中的单核细胞分化而来，在清除从肝门静脉入肝的抗原物质、衰老的血细胞和监视肿瘤细胞等方面均发挥重要作用。

（3）窦周隙：为肝血窦内皮细胞与肝细胞之间的狭窄间隙，是肝细胞与血液之间进行物质交换的场所。窦周隙内有一种形态不规则的**贮脂细胞**。正常情况下，贮脂细胞呈静止状态，主要参与维生素A的代谢和储存脂肪。人体摄取维生素A的70%～85%储存在贮脂细胞内，在机体需要时释放入血。

（4）胆小管：是相邻两个肝细胞之间局部细胞膜凹陷围成的微细管道，在肝板内连接成网。肝细胞分泌的胆汁直接流入胆小管，并循胆小管从肝小叶的中央流向周边，在门管区汇入小叶间胆管。

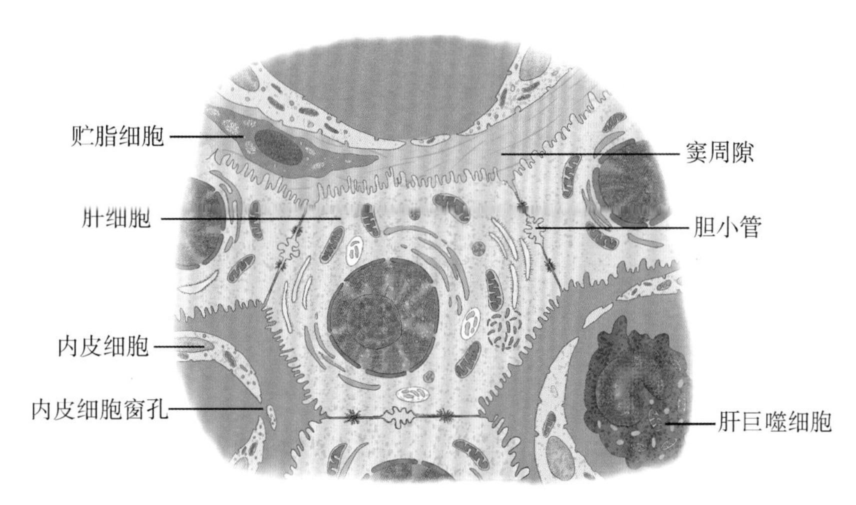

图5-37 肝细胞与胆小管、肝血窦、窦周隙的关系模式图

2. 门管区 为相邻肝小叶之间呈三角形或椭圆形的结缔组织小区，内有伴行的**小叶间静脉**、**小叶间动脉**和**小叶间胆管**通过（图5-34）。每个肝小叶周围有3～4个门管区。

3. 肝内血液循环 肝由肝门静脉和肝固有动脉两套血管双重供血，故血供丰富。肝门静脉是肝的功能性血管，它将胃肠道吸收的营养物质和某些有毒物质运送入肝内进行代谢和加工处理。肝固有动脉内的血液含O_2丰富，是肝的营养性血管。肝内血液循环途径如下所示。

肝门静脉（入肝）⟶小叶间静脉
肝固有动脉（入肝）⟶小叶间动脉
} ⟶肝血窦⟶中央静脉⟶小叶下静脉⟶肝静脉⟶下腔静脉

（三）肝外胆道

输胆管道是将肝细胞分泌的胆汁输送到十二指肠腔内的一系列管道，分为**肝内胆道**和**肝外胆道**两部分。肝内胆道包括胆小管和小叶间胆管。肝外胆道是指出肝门之外的胆道系统，由胆囊、肝左右管、肝总管和胆总管组成（图 5-38）。

1. 胆囊　是储存和浓缩胆汁的囊状器官，位于肝下面的胆囊窝内，上面借疏松结缔组织与肝相连，下面游离而覆以腹膜。胆囊呈长梨形，长 8 ～ 12cm，宽 3 ～ 5cm，容量 40 ～ 60ml。胆囊分为**胆囊底**、**胆囊体**、**胆囊颈**和**胆囊管** 4 部分。胆囊底多露出于肝前缘与腹前壁的内面相接触，当胆汁充满时，胆囊底可贴近腹前壁。胆囊底的体表投影在右锁骨中线与右肋弓相交处或右肋弓与右腹直肌外侧缘交点附近，胆囊病变时此处常有压痛。胆囊体为胆囊的主体。衬于胆囊颈和胆囊管的黏膜呈螺旋状突入管腔形成螺旋襞，可控制胆汁的流入和流出，较大的胆结石易嵌顿于此处。

2. 肝左右管、肝总管和胆总管　肝内的胆小管汇合成小叶间胆管，小叶间胆管逐渐向肝门方向汇合成肝左、右管，两管出肝门后即汇合成**肝总管**（图 5-38），肝总管下行于肝十二指肠韧带内，其下端以锐角与胆囊管汇合成**胆总管**。由胆囊管、肝总管与肝的脏面围成的三角形区域称为**胆囊三角**（Calot 三角），三角内常有胆囊动脉经过，故胆囊三角是胆囊摘除手术中寻找胆囊动脉的标志。

胆总管在肝十二指肠韧带内下行，经十二指肠上部的后方下行至胰头的后方，最后斜穿十二指肠降部后内侧壁与胰管汇合，形成略膨大的**肝胰壶腹**（即 Vater 壶腹），开口于十二指肠大乳头（图 5-38）。在肝胰壶腹的周围有**肝胰壶腹括约肌**或 Oddi 括约肌包绕。此外，在胆总管和胰管的末段周围也有少量平滑肌包绕，分别称为**胆总管括约肌**和**胰管括约肌**。

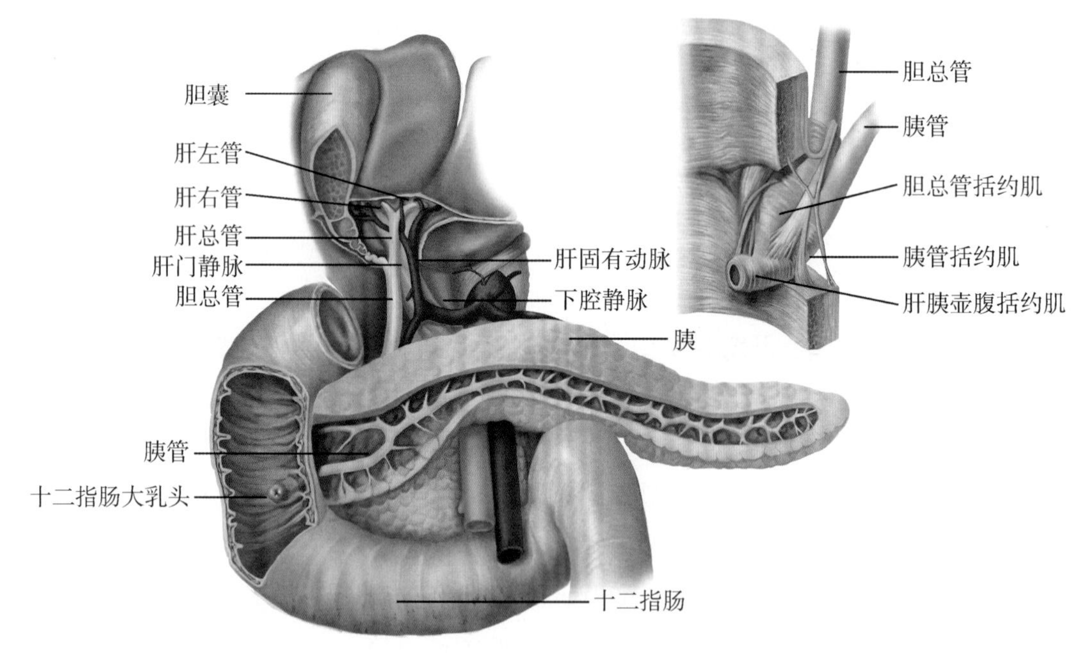

图 5-38　肝外胆道

3. 胆汁的产生部位及排出途径　Oddi 括约肌平时保持收缩状态，肝细胞分泌的胆汁→胆小管→小叶间胆管→肝左、右管→肝总管→胆囊管→胆囊内储存和浓缩；进食后，尤其是进食高脂肪食物后，在神经体液等因素调节下，反射性地引起胆囊收缩，Oddi 括约肌舒张，胆囊内的胆汁→胆囊管→胆总管→肝胰壶腹→十二指肠大乳头→排入十二指肠腔内。

考点　胆汁的产生部位及其排出途径

医者仁心 **中国肝胆外科之父——吴孟超**

中国科学院院士吴孟超教授始终把党的事业、国家的利益和人民的幸福放在第一位，创造了中国乃至国际肝胆外科界的多个“第一”，被誉为中国肝胆外科之父。他创立了我国肝脏外科关键理论和技术体系，主刀完成了一万余台肝胆手术。从军从医70多年，始终把个人的发展与祖国和人民的需要紧紧联系在一起，为国为民披肝沥胆，用高超的医术、高尚的医德书写了一代医学大家爱党爱国爱民的赤子情怀。

二、胰

（一）胰的位置和形态

胰是人体内仅次于肝的第二大消化腺，位于腹上区和左季肋区的深部，是从右向左横跨于第1～2腰椎体前方的一个狭长形腺体（图5-38），质地柔软，呈灰红色。胰前面被腹膜覆盖，后面紧贴于腹后壁，属于腹膜外位器官。

（二）胰的分部

胰可分为**胰头**、**胰颈**、**胰体**和**胰尾**4部分，各部之间无明显界限（图5-21）。胰头为胰右端的膨大部分，位于第2腰椎体的右前方，其上、下方及右侧被C形十二指肠所环抱，70%～80%的胰腺癌多发生在胰头。胰颈为胰头与胰体之间较狭窄的部分，胰体的前面隔网膜囊与胃后壁相邻，故胃后壁的癌肿或溃疡穿孔常可累及胰体或与之粘连。胰尾是胰左端的狭细部分，其末端抵达脾门。

在胰的实质内，有一条沿胰的长轴从胰尾走向胰头贯穿全长的**胰管**，沿途接纳许多小叶间导管，约85%的人胰管在十二指肠降部的后内侧壁内与胆总管汇合形成略膨大的共同通道，即肝胰壶腹，开口于十二指肠大乳头，偶尔单独开口于十二指肠腔。肝胰壶腹这种“共同通道”是胰腺疾病和胆道疾病互相关联的解剖学基础。

考点 胰的位置和分部；胰管的开口部位

（三）胰的微细结构

胰表面覆有薄层结缔组织被膜，结缔组织伸入腺实质内将其分隔成许多小叶。胰实质由外分泌部和内分泌部组成。

1. 外分泌部　构成胰的大部分，是重要的消化腺，由腺泡（图5-39）和导管组成。腺泡细胞分泌的胰液经胰管、肝胰壶腹排入十二指肠，参与食物的消化。

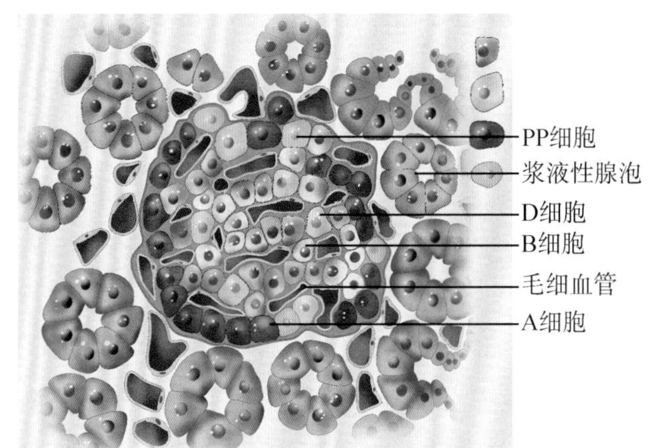

图5-39 胰的微细结构模式图

2. 内分泌部　是散在分布于腺泡之间的、大小不等的球形内分泌细胞团，故称为**胰岛**。成人约有100万个胰岛，胰尾的胰岛较多。人胰岛主要有A、B、D、PP 4种细胞（图5-39）。①**A细胞**，多分布于胰岛的周边部。A 细胞分泌**胰高血糖素**，使血糖浓度升高。② **B 细胞**，主要位于胰岛的中央部，数量最多。B 细胞分泌**胰岛素**，使血糖浓度降低。胰岛素和胰高血糖素协同作用，保持血糖水平处于动态平衡。若胰岛发生病变，B 细胞退化，胰岛素分泌不足，可致血糖升高并从尿中排出，如糖尿病。③ **D 细胞**，数量少，散在分布于胰岛周边部 A、B 细胞之间。D 细胞分泌**生长抑素**，以旁分泌方式作用于邻近的 A 细胞、B 细胞和 PP 细胞，抑制这些细胞的分泌活动。④ **PP 细胞**，数量很少，主要存在于胰岛周边部。PP 细胞分泌胰多肽，具有抑制胃肠运动、胰液分泌及胆囊收缩的作用。

考点 胰岛 A 细胞和 B 细胞的功能

第 3 节　消化与吸收

案例 5-2

患者，男性，29 岁。因腹痛、腹泻、恶心、呕吐伴消瘦 7 个月，曾按胃炎、肠炎治疗无效而再次来医院就诊。血常规检查：红细胞 4.2×10^{12}/L，血红蛋白 96g/L，周围血象红细胞大小不等。小肠造影显示不完全肠梗阻。骨髓涂片为巨幼红细胞贫血。临床诊断：小肠吸收不良综合征。

问题：1. 红细胞和血红蛋白的正常值分别是多少？

2. 内因子缺乏将影响哪种物质的吸收？

3. 为什么说小肠是各种营养物质吸收的主要场所？小肠主要吸收哪些物质？

人体进行正常的生命活动，需要不断地从外界环境中摄取氧气和足够的营养物质。营养物质包括糖、蛋白质、脂肪、水、无机盐和维生素等，主要来源于食物。其中水、无机盐和大多数维生素等不需要消化就可直接被吸收利用，而糖、蛋白质和脂肪必须在消化管内经过分解，转化为结构简单的、可溶解的小分子物质才能被机体直接吸收和利用。

一、消　　化

消化是指食物在消化管道内被加工分解成可吸收小分子物质的过程。消化的方式有机械性消化和化学性消化两种。**机械性消化**又称物理性消化，是通过消化管的运动将食物切割、磨碎，并与消化液充分混合，同时向消化管远端推送的过程。**化学性消化**是各种消化酶将食物分解成小分子物质的过程。正常情况下，这两种消化方式同时进行，互相配合。

（一）口腔内消化

消化过程是从口腔开始的。食物在口腔内经过咀嚼被切割、磨碎，并与唾液混合形成食团被吞咽入胃，唾液中的消化酶对食物也有一定的化学性消化作用。

1. 唾液的成分和作用　唾液是由大唾液腺和小唾液腺分泌的一种无色无味近中性（pH 6.6 ～ 7.1）的液体。正常成人每日分泌量 1.0 ～ 1.5L。唾液中水分约占 99%，无机物有 Na^+、K^+、Ca^{2+}、Cl^- 和 HCO_3^- 等，有机物主要有黏蛋白、唾液淀粉酶、溶菌酶和免疫球蛋白等。唾液的作用：①湿润口腔和溶解食物，便于吞咽和引起味觉。②清洁和保护口腔，可清除口腔中的食物残渣，稀释、中和有害物质。③唾液中的溶菌酶具有杀菌作用。④唾液淀粉酶能将淀粉分解为麦芽糖。

2. 咀嚼与吞咽　**咀嚼**是由咀嚼肌顺序收缩所组成的复杂的反射动作，其作用是将食物切割、磨碎，并与唾液充分混合形成食团以便吞咽。**吞咽**是食团由口腔经咽和食管进入胃内的复杂的反射活动。根据食团在吞咽时所经过的解剖部位，可将吞咽动作分为 3 个时期（图 5-40）：①口腔期，由口腔到咽，是在大脑皮质支配下进行的；②咽期，由咽到食管上端，是通过一系列急速、复杂的反射动作而实现的；③食管期，食团由食管蠕动向下推移入胃。

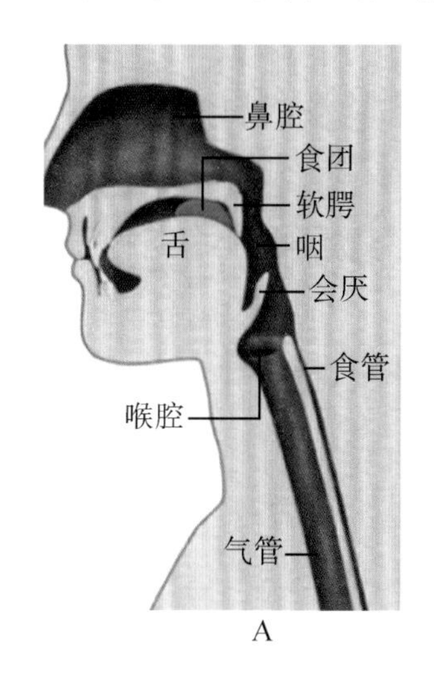

A

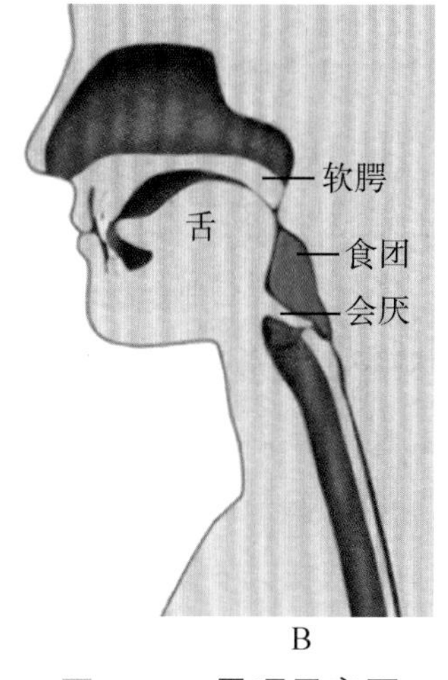

B

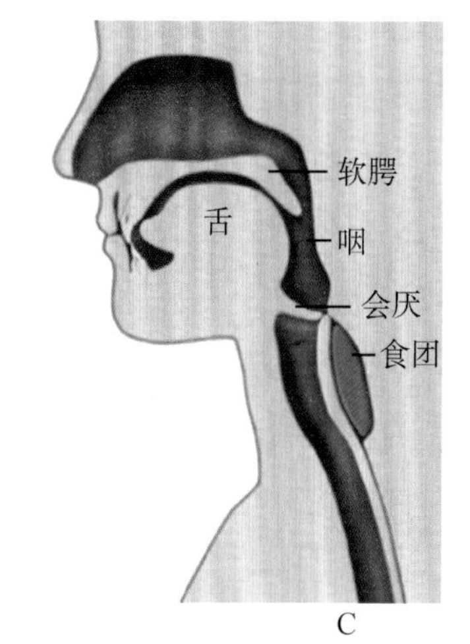

C

图 5-40　吞咽示意图

A. 口腔期；B. 咽期；C. 食管期

蠕动是消化管平滑肌顺序舒缩形成的一种向前推进的波形运动（图 5-41），是消化管共有的一种运动形式。吞咽反射的基本中枢在延髓。在昏迷、深度麻醉时，吞咽反射可发生障碍，食管和上呼吸道的分泌物等容易进入气管，造成窒息，因而必须加强对上述患者的护理工作。

收缩波
舒张波
收缩的肌肉
舒张的肌肉
移动的食物

图 5-41　食管蠕动示意图

（二）胃内消化

胃有暂时储存食物和对食物进行初步消化的功能。成人的胃一般可容纳 1 ～ 2L 食物。食物入胃后，经过胃内的消化，形成食糜并借胃的运动排入十二指肠。

1. 胃液的成分和作用　纯净的胃液是一种无色、酸性液体，pH 为 0.9 ～ 1.5。正常成人每日分泌量为 1.5 ～ 2.5L。胃液除水和无机盐外，其主要成分有盐酸、胃蛋白酶原、黏液和内因子。

（1）盐酸：胃液中的盐酸又称胃酸，由泌酸腺的壁细胞分泌。其主要生理作用：①激活胃蛋白酶原，使其转变为有活性的胃蛋白酶，并为其提供适宜的酸性环境；②具有杀菌作用；③促使食物中的蛋白质变性，使之易于消化；④进入小肠后促进胰液、胆汁和小肠液的分泌；⑤有利于小肠对铁和钙的吸收。

若盐酸分泌过少，消化能力减弱，可引起食欲缺乏、腹胀、腹泻和贫血等。若盐酸分泌过多，又会损伤胃和十二指肠黏膜，诱发或加重溃疡病。

（2）胃蛋白酶原：主要由泌酸腺的主细胞分泌。胃蛋白酶原在盐酸或已激活的胃蛋白酶的作用下，转变为具有活性的胃蛋白酶。在强酸环境中（最适 pH 为 1.8 ～ 3.5）胃蛋白酶可将蛋白质水解成䏡、胨、少量多肽和氨基酸。

（3）内因子：是由泌酸腺壁细胞分泌的一种糖蛋白，它可与食物中的维生素 B_{12} 结合成复合物，以免被小肠消化酶所破坏，并促进其在回肠被吸收。若内因子缺乏（如萎缩性胃炎），可因维生素 B_{12} 吸收障碍而影响红细胞生成，引起巨幼红细胞贫血。

（4）黏液：是由胃腺黏液细胞和胃黏膜表面上皮细胞共同分泌的糖蛋白。黏液分泌后覆盖在胃黏膜表面，形成一凝胶保护层，具有润滑食物，减少粗糙食物对胃黏膜摩擦损伤的作用，同时与胃黏膜表面上皮细胞分泌的 HCO_3^- 联合形成黏液 - 碳酸氢盐屏障，它能有效保护胃黏膜免受胃酸及胃蛋白酶侵蚀。长期大量服用乙酰水杨酸类药物（如阿司匹林）、幽门螺杆菌感染、酗酒等，可破坏该屏障，降低对胃黏膜上皮细胞的保护作用，引起胃黏膜的损伤。

2. 胃的运动　胃运动的作用是将来自食管的食物进一步研磨、粉碎并与胃液充分混合，形成流质的食糜暂时储存，并以适宜的速度送入十二指肠。

（1）胃的运动形式：胃在非消化期的运动不明显，当食物进入胃后，胃的运动明显增强。

1）容受性舒张：当食物刺激口腔、咽、食管等处感受器，可反射性地引起胃底和胃体的平滑肌舒张，胃的容积增大，称为**容受性舒张**，是胃特有的运动形式。空腹时胃容积约为 50ml，进食后可增加到 1.5L 左右，而胃内压保持稳定，以便容纳和储存食物，防止食糜过早排入十二指肠，有利于食物在胃内充分消化。

2）紧张性收缩：是指胃壁平滑肌经常处于一定程度的微弱持续收缩状态。可保持一定的胃内压，促使胃液渗入食物有利于化学性消化，对维持胃的正常形态和位置具有重要意义。

3）蠕动：自食物入胃后约 5 分钟开始，蠕动波由胃的中部向幽门方向一波接一波推进，一个蠕动波约需 1 分钟到达幽门，频率约为每分钟 3 次。胃蠕动的作用：①使食物和胃液充分混合形成食糜利于化学性消化；②磨碎食物，推送食糜经幽门进入十二指肠（图 5-42）。

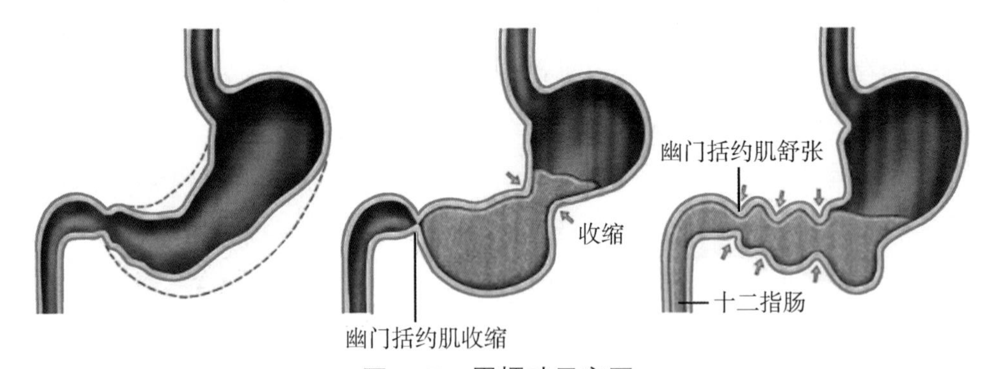

图 5-42　胃蠕动示意图

（2）胃排空：是指食物由胃排入十二指肠的过程。胃排空的动力是胃紧张性收缩和蠕动增强使胃内压高于十二指肠内压。食物入胃 5 分钟左右即开始间断性排空。排空速度与食物的物理性状和化学成分有关。一般情况下，流体或小块食物排空较快；等渗溶液比高渗或低渗溶液排空快；糖、脂肪和蛋白质三大营养物质中，糖类排空最快，蛋白质次之，脂肪最慢。混合食物完全排空需 4 ～ 6 小时。

考点　胃液的成分和作用；胃排空的概念

3. 呕吐 是将胃及小肠上段内容物经过口腔强力驱出体外的过程。机械性或化学性的刺激作用于舌根、咽部、胃、小肠、大肠等处的感受器，以及令人厌恶的气味与厌恶情绪等都可以引起呕吐，视觉或内耳前庭器官对身体位置改变的反应也可引起呕吐。呕吐中枢位于延髓，颅内压增高时可直接刺激呕吐中枢，引起喷射性呕吐。

呕吐能把胃肠内的有害物质排出，是一种防御性反射，因而具有保护性意义，故临床上抢救食物中毒的患者，可借助催吐的方法将胃内毒物排出。但剧烈而频繁的呕吐会影响进食和正常的消化活动，并使大量消化液丢失，严重时造成体内水、电解质和酸碱平衡紊乱。

（三）小肠内消化

小肠内消化是整个消化过程中最为重要的阶段。由于小肠运动的机械性消化，胰液、胆汁和小肠液的化学性消化，食物的消化基本完成。许多营养物质在小肠内被吸收，剩余的食物残渣则进入大肠。食糜在小肠内一般停留 3 ～ 8 小时。

1. 胰液的成分和作用 胰液是由胰腺外分泌部分泌的无色、无味的碱性液体，pH 为 7.8 ～ 8.4，正常成人每日分泌量为 1 ～ 2L，胰液除水外，主要成分有：①碳酸氢盐，能中和进入十二指肠的胃酸，保护肠黏膜免受强酸的腐蚀，并为小肠内的各种消化酶提供最适宜的碱性环境。②胰淀粉酶，可将淀粉水解为麦芽糖。③胰脂肪酶，可催化脂肪分解。在胆盐的作用下，胰脂肪酶的活性将大大增强。④胰蛋白酶和糜蛋白酶，都是无活性的酶原，在小肠内被肠激酶、盐酸、组织液等激活后，两种酶共同作用，可将蛋白质分解成小分子的多肽和氨基酸。

胰液含的消化酶种类多且较全面，因而是消化能力最强和最重要的消化液。当胰液分泌过少或缺乏时，食物中的脂肪和蛋白质不能被完全消化，从而影响其吸收。脂肪吸收障碍又将影响脂溶性维生素的吸收。

考点 胰液的主要成分与作用

2. 胆汁及其作用 肝细胞能持续分泌胆汁，成人每日分泌量为 0.8 ～ 1.0L。在非消化期，胆汁主要储存于胆囊内。进食后，食物和消化液可刺激胆囊收缩，将储存于胆囊内的胆汁排入十二指肠。

（1）胆汁的性质和成分：胆汁是有苦味的黏稠液体，颜色取决于胆色素的种类和浓度。由肝细胞直接分泌的胆汁称为**肝胆汁**，为金黄色，呈弱碱性，pH 为 7.4；在胆囊内储存的胆汁称为**胆囊胆汁**，因被浓缩而颜色加深为深绿色，并因碳酸氢盐被吸收而呈弱酸性，pH 为 6.8。

胆汁的成分很复杂，除水和无机盐外，主要有胆盐、胆色素、胆固醇及卵磷脂等。胆汁中没有消化酶，与脂肪的消化和吸收有关的成分主要是胆盐。

（2）胆盐的作用：①激活胰脂肪酶，加速脂肪的分解；②胆盐、胆固醇和卵磷脂都可作为乳化剂，降低脂肪的表面张力，使其乳化成脂肪微粒，以增加胰脂肪酶的作用面积，利于脂肪消化；③胆盐与脂肪酸、甘油一酯结合，形成水溶性复合物，促进脂肪的吸收，并且对脂溶性维生素 A、维生素 D、维生素 E、维生素 K 的吸收也有促进作用；④胆盐进入小肠后，绝大部分被回肠末端黏膜吸收入血，经肝门静脉回到肝脏，这一过程称为**胆盐的肠 - 肝循环**。

每次进餐后进行 2 ～ 3 次肠 - 肝循环，胆盐每循环一次仅损失 5% 左右。返回肝脏的胆盐还能直接刺激肝细胞分泌胆汁，这种作用称为**胆盐的利胆作用**。

考点 胆盐的生理作用

3. 小肠液的成分和作用　小肠液是由十二指肠腺和小肠腺分泌的弱碱性混合液，pH 约为 7.6，成人每日分泌量为 1 ～ 3L。其成分除水和无机盐外，还有肠激酶和黏蛋白等。小肠液的主要作用：①保护十二指肠黏膜免受胃酸的侵蚀；②大量的小肠液可以稀释消化产物，降低肠内容物的渗透压，有利于水和营养物质的吸收；③肠激酶可激活胰液中的胰蛋白酶原，从而促进蛋白质的消化；④黏蛋白具有润滑作用。

4. 小肠的运动　小肠的运动功能是继续研磨食糜，并与小肠内消化液充分混合，同时从小肠上段向下段推进食糜。小肠的运动包括紧张性收缩、分节运动和蠕动 3 种形式。

（1）紧张性收缩：小肠平滑肌的紧张性收缩是小肠进行其他运动的基础。空腹时即存在，进食后明显增加，有利于肠内容物的混合、推进和吸收。

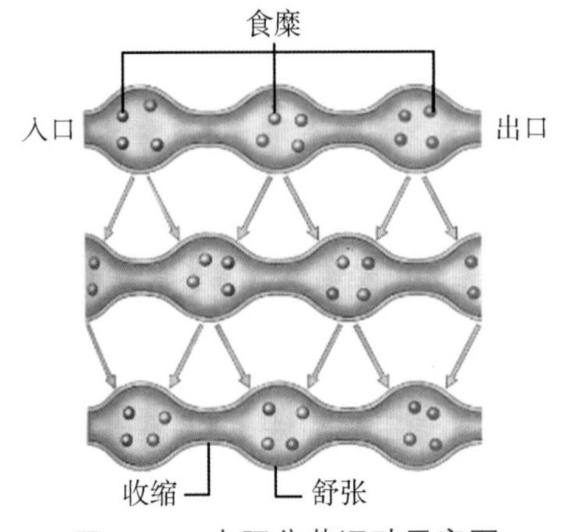

图 5-43　小肠分节运动示意图

（2）分节运动：是一种以环形平滑肌为主的节律性收缩和舒张运动，是小肠特有的运动形式。在食糜所在的一段肠管上，环形肌许多点同时收缩，把食糜分隔成许多节段，随后收缩和舒张交替进行，如此反复，使食糜不断分开，又不断地混合（图 5-43）。分节运动的作用：①使食糜与消化液充分混合，促进化学性消化；②使食糜与肠黏膜紧密接触，为吸收创造有利条件；③挤压肠壁，促进血液和淋巴的回流，以利于吸收。

（3）蠕动：使经过分节运动作用的食糜向前推进。小肠的蠕动较慢，推进距离短，但可反复发生。小肠还有一种速度快、传播距离较远的强烈快速蠕动，称为**蠕动冲**，可在数分钟内把食糜从小肠始端一直推送到小肠末端。此外，在十二指肠和回肠末端还常出现一种方向相反的逆蠕动，它能延长食糜在小肠内停留的时间，有利于食物的充分消化和吸收。小肠蠕动时出现的气过水声，称为肠鸣音，可作为临床手术后判断肠功能恢复的可靠指标。

食物从口腔经咽和食管至胃并通过小肠消化后，消化过程基本完成，现简要概括如下（表 5-1）。

表 5-1　口腔、胃、小肠消化的比较

部位	运动形式	消化酶	化学性消化
口腔	咀嚼、吞咽	唾液淀粉酶	淀粉→麦芽糖
胃	紧张性收缩、容受性舒张、蠕动	胃蛋白酶	蛋白质→际、胨、少量多肽及氨基酸
小肠	紧张性收缩、分节运动、蠕动	胰淀粉酶、胰蛋白酶、糜蛋白酶、胰脂肪酶	①胰淀粉酶可将淀粉水解为麦芽糖；②胰脂肪酶在胆盐作用下，可将脂肪分解为脂肪酸、甘油一酯和甘油；③胰蛋白酶和糜蛋白酶都能将蛋白质分解为际、胨、多肽及氨基酸

（四）大肠的功能

大肠的主要功能是吸收水和无机盐，储存和加工食物残渣，形成并排出粪便。

1. 大肠液的成分和作用　大肠液是由大肠黏膜的单层柱状细胞和杯状细胞分泌的，主要成分是黏液和碳酸氢盐，pH 为 8.3 ～ 8.4。大肠液具有润滑粪便、保护肠黏膜的作用。

2. 大肠内细菌的作用　大肠内有大量来自食物和空气中的细菌，大肠内的 pH 和温度环境非常适合细菌的生长繁殖，其细菌占粪便总量的 20% ～ 30%。大肠内的细菌种类多，主要有大肠埃希菌、产气杆菌、乳酸杆菌等。正常情况下，大肠内的细菌对身体无多大危害，甚至还有营养作用：①对食物残渣中的糖、脂肪进行分解，称为**发酵**；对蛋白质进行分解，称为**腐败**。分解产物多为有害物质，大部分随粪便排出，少部分吸收入血由肝解毒。②利用肠道内某些简单物质合成维生素 B 复合物和维生素 K，它们可被机体吸收利用。因此，长期使用肠道抗生素时，应注意补充上述维生素。

3. 大肠的运动和排便

（1）大肠的运动：与小肠相比，大肠的运动少而缓慢，对刺激反应迟钝，平时仅有较弱的蠕动或规律不明显的环形肌收缩（袋状往返运动），也存在着逆蠕动，致使食物残渣在大肠内一般停留 10 小时以上，有利于水的吸收和储存粪便。此外，大肠还有一种进行很快，移行很远的蠕动，称为**集团蠕动**（图 5-44），可将大肠内容物从横结肠推送至降结肠或乙状结肠。多见于进食后，由食物进入十二指肠而引起，称为**十二指肠 - 结肠反射**，是大肠特有的运动形式。

大肠的内容物经过水的吸收和细菌的发酵与腐败作用后，即形成粪便。粪便主要储存于结肠下部，平时在直肠内并无粪便。

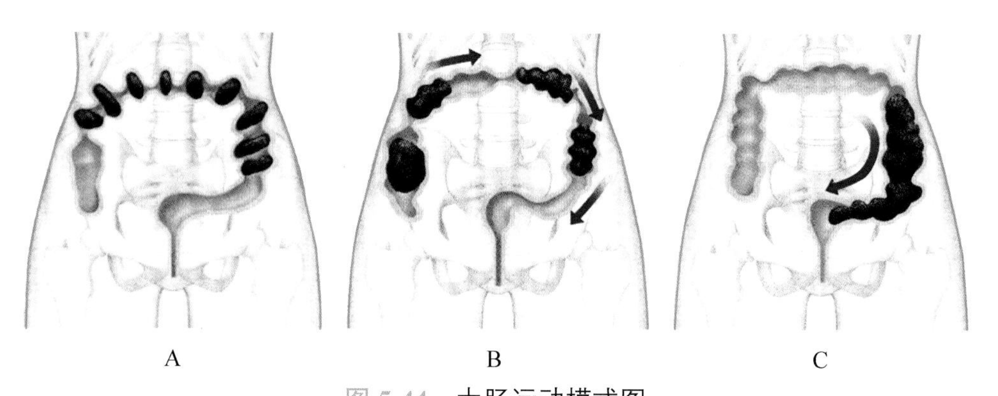

图 5-44　大肠运动模式图

A. 分节推进运动；B. 蠕动；C. 集团蠕动

（2）排便反射：排便动作是一种反射活动。当大肠的集团蠕动使粪便进入直肠后，刺激直肠壁的压力感受器，冲动通过盆内脏神经传入位于脊髓腰骶段的初级排便中枢，同时也上传至大脑皮质而产生便意。排便是受意识控制的，如果环境许可，大脑皮质发出冲动使脊髓排便中枢的兴奋加强，从而引起排便反射。此时，通过盆内脏神经的传出冲动，使降结肠、乙状结肠和直肠收缩，肛门内括约肌舒张（图 5-45）；同时抑制阴部神经，使其传出冲动减少，肛门外括约肌舒张，使粪便排出体外。在排便过程中，支配膈肌和腹肌的神经也兴奋，引起膈肌和腹肌收缩，腹内压增加，促进排便。如果条件不允许，大脑皮质发出冲动，抑制脊髓腰骶段初级排便中枢，制止排便动作。

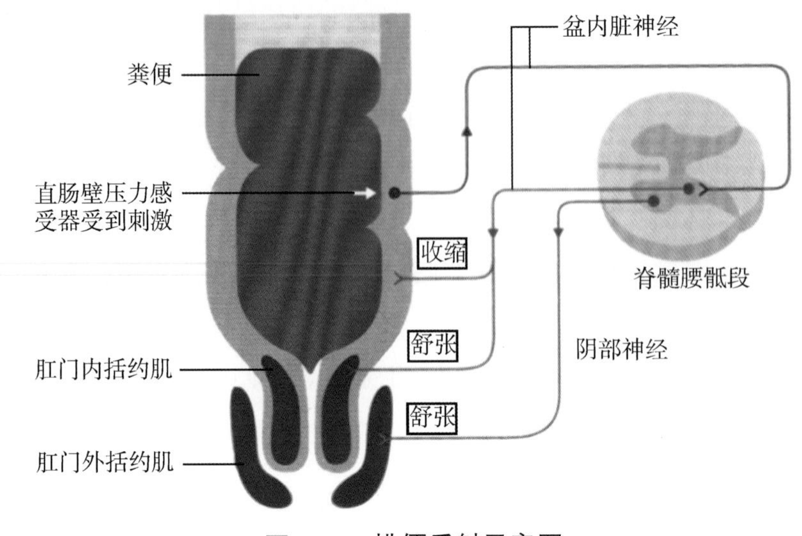

图 5-45 排便反射示意图

如果大脑皮质经常有意抑制排便，会降低直肠壁感受器对粪便压力刺激的敏感性，从而不易产生便意。若粪便在大肠内停留时间延长，水分吸收过多而变得干硬，引起排便困难，则导致便秘。临床上昏迷或脊髓横断患者，仍可有排便反射，但失去了大脑皮质的随意控制，一旦直肠充盈，即可引起排便反射，导致大便失禁。若初级排便中枢受损，则终止排便，可出现大便潴留。

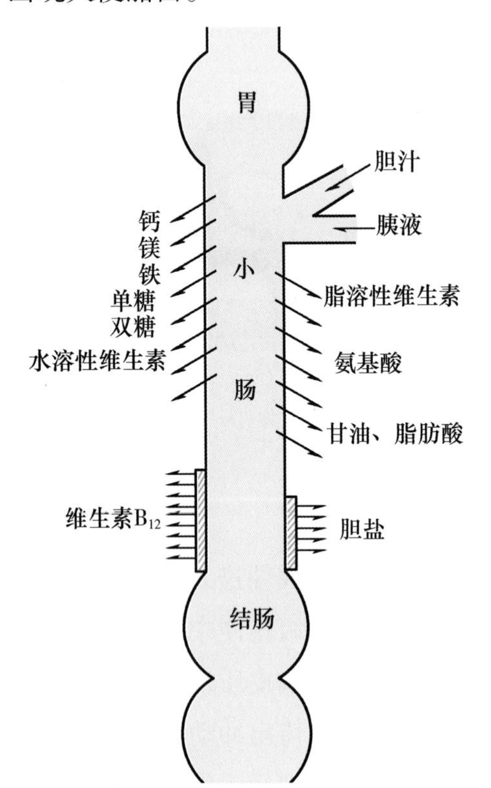

图 5-46 各种营养物质在小肠吸收的部位

二、吸 收

食物经过消化后产生的小分子物质，以及水、无机盐、维生素等通过消化管黏膜，进入血液和淋巴的过程称为**吸收**。

（一）吸收的部位

口腔与食管内基本不进行吸收，但某些药物如硝酸甘油可被口腔黏膜吸收。胃仅能吸收乙醇和少量水。大肠主要吸收水和无机盐。小肠是吸收的主要部位，蛋白质、脂肪和糖的消化产物大部分在十二指肠和空肠吸收，回肠具有独特的吸收功能，即能主动吸收胆盐和维生素 B_{12}（图 5-46）。食物经过小肠后，消化吸收活动基本完成。

小肠在吸收中的有利条件为：①小肠黏膜形成的环形皱襞和大量的绒毛以及微绒毛，使其吸收面积达 $200m^2$ 左右；②食物在小肠内已被消化成可吸收的小分子物质；③食糜在小肠内停留的时间较长，为3～8小时，有充分的消化和吸收时间；④小肠的绒毛内有丰富的毛细血管与中央乳糜管，有利于吸收。

医者仁心

肠外瘘治疗的创始人

中国工程院院士黎介寿是我国肠外瘘治疗的创始人，临床营养支持的奠基人。面对越来越多的短肠综合征患者，年逾花甲的黎介寿院士横下一条心，一定要把小肠移植这个难题攻下来。1994年，他打破了亚洲小肠移植零的纪录，把我国的器官移植技术提高到国际先进水平。黎介寿院士曾多次告诫学生："没有医德的医生是可怕的，没有情感的医学是苍白的。"朴实的话饱含了他对患者的真挚情怀。

（二）各种营养物质的吸收

多种营养物质在小肠吸收的过程，见表5-2。

表5-2 各种营养物质在小肠吸收的过程

营养物质	吸收形式	吸收途径	影响因素
糖	单糖（葡萄糖）	血液	需Na^+的参与
蛋白质	氨基酸	血液	需Na^+的参与
脂肪	甘油、甘油一酯、脂肪酸等	长链脂肪酸和甘油一酯进入淋巴；中、短链脂肪酸和甘油一酯进入血液	
铁	Fe^{2+}	血液	维生素C、盐酸能促进铁的吸收
钙	Ca^{2+}	血液	维生素D、脂肪酸和盐酸可促进钙的吸收
维生素		血液	维生素B_{12}的吸收受内因子影响；脂溶性维生素的吸收需胆盐帮助

1. 糖的吸收　食物中的糖类只有分解成单糖才可以被小肠黏膜上皮细胞吸收。小肠中吸收的单糖主要是葡萄糖，而半乳糖和果糖较少。葡萄糖是依靠小肠黏膜上皮细胞的载体蛋白进行主动转运的，在转运过程中由钠泵提供能量（图5-47），通过毛细血管进入血液。当钠泵被阻断后，单糖的转运即不能进行。

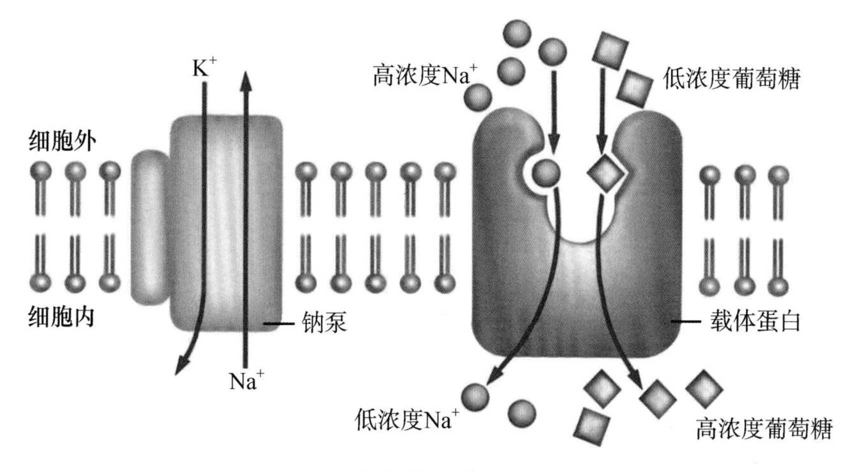

图5-47　葡萄糖吸收过程示意图

2. 蛋白质的吸收　食物中的蛋白质经消化分解为氨基酸后，才能全部被小肠主动吸收。氨基酸的吸收过程与葡萄糖的主动吸收相似，转运氨基酸也需要钠泵提供能量，通过毛细血管进入血液。小量完整的蛋白质被吸收不但没有营养价值，而且还可引起过敏反应。

3. 脂肪的吸收　脂肪的消化产物为甘油、脂肪酸和甘油一酯。甘油可直接溶于水，与单糖一起被吸收。脂肪酸和甘油一酯须与胆盐结合形成水溶性混合微胶粒，才能被吸收。中、短链脂肪水解产生的脂肪酸和甘油一酯是水溶性的，可直接进入血液。而长链脂肪酸和甘油一酯在小肠黏膜上皮细胞内又重新合成脂肪，并与细胞中的载体蛋白结合形成乳糜微粒扩散进入中央乳糜管。由于人体摄入的动、植物油中的长链脂肪酸较多，故脂肪的吸收途径以淋巴为主（图 5-48）。

4. 水的吸收　成人每日摄取水 1 ～ 2L，消化腺每日分泌的消化液为 6 ～ 8L，每日由胃肠吸收的水高达 8L。水的吸收是被动的，各种溶质特别是 NaCl 被吸收后所形成的渗透压梯度是水吸收的动力。

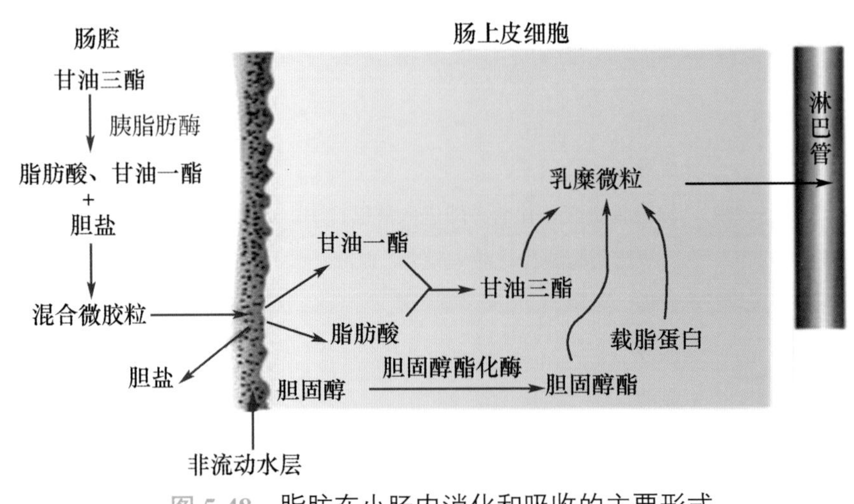

图 5-48　脂肪在小肠内消化和吸收的主要形式

5. 无机盐的吸收

（1）钠的吸收：钠的吸收是主动的，其中空肠对钠的吸收能力最强。钠的吸收是先通过易化扩散进入上皮细胞内，再通过细胞膜上的钠泵进入血液。钠的主动吸收为单糖和氨基酸的吸收提供了动力。另外，主动吸收钠的同时，Cl^- 和 HCO_3^- 被动吸收。

（2）铁的吸收：成人每日仅吸收铁量约为 1mg，仅为摄入量的 10%。铁主要在十二指肠和空肠内被吸收。影响铁吸收的因素有：①人体对铁的需要量。当机体缺铁时，如孕妇和儿童对铁的需要量较多，铁的吸收就增加。②食物中的三价铁不易被吸收，而二价铁容易被吸收。因此，临床上常选用硫酸亚铁给贫血患者补铁。③维生素 C 有助于还原和促进铁的吸收。④胃液中的盐酸可促进铁的吸收，所以胃大部分切除后易发生缺铁性贫血。

（3）钙的吸收：食物中的钙必须转变成水溶性的（如氯化钙、葡萄糖酸钙）才能够被吸收，离子状态的钙最易被吸收。机体吸收钙的多少受机体需要量的影响，维生素 D、脂肪酸和进入小肠内的胃酸可促进钙的吸收。十二指肠是跨上皮细胞主动吸收钙的主要部位，小肠各段都可通过细胞旁途径被动吸收钙。

6. 维生素的吸收　水溶性维生素主要以易化扩散的方式在小肠上段被吸收，维生素 B_{12} 必须与内因子结合形成水溶性复合物才能在回肠被吸收。而脂溶性维生素 A、维生素 D、维生素 E、维生素 K 的吸收与脂肪的吸收相似，需要胆盐的帮助。

总之，食物在小肠内的消化与吸收是同时进行的。消化是吸收的前提，吸收又为下一批食糜的消化创造了条件。消化不良或吸收障碍，都会影响新陈代谢的正常进行，从而产生严重后果。

考点 主要营养物质在消化道吸收的部位及形式

第4节　消化器官活动的调节

消化器官的活动是紧密联系、相互协调的，而这种协调是通过神经调节和体液调节来实现的。

一、神经调节

（一）消化器官的神经支配及其作用

消化器官主要受交感神经和副交感神经双重支配，但口腔、咽、食管上段的肌肉和肛门外括约肌均为骨骼肌，受躯体运动神经支配。通常交感神经兴奋抑制胃肠运动，表现为消化液分泌减少，消化道活动减弱，平滑肌舒张，但括约肌收缩；副交感神经兴奋促进胃肠运动，表现为消化液分泌增多，消化道活动增强，但括约肌舒张。

在食管中段至结肠的绝大部分消化壁内分布着壁内神经丛，包括肌间神经丛和黏膜下神经丛，它们由许多相互形成突触联系的神经节细胞和神经纤维组成，同时也接收副交感神经节前纤维和交感神经节后纤维的联系。食物对消化管壁的机械或化学性刺激，可不通过脑和脊髓，而仅通过壁内神经丛引起消化管的运动和腺体的分泌，称为局部反射或壁内神经反射。

（二）消化器官活动的反射性调节

调节消化器官活动的中枢位于延髓、下丘脑和大脑皮质等处。

1. 非条件反射性调节　食物对口腔的机械、化学或温度的刺激，作用于口腔的各种感受器，能反射性地引起唾液的分泌；食物对胃肠的刺激，可以反射性地引起胃、肠的运动和分泌。此外，消化道上部器官的活动，可影响其下部器官的活动。例如，食物在口腔内咀嚼和吞咽时，可反射性地引起胃的容受性舒张，以及胃液、胰液和胆汁的反射性分泌；食物进入胃后也能反射性地引起小肠和结肠的运动增强。消化道下部器官的活动也可影响上部器官。例如，回肠和结肠内容物的堆积，可以反射性地减弱胃的运动，使胃排空延缓；而十二指肠内的食糜向下移动，又可促进胃的排空。这些都属于非条件反射。

2. 条件反射性调节　人在进食时或进食前，食物的形状、颜色、气味以及进食的环境和有关的语言，都能反射性地引起胃肠运动和消化腺的分泌。这些只属于条件反射性调节，它使消化器官的活动更加协调，并为食物的即将到来做好准备。支配消化器官自主神经的活动受情绪变化的影响，人处于愉快状态下，食欲良好，消化吸收活动会增强；若处于恐惧、忧郁的状态，则食欲低下，消化吸收也会降低。这些影响是通过高级神经活动来实现的。

考点 交感神经和副交感神经对消化器官的作用

链接

动物假饲实验

1889年，生理学家巴甫洛夫成功地实施了著名的假饲实验，即把狗的食管在颈部切断造瘘，喂食后食物从瘘管流出而不能进入胃内。实验发现假饲后消化腺分泌大量增加，而将迷走神经切断后，假饲便不再引起消化腺分泌增加。这证实了迷走神经是重要的支配消化腺分泌的神经，并且还证实从食物进入口腔到消化液分泌之间存在一个反射过程。巴甫洛夫还发现并研究了消化腺的心理性兴奋，即动物仅仅看到食物就可引起各种消化腺的分泌，并以此为基础创立了著名的条件反射学说。巴甫洛夫因此而获得了1904年的诺贝尔生理学或医学奖。

二、体液调节

胃肠黏膜内散在分布着40多种内分泌细胞，能合成和释放多种具有生物活性的化学物质，称为**胃肠激素**。胃肠激素的主要作用包括以下3个方面（表5-3）：①调节消化腺的分泌和消化道的运动；②调节其他激素的释放；③营养作用，如促胃液素和缩胆囊素分别能促进胃黏膜上皮和胰腺外分泌部组织的生长。

表5-3　4种胃肠激素的主要生理作用及引起释放的刺激物

激素名称	主要生理作用	引起释放的刺激物
促胃液素	促进胃液分泌和胃肠运动、促进胃黏膜上皮生长	迷走神经、蛋白质消化产物
缩胆囊素	促进胰液分泌和胆囊收缩、增强小肠和大肠运动、促进胰腺外分泌部生长	蛋白质消化产物、脂肪酸
促胰液素	促进胰液及胆汁中 HCO_3^- 的分泌、抑制胃酸分泌和胃肠的运动、促进胰腺外分泌部生长	盐酸、脂肪酸
抑胃肽	抑制胃液分泌和胃的运动，刺激胰岛素分泌	葡萄糖、脂肪酸和氨基酸

考点 胃肠激素的概念；4种胃肠激素的主要生理作用

第5节　腹　　膜

一、概　　述

腹膜是覆盖于腹、盆壁内表面和腹、盆腔脏器表面的一层薄而光滑的半透明浆膜。贴附于腹、盆壁内表面的腹膜称为**壁腹膜**，覆盖于腹、盆腔脏器表面的腹膜称为**脏腹膜**（图5-49）。壁腹膜与脏腹膜相互延续、移行，共同围成不规则的潜在性腔隙，称为**腹膜腔**。男性腹膜腔为一完全封闭的腔隙，女性腹膜腔则借输卵管腹腔口，经输卵管腔、子宫腔和阴道与外界相通。

腹膜具有分泌、吸收、修复、保护、支持等功能。正常情况，腹膜分泌的浆液可润滑和保护脏器，减少相互间的摩擦。一般认为，上腹部腹膜的吸收能力强于下腹部，故腹膜炎或腹部手术后的患者多采取半卧位，使有害液体流至下腹部，以减缓腹膜对有害物质的吸收。

考点 腹膜腔的概念；腹膜炎或腹部手术后患者宜采取的体位

二、腹膜与腹、盆腔脏器的关系

根据脏器被腹膜覆盖的情况，可将腹、盆腔脏器分为以下3种类型（图5-49，图5-50）：①**腹膜内位器官**，是指脏器表面几乎全被腹膜所包裹的器官，如胃、十二指肠上部、空肠、回肠、盲肠、阑尾、横结肠、乙状结肠、脾、卵巢和输卵管等；②**腹膜间位器官**，是指脏器表面大部分被腹膜所覆盖的器官，如肝、胆囊、升结肠、降结肠、直肠上段、子宫和充盈的膀胱等；③**腹膜外位器官**，是指脏器仅有一面被腹膜所覆盖的器官，如十二指肠降部和水平部、直肠中下段、胰、肾、肾上腺、输尿管和空虚的膀胱等。

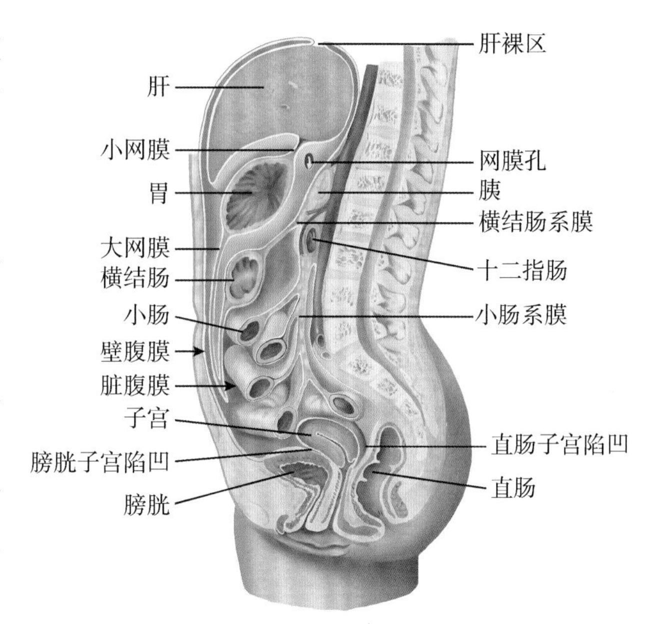

图5-49 腹、盆腔矢状切面（女性）

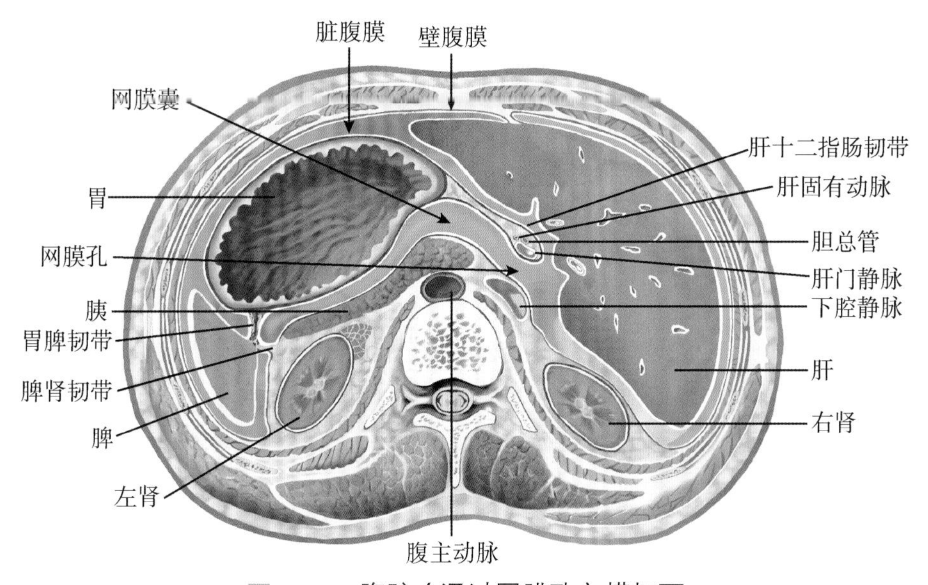

图5-50 腹腔（通过网膜孔）横切面

三、腹膜形成的主要结构

壁腹膜与脏腹膜之间或脏腹膜与脏腹膜之间相互反折移行，形成各种腹膜结构，如网膜、系膜、韧带和陷凹等。这些结构不仅起着连接和固定脏器的作用，也是血管、神经等走行的部位。

（一）网膜

1. 小网膜　是由肝门移行至胃小弯和十二指肠上部之间的双层腹膜结构。其左侧部由肝门连于胃小弯，称为**肝胃韧带**；右侧部由肝门连于十二指肠上部，称为**肝十二指肠韧带**，构

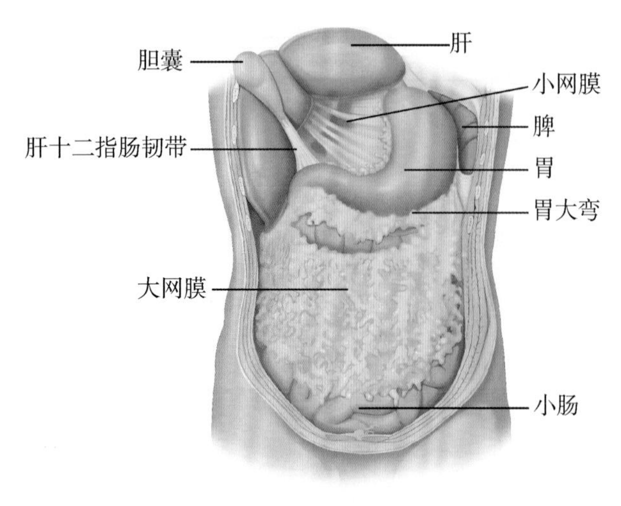

图 5-51 大网膜

成小网膜的游离右缘，内有胆总管（右前方）、肝固有动脉（左前方）和肝门静脉（两者后方）3 个重要结构通过。小网膜游离右缘的后方为**网膜孔**，经此孔可进入网膜囊。

2. 大网膜　是连于胃大弯与横结肠之间的 4 层腹膜结构，呈围裙状悬垂于横结肠和空、回肠的前面（图 5-51），内含丰富的脂肪组织、血管和巨噬细胞等，具有重要的吸收和防御功能。活体大网膜的下垂部分可向炎症或穿孔器官移动，包裹病灶部位，以限制炎症扩散蔓延，故大网膜有“腹腔卫士”的美称。因此，手术时可借大网膜的移位情况寻找病灶部位。小儿大网膜较短，故当患阑尾炎或腹腔其他炎症时，病灶区不易被大网膜包裹，常导致炎症扩散而引起弥漫性腹膜炎。

3. 网膜囊　是位于小网膜、胃后壁与腹后壁腹膜之间的一个扁窄而不规则的间隙（图 5-50），属于腹膜腔的一部分，又称**小腹膜腔**。网膜囊借肝十二指肠韧带后方的网膜孔与腹膜腔相交通。

（二）系膜

系膜是指由脏、壁腹膜相互延续移行而成，将器官固定于腹后壁的双层腹膜结构，其内含有出入器官的血管、神经、淋巴管和淋巴结等。主要的系膜有肠系膜、阑尾系膜、横结肠系膜和乙状结肠系膜等（图 5-49）。因肠系膜和乙状结肠系膜较长，故空、回肠和乙状结肠的活动度较大，较易发生肠扭转。

（三）韧带

韧带是连于腹、盆壁与脏器之间或连接相邻脏器之间的腹膜结构，多数为双层腹膜，少数由单层腹膜构成，对脏器有固定作用，故此韧带不同于骨连结中的韧带，主要的韧带有肝镰状韧带、冠状韧带、胃脾韧带和脾肾韧带等。

（四）腹膜陷凹

腹膜陷凹主要位于盆腔内，由腹膜在盆腔脏器之间移行反折形成。男性在膀胱与直肠之间有**直肠膀胱陷凹**。女性在膀胱与子宫之间有**膀胱子宫陷凹**，在直肠与子宫之间有**直肠子宫陷凹**（又称 Douglas 腔），与阴道后穹之间仅隔以阴道后壁和脏腹膜（图 5-49）。站位、坐位或半卧位时，男性的直肠膀胱陷凹和女性的直肠子宫陷凹是腹膜腔的最低部位，故腹膜腔存在积液时多聚集于此，临床上可经男性直肠前壁或女性阴道后穹穿刺以进行诊断和治疗。

考点 小网膜和大网膜的概念；直肠子宫陷凹的位置及其临床意义

自测题

A$_1$/A$_2$ 型题

1. 检查口腔时，通常看不到的结构是（　　）
   A. 牙龈　　B. 咽隐窝
   C. 腭垂　　D. 舌系带
   E. 舌
2. 口腔与咽的分界标志是（　　）
   A. 腭垂　　B. 软腭游离缘
   C. 腭舌弓　　D. 腭咽弓
   E. 咽峡
3. 表示左上颌第 2 前磨牙的是（　　）
   A. ⌈5　　B. ⌊V
   C. V⌋　　D. 5⌋
   E. ⌊5
4. 小儿乳牙出齐的时间是（　　）
   A. 2 ～ 2.5 岁　　B. 1.5 ～ 2 岁
   C. 1 ～ 1.5 岁　　D. 2.5 ～ 3 岁
   E. 3 ～ 3.5 岁
5. 能同时归属于消化道和呼吸道的器官是（　　）
   A. 口腔　　B. 咽
   C. 食管　　D. 鼻腔
   E. 喉腔
6. 咽腔异物容易滞留的部位是（　　）
   A. 口咽　　B. 咽隐窝
   C. 腭扁桃体窝　　D. 梨状隐窝
   E. 蝶筛隐窝
7. 食管的第 2 处狭窄距中切牙的距离为（　　）
   A. 15cm　　B. 25cm
   C. 30cm　　D. 40cm
   E. 50cm
8. 关于小肠的描述，错误的是（　　）
   A. 全长 5 ～ 7m
   B. 分为十二指肠、空肠和回肠 3 部分
   C. 空肠位于腹腔的右上部
   D. 十二指肠球是溃疡的好发部位
   E. 十二指肠大乳头位于十二指肠降部
9. 临床护理工作中，为缓解患者便秘，帮助患者做腹部环形按摩的正确顺序是（　　）
   A. 升结肠、横结肠、乙状结肠、降结肠
   B. 升结肠、横结肠、降结肠、乙状结肠
   C. 乙状结肠、降结肠、升结肠、横结肠
   D. 降结肠、横结肠、乙状结肠、升结肠
   E. 横结肠、升结肠、降结肠、乙状结肠
10. 关于胆囊的描述，错误的是（　　）
    A. 位于肝下面的胆囊窝内
    B. 属于肝外胆道系统
    C. 容量为 40 ～ 60ml
    D. 分为胆囊底、体、颈、管 4 部分
    E. 有储存和分泌胆汁的功能
11. 糖尿病的发生与胰岛的哪种细胞有关（　　）
    A. A 细胞　　B. B 细胞
    C. 浆液性细胞　　D. D 细胞
    E. PP 细胞
12. 唾液中与消化有关的成分是（　　）
    A. 黏液蛋白　　B. 溶菌酶
    C. 淀粉酶　　D. 钠、钾离子
    E. 麦芽糖酶
13. 在胃液中可激活胃蛋白酶原、促进铁和钙吸收的成分是（　　）
    A. 维生素 B_{12}　　B. 黏液
    C. 小肠液　　D. 盐酸
    E. 内因子
14. 主要吸收胆盐和维生素 B_{12} 的部位是（　　）
    A. 胃　　B. 十二指肠
    C. 空肠　　D. 回肠
    E. 结肠
15. 不含消化酶的消化液是（　　）
    A. 唾液　　B. 胰液
    C. 胃液　　D. 小肠液
    E. 胆汁
16. 肠激酶能激活（　　）

A. 胃蛋白酶原　B. 糜蛋白酶原
C. 胰蛋白酶原　D. 胰脂肪酶
E. 胰淀粉酶

17. 小肠特有的运动方式是（　）
A. 紧张性收缩　B. 蠕动
C. 集团蠕动　D. 分节运动
E. 容受性舒张

18. 患者，女性，39 岁，近来常间歇性头痛，擤鼻涕时常带血。经医院检查被确诊为鼻咽癌。鼻咽癌的好发部位在（　）
A. 鼻咽部　B. 咽隐窝
C. 蝶筛隐窝　D. 下鼻甲
E. 咽鼓管圆枕

19. 患者，女性，36 岁，患慢性胆囊炎多年，需要经十二指肠引流术采取胆汁。用十二指肠引流管插入十二指肠，需要进入多深才能到达十二指肠大乳头处（　）
A. 45cm　B. 55cm
C. 65cm　D. 75cm
E. 85cm

20. 患者，女性，18 岁，患急性阑尾炎拟行阑尾切除术。打开腹腔后寻找阑尾最可靠的方法是（　）
A. 沿结肠带寻找
B. 沿回肠末端寻找
C. 以麦氏点为标志寻找
D. 沿盲肠前壁寻找
E. 沿盲肠后壁寻找

21. 患者，男性，50 岁。因近日大便带血而来医院就诊。经检查诊断为痔疮。鉴别内、外痔的标志是（　）
A. 白线　B. 肛瓣
C. 痔环　D. 肛柱
E. 齿状线

22. 腹膜炎或腹部手术后患者采取半卧位的主要原因是（　）
A. 有利于腹膜吸收　B. 有利于伤口愈合
C. 有利于呼吸　D. 有利于肠蠕动
E. 减缓腹膜对有害物质的吸收

23. 属于腹膜间位器官的是（　）
A. 肝　B. 阑尾
C. 胃　D. 胰
E. 脾

24. 不经过腹膜腔就能进行手术的器官是（　）
A. 肾　B. 阑尾
C. 胃　D. 小肠
E. 肝

（薛文兵　杨丽芳）

第6章
呼吸系统

呼吸系统由呼吸道和肺两部分组成（图6-1）。呼吸道是传送气体的管道，肺是进行气体交换的器官。呼吸道包括鼻、咽、喉、气管和各级支气管。临床上，通常把鼻、咽和喉称为**上呼吸道**，把气管和各级支气管称为**下呼吸道**。呼吸系统的主要功能是从外界吸入氧，呼出二氧化碳，进行气体交换。

考点 呼吸系统的组成和上、下呼吸道的概念

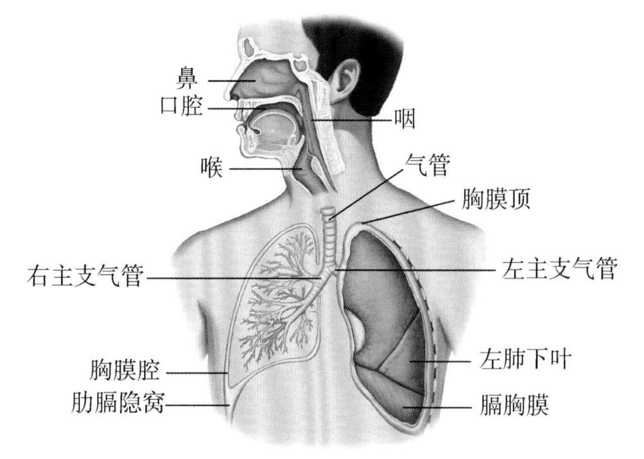

图6-1 呼吸系统概况

第1节 呼 吸 道

一、鼻

鼻是呼吸道的起始部，分为外鼻、鼻腔和鼻旁窦3部分，具有滤过空气、感受嗅觉和辅助发音的功能。

（一）外鼻

外鼻位于面部的中央，呈三棱锥体形，以鼻骨和鼻软骨为支架，外覆皮肤和少量皮下组织而构成。外鼻上部与额部相连的狭窄部分称为**鼻根**，向下延续成**鼻背**，末端突出部分为**鼻尖**。鼻尖两侧向外下呈弧形隆突的部分为**鼻翼**，在呼吸困难时，可见鼻翼扇动。从鼻翼向外下方至口角的浅沟称为鼻唇沟。鼻尖和鼻翼处的皮肤因富含皮脂腺和汗腺而成为痤疮、酒渣鼻和疖肿的好发部位。

（二）鼻腔

鼻腔是以骨和软骨为基础，内衬黏膜和皮肤而围成的腔。鼻腔向前经鼻孔通外界，向后经鼻后孔通向鼻咽部，被鼻中隔分为左、右两腔。每侧鼻腔又以鼻阈为界，分为前部的鼻前庭和后部的固有鼻腔。

1. 鼻前庭　是鼻腔前下方鼻翼内面较宽大的部分，前界为鼻孔，后界为鼻阈。**鼻阈**是皮肤与鼻黏膜的分界标志。鼻前庭内面衬以皮肤，并生有鼻毛，像一排排防沙林，具有滤过和净化吸入空气的作用。

2. 固有鼻腔　位于鼻腔的后上部，由骨性鼻腔内衬黏膜而构成，常简称为鼻腔，每侧鼻

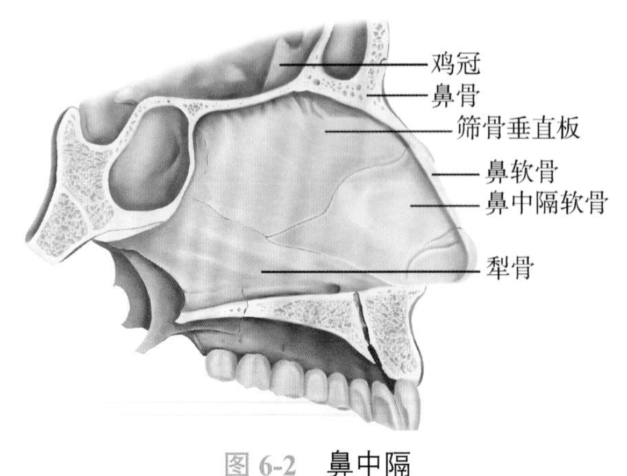

图 6-2 鼻中隔

腔有顶、底、内侧壁和外侧壁。鼻腔顶从前向后由鼻骨、额骨、筛骨筛板和蝶骨体下面构成，与颅前窝相邻，故筛板骨折伤及硬脑膜和鼻黏膜时，常致脑脊液和血液经鼻孔流出。鼻腔底即口腔顶，由硬腭构成。鼻中隔（图 6-2）是两侧鼻腔共同的内侧壁。鼻中隔居中者较少，往往偏向一侧而使两侧鼻腔不对称。鼻腔外侧壁（图 6-3）的形态复杂，自上而下有 3 个鼻甲突向鼻腔，分别称为**上鼻甲**、**中鼻甲**和**下鼻甲**。3 个鼻甲的下方各有一裂隙，分别称为**上鼻道**、**中鼻道**和**下鼻道**（图 6-4）。各鼻甲与鼻中隔之间的腔隙称为**总鼻道**。下鼻道的前部有鼻泪管的开口。在上鼻甲后上方与鼻腔顶部之间的凹陷，称为**蝶筛隐窝**。

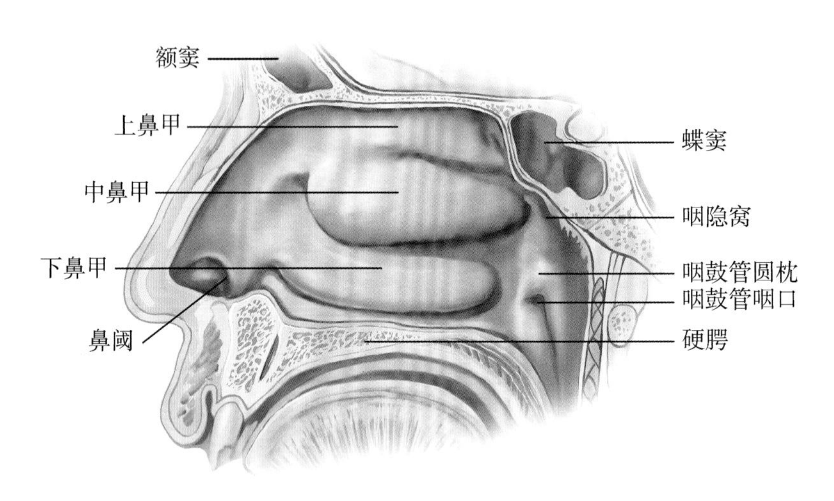

图 6-3 鼻腔外侧壁的结构（右侧）

鼻黏膜按生理功能分为嗅区和呼吸区。位于上鼻甲内侧面和与其相对应的鼻中隔部分以及两者上方鼻腔顶部的鼻黏膜称为**嗅区**，活体呈苍白或淡黄色，面积约 5cm^2，内含嗅细胞，具有嗅觉功能。**呼吸区**为嗅区以外的鼻黏膜，活体呈粉红色，被覆假复层纤毛柱状上皮，富含血管和黏液腺，对吸入的空气有加温、湿润和净化的作用。鼻中隔前下部的黏膜较薄、血管丰富且位置表浅，受外伤或干燥空气刺激时，血管易破裂出血，90% 左右的鼻出血均发生于此区，故称为**易出血区**。

（三）鼻旁窦

鼻旁窦是鼻腔周围颅骨内的含气空腔，共 4 对，依其所在颅骨的位置分别称为**上颌窦**、**额窦**、**蝶窦**和**筛窦**（图 6-4）。窦壁内衬黏膜并借窦口与鼻腔黏膜相延续，鼻旁窦可减轻颅骨重量、协助调节吸入空气的温度和湿度，对发音起共鸣的作用。上颌窦、额窦和前筛窦、中筛窦均开口于中鼻道，后筛窦开口于上鼻道，蝶窦开口于蝶筛隐窝。

由于鼻旁窦黏膜与鼻腔黏膜相延续，故鼻腔黏膜的炎症可蔓延引起鼻旁窦炎。上颌窦是容积最大的一对鼻旁窦，容积 12 ～ 15ml，因开口部位高于窦底，分泌物不易排出，易造成窦内积脓，故上颌窦的慢性炎症较多见。

考点 鼻旁窦的开口部位

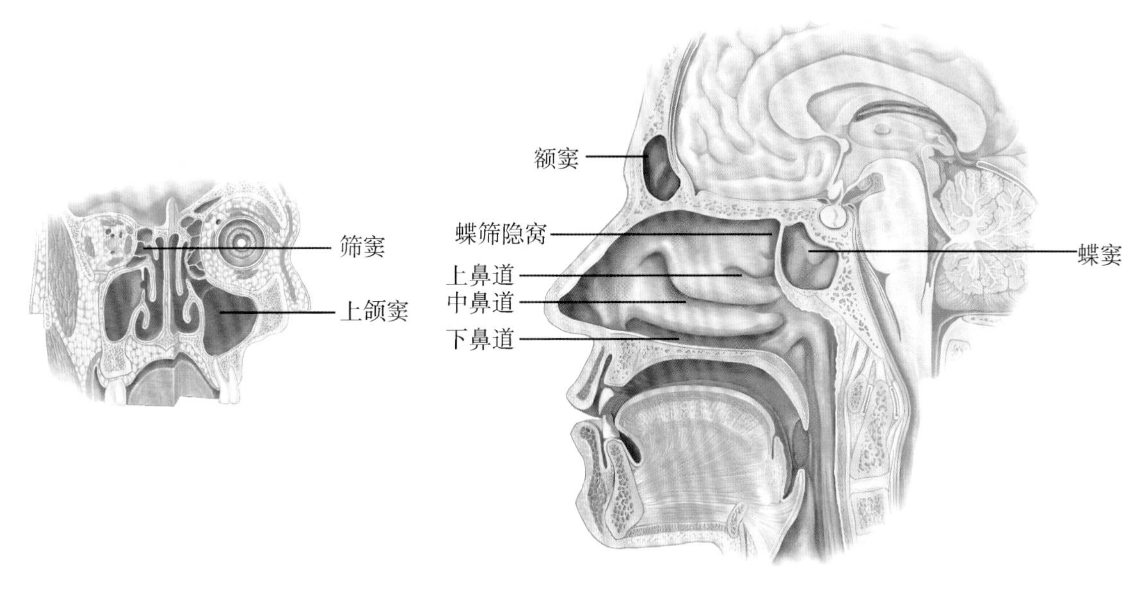

图 6-4 鼻旁窦

二、咽

咽是消化道与呼吸道的共同通道（详见第5章消化系统）。

三、喉

（一）喉的位置与毗邻

喉既是呼吸的管道，又是发音的器官。喉以喉软骨为支架，借关节、韧带和喉肌连结，内衬黏膜而构成。喉位于颈前部中份，与第3～6颈椎相对。上借甲状舌骨膜与舌骨相连，向下与气管相续，后方紧邻喉咽部，两侧为颈部的大血管、神经和甲状腺侧叶等。喉可随吞咽或发音而上、下移动。

（二）喉软骨及其连结

喉软骨包括不成对的甲状软骨、环状软骨、会厌软骨和成对的杓状软骨等（图6-5）。

1. 甲状软骨　是喉软骨中最大的一块，形似盾牌，位于舌骨下方，环状软骨上方，构成喉的前外侧壁。甲状软骨的前上部向前突出，称为**喉结**，在成年男性特别明显，可在体表摸到。甲状软骨上缘借甲状舌骨膜与舌骨相连，下缘借环甲正中韧带与环状软骨弓相连（图6-5）。当急性喉阻塞来不及进行气管切开术时，可切开环甲正中韧带或在此穿刺以建立暂时的通气道，以抢救患者生命。

2. 环状软骨　位于甲状软骨的下方，形似一枚带印章的“戒指”（图6-5）。由前部低窄的**环状软骨弓**和后部高宽的**环状软骨板**构成，环状软骨弓平对第6颈椎，是颈部的重要标志之一。环状软骨是呼吸道软骨中唯一完整的软骨环，对保持呼吸道畅通有极为重要的作用。

3. 会厌软骨　位于舌根后方，为弹性软骨，形似上宽下窄的树叶状（图 6-5）。会厌软骨被覆黏膜构成会厌。**会厌**位于喉入口的前方，当吞咽时，喉上提，会厌关闭喉口，防止食物误入喉腔。

4. 杓状软骨　位于环状软骨板的上方，是一对近似三棱锥体形的软骨（图 6-5），尖朝上，底朝下与环状软骨板上缘的关节面构成环杓关节。杓状软骨底的前端与甲状软骨内面间有一条声韧带相连。

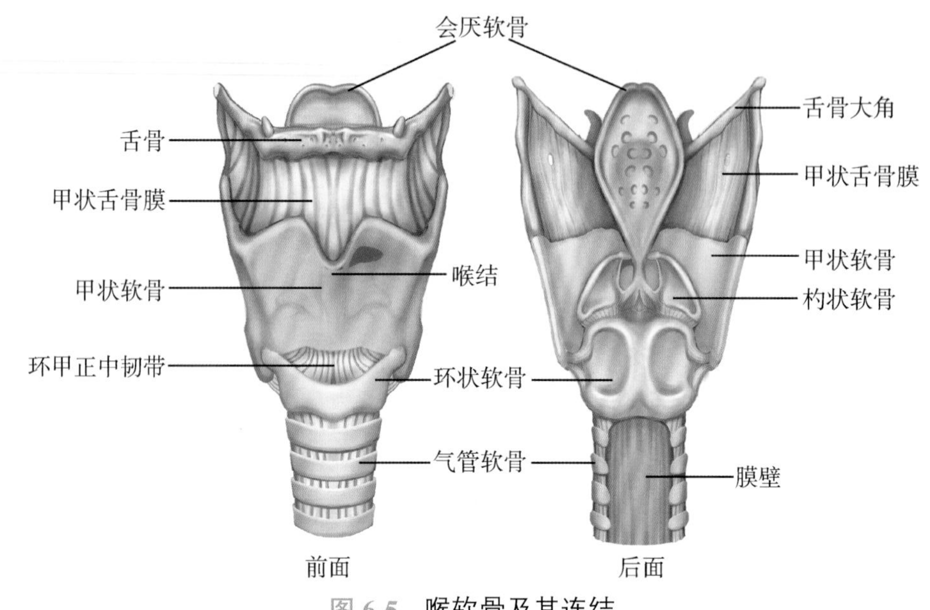

图 6-5　喉软骨及其连结

（三）喉肌

喉肌为骨骼肌，可分为附着于喉和邻近结构的喉外肌和附着于喉软骨间的喉内肌（图 6-6）。喉外肌的作用是使喉上升或下降。喉肌一般是指喉内肌，主要作用是开大或缩小声门裂，紧张或松弛声带，并可缩小喉口。

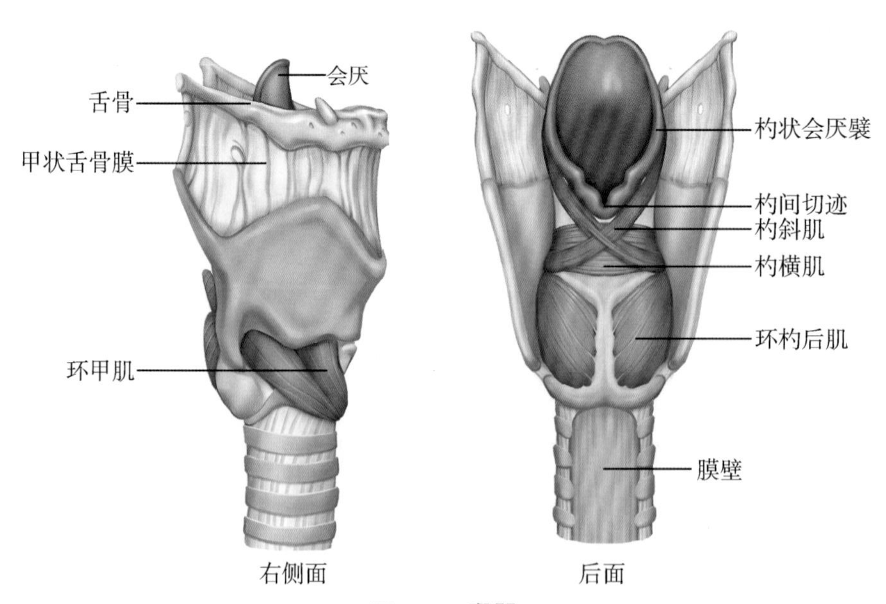

图 6-6　喉肌

（四）喉腔

喉腔是喉内面一不规则的腔隙，向上经喉口与喉咽部相交通，向下与气管内腔相延续。喉腔黏膜与咽和气管的黏膜相延续。

喉腔的入口称为喉口，朝向后上方。喉腔两侧壁的中部有上、下两对呈前后方向走行的黏膜皱襞，上方的一对为**前庭襞**，两侧前庭襞之间的裂隙称为**前庭裂**；下方的一对为**声襞**，两侧声襞之间的裂隙称为**声门裂**（图 6-7），是喉腔最狭窄的部位。通常所称的声带是指声襞及其深面的声韧带和声带肌共同构成的结构。

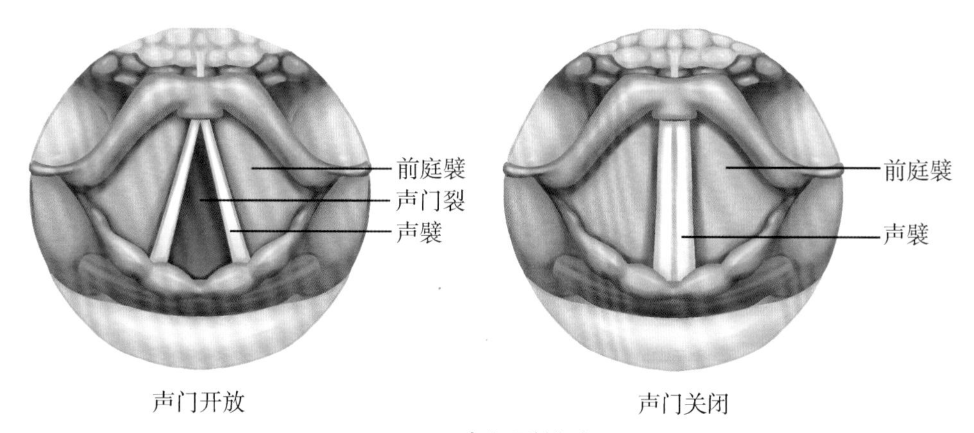

图 6-7　声门裂模式图

喉腔借前庭襞和声襞分为喉前庭、喉中间腔和声门下腔 3 部分（图 6-8）。喉口至前庭襞平面之间的部分为**喉前庭**，呈上宽下窄的漏斗形；前庭襞平面与声门襞平面之间的部分为**喉中间腔**，喉中间腔向两侧延伸至前庭襞与声襞之间的梭形隐窝称为**喉室**；声襞平面至环状软骨下缘平面之间的部分为**声门下腔**,呈上窄下宽的圆锥形。此区黏膜下组织疏松，炎症时易引起水肿。尤其是婴幼儿喉腔较窄小，喉水肿时易引起喉阻塞而导致呼吸困难。

考点　喉软骨的名称；环状软骨弓的临床意义

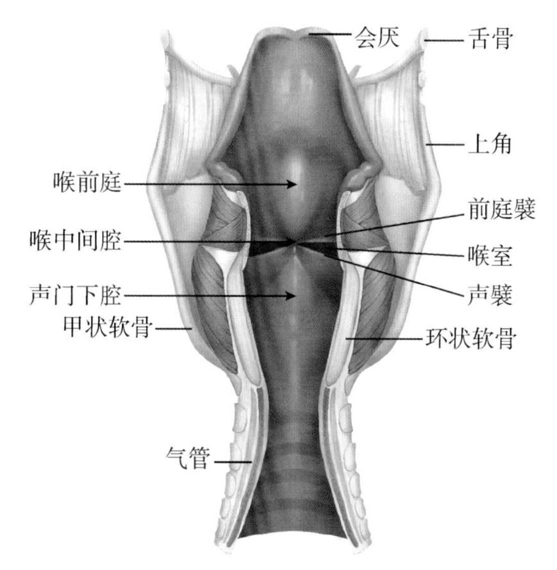

图 6-8　喉腔冠状切面

四、气管与主支气管

（一）气管

气管位于食管前方，由 14 ～ 17 个 C 形的气管软骨环以及连接各环之间的平滑肌和结缔组织构成。上端平第 6 颈椎体下缘起自环状软骨下缘，经颈前正中下行入胸腔，至胸骨角平面即平对第 4 胸椎体下缘分叉形成左、右主支气管，分叉处称为**气管杈**。气管杈内面有一向上隆凸并略偏向左侧的半月形嵴，称为**气管隆嵴**（图 6-9），是气管镜检查的定位标志。

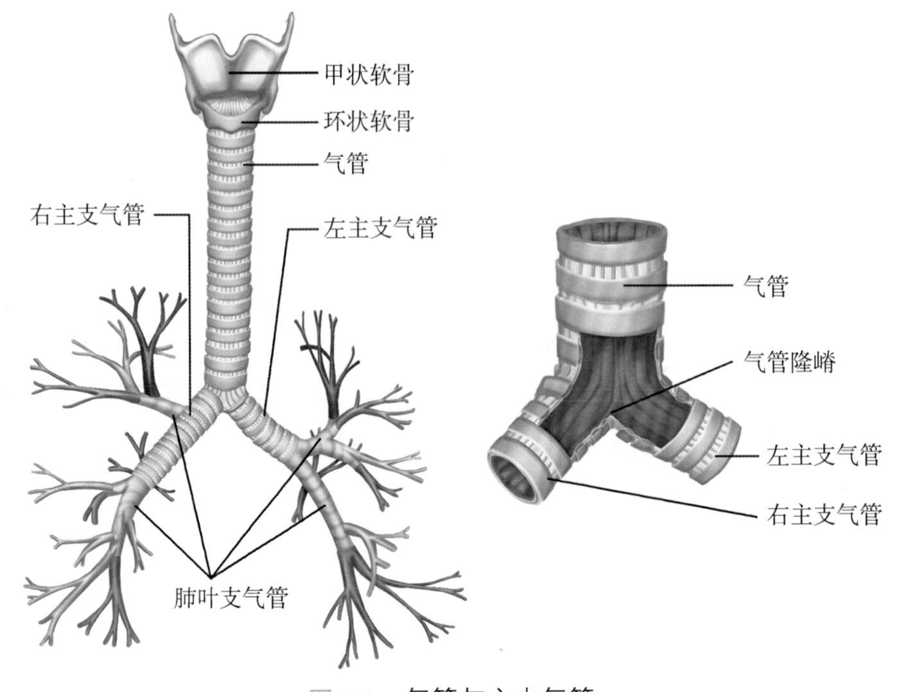

图 6-9 气管与主支气管

依据气管的行径及位置，可分为颈部和胸部。颈部较短且位置表浅，沿颈前正中线下行，在颈静脉切迹上方可触及。颈部前面除有舌骨下肌群外，在第 2 ～ 4 气管软骨环的前方还有甲状腺峡，两侧邻近颈部的大血管、神经和甲状腺侧叶，后方贴近食管。胸部较长，位于上纵隔内。环状软骨弓可作为向下计数气管软骨环的标志，临床上抢救急性喉阻塞患者，常在第 3 ～ 5 气管软骨环处沿前正中线行气管切开。

（二）支气管

支气管是由气管分出的各级分支，由气管分出的第一级分支称为左、右主支气管（图 6-9），是气管杈至左、右肺门之间的通气管道。**左主支气管**细长而走行倾斜，**右主支气管**粗短而走行陡直。由于右主支气管短而粗，管腔较大，与气管中线延长线之间形成的夹角较小，以及气管隆嵴常偏向左侧等缘故，故临床上气管内异物多坠入右主支气管。

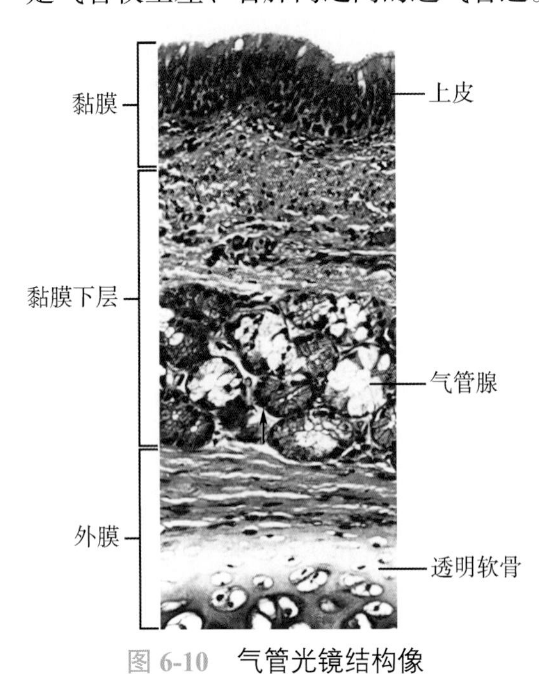

图 6-10 气管光镜结构像

考点 左、右主支气管的形态特点

（三）气管与主支气管的微细结构

气管与主支气管的管壁由内向外依次分为黏膜、黏膜下层和外膜 3 层（图 6-10）。①黏膜，由上皮和固有层构成，上皮为假复层纤毛柱状上皮。②黏膜下层，为疏松结缔组织，内含较多的气管腺。气管腺和上皮杯状细胞的分泌物覆盖在上皮表面，可黏附吸入空气中的细菌及尘埃颗粒，经纤毛的节律性摆动，将黏附物推向咽部成痰而被咳出。③外膜，主要为C形透明软骨环，软骨环之间以弹性纤维构成的膜状韧带连接，软骨环后面的缺口处由弹性纤维构成的韧带和平滑肌束封闭。咳嗽反射时平滑肌收缩，使气管腔缩小，有助于清除痰液。

第2节 肺

案例 6-1

患者，男性，68岁，有近50年的吸烟史。因近段时间体重明显下降，刺激性咳嗽并有血痰而来医院就诊。胸部X线片显示：左肺下叶有一占位性病变，左侧肋膈隐窝处有阴影。支气管镜检查见左肺下叶支气管内有一肿块，取材活检，病理学检查为鳞状上皮癌。临床诊断：肺癌，左侧胸腔积液。

问题：1. 支气管镜检查时，判断左、右主支气管起点的重要标志是什么？

2. 支气管镜检查时，要经过哪些结构才能到达左肺下叶支气管腔内？

一、肺的位置

肺位于胸腔内，左、右两肺分居膈的上方和纵隔的两侧（图6-11）。由于膈的右侧份受肝的影响而较左侧高，以及心的位置偏左等缘故，故右肺较宽短、左肺较狭长。幼儿肺呈淡红色，但随着年龄的增长，由于吸入空气中尘埃的不断沉积，肺的颜色逐渐变为暗红色或深灰色，部分可呈棕黑色，吸烟者尤为明显。

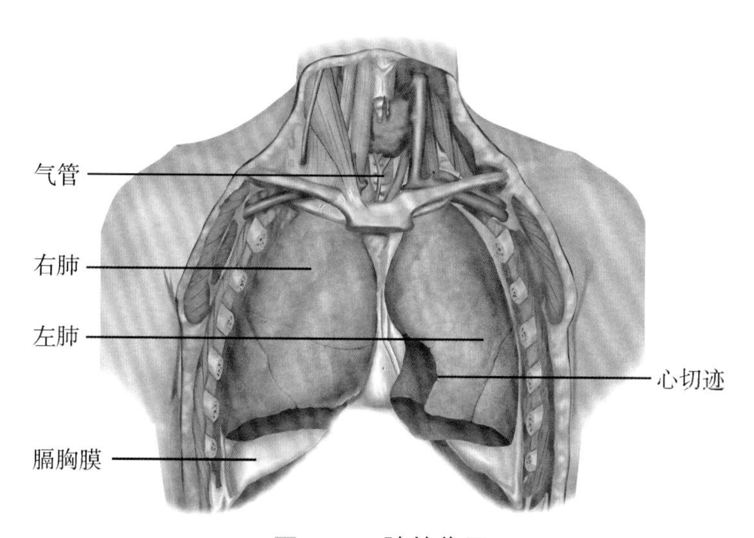

图6-11 肺的位置

呼吸者的肺质软而轻，呈海绵状富有弹性，内含空气，相对密度小于1，故能浮于水中。胎儿和未曾呼吸过的新生儿肺内不含空气，质实而重，相对密度大于1，入水则下沉。法医常借此特点来判断新生儿是否为宫内死亡。

二、肺的形态

肺形似圆锥形，具有一尖、一底、两面（肋面、内侧面）和三缘（前缘、后缘和下缘）

（图 6-12）。**肺尖**钝圆，经胸廓上口突至颈根部，高出锁骨内侧 1/3 段上方 2 ～ 3cm，故肺尖部的听诊可在此处进行。**肺底**与膈的上面相贴，又称膈面。右肺底借膈与肝右叶隔开，左肺底借膈与肝左叶、胃底及脾隔开。肋面圆凸而广阔，与肋和肋间肌相邻。内侧面朝向纵隔，故又称纵隔面。内侧面中部有一长椭圆形凹陷，称为**肺门**，是主支气管、肺动脉、肺静脉、支气管动脉、支气管静脉、淋巴管和神经等进出肺之处（图 6-13）。上述进出肺门的结构被结缔组织包绕构成**肺根**。肺门附近还有若干肺门淋巴结。肺的前缘薄锐，左肺前缘下份有一明显凹陷，称为**左肺心切迹**。后缘钝圆，与脊柱相邻。下缘也较薄锐，伸入肋膈隐窝内。

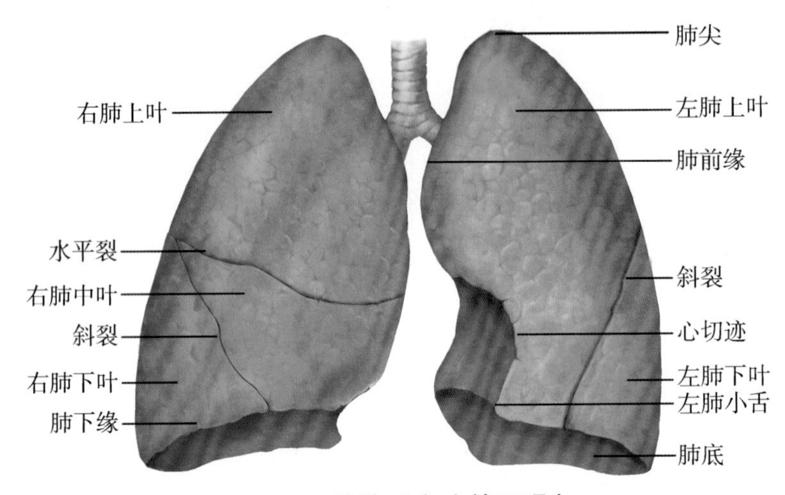

图 6-12 肺的形态（前面观）

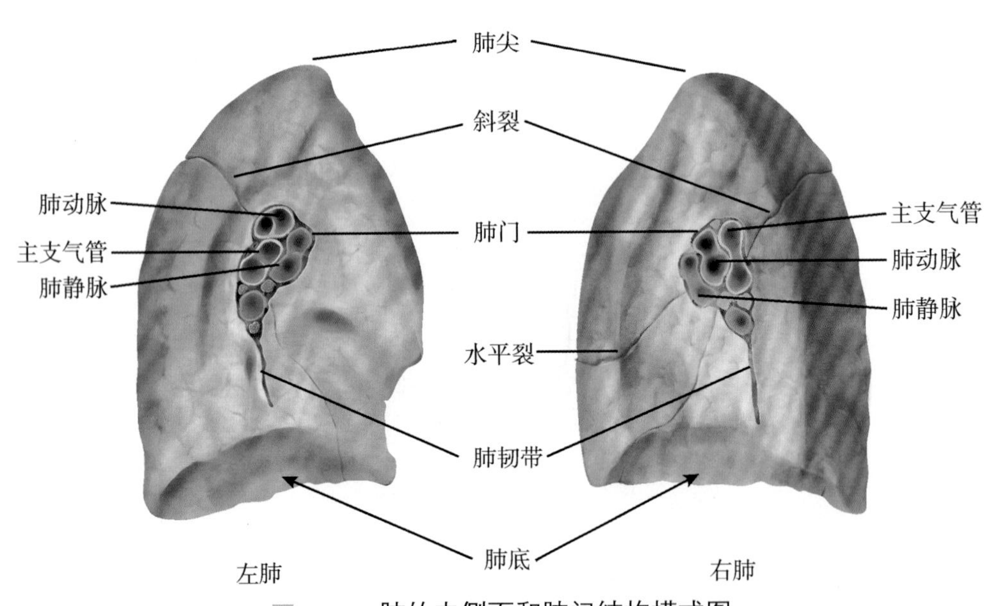

图 6-13 肺的内侧面和肺门结构模式图

三、肺的分叶与分段

1. 肺的分叶　左肺被自后上斜向前下的**斜裂**分为上叶和下叶。右肺除有斜裂外，还有一条在近腋中线处起自斜裂，近水平位沿第 4 肋由后向前绕至内侧面的**水平裂**，右肺被斜裂和水平裂分为上叶、中叶和下叶。

2. 肺的分段 主支气管进入肺门后，左主支气管分为上、下两支，右主支气管分为上、中、下3支，分别进入相应的肺叶，称为**肺叶支气管**。肺叶支气管在各肺叶内再分支为**肺段支气管**。每一肺段支气管及其分支和所属的肺组织，称为**支气管肺段**，简称**肺段**。各肺段略呈圆锥形，尖端朝向肺门，底向周缘参与构成肺表面。通常左、右两肺各分为10个肺段（图6-14）。相邻肺段间有少量结缔组织分隔。由于肺段具有结构和功能的相对独立性，故临床上常以肺段为单位做病变的定位诊断或进行肺段切除术。

考点 肺的位置、形态及分叶

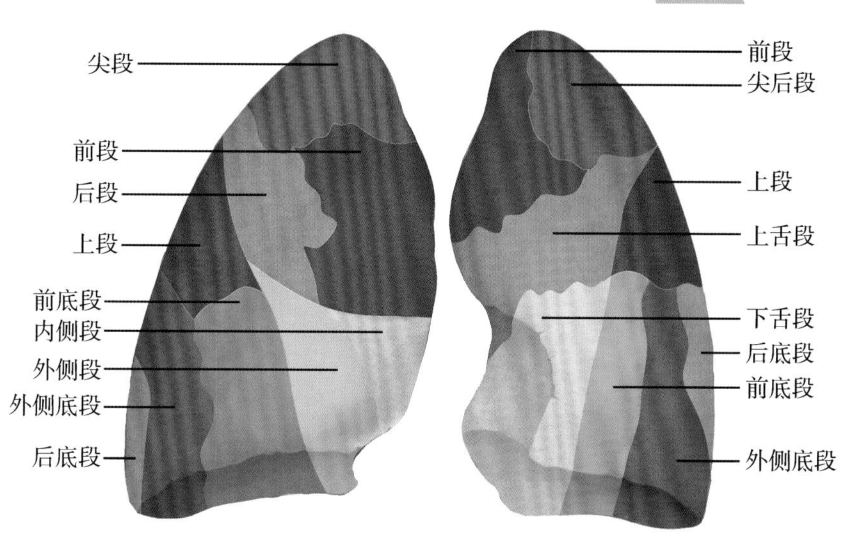

图6-14 肺段模式图

四、肺的微细结构

肺表面被覆一层光滑的浆膜，即胸膜脏层。肺组织分为实质和间质两部分。间质是肺内各级支气管道之间的结缔组织及血管、淋巴管和神经等。实质是指肺内支气管的各级分支及其终末的大量肺泡。主支气管经肺门入肺，顺序分支为叶支气管（第2级）、段支气管、小支气管、细支气管、终末细支气管、呼吸性细支气管、肺泡管、肺泡囊和肺泡（第24级）24级。因主支气管经肺门入肺后反复分支呈树枝状，形似一颗倒置的树，故称为**支气管树**（图6-15）。肺实质按功能不同又可分为肺导气部和肺呼吸部两部分。

（一）肺导气部

肺导气部包括肺叶支气管、段支气管、小支气管、细支气管和终末细支气管，只有输送气体的功能，不能进行气体交换。每一条细支气管连同它的各级分支和肺泡组成一个**肺小叶**（图6-16），是肺的结构单位。每叶肺有50～80个肺小叶。临床上称仅累及若干肺小叶的炎症，称为小叶性肺炎。

肺导气部的各级支气管随着管径逐渐变细，管壁变薄，管壁结构也发生了一些规律性变化，至终末细支气管，上皮为单层柱状上皮，杯状细胞、腺体和软骨全部消失，平滑肌形成完整的环形肌。在发生过敏反应时，肺间质内的肥大细胞释放大量组胺，引起细支气管和终末细支气管平滑肌痉挛而导致哮喘发生。

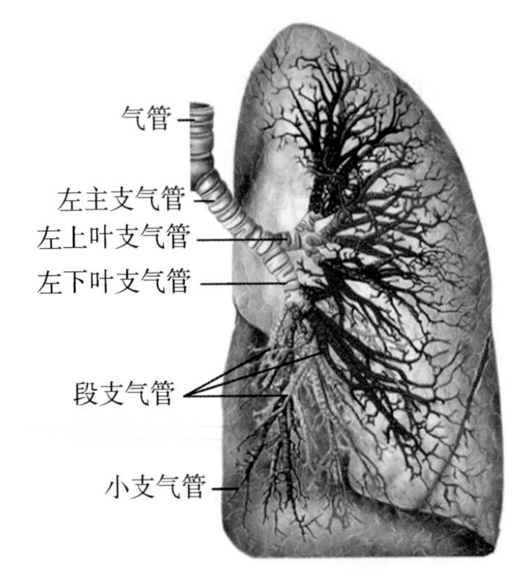

图 6-15 支气管树

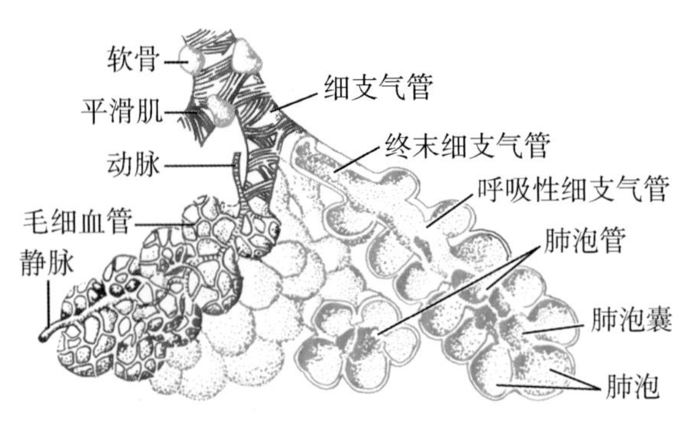

图 6-16 肺小叶结构模式图

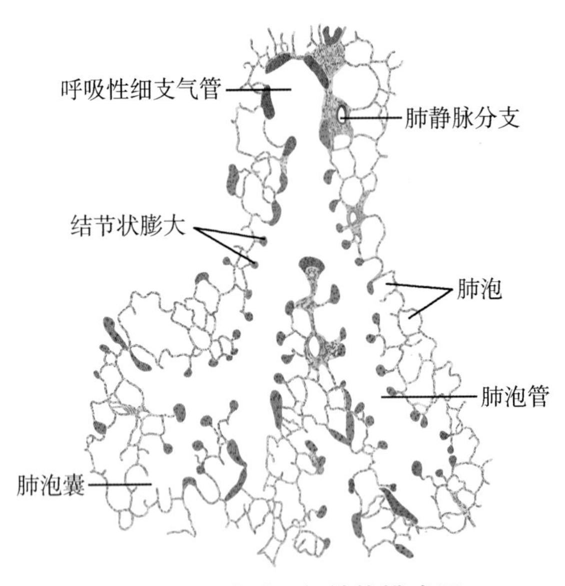

图 6-17 肺呼吸部结构模式图

（二）肺呼吸部

肺呼吸部是终末细支气管以下的各级分支直至肺泡，包括呼吸性细支气管、肺泡管、肺泡囊和肺泡（图 6-17）。**肺泡**是肺进行气体交换的部位，肺呼吸部各部的共同特点是都不同程度地出现了肺泡，故各部均具有气体交换的功能。

肺泡是支气管树的终末部分，是构成肺的主要结构。成人肺有 3 亿～ 4 亿个肺泡，吸气时总表面积可达 140m^2。肺泡壁很薄，由单层肺泡上皮组成。肺泡上皮由Ⅰ型肺泡细胞和Ⅱ型肺泡细胞组成（图 6-18）：①**Ⅰ型肺泡细胞**，含细胞核部略厚，其余胞质部分扁平菲薄，覆盖了肺泡约 95% 的表面积，是进行气体交换的部位，参与气 - 血屏障的构成。②**Ⅱ型肺泡细胞**，呈立方形或圆形，散在凸起于Ⅰ型肺泡细胞之间，覆盖了肺泡约 5% 的表面积。Ⅱ型肺泡细胞分泌的**表面活性物质**，具有降低肺泡表面张力、稳定肺泡大小的重要作用。

链接

婴儿啼哭并非坏事

让婴儿适当地哭一哭并非坏事。它不但可以使肺泡得到充分膨胀，加强肺泡的舒缩能力，而且还可以增加婴儿的肺活量。

相邻肺泡之间气体流通的小孔称为**肺泡孔**（图 6-18），可均衡肺泡间气体含量。肺部感染时，肺泡孔可成为细菌扩散的渠道。相邻肺泡之间的薄层结缔组织称为**肺泡隔**，内含密集的毛细血管、丰富的弹性纤维以及散在分布的成纤维细胞、肺巨噬细胞和肥大细胞等，其弹性纤维有助于肺泡扩张后的回缩。**肺巨噬细胞**来源于血液中的单核细胞，广泛分布于肺间质内，在肺泡隔中最多，有的游走进入肺泡腔。吞噬了较多尘粒的肺巨噬细胞称为**尘细胞**。

气-血屏障(blood-air barrier)是指肺泡与毛细血管血液之间进行气体交换所通过的结构，又称**呼吸膜**，由肺泡表面活性物质层、Ⅰ型肺泡细胞与基膜、薄层结缔组织、毛细血管基膜与连续内皮构成(图 6-19)。

考点 肺泡隔和气-血屏障的概念

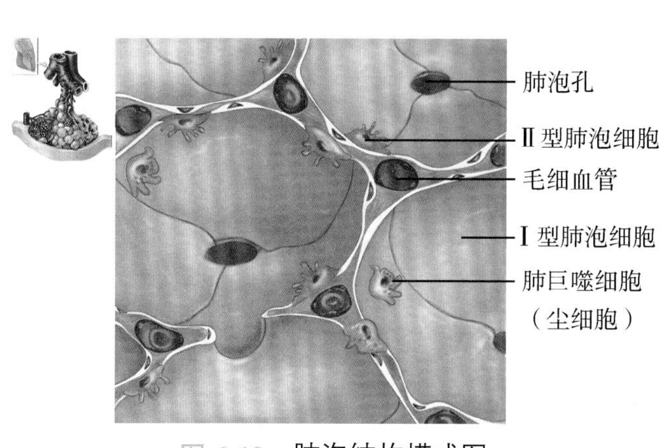

图 6-18 肺泡结构模式图

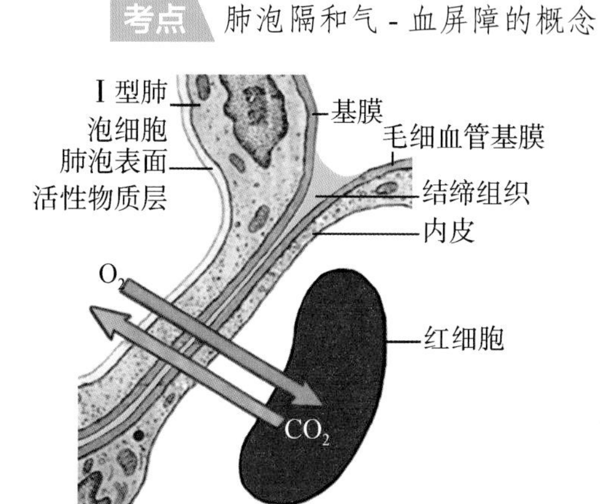

图 6-19 气-血屏障结构模式图

五、肺的血管

肺有两套功能不同的血管系统：一套是组成肺循环的肺动脉和肺静脉，因其承担在肺内进行气体交换的重任，故称为肺的功能性血管；另一套是属于体循环的支气管动脉和支气管静脉，其主要功能是向肺泡和各级支气管提供氧气和营养，故称为肺的营养性血管。

第3节 胸 膜

一、胸腔、胸膜和胸膜腔

胸腔是由胸廓和膈围成的腔。上界是胸廓上口，经此与颈部连通，下界借膈与腹腔分隔。**胸膜**(图 6-20)是衬覆于胸壁内面、膈上面、纵隔侧面和肺表面的一层薄而光滑的浆膜。依据被覆部位不同，可分为相互移行的脏胸膜和壁胸膜。**脏胸膜**又称肺胸膜，紧贴于肺表面，并伸入斜裂及水平裂内。**壁胸膜**依其贴附部位不同分为相互转折移行的4部分：贴附于肋骨与肋间肌内面的为**肋胸膜**；贴附于膈上面的为**膈胸膜**；贴附于纵隔两侧面的为**纵隔胸膜**；肋胸膜与纵隔胸膜向

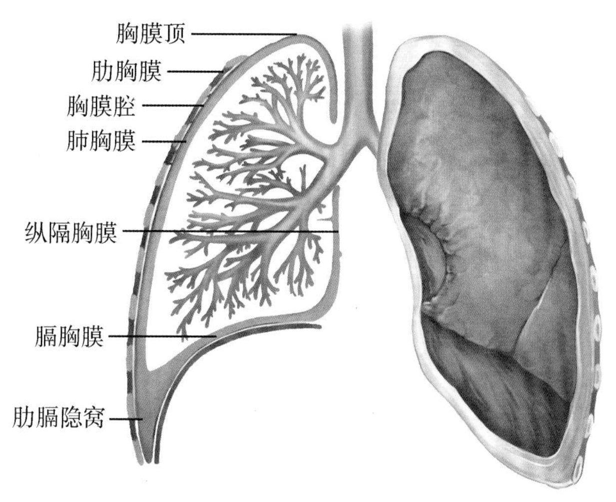

图 6-20 胸膜和胸膜腔示意图

上延伸至胸廓上口平面以上，形成穹隆状的**胸膜顶**，覆盖在肺尖上方。胸膜顶突出于胸廓上口，伸向颈根部，高出锁骨内侧 1/3 段上方 2 ～ 3cm。在锁骨上方进行针刺或臂丛阻滞麻醉时，应注意胸膜顶的位置，以免刺破而造成气胸。

胸膜腔是由脏胸膜与壁胸膜在肺根处相互移行形成的一个潜在性密闭腔隙(图 6-20)，左右各一，腔内呈负压，互不相通。胸膜腔内仅有少量浆液，可减少呼吸时脏、壁胸膜间的摩擦。肋胸膜与膈胸膜转折处形成较深的半环形间隙，称为**肋膈隐窝**，其深度一般可达两个肋间隙，是胸膜腔的最低部位，胸腔积液首先积聚于此处。临床上进行胸膜腔穿刺抽液时，通常选择在患侧腋后线第 8、第 9 肋间隙紧贴肋骨上缘进针，穿刺层次由浅入深依次经皮肤、浅筋膜、深筋膜、胸壁肌、肋间隙（肋间肌）、胸内筋膜、肋胸膜至胸膜腔。

考点 胸膜腔的概念；肋膈隐窝的位置及临床意义

二、胸膜下界与肺下界的体表投影

胸膜的体表投影是指壁胸膜各部之间相互移行形成的反折线在体表的投影位置，投影位置标志着胸膜腔的范围，其中最有实用意义的是胸膜下界的体表投影。胸膜顶与肺尖的体表投影一致。

1. 胸膜下界的体表投影　胸膜下界是肋胸膜与膈胸膜的反折线，两侧大致相同。在锁骨中线处与第 8 肋相交，在腋中线处与第 10 肋相交，在肩胛线处与第 11 肋相交，在接近后正中线处平第 12 胸椎棘突的高度（图 6-21）。

2. 肺下界的体表投影　在各标志线处比胸膜下界高出约两个肋的距离（图 6-21），即在锁骨中线处与第 6 肋相交，在腋中线处与第 8 肋相交，在肩胛线处与第 10 肋相交，在接近后正中线处平第 11 胸椎棘突。

考点 胸膜下界与肺下界的体表投影

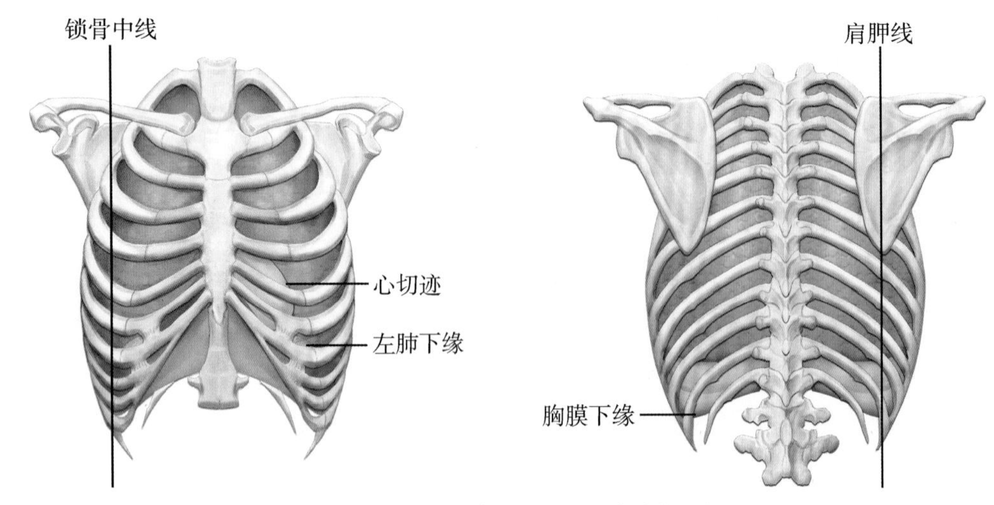

图 6-21　肺与胸膜下界的体表投影

第4节 纵 隔

纵隔是左、右两侧纵隔胸膜之间全部器官、结构与结缔组织的总称。其前界为胸骨，后界为脊柱胸段，两侧为纵隔胸膜，上界为胸廓上口，下界为膈。通常以胸骨角和第4胸椎体下缘平面为界将纵隔分为上纵隔和下纵隔（图6-22）。下纵隔又以心包为界分为前纵隔、中纵隔和后纵隔。**前纵隔**位于胸骨与心包前壁之间。**中纵隔**位于前、后纵隔之间，内有心包、心和大血管根部等。**后纵隔**位于心包后壁与脊柱胸段之间。

考点 纵隔的概念、境界及其分部

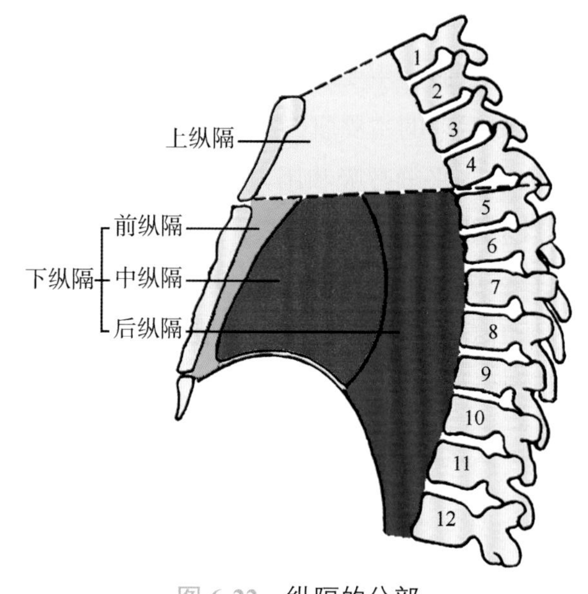

图6-22 纵隔的分部

第5节 呼吸过程

呼吸是机体新陈代谢的重要环节，人每天都要不断从外环境中摄取 O_2，排出体内过多的 CO_2，这种机体与外环境之间进行气体交换的过程称为**呼吸**。呼吸过程由相互衔接的4个环节组成（图6-23）：①肺通气（肺与外界的气体交换）；②肺换气（肺泡与肺毛细血管之间的气体交换）；③气体运输（气体在血液中的运输）；④组织换气（血液与组织细胞之间的气体交换）。肺通气和肺换气又合称为**外呼吸**，组织换气又称为**内呼吸**。呼吸的意义在于维持机体内环境中 O_2 和 CO_2 含量的相对恒定，维持机体新陈代谢的正常进行。

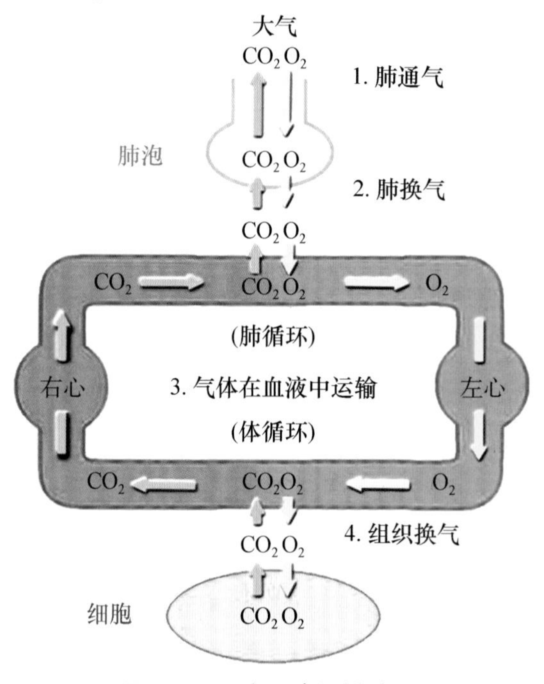

图6-23 呼吸过程模式图

考点 呼吸过程的4个环节

一、肺 通 气

肺通气是指肺与外环境之间的气体交换过程，它是由于肺通气的动力克服了肺通气的阻力而实现的。

（一）肺通气的动力

由呼吸肌舒缩引起的呼吸运动是肺通气的原动力，而呼吸运动可造成肺内压与大气压间形成压力差，这是肺通气的直接动力。

1. 肺通气的原动力——呼吸运动　由呼吸肌的收缩和舒张引起的胸廓节律性扩大和缩小，称为**呼吸运动**，包括吸气运动和呼气运动。将参与吸气动作的肌称为**吸气肌**，主要有膈肌和肋间外肌，此外还有斜角肌、胸锁乳突肌、胸大肌等辅助吸气肌；将参与呼气动作的肌称为**呼气肌**，主要有肋间内肌和腹肌。呼吸运动按其深、浅分为平静呼吸和用力呼吸两种；按呼吸运动的主要肌群不同，分为腹式呼吸、胸式呼吸和混合式呼吸。

（1）平静呼吸和用力呼吸：安静状态下的呼吸称为**平静呼吸**。平静吸气是由于膈肌和肋间外肌的收缩，胸廓扩大，肺随之扩张，肺容积增大，肺内压降低，当肺内压低于大气压时，气体入肺，产生吸气动作；当膈肌和肋间外肌舒张时，胸廓和肺相继缩小，肺容积减小，肺内压升高，当肺内压高于大气压时，气体出肺，产生呼气动作（图 6-24）。平静呼吸的特点是呼吸动力较为均匀，每分钟 12 ～ 18 次，吸气是主动的，而呼气是被动的。

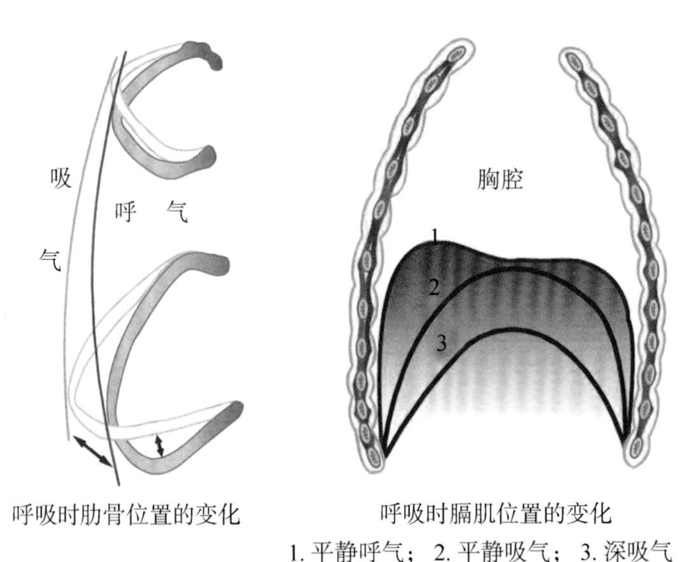

呼吸时肋骨位置的变化　　呼吸时膈肌位置的变化

1. 平静呼气；2. 平静吸气；3. 深吸气

图 6-24　呼吸时肋骨和膈的位置变化示意图

在剧烈运动或劳动时，呼吸将加深、加快，称为**用力呼吸**或**深呼吸**。用力吸气时，不仅吸气肌收缩加强，还有辅助吸气肌参加收缩，使胸廓和肺的容积进一步扩大，肺内压进一步降低，吸气量增加。用力呼气时，除吸气肌舒张外，还有呼气肌也主动参与收缩，使胸廓和肺的容积进一步缩小，肺内压进一步升高，呼气量增加。因此，用力呼吸时吸气和呼气都是主动过程。在严重缺氧或二氧化碳增多较严重的情况下，会出现呼吸困难，不仅出现呼吸明显加深，还出现鼻翼扇动等。

考点　平静呼吸和用力呼吸的特点

（2）胸式呼吸和腹式呼吸：以膈肌舒缩为主，引起腹壁明显起伏的运动，称为**腹式呼吸**，如婴儿胸廓不发达，以腹式呼吸为主，胸膜炎、胸腔积液患者，胸廓活动受限，表现为明显的腹式呼吸。以肋间外肌舒缩为主，引起胸壁明显起伏的运动，称为**胸式呼吸**，如妊娠晚期、严重腹水或腹部巨大肿瘤等人群，因膈肌活动受限，多呈胸式呼吸。正常成人的呼吸是胸式和腹式呼吸同时存在的，称为**混合式呼吸**。

2. 肺通气的直接动力——肺内压与大气压之差　**肺内压**是指肺泡内的压力。在吸气末或呼气末，肺内压与大气压相等，压力差为零，无气体流动。在吸气时，吸气肌收缩，胸廓扩张，肺随之扩张，肺内压下降至低于大气压，气体入肺。随着肺内气体逐渐增多，肺内压也逐渐升高，到吸气末，肺内压等于大气压，压力差为零，吸气停止；呼气时，胸廓和肺回缩，肺容量缩小，肺内压上升至高于大气压，气体出肺。

3. 原动力转变成直接动力的耦联基础——胸膜腔内压　由脏胸膜与壁胸膜在肺根处相互移行形成的一个潜在性密闭腔隙称为胸膜腔（图 6-25）。胸膜腔内的压力称为**胸内压**。在整个呼吸过程中胸膜腔内压通常低于大气压，因此习惯上称为胸膜腔负压，简称胸内负压。

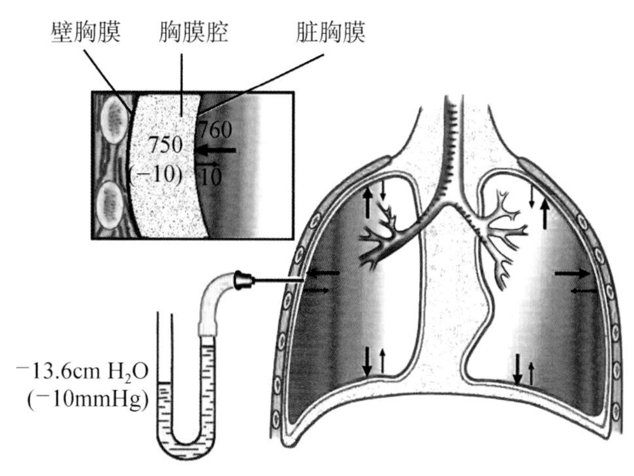

图 6-25　胸膜腔负压产生示意图

胸内负压形成的条件是胸膜腔密闭。胸膜腔内压可从作用于胸膜腔的力来分析。有两种力通过脏胸膜作用于胸膜腔：一是肺内压，使肺泡扩张；二是肺的弹性回缩力，使肺泡缩小。因此，胸膜腔内的压力实际上是这两种方向相反的力的代数和，即胸膜腔内压 = 肺内压 – 肺回缩力，当吸气末或呼气末时，肺内压等于大气压，因而，胸膜腔内压 = 大气压 – 肺回缩力，若将大气压视为零，则胸膜腔内压 =– 肺回缩力。

可见，胸膜腔负压主要是由肺的弹性回缩力造成的。吸气时，肺扩大，肺的弹性回缩力增大，胸膜腔负压也更大；呼气时，肺缩小，肺弹性回缩力减小，胸膜腔负压也减小。在平静呼吸时，吸气末胸膜腔内压为 –10 ～ –5mmHg，呼气末胸膜腔内压为 –5 ～ –3mmHg。

胸膜腔负压的生理意义：①保持肺处于扩张状态，并使肺随着胸廓的运动而舒缩。②促进血液和淋巴的回流。在临床上，当外伤导致胸壁破损，胸膜腔与大气直接相通，形成开放性气胸。此时，胸膜腔负压减小或消失，肺因本身的回缩力而塌陷，造成呼吸困难，严重时不仅影响呼吸功能，还影响循环功能，甚至危及生命。

考点 胸膜腔负压的概念及其生理意义

（二）肺通气的阻力

气体在进出肺的过程中所遇到的阻力，称为**肺通气阻力**。肺通气的阻力有弹性阻力和非弹性阻力两种，正常情况下，前者占总通气阻力的 70%，后者占 30%。

1. 弹性阻力　弹性组织在外力作用下变形时，有对抗变形和弹性回位的倾向，称**弹性阻力**。包括肺弹性阻力和胸廓弹性阻力。

（1）肺弹性阻力：即肺的回缩力，来自两个方面。一是由肺泡表面液体层所形成的表面张力，约占肺总弹性阻力的 2/3；二是由肺组织的弹性纤维所形成的弹性回缩力，仅占 1/3。

1）肺泡表面张力和肺泡表面活性物质：肺泡内表面覆盖着薄层液体，与肺泡内液体形成液 - 气界面。在液 - 气界面上，液体表面分子之间的相互吸引产生了肺泡表面张力，表面张力是肺弹性阻力的主要成分。

在肺泡内液体表面还存在着表面活性物质。肺泡表面活性物质由Ⅱ型肺泡细胞合成并释放，其主要成分是二棕榈酰卵磷脂。肺泡表面活性物质能降低肺泡表面张力，具有重要的生理意义：①有利于肺的扩张；②减少肺组织液的生成，防止肺水肿；③稳定肺泡的大小。

成人患肺炎、肺血栓等疾病时，由于肺组织缺血缺氧，Ⅱ型肺泡细胞功能受损，表面活性物质分泌减少而发生肺不张和肺水肿。胎儿在妊娠 6 ～ 7 个月后肺泡上皮细胞才开始分泌表面活性物质，因此早产儿可因缺乏表面活性物质而发生呼吸窘迫综合征，可导致死亡。

2）肺弹性回缩力：肺间质内的弹性纤维，也具有弹性回缩力。在一定范围内，肺越扩张，弹性回缩力越大，这也是构成肺弹性阻力的重要因素之一。肺气肿时，弹性纤维大量破坏，肺弹性阻力减小，使肺泡气不易被呼出，严重时可出现呼吸困难。

（2）胸廓弹性阻力：胸廓是一个双向弹性体，其弹性阻力的方向视胸廓所处的位置而改变。当胸廓处于自然位置时，胸廓弹性阻力等于零；当胸廓小于自然位置时，胸廓弹性阻力向外，是吸气的动力，呼气的阻力；当胸廓大于自然位置时，胸廓弹性阻力向内，是吸气的阻力，呼气的动力。

2. 非弹性阻力　包括惯性阻力、黏滞阻力和呼吸道阻力，其中主要是呼吸道阻力，占非弹性阻力的 80% ～ 90%。呼吸道阻力是气体通过呼吸道时，气体分子间及气体分子与气道管壁之间的摩擦力。影响呼吸道阻力的最主要因素是小气道的口径，呼吸道阻力与小气道半径的 4 次方成反比，口径越小，阻力越大。气道阻力增加是临床通气障碍疾病的常见病因，支气管哮喘患者就是因为呼吸道平滑肌强烈收缩，气道口径减小，气道阻力明显增加，从而出现严重的呼吸困难。

（三）肺通气功能的评价指标

肺容量和肺通气量的变化可作为评价肺通气功能的指标。

1. 肺容积和肺容量　**肺容积**是指肺内气体的容积，包括潮气量、补吸气量、补呼气量和残气量 4 部分。**肺容量**是指肺容积中两项或两项以上的联合气体量，包括深吸气量、功能残气量、肺活量和肺总量 4 种指标。在呼吸过程中，肺容积和肺容量随着气体的吸入或呼出以及呼吸幅度的变化而变化（图 6-26）。

（1）潮气量：是指每次呼吸时每次吸入或呼出的气量。平静呼吸时，潮气量为 400 ～ 600ml，平均为 500ml。运动时，潮气量将增大。

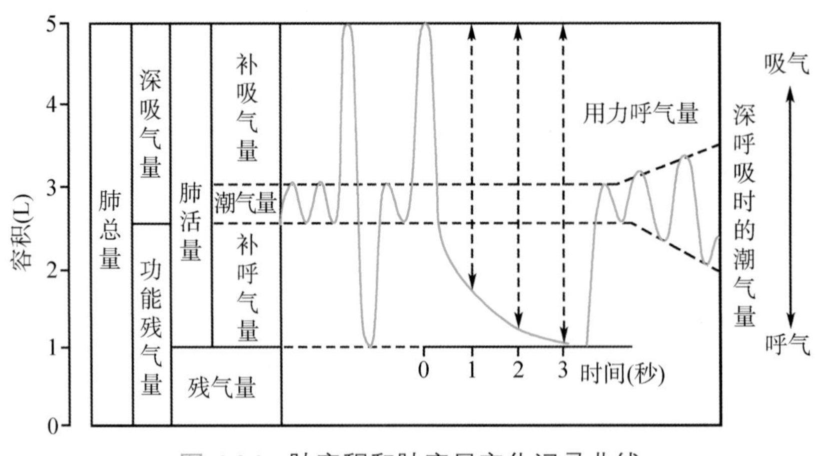

图 6-26　肺容积和肺容量变化记录曲线

（2）补吸气量：是指平静吸气末，再尽力吸气所能吸入的气量。正常成人为1500～2000ml，可反映吸气的储备量。潮气量与补吸气量之和，称为**深吸气量**，是衡量最大通气潜力的一个重要指标。

（3）补呼气量：是指平静呼气末，再尽力呼气所能呼出的气量。正常成人为900～1200ml。

（4）残气量和功能残气量：最大呼气末肺内所残留的气体量，称为**残气量**。正常成人为1000～1500ml。肺组织弹性功能减退时，残气量增加，表示肺通气功能不良。平静吸气末肺内所残留的气体量，称为**功能残气量**，它等于补呼气量与残气量之和，正常成人约为2500ml。在肺气肿时，功能残气量增加；肺纤维化时，功能残气量减少。

（5）肺活量和用力呼气量：**肺活量**是指最大吸气后，再尽力呼气所能呼出的最大气体量，是潮气量、补吸气量和补呼气量之和。正常成年男性平均为3500ml，女性平均为2500ml。

肺活量反映了肺一次通气的最大能力。肺活量测定方法简便、可重复性好，是衡量肺通气功能的常用指标。但是，由于测定肺活量时不限制呼气时间，当肺组织弹性降低或呼吸道狭窄时，虽然通气功能已经受到损害，但所测得的肺活量仍然是正常的。因此，提出了用力呼气量，也称时间肺活量的概念。**用力呼气量**是指单位时间内呼出的气量占肺活量的百分数。测定时，让受试者在一次最深吸气后，再用力尽快呼气，分别测量第1秒、第2秒、第3秒末呼出的气体量，计算其占肺活量的百分比。正常成人第1秒、第2秒、第3秒的用力呼气量各为83%、96%、99%。用力呼气量是一种动态指标，不但反映了肺活量的大小，而且反映了肺通气阻力的变化，是评价肺通气功能的较理想的指标。

（6）肺总量：是指肺所能容纳的最大气体量，是肺活量与残气量之和，成人男性平均为5000ml，女性为3500ml。

2. 肺通气量和肺泡通气量

（1）每分肺通气量：是指每分钟进肺或出肺的气体总量，等于潮气量乘以呼吸频率。安静时，呼吸频率每分钟为12～18次，潮气量约为500ml，则每分通气量是6～9L。

以最大的深度、最快的速度呼吸时的每分通气量，称为**最大通气量**。最大通气量可反映通气功能的储备能力，是评价一个人能进行多大运动量的一项重要指标，健康成人一般可达70～120L/min。

（2）肺泡通气量：是指每分钟进入肺泡的新鲜空气量。从鼻到终末细支气管只是气体进出肺的通道，气体在此处不能与血液进行气体交换，称为**解剖无效腔**，约为150ml。进入肺泡的气体也可因血流分布不均而未能进行气体交换，这一部分肺泡容量称为**肺泡无效腔**。解剖无效腔和肺泡无效腔合称为**生理无效腔**。正常人平卧时，肺泡无效腔为零，故肺泡通气量=（潮气量－解剖无效腔）×呼吸频率。

潮气量和呼吸频率的变化，对肺通气和肺泡通气有不同的影响。当潮气量减半和呼吸频率加倍或潮气量加倍或呼吸频率减半时，肺通气量保持不变，但是，肺泡通气量却发生了明显变化（表6-1）。故从气体交换而言，深而慢的呼吸是有利的。

考点 肺活量和肺泡无效腔的概念

表 6-1 每分钟肺泡通气量与呼吸深度和频率的关系

	潮气量（ml）	呼吸频率（次/分）	通气量（ml/min）	肺泡通气量（ml/min）
平静呼吸	500	16	500×16=8000	（500–150）×16=5600
浅快呼吸	250	32	250×32=8000	（250–150）×32=3200
深慢呼吸	1000	8	1000×8=8000	（1000–150）×8=6800

二、气体交换与运输

（一）气体交换

气体交换包括肺换气和组织换气两个过程。气体交换的动力是气体分压差。分压（P）是指在混合气体的总压力中某种气体所占有的压力，称为该气体的分压。气体总是从分压高的一侧向分压低的一侧扩散。气体扩散速度与分压差成正比关系。分压差越大，气体扩散速度则越快。体内肺泡气、静脉血、动脉血与组织中 O_2 和 CO_2 分压值见下表（表 6-2）

表 6-2 安静时肺泡、血液及组织内 O_2 和 CO_2 的分压　　单位：mmHg（kPa）

气体分压	肺泡气	静脉血	动脉血	组织
O_2 分压	102（13.6）	40（5.3）	100（13.3）	30（4.0）
CO_2 分压	40（5.3）	46（6.1）	40（5.3）	50（6.7）

1. 气体交换的过程

（1）肺换气：肺泡气的 PO_2 高于静脉血的 PO_2，而肺泡气的 PCO_2 则低于静脉血的 PCO_2，故来自肺动脉的静脉血流经肺毛细血管时，在分压差的推动下，O_2 顺着分压差由肺泡扩散入血液，CO_2 则由静脉血扩散入肺泡。通过肺换气，使静脉血获得 O_2 变成动脉血。

（2）组织换气：由于细胞代谢不断消耗 O_2，同时产生大量 CO_2，故组织内 PO_2 较动脉血的 PO_2 低，而 PCO_2 较动脉血的 PCO_2 高。当动脉血流经组织毛细血管时，在分压差的推动下，O_2 由血液扩散入组织细胞，CO_2 则从组织细胞扩散入血液，完成组织换气。通过组织换气，动脉血变成了含 O_2 较少、含 CO_2 较多的静脉血（图 6-27）。

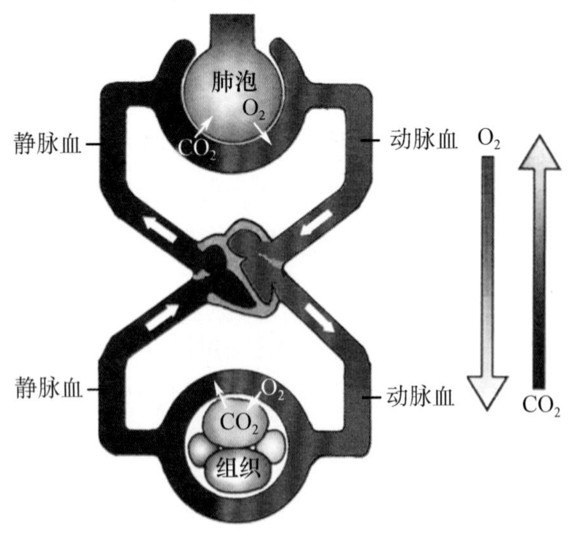

图 6-27 肺换气和组织换气示意图

2. 影响肺换气的因素

（1）呼吸膜的厚度：气体交换速率与呼吸膜的厚度成反比。正常呼吸膜非常薄，平均厚度不到 1μm，有的部位仅厚约 0.2μm，因此通透性极大，气体很容易扩散通过。在肺水肿、肺纤维化等病理情况下，呼吸膜的厚度增加，导致气体扩散量减少。

（2）呼吸膜的面积：气体交换速率与呼吸膜的面积成正比。平静呼吸时，可供气体交换的呼吸膜面积约为 $40m^2$；用力呼吸时，肺毛细血管开放增多，呼吸膜面积可增大到约 $70m^2$ 以上。呼吸膜广大的面积及良好的通透性，保证了肺泡与血液间能迅速地进行气体交换。但肺不张、肺气肿或肺毛细血管阻塞均可使呼吸膜的面积减小，影响肺换气。

（3）通气/血流值（V/Q值）：是指每分钟肺泡通气量与每分钟肺血流量的比值。正常成人在安静状态下，每分钟肺泡通气量约为4.2L，每分钟肺血流量与心输出量相等，约为5.0L/min，通气/血流值为4.2/5.0=0.84，此时肺换气效率最高（图6-28）。

当V/Q值减小，意味着通气不足（如支气管痉挛）或血流过剩，相当于功能性动-静脉短路；当V/Q值增大，意味着通气过剩或血流不足（如肺动脉栓塞），相当于增加了生理无效腔。总之，无论比值增大或减小，都会使肺换气效率降低。

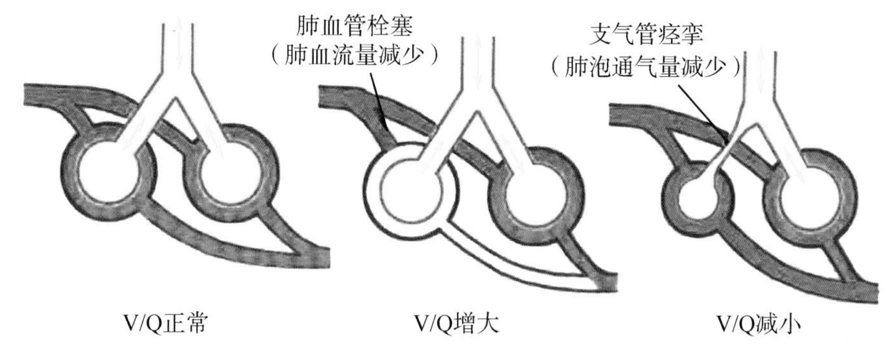

图6-28 通气/血流值变化示意图

（二）气体在血液中的运输

O_2和CO_2在血液中的运输形式有物理溶解和化学结合两种。其中物理溶解少，化学结合为主要的运输形式，但物理溶解也是不可缺少的重要的中间步骤。

1. 氧的运输

（1）物理溶解：血浆中溶解的O_2量极少，100ml动脉血中溶解O_2的量仅为0.31ml，约占血液运输O_2总量的1.5%。

（2）化学结合：O_2的化学结合是O_2与红细胞内的血红蛋白（Hb）中的Fe^{2+}结合，形成HbO_2，这是O_2运输的主要形式，占血液运输O_2总量的98.5%。O_2进入血液后首先溶解于血浆中，后绝大部分转入红细胞内与Hb结合成HbO_2。

O_2与Hb结合的特点：①是氧合，而不是氧化反应；②是可逆的，即易结合也易分离；③不需酶催化，结合或分离取决于PO_2的高低，在肺泡中PO_2高，O_2与Hb结合成HbO_2；在组织处PO_2低，HbO_2分离形成去氧Hb和O_2，分离出的O_2释放出供组织细胞代谢使用。

在1L动脉血中去氧Hb含量达到50g以上时，在毛细血管丰富的浅表部位，如口唇、甲床可出现青紫色，称为发绀。临床上常以患者的发绀程度推断缺氧程度。发绀一般是HbO_2减少，去氧Hb增加所致。因此，发绀一般是缺氧的标志。

$$Hb + O_2 \underset{PO_2\text{低(组织)}}{\overset{PO_2\text{高(肺)}}{\rightleftharpoons}} HbO_2$$

2. 二氧化碳的运输

（1）物理溶解：CO_2在血浆中溶解度比O_2大，100ml静脉血中溶解CO_2的量约为3ml，约占血液运输CO_2总量的5%。

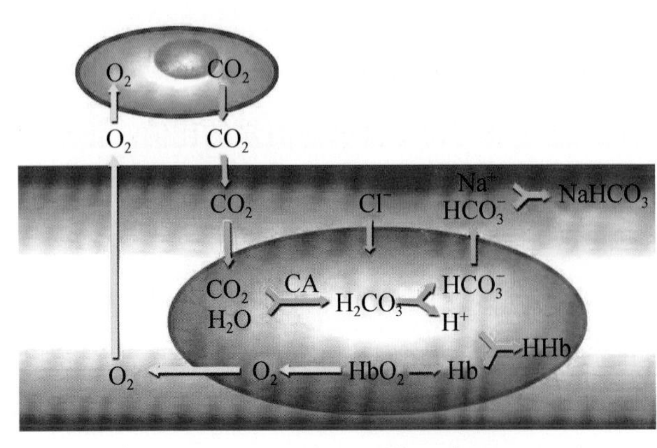

图 6-29 CO_2 运输示意图

（2）化学结合：CO_2 在血液中主要以化学结合形式运输，主要有以下两种结合形式：

1）碳酸氢盐：约占血液运输 CO_2 总量的 88%。从组织细胞内生成的 CO_2 扩散到血浆后，大部分 CO_2 迅速扩散进入红细胞内。在红细胞内碳酸酐酶（CA）的作用下，CO_2 与 H_2O 作用生成 H_2CO_3，H_2CO_3 又迅速解离成 H^+ 和 HCO_3^-（图 6-29）。少部分 HCO_3^- 在红细胞内与 K^+ 生成 $KHCO_3$，大部分 HCO_3^- 扩散入血浆与 Na^+ 结合生成 $NaHCO_3$，溶解在血浆中运输。与此同时，血浆中 Cl^- 向红细胞内转移，以保持红细胞内外电荷平衡，这种现象称为**氯转移**。氯转移可促进 HCO_3^- 向血浆中扩散，有利于 CO_2 运输。

2）氨基甲酸血红蛋白：约占血液运输 CO_2 总量的 7%。进入红细胞中的 CO_2 还能直接与血红蛋白的氨基结合，形成氨基甲酸血红蛋白（HbNHCOOH）。这一反应无须酶的参与，反应迅速，并且是一种可逆反应。在组织中 PCO_2 高，反应向右进行；肺泡中 PCO_2 低，反应向左进行。

$$HbNH_2 + CO_2 \underset{\text{肺}}{\overset{\text{组织}}{\rightleftharpoons}} HbNHCOOH \longrightarrow HbNHCOO^- + H^+$$

考点 O_2 和 CO_2 在血液中的运输形式

第 6 节 呼吸运动的调节

呼吸运动是一种节律性运动，当内外环境发生变化时，呼吸的频率和深度可随机体代谢水平的不同而变化；同时呼吸还受意识控制，这些都是在神经系统的调节下实现的。

一、呼 吸 中 枢

呼吸中枢是指中枢神经系统内产生和调节呼吸运动的神经元群。目前认为，呼吸中枢涵盖了脑干至大脑皮质所有与呼吸有关的神经元群。它们各有分工，共同完成对呼吸运动的调节。

（一）脊髓

在脊髓与延髓之间进行横切后，呼吸运动立即停止，说明呼吸节律不是由脊髓产生的。脊髓是联系高级中枢和呼吸肌的中继站，是呼吸的初级中枢。

（二）延髓和脑桥

在延髓和脑桥之间的横切后，呼吸运动仍然存在，但呼吸的节律性不规则，呈喘息样呼吸，说明延髓是产生节律性呼吸运动的基本中枢。在动物中脑和脑桥之间横断脑干，呼吸节律无明显变化，这表明脑桥存在对延髓呼吸节律进行调整的中枢，称为**呼吸调整中枢**。

（三）大脑皮质

在大脑皮质、边缘系统、下丘脑等高位中枢，都有与呼吸活动相关的神经元，尤其是大脑皮质，可通过皮质脑干束和皮质脊髓束，在一定程度上随意控制低位脑干和脊髓呼吸神经元的活动，对呼吸运动进行更完善的调节，是呼吸调节高级中枢。

二、呼吸运动的反射性调节

（一）化学感受性反射

化学感受性反射是指血液或脑脊液中 O_2、CO_2、H^+ 水平变化时，通过刺激化学感受器，反射性地引起呼吸运动的变化，保持内环境中 O_2、CO_2 以及 H^+ 的相对稳定。

1. CO_2 对呼吸的调节　在麻醉动物或人，动脉血液中 PCO_2 很低时，可以发生呼吸暂停。血液中一定浓度的 CO_2 是维持呼吸中枢兴奋的重要因素。在一定范围内，动脉血中 PCO_2 升高使呼吸运动加深加快，但是超出一定范围，则使呼吸抑制或麻痹。

CO_2 对呼吸的调节是通过两条途径来实现的：当血 PCO_2 升高可使脑脊液中 H^+ 浓度升高，通过 H^+ 刺激中枢化学感受器，使呼吸加深加快，肺通气量增加，这是主要途径；另外，血液中 CO_2 可直接刺激颈动脉小球、主动脉小球外周化学感受器，使呼吸运动加深加快，肺通气量增加。

2. H^+ 对呼吸的调节　血液中 H^+ 浓度升高可使呼吸运动加深加快，肺通气增加。由于 H^+ 不易透过血-脑屏障，限制了它对中枢化学感受器的作用，所以 H^+ 浓度改变对呼吸运动的调节作用主要是通过外周化学感受器途径实现的。

3. O_2 对呼吸的调节　当动脉血液中 PO_2 下降到 80mmHg 以下时，可出现呼吸加深加快，肺通气量增加。严重肺部疾病引起持续的低 O_2 和 CO_2 潴留，中枢化学感受器对 CO_2 的刺激发生适应，这种情况下，低 O_2 成为驱动呼吸的重要因素。切断动物的外周化学感受器传入神经，低 O_2 不再引起呼吸加强，说明低 O_2 对呼吸的调节作用完全是通过刺激外周化学感受器而实现的。严重的低 O_2 使中枢抑制，从而导致呼吸抑制。

（二）肺牵张反射

肺牵张反射是指肺扩张或缩小引起的反射性呼吸变化。吸气时肺扩张可反射性引起吸气停止，转为呼气；呼气时肺缩小，则又可反射性引起呼气停止，转为吸气。因此，肺牵张反射的生理意义在于防止吸气过深过长，从而维持一定的呼吸频率与深度。肺牵张反射的传入神经为迷走神经（图 6-30），在动物实验中，切断双侧迷走神经可出现吸气延长，呼吸变慢变深。

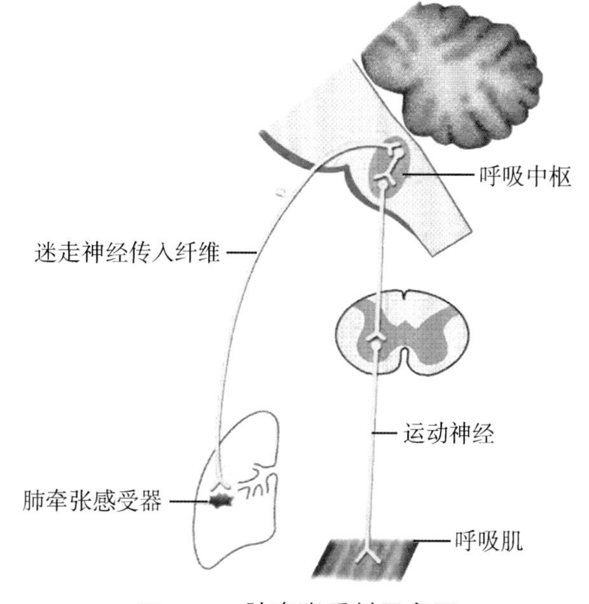

图 6-30　肺牵张反射示意图

（三）呼吸肌本体感受性反射

呼吸肌的本体感受器是肌梭，当肌梭受到牵拉刺激时，可以反射性地引起呼吸肌收缩，呼吸运动增强，称为**呼吸肌本体感受性反射**。动物实验和临床治疗观察均证明，该反射在维持正常呼吸运动中起一定作用，尤其是在运动时或气道阻力增大时，可反射性地引起呼吸肌收缩加强，有助于克服气道阻力，以维持正常的肺通气功能。

（四）防御性呼吸反射

防御性呼吸反射是呼吸道黏膜受到刺激时，所引起的复杂保护性呼吸反射，常见有咳嗽反射和喷嚏反射。**咳嗽反射**是在喉、气管或支气管黏膜受到机械或化学性刺激时而产生，其生理意义是清洁、保护和维持呼吸道的通畅。**喷嚏反射**由鼻黏膜受到刺激而产生，其生理意义是清除鼻腔中的刺激物。

考点 肺牵张反射的概念及其意义

自测题

A_1/A_2 型题

1. 鼻腔黏膜的易出血区位于（　　）
   A. 鼻中隔上部　B. 呼吸区　C. 鼻中隔前中部　D. 嗅区　E. 鼻中隔前下部
2. 一名颅底外伤的患者，脑脊液从鼻腔流出，可能伤及（　　）
   A. 鼻骨　B. 筛骨筛板　C. 腭骨　D. 蝶骨体　E. 泪骨
3. 喉结位于下列何结构上（　　）
   A. 会厌软骨　B. 杓状软骨　C. 甲状软骨　D. 环状软骨　E. 舌骨
4. 在吞咽时，关闭喉口的结构是（　　）
   A. 会厌　B. 环状软骨　C. 甲状软骨　D. 杓状软骨　E. 舌
5. 喉腔最狭窄的部位在（　　）
   A. 前庭裂　B. 喉中间腔　C. 声门裂　D. 喉室　E. 声门下腔
6. 进行支气管镜检查时的定位标志是（　　）
   A. 气管分叉处　B. 左主支气管　C. 气管隆嵴　D. 声门裂　E. 右主支气管
7. 关于肺的描述，错误的是（　　）
   A. 前缘锐利，后缘钝圆
   B. 心切迹位于左肺前缘下份
   C. 右肺较左肺粗短
   D. 两肺均有斜裂和水平裂
   E. 肺尖高出锁骨内侧 1/3 段上方 2 ～ 3cm
8. 在支气管树中，肺泡最早出现于（　　）
   A. 细支气管　B. 终末细支气管　C. 肺泡管　D. 肺泡囊　E. 呼吸性细支气管
9. 能分泌肺泡表面活性物质的细胞是（　　）
   A. Ⅰ型肺泡细胞　B. Ⅱ型肺泡细胞　C. 杯状细胞　D. 尘细胞　E. 肺巨噬细胞
10. 胸膜下界的体表投影在腋中线处与（　　）
    A. 第 6 肋相交　B. 第 7 肋相交　C. 第 8 肋相交　D. 第 9 肋相交　E. 第 10 肋相交

11. 肺的有效通气量是指（ ）

A. 肺活量 B. 每分通气量

C. 肺泡通气量 D. 最大通气量

E. 潮气量

12. 某人的潮气量为500ml，呼吸频率为12次/分，肺泡通气量约为（ ）

A. 3000ml B. 4200ml

C. 5000ml D. 4500ml

E. 5500ml

13. 关于胸膜腔内压，叙述错误的是（ ）

A. 呼气时为正压

B. 吸气时为负压

C. 胸内压＝肺内压－肺的回缩力

D. 呼气时负压值减小

E. 吸气时负压值增大

14. 正常成人时间肺活量的数值是（ ）

A. 第1秒末约为肺通气量的83%

B. 第1秒末约为肺活量的83%

C. 第1秒末约为最大通气量的83%

D. 第2秒末约为肺通气量的96%

E. 第3秒末约为肺通气量的99%

15. 使肺换气效率最佳的通气/血流值是（ ）

A. 0.64 B. 0.74

C. 0.84 D. 0.94

E. 1.0

16. 体内氧分压最高的部位在（ ）

A. 肺泡气 B. 细胞内液

C. 组织液 D. 动脉血

E. 静脉血

17. 调节呼吸运动最重要的生理性化学因素是（ ）

A. 缺 O_2 B. CO_2 升高

C. H^+ 升高 D. O_2 升高

E. CO_2 降低

18. 呼吸调整中枢位于（ ）

A. 延髓 B. 中脑

C. 脊髓 D. 脑桥

E. 大脑

19. 血液中 PCO_2 升高时，呼吸运动增强的主要途径是（ ）

A. 刺激中枢化学感受器

B. 刺激外周化学感受器

C. 直接作用于呼吸中枢

D. 引起肺牵张反射

E. 引起呼吸肌本体感受器反射

20. 患儿，男性，6岁。因呼吸困难而来医院就诊，诊断为喉部水肿导致的喉阻塞。病变部位最有可能发生在（ ）

A. 喉室 B. 喉中间腔

C. 喉口 D. 声门下腔

E. 喉前庭

21. 患者，男性，80岁。患肺气肿多年，2年前被诊断为肺源性心脏病。近日症状加重，出现右心衰竭、呼吸功能不全。为提供一条呼吸支持治疗的途径，拟行气管切开术，切开的具体部位通常选择在（ ）

A. 第1～3气管软骨环处

B. 第2～4气管软骨环处

C. 第3～5气管软骨环处

D. 第4～6气管软骨环处

E. 第5～7气管软骨环处

（赵国志　覃庆河）

第7章 泌尿系统

泌尿系统由肾、输尿管、膀胱和尿道组成（图 7-1）。肾是人体最重要的排泄器官，以形成尿液的方式排出机体在新陈代谢过程中产生的水溶性废物和多余的无机盐及水分，以维持机体内环境的稳定。尿液在肾生成后，经输尿管输送至膀胱储存，当尿液积存到一定量时，再经尿道排出体外。

考点 泌尿系统的组成

第1节 肾

案例 7-1

患者，男性，52 岁。因腰痛伴腹痛而急诊入院。体格检查：左肾区叩击痛明显，左下腹有轻度压痛。尿常规检查可见红细胞，经 B 超探查，左肾盂处有 1.2cm×1.2cm 大小的高密度阴影。临床诊断：左肾盂结石。

问题：1. 出入肾门的结构有哪些？

2. 何为肾区？肾区叩击痛明显，提示何器官可能有病变？

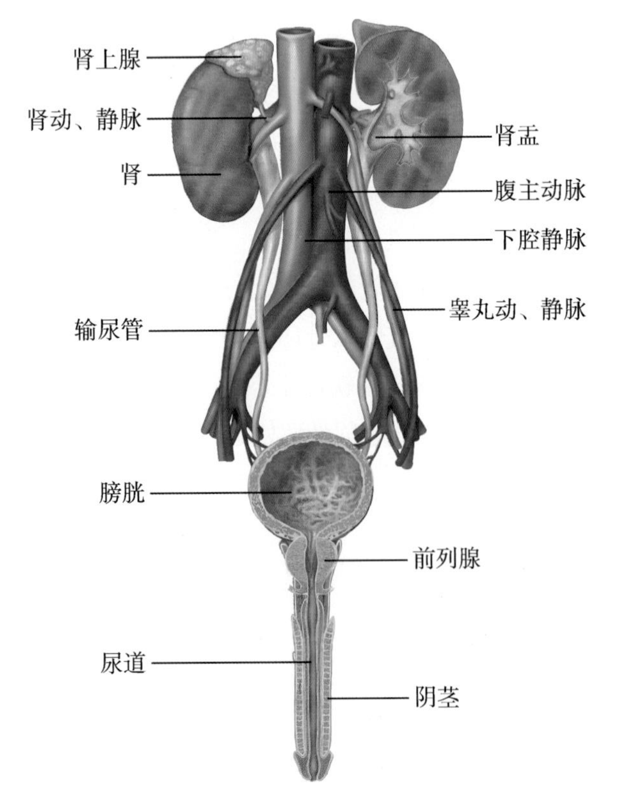

图 7-1 泌尿系统模式图

一、肾的形态和位置

1. 肾的形态 **肾**为实质性器官，左右各一（图 7-1），形似蚕豆，表面光滑，新鲜时呈红褐色。肾长约 10cm、宽约 6cm、厚约 4cm。女性肾略小于男性。肾可分为上下两端、前后两面和内外侧两缘（图 7-2）。上端宽而薄，下端窄而厚。前面较凸，朝向前外侧；后面平坦，紧贴腹后壁。外侧缘隆凸，内侧缘中部凹陷称为**肾门**，是肾动脉、肾静脉、肾盂、神经和淋巴管出入肾的门户。出入肾门的各结构被结缔组织包裹形成**肾蒂**。因下腔静脉靠近右肾，故右侧肾蒂较左侧短，临床上右肾手术难度较大。肾门向肾实质内凹陷形成的潜在性腔隙称为**肾窦**，内含肾动脉的分支、肾静脉的属支、肾小盏、肾大盏、肾盂及脂肪组织等。

2. 肾的位置　肾位于腹膜后脊柱的两侧，紧贴腹后壁上部（图7-3）。左肾在第11胸椎体下缘至第2～3腰椎椎间盘之间（图7-4），右肾在第12胸椎体上缘至第3腰椎体上缘之间。第12肋斜越左肾后面的中部，右肾后面的上部。肾门约平对第1腰椎体平面，肾门的体表投影位于竖脊肌外侧缘与第12肋的夹角处，该处称为**肾区**或脊肋角，肾病患者触压或叩击此区可引起疼痛。

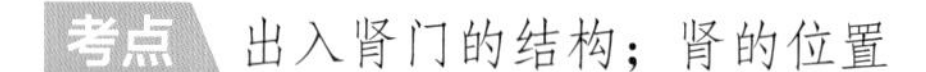

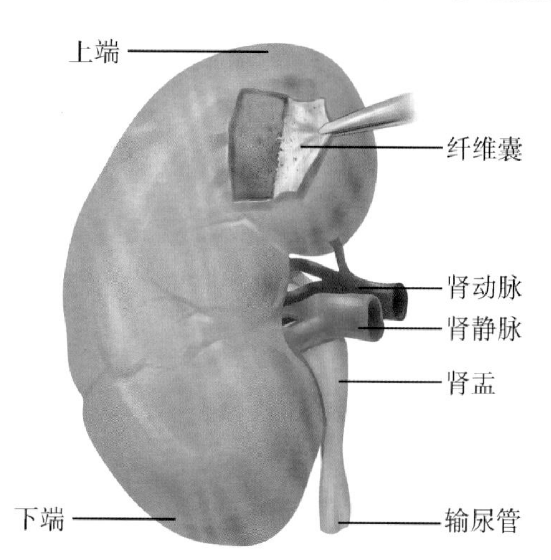

图7-2　肾的形态

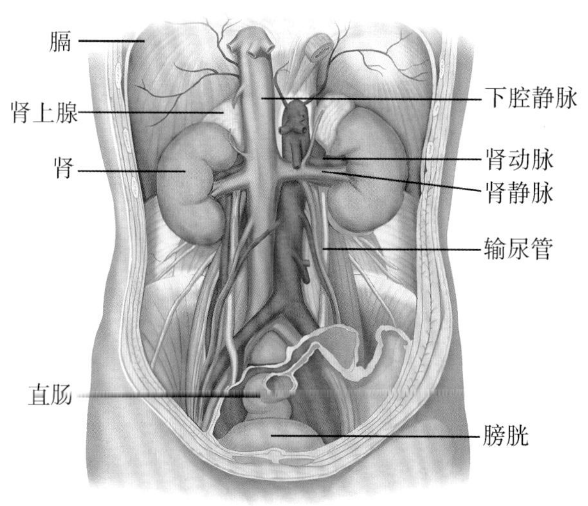

图7-3　肾和输尿管

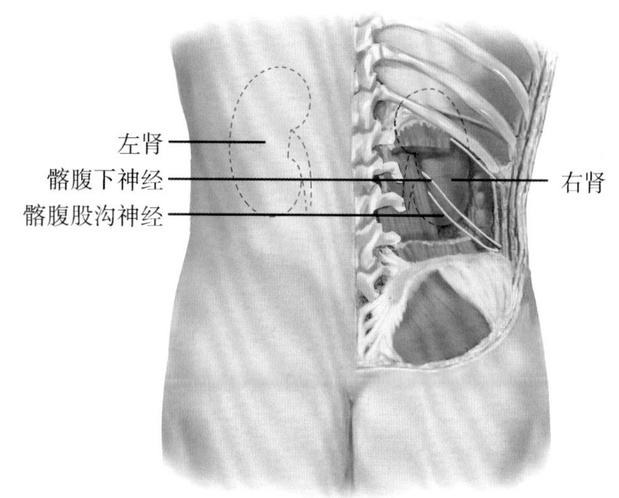

图7-4　肾与肋骨、椎骨的位置关系（后面观）

二、肾的被膜

肾的表面由内向外依次包有纤维囊、脂肪囊和肾筋膜3层被膜（图7-5）。

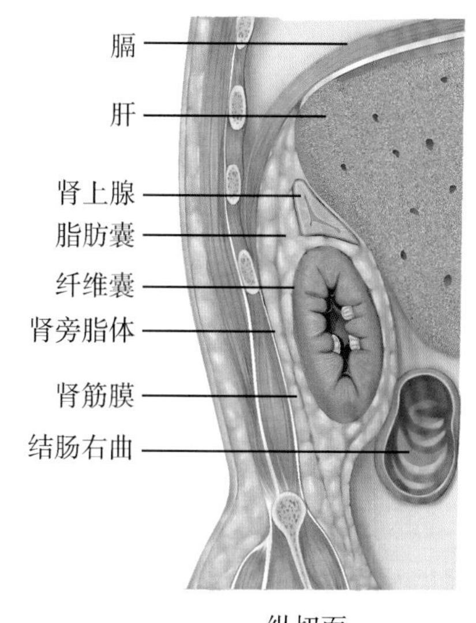

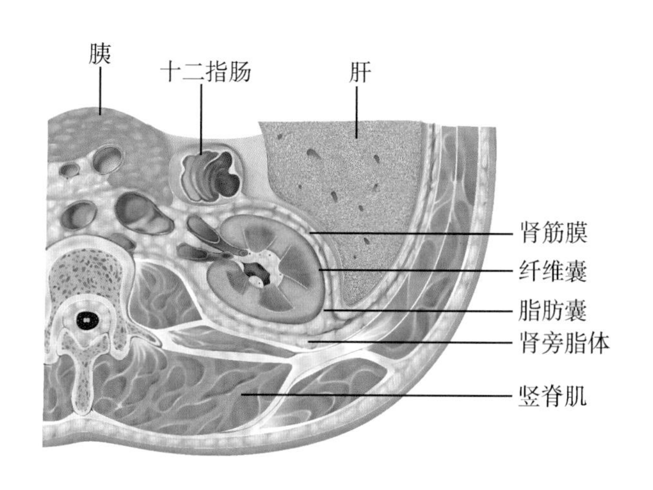

图7-5　肾的被膜

1. 纤维囊　为紧贴肾实质表面的一层薄而坚韧的致密结缔组织膜。纤维囊与肾实质连接疏松，易剥离。若剥离困难即为病理现象。在肾破裂或部分切除时需缝合纤维囊。

2. 脂肪囊　是包裹在纤维囊外周的脂肪组织，并经肾门延伸到肾窦内脂肪囊对肾起着弹性垫样的保护作用。临床上行肾囊封闭是指将药液经腹后壁注入脂肪囊内。

3. 肾筋膜　位于脂肪囊外面，包被肾和肾上腺。肾筋膜分前、后两层，两者在肾上腺的上方和肾的外侧缘互相融合，在肾的下方则彼此分离，其间有输尿管通过。肾筋膜向深面发出许多结缔组织小梁，穿过脂肪囊连于纤维囊，对肾有固定作用。肾的正常位置主要依靠肾筋膜和脂肪囊来维持，肾血管、腹膜、邻近器官以及腹内压也起一定的固定作用。

三、肾的构造

在冠状切面上，肾实质分为肾皮质和肾髓质两部分（图 7-6）。**肾皮质**主要位于肾实质的浅层，富含血管，新鲜标本呈红褐色。肾皮质伸入到肾锥体之间的部分称为**肾柱**。**肾髓质**位于肾皮质的深部，呈淡红色，由 15 ～ 20 个肾锥体构成。**肾锥体**的底朝向皮质，尖端朝向肾窦，称为**肾乳头**。肾乳头尖端有许多乳头孔，尿液经乳头孔流入肾小盏内。肾窦内有 7 ～ 8 个漏斗状的肾小盏，相邻的 2 ～ 3 个肾小盏合成一个**肾大盏**，再由 2 ～ 3 个肾大盏汇合形成一个漏斗样的肾盂。**肾盂**出肾门后弯向下方，逐渐变细移行为输尿管。

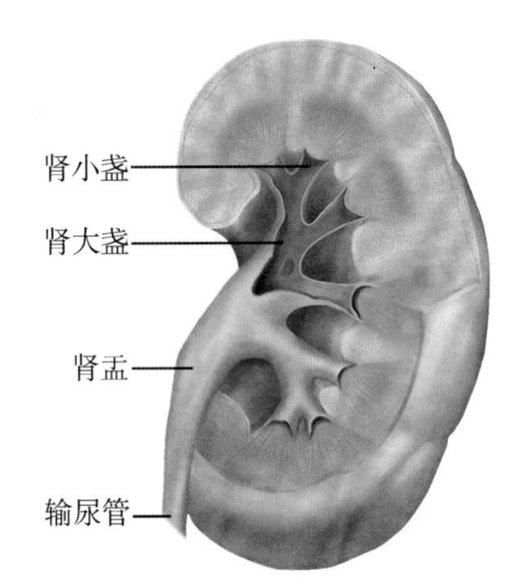

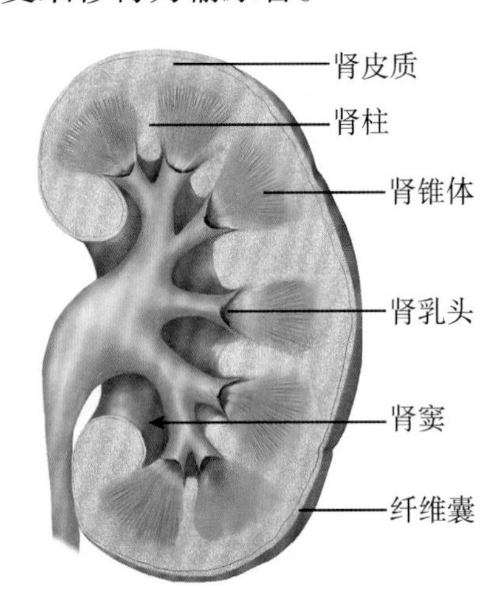

图 7-6　肾冠状切面

医者仁心

当代医圣裘法祖

中国科学院院士裘法祖教授是中国现代普通外科的主要开拓者、肝胆外科和器官移植外科的主要创始人和奠基人之一。其手术刀法以精准见长——要划破两张纸，下面的第三张一定完好。被医学界称为裘氏刀法。他常说：“医术不论高低，医德最是重要。医生在技术上有高低之分，但在医德上必须是高尚的，一个好的医生应该做到急病人之所急，想病人之所想，把病人当作自己的亲人。”

四、肾的微细结构

肾实质主要由大量肾单位和集合管构成。每个肾单位包括一个肾小体和一条与它相连的肾小管。肾小管和集合管都是由单层上皮构成的管道，均与尿液形成有关，故合称为**泌尿小管**。泌尿小管之间的少量结缔组织、血管和神经等构成肾间质。

（一）肾单位

肾单位是肾的结构和功能单位，由肾小体和肾小管组成（图 7-7），每个肾约有 150 万个肾单位。

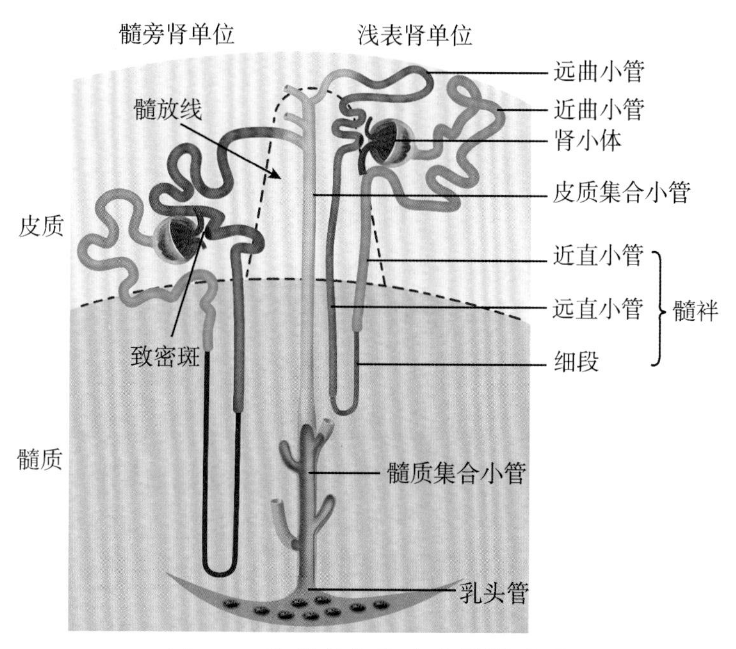

图 7-7 肾单位与集合小管模式图

1. 肾小体 呈球形，位于肾皮质内，由肾小球和肾小囊构成（图 7-8）。肾小体有两个极，微动脉出入的一端称**血管极**，对侧与近曲小管相连的一端称**尿极**。

（1）肾小球：是位于入球微动脉与出球微动脉之间一团盘曲成球状的毛细血管，被肾小囊包裹（图 7-8）。毛细血管由一层有孔的内皮细胞和基膜构成。由于入球微动脉管径较出球微动脉粗，毛细血管内形成较高的压力，故有利于血浆成分的滤过。

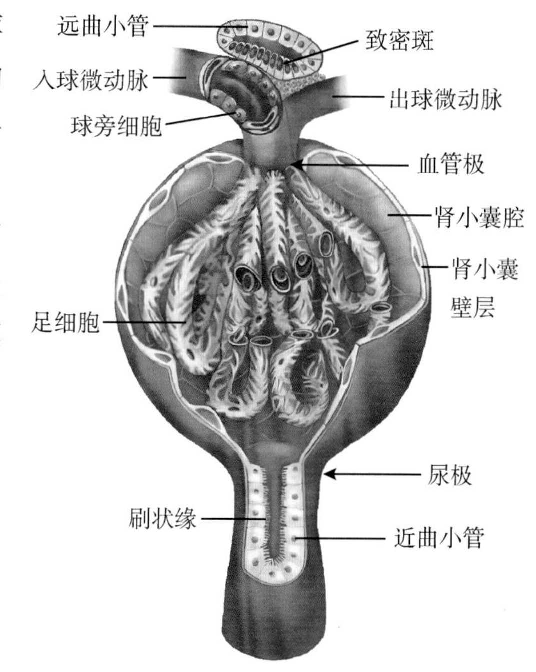

图 7-8 肾小体与球旁复合体模式图

（2）肾小囊：是肾小管的起始端膨大并向内凹陷形成的杯状双层囊，两层之间的狭窄腔隙称为**肾小囊腔**。其外层（壁层）为单层扁平上皮，与近曲小管的上皮相延续。内层（脏层）由足细胞构成（图 7-9），在扫描电镜下，可见**足细胞**从胞体发出几支粗大的初级突起，每个初级突起上又发出许多指状的次级突起。相邻次级突起互相穿插成指状相嵌，形成栅栏状紧贴在毛细血管基膜的外面。次级突起之间有宽约 25nm 的裂隙，称为**裂孔**，裂孔上覆盖一层极薄的**裂孔膜**。

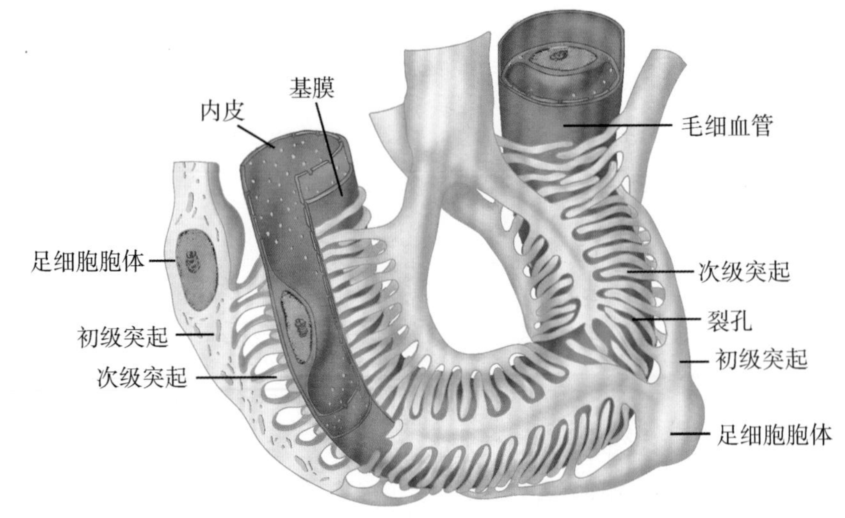

图 7-9　肾小体的足细胞与毛细血管电镜模式图

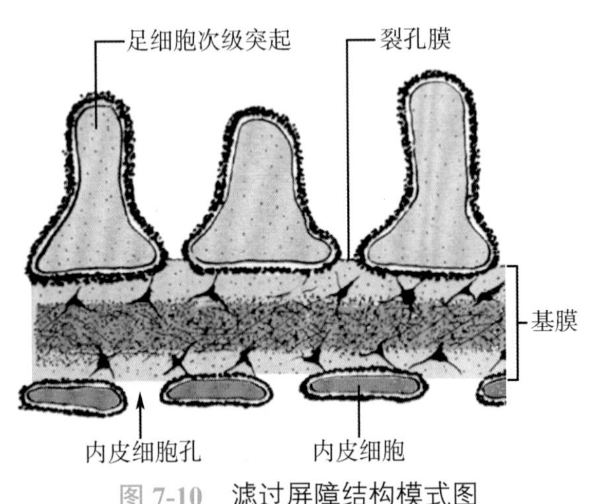

图 7-10　滤过屏障结构模式图

（3）滤过屏障：肾小体犹如一个滤过器，当血液流经血管球的毛细血管时，由于毛细血管内血压较高，血浆内部分物质经有孔内皮、基膜和足细胞裂孔膜滤入肾小囊腔，这 3 层结构统称为**滤过屏障或滤过膜**（图 7-10）。经滤过膜滤入肾小囊腔的滤液称为原尿，原尿除不含大分子蛋白质外，其成分与血浆相似。

2. 肾小管　是由单层上皮构成的细长而弯曲的管道，与肾小囊的壁层相连续，从近端至远端依次分为近端小管、细段和远端小管 3 部分（图 7-11）。

（1）近端小管：是肾小管中最长、最粗的一段，分为近曲小管和近直小管两段。近曲小管是肾小管的起始部，与肾小囊腔相连通，管腔小而不规则，上皮细胞呈立方形或锥体形（图 7-12，图 7-13），胞体较大，细胞分界不清，胞质呈嗜酸性，上皮细胞游离面的刷状缘为电镜下所见整齐排列的大量微绒毛。近端小管的上述结构特点使其具有良好的吸收功能，是重吸收原尿成分的主要场所。

（2）细段：是肾小管中管径最细的部分，由单层扁平上皮构成。由于细段上皮薄，故有利于水和离子通透。

（3）远端小管：包括远直小管和远曲小管。管腔较大而规则，上皮细胞呈立方形（图 7-12，图 7-13），细胞分界较清晰，游离面无刷状缘。远曲小管是离子交换的重要部位。

在肾髓质内，由近直小管、细段和远直小管三者构成的 U 形结构，称为**髓袢或肾单位袢**。其主要功能是减缓原尿在肾小管中的流速，有利于肾小管对水和部分离子的吸收。

考点　肾单位的组成；滤过膜的概念

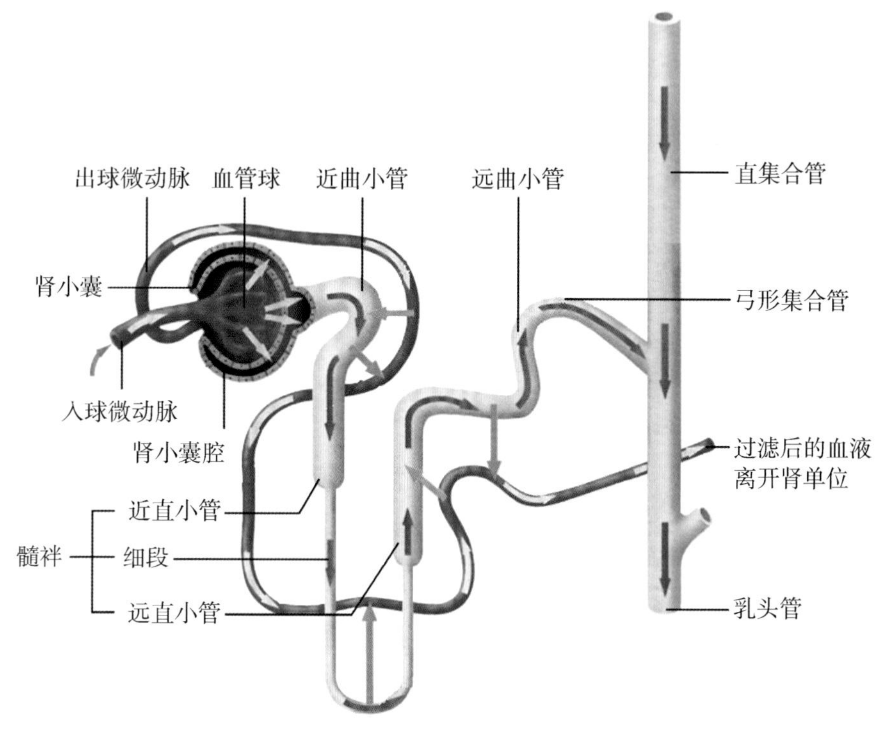

图 7-11 肾单位和集合管的结构以及尿液生成过程示意图

（二）集合管

集合管分为弓形集合管、直集合管和乳头管3段。**弓形集合管**连于远曲小管与直集合管之间，**直集合管**在肾皮质和肾锥体内下行，至肾乳头处改称**乳头管**，开口于肾小盏。直集合管的管径由细逐渐变粗，管壁上皮细胞由单层立方上皮渐变为单层柱状上皮，至乳头管处成为高柱状上皮。集合管具有重吸收原尿中水和无机盐的功能，可使原尿进一步浓缩。

综上所述，肾小体形成的原尿，依次流经近曲小管—近直小管—细段—远直小管—远曲小管—弓形集合管—直集合管—乳头管（终尿）—肾小盏—肾大盏—肾盂—输尿管—膀胱—尿道—排出体外。每24小时排出的终尿量为1000～2000ml，仅为原尿量的1%左右。

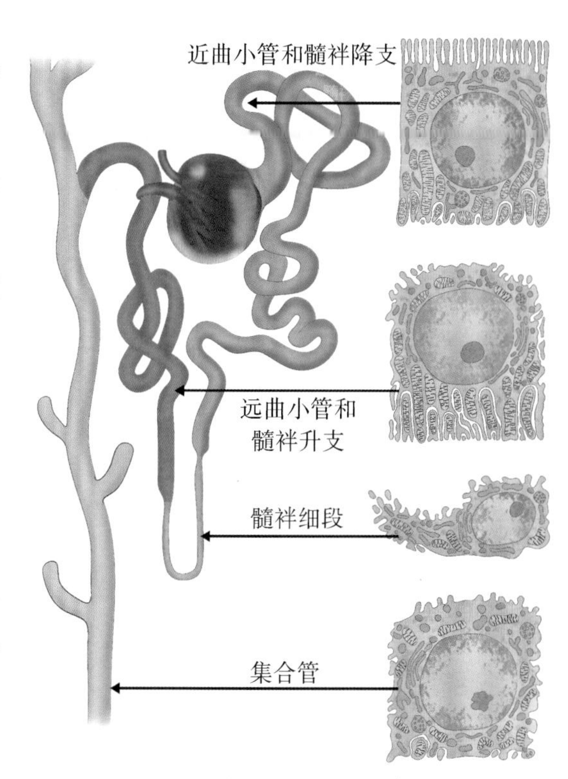

图 7-12 泌尿小管各段上皮细胞结构模式图

（三）球旁复合体

球旁复合体（图 7-14）又称肾小球旁器，位于肾小体血管极处，由球旁细胞、致密斑和球外系膜细胞组成。

1. 球旁细胞　在入球微动脉接近肾小体血管极处，管壁中的平滑肌细胞分化为上皮样细胞，称为**球旁细胞**。球旁细胞能分泌肾素，能使血压升高。

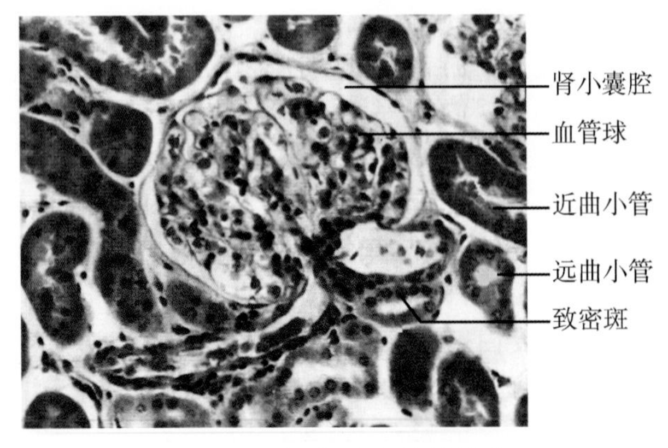

图 7-13 肾皮质光镜结构像

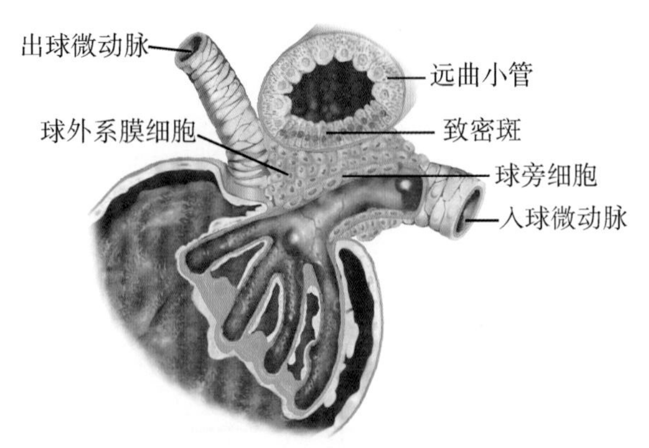

图 7-14 球旁复合体

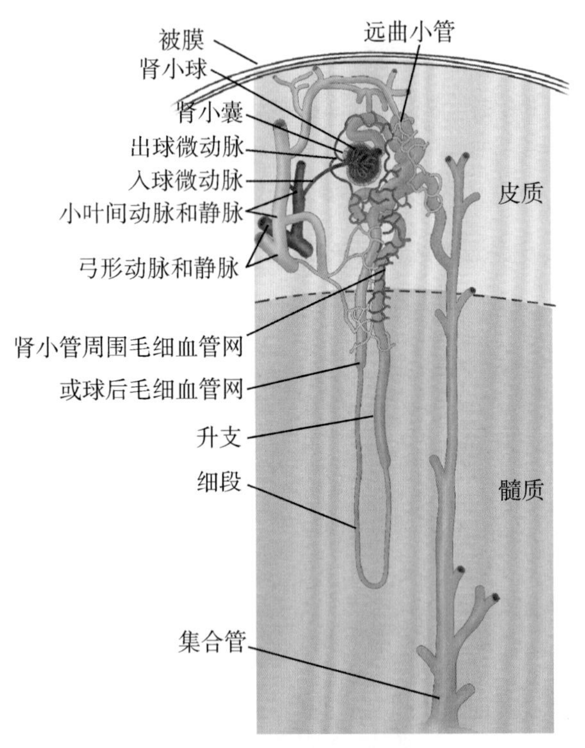

图 7-15 肾血液循环模式图

2. 致密斑 为远端小管靠近肾小体侧的上皮细胞增高、变窄而形成的椭圆形斑（图 7-8，图 7-14）。**致密斑**是 Na^+ 感受器，能敏锐地感受远端小管内 Na^+ 浓度的变化，调节球旁细胞分泌肾素。

五、肾的血液循环特点

肾的血液循环与肾功能密切相关，其特点：①肾动脉直接发自腹主动脉，短而粗，压力高，血流量大，流速快；②入球微动脉较出球微动脉粗，使血管球毛细血管内形成较高的压力，有利于滤过；③两次形成毛细血管网，即入球微动脉分支形成血管球，出球微动脉在肾小管周围形成球后毛细血管网（图 7-15）。由于血液流经血管球时大量水分被滤出，球后毛细血管内血液的胶体渗透压很高，有利于肾小管上皮细胞重吸收的物质进入血液。

第 2 节 输尿管、膀胱和尿道

一、输 尿 管

输尿管是位于腹膜外的一对细长肌性管道，长 20 ～ 30cm，管径为 0.5 ～ 1.0cm。输尿管上端在平第 2 腰椎上缘起自肾盂末端，在腹膜后沿腰大肌的前面下行，至小骨盆入口处，左输尿管越过左髂总动脉末端的前方、右输尿管越过右髂外动脉起始部的前方进入盆腔（图 7-3），男性输尿管经输精管后方与之交叉，转向前内侧斜穿膀胱壁以输尿管口开口于膀胱底内面。女性输尿管在子宫颈外侧约 2cm 处，经子宫动脉后下方穿入膀胱底。

输尿管全程有3处狭窄：上狭窄位于肾盂与输尿管移行处；中狭窄位于小骨盆入口，输尿管跨越髂血管处；下狭窄位于输尿管斜穿膀胱壁处。狭窄处口径只有0.2～0.3cm，常是输尿管结石易滞留的部位。

考点 输尿管3处狭窄的位置

二、膀 胱

膀胱是暂时储存尿液的肌性囊状器官，其形状、大小、位置和壁的厚度均随尿液的充盈程度、年龄、性别不同而异。成人膀胱容量为350～500ml，最大容量可达800ml，新生儿的膀胱容量约为成人的1/10。

（一）膀胱的形态

空虚时的膀胱呈三棱锥体形，分为膀胱尖、膀胱体、膀胱底和膀胱颈4部分（图7-16），各部之间无明显界限。**膀胱尖**朝向前上方，**膀胱底**呈三角形，朝向后下方。膀胱尖与膀胱底之间的部分为**膀胱体**。膀胱的最下部为**膀胱颈**，向下接续尿道。

（二）膀胱的位置与毗邻

1. 膀胱的位置 成人膀胱位于盆腔的前部（图7-17），耻骨联合的后方。膀胱空虚时，膀胱尖不超过耻骨联合的上缘。膀胱充盈时，膀胱尖即上升至耻骨联合以上，由腹前壁折向膀胱上面的腹膜也随之上移，使膀胱前下壁直接与腹前壁相贴。此时，可在耻骨联合上方行膀胱穿刺术或膀胱手术，这样既不经过腹膜腔，也不会伤及腹膜和污染腹膜腔。穿刺针依次穿经皮肤、浅筋膜、腹白线、腹横筋膜、膀胱前壁而达膀胱腔。

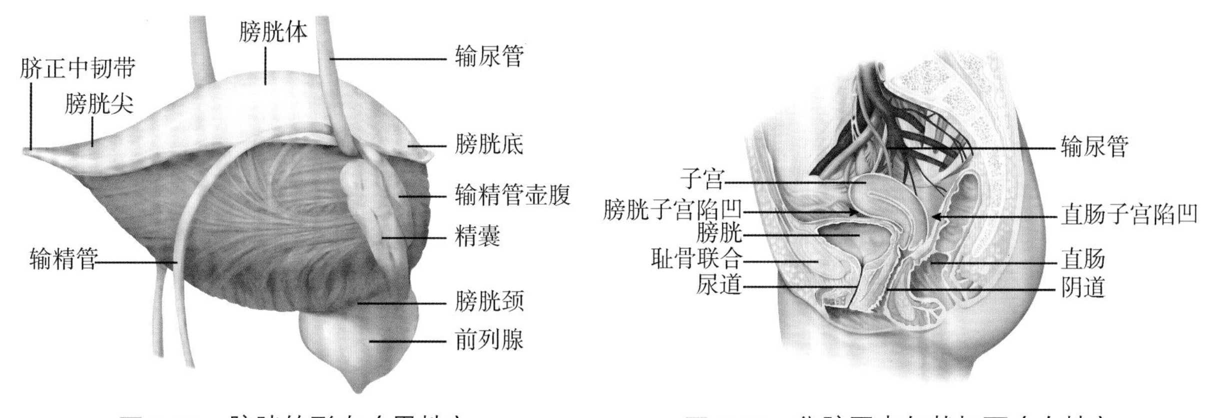

图7-16 膀胱的形态（男性）

图7-17 盆腔正中矢状切面（女性）

2. 膀胱的毗邻 膀胱前方邻接耻骨联合，在膀胱的后方，男性邻接精囊、输精管末端和直肠，女性邻接子宫和阴道（图7-17）；膀胱颈下方，男性邻接前列腺（图7-18），女性邻接尿生殖膈。

（三）膀胱壁的构造

膀胱壁由内向外由黏膜、肌层和外膜构成。黏膜上皮为变移上皮。膀胱空虚时，变移上皮变厚，由于肌层的收缩黏膜形成许多皱襞；膀胱充盈时，变移上皮变薄，皱襞减少或消失。在膀胱底的内面，位于两侧输尿管口与尿道内口之间的三角形区域，称为**膀胱三角**（图7-18）。

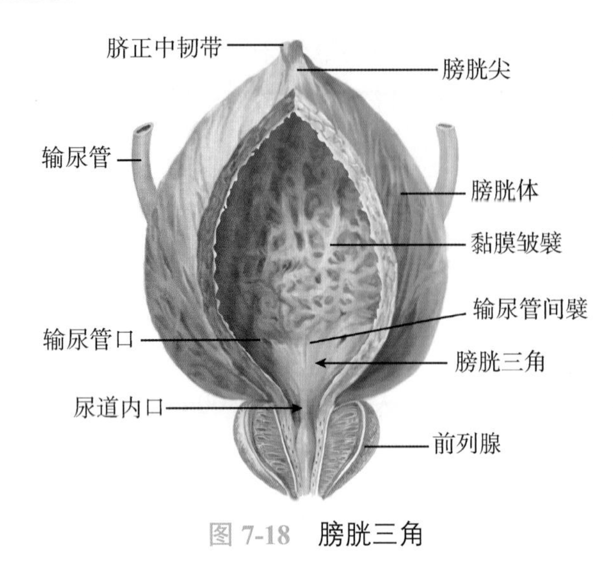

图 7-18 膀胱三角

此区域黏膜与肌层紧密相连，无论膀胱充盈或空虚时，黏膜始终平滑无皱襞，膀胱三角是肿瘤、结核和炎症的好发部位，也是膀胱镜检查的重点区域。在膀胱三角的底，两输尿管口之间的横行黏膜皱襞，称为**输尿管间襞**，膀胱镜下所见为一苍白带，是膀胱镜检查时寻找输尿管口的标志。肌层厚，由内纵行、中环形和外纵行的3层平滑肌构成，各层肌纤维互相交织，分界不清。中层环形肌在尿道内口处增厚形成尿道内括约肌。

考点 膀胱三角的概念及其临床意义

三、尿　道

尿道是从膀胱通向体外的一条管道。男性尿道见男性生殖系统。女性尿道较男性尿道短、宽而直，长 3 ～ 5cm，直径约 0.6 cm，仅有排尿功能。女性尿道起自膀胱的尿道内口，经阴道前方行向前下（图 7-17），穿过尿生殖膈，以尿道外口开口于阴道前庭。女性尿道前方为耻骨联合，后方紧贴阴道前壁，尿道外口位于阴道口的前方。女性尿道穿过尿生殖膈处有骨骼肌形成的**尿道阴道括约肌环绕**，有控制排尿的作用。由于女性尿道短、宽而直，且开口于阴道前庭，距阴道口和肛门较近，故尿路易受感染。临床上为女性患者插导尿管时，要注意尿道外口的位置，尿管插入尿道的深度为 4 ～ 6cm。

考点 女性尿道的特点及其开口部位

第 3 节　肾 脏 生 理

机体将新陈代谢过程中产生的代谢终产物、多余的水和进入体内的异物等，经血液循环运送至某些器官排出体外的过程，称为**排泄**。人体排泄有多种途径（表 7-1），其中以肾最为重要。肾通过泌尿排出的排泄物种类最多、数量最大，当肾功能障碍时，其他器官不能替代，故肾是人体最重要的排泄器官。肾在泌尿过程中不仅起排泄作用，还对机体的水、电解质平衡和酸碱平衡起到重要调节作用，在维持机体内环境稳态方面具有重要意义。此外，肾还能产生肾素、促红细胞生成素等生物活性物质。

考点 机体的排泄途径

表 7-1 人体的排泄途径及其排泄物

排泄途径	排泄物
肾	水、尿素、尿酸、肌酐、盐类、药物、毒物等
肺	CO_2、水、挥发性药物等
皮肤	水、盐类、少量尿素等
消化道	钙、镁、铁、磷等电解质，胆色素，毒物等

一、尿液的生成过程

尿液的生成在肾单位和集合管中进行，包括3个基本过程：①肾小球的滤过；②肾小管和集合管的重吸收；③肾小管和集合管的分泌（图7-19）。肾小球滤过生成原尿，原尿在流经肾小管、集合管的过程中，小管上皮细胞对其不同成分进行选择性重吸收并分泌排泄部分物质，使之转变为经膀胱排出的终尿。

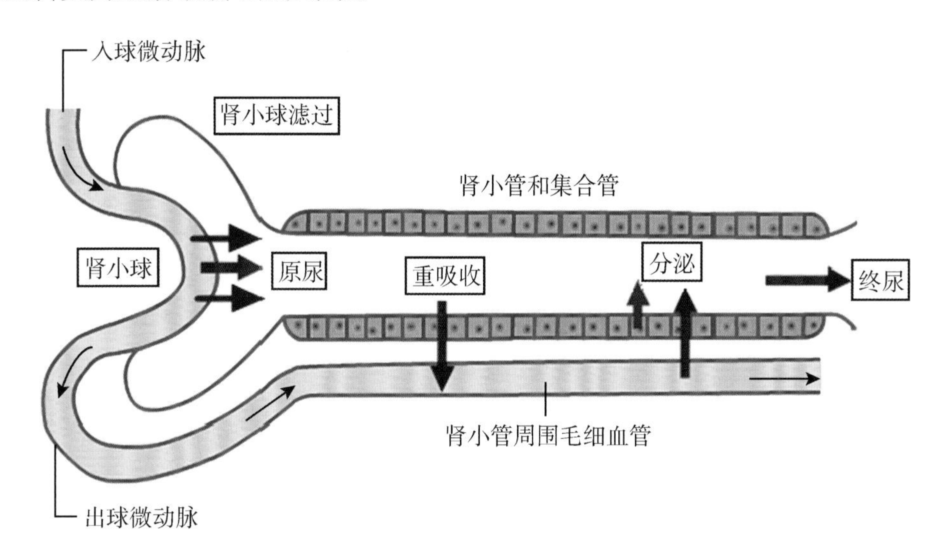

图7-19 尿液的生成过程示意图

（一）肾小球的滤过作用

肾小球的滤过作用是指血液流经肾小球时，血浆中除大分子蛋白质外，其他水和小分子物质均可通过滤过膜进入肾小囊腔形成原尿的过程。微量分析结果显示，原尿中除不含大分子的血浆蛋白质外，其余成分如葡萄糖、无机盐、尿素和肌酐等浓度都与血浆非常接近，渗透压以及酸碱度基本上与血浆相似。说明原尿就是血浆的超滤液。

1. 肾小球滤过膜　是滤过的结构基础。正常人两肾全部肾小球的滤过面积为1.5m^{2}左右，滤过面积大且稳定。在滤过膜上存在大小不等的孔道，构成滤过的机械屏障（图7-10）。一般来说，分子有效半径小于1.8nm的中性物质，如葡萄糖、尿素、水、Na^+等，均可自由滤过；有效半径大于3.6nm的物质则不能滤过。在滤过膜上还存在带负电荷的糖蛋白，构成滤过的电屏障，可阻止血浆中某些带负电荷的物质通过（如白蛋白）。因此，肾小球滤过膜对物质的滤过起电化学屏障作用。以上结果表明，滤过膜的通透性不仅取决于滤过膜孔的大小，还取决于滤过膜所带的电荷。

2. 有效滤过压　是肾小球滤过的动力，包括3部分力量，肾小球毛细血管血压是推动血浆滤出滤过膜的力量，而血浆胶体渗透压和囊内压是对抗滤过的力量。因此，肾小球有效滤过压＝肾小球毛细血管血压－（血浆胶体渗透压＋囊内压）（图7-20）。原尿的生成量主要由肾小球有效滤过压来决定。肾小球有效滤过压，见表7-2。

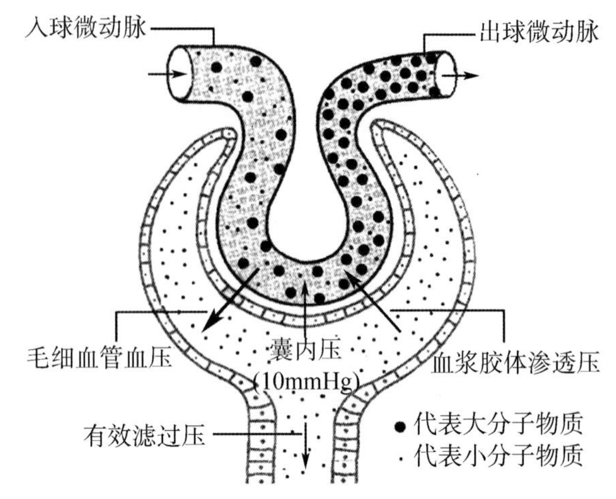

图 7-20 有效滤过压示意图

由表 7-2 可以看出，肾小球有效滤过压的大小，主要取决于血浆胶体渗透压的变化。从入球端的毛细血管开始，在血液流向肾小球毛细血管的出球端时，随着水和小分子物质的不断滤出，血浆中蛋白质浓度相对增加，导致血浆胶体渗透压逐渐升高，故有效滤过压则逐渐下降，当有效滤过压下降为零时，滤过即停止。一般情况下，滤过发生在靠近入球端的毛细血管。

3. 肾小球滤过率　是指单位时间内（每分钟）两肾生成的原尿量。肾小球滤过率是衡量肾小球滤过功能的一项重要指标。正常成人安静时约为 125ml/min，依此计算，每昼夜两肾生成的原尿量高达 180L。

表 7-2　肾小球有效滤过压各组力量数值　　**单位：mmHg**

部位	毛细血管血压	血浆胶体渗透压	囊内压	有效滤过压
入球端	45	20	10	15
出球端	45	35	10	0

（二）肾小管和集合管的重吸收作用

原尿流经肾小管和集合管时，其中某些成分经肾小管和集合管上皮细胞又重新返回血液的过程，称为肾小管和集合管的重吸收。进入肾小管后的原尿，称为**小管液**。

1. 重吸收的方式　有主动重吸收和被动重吸收两种。主动重吸收是指肾小管和集合管上皮细胞将小管液中的溶质逆浓度差或电位差转运到血液的过程，需要消耗能量，如葡萄糖、氨基酸、维生素、K^+、Na^+、Ca^{2+} 等是主动重吸收。被动重吸收是指小管液中的物质顺着浓度差或电位差转运到血液的过程，不需消耗能量，如水、尿素和大部分 Cl^- 等则是被动重吸收。

2. 重吸收的部位　肾小管各段和集合管都具有重吸收功能，但近端小管重吸收的物质种类最多、数量最大，因而是各类物质重吸收的主要部位。全部营养物质（如葡萄糖、氨基酸、甘油、脂肪酸、维生素等）几乎都在近端小管重吸收；65% ～ 70% 的水和大部分无机盐均在此段被重吸收，余下的水和盐类则在髓袢、远曲小管和集合管重吸收，少量随尿排出（图 7-21）。

3. 重吸收的特点

（1）量大：如肾小球滤过率是 125ml/min，每日生成的原尿总量可达 180L，而终尿量约为 1.5L，说明原尿中的水 99% 以上被重吸收入血。若对水的重吸收率减少 1%，尿量将会成倍增加。

（2）选择性：机体对葡萄糖、氨基酸、甘油、脂肪酸、维生素等有用的物质全部重吸收；对 Na^+、Cl^- 和水等大部分重吸收；对尿素和磷酸根等小部分重吸收；对肌酐、NH_3 等无用的代谢终产物则完全不重吸收。

（3）有限性：当小管液中某种物质的浓度过高，超过重吸收限度时，则不能全部被重吸收，而是随尿排出体外。例如，当血糖浓度超过一定范围时，有部分肾小管对葡萄糖的重吸收已超过极限，此时尿中可出现葡萄糖，称为糖尿。通常把开始出现糖尿时的血糖浓度，称为**肾糖阈**。正常值为 8.88 ～ 9.99mmol/L。

考点 有效滤过压、肾小球滤过率和肾糖阈的概念

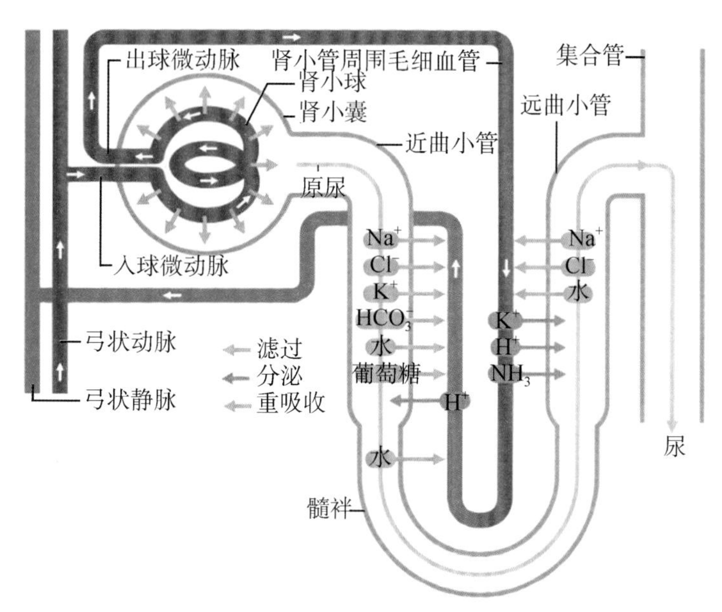

图 7-21 肾小管的重吸收与分泌示意图

（三）肾小管和集合管的分泌作用

肾小管和集合管上皮细胞将自身代谢产生的物质或血液中某些物质排入小管液的过程，称为分泌作用。分泌的主要物质是 H^+、NH_3 和 K^+，对维持体内酸碱平衡具有重要意义。

二、影响和调节尿液生成的因素

尿的生成有赖于肾小球的滤过作用和肾小管、集合管的重吸收及分泌作用，故机体对尿生成的调节也就是通过对滤过作用和重吸收、分泌作用的调节来实现的。

（一）影响肾小球滤过的因素

1. 有效滤过压　肾小球滤过的动力是有效滤过压。决定有效滤过压的 3 个因素发生变化时，都会影响肾小球的滤过。

（1）肾小球毛细血管血压：由于肾血流量存在自身调节机制，当动脉血压在 80 ～ 180mmHg 时，肾通过自身调节维持肾小球毛细血管血压相对稳定，从而使肾小球滤过率基本不变。如在剧烈运动时，或大失血后使平均动脉压下降到 80mmHg 以下，就会引起肾小球滤过率的减少，尿量减少；当休克时，动脉血压下降至 40mmHg 以下时，肾小球滤过率则降至零，从而出现无尿。此外，原发性高血压晚期，入球微动脉由于硬化而狭窄时，肾小球毛细血管血压也会明显降低，使滤过率减少，可导致少尿，严重时可无尿。

（2）血浆胶体渗透压：正常情况下，血浆蛋白浓度比较稳定，血浆胶体渗透压亦不会

有明显波动。某些肝、肾疾病使血浆蛋白的浓度明显降低，或由静脉输入大量生理盐水使血浆蛋白被稀释，均可导致血浆胶体渗透压降低，有效滤过压升高，肾小球滤过率增加，尿量增多。

（3）囊内压：正常情况下，囊内压变化较小。肾盂或输尿管结石、肿瘤压迫或其他原因引起输尿管阻塞，小管液或终尿排不出去，可导致囊内压升高，有效滤过压降低，肾小球滤过率减少，尿量减少。

2. 滤过膜的面积和通透性　正常情况下，滤过膜的面积和通透性相对稳定。在病理情况下，如急性肾小球肾炎时，由于肾小球毛细血管的管腔变窄或闭塞，滤过面积减少，滤过率下降，导致少尿以至无尿；又由于滤过膜带负电荷的糖蛋白减少或消失，滤过膜通透性增大，本来不能通过的蛋白质甚至红细胞滤出，出现蛋白尿或血尿。

3. 肾血浆流量　正常情况下，肾血流量在自身调节的基础上，肾血浆流量可保持相对稳定。只有在剧烈运动或处于大失血、严重缺氧等病理情况下，因交感神经强烈兴奋，肾血管收缩使肾血流量和肾血浆流量明显减少，肾小球滤过率也显著降低，尿量减少。

考点　影响肾小球滤过的因素

（二）影响肾小管和集合管重吸收与分泌的因素

1. 小管液中溶质浓度　小管液中溶质浓度决定小管液渗透压的高低，而小管液渗透压是对抗水重吸收的力量。如果小管液中溶质浓度升高，渗透压升高，水的重吸收减少，排出的尿量将增多。例如，糖尿病患者或正常人摄入大量葡萄糖后，血糖升高超过肾糖阈，这时滤过的葡萄糖不能全部被近端小管重吸收，造成小管液中葡萄糖的浓度增加，小管液渗透压升高，从而阻碍了 NaCl 和 H_2O 的重吸收，出现尿量明显增多，因此糖尿病患者的多尿属于渗透性利尿。

临床上给患者静脉滴注甘露醇，由于甘露醇可被肾小球滤过而不易被肾小管重吸收，故可提高小管液中溶质的浓度，使尿量增加，以达到利尿消肿的目的，常用来治疗脑水肿、青光眼等疾病。

2. 抗利尿激素（ADH）　由下丘脑视上核和室旁核的神经内分泌细胞合成，通过下丘脑-神经垂体束的轴突运输至神经垂体储存，当机体需要时由此释放入血。

（1）生理作用：主要是提高远曲小管和集合管上皮细胞对水的通透性，促进水的重吸收，使尿液浓缩，尿量减少。下丘脑或下丘脑垂体束病变时，ADH 的合成和释放发生障碍，可导致大量排出低渗尿，每日可达 10L 以上，临床称为**尿崩症**。

（2）调节因素：ADH 的释放主要受血浆晶体渗透压和循环血量的调节（图 7-22）。

1）血浆晶体渗透压：在下丘脑视上核附近区域有渗透压感受器，其对血浆晶体渗透压的改变十分敏感。当血浆晶体渗透压增高时，渗透压感受器兴奋，反射性地引起 ADH 合成和释放增加；反之，当血浆晶体渗透压降低时，可引起 ADH 分泌和释放减少。例如，当人体缺水时（如大量出汗、呕吐、腹泻等），血浆晶体渗透压升高，对下丘脑渗透压感受器刺激增强，则 ADH 合成和释放增加，使远曲小管和集合管上皮细胞对水的重吸收明显增强，尿液浓缩，尿量减少。相反，大量饮清水后，血液被稀释，血浆晶体渗透压降低，对下丘脑渗透压感受器刺激减小，ADH 合成和释放减少，使远曲小管和集合管上皮细胞对水的重吸收明显减少，尿液稀释，尿量增多，以排出体内多余的水分。大量饮清水后引起尿量增多的现象，称为**水利尿**。由此可见，血浆晶体渗透压和循环血量的变化，都可通过负反馈机制调节 ADH 的分泌和释放，以维持血浆晶体渗透压和循环血量的相对稳定。

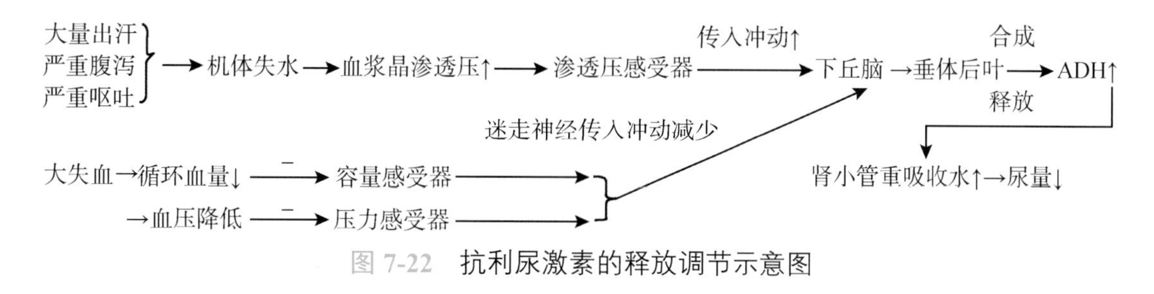

图 7-22　抗利尿激素的释放调节示意图

2）循环血量：在左心房和胸腔大静脉壁上有容量感受器，主要感受循环血量的变化。当循环血量增加时，对容量感受器的刺激增强，经迷走神经传入中枢的冲动增加，反射性地抑制 ADH 的分泌和释放，使水重吸收减少，尿量增多。当机体失血，循环血量减少时，对容量感受器的刺激减弱，经迷走神经传入中枢的冲动减少，反射性地促进 ADH 的分泌和释放，使水重吸收增加，尿量减少。

3. 醛固酮　是由肾上腺皮质球状带细胞分泌的一种盐皮质激素。

（1）生理作用：主要是促进远曲小管和集合管上皮细胞对 Na^+ 主动重吸收，同时促进 K^+ 的排出。Na^+ 重吸收又伴有 Cl^- 和水的重吸收。因此，醛固酮具有保钠排钾、保持和稳定细胞外液的作用。

（2）调节因素：醛固酮的分泌主要受肾素 - 血管紧张素 - 醛固酮系统和血 Na^+、血 K^+ 浓度的调节。

1）肾素 - 血管紧张素 - 醛固酮系统（图 7-23）：肾素主要由球旁细胞分泌，当循环血量减少时，肾血流量减少，使入球微动脉牵张感受器兴奋、致密斑兴奋，球旁细胞分泌肾素增加；肾交感神经兴奋可直接刺激球旁细胞分泌肾素。肾素可作用于血浆中无活性的血管紧张素原（主要在肝脏产生）转变为血管紧张素Ⅰ，后者经过转换酶的作用变为血管紧张素Ⅱ，血管紧张素Ⅱ再经过氨基肽酶的作用下生成血管紧张素Ⅲ。血管紧张素Ⅱ和血管紧张素Ⅲ均可刺激肾上腺皮质球状带细胞合成和分泌醛固酮，从而实现保 Na^+、保水、排 K^+ 的作用。由于肾素、血管紧张素、醛固酮之间有密切的功能联系，故称为肾素 - 血管紧张素 - 醛固酮系统。

2）血 Na^+、血 K^+ 浓度的调节：当血 Na^+ 浓度降低或血 K^+ 浓度升高时，可直接刺激肾上腺皮质球状带细胞分泌醛固酮，促进肾脏保 Na^+ 排 K^+；反之，当血 Na^+ 浓度增高或血 K^+ 浓度降低时，则抑制醛固酮分泌，从而维持机体血 Na^+ 和血 K^+ 浓度的相对稳定。

4. 心房钠尿肽　又称心钠素或心房肽，是由心房肌细胞合成和分泌的激素。其主要作用是抑制 Na^+ 的重吸收，因而有较强的排 Na^+、排水作用，从而能够使血容量减少，血压降低。心房钠尿肽可使入球微动脉舒张，增加肾血浆流量和肾小球滤过率，抑制肾素、醛固酮和抗利尿素等的分泌，从而利尿、利钠。

考点　渗透性利尿和水利尿的概念；抗利尿激素、醛固酮对尿液生成的调节

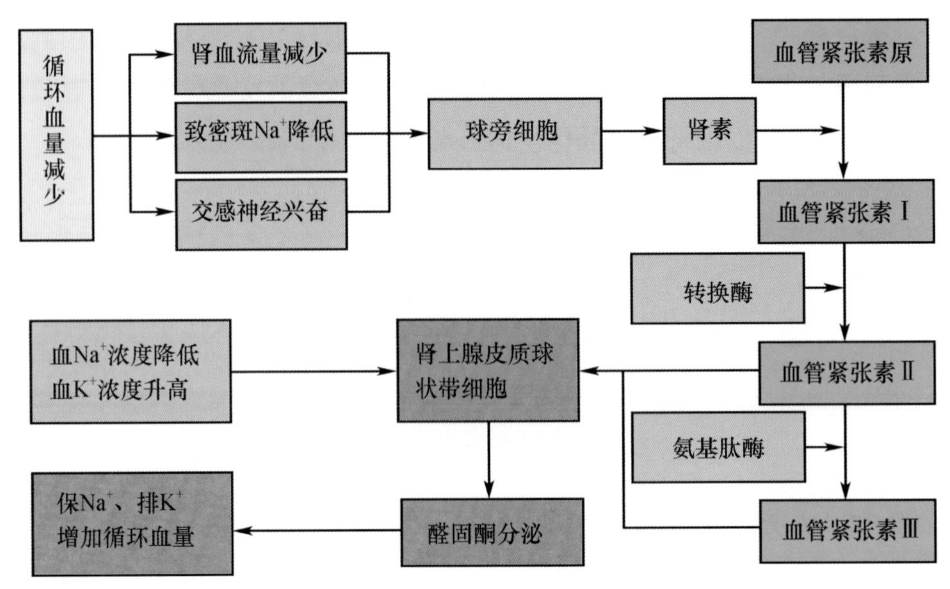

图 7-23　肾素 - 血管紧张素 - 醛固酮系统的作用示意图

三、尿液的排放

肾生成尿是一个连续不断的过程，而终尿排出是间歇性的。这是因为尿由肾生成后，即经输尿管的蠕动送入膀胱暂时储存，只有达到一定量时，反射性地引起排尿活动，才能将尿液排出体外。

（一）尿量与尿的理化性质

1. 尿量　正常成人每昼夜尿量为 1000 ～ 2000ml，平均为 1500ml。尿量的多少与饮水量及其他途径所排出的液体量有关。昼夜尿量长期超过 2500ml，为**多尿**；每昼夜尿量在 100 ～ 400ml，为**少尿**；每昼夜尿量少于 100ml，为**无尿**。正常人每日代谢产生的固体代谢终产物，至少溶解在 500ml 的尿中才能排出。多尿可使机体水分大量丢失，而致脱水等；少尿、无尿时，会使代谢终产物在体内积蓄，严重时可导致尿毒症。

2. 尿的理化性质

（1）颜色：正常新鲜尿液为淡黄色透明液体。尿液颜色主要来自胆红素的代谢产物。大量饮清水后，尿液被稀释，颜色变浅；机体缺水时，尿量减少，尿液浓缩，颜色变深。

（2）密度与渗透压：尿液的相对密度为 1.015 ～ 1.025，其相对密度的大小决定于尿量。尿液的渗透压一般高于血浆渗透压。尿液的渗透压低于血浆渗透压时称为**低渗尿**，尿液的渗透压高于血浆渗透压时称为**高渗尿**。

尿密度与尿的渗透压都能反映尿中溶质的含量，当尿浓缩、尿溶质含量增多时，尿密度与尿的渗透压均增高，故可反映肾的浓缩稀释功能。

（3）酸碱度：尿液一般呈弱酸性，尿液的 pH 为 4.5 ～ 8.0。正常人尿的酸碱度主要决定于食物的成分，素食者，尿液呈碱性；荤素杂食者，尿液呈酸性。

3. 尿液的化学成分　尿液的主要成分是水，占 95% ～ 97%，其余为溶质，主要是电解质和非蛋白含氮化合物。电解质中以 Na^+、Cl^- 含量最多，非蛋白含氮化合物中以尿素为主。

（二）尿的排放

1. 膀胱和尿道的神经支配　膀胱逼尿肌与尿道内括约肌受腹下神经和盆神经双重支配（图 7-24）。副交感神经兴奋使膀胱逼尿肌收缩，尿道内括约肌舒张，促进排尿；交感神经兴奋使膀胱逼尿肌松弛，尿道内括约肌收缩，阻止排尿。尿道外括约肌受阴部神经（躯体运动神经）支配，兴奋时使尿道外括约肌收缩，阻止排尿，这一作用受意识控制，是高级中枢控制排尿的主要传出途径。上述 3 种神经纤维也含有感觉传入纤维，可感受来自膀胱和尿道的刺激。

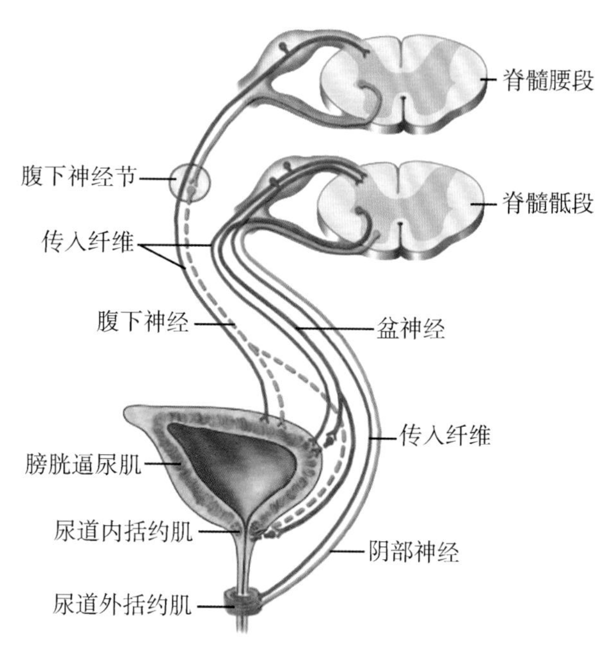

图 7-24　膀胱和尿道神经支配示意图

2. 排尿反射　是一种脊髓反射，其初级中枢位于脊髓骶段，并受大脑皮质的控制。当膀胱内的储存尿液增加到 400 ～ 500ml 时，膀胱壁牵张感受器受到刺激而兴奋，冲动沿盆神经传入纤维到达脊髓骶段的排尿反射初级中枢，同时冲动也上传到大脑皮质的排尿反射高位中枢，产生尿意。若条件不许可，则排尿反射高位中枢对脊髓骶段的排尿反射初级中枢产生抑制作用，暂时抑制排尿。若条件许可，则其抑制解除，脊髓骶段排尿反射初级中枢可发出兴奋冲动，沿盆神经传出纤维到达膀胱，引起膀胱逼尿肌收缩，尿道内括约肌松弛，于是尿液进入后尿道，并刺激尿道感受器，冲动沿阴部神经传到脊髓骶段，加强排尿中枢的活动，使膀胱逼尿肌进一步加强收缩，同时反射性地抑制阴部神经活动，使尿道外括约肌松弛，于是尿液被强大的膀胱内压驱出体外。这一正反馈过程反复进行，直至膀胱内的尿液排完为止（图 7-25）。

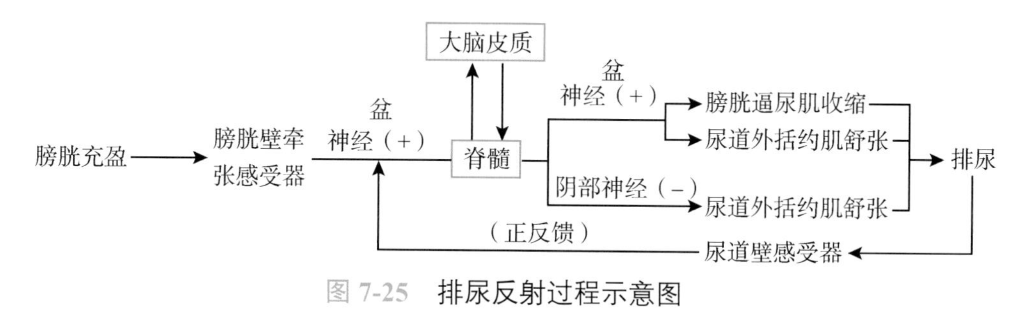

图 7-25　排尿反射过程示意图

如上所述，排尿是一个反射过程，但受高位中枢随意控制。如果排尿反射的反射弧任何一个环节出现问题，都将导致排尿异常。

3. 排尿异常　小儿的大脑皮质发育尚未完善，对排尿反射初级中枢控制能力较弱，故排尿次数多，易发生夜间遗尿。当膀胱炎或膀胱受到机械刺激（如膀胱结石）时，由于膀胱牵张感受器受到刺激可频繁兴奋而引起排尿次数过多，出现尿频。在脊髓腰段以上受损时，使排尿反射初级中枢与大脑皮质失去联系，排尿反射不受意识控制，称为**尿失禁**。若脊髓排尿反射初级中枢或盆神经受损，则排尿反射不能进行，此时膀胱内充满尿液而不能排出，称为**尿潴留**。

考点 排尿反射的基本过程

自 测 题

A_1/A_2 型题

1. 人体内最重要的排泄器官是（　　）
   A. 肝　B. 皮肤　C. 肾　D. 肺　E. 大肠
2. 关于肾的描述，错误的是（　　）
   A. 左右各一
   B. 形似蚕豆形
   C. 右侧肾蒂较左侧短
   D. 肾柱属于肾髓质的结构
   E. 纤维囊紧贴肾实质表面
3. 临床上做肾囊封闭时是将药液注入（　　）
   A. 肾筋膜　B. 脂肪囊　C. 肾髓质　D. 肾皮质　E. 纤维囊
4. 关于输尿管的描述，错误的是（　　）
   A. 起于肾门，终于膀胱
   B. 长 20 ～ 30cm
   C. 为一对细长的肌性管道
   D. 全长有 3 处狭窄
   E. 狭窄处常是结石易嵌留的部位
5. 为成年女性患者导尿时，尿管插入尿道的深度应该是（　　）
   A. 3 ～ 5cm　B. 4 ～ 6cm　C. 6 ～ 8cm　D. 8 ～ 10cm　E. 10 ～ 12cm
6. 原尿的成分与下列相似的是（　　）
   A. 血液
   B. 血浆
   C. 去血浆蛋白的血浆
   D. 终尿
   E. 等渗溶液
7. 正常情况下，成人的肾小球滤过率为（　　）
   A. 100ml/min　B. 125ml/min　C. 150ml/min　D. 180ml/min　E. 250ml/min
8. 大量饮清水后引起尿量增多的主要原因是（　　）
   A. 血浆晶体渗透压升高
   B. 血浆晶体渗透压降低
   C. 肾小管液晶体渗透压升高
   D. 肾小管液溶质浓度降低
   E. 血浆胶体渗透压降低
9. 直接影响远曲小管和集合管重吸收水的激素是（　　）
   A. 肾素　B. 甲状旁腺激素　C. 醛固酮　D. 抗利尿激素　E. 肾上腺素
10. 葡萄糖的重吸收部位仅限于（　　）
    A. 远曲小管　B. 集合管　C. 髓袢　D. 远曲小管和集合管　E. 近端小管
11. 大量出汗时尿量减少的主要原因是（　　）
    A. 血浆晶体渗透压升高，引起 ADH 分泌
    B. 交感神经兴奋，引起 ADH 分泌
    C. 肾小管液晶体渗透压升高，引起 ADH 分泌
    D. 血容量减少，导致肾小球滤过率减少
    E. 血浆胶体渗透压降低，导致肾小球滤过率减少
12. 醛固酮的作用是（　　）

A. 保钾排水　B. 保钠保钾
C. 排氢保钠　D. 保钠排钾
E. 保钾排钠

13. 高位截瘫患者排尿障碍表现为（　　）
A. 尿潴留　B. 尿失禁
C. 尿频　D. 尿痛
E. 尿崩症

14. 排尿反射的初级中枢在（　　）
A. 中脑　B. 延髓
C. 脊髓腰段　D. 脊髓骶段
E. 脊髓胸段

15. 患者，女性，6岁。因出现双眼睑水肿，并伴有尿少、血尿2天而来医院就诊。尿液检查：尿呈洗肉水样，尿蛋白（++）。其病变部位可能在（　　）
A. 膀胱　B. 输尿管
C. 肾盂　D. 肾小体
E. 尿道

16. 患者，女性，66岁。因无痛性血尿近6个月而来医院就诊，经膀胱镜检查发现患有膀胱肿瘤。请问病变最有可能发生在（　　）
A. 膀胱尖　B. 膀胱体
C. 两输尿管口之间　D. 膀胱颈
E. 膀胱三角

17. 患者，女性，20岁。因近日出现尿频、尿急、尿痛等症状而来医院就诊。经检查诊断为尿路感染。请问女性尿道易引起逆行性感染，主要是因为女性尿道（　　）
A. 抵抗力弱　B. 较短、宽而直
C. 紧贴阴道　D. 较长、窄而直
E. 仅有排尿功能

（姚　红　申贤淑）

第8章 生殖系统

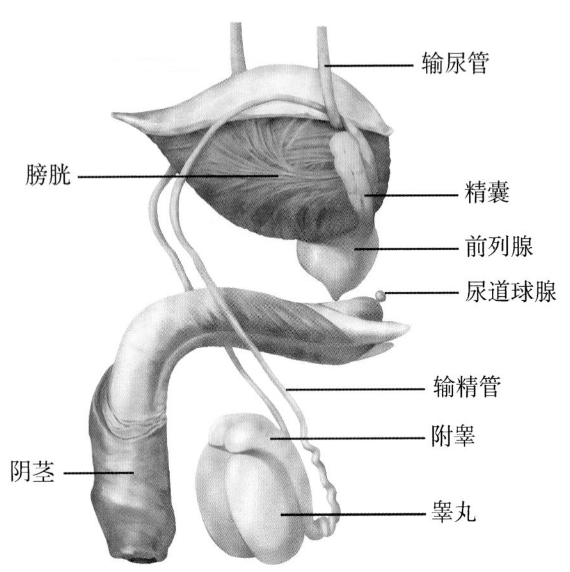

图 8-1　生殖系统（男性）

生殖系统分男性生殖系统（图 8-1）和女性生殖系统，具有产生生殖细胞、分泌性激素和繁殖后代的功能。按器官所在位置，生殖系统分为内生殖器和外生殖器两部分（表 8-1）。内生殖器多数位于盆腔内，包括产生生殖细胞和分泌性激素的生殖腺、输送生殖细胞的生殖管道和附属腺；外生殖器则显露于体表，主要为性的交接器官。

表 8-1　男性、女性生殖系统的组成

组成		男性生殖系统	女性生殖系统
内生殖器	生殖腺	睾丸	卵巢
	生殖管道	附睾、输精管、射精管和男性尿道	输卵管、子宫和阴道
	附属腺	精囊、前列腺和尿道球腺	前庭大腺
外生殖器		阴囊和阴茎	女阴

第1节　男性生殖系统

案例 8-1

患者，男性，68 岁。因近半年出现尿频、尿急，排尿困难，以夜间较重而来医院就诊。直肠指诊提示：前列腺增大、前列腺沟变浅。初步诊断：前列腺增生。

问题：1. 前列腺沟位于何处？前列腺增生为什么会引起排尿困难？

2. 从解剖学角度分析，给男性患者插导尿管时，应注意哪些问题？

一、男性内生殖器

（一）睾丸

1. 睾丸的位置和形态　**睾丸**（图 8-2）位于阴囊内，左右各一，呈扁椭圆形，表面光滑，分上下两端、前后两缘和内外侧面。前缘游离，后缘与附睾相接并有睾丸输出小管、血管、神经和淋巴管出入。上端被附睾包裹，下端游离。外侧面与阴囊壁相贴；内侧面与阴囊中隔相依。睾丸除后缘外都被覆有鞘膜，鞘膜分脏、壁两层，两者在睾丸后缘处相互移行形成一个密闭的腔隙，称为**鞘膜腔**，内有少量浆液。炎症时液体增多，形成鞘膜积液。

2. 睾丸的微细结构　睾丸表面覆以浆膜，即鞘膜脏层，其深部为致密结缔组织构成的坚韧白膜（图 8-3）。在睾丸后缘处白膜增厚并伸入睾丸实质内形成**睾丸纵隔**。睾丸纵隔又发出许多放射状的**睾丸小隔**，将睾丸实质分隔成约 250 个锥状**睾丸小叶**。每个小叶内有 1 ～ 4 条细长而弯曲的生精小管。生精小管在接近睾丸纵隔处变为短而直的直精小管，直精小管进入睾丸纵隔并相互交织形成睾丸网。由睾丸网发出 12 ～ 15 条睾丸输出小管，经睾丸后缘上部进入附睾。

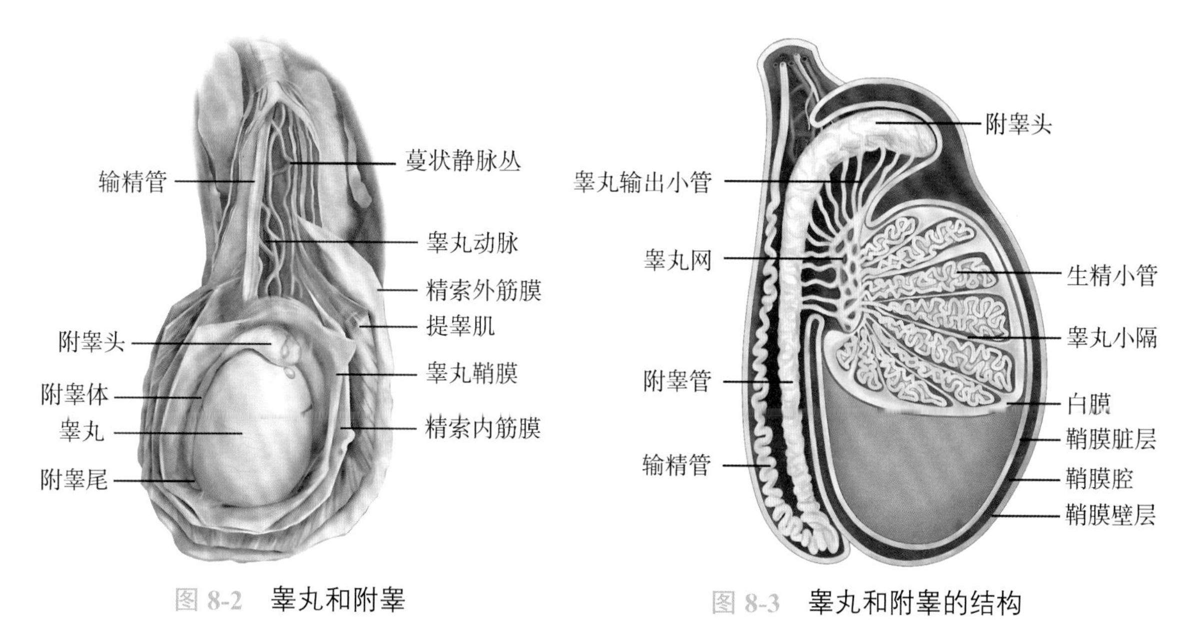

图 8-2　睾丸和附睾

图 8-3　睾丸和附睾的结构

生精小管由生精上皮构成，生精上皮由支持细胞和生精细胞组成（图 8-4，图 8-5）。**生精细胞**为一系列发育分化程度不同的细胞，从生精小管基底部至腔面，依次有精原细胞、初级精母细胞、次级精母细胞、精子细胞和精子。生精小管之间富含血管和淋巴管的疏松结缔组织，称为**睾丸间质**，内含成群分布的**睾丸间质细胞**。

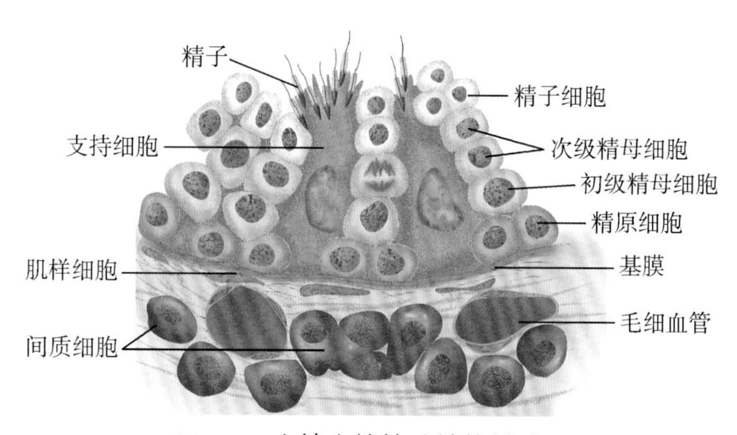

图 8-4　生精小管管壁结构模式图

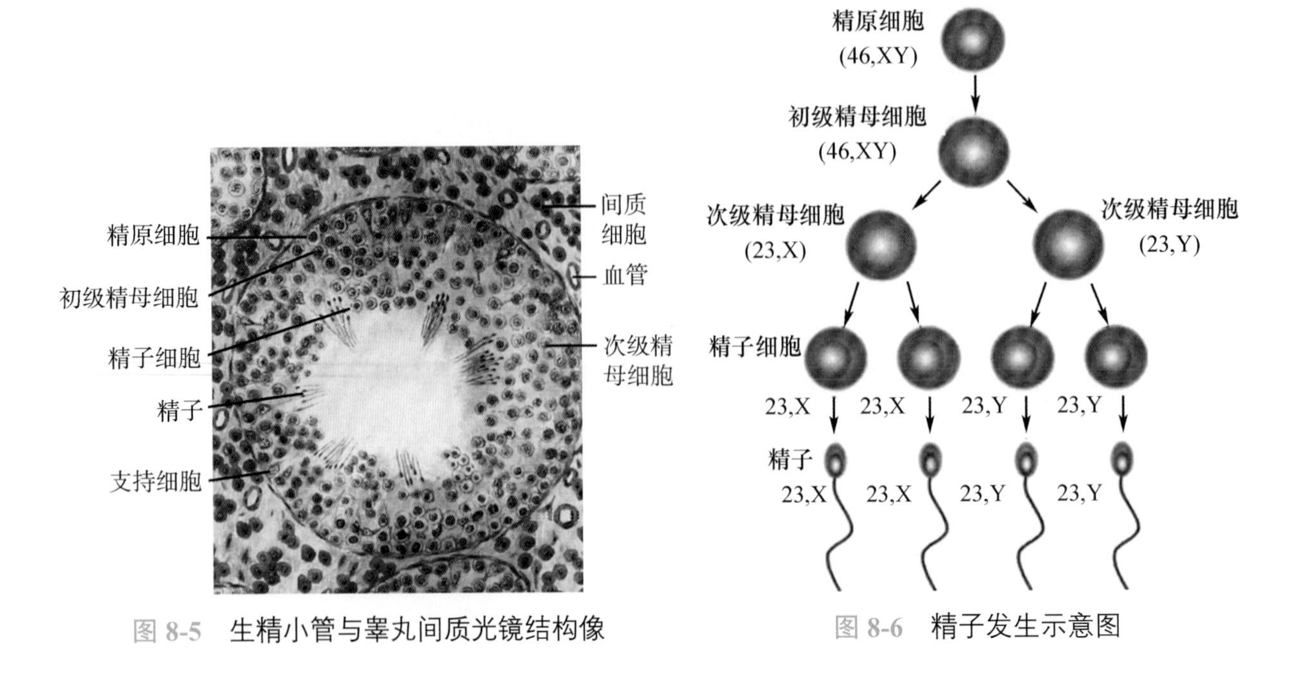

图 8-5 生精小管与睾丸间质光镜结构像

图 8-6 精子发生示意图

3. 睾丸的功能 睾丸是男性的生殖腺，具有产生精子和分泌雄激素的功能。

（1）睾丸的生精作用：生精小管是产生精子的部位。从**精原细胞**发育成为精子的过程称为**精子发生**（图 8-6），人需要（64±4.5）天方可完成。从青春期开始，在腺垂体分泌的促性腺激素作用下，A 型精原细胞（生精细胞的干细胞）不断分裂增殖，一部分子细胞继续作为干细胞，另一部分分化为 B 型精原细胞。B 型精原细胞经数次分裂后分化为初级精母细胞，**初级精母细胞**经过第 1 次减数分裂，形成两个次级精母细胞。**次级精母细胞**迅速进入第 2 次减数分裂，产生两个精子细胞，核型为 23，X 或 23，Y。**精子细胞**不再分裂，经过复杂的形态变化，由圆形逐渐转变为蝌蚪状的精子，这一过程称为**精子形成**。**精子**分为头、尾两部分。头内有一个高度浓缩的细胞核，核的前 2/3 有顶体覆盖，内含顶体酶，在受精过程中发挥重要作用。尾部是精子的运动装置。在生精过程中，各级生精细胞周围的长锥体形支持细胞对生精细胞起到了营养和支持作用。

精子的生成过程易受理化因素的影响，如高温、放射线、乙醇、烟草等均可能影响精子的生成。精子形成后，依次经过直精小管、睾丸网及睾丸输出小管进入附睾储存，并在附睾内进一步发育成熟，射精时经输精管、射精管和尿道排出体外。

（2）睾丸的内分泌功能：从青春期开始，睾丸间质细胞在腺垂体分泌的黄体生成素刺激下分泌雄激素，主要是睾酮。雄激素的主要生理作用：①促进男性生殖器官的生长发育并维持其成熟状态。②维持生精作用。③促进男性第二性征的出现并维持其正常状态。④促进肌肉、骨骼、生殖器官等处蛋白质的合成，因而能加速机体生长；还能通过促进肾合成促红细胞生成素，刺激红细胞的生成，故成年男性的红细胞数量、Hb 含量均较成年女性高。⑤维持正常性欲。

考点 睾丸的功能和雄激素的生理作用

4. 睾丸功能的调节 睾丸的生精作用和内分泌功能均受下丘脑、腺垂体分泌激素的调控，下丘脑、腺垂体、睾丸在功能上联系密切，构成了下丘脑 - 腺垂体 - 睾丸轴调节系统。下丘脑 -

腺垂体分泌的促性腺激素（卵泡刺激素和黄体生成素）调节睾丸的功能，睾丸分泌的激素又对下丘脑-腺垂体进行反馈调节（图8-7），从而维持生精过程和各种激素水平的稳态。

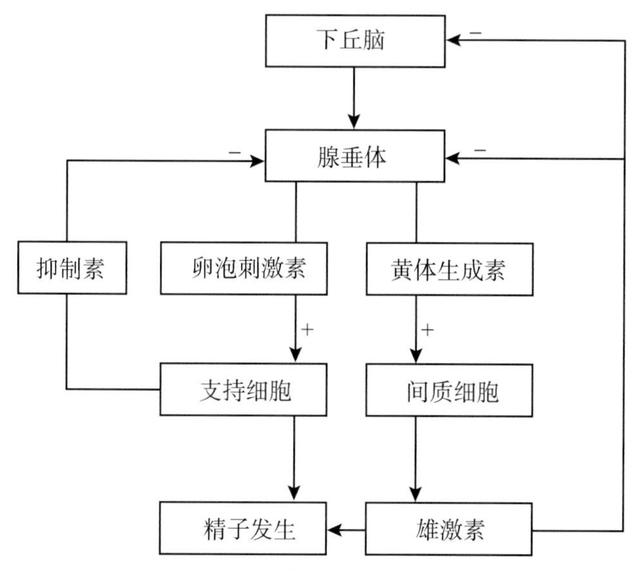

图8-7 下丘脑-腺垂体对睾丸功能的调节

（二）附睾

附睾呈新月形，贴附于睾丸的上端和后缘。附睾分为上端膨大的**附睾头**、中部的**附睾体**和下端的**附睾尾**3部分（图8-2，图8-3）。附睾头由睾丸输出小管迂回盘绕而成，其末端汇合成一条盘曲的附睾管，形成附睾体和附睾尾。附睾尾折而向上弯曲移行为输精管。

附睾是暂时储存精子的器官，其分泌的附睾液营养精子，并促进精子进一步成熟。

（三）输精管和射精管

输精管是附睾管的直接延续，为一对壁厚腔小的肌性管道（图8-1，图8-2）。沿附睾内侧上行至阴囊根部，穿过腹股沟管入盆腔，经输尿管末端的前方绕至膀胱底的后面、精囊的内侧，与精囊的排泄管汇合成射精管。**射精管**长约2cm，向前下斜穿前列腺实质，开口于尿道的前列腺部。射精管的管壁有平滑肌纤维，射精时能产生有力的收缩，帮助精液射出。

精索是从睾丸上端延伸至腹股沟管深环之间的一对柔软的圆索状结构，主要由输精管、睾丸动脉、蔓状静脉丛、神经和淋巴管等构成（图8-2）。输精管在睾丸上端至腹股沟管浅环之间位置表浅，活体触摸呈坚实的圆索状，是输精管结扎的理想部位。

考点 精索的概念；射精管的合成及开口部位

（四）精囊

精囊为一对长椭圆形囊状腺体，表面凹凸不平，位于膀胱底后方输精管末端的外侧（图8-8）。精囊的排泄管与输精管末端汇合成射精管。精囊

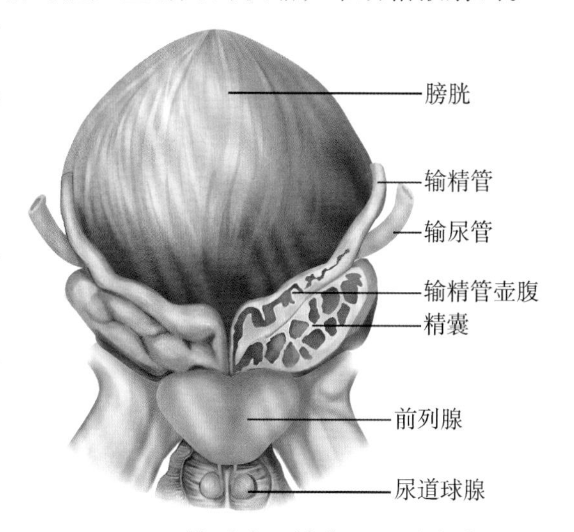

图8-8 前列腺、精囊和尿道球腺

的分泌物参与精液的组成。

（五）前列腺

1. 前列腺的位置与毗邻　**前列腺**（图 8-9）为一实质性器官，位于膀胱与尿生殖膈之间，前列腺的前、后面借脂肪及疏松结缔组织分别与耻骨联合后面和直肠前壁相连；上端与膀胱颈、精囊和输精管末端相邻，下端与尿生殖膈相接，尿道由上方纵贯其内，两侧射精管由上方斜行向前下方进入其实质内。

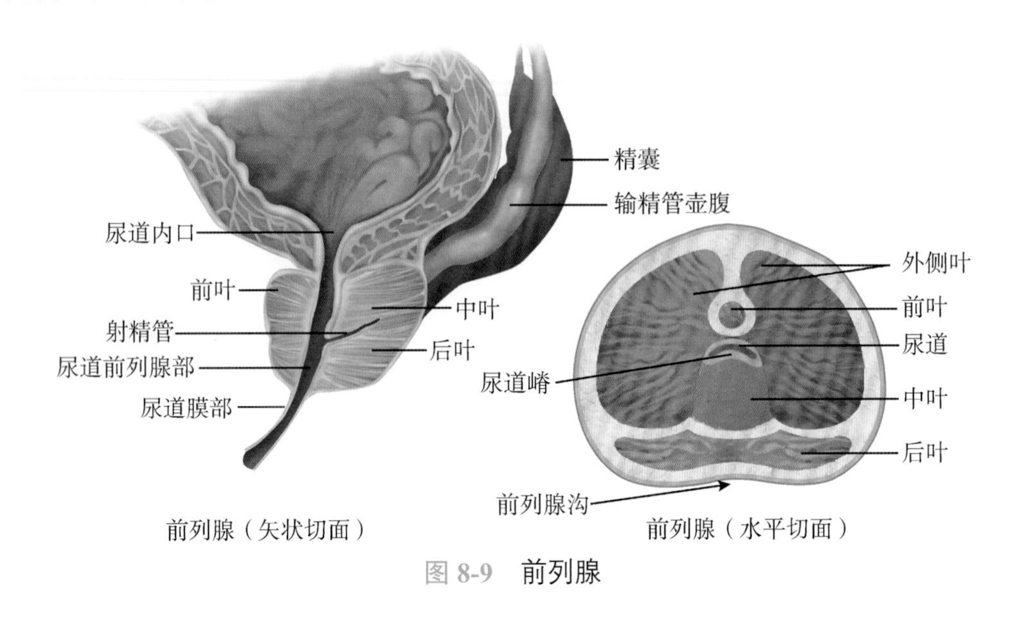

图 8-9　前列腺

2. 前列腺的形态结构　前列腺呈前后略扁的栗子形。上端宽大为前列腺底，横径约 4cm，前后径约 2cm，垂直径约 3cm。下端尖细为前列腺尖，前列腺底与尖之间的部分为前列腺体。前列腺体前面微凸，后面平坦，中线上有一纵行浅沟，称为**前列腺沟**（图 8-9）。活体直肠指诊时可扪及此沟，前列腺增生时此沟变浅或消失，故直肠指诊是临床上诊断前列腺增生最简便而重要的检查方法。

前列腺的实质由腺组织和平滑肌纤维构成，表面包有坚韧的纤维性前列腺囊。

当前列腺增生时，前列腺囊内压增高，压迫行于其内的尿道而引起排尿困难，严重者可致尿潴留。

（六）尿道球腺

尿道球腺为一对豌豆大小的球形腺体，埋藏在尿生殖膈内，以细长的排泄管开口于尿道球部（图 8-8），其分泌物参与精液的组成。

精液由睾丸产生的精子与输精管道和各附属腺的分泌物共同组成，呈乳白色，偏碱性，以适于精子的生存和活动。健康成年男性一次射精 2 ～ 5ml，含有 3 亿～ 5 亿个精子。

二、男性外生殖器

（一）阴囊

阴囊是位于阴茎后下方、两侧大腿前内侧之间的皮肤囊袋，主要由皮肤和肉膜构成

（图 8-10）。皮肤薄而柔软，颜色深暗，多皱褶且生有稀疏的阴毛。肉膜由腹前壁浅筋膜延续而来，内无脂肪组织，富含平滑肌，可随体内、外温度的变化反射性舒缩，以调节阴囊内部的温度，有利于精子的发育和生存。两侧肉膜在阴囊中缝处向内伸入形成阴囊中隔，将阴囊内腔分为左、右互不相通的两腔，分别容纳两侧的睾丸、附睾及部分精索等。

（二）阴茎

阴茎为男性的性交器官，分为阴茎头、阴茎体和阴茎根 3 部分（图 8-11）。后端为**阴茎根**，附着于耻骨弓和尿生殖膈。中部为呈圆柱状的**阴茎体**，以韧带悬垂于耻骨联合的前下方。前端膨大为**阴茎头**，尖端有矢状位的**尿道外口**。

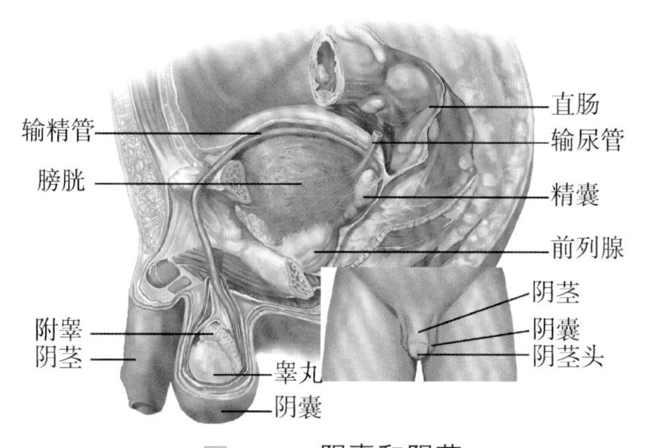

图 8-10 阴囊和阴茎

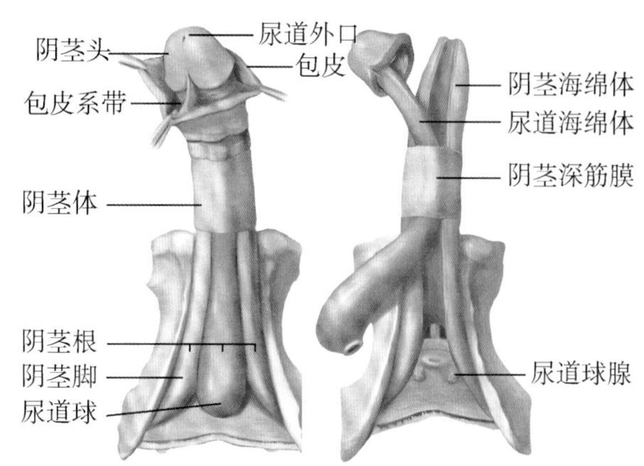

图 8-11 阴茎的形态和构造模式图

阴茎由背侧的两条**阴茎海绵体**和腹侧的一条尿道海绵体外包筋膜和皮肤构成。**尿道海绵体**内有尿道纵行穿过，其前端膨大为阴茎头，后端膨大为尿道球。海绵体内部由许多海绵体小梁和与血管相通的间隙构成。当腔隙充血时，阴茎即变粗变硬而勃起。

阴茎的皮肤薄而柔软，富有伸展性。在阴茎颈的前端，皮肤反折形成包绕阴茎头的双层环形皱襞，称为**阴茎包皮**。包皮与阴茎头之间的腔隙为**包皮腔**。包皮与阴茎头腹侧中线处连有一皮肤皱襞，称为**包皮系带**。行包皮环切术时，应注意勿伤及包皮系带，以免影响阴茎的勃起功能。

三、男性尿道

男性尿道兼有排尿和排精的双重功能，起自膀胱的尿道内口，终于阴茎头的尿道外口（图 8-12），成人尿道长 16 ～ 22cm，管径 5 ～ 7mm。

1. 男性尿道的分部　依其行径分为前列腺部、膜部和海绵体部 3 部。

（1）前列腺部：为尿道穿过前列腺的部分，长约 3cm，是尿道中较宽的部分。

（2）膜部：为尿道穿过尿生殖膈的部分，长约 1.5cm，周围有骨骼肌形成的尿道外括约肌环绕，有控制排尿的作用。膜部位置比较固定，当骨盆骨折或会阴骑跨伤时易损伤此部。膜部距尿道外口约 15cm，在做膀胱镜检或插导尿管时应予注意。临床上常把尿道的前列腺部和膜部合称为**后尿道**。

（3）海绵体部：为尿道穿过尿道海绵体的部分，长 12 ～ 17cm，临床上称为**前尿道**。尿道海绵体尿道球内的尿道最宽，称为尿道球部。阴茎头内的尿道呈梭形扩大，称为舟状窝。

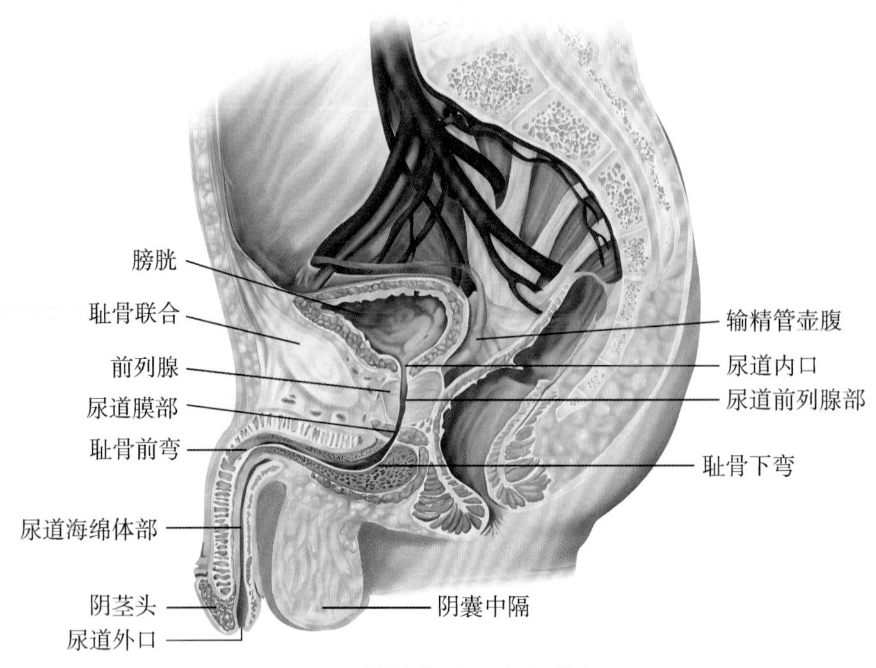

图 8-12 男性盆腔正中矢状切面

2. 男性尿道的狭窄和弯曲 纵观男性尿道的全程，管径粗细不等，有 3 个狭窄和 2 个弯曲。3 个狭窄分别位于尿道内口、尿道膜部和尿道外口，其中以尿道外口最为狭窄，上述狭窄是尿道结石下行于尿道时易于嵌顿的部位。2 个弯曲分别是耻骨下弯和耻骨前弯。**耻骨下弯**位于耻骨联合的后下方，凹向前上方，由尿道的前列腺部、膜部和海绵体部的起始段形成。**耻骨前弯**位于耻骨联合的前下方，凹向后下，由海绵体部的中段形成。耻骨下弯是恒定的，耻骨前弯在阴茎勃起或将阴茎向上提与腹前壁成 60° 时即可变直而消失。临床上进行膀胱镜检查或导尿时，应注意上述狭窄和弯曲，以免损伤尿道。

考点 前尿道和后尿道的概念；男性尿道的分部、狭窄和弯曲

第 2 节 女性生殖系统

一、女性内生殖器

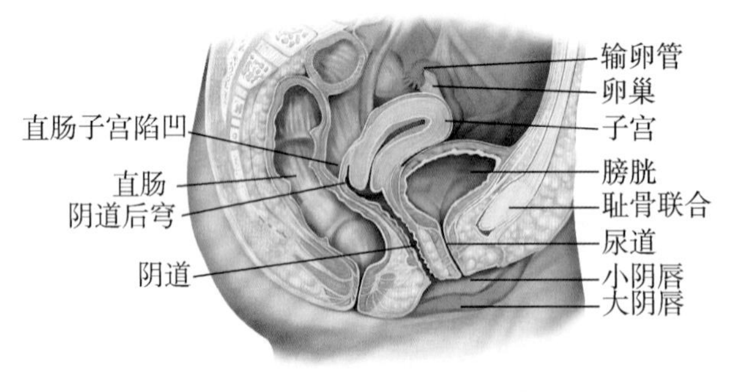

图 8-13 女性盆腔正中矢状面

（一）卵巢

1. 卵巢的位置和形态 **卵巢**是盆腔内成对的实质性器官，位于子宫两侧，盆腔侧壁髂内、外动脉分叉处的卵巢窝内（图 8-13）。卵巢呈扁卵圆形，分为内外侧面、前后两缘和上下两端。内侧面朝向盆腔，与小肠相邻；外侧面与卵巢窝相依。上端与输卵管伞相接

触，并借**卵巢悬韧带**（临床上又称骨盆漏斗韧带）悬附于骨盆上口，内有卵巢的血管、神经和淋巴管等，是手术时寻找卵巢血管的标志。下端借**卵巢固有韧带**连至子宫与输卵管结合处的后下方（图 8-14）。前缘借卵巢系膜连于子宫阔韧带，前缘中部有血管、神经等出入，称为**卵巢门**。卵巢的正常位置主要依靠上述韧带的维持。

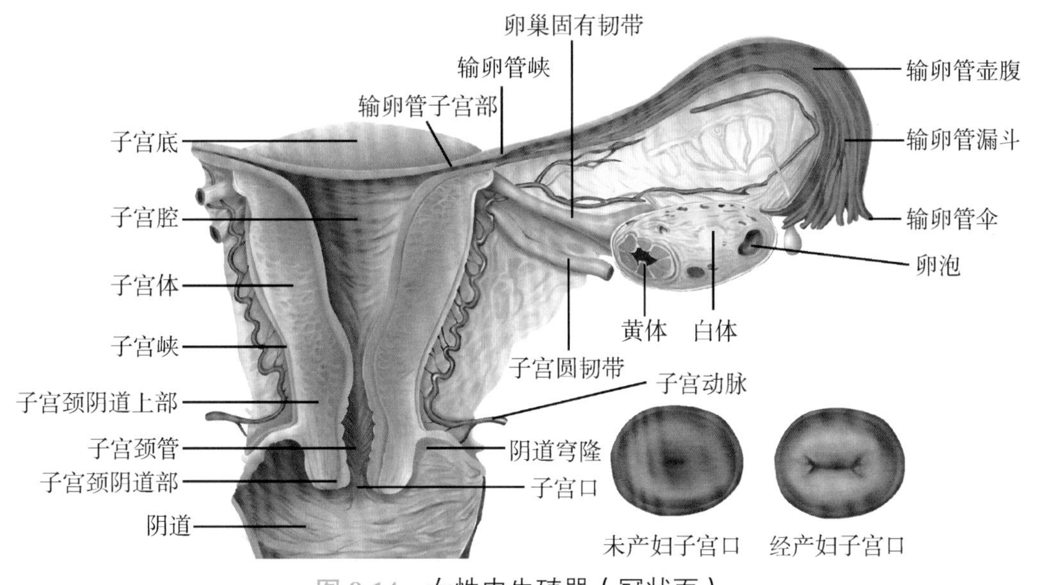

图 8-14 女性内生殖器（冠状面）

考点 卵巢的位置及功能；手术时寻找卵巢血管的标志

2. 卵巢的年龄变化 卵巢的形态和大小随年龄而变化。幼女的卵巢较小，表面光滑。性成熟期卵巢最大，成年女性的卵巢约为 4cm×3cm×1cm 大小。由于多次排卵，表面出现瘢痕而变得凹凸不平。35 ～ 40 岁卵巢开始缩小，50 岁左右逐渐萎缩，月经随之停止。

医者仁心

中国工程院院士——郎景和

中国工程院院士郎景和对子宫内膜异位症发病机制进行了深入的研究，对卵巢癌淋巴转移、子宫颈癌防治、女性盆底障碍性疾病的诊治及基础研究均有突出贡献，为我国的妇科肿瘤医疗事业作出了杰出贡献。郎景和院士曾说：“我们不能保证治疗好每一位病人，但要保证好好治疗每一位病人。”

3. 卵巢的微细结构 卵巢表面覆有单层扁平或单层立方形的表面上皮，上皮深部为薄层致密结缔组织构成的白膜。卵巢实质分为周围的皮质和中央的髓质，两者分界不清。皮质较厚，由不同发育阶段的卵泡、黄体，以及富含网状纤维的结缔组织等构成（图 8-15）。髓质较薄，由疏松结缔组织构成，内含丰富的血管、淋巴管和神经。

4. 卵巢的功能 卵巢是女性的主性器官即生殖腺，具有产生卵子和分泌雌激素、孕激素的功能。

（1）卵巢的生卵作用：是生育期女性最基本的生殖功能。从青春期开始，在腺垂体分泌的促性腺激素作用下，卵巢功能发生周期性的变化，一般分为卵泡的发育与成熟（卵泡期）、排卵、黄体的形成与退化（黄体期）3 个阶段。

1）卵泡的发育与成熟：**卵泡**的发育始于胚胎时期，新生儿两侧卵巢有 70 万～ 200 万个原始卵泡，青春期开始仅存约 4 万个原始卵泡，至 40 ～ 50 岁时仅剩几百个。从青春期至更年期，卵巢在腺垂体分泌的促性腺激素影响下，每隔 28 天左右有 15 ～ 20 个原始卵泡生长发育，一般只有一个**优势卵泡**发育成熟并排卵，其余大部分均在不同的发育阶段退化为**闭锁卵泡**。正常女性一生中约排卵 400 余个，绝经期后不再排卵。卵泡的发育是一个连续的动态变化过程，大致经过原始卵泡、初级卵泡、次级卵泡和成熟卵泡 4 个阶段（图 8-15），其中初级卵泡和次级卵泡又称为生长卵泡。

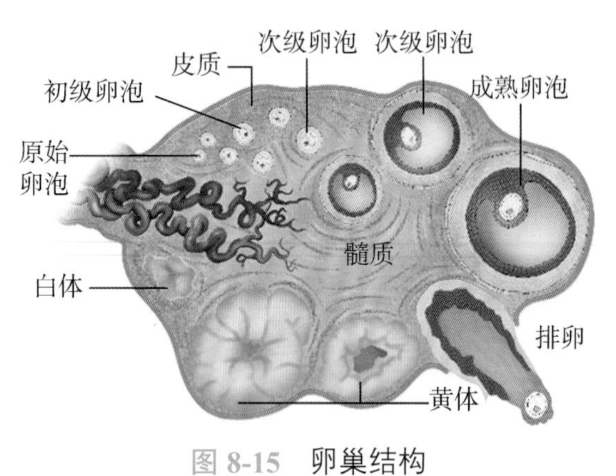

图 8-15 卵巢结构

原始卵泡：位于皮质的浅层，由中央的一个初级卵母细胞和周围的一层扁平卵泡细胞构成，是卵巢内数量最多、体积最小的处于静止状态的卵泡。

初级卵泡：由原始卵泡发育形成，移向皮质深部。其主要结构变化：①初级卵母细胞体积增大；②卵泡细胞由单层增殖为多层；③在初级卵母细胞与卵泡细胞之间出现一层由两者共同分泌形成的嗜酸性膜，称为**透明带**；④卵泡周围的结缔组织增生形成卵泡膜。

次级卵泡：初级卵泡继续生长发育，当卵泡细胞间出现液腔时称为次级卵泡。其主要结构变化：①当卵泡细胞增殖到 6 ～ 12 层时，卵泡细胞之间开始出现大小不等的液腔，继而汇合成一个大的卵泡腔，并充满卵泡液；②由于卵泡腔的扩大，初级卵母细胞与其周围的卵泡细胞居于卵泡腔的一侧，从而形成一个突入卵泡腔内的**卵丘**（图 8-16）；③紧靠透明带的一层高柱状卵泡细胞呈放射状排列，称为**放射冠**；④构成卵泡壁的卵泡细胞排列密集呈颗粒状，故称为颗粒层；⑤卵泡膜分化为内、外两层，内层的膜细胞具有内分泌功能。

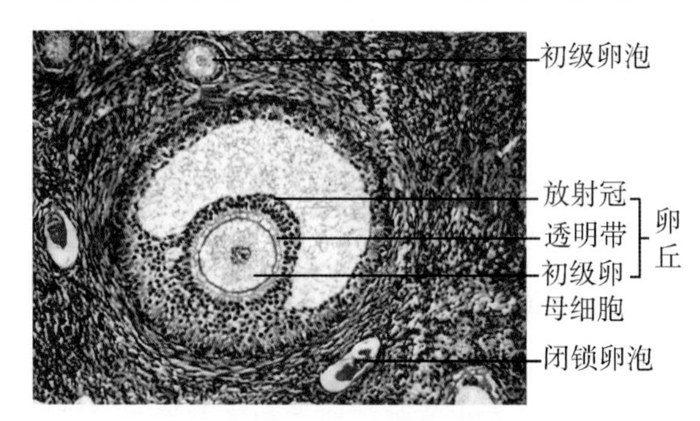

图 8-16 次级卵泡光镜结构

成熟卵泡：次级卵泡发育到最后阶段即为成熟卵泡。成熟卵泡体积显著增大，直径可达 2cm，并向卵巢表面突出。由于卵泡液的急剧增多，卵泡腔不断扩大，卵泡壁则越来越薄。在排卵前 36 ～ 48 小时，**初级卵母细胞**完成第 1 次减数分裂，形成一个大的次级卵母细胞和一个很小的第 1 极体。**次级卵母细胞**迅速进入第 2 次减数分裂，并停滞在分裂中期。

2）排卵：成熟卵泡破裂，从卵泡壁脱落的次级卵母细胞连同透明带、放射冠与卵泡液一起排出到腹膜腔的过程称为**排卵**。生育期妇女，每隔 28 天左右排一次卵；两侧卵巢交替排卵，一般一次只排一个卵，偶见排两个或两个以上者。排卵一般发生在月经周期的第 14 天左右。排卵后，次级卵母细胞若受精则继续完成第 2 次减数分裂，形成一个单倍体的卵细胞（23，X）和一个第 2 极体（图 8-17）。次级卵母细胞若 24 小时内未受精，则退化并被吸收。

排卵过程受神经内分泌的调节。

考点 排卵的概念及排卵发生的时间

3）黄体的形成与退化：成熟卵泡排卵后，残留在卵巢内的卵泡壁连同卵泡膜及其血管一起向卵泡腔塌陷，在腺垂体分泌的黄体生成素作用下，逐渐发育成为一个体积较大而又富有血管的内分泌细胞团，新鲜时呈黄色，故称为**黄体**。黄体细胞分泌孕激素和雌激素。

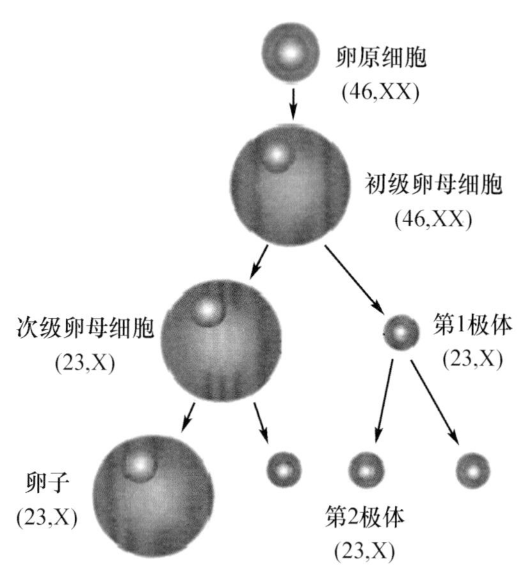

图 8-17 卵子发生示意图

黄体的发育取决于排出的卵是否受精。若未受精，黄体仅维持14天左右即退化，称为**月经黄体**。若受精则可维持6个月，甚至更长时间，称为**妊娠黄体**。两种黄体最终都要退化消失，逐渐被增生的结缔组织取代，变成白色瘢痕，即**白体**。白体可维持数月或数年。

考点 黄体的概念及退化的时间

（2）卵巢的内分泌功能：卵巢主要分泌雌激素和孕激素。雌激素主要为雌二醇，孕激素主要为孕酮。排卵前主要由卵泡细胞和卵泡膜的膜细胞分泌雌激素，排卵后则由黄体细胞分泌孕激素和雌激素。

1）雌激素的生理作用：①促进女性生殖器官的发育，特别是促进子宫内膜发生增生期的变化。②促进卵泡发育成熟，诱导排卵前黄体生成素峰的出现并促使排卵。③促进输卵管的节律性收缩，有利于精子与卵子的运行。④促进阴道上皮细胞增生、角化并使其糖原含量增加，使阴道分泌物呈酸性。⑤刺激乳腺导管和结缔组织增生，促进乳腺发育。⑥促进并维持女性的第二性征。⑦广泛影响代谢过程，可促进肝内多种蛋白质的合成，刺激成骨细胞的活动，加速骨的生长（绝经期后由于雌激素分泌减少，骨中钙逐渐流失，易引起骨质疏松）；降低血浆中低密度脂蛋白而增加高密度脂蛋白含量，防止动脉粥样硬化的发生（生育期女性冠心病发病率较男性低，而绝经后冠心病发病率升高）等；促进肾小管对水和Na^+的重吸收。

2）孕激素的生理作用：孕激素主要作用于子宫内膜和子宫平滑肌，为胚泡着床做准备。孕激素的绝大部分作用是以雌激素的作用为基础的。其具体作用：①使处于增生期的子宫内膜进一步增厚，并出现分泌期的改变，为胚泡着床提供适宜的环境。②降低子宫平滑肌的兴奋性以及对缩宫素的敏感性，保证胚胎有一个安静的内环境。③抑制母体对胎儿的免疫排斥反应，有利于妊娠的维持。④促进乳腺腺泡的发育和成熟，为分娩后的泌乳做好准备。⑤促进机体产热，能使排卵后的基础体温升高0.5℃左右，直至下次月经来临。临床上常将女性基础体温的变化，作为判断排卵日期的标志之一。

考点 雌激素和孕激素的生理作用

（二）输卵管

1. 输卵管的形态 **输卵管**是一对输送卵子的肌性管道，长10～14cm，连于子宫底两侧，位于子宫阔韧带上缘内。内侧端与子宫腔相通，外侧端以输卵管腹腔口开口于腹膜腔。临床上常把卵巢和输卵管统称为子宫附件。

2. 输卵管的分部　输卵管由内侧向外侧依次分为4部：①**输卵管子宫部**，为输卵管贯穿子宫壁内的一段，管径最细，以输卵管子宫口通子宫腔。②**输卵管峡**，是子宫部向外延伸短直而狭窄的一段，是输卵管结扎的常选部位；③**输卵管壶腹**，是输卵管最宽大的部分，约占输卵管全长的2/3，卵子常在此部受精；④**输卵管漏斗**，为输卵管外侧端呈漏斗状的膨大部分，漏斗的中央有输卵管腹腔口，开口于腹膜腔。输卵管漏斗的周缘有许多细长的指状突起，称为**输卵管伞**，其中最长的一个突起与卵巢表面相连，称为**卵巢伞**，具有引导卵子进入输卵管腹腔口的作用，即"拾卵"作用。

3. 输卵管的微细结构特点　管壁由黏膜、肌层和浆膜构成。黏膜的上皮为单层柱状上皮，由纤毛细胞和分泌细胞组成。肌层为内环形、外纵行两层平滑肌。纤毛的规律性定向摆动和平滑肌的节律性蠕动均有助于将卵子或受精卵向子宫腔方向运送。

考点 输卵管的分部及临床意义

（三）子宫

子宫是壁厚而腔小的肌性器官，是孕育胎儿和产生月经的场所。

1. 子宫的形态和分部　成人未孕子宫呈前后略扁倒置的梨形，长7～8cm，宽4～5cm，厚2～3cm，容量约5ml。子宫分为子宫底、子宫体和子宫颈3部分。**子宫底**为两侧输卵管子宫口以上向上隆凸的部分。**子宫颈**是子宫下端狭细呈圆柱状的部分，分为突入阴道的子宫颈阴道部和阴道以上的子宫颈阴道上部两部分，子宫颈阴道部是子宫颈癌的好发部位。**子宫体**为子宫底与子宫颈之间的部分。子宫与输卵管相接处为**子宫角**。子宫体与子宫颈阴道上部间稍狭细的部分称为**子宫峡**，子宫峡在非妊娠期不明显，长约1cm。妊娠期，子宫峡逐渐伸展变长，妊娠末期可达7～10cm，形成子宫下段，是产科进行腹膜外剖宫产术的部位。

子宫的内腔较为狭窄，分为上、下两部。上部在子宫体内，称为**子宫腔**，为前后略扁的倒置三角形腔隙，腔底两侧通输卵管，腔尖端向下通子宫颈管。下部位于子宫颈内的梭形腔隙，称为**子宫颈管**，其上口通子宫腔，下口通阴道，称为子宫口。未产妇子宫口光滑呈圆形，边缘光滑整齐；经产妇则呈横裂状。

2. 子宫的位置　子宫位于盆腔的中央，在膀胱与直肠之间，下接阴道，两侧连有输卵管和卵巢。未妊娠时，子宫底位于小骨盆入口平面以下，子宫颈下端在坐骨棘平面的稍上方。当膀胱空虚时，成年人子宫呈轻度的前倾前屈位（图8-18）。前倾是指子宫的长轴与阴道的长轴形成一个向前开放的钝角，略大于90°；前屈是指子宫体长轴与子宫颈长轴之间形成一个向前开放的钝角，约为170°。

3. 子宫的固定装置　子宫的正常位置主要依赖于阴道、尿生殖膈和盆底肌等结构的承托以及子宫周围4对韧带的牵拉与固定。固定子宫的韧带，见图8-19。

（1）子宫阔韧带：为覆盖于子宫前、后面的腹膜自子宫两侧缘延伸至盆侧壁和盆底的双层腹膜皱襞，可限制子宫向两侧移动。

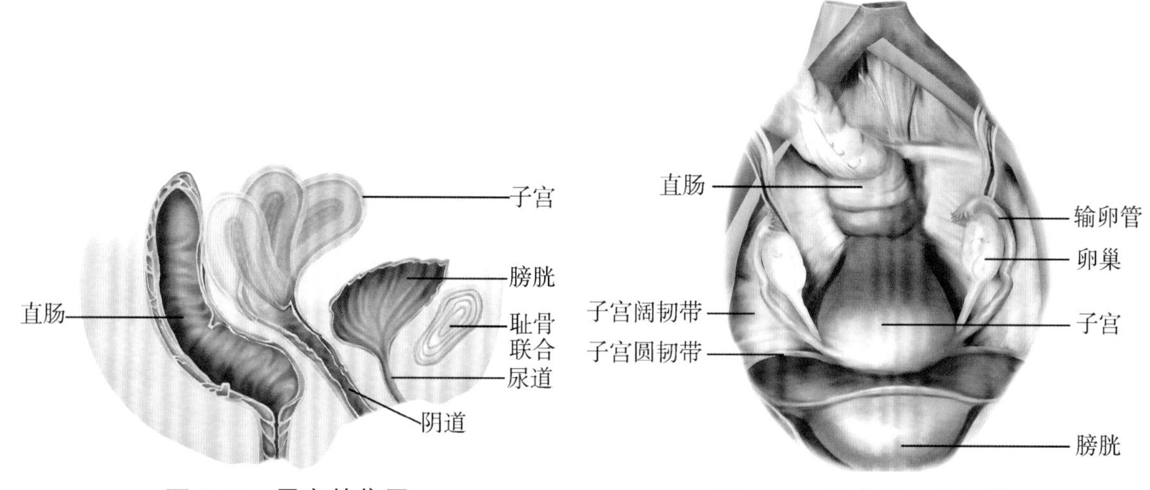

图 8-18　子宫的位置　　图 8-19　固定子宫的韧带

（2）子宫圆韧带：是由平滑肌和结缔组织构成的圆索状结构，起自子宫体前面子宫角的前下方，在子宫阔韧带前层的覆盖下向前外侧弯行，穿经腹股沟管后，止于阴阜和大阴唇的皮下。子宫圆韧带是维持子宫前倾位的主要结构。

（3）子宫主韧带：位于子宫阔韧带底部的两层腹膜之间，是连于子宫颈两侧缘与盆腔侧壁之间的一对坚韧的平滑肌和结缔组织纤维束，是维持子宫颈正常位置、防止子宫向下脱垂的重要结构。

（4）骶子宫韧带：起自子宫颈后面，向后绕过直肠的两侧，止于骶骨前面的筋膜。骶子宫韧带向后上牵引子宫颈，与子宫圆韧带协同，维持子宫的前屈位。

考点　子宫的形态、位置及固定子宫的韧带

4. 子宫壁的微细结构　子宫壁很厚，由内向外分为内膜、肌层和外膜 3 层（图 8-20）。

（1）内膜：由单层柱状上皮和固有层组成。固有层的结缔组织内含有大量分化程度较低的基质细胞、血管和子宫腺等。子宫底部和体部的内膜，是胚泡植入和胚胎发育的场所，根据其结构和功能特点分为浅表的功能层和深部的基底层。功能层为靠近子宫腔的内膜部分，从青春期至绝经期，在卵巢分泌激素的作用下，有发生周期性脱落出血的特点。基底层为靠近肌层的内膜部分，在月经期和分娩时均不脱落，具有增生和修复功能层的作用。

（2）肌层：很厚，由纵横交错的平滑肌束和束间结缔组织构成。肌层大致分为黏膜下层、中间层和浆膜下层。

（3）外膜：大部分子宫底部和体部为薄层结缔组织和间皮构成的浆膜，子宫颈部为纤维膜。

5. 子宫内膜的周期性变化（月经周期）　从青春期开始，在卵巢分泌的雌激素和孕激素周期性作用下，子宫底部和体部内膜的功能层将发生周期性变化，即每 28 天左右发生一次内膜剥脱、出血、增生、修复过程，称为**月经周期**。每个月经周期起于月经第 1 天，止于下次月经来潮前一天，可分为月经期、增生期和分泌期 3 个时期（图 8-21，表 8-2）。

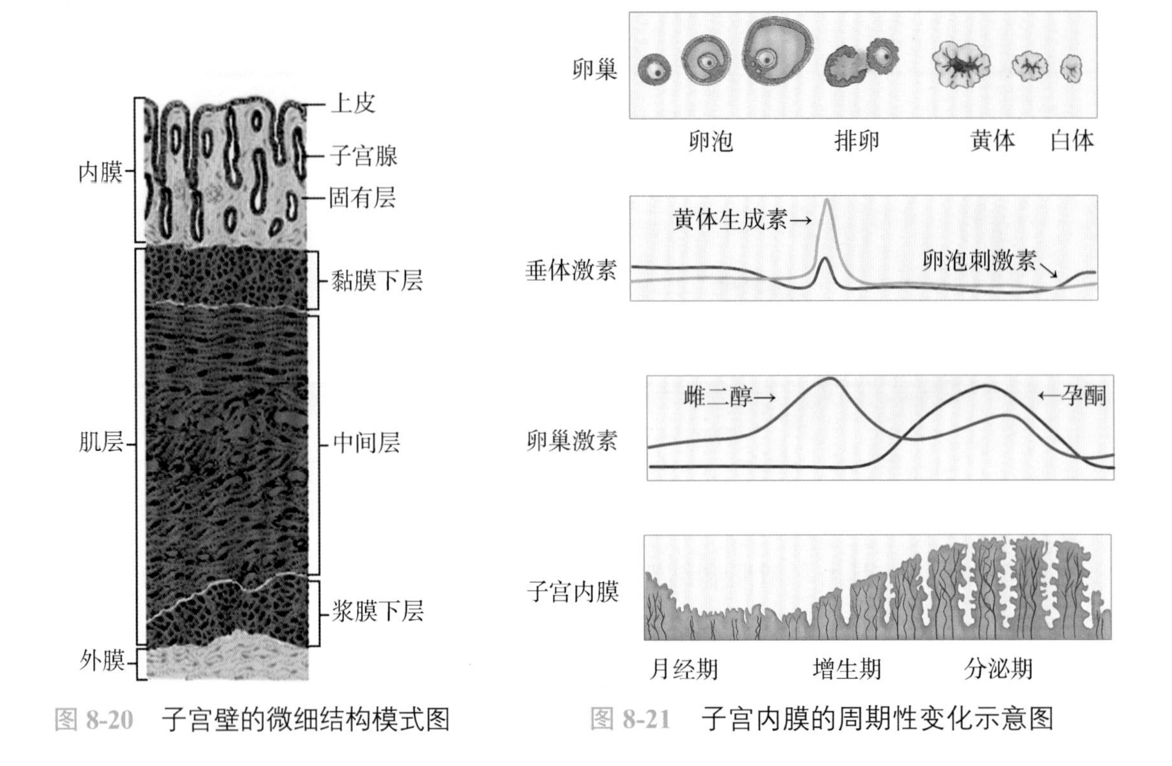

图 8-20 子宫壁的微细结构模式图

图 8-21 子宫内膜的周期性变化示意图

表 8-2 子宫内膜周期性变化与卵巢周期性变化的关系

月经周期	时间	卵巢周期性变化	子宫内膜周期性变化	激素变化
月经期	第 1 ～ 4 天	黄体退化、白体形成	脱落、出血	雌激素和孕激素量急剧减少
增生期	第 5 ～ 14 天	卵泡生长发育、成熟并排卵	逐渐增厚，腺体增生，螺旋动脉增长	雌激素分泌量逐渐增多
分泌期	第 15 ～ 28 天	黄体形成	继续增厚，腺体增长呈高度分泌状态，动脉增长弯曲	雌激素继续增多，孕激素达到高峰

（1）月经期：为月经周期的第 1 ～ 4 天。由于排出的卵未受精，月经黄体退化，雌激素和孕激素的分泌量急剧减少，子宫内膜失去了雌、孕激素的支持，引起螺旋动脉持续性收缩，导致内膜缺血、缺氧，功能层发生坏死。继而螺旋动脉又突然短暂扩张，致使功能层的血管破裂，血液涌入功能层，最终与坏死脱落的内膜一起经阴道排出体外，即为经血。月经血量为 100ml 左右，因子宫内膜富含纤溶酶原激活物，故月经血是不凝固的。月经期内，子宫内膜形成的创面容易感染，故要注意保持外阴清洁并避免剧烈运动。

（2）增生期：为月经周期的第 5 ～ 14 天，卵巢内的若干卵泡开始生长发育，故又称**卵泡期**。在生长卵泡分泌的雌激素作用下，子宫内膜逐渐增厚达 2 ～ 4mm，子宫腺和螺旋动脉均增长而弯曲。至第 14 天，通常卵巢内有一个卵泡发育成熟并排卵，子宫内膜转入分泌期。

（3）分泌期：为月经周期的第 15 ～ 28 天。由于卵巢已排卵，黄体随即形成，故分泌期又称**黄体期**。在黄体分泌的孕激素和雌激素作用下，子宫内膜继续增厚至 5 ～ 7mm。子宫腺进一步增长而弯曲，分泌含糖原的黏液。螺旋动脉增长变得更加弯曲。固有层内组织液增多呈水肿状态。此时，子宫内膜变得松软而富有营养，为胚泡的着床和发育提供适宜的环境。

若排出的卵已受精，内膜将继续增厚发育成蜕膜，故妊娠期不来月经；若卵未受精，内膜的功能层于第28天脱落，转入月经期。

考点 月经周期的概念及分期

6. 月经周期的形成机制 下丘脑、腺垂体和卵巢构成下丘脑-腺垂体-卵巢轴，月经周期中子宫内膜的周期性变化受卵巢分泌激素的周期性变化的调节，而卵巢的周期性变化又受下丘脑-腺垂体-卵巢轴的调节（图8-22）。

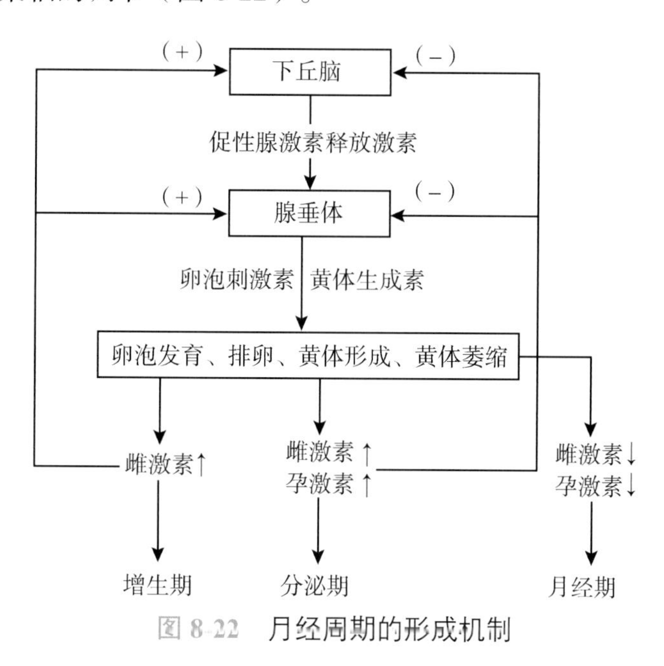

图8-22 月经周期的形成机制

女性随着青春期的到来，下丘脑神经内分泌细胞分泌的促性腺激素释放激素（GnRH）增加，使腺垂体分泌的卵泡刺激素（FSH）和黄体生成素（LH）也随之增加。FSH促进卵泡生长发育，并与LH共同作用，促使卵泡细胞分泌雌激素。在雌激素的作用下，子宫内膜呈增生期变化。在增生期末，相当于排卵前一天，雌激素在血液中的浓度达到高峰，通过正反馈使GnRH分泌增加，进而使FSH特别是LH明显增加，在高浓度LH的作用下使已发育成熟的卵泡排卵并形成黄体，黄体分泌雌激素和孕激素，促使子宫内膜进入分泌期。随着黄体的继续发育，雌激素和孕激素的分泌量也不断增加，排卵后第7～8天，其在血液中的浓度达到高峰。由于高浓度的雌激素和孕激素对下丘脑和腺垂体的分泌的负反馈抑制作用，抑制下丘脑GnRH、腺垂体FSH和LH的分泌，致使黄体开始退化，雌激素和孕激素的分泌量急剧减少，使子宫内膜进入月经期。月经期内，血液中雌激素、孕激素的浓度降低，对下丘脑、腺垂体的抑制作用解除，下丘脑-腺垂体-卵巢轴的功能活动又进入下一个周期，导致新的月经周期形成。上述循环周而复始，下丘脑、腺垂体有节律地调节卵巢活动周期与子宫内膜周期保持同步变化，以适应胚泡着床和生长发育的需要。

月经周期形成的过程充分显示，每个月经周期皆由卵巢提供成熟的卵子，子宫内膜不失时机地为胚泡着床创造适宜的环境，因此，月经周期是为受精、着床、妊娠做好周期性生理准备的过程。目前，临床上广泛使用的口服避孕药，就是根据上述激素调节的原理，通过改变体内激素水平，来抑制卵巢排卵和胚泡植入，以达到避孕的目的。

（四）阴道

阴道是连接子宫与外生殖器的、富有伸展性的肌性管道。阴道既是性交器官，又是排出月经和胎儿娩出的通道。

1. 阴道的位置和形态　阴道位于小骨盆中央，有前、后壁和左、右侧壁，前壁较短，与膀胱和尿道相邻；后壁较长，与直肠紧贴，前、后壁平时相互贴近。阴道下端较窄，穿经尿生殖膈以阴道口开口于阴道前庭，处女阴道口的周围有处女膜附着。尿生殖膈内的尿道阴道括约肌以及肛提肌对阴道有括约作用。阴道上端宽阔，环绕子宫颈阴道部形成的环形凹陷称为**阴道穹**，分为相互连通的前部、后部和左、右侧部。**阴道后穹**最深，与其后上方的直肠子宫陷凹之间仅隔以阴道后壁和脏腹膜，当腹膜腔存在积液时，临床上常经阴道后穹穿刺至直肠子宫陷凹进行引流。

2. 阴道黏膜的结构特点　阴道由黏膜、肌层和外膜构成。黏膜向阴道腔内突起形成许多横行皱襞，上皮为未角化的复层扁平上皮。阴道上皮的脱落与更新受卵巢周期性变化的影响。在雌激素的作用下，上皮细胞内聚集大量糖原，浅层细胞脱落后，糖原被阴道内的乳酸杆菌分解为乳酸，使阴道分泌物呈酸性，能防止致病菌侵入子宫。老年或其他原因导致雌激素水平下降时，阴道上皮细胞内的糖原减少，阴道液 pH 上升，细菌容易生长繁殖，发生阴道感染。故临床上可通过阴道上皮脱落细胞的涂片观察，来了解卵巢的功能状态。

考点 阴道后穹的位置及其临床意义

（五）前庭大腺

前庭大腺又称巴氏腺，位于阴道口的后外侧，前庭球后端的深面，形如豌豆大小，左右各一（图 8-23）。前庭大腺导管向内侧开口于阴道前庭，分泌物有润滑阴道的作用。正常情况下不能触及此腺，如果其导管因炎症而阻塞，可形成前庭大腺囊肿或前庭大腺脓肿。

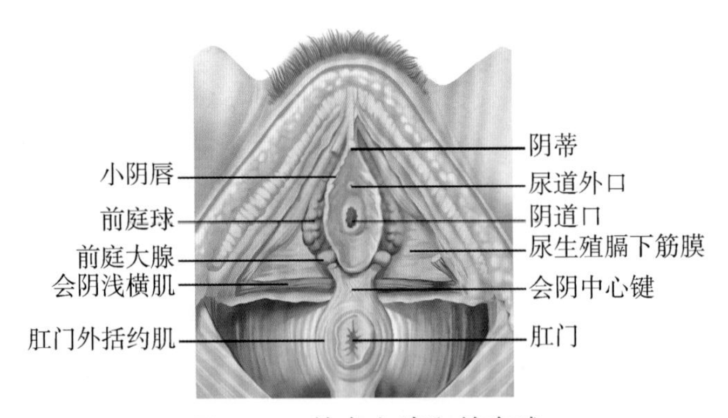

图 8-23　前庭大腺和前庭球

二、女性外生殖器

女性外生殖器即女阴，临床上称为外阴，包括阴阜、大阴唇、小阴唇、阴道前庭、阴蒂和前庭球等（图 8-24）。

1. 阴阜　为耻骨联合前面的皮肤隆起，皮下富含脂肪，性成熟期后皮肤上长有阴毛。

2. 大阴唇　是一对从阴阜向后伸展到会阴的、纵长隆起的皮肤皱襞，富含色素并长有阴毛。大阴唇的前端、后端左右互相连合形成唇前连合和唇后连合。大阴唇的皮下组织较疏松，血管丰富，外伤后易形成血肿。

3. 小阴唇　是位于大阴唇内侧的一对较薄的皮肤皱襞，表面光滑无阴毛。两侧小阴唇向前端延伸形成阴蒂包皮和阴蒂系带，后端汇合形成阴唇系带。

4. 阴道前庭　是位于两侧小阴唇之间的裂隙，前部有尿道外口，后部有阴道口。阴道口两侧有前庭大腺导管的开口。

5. 阴蒂　位于唇前连合的后方，在发生学上相当于男性的阴茎。由两个阴蒂海绵体组成，性兴奋时可勃起。露出阴蒂包皮的阴蒂头富有感觉神经末梢，故感觉敏锐。

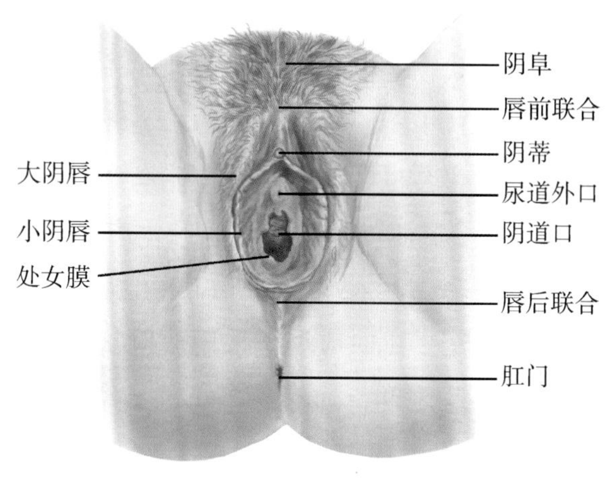

图 8-24　女性外生殖器

6. 前庭球　相当于男性的尿道海绵体，呈蹄铁形，位于尿道外口和阴道口两侧的皮下。

第 3 节　乳房和会阴

一、乳　房

乳房为人类和哺乳动物特有的腺体。小儿和男性乳房不发达，女性乳房在青春期后受卵巢激素的影响开始发育，在哺乳期可分泌乳汁。

（一）乳房的位置

乳房（图 8-25，图 8-26）位于胸前部，胸大肌和胸肌筋膜的表面，向上起自第 2 ～ 3 肋，向下至第 6 ～ 7 肋，内侧至胸骨旁线，外侧可达腋中线。乳房与胸肌筋膜之间为乳房后间隙，内有疏松结缔组织和淋巴管，但无大血管，隆胸术可将假体置入乳房后间隙内。

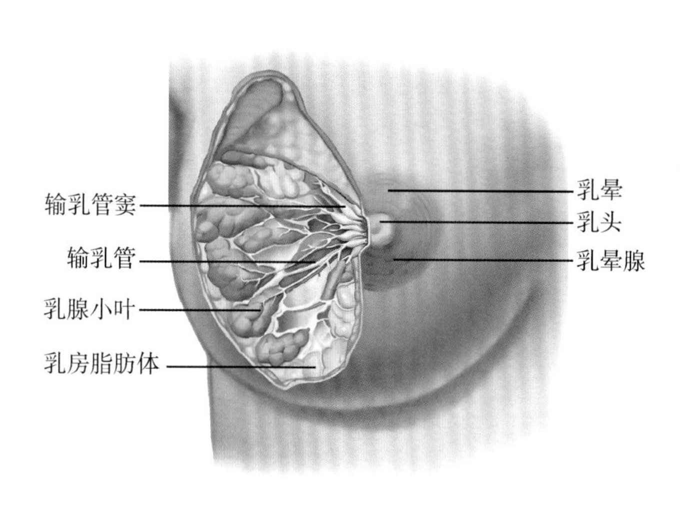

图 8-25　女性乳房的形态和结构

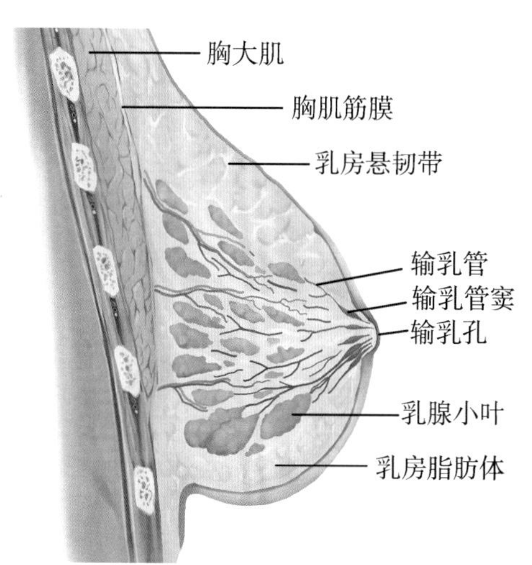

图 8-26　女性乳房（矢状切面）

（二）乳房的形态

成年未产妇乳房呈半球形，高耸隆起，紧张而富有弹性。乳房表面中央的突起称为**乳头**，通常位于第 4 肋间隙或第 5 肋与锁骨中线相交处。乳头表面有 15 ～ 20 个输乳管的开口，称为**输乳孔**。乳头周围颜色较深的皮肤环状区称为**乳晕**。乳晕表面有许多小圆形隆起的乳晕腺，可分泌脂状物，以润滑、保护乳头和乳晕。

（三）乳房的结构

乳房由皮肤、纤维组织、脂肪组织和乳腺构成。乳腺被脂肪组织和致密结缔组织分隔成15～20个**乳腺叶**。每个乳腺叶内有一条排泄乳汁的输乳管，输乳管在近乳头处扩大成梭形的**输乳管窦**，其末端变细开口于乳头的输乳孔。乳腺叶和输乳管均以乳头为中心呈放射状排列，故乳房手术时应尽量采用放射状切口，以减少对输乳管和乳腺叶的损伤。在乳腺与皮肤和胸肌筋膜之间，连有许多小的结缔组织纤维束，称为**乳房悬韧带**或Cooper韧带，对乳房起支持和固定作用。

乳腺癌时，癌细胞侵及纤维组织，乳房悬韧带缩短，牵拉皮肤内陷，使皮肤表面呈酒窝征。当乳腺癌肿蔓延累及皮肤真皮内浅淋巴管时，引起淋巴回流障碍而致真皮水肿，皮肤呈橘皮样改变，是乳腺癌诊断的体征。

考点 乳房悬韧带的临床意义

二、会　阴

会阴有广义和狭义之分。广义的会阴是指封闭小骨盆下口的全部软组织，呈菱形，前为耻骨联合下缘，后为尾骨尖，两侧为耻骨下支、坐骨支、坐骨结节和骶结节韧带。通常以两侧坐骨结节之间的连线为界，将会阴分为前、后两个三角形的区域。前方的是**尿生殖区**或尿生殖三角，男性有尿道通过，女性有尿道和阴道通过（图8-27）；后方的是**肛区**或肛门三角，中央有肛管穿过。临床上常将肛门与外生殖器之间狭小区域的软组织称为会阴，即狭义会阴。在男性是指阴茎根与肛门之间狭小区域的软组织；在女性是指阴道前庭的后端与肛门之间狭小区域的软组织，又称**产科会阴**。产妇分娩时此区承受的压力较大，易发生会阴撕裂，故助产时应注意保护。

考点 广义会阴的概念及其分区；产科会阴的概念

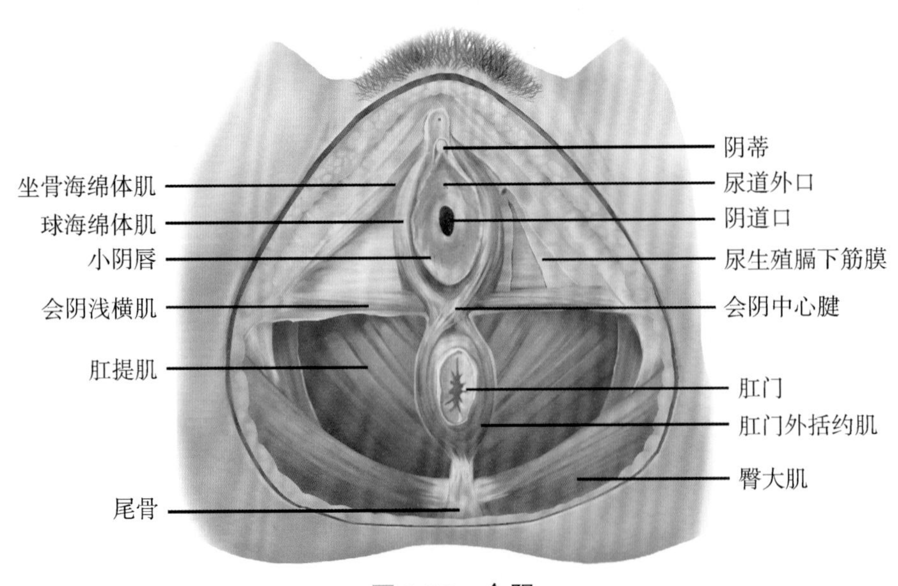

图8-27　会阴

自测题

A_1/A_2 型题

1. 关于睾丸的描述，错误的是（　　）
   A. 位于鞘膜腔内
   B. 为男性的生殖腺
   C. 生精小管是产生精子的部位
   D. 间质细胞能分泌雄激素
   E. 精子在生成过程中易受理化因素的影响
2. 为男性患者导尿时，提起阴茎与腹前壁成60°，可使（　　）
   A. 耻骨前弯扩大　B. 耻骨前弯消失
   C. 耻骨下弯消失　D. 耻骨下弯扩大
   E. 尿道外口扩张
3. 关于卵巢的描述，错误的是（　　）
   A. 为女性的生殖腺
   B. 左、右各一
   C. 位于髂内、外动脉之间的卵巢窝内
   D. 上端与输卵管伞相接触
   E. 大小和形态与年龄变化无关
4. 排卵一般发生在月经周期的（　　）
   A. 第12天左右　B. 第13天左右
   C. 第14天左右　D. 第15天左右
   E. 第16天左右
5. 黄体形成后分泌的激素是（　　）
   A. 孕激素　B. LH
   C. 雌激素　D. 孕激素和雌激素
   E. 孕激素、雌激素和LH
6. 子宫内膜由分泌期进入月经期的主要原因是（　　）
   A. 子宫腺分泌
   B. 螺旋动脉破裂
   C. 血液中孕激素浓度高
   D. 血液中雌激素浓度低，孕激素浓度高
   E. 雌激素和孕激素的分泌量急剧减少
7. 卵子受精的部位通常在（　　）
   A. 输卵管伞　B. 输卵管壶腹
   C. 输卵管峡　D. 卵巢伞
   E. 输卵管子宫部
8. 从青春期至绝经期，子宫内膜受卵巢激素的影响而发生周期性脱落出血形成月经，其脱落的部位是子宫的（　　）
   A. 浆膜　B. 基底层
   C. 肌层　D. 功能层
   E. 内膜
9. 子宫脱垂主要是由下列哪对韧带损伤或恢复不良所致（　　）
   A. 骶子宫韧带　B. 子宫圆韧带
   C. 骨盆漏斗韧带　D. 子宫阔韧带
   E. 子宫主韧带
10. 从阴道后穹向上穿刺，针尖可刺入（　　）
   A. 直肠　B. 膀胱子宫陷凹
   C. 膀胱腔　D. 直肠子宫陷凹
   E. 子宫腔
11. 外阴局部受损最易形成血肿的部位是（　　）
   A. 大阴唇　B. 小阴唇
   C. 尿道口　D. 阴阜
   E. 阴蒂
12. 乳房手术应采用放射状切口，主要是因为（　　）
   A. 易找到发病部位
   B. 便于延长切口
   C. 可避免切断Cooper韧带
   D. 减少损伤皮肤的血管和神经
   E. 可减少对输乳管和乳腺叶的损伤

（姚　红　申贤淑）

第9章
循环系统

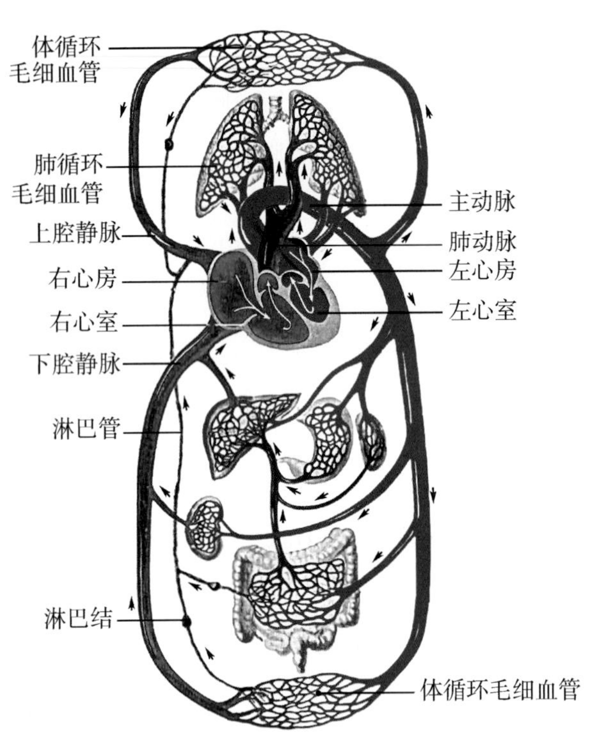

图9-1 血液循环示意图

循环系统是分布于人体各部的连续而封闭的管道系统，包括心血管系统和淋巴系统两部分。心血管系统内循环流动的是血液（图9-1），淋巴系统内流动的是淋巴。循环系统的主要功能是物质运输，即不断地将消化管吸收的营养物质、肺交换的O_2以及内分泌细胞分泌的激素等运送到全身各器官的组织和细胞，同时又将组织和细胞的代谢产物及CO_2等运送到肾、肺和皮肤排出体外，以保证机体新陈代谢的正常进行和实现机体的体液调节。

第1节　心血管系统概述

一、心血管系统的组成

心血管系统（cardiovascular system）由心和血管组成。**血管**分为动脉、毛细血管和静脉3类（图9-2）。血管不仅是输送血液与其他物质的管道，而且还是连接全身各部、各个器官系统的交通要道。

1. 心　是中空的肌性器官，是连接动、静脉的枢纽和血液循环的动力器官（图9-1），且具有内分泌功能。心腔被房间隔和室间隔分为左、右互不相通的两半，每半又分为心房和心室，故心有4个腔，分别称为左心房、左心室、右心房和右心室。左半心内流动着动脉血，右半心内流动着静脉血。同侧的心房与心室之间借房室口相交通，心房接纳静脉，心室发出动脉。

2. 动脉　是由心室发出输送血液到全身各处的血管（图9-1）。动脉在行径中不断分支，依次分为大动脉、中动脉、小动脉（0.3～1mm）和微动脉4级，最后移行为毛细血管（图9-2）。动脉管壁较厚，管腔呈圆形，具有一定的弹性，随心的舒缩而明显搏动，故不少表浅动脉常被作为临床上中医诊脉、测量脉搏和压迫止血的部位。

动脉管壁从内向外依次分为内膜、中膜和外膜3层（图9-3）：①内膜，菲薄，由内皮、内皮下层和内弹性膜构成；②中膜，由弹性膜、平滑肌纤维和结缔组织构成，其厚度及组成成分在不同血管之间的差异较大；③外膜，由疏松结缔组织构成，其成纤维细胞具有修复外膜的能力，弹性纤维和胶原纤维沿血管纵轴呈螺旋状或纵向分布。各级动脉的差异主要体现在中膜：**大动脉**的中膜最厚，含有 40 ～ 70 层呈同心圆排列的弹性膜和大量弹性纤维，而平滑肌纤维较少（图 9-4），故又称**弹性动脉**，包括主动脉、肺动脉、头臂干、颈总动脉、锁骨下动脉和髂总动脉等；**中动脉**（含 10 ～ 40 层）和**小动脉**（含 3 ～ 9 层）的中膜以环形的平滑肌纤维为主，故又称**肌性动脉**。除大动脉外，凡解剖学上有名称的动脉大多属中动脉。

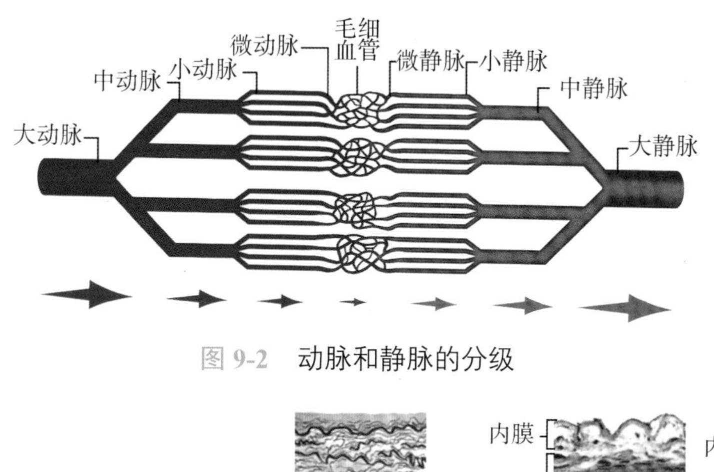

图 9-2 动脉和静脉的分级

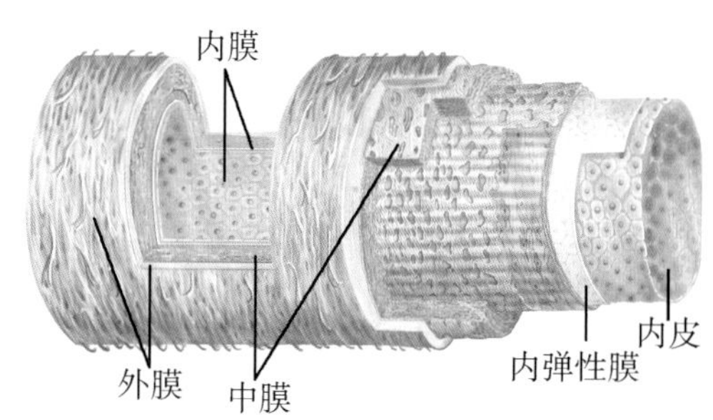

图 9-3 动脉和静脉管壁的一般结构模式图

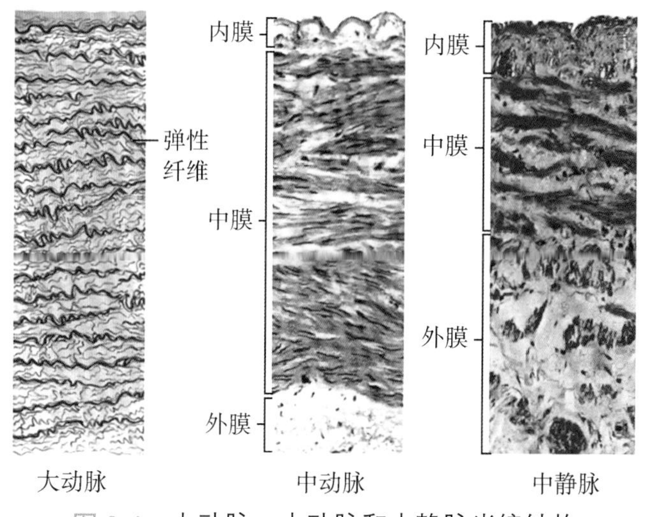

图 9-4 大动脉、中动脉和中静脉光镜结构

3. 毛细血管　是连于微动脉与微静脉之间、管径最细、分布最广并相互交织成网状的微细血管（图 9-2），此处的血流缓慢，利于实现物质的充分交换，是物质交换的主要部位。毛细血管管径一般为 6 ～ 8μm，管壁很薄，由一层内皮细胞及基膜和周细胞构成（图 9-5）。

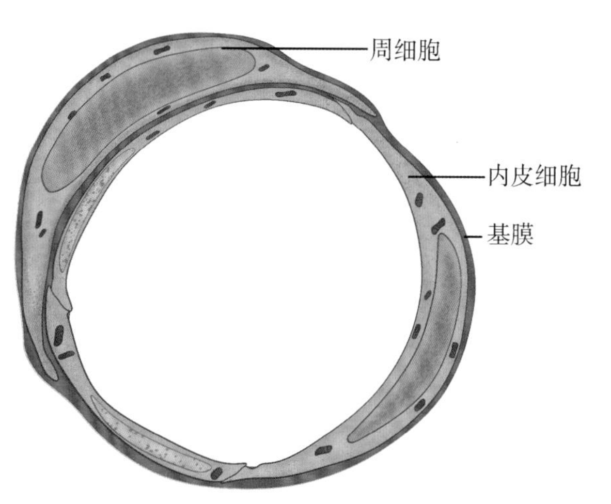

图 9-5 毛细血管超微结构模式图

根据电镜下内皮细胞的结构特征，可将毛细血管分为 3 类（图 9-6）：①**连续毛细血管**，主要分布于肺和中枢神经系统等处，参与构成一些屏障性结构；②**有孔毛细血管**，分布于胃肠黏膜、某些内分泌腺和肾血管球等处，通过内皮窗孔来完成中、小分子物质的交换；③**血窦**或称**窦状毛细血管**，内皮细胞之间的间隙较大，有利于大分子物质或血细胞出入血管，主

要分布于肝、脾、骨髓和某些内分泌腺。

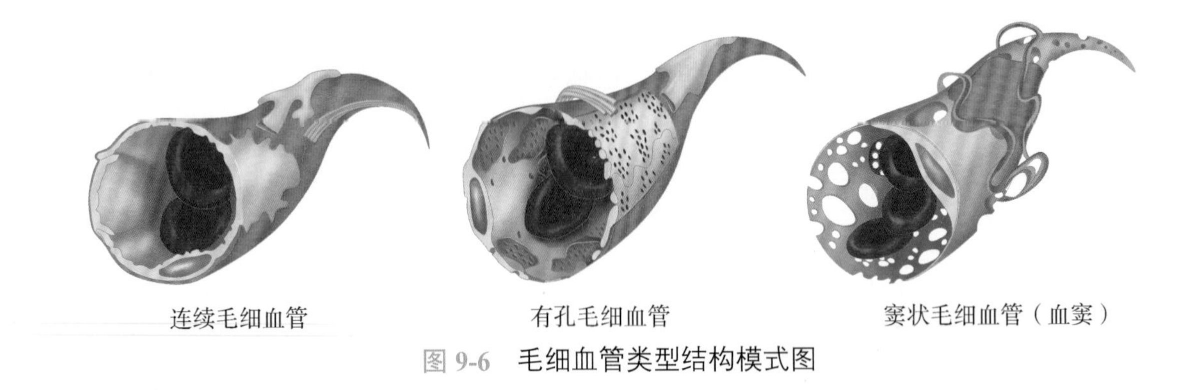

图 9-6 毛细血管类型结构模式图

4. 静脉 是运输血液回流至心房的血管（图 9-1）。由微静脉起自毛细血管，在向心回流的过程中不断接受其属支，逐渐汇合成小静脉、中静脉和大静脉（图 9-2），最后注入心房。**大静脉**是指管径在 10mm 以上的静脉，包括上腔静脉、下腔静脉、头臂静脉和颈内、外静脉等。除大静脉外，凡有解剖学名称的静脉大都属于**中静脉**，管径为 1 ～ 9mm。静脉管壁的 3 层结构分界不如动脉明显，外膜常比中膜厚（图 9-4），中膜的平滑肌纤维和弹性组织均较少，结缔组织较多，故静脉常呈塌陷状。与伴行的动脉比较，静脉数量多，管壁薄，管腔扁而不规则。

二、血液循环

血液由心室射出，依次流经动脉、毛细血管和静脉，最后又返回心房，这种周而复始、循环不止的流动，称为**血液循环**。血液循环可分为相互衔接且同时进行的体循环和肺循环（图 9-1）。

1. 体循环 当心室收缩时，血液由左心室射入主动脉，再经主动脉的各级分支到达全身各部的毛细血管，血液在此与周围的组织、细胞进行物质交换和气体交换之后，成为富含代谢产物和 CO_2 的静脉血，再经各级静脉属支向心流动，最后经上、下腔静脉和冠状窦回流至右心房。此循环路程长，流经范围广，故称为**体循环**或**大循环**。

2. 肺循环 当心室收缩时，血液由右心室射出，经肺动脉干及其各级分支到达肺泡壁的毛细血管网进行气体交换之后，使静脉血变成含氧丰富的动脉血，再经肺的各级静脉属支回流，最后经左、右肺静脉回流至左心房。此循环路程短，只流经肺，主要是进行气体交换，故称为**肺循环**或**小循环**。

考点 体循环和肺循环的途径

三、血管吻合及其功能意义

人体血管之间的吻合非常广泛且吻合形式具有多样性，除经动脉 - 毛细血管 - 静脉吻合之外（图 9-2），在动脉与动脉之间、静脉与静脉之间甚至动脉与静脉之间，均可借吻合支或交通支彼此相连分别形成**动脉间吻合**（图 9-7）、**静脉间吻合**和**动静脉吻合**。血管吻合具有调节血流量、改善局部血液循环等作用。

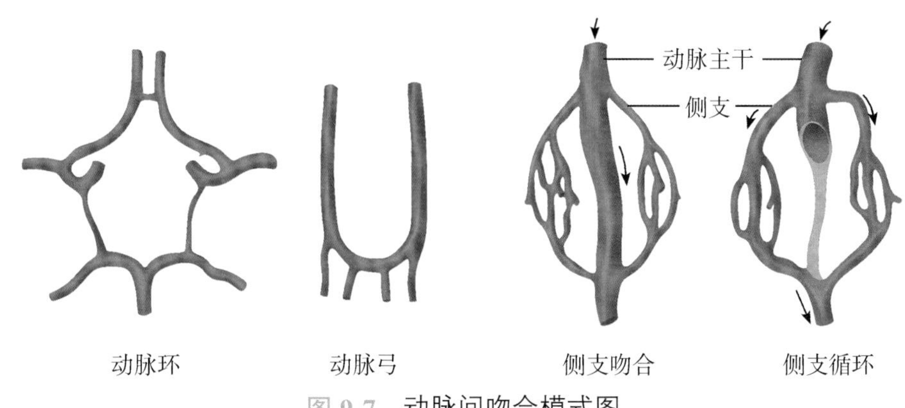

图 9-7 动脉间吻合模式图

有的动脉主干在行径中发出与其平行的侧副管，发自主干不同高度的侧副管彼此吻合，形成**侧支吻合**（图 9-7）。当某一动脉主干阻塞时，血液可沿侧支吻合的路径流向远侧的受阻区，使受阻区的血液供应得到不同程度的代偿和恢复。这种通过侧支吻合而重新建立的循环称为**侧支循环**。侧支循环的建立，对于保证器官在病理状态下的血液供应具有重要意义。

第 2 节 心

一、心的位置和毗邻

心位于胸腔的中纵隔内，约 2/3 在身体正中矢状面的左侧，1/3 在右侧（图 9-8）。心的前方对着胸骨体和第 2 ～ 6 肋软骨；后方平对第 5 ～ 8 胸椎（图 9-9），并与食管和胸主动脉等相邻；上方连有出入心的大血管；下方邻膈；两侧隔胸膜腔与肺相邻。

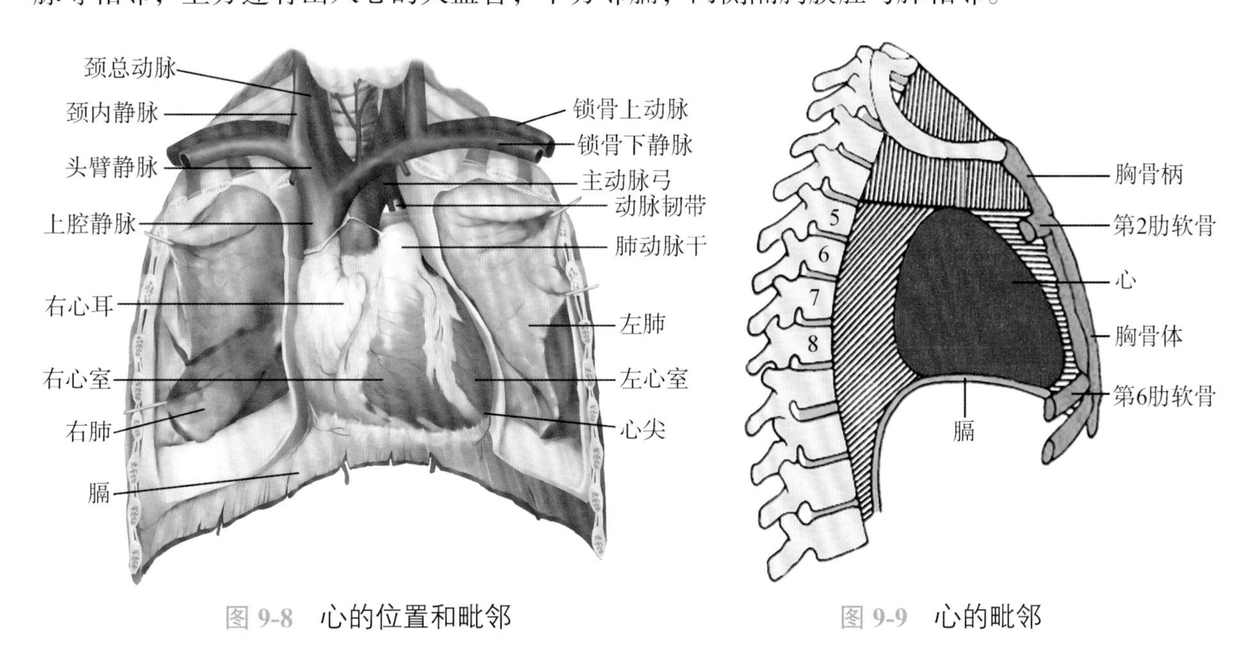

图 9-8 心的位置和毗邻　　图 9-9 心的毗邻

二、心的外形

心似一倒置的、前后略扁的圆锥体，大小与本人的拳头相当。心可分为一尖、一底、两面和三缘（图 9-10）。**心尖**钝圆，由左心室构成，朝向左前下方，与左胸前壁贴近，在左侧第 5 肋间隙、左锁骨中线内侧 1 ～ 2cm 处，在活体此处可触及心尖搏动。**心底**朝向右后上方，大部分由左心房、小部分由右心房构成。胸肋面（前面）朝向前上方，大部分由右心房和右心室构成，小部分由左心耳和左心室构成。胸肋面大部分隔心包被胸膜和肺遮盖，只有左肺心切迹内侧的部分与胸骨体下部左半及左侧第 4 ～ 6 肋软骨相邻，故临床上为了避免伤及肺或胸膜，心内注射多在靠近胸骨左缘的第 4 肋间隙处进针。膈面（下面）朝向后下方，与膈相邻，由左、右心室构成。心的右缘由右心房构成；左缘由左心耳和左心室构成；下缘介于膈面与胸肋面之间，近似水平位，由右心室和心尖构成。

心的表面在靠近心底的下界处有一条几乎呈环形的冠状位浅沟，称为**冠状沟**（图 9-10），是心房与心室在心表面的分界标志。在心的胸肋面和膈面各有一条自冠状沟向心尖右侧延伸的浅沟，分别称为**前室间沟**和**后室间沟**，是左、右心室在心表面的分界标志。前、后室间沟在心尖右侧的会合处稍凹陷，称为**心尖切迹**。

考点 心的位置、外形及心腔的表面分界标志；心尖的体表投影和心内注射的部位

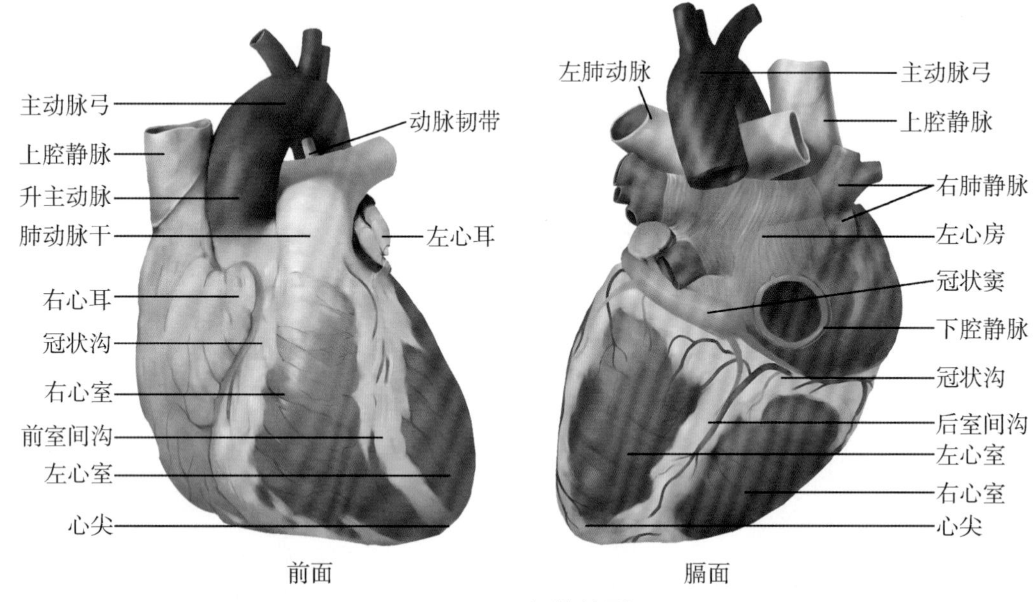

图 9-10 心的外形

三、心的体表投影

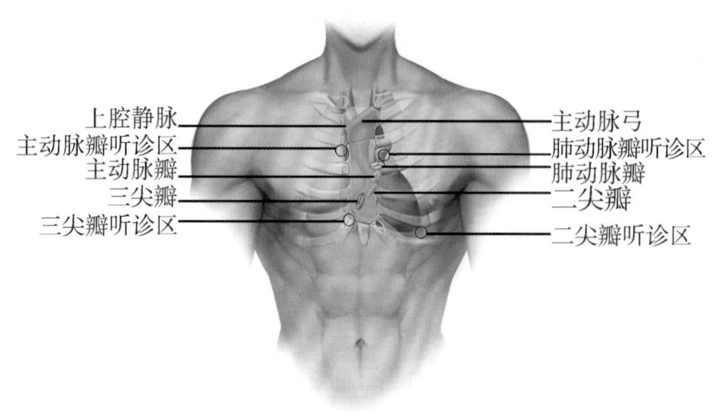

图 9-11 心的体表投影

心在胸前壁的体表投影是临床听诊心脏必须掌握的解剖知识，通常用下列 4 点的连线来确定（图 9-11）。①左上点，在左侧第 2 肋软骨下缘，距胸骨左缘约 1.2cm 处；②右上点，在右侧第 3 肋软骨上缘，距胸骨右缘约 1.0cm 处；③左下点，在左侧第 5 肋间隙，左锁骨中线内侧 1 ～ 2cm 或距前正中线 7 ～ 9cm 处，即心尖

的体表投影；④右下点，在右侧第6胸肋关节处。

四、心　　腔

1. 右心房　位于心的右上部，它向左前方突出的部分称为**右心耳**，内面有许多近似平行隆起的**梳状肌**。右心房有3个入口：上方有上腔静脉口，下方有下腔静脉口，在下腔静脉口与右房室口之间有冠状窦口（图9-12）。右心房的出口为**右房室口**，右心房的血液经此口流入右心室。房间隔右心房面的中下部有一卵圆形浅窝，称为**卵圆窝**，是胚胎时期卵圆孔闭锁后的遗迹，此处较薄，是房间隔缺损的好发部位。右心房接受上、下腔静脉和冠状窦流入的静脉血，再经右房室口流入右心室。

2. 右心室　位于右心房的左前下方。右心室的入口即右房室口，口周缘由致密结缔组织构成的**纤维环**上附有3片近似三角形的瓣膜，称为**三尖瓣**或**右房室瓣**，各瓣膜的边缘借细丝状的**腱索**连于心室壁上的**乳头肌**（图9-13）。右心室的出口为肺动脉口，口周缘的纤维环上附有3个袋口向上的半月形的**肺动脉瓣**。右房室口和肺动脉口处的瓣膜犹如泵的阀门，当血液顺流时开放，逆流时关闭，从而保证血液的单向流动。

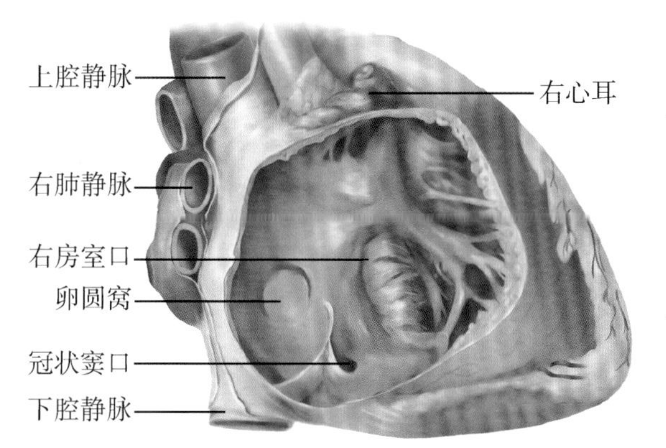

图9-12　右心房的内部结构

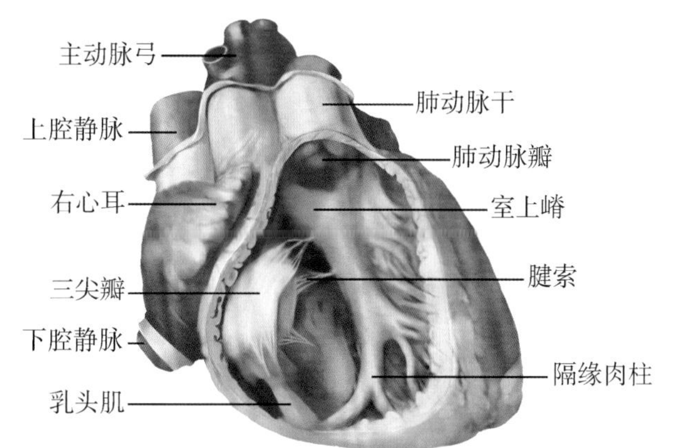

图9-13　右心室的内部结构

3. 左心房　位于右心房的左后方，构成心底的大部分。左心房前部向右前方突出的部分为**左心耳**（图9-14），内有与右心耳相似的梳状肌。左心房后部两侧有左肺上、下静脉和右肺上、下静脉4个入口。左心房的出口为**左房室口**，向下通左心室。

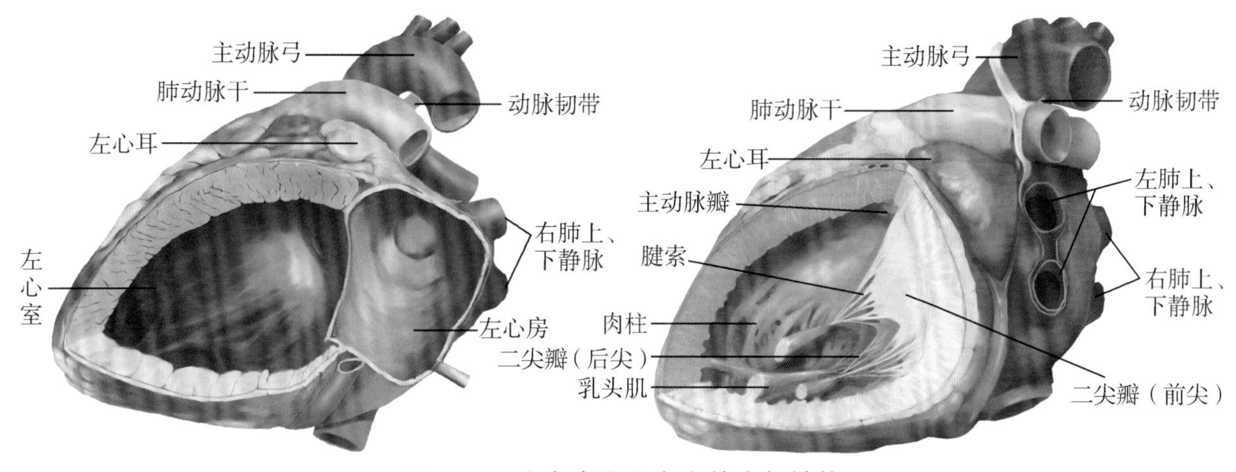

图9-14　左心房和左心室的内部结构

4. 左心室　位于右心室的左后下方，构成心尖及心的左缘。左心室的入口即左房室口，口周缘的纤维环上附有两片近似三角形的瓣膜，称为**二尖瓣或左房室瓣**（图 9-14）。瓣膜也借腱索与室壁上的乳头肌相连，功能与三尖瓣相同。左心室的出口为主动脉口，口周围的纤维环上也附有 3 个袋口向上的半月形的**主动脉瓣**（图 9-15），其功能与肺动脉瓣相同。

考点 保证心腔内血液定向流动的装置；房间隔、室间隔缺损的好发部位

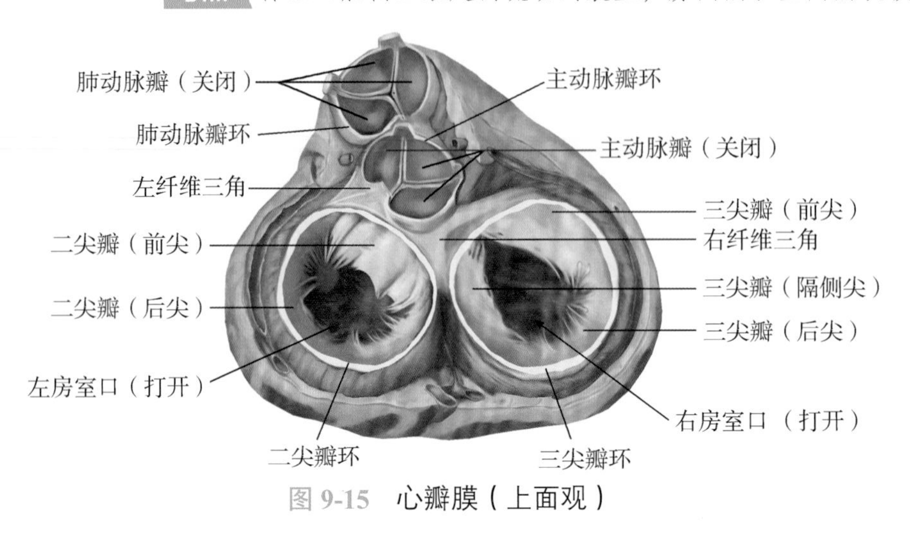

图 9-15　心瓣膜（上面观）

五、心壁的构造

心壁从内向外由心内膜、心肌膜和心外膜构成（图 9-16）。①心内膜，由内皮和内皮下层构成。内皮与出入心大血管的内皮相延续。**心瓣膜**包括二尖瓣、三尖瓣、主动脉瓣和肺动脉瓣，是由心内膜向心腔内折叠并夹一层致密结缔组织构成的。在心室的心内膜下层含有心传导系的分支即浦肯野纤维。②心肌膜，构成心壁的主体，主要由心肌纤维构成。心肌膜在心房较薄，左心室最厚。心房肌和心室肌分别附着在由致密结缔组织构成的心纤维骨骼上，两者互不相连。室间隔位于左、右心室之间，其下方的大部分由心室肌纤维和两侧的心内膜构成，称为**肌部**（图 9-17）；上部中区薄而缺乏心肌的部分称为**膜部**，是室间隔缺损的好发部位。③心外膜，为被覆于心肌膜表面的浆膜，即浆膜心包的脏层。

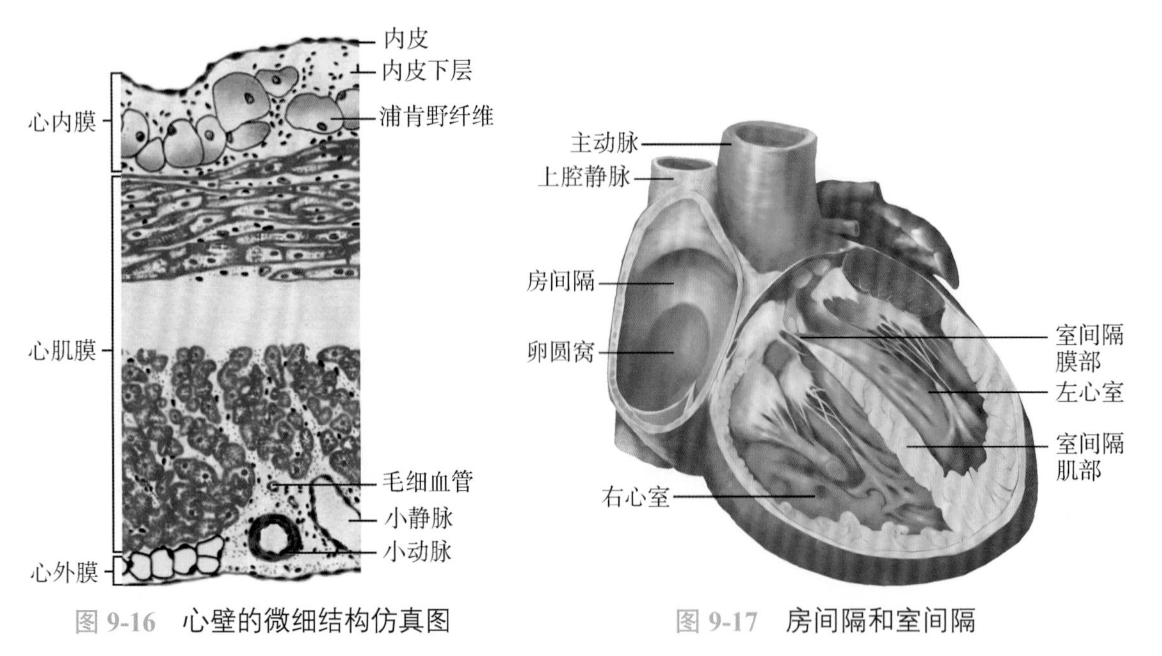

图 9-16　心壁的微细结构仿真图　　图 9-17　房间隔和室间隔

六、心传导系

心传导系由特殊的心肌纤维构成，具有产生和传导兴奋的功能，是心自动节律性的解剖学基础。心传导系包括窦房结、结间束、房室结、房室束及其左右束支和浦肯野纤维（Purkinje fiber）（图 9-18）。**窦房结**是位于上腔静脉与右心房交界处心外膜深面的长梭形小体，为心的正常起搏点。窦房结产生的兴奋由结间束传导至房室结。**房室结**位于冠状窦口前上方心内膜深面，略呈扁椭圆形，其主要功能是将窦房结传来的冲动短暂延搁后再下传至心室，使心房肌和心室肌依次先后顺序分开收缩。**房室束**起自房室结前端，沿室间隔膜部下行，至肌部上缘分为左、右束支，分别在室间隔左、右侧面心内膜深面下行，分支交织成心内膜下**浦肯野纤维**，分布于心室肌纤维。

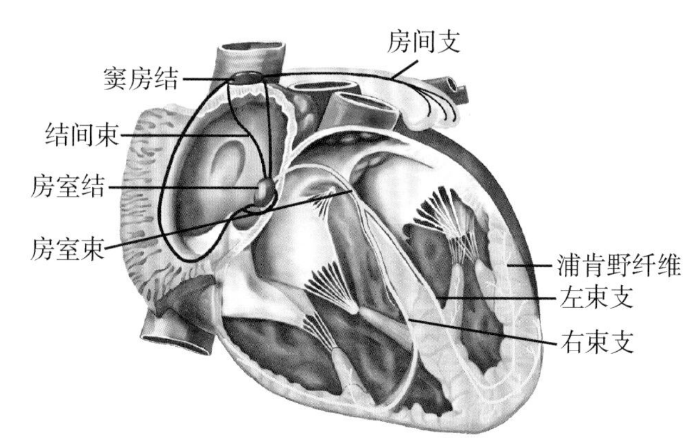

图 9-18 心脏传导系统

考点 心传导系的组成；窦房结的位置及功能

七、心的血管

心的动脉是发自升主动脉根部的左冠状动脉和右冠状动脉（图 9-19）；心的静脉血绝大部分经左心房与左心室之间的冠状窦回流入右心房，小部分直接进入右心房。

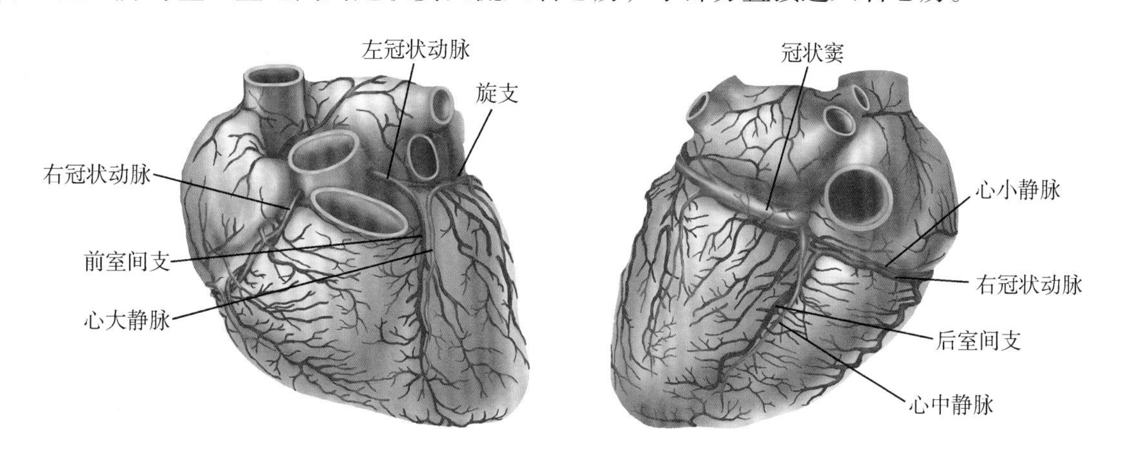

图 9-19 心的血管

1. 左冠状动脉　经左心耳与肺动脉干之间沿冠状沟左行，随即分为前室间支和旋支。①**前室间支**，沿前室间沟下行，分布于左心室前壁、右心室前壁的一部分及室间隔的前 2/3 区域。前室间支阻塞时，可造成左心室前壁、室间隔前部和心尖部的心肌梗死。②**旋支**，沿冠状沟左行至心膈面，主要分布于左心房、左心室侧壁及膈壁。旋支阻塞时，可造成左心室侧壁和部分膈壁的心肌梗死。

2. 右冠状动脉　经右心耳与肺动脉干之间进入冠状沟，向右行绕过心右缘至膈面，移行为**后室间支**，沿后室间沟下行。右冠状动脉主要分布于右心房、右心室、室间隔后 1/3 及部分左心室后壁。房室结支约 93% 起自右冠状动脉，分布于房室结，故当心肌梗死伴有房室传导阻滞时，首先考虑右冠状动脉闭塞。

考点 左、右冠状动脉的起始及主要分支分布范围

八、心　包

心包为包裹心和出入心大血管根部的锥体形纤维浆膜囊，可分为纤维心包和浆膜心包。**纤维心包**是坚韧的致密结缔组织囊，包裹于浆膜心包壁层的外面，上方与出入心大血管的外膜相移行，下方附着于膈的中心腱（图 9-20）。**浆膜心包**薄而光滑，分为脏、壁两层。脏层紧贴心肌膜表面，即心外膜，壁层衬于纤维心包内面。脏、壁两层在出入心的大血管根部相互移行，形成潜在性的密闭腔隙，称为**心包腔**，内有少量浆液，可减少心搏动时的摩擦。心包腔前下部即心包胸肋部与膈部转折处的间隙称为**心包前下窦**，在直立位时位置最低，心包积液常存在于此窦中，是心包穿刺的安全部位（图 9-21）。

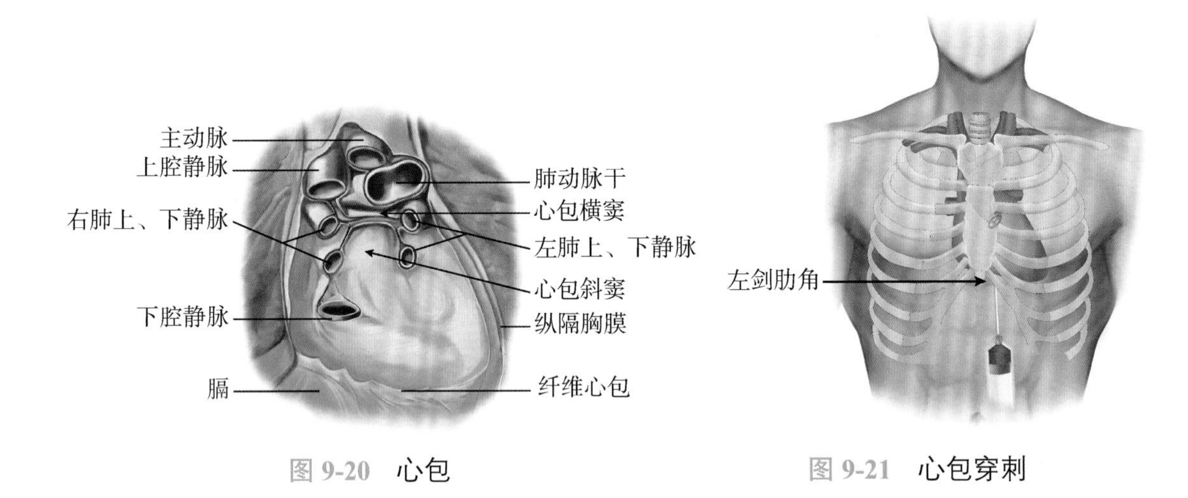

图 9-20　心包　　　图 9-21　心包穿刺

九、心脏的泵血功能与心音

心脏的节律性收缩和舒张对血液的驱动作用称为**心脏的泵血功能**，是心脏的主要功能。心脏收缩时将血液射入动脉，并通过动脉系统将血液分配到全身各组织；心脏舒张时则通过静脉系统使血液回流到心脏，为下一次射血做准备。

（一）心动周期与心率

1. 心动周期　心房或心室每收缩和舒张一次，称为一个**心动周期**，即一次心搏。在一个心动周期中包括心房收缩期、心房舒张期和心室收缩期与心室舒张期。由于心室在心脏的泵血过程中起主导作用，故通常的心动周期是指心室的活动周期。

2. 心率　每分钟心跳的次数，称为**心率**。在安静状态下，正常成人的心率为 60 ～ 100 次 / 分，平均为 75 次 / 分。心率可因不同的生理条件而变动，新生儿的心率较快，随年龄的增长心率逐渐减慢；成年女性的心率稍快于男性；运动时心率加快，安静时心率较慢；经常进行体育锻炼的人平时心率较慢。

3. 心动周期与心率的关系　在一个心动周期中，首先可见两心房先收缩，继而心房舒

张；当心房开始舒张时，两心室也几乎同时进行收缩，然后心室舒张。接着心房又开始收缩（图 9-22）。成人心率平均为 75 次 / 分，则一个心动周期平均为 0.8 秒，其中心房收缩期约 0.1 秒，舒张期约 0.7 秒；心室收缩期约 0.3 秒，心室舒张期约 0.5 秒。在心室舒张期的前 0.4 秒，心房也处于舒张状态，这段时间称为**全心舒张期**。在心动周期中，左右心房或左右心室的活动几乎是同步的，并且心房和心室舒张期都长于收缩期。当心率加快时，心动周期缩短，收缩期和舒张期均缩短，以舒张期缩短最为明显。因此，心率增加时心肌的工作时间相对延长，休息时间相对缩短，这对心脏的持久活动是不利的。

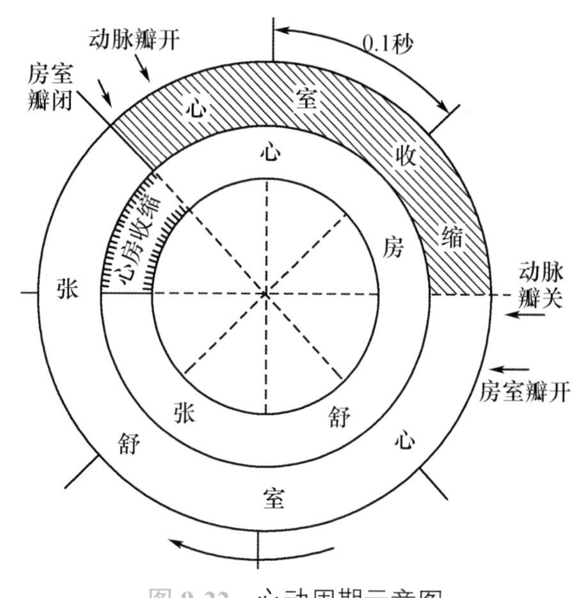

图 9-22 心动周期示意图

考点 心动周期的概念；心率的正常值及其变动

（二）心脏的泵血过程

在心脏的泵血活动中，心室起主要作用，左、右心室的活动相似，并且几乎同时进行。现以左心室为例，介绍心室的泵血过程（图 9-23）。

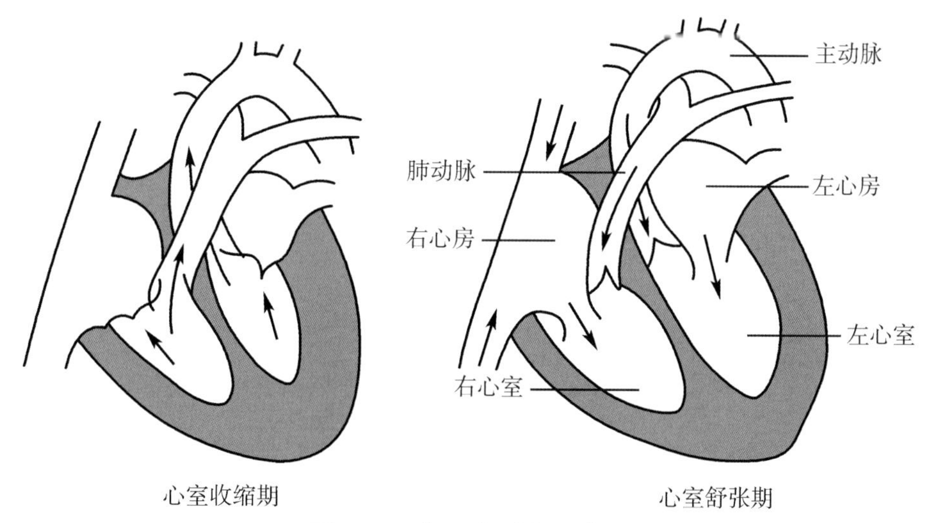

图 9-23 心泵血过程示意图

1. 心室收缩期 可分为等容收缩期和射血期。

（1）等容收缩期：当心房收缩完毕后进入心房舒张期，此时心室开始收缩，室内压迅速上升，当升高至超过房内压时，房室瓣关闭，此时室内压仍低于主动脉压，动脉瓣仍处于关闭状态。从房室瓣关闭到主动脉瓣开启前的这段时期，心室的收缩不能改变心室的容积，故称为**等容收缩期**，持续时间约 0.05 秒。如果动脉血压升高或心肌收缩力减弱，会导致动脉瓣推迟开放，等容收缩期延长。

（2）射血期：心室肌继续收缩，室内压不断升高至超过主动脉压时，动脉瓣开放，心室内的血液射入主动脉，心室的容积缩小，此期称为**射血期**，持续时间约 0.25 秒。如果动脉压升高，由于等容收缩期延长，射血期相对缩短。

2. 心室舒张期　可分为等容舒张期和心室充盈期。

（1）等容舒张期：心室收缩射血完毕后开始舒张，室内压迅速下降，当低于主动脉压时，动脉瓣关闭，此时室内压仍较房内压高，房室瓣仍处于关闭状态。此期心室的容积不变，称为**等容舒张期**，持续时间 0.06 ～ 0.08 秒。

（2）心室充盈期：心室肌继续舒张，当室内压下降至低于房内压时，房室瓣开放，血液由心房流入心室，心室容积增大，此期称为充盈期，持续时间 0.42 ～ 0.44 秒。在心室舒张期的最后 0.1 秒，心房开始收缩，房内压升高进一步促使血液流入心室。值得注意的是，血液流入心室主要不是靠心房收缩所产生的挤压作用，而是靠心室舒张降低室内压所产生的“抽吸”作用，但在心室舒张的后期，心房的收缩可使心室的充盈量再增加 10% ～ 30%。因此，心房收缩对于心室的充盈起着初级泵的作用，即对心室射血和静脉回流是一种协助。一旦心房泵功能丧失，尽管在静息状态下没有异常表现，但处于运动和应急状态下的机体，由于心脏泵功能不足会出现一些症状，如气短等。

心动周期中心腔压力、瓣膜开闭、血流方向及心室容积的变化，见表 9-1。

表 9-1　心动周期中心腔压力、瓣膜开闭、血流方向及心室容积等变化

心动周期分期		压力比较	瓣膜开闭		血流方向	心室容积
		心房　心室　动脉	房室瓣	动脉瓣		
房缩期		房内压＞室内压＜动脉压	开放	关闭	心房→心室	增大
室缩期	等容收缩期	房内压＜室内压＜动脉压	关闭	关闭	无出入	不变
	射血期	房内压＜室内压＞动脉压	关闭	开放	心室→动脉	减小
室舒期	等容舒张期	房内压＜室内压＜动脉压	关闭	关闭	无出入	不变
	心室充盈期	房内压＞室内压＜动脉压	开放	关闭	心房→心室	增大

（三）心输出量及影响因素

1. 每搏输出量和心输出量　一次心搏一侧心室所射出的血量，称为**每搏输出量**，简称搏出量。在安静状态下，正常成人的搏出量约为 70ml。在安静时一侧心室舒张末期的容积为 120ml，因而心室射血后，心室腔内仍有余血存在。

每分钟一侧心室所射出的血量，称为**每分心输出量**，简称心输出量。心输出量等于搏出量与心率的乘积，正常成人安静时为 4.5 ～ 6.0L/min。两侧心室的搏出量和心输出量基本相等。心输出量是衡量心泵血功能的基本指标。

考点　心输出量的概念和正常值

2. 影响心输出量的因素

（1）心肌的前负荷：是指心肌收缩前所承受的负荷，即心室舒张末期充盈的血量，包括心室射血后的剩余血量和静脉回心血量。在一定的范围内，静脉回心血量增多，心肌前负荷增大，心肌细胞的初长度增长，心肌收缩力增强，搏出量增多。如果静脉回心血量过多，心肌前负荷过大，心肌的收缩力反而减弱，搏出量减少。在临床输液中速度不宜过快、量不宜过多，避免心肌前负荷过大而导致急性心力衰竭。

（2）心肌的后负荷：心室收缩时，必须克服大动脉血压，才能将血液射入动脉内。因此，大动脉血压是心室收缩时所遇到的后负荷。在其他因素不变的情况下，当动脉血压升高时，等容收缩期延长，射血期相对缩短，搏出量减少。反之，搏出量增多。

（3）心肌收缩能力：是指心肌细胞内在的功能状态。它是一种与心肌初长度无关，通过心肌本身收缩强度和速度的改变来影响心肌的收缩力量。当心肌收缩能力增强时，搏出量增多。反之，当心肌收缩能力降低时，搏出量减少。这是由于在心室肌收缩能力增强时，等容收缩期室内压上升的速度快、幅度大，射血时速度快，射血期末心室容积缩得更小，心室内血液排空得更完全，搏出量增多。在正常人体内，心肌收缩能力受神经体液因素的调节。当交感神经兴奋、去甲肾上腺素和肾上腺素增多时，心肌收缩能力增强，而当迷走神经兴奋时，心肌收缩能力则减弱。

（4）心率：在一定范围内，心率加快，心输出量增多；但若心率过快（超过 160 ～ 180 次 / 分），心室舒张期缩短明显，心室的充盈血量明显减少，搏出量明显减少，导致心输出量明显减少。在心率过慢时（低于 40 次 / 分），心室舒张期明显延长，但心室充盈量已接近极限而无明显增加，搏出量无明显增加，导致心输出量减少。

3. 心力储备　心脏的泵血功能具有广泛适应性，使心输出量可随机体代谢水平的改变而相应调整，以满足机体不同生理条件下的代谢需要。心输出量可随机体代谢的需要而增多的能力，称为心力储备。心力储备可通过加强体育锻炼而得到提高。在安静状态下，健康成人的心输出量为 4.5 ～ 6.0L/min；在剧烈运动时，可达到 25 ～ 30L/min。

考点 影响心输出量的因素

4. 心音　在心动周期中，由心肌收缩、瓣膜开闭和血液流动等机械活动所产生的声音，称为**心音**。心音可传至胸壁，用听诊器在胸壁的一定部位通常可听到两个心音，即第一心音和第二心音（表 9-2）。此外，在有些健康的青年和儿童可听到第三心音，40 岁以上的健康人可出现第四心音。在某些心脏疾病时，可出现心杂音。在临床工作中，心音的听诊对某些心血管疾病的诊断具有重要意义。

表 9-2　第一心音与第二心音的比较

	第一心音	第二心音
产生时间	发生在心室收缩期，标志着心室收缩的开始	发生在心室舒张期，标志着心室舒张的开始
特点	音调较低，持续时间较长	音调较高，持续时间较短
产生机制	心室肌收缩、房室瓣关闭、心室射血冲击动脉管壁引起振动	动脉瓣关闭、血液冲击动脉的根部引起振动
意义	反映房室瓣的功能状态、心室肌收缩的强弱	反映动脉瓣的功能状态、动脉血压的高低

十、心肌细胞的生物电现象和生理特性

心脏能不停地进行有节律的收缩和舒张活动，是由构成心脏的心肌本身的特性所决定的，

而心肌生理特性又是以心肌细胞的生物电现象为基础的。

心肌细胞有两类：一类是具有收缩能力的心房肌和心室肌，称为**工作细胞**，执行泵血功能。另一类是特殊传导系的心肌细胞（窦房结、结间束、房室结、房室束、左右束支和浦肯野纤维），构成心传导系，具有自动产生节律性兴奋的功能，称为**自律细胞**。两类细胞的生物电现象各不相同。

（一）心室肌细胞的生物电现象

心室肌细胞的静息电位约为 –90mV，其产生机制与神经纤维相同，主要是由 K^+ 外流形成的电 - 化学平衡电位。心室肌细胞动作电位的特征是去极化（0 期）迅速而复极化缓慢，因而其动作电位历时较长，可分为去极化的 0 期和复极化的 1 期、2 期、3 期、4 期，共 5 期（图 9-24）。各期膜电位变化、形成机制，见表 9-3。

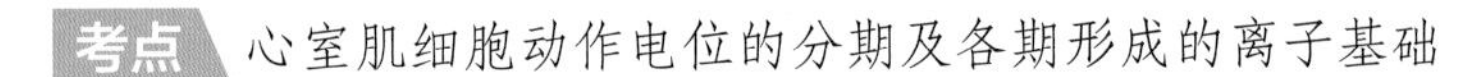

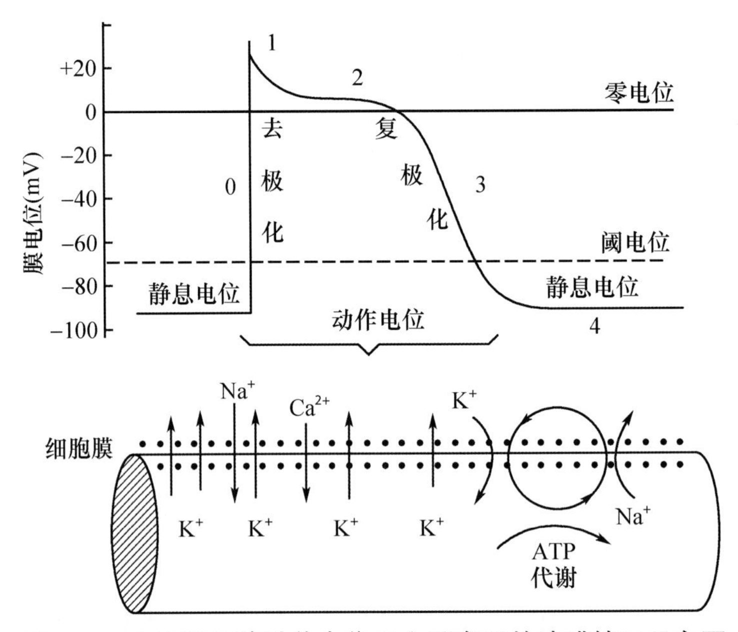

图 9-24 心室肌细胞动作电位及主要离子的跨膜转运示意图

表 9-3 心室肌细胞膜电位各期的特点

分期	膜电位变化	形成机制	历时（ms）
0 期	–90mV 迅速上升到 +30mV	Na^+ 大量内流	1 ～ 2
1 期	+30mV 快速下降到 0	K^+ 快速外流	10
2 期	保持在近零电位水平	Ca^{2+} 内流和 K^+ 外流	100 ～ 150
3 期	0 降到 –90mV	K^+ 外流	100 ～ 150
4 期	稳定在静息电位水平	泵活跃，将内流的 Na^+、Ca^{2+} 泵出，并摄回外流的 K^+	

（二）自律细胞的生物电特点

自律细胞生物电的最大特点是 4 期膜电位不稳定，可缓慢自动去极化，去极化达阈值后即引起新的动作电位，如此周而复始。这种 4 期自动去极化（图 9-25）是自律细胞与非自律细胞生物电现象的主要区别，也是形成自律性的基础。

（三）心肌的生理特性

1. 自动节律性　是指心肌在没有外来刺激或无神经支配的条件下，能自动发生节律性兴奋和收缩的特性，简称自律性。心肌的自律性来源于自律细胞。由于心传导系各部分自律细胞的4期自动去极化速度快慢不一，各部分的自律性高低不同。其中，窦房结细胞的自律性最高，约为100次/分；房室结次之，约为50次/分；浦肯野纤维最低，约为25次/分。正常情况下，心肌的节律性活动受自律性最高的窦房结控制，故窦房结是心脏活动的正常起搏点。以窦房结为起搏点的心搏动，称为**窦性心律**。以窦房结以外的部位为起搏点的心搏活动，则称为**异位心律**。

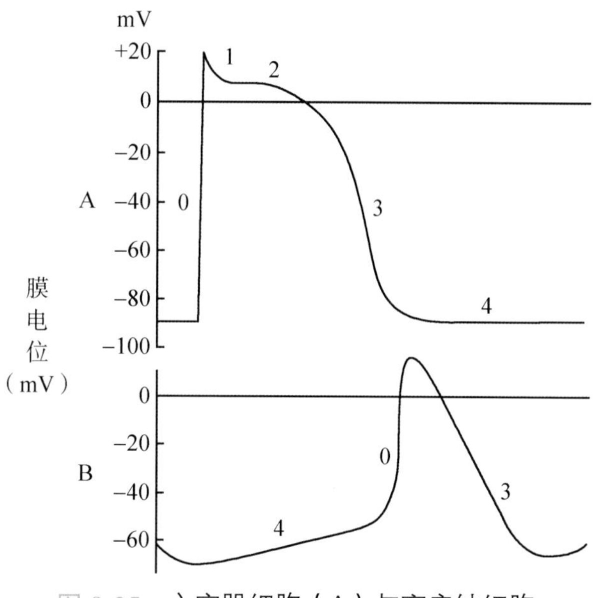

图9-25　心室肌细胞（A）与窦房结细胞（B）的跨膜电位比较

2. 传导性　是指心肌细胞传导兴奋的能力或特性。正常心脏内兴奋的传导主要依靠心传导系统来完成。传导顺序：窦房结发出兴奋后，经心房肌传到左、右心房，同时沿"优势传导通路"迅速传到房室结，然后经房室束及其左右束支和浦肯野纤维到达心室肌。各部位心肌细胞传导性的高低不同，故传导的速度也不相同。心房肌为0.4m/s，心室肌为1m/s，浦肯野纤维为4m/s，房室交界区为0.02m/s。

在人体心脏内，由窦房结发出兴奋到房室交界的边缘约需0.06秒，房室交界内传导约需0.1秒，心室内传导约需0.06秒。因此，兴奋由窦房结传遍整个心脏共计约0.22秒。房室交界是心房兴奋传入心室的唯一通路，因传导速度最慢，所占时间较长，故称为**房-室延搁**。其生理意义在于使心室的收缩发生在心房收缩完毕之后，有利于心室在射血前得到足够的血液充盈；兴奋在心房和心室内传导得快，其意义是使心房肌或心室肌收缩趋向于同步。心脏内兴奋的过程，见图9-26。

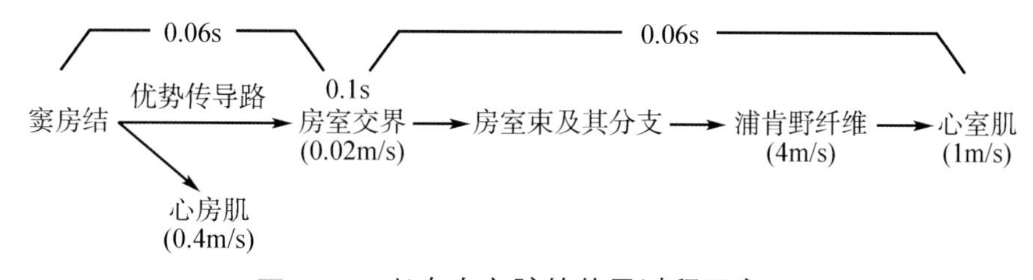

图9-26　兴奋在心脏的传导过程示意图

3. 兴奋性　心肌细胞在受到刺激发生兴奋的过程中，其兴奋性会发生周期性的变化（图9-27）。

（1）有效不应期：包括绝对不应期和局部反应期。在绝对不应期不论多么强大的刺激都不能使心肌细胞产生动作电位，心肌兴奋性暂时缺失；在局部反应期，受到足够强度的刺激，可引起局部去极化，但不能产生动作电位（图 9-28）。

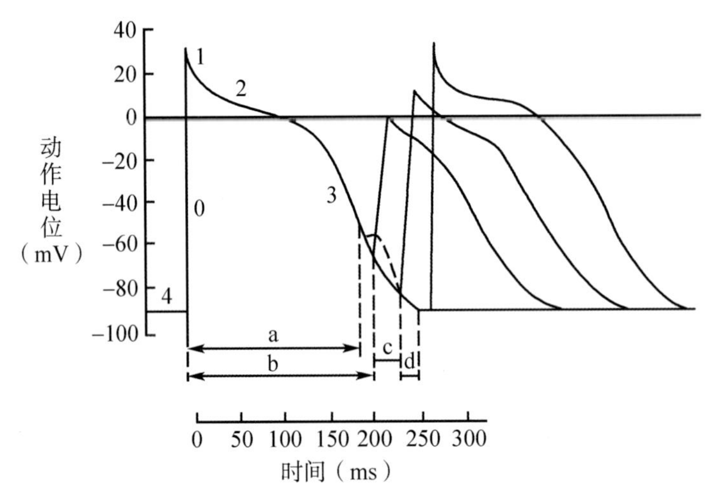

图 9-27 心室肌动作电位期间兴奋性的周期性变化

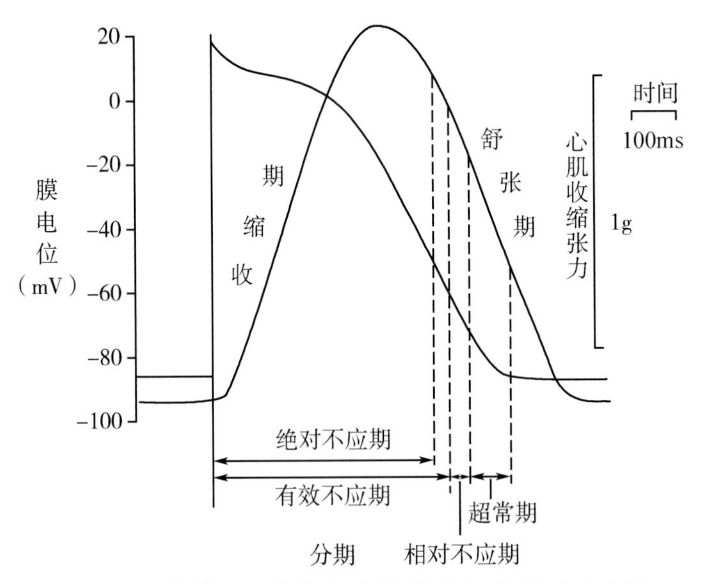

图 9-28 有效不应期与心室收缩的相应关系示意图

（2）相对不应期：此期心肌兴奋性逐渐恢复，但仍低于正常，如给予阈上刺激，可使心肌细胞产生动作电位。

（3）超常期：此期兴奋性高于正常，给予一定的阈下刺激就能使心肌细胞产生动作电位。

心肌兴奋性呈周期性变化，其特点是有效不应期特别长，相当于整个收缩期和舒张早期，其生理意义是使心肌不能产生骨骼肌那样的强直收缩，保持着收缩与舒张交替的节律性活动，保证泵血功能的完成。

正常情况下，心按照窦房结的节律进行活动。如果在有效不应期之后，下次窦房结兴奋到来之前，接受一个较强的额外刺激，可使心肌提前产生一次兴奋和收缩，称为**期前收缩**或早搏。期前收缩也有自己的有效不应期，此时须等到窦房结再一次传来兴奋，才能引起心肌收缩，故出现一个较长的心脏舒张期，称为代偿间歇（图 9-29）。

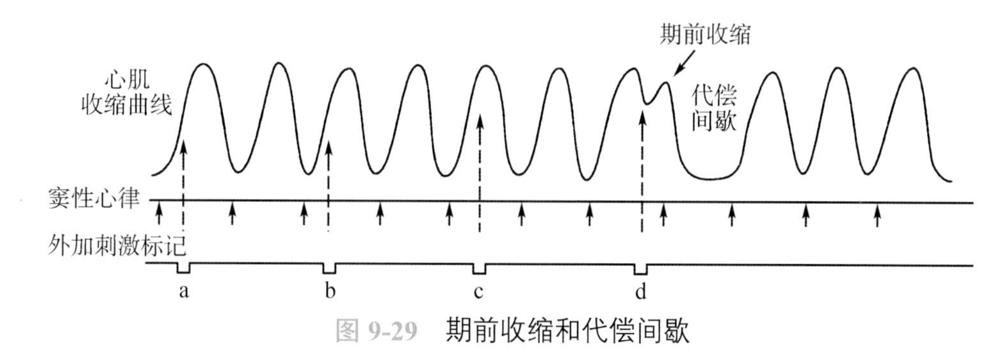

图 9-29 期前收缩和代偿间歇

4. 收缩性 心肌细胞的收缩原理与骨骼肌的收缩原理相似，通过兴奋－收缩耦联，导致肌丝滑行而引起心肌收缩。但心肌收缩有其自身的特点：①对细胞外液 Ca^{2+} 浓度有较大的依赖性；②不发生强直收缩；③收缩呈“全或无”式，即心房肌或心室肌的收缩是同步的。

考点 窦性心律的概念；心正常起搏点的部位

5. 理化因素对心肌生理特性的影响

（1）温度：在一定范围内，温度升高，心率加快；温度降低，心率减慢。一般体温升高1℃，心率加快约 10 次 / 分。

（2）酸碱度：血液 pH 降低时，心肌收缩力减弱；pH 增高时，心肌收缩力增强。

（3）主要离子对心肌的影响：K^+ 对心脏活动有抑制作用，当血 K^+ 浓度过高时，心肌的自律性、传导性、兴奋性和收缩性均下降，表现为心动过缓、传导阻滞、心肌收缩力减弱，严重时心肌可以停止在舒张状态。故临床上用氯化钾溶液补 K^+ 时，严禁静脉注射，只能口服或静脉缓慢滴注，同时必须遵循不宜过多，不宜过浓，不宜过快的原则，以防高血钾。当血 K^+ 浓度降低时，心肌的自律性、兴奋性和收缩性增高，易产生期前收缩和异位节律。血液中 Ca^{2+} 浓度增加，心肌收缩力增强。但血 Ca^{2+} 浓度过高，心肌可停止于收缩状态。血 Ca^{2+} 浓度降低时，心肌收缩力减弱。

考点 K^+ 和 Ca^{2+} 对心肌收缩力的作用有何不同

十一、心 电 图

心电图是指用心电图机在体表一定部位记录出来的心脏电位变化曲线。它可以反映心脏兴奋的产生、传导和恢复过程中的生物电变化，具有重要的临床意义。正常心电图是由 P 波、QRS 波群和 T 波及各波间的线段所组成的（图 9-30）。

1. P 波 反映两心房去极化过程的电位变化。波形特征小而钝圆，历时 0.08 ～ 0.11 秒，波幅不超过 0.25mV。

2. QRS 波群 反映两心室去极化过程的电位变化。典型 QRS 复合波包括一个向下的 Q 波，接着是向上的高尖的 R 波，最后是向下的 S 波。QRS 波群历时 0.06 ～ 0.10 秒。

3. T 波 反映两心室复极化过程的电位变化。波幅一般为 0.1 ～ 0.8mV，历时 0.05 ～ 0.25 秒。

4. P-R 间期 指从 P 波起点到 QRS 波群起点之间的时间，为 0.12 ～ 0.20 秒。它反映窦房结产生的兴奋经心房、房室结和房室束等到心室，并引起心室开始去极化所需要的时间。

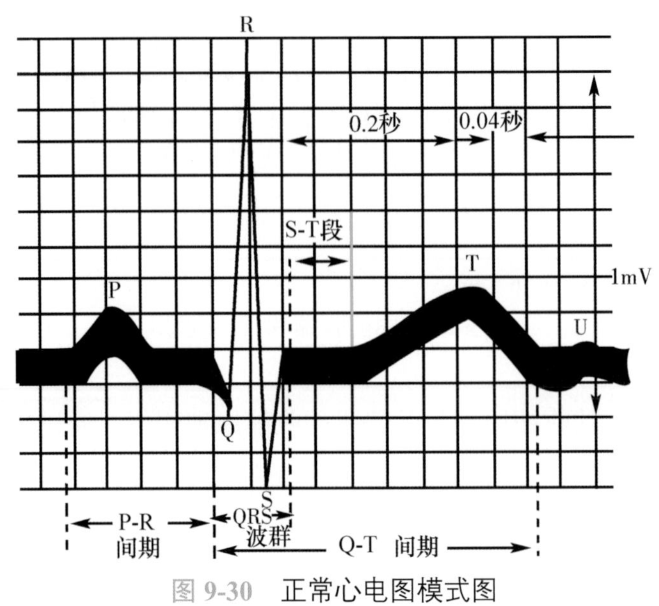

图 9-30 正常心电图模式图

5. Q-T 间期 从 QRS 波群的起点到 T 波终点的时间，反映心室去极化和复极化到静息电位时所需要的时间。

6. S-T 段 从 QRS 波群终点到 T 波起点之间与基线平齐的线段。其代表心室肌全部处于动作电位的平台期，心肌细胞间无电位差存在。

第 3 节 血 管

一、肺循环的血管

1. 肺循环的动脉 是从右心室发出的肺动脉干及其分支，输送的是含 CO_2 较多的静脉血。**肺动脉干**是一短而粗的动脉干，起自右心室的肺动脉口，向上左后上方斜行，至主动脉弓的下方分为左、右肺动脉。左肺动脉至左肺门分上、下两支进入左肺上、下叶，右肺动脉至右肺门分 3 支进入右肺上、中、下叶。左、右肺动脉在肺内经反复分支，最终形成肺泡毛细血管网。

在肺动脉干分叉处稍左侧与主动脉弓下缘之间有一结缔组织索，称为**动脉韧带**，是胚胎时期动脉导管闭锁后的遗迹。动脉导管若在出生后 6 个月尚未闭锁，则称为动脉导管未闭，是先天性心脏病的一种。

2. 肺循环的静脉 肺静脉左、右各两条，分别称为左肺上、下静脉和右肺上、下静脉。它们均自肺门出肺，注入左心房。**肺静脉**内输送的是气体交换后含 O_2 丰富的动脉血，而体循环的静脉内输送的是含 CO_2 较多的静脉血。

二、体循环的动脉

体循环的动脉是从左心室发出的主动脉及其各级分支，输送的是含 O_2 丰富的动脉血。**主动脉**是体循环的动脉主干，起自左心室的主动脉口，按其行程分为升主动脉、主动脉弓和降主动脉 3 部分。降主动脉又以膈的主动脉裂孔为界，分为胸主动脉和腹主动脉

（图 9-31）。腹主动脉下行至第 4 腰椎体下缘处分为左、右髂总动脉。

（一）升主动脉

升主动脉起自左心室，向右前上方斜行至右侧第 2 胸肋关节的后方移行为主动脉弓，升主动脉根部发出左、右冠状动脉（图 9-19）。

（二）主动脉弓

主动脉弓是升主动脉的延续，在胸骨柄后方弓形弯向左后方，至第 4 胸椎体下缘处移行为胸主动脉。主动脉弓的凸侧从右向左依次发出三大分支，即**头臂干**（无名动脉）、**左颈总动脉**和**左锁骨下动脉**。头臂干向右上方斜行至右侧胸锁关节后方分为右颈总动脉和右锁骨下动脉。主动脉弓壁的外膜内含有丰富的游离神经末梢，可感受血压的变化，称为**压力感受器**。在主动脉弓下方近动脉韧带处有 2 ～ 3 个粟粒状小体，称为**主动脉小球**，为化学感受器。

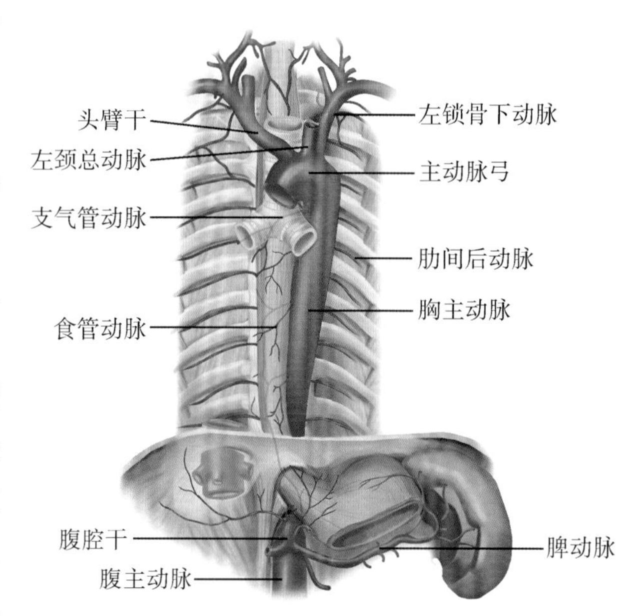

图 9-31　主动脉及其分支

考点　主动脉的分部以及主动脉弓的三大分支；主动脉小球的位置及功能

链接

器官外动脉的分布规律

动脉离开主干进入器官前的一段称为器官外动脉，进入器官后称为器官内动脉。器官外动脉的分布规律：①身体每一较大局部（头颈、躯干和上、下肢）都有 1 ～ 2 条动脉干供应；②动脉的配布多数具有左、右对称性；③躯干部的动脉有壁支和脏支之分；④动脉常以最短的距离到达所分布的器官；⑤动脉常与静脉、神经伴行；⑥动脉在行径中，多居于身体的屈侧、深部或安全隐蔽不易受到损伤的部位。

1. 颈总动脉　是头颈部的动脉主干，左侧的起自主动脉弓，右侧的发自头臂干。两侧的颈总动脉均在胸锁关节的后方进入颈部，沿食管、气管和喉的外侧上行，至甲状软骨上缘处分为颈内动脉和颈外动脉（图 9-32）。颈总动脉在颈部走行于气管与胸锁乳突肌之间，位置表浅，活体可摸到其搏动。如头颈部出血时，可在胸锁乳突肌前缘，相当于环状软骨平面，向后内将颈总动脉压在第 6 颈椎横突上进行急救止血（图 9-33）。

在颈总动脉分叉处有两个重要结构：①**颈动脉窦**，是颈总动脉末端和颈内动脉起始处的膨大部分，窦壁的外膜内含有丰富的游离神经末梢，称为压力感受器。颈动脉窦和主动脉弓壁内的压力感受器可感受血压升高的刺激，反射性地引起心率减慢，末梢血管扩张，使血压下降。②**颈动脉小球**，是位于颈总动脉分叉处后方的扁椭圆形小体，为化学感受器。颈动脉小球和主动脉小球能感受血液中 CO_2 浓度升高的刺激，反射性地引起呼吸加深、加快。

考点　颈动脉窦和颈动脉小球的位置及功能

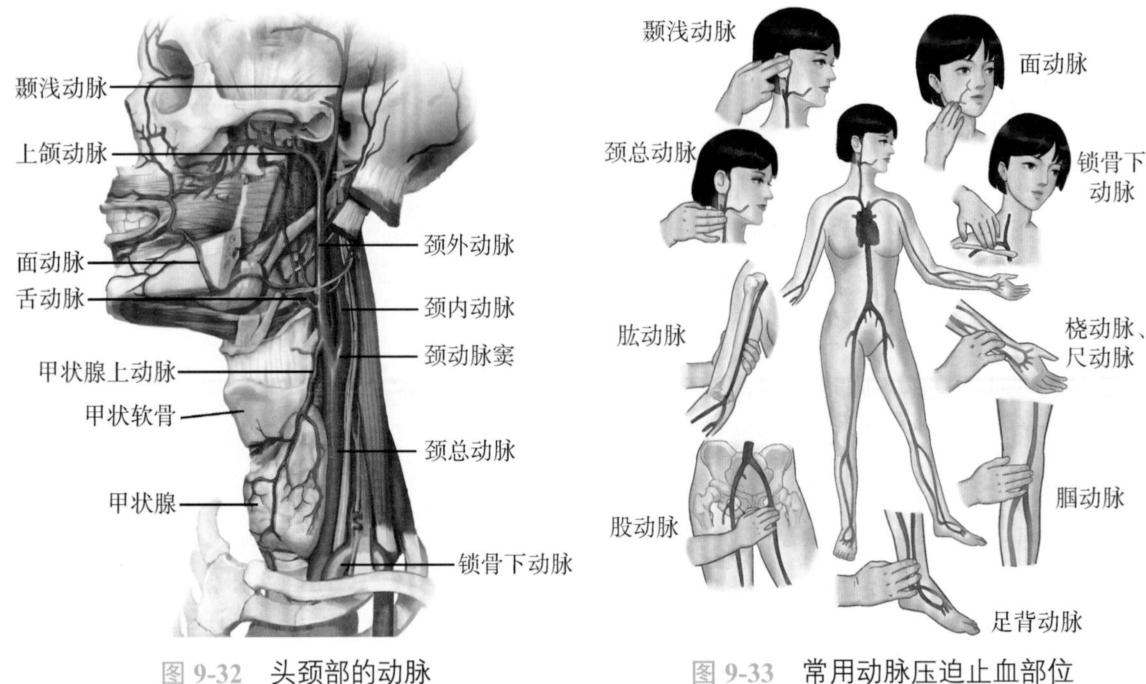

图 9-32 头颈部的动脉

图 9-33 常用动脉压迫止血部位

（1）颈内动脉：由颈总动脉分出后，垂直上行至颅底，经颈动脉管入颅腔，分支分布于脑和视器。

（2）颈外动脉：自颈总动脉分出后，上穿腮腺达下颌颈处分为颞浅动脉和上颌动脉两个终支。颈外动脉的主要分支有：①**甲状腺上动脉**，自颈外动脉起始部发出，向前下方至甲状腺侧叶上端，分布于甲状腺和喉。②**面动脉**，在约平下颌角处起自颈外动脉，向前经下颌下腺深面上行，至咬肌前缘绕过下颌骨下缘至面部，再经口角、鼻翼外侧上行至内眦，改称为**内眦动脉**，分布于面部软组织、下颌下腺和腭扁桃体等处。面动脉在咬肌前缘与下颌骨下缘交界处位置表浅，在活体可摸到其搏动，面部出血时可在该处压迫止血。③**颞浅动脉**，经外耳门前方至颞部皮下，分布于腮腺和额、颞、顶部的软组织。活体在外耳门前上方可触及其搏动，头前外侧部头皮出血时可在此压迫止血。④**上颌动脉**，经下颌支深面行向前内，分布于硬脑膜、牙及牙龈和鼻腔等处。其中分布于硬脑膜的分支称为**脑膜中动脉**，在下颌颈深面发出，向上经棘孔入颅中窝，分为前、后两支分布于硬脑膜。前支粗大，经翼点内面上行，颞部骨折时易损伤此动脉，可形成硬脑膜外血肿。

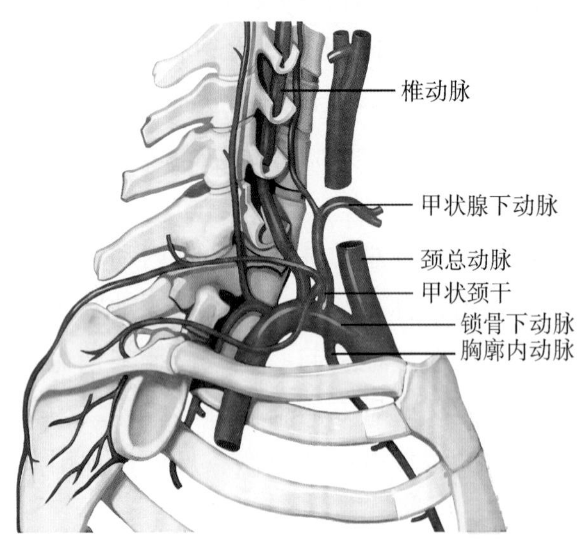

图 9-34 锁骨下动脉及其分支

2. 锁骨下动脉 左侧的起自主动脉弓，右侧的发自头臂干。**锁骨下动脉**从胸锁关节后方呈弓状越过胸膜顶前方，向外穿斜角肌间隙至第 1 肋外缘，进入腋窝延续为腋动脉。上肢出血时，可在锁骨中点上方的锁骨上大窝处向后下将锁骨下动脉压向第 1 肋骨进行止血。锁骨下动脉的主要分支有椎动脉、胸廓内动脉和甲状颈干等（图 9-34）。**椎动脉**在前斜角肌内侧起自锁骨下动脉上缘，向上穿过第6～1颈椎的横突孔，经枕骨大孔入颅腔，分布于脑和脊髓。

考点 颈总动脉、颞浅动脉、面动脉、锁骨下动脉和肱动脉的搏动点以及压迫止血部位

3. 上肢的动脉（图9-35） ①**腋动脉**，在第1肋外缘处续自锁骨下动脉，向外下进入腋窝，至大圆肌下缘处移行为肱动脉。②**肱动脉**，是腋动脉的直接延续，自大圆肌下缘沿肱二头肌内侧下行至肘窝，在平桡骨颈高度分为桡动脉和尺动脉。肱动脉位置表浅，当前臂和手部出血时，可在臂中部肱二头肌内侧沟，向肱骨压迫肱动脉进行止血。在肘窝的内上方，肱二头肌腱的内侧可触及肱动脉搏动，是测量血压时听诊的部位。③**桡动脉**，自肱动脉分出后，经肱桡肌腱和桡侧腕屈肌腱之间至桡骨下端，在拇长展肌和拇伸肌腱深面绕至手背，再穿第1掌骨间隙至手掌深面，末端与尺动脉的掌深支吻合构成**掌深弓**。桡动脉在腕关节桡掌侧上方位置表浅，仅被皮肤和筋膜遮盖，是临床上触摸脉搏的常用部位。④**尺动脉**，自肱动脉分出后，斜向内下行，在豌豆骨的桡侧经屈肌支持带的浅面入手掌，终支与桡动脉的掌浅支吻合成**掌浅弓**。手部出血时，可在桡腕关节上方掌面的内、外侧，同时将尺、桡动脉分别压向尺、桡骨的下端进行压迫止血。分布于手指的指掌侧固有动脉沿手指掌面的两侧行向指尖，故当手指出血时，可在手指根部两侧压迫止血。

考点 椎动脉的分布；触摸脉搏的常用部位和测量血压的听诊部位

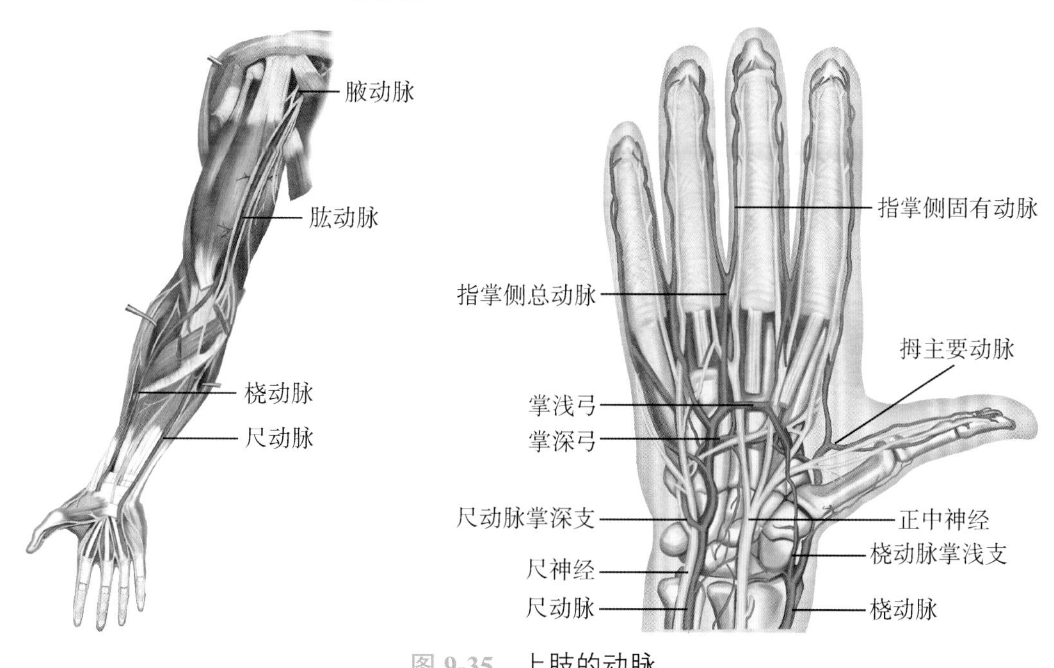

图9-35　上肢的动脉

（三）胸主动脉

胸主动脉是胸部的动脉主干，位于后纵隔内，其分支有壁支和脏支两种。壁支主要包括位于第3～11对肋间隙内的9对**肋间后动脉**（图9-36）和位于第12肋下方的1对**肋下动脉**，分布于胸壁、腹壁上部、背部和脊髓等处；脏支主要有支气管动脉、食管动脉和心包支，分布于气管、支气管、食管和心包等处。

（四）腹主动脉

腹主动脉是腹部的动脉主干，自膈的主动脉裂孔处续于胸主动脉，沿脊柱的左前方下行，

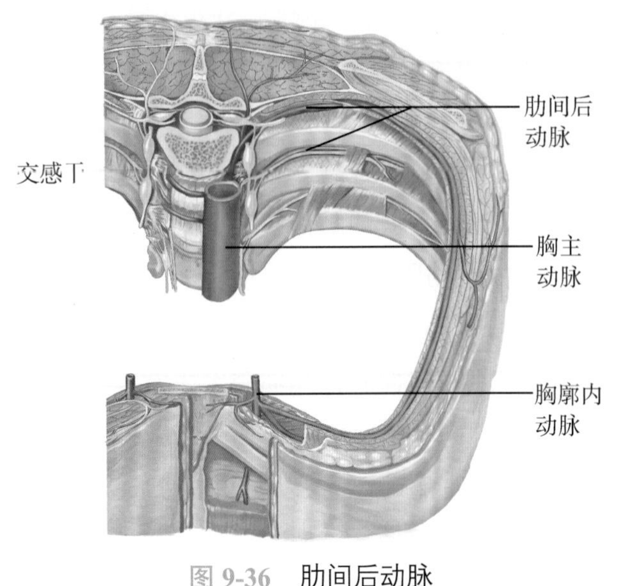

图 9-36 肋间后动脉

至第 4 腰椎体下缘处分为左、右髂总动脉（图 9-37）。腹主动脉按其分布区域，亦有脏支和壁支之分。壁支主要是分布于腰部的肌肉、皮肤和脊髓等处的 4 对腰动脉，脏支主要分布于腹腔内脏器，分为成对和不成对两种。成对的脏支有肾上腺中动脉、肾动脉和睾丸动脉（女性为卵巢动脉），不成对的脏支有腹腔干、肠系膜上动脉和肠系膜下动脉。

1. 肾上腺中动脉　平第 1 腰椎高度起自腹主动脉侧壁，向外行至肾上腺，并与肾上腺上、下动脉吻合。

2. 肾动脉　约平对第 1、2 腰椎之间起自腹主动脉侧壁，横行向外经肾门入肾，并在入肾门之前发出肾上腺下动脉至肾上腺。

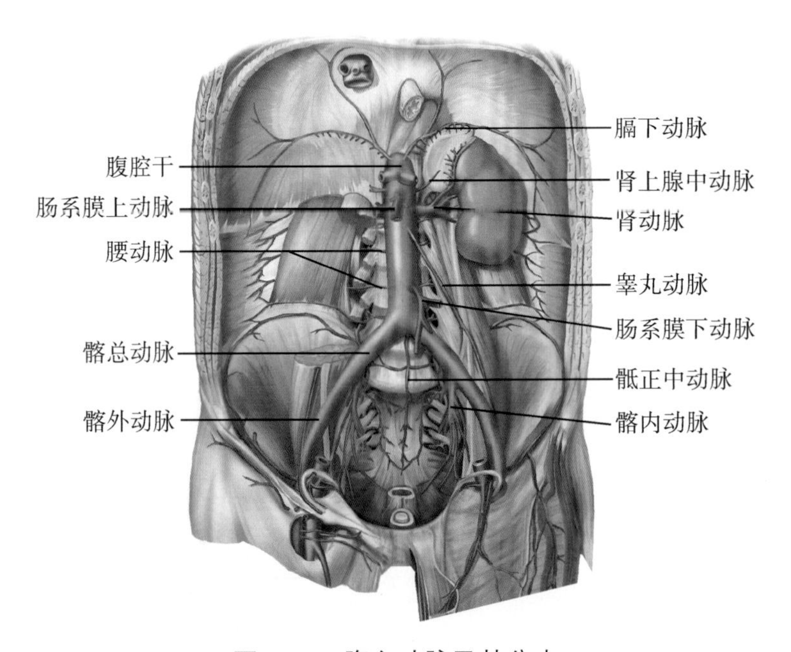

图 9-37 腹主动脉及其分支

3. 睾丸动脉　细而长，在肾动脉起始处的稍下方由腹主动脉前壁发出，沿腰大肌前面斜向外下与输尿管交叉后，穿经腹股沟管，参与精索的组成，分布于睾丸和附睾，故又称**精索内动脉**。在女性则为**卵巢动脉**，经卵巢悬韧带下行入盆腔，分布于卵巢和输卵管壶腹部，并与子宫动脉分支吻合。

4. 腹腔干　为一粗而短的动脉干，在主动脉裂孔的稍下方起自腹主动脉前壁，随即分为胃左动脉、肝总动脉和脾动脉（图 9-38）。①**胃左动脉**，斜向左上方至胃贲门附近，沿途分支至食管腹段、贲门和胃小弯附近的胃壁。②**肝总动脉**，向右行至十二指肠上部的上缘后进入肝十二指肠韧带内，分为**肝固有动脉**和**胃十二指肠动脉**。肝固有动脉在肝十二指肠韧带内上行，至肝门处分为左、右两支，分别进入肝左、右叶。右支在入肝门前发出**胆囊动脉**，经胆囊三角上行，分布于胆囊。③**脾动脉**，沿胰上缘左行至脾门，分数支入脾，沿途发出许多细小的胰支，至胰体和胰尾。脾动脉在近脾门处还发出**胃短动脉**和**胃网膜左动脉**。

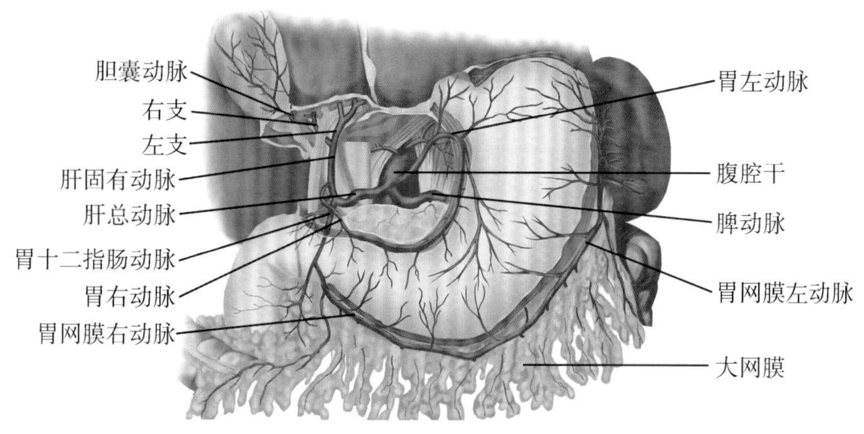

图 9-38 腹腔干及其分支

5. 肠系膜上动脉　在腹腔干起点的稍下方，约平第1腰椎高度起自腹主动脉前壁，经胰颈后面下行，越过十二指肠水平部前面进入肠系膜根内，斜向右下行至右髂窝，沿途发出下列主要分支（图9-39）：①**空肠动脉**和**回肠动脉**，分布于空肠和回肠；②**回结肠动脉**，分布于回肠末端、盲肠、阑尾和升结肠的起始部，并发出**阑尾动脉**分布于阑尾；③**右结肠动脉**，分布于升结肠；④**中结肠动脉**，分布于横结肠。

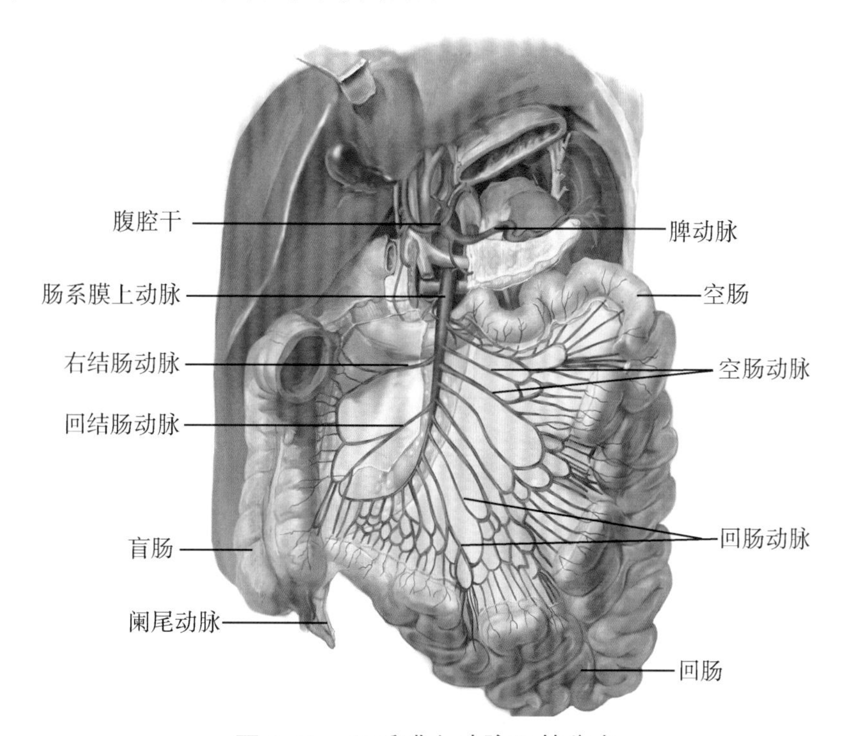

图 9-39 肠系膜上动脉及其分支

6. 肠系膜下动脉　约平第3腰椎高度起自腹主动脉的前壁，行向左下至左髂窝进入乙状结肠系膜根内。沿途发出下列分支（图9-40）：①**左结肠动脉**，分布于结肠左曲和降结肠；

②**乙状结肠动脉**，有 2 ~ 3 条，行向左下进入乙状结肠系膜内，分布于乙状结肠；③**直肠上动脉**，是肠系膜下动脉的直接延续，分布于直肠上部，并与直肠下动脉的分支吻合。

考点 腹腔干和肠系膜上、下动脉的主要分支及分布

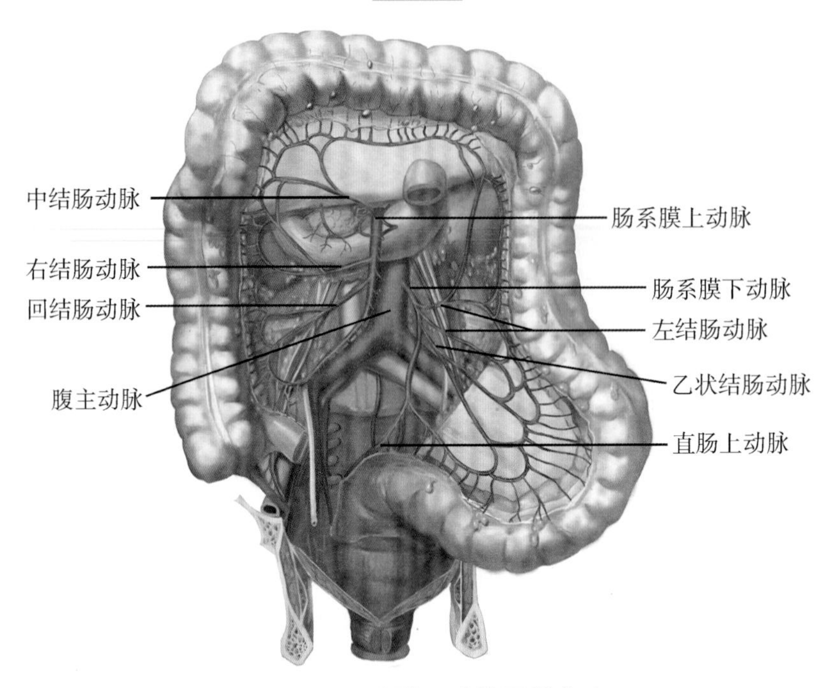

图 9-40 肠系膜下动脉及其分支

（五）髂总动脉

髂总动脉左、右各一，在第 4 腰椎体下缘高度自腹主动脉分出，沿腰大肌的内侧行向外下方，至骶髂关节的前方，分为髂内动脉和髂外动脉。

1. 髂内动脉　是盆部的动脉主干，沿盆腔侧壁下行，分为壁支和脏支（图 9-41）。壁支主要包括分布于大腿内侧肌群和髋关节的**闭孔动脉**，以及分别经梨状肌上、下孔穿出至臀部

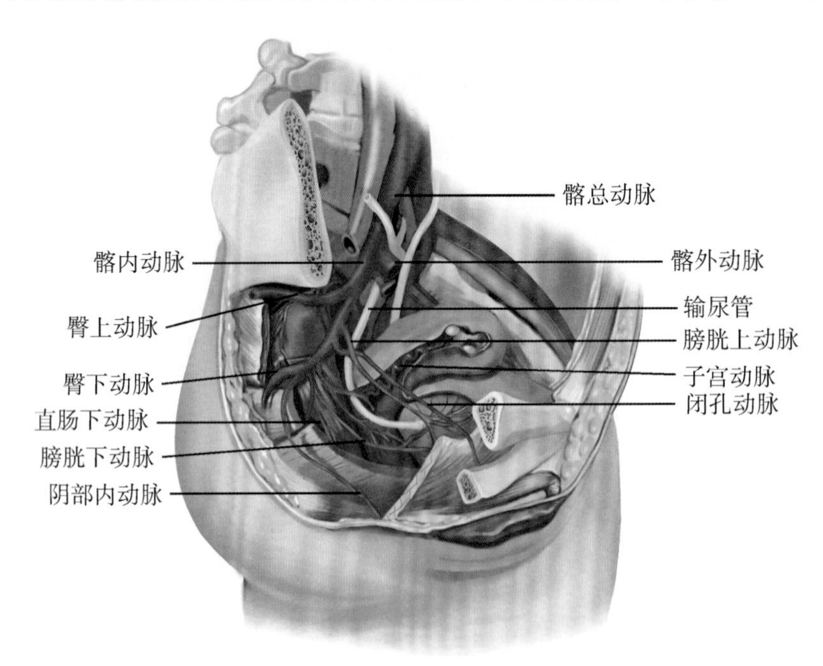

图 9-41 髂内动脉及其分支（女性）

分布于臀肌的**臀上动脉**和**臀下动脉**。脏支主要包括分布于直肠下部的**直肠下动脉**和分布于肛门、会阴部及外生殖器等处的**阴部内动脉**以及女性独有的子宫动脉。

子宫动脉自髂内动脉发出后沿盆腔侧壁向下进入子宫阔韧带底部的两层腹膜之间，在距子宫颈外侧约 2cm 处跨过输尿管的前方并与之交叉，再沿子宫颈及子宫侧缘上行至子宫底，分支分布于子宫、输卵管、卵巢和阴道，并与卵巢动脉吻合。由于子宫动脉与输尿管交叉的相对位置关系，故在妇科手术结扎子宫动脉时，应注意勿损伤输尿管。

2. 髂外动脉　沿腰大肌的内侧缘下行，经腹股沟韧带中点深面至大腿前部移行为股动脉（图 9-42）。髂外动脉在腹股沟韧带的稍上方发出腹壁下动脉，向上进入腹直肌鞘，分布于腹直肌并与胸廓内动脉的终支腹壁上动脉吻合。

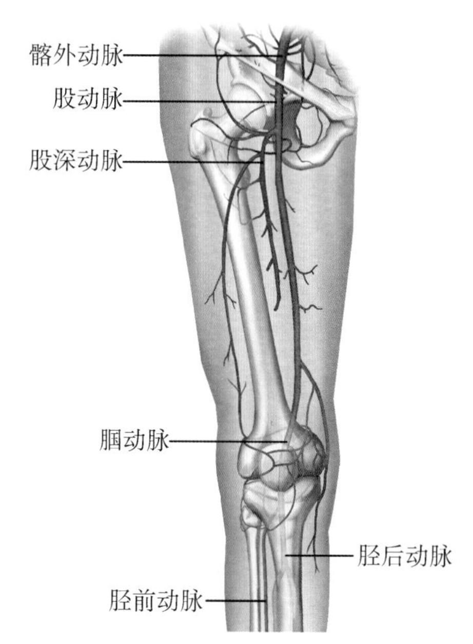

图 9-42　股动脉及其分支

3. 下肢的动脉　①**股动脉**是髂外动脉的直接延续，在股三角内下行，穿过收肌管后出收肌腱裂孔至腘窝，移行为腘动脉。在股三角内，股动脉位于股静脉的外侧、股神经的内侧。在腹股沟韧带中点稍下方，活体可触及股动脉搏动，是动脉穿刺或插管的理想部位。当下肢出血时，可在此处向后压迫止血。②**腘动脉**，在腘窝深部下行，至腘窝下部分为胫前动脉和胫后动脉。③**胫后动脉**，沿小腿后群肌浅、深两层之间下行，经内踝后方至足底，分为足底内侧动脉和足底外侧动脉（图 9-43）。④**胫前动脉**，由腘动脉发出后，穿小腿骨间膜至小腿前面，在小腿前群肌之间下行，至踝关节的前方移行为足背动脉（图 9-44）。⑤**足背动脉**，是胫前动脉的直接延续，位置表浅，在踝关节前方，内、外踝连线的中点、踇长伸肌腱外侧可触及其搏动，足背出血时可在该处向深部压迫足背动脉进行止血。

考点　股动脉和足背动脉的搏动点以及压迫止血的部位

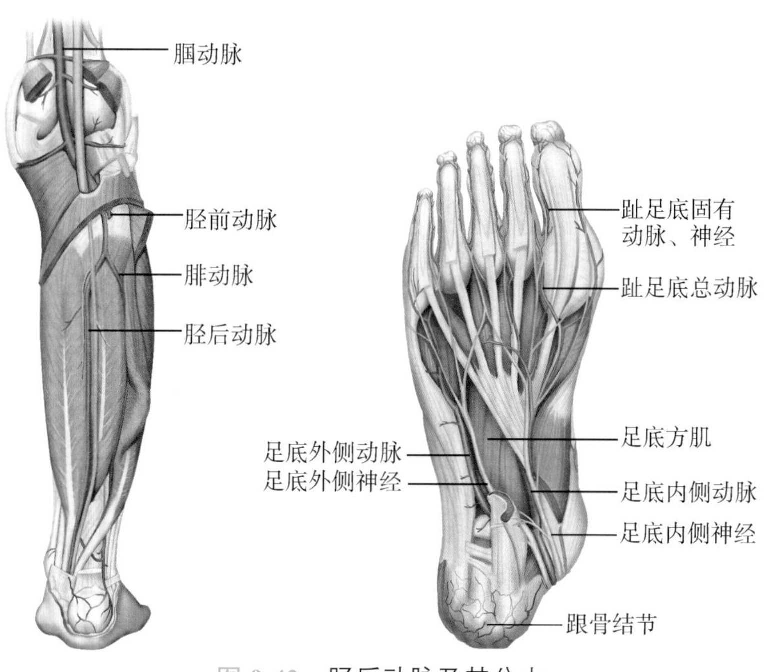

图 9-43　胫后动脉及其分支

三、体循环的静脉

静脉虽与动脉有许多相似之处，但由于两者功能不同，故静脉在结构和配布上具有如下特点：①与动脉相比，静脉数量多，管径粗，管壁薄而弹性小。②静脉内有成对的向心开放的半月形**静脉瓣**（图 9-45），静脉瓣顺血流开放，逆血流关闭，是防止血液逆流的重要结构。受重力影响较大的下肢，静脉瓣较多，其他部位则较少或无静脉瓣。③体循环的静脉有浅、深之分，**浅静脉**位于皮下组织内，不与动脉伴行，可透过皮肤看到，故又称皮下静脉，是临床上静脉注射、输液、输血或采血的常用部位。**深静脉**位于深筋膜深面或体腔内，多与同名动脉伴行（图 9-46），收集伴行动脉分布区域的静脉血。④静脉之间吻合丰富，浅静脉常吻合成静脉网，深静脉常在某些器官周围吻合形成静脉丛，浅、深静脉之间也存在丰富的交通支。

体循环的静脉包括上腔静脉系、下腔静脉系（含肝门静脉系）和心静脉系。

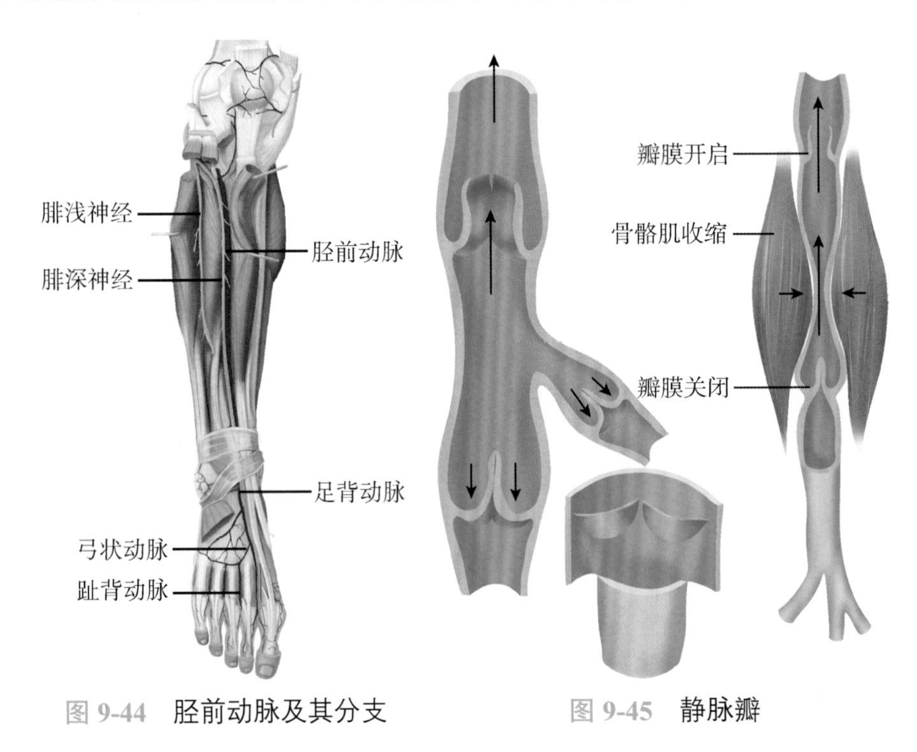

图 9-44 胫前动脉及其分支　　图 9-45 静脉瓣

（一）上腔静脉系

上腔静脉系由上腔静脉及其属支组成，收集头颈部、上肢和胸部（心和肺除外）等上半身的静脉血。

1. 头颈部的静脉　浅静脉主要有面静脉、下颌后静脉和颈外静脉等，深静脉包括颈内静脉、锁骨下静脉和颅内静脉（图 9-47）。

（1）颈内静脉：上端在颈静脉孔处与乙状窦相续，下行至胸锁关节的后方与锁骨下静脉汇合成头臂静脉。颈内静脉的属支分为颅内属支和颅外属支两种。颅内属支通过硬脑膜窦收集脑和视器等处的静脉血，经乙状窦注入颈内静脉。颅外属支重要的有面静脉。

（2）面静脉：在内眦处起自内眦静脉，伴面动脉下行至下颌角下方与下颌后静脉前支汇合，至舌骨高度注入颈内静脉。面静脉收集面前部组织的静脉血。面静脉通过内眦静脉、眼静脉与颅内海绵窦相交通。面静脉在口角以上部分无静脉瓣，当口角以上面部发生化脓性感染时，若处理不当如挤压化脓处，可导致细菌栓子沿上述途径向颅内蔓延至海绵窦，造成颅内的继发感染，故通常将两侧口角至鼻根部之间的三角形区域称为**危险三角**。

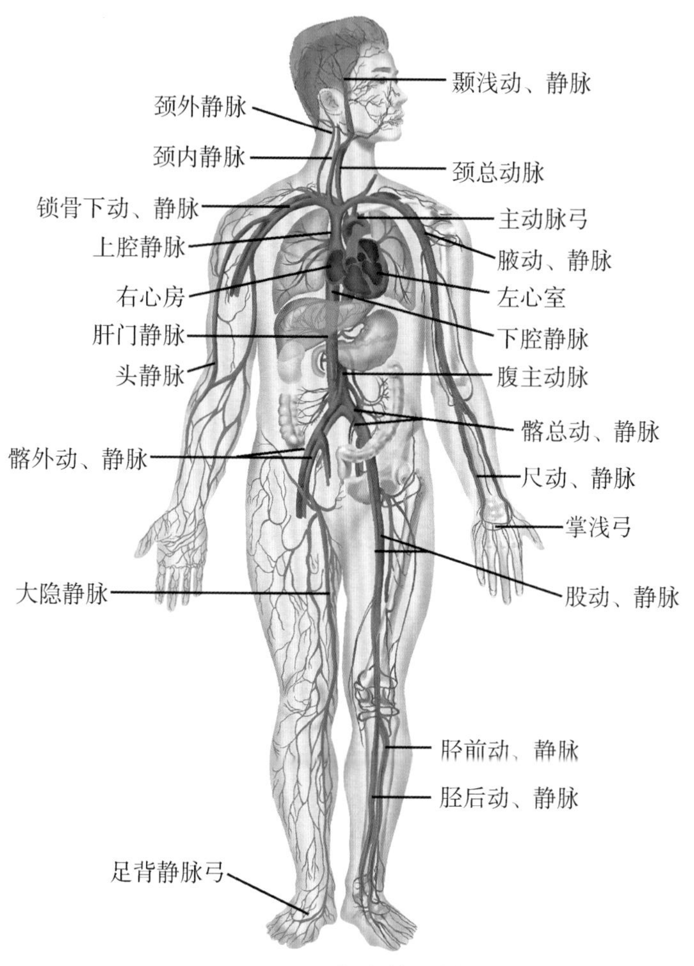

图 9-46 全身的血管

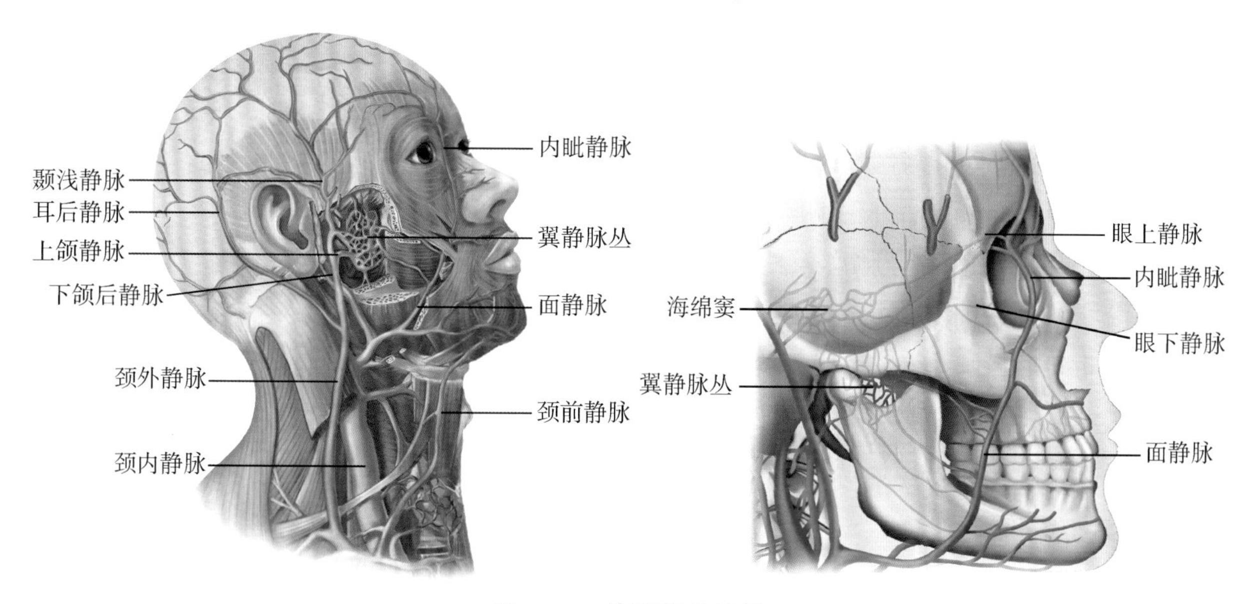

图 9-47 头颈部的静脉

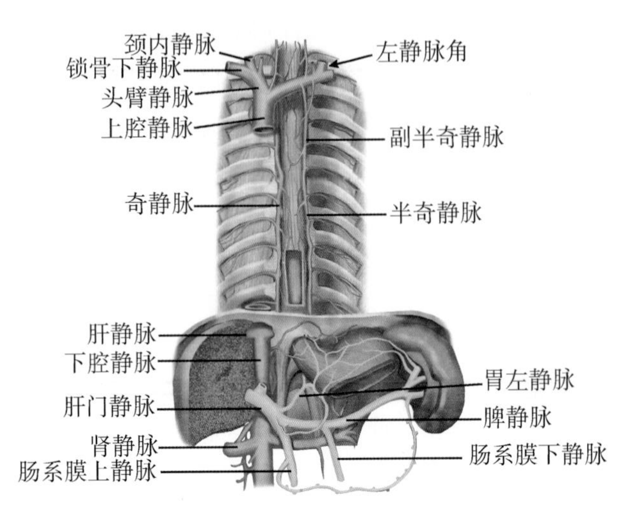

图 9-48 上、下腔静脉及其属支

（3）颈外静脉：是颈部最大的浅静脉，沿胸锁乳突肌表面下行，在锁骨中点上方约 2cm 处穿深筋膜注入锁骨下静脉或静脉角。颈外静脉位置表浅而恒定，是临床上静脉插管或儿童采血的常用静脉。

（4）锁骨下静脉：自第 1 肋外侧缘续于腋静脉，经锁骨下动脉及前斜角肌的前面，在胸锁关节后方与颈内静脉汇合成头臂静脉（图 9-48）。锁骨下静脉位置恒定，管腔较大，临床上可经锁骨上或锁骨下入路进行锁骨下静脉导管插入。

2. 上肢的静脉　分浅、深两种。深静脉与同名动脉伴行，多为两条，收集同名动脉分布区域的静脉血，最后经腋静脉续于锁骨下静脉。上肢的浅静脉（图 9-49）主要包括：①**手背静脉网**，位于手背皮下，位置表浅，临床上常在此处进行静脉穿刺输液。②**头静脉**，起自手背静脉网的桡侧，沿前臂桡侧上行至肘窝，再沿肱二头肌外侧沟皮下上行，经三角胸大肌间沟，穿深筋膜注入腋静脉或锁骨下静脉。③**贵要静脉**，起自手背静脉网的尺侧，沿前臂尺侧上行，至肘窝处接受肘正中静脉，再沿肱二头肌内侧沟上行至臂中部，穿深筋膜注入肱静脉或上行注入腋静脉。④**肘正中静脉**，变异较多，通常在肘窝处连接头静脉与贵要静脉。行于前臂前面中线的前臂正中静脉，至肘窝汇入肘正中静脉或分叉分别注入头静脉和贵要静脉。肘正中静脉是临床采血、输液的常用血管。

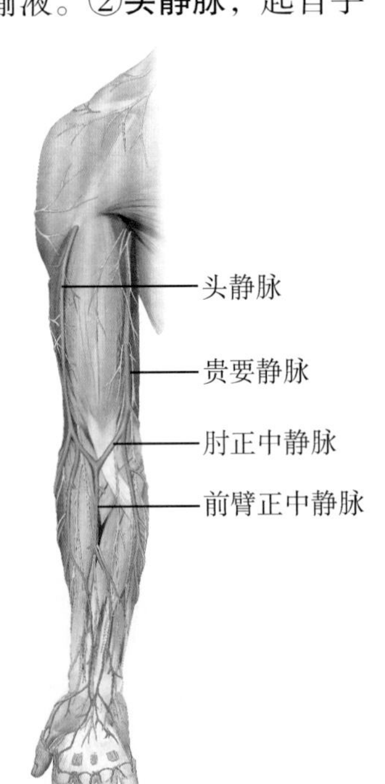

图 9-49 上肢的浅静脉

考点 危险三角的位置及临床意义

3. 胸部的静脉　主要有头臂静脉、上腔静脉、奇静脉及其属支。①头臂静脉，左右各一，分别由同侧的颈内静脉与锁骨下静脉在胸锁关节后方汇合而成，汇合处的夹角称为**静脉角**。②**上腔静脉**，由左、右头臂静脉汇合而成，沿升主动脉的右侧垂直下行，注入右心房。在穿纤维心包之前有奇静脉注入。③**奇静脉**，起自右腰升静脉，穿膈后沿脊柱的右前方上行至第 4 胸椎体高度，向前绕右肺根上方注入上腔静脉。奇静脉主要收集肋间后静脉、食管静脉、支气管静脉和腹后壁的部分静脉血。奇静脉上连上腔静脉，下借右腰升静脉连于下腔静脉，故奇静脉是沟通上、下腔静脉系的重要通道之一。上腔静脉或下腔静脉阻塞时，该通道将成为重要的侧副循环途径。

（二）下腔静脉系

下腔静脉系由下腔静脉及其属支组成，收集腹部、盆部和下肢即膈以下下半身的静脉血。

1. 下肢的静脉　分浅、深两种。深静脉与同名动脉伴行，收集同名动脉分布区域的静脉血，最终汇合成股静脉，向上至腹股沟韧带深面延续为髂外静脉。下肢的浅静脉主要包括

（图 9-50）：①**足背静脉弓**，位于足背远侧的皮下，由相近的足背浅静脉吻合而成，在临床上也可作为静脉穿刺的部位。②**大隐静脉**，是全身最长、最粗的浅静脉，起自足背静脉弓的内侧端，经内踝前方，沿小腿内侧伴隐神经上行，过膝关节内后方，再沿大腿的内侧上行，至耻骨结节外下方 3 ～ 4cm 处穿过深筋膜注入股静脉。大隐静脉在内踝前方位置表浅而恒定，是静脉穿刺或切开插管的常用部位。下肢静脉曲张在临床上以大隐静脉曲张较为多见。③**小隐静脉**，起自足背静脉弓的外侧端，经外踝后方沿小腿的后面上行，至腘窝下角处穿过深筋膜，经腓肠肌内、外侧头之间注入腘静脉。

考点 下肢浅静脉的起始及分布

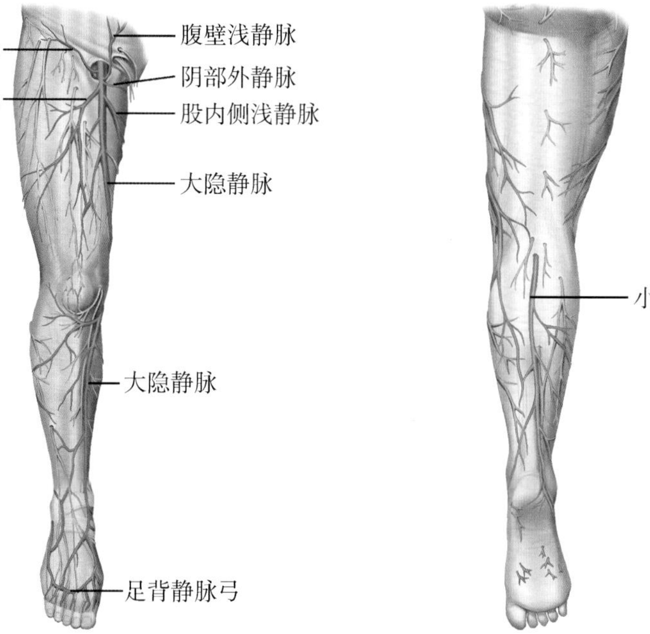

图 9-50　下肢的浅静脉

2. 盆部的静脉　盆部的静脉主干是髂内静脉和髂外静脉，两者在骶髂关节的前方汇合成**髂总静脉**。**髂内静脉**由盆部的静脉汇合而成，其属支与同名动脉伴行，收集盆部、会阴部和外生殖器的静脉血；**髂外静脉**是股静脉的直接延续，收集下肢和腹前壁下部的静脉血。

3. 腹部的静脉　包括下腔静脉及其属支和肝门静脉系。

（1）下腔静脉：是人体最粗大的静脉干，由左、右髂总静脉在第 4 或第 5 腰椎体右前方汇合而成（图 9-51），沿腹主动脉右侧上行，经肝的腔静脉沟，穿经膈的腔静脉裂孔入胸腔，再穿纤维心包注入右心房。直接注入下腔静脉的属支有壁支（4 对腰静脉）和部分脏支（肾静脉、右肾上腺静脉、右睾丸静脉或

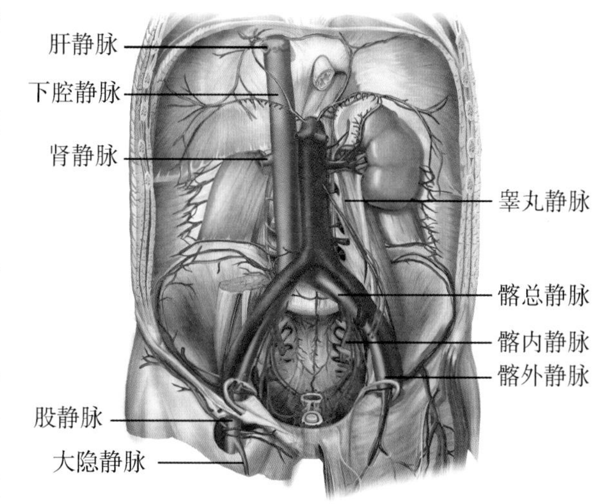

图 9-51　下腔静脉及其属支

右卵巢静脉、肝静脉，**肝静脉**在腔静脉沟处注入下腔静脉）两种，而左睾丸静脉或左卵巢静脉、左肾上腺静脉分别注入左肾静脉，然后间接注入下腔静脉。不成对的脏支（肝静脉除外）先汇合成肝门静脉，入肝后再经肝静脉回流至下腔静脉。

（2）肝门静脉系：由肝门静脉及其属支组成，收集腹腔内不成对脏器（肝除外）的静脉血。

1）肝门静脉的合成：**肝门静脉**通常由肠系膜上静脉和脾静脉在胰颈的后方汇合而成（图9-52），斜向右上行进入肝十二指肠韧带内，在肝固有动脉和胆总管的后方上行至肝门处分左、右两支，分别进入肝左叶和肝右叶。肝门静脉在肝内反复分支，终于肝血窦。肝血窦的血液经肝静脉注入下腔静脉。

2）肝门静脉的特点：①肝门静脉的起始端和肝内分支末端均与毛细血管相连；②肝门静脉及其属支内缺乏功能性的静脉瓣。

3）肝门静脉的主要属支：包括脾静脉、肠系膜上静脉、肠系膜下静脉、胃左静脉、胃右静脉、胆囊静脉和附脐静脉，多与同名动脉伴行，收集同名动脉分布区域的静脉血。其中，肠系膜下静脉在胰颈的后方注入脾静脉或肠系膜上静脉，附脐静脉起于脐周静脉网，沿肝圆韧带上行注入肝门静脉。

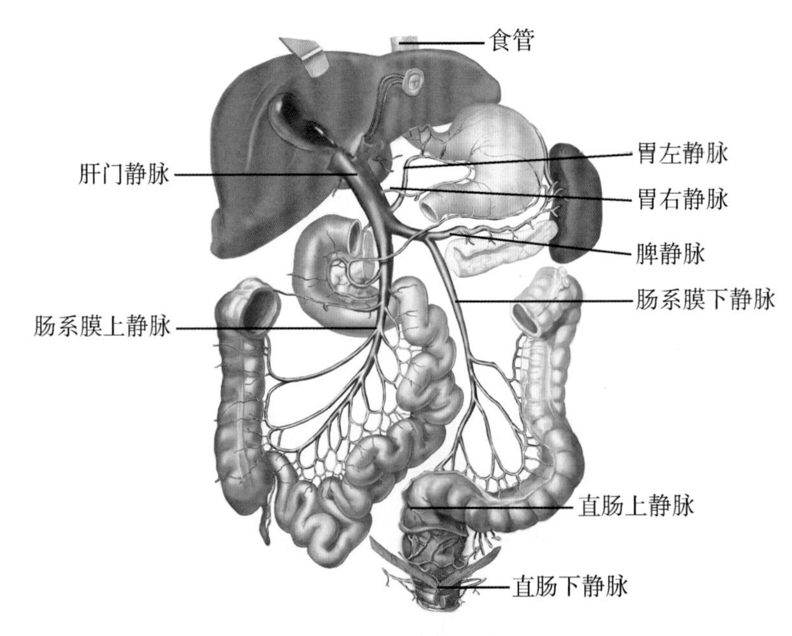

图 9-52 肝门静脉及其属支

4）肝门静脉系与上、下腔静脉系之间的吻合：肝门静脉系与上、下腔静脉系之间存在丰富的吻合。其主要吻合部位有（图 9-53）：①肝门静脉→胃左静脉→食管静脉丛→食管静脉→奇静脉→上腔静脉；②肝门静脉→脾静脉→肠系膜下静脉→直肠上静脉→直肠静脉丛→直肠下静脉→髂内静脉→髂总静脉→下腔静脉；③肝门静脉→附脐静脉→脐周静脉网→胸腹壁浅、深静脉→上、下腔静脉；④通过椎内、外静脉丛形成腹后壁前面肝门静脉系的小静脉与上、下腔静脉系的肋间后静脉和腰静脉之间的交通。

正常情况下，肝门静脉系与上、下腔静脉系之间的吻合支细小，血流量少，但当肝门静脉回流受阻时，通过上述诸吻合途径建立侧支循环，分别经上、下腔静脉回流入右心房。肝硬化导致肝门静脉高压可造成食管静脉丛曲张，甚至破裂引起呕血；脐周静脉网曲张呈海蛇头样；直肠静脉丛也可曲张破裂，引起便血。

考点 肝门静脉的合成、主要属支及其收集范围

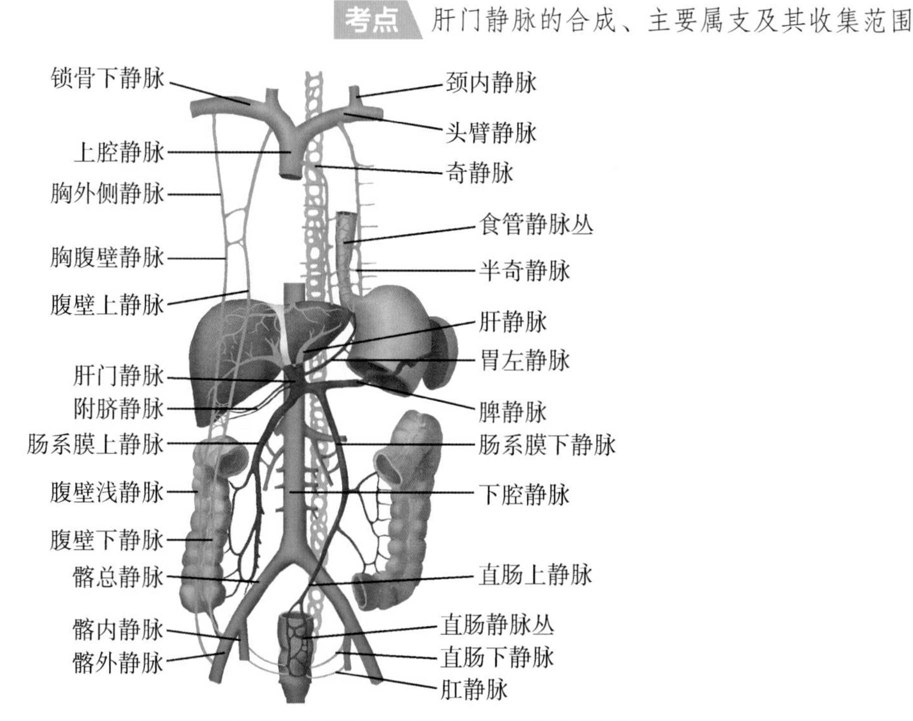

图 9-53 肝门静脉系与上、下腔静脉系之间的吻合模式图

四、血管生理

血管具有运输血液、参与形成和维持动脉血压、分配器官血流、实现物质交换的功能。血液在心血管系统内运行时，涉及血流量、血流阻力、血压等流体力学问题。

（一）血流量、血流阻力和血压

1. 血流量　是指单位时间内流过某一血管横截面的血量。单位时间内通过某器官的血量，称为该器官的血流量。如肾的血流量约为 1200ml/min，脑的血流量约为 750ml/min。

2. 血流阻力　是指血液在血管内流动时所遇到的阻力。它来源于血液各成分之间的摩擦和血液与管壁之间的摩擦。血流阻力的大小主要取决于血管口径和血液黏滞度。①血管口径，由于小动脉和微动脉口径很小，又比较长，对血流的阻力大，故称为阻力血管，并且两者管壁富含平滑肌，它们的舒缩活动可引起口径的明显变化。当阻力血管口径增大时，血流阻力降低，血流量增多；反之，阻力血管口径缩小时，血流阻力增大，血流量减少。通常把小动脉和微动脉对血流的阻力，称为**外周阻力**。②血液黏滞度，血液黏滞度加大也可增加外周阻力，红细胞的数量是影响血液黏滞度的主要因素。

3. 血压　是指血液对血管壁的侧压力（压强），计算单位通常用千帕（kPa）。由于人们长期以来采用汞柱式血压计测量血压，习惯上用汞柱的高度即 mmHg 来表示血压的数值（1kPa=7.5mmHg）。

血流动力学中血流量（Q）、血流阻力（R）与血管两端的压力差（ΔP）之间的关系是

Q=ΔP/R。

考点 外周阻力的概念及决定外周阻力大小的因素

（二）动脉血压与动脉脉搏

1. 动脉血压的概念及正常值 **动脉血压**是指血液对动脉管壁的侧压力。在每一心动周期中，动脉血压呈现周期性变化。心室收缩时，动脉血压升高所达到的最高值，称为**收缩压**。心室舒张时，动脉血压降低所达到的最低值，称为**舒张压**。收缩压与舒张压之差，称为**脉搏压**或脉压。脉压可反映动脉血压波动的幅度。在整个心动周期中，动脉血压的平均值，称为**平均动脉压**，平均动脉压约等于舒张压加 1/3 脉压。

一般所说的血压是指主动脉的血压。通常将上臂测得的肱动脉血压代表主动脉血压。我国健康成年人安静状态时的收缩压为 100 ～ 120mmHg，舒张压为 60 ～ 80mmHg，脉压为 30 ～ 40mmHg。目前我国采用国际上统一的高血压诊断标准，在安静状态下，至少非同日 3 次测得，收缩压≥ 140mmHg 和（或）舒张压≥ 90mmHg 即诊断为**高血压**。人体动脉血压有年龄、性别的差异，一般随年龄的增大而逐渐升高，收缩压升高比舒张压升高明显，男性比女性略高。安静时血压比较稳定，活动时暂时升高。稳定的动脉血压是推动血液循环和保持各器官有足够的血流量的必要条件。动脉血压过低，血液供应不能满足需要，特别是脑、心、肾等重要器官可因缺血缺氧而造成严重后果。动脉血压过高，心室肌负荷增大，可导致心室扩大，甚至心力衰竭。另外，血压过高还容易引起血管壁的损伤，如脑血管破裂可造成脑出血。

考点 动脉血压的概念及正常值

2. 动脉血压的形成 在封闭的心血管系统内有足够的血液充盈是形成动脉血压的前提条件，心脏收缩射血和外周阻力是形成血压的两个基本因素。在心室收缩期，由于外周阻力的存在和大动脉管壁的可扩张性，心室射出的血液，约有 1/3 流至外周，其余 2/3 暂时储存在主动脉和大动脉内，动脉血压也就随之升高，但由于大动脉壁的可扩张性，收缩压不至于过高。心室舒张期，心脏射血停止，被扩张的大动脉管壁弹性回缩，将心缩期多容纳的那部分血液继续向前推进，也使动脉血压在心室舒张期维持一定的水平。可见，大动脉血管壁的弹性作用，一方面使心室的间断射血变成动脉内的连续血流，另一方面起着缓冲收缩压，维持舒张压，减小脉压的作用（图 9-54）。

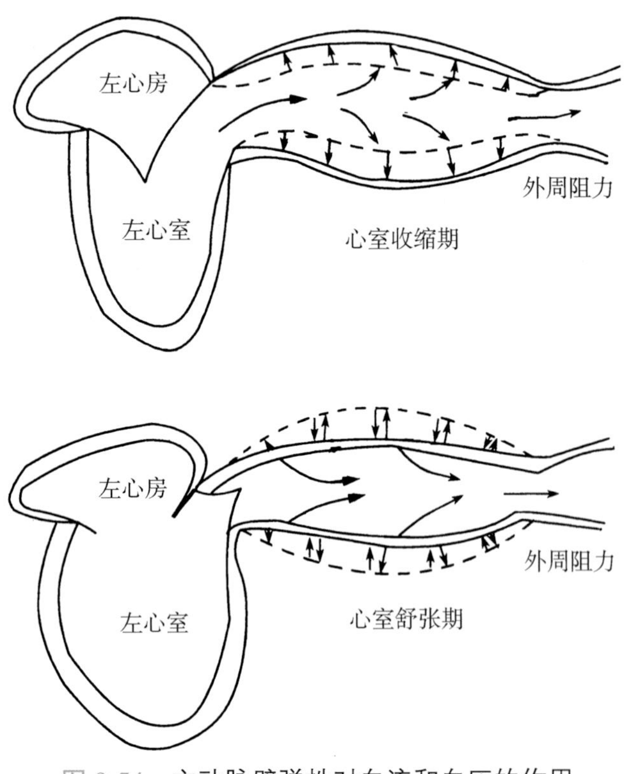

图 9-54 主动脉壁弹性对血流和血压的作用

3. 影响动脉血压的因素

（1）搏出量：当搏出量增加时，首先引起收缩压升高，血流速度加快，流向外周血量增多，到心室舒张期末，存留在大动脉内的血量也有一定程度的增多，因此舒张压也有升高，但升高幅度不如收缩压升高明显，故脉压增大。反之，当搏出量减少时，则收缩压降低较明显，脉压减小。因此，收缩压的高低主要反映搏出量的多少。

（2）心率：其他因素不变，心率在一定范围内增加，心动周期缩短，心室舒张期缩短明显，心室舒张期流向外周的血量减少，心室舒张期末，存留于大动脉内的血量增多，使舒张压明显升高。在心室收缩期，由于动脉血压升高，血流速度加快，流向外周血量增多，收缩期末，存留在大动脉内的血量增加不多，故收缩压升高不如舒张压升高明显，脉压降低。当心率减慢时，舒张压降低明显，脉压增大。因此，心率改变对舒张压影响较大。

（3）外周阻力：在其他因素不变的前提下，外周阻力增大，心室舒张期中血液流向外周的速度减慢，舒张期末，存留在大动脉内的血量增多，舒张压升高。在心室收缩期内，由于动脉血压升高，血流速度加快，流向外周血量增多，收缩期末，存留在大动脉内的血量增加不多，故收缩压升高不如舒张压升高明显，脉压降低。反之，外周阻力减小时，舒张压降低明显，脉压增大。在一般情况下，舒张压的高低主要反映外周阻力的大小。

（4）循环血量与血管容量的比值：正常机体的循环血量与血管容量相适应，使血管内血液保持一定的充盈度，而显示一定的血压。当循环血量减少或血管容量增加时，均可导致血压下降，如人体大量失血时，循环血量减少，血压下降，急救措施主要是输血以补充血容量。药物过敏或中毒性休克的患者，全身小血管扩张，血管容量增大，循环血量相对减少，导致血压下降，此时应使用缩血管药，使血管收缩，容量减小，血压回升。

（5）主动脉和大动脉管壁的弹性作用：主动脉和大动脉管壁的弹性具有减小脉压的作用，老年人动脉硬化，动脉管壁弹性降低，对血压缓冲作用减弱，故使收缩压升高，舒张压降低，脉压增大。

4. 动脉脉搏　是指心动周期中动脉管壁的节律性搏动，简称脉搏。心室的泵血引起主动脉根部周期性的振动，振动波沿着动脉管壁向外传播，在体表可触及浅动脉的波动。

考点　影响动脉血压的因素

（三）微循环

微循环是指微动脉与微静脉之间微细血管内的血液循环，微循环的基本功能是实现血液与组织细胞之间的物质交换。

1. 微循环的组成　微循环由微动脉、后微动脉、毛细血管前括约肌、真毛细血管（即通常所称的毛细血管）、通血毛细血管、动静脉吻合支和微动脉 7 部分组成（图 9-55）。

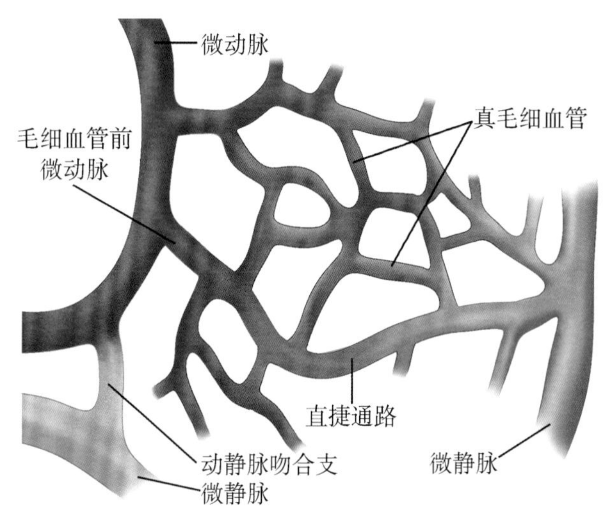

图 9-55　微循环组成模式图

2. 微循环的血流通路及功能　微循环有 3 条血流通路，它们具有相对不同的生理意义。

（1）迂回通路：是指血液经微动脉、后微动脉、毛细血管前括约肌，进入真毛细血管网，最后汇入微静脉的通路。真毛细血管管壁薄，通透性大，迂回曲折，相互交织成网，穿行于组织细胞之间，血流速度缓慢，是血液与组织液进行物质交换的场所，故又称营养通路。

（2）直捷通路：是指血液从微动脉经后微动脉进入通血毛细血管，最后进入微静脉的通路。该通路的血管经常处于开放状态，血流速度较快，主要功能是使部分血液迅速通过微循环由静脉回流入心，以保证循环血量。

（3）动 - 静脉短路：是指血液从微动脉经动静脉吻合支直接进入微静脉的通路。该通路的血管经常处于关闭状态，血流速度更快，故无物质交换功能，又称非营养通路。该通路多分布于皮肤，当通路开放后，皮肤血流加快，散热增多，有调节体温的作用。

微动脉、后微动脉和毛细血管前括约肌是微循环的前阻力血管，后微动脉是微循环的后阻力血管。微动脉和后微动脉通过舒缩活动控制微循环血液的灌入，它是微循环的总闸门；后微动脉通过舒缩活动控制微循环的流出，它是微循环的后闸门；毛细血管前括约肌的舒缩控制真毛细血管的血流，决定微循环内真毛细血管网的血流分配，它是微循环的分闸门。神经、体液因素通过控制前、后阻力血管的舒缩活动，使得微循环血流量与组织代谢的水平相适应。

考点 微循环的概念、血流通路及功能

（四）组织液的生成与回流

组织细胞之间的间隙称为**组织间隙**，存在于组织间隙中的液体称为**组织液**，血液与组织细胞之间的物质交换是以组织液为中介的。组织液是血浆从毛细血管动脉端滤出而形成的。毛细血管壁的通透性是组织液生成的结构基础，血浆成分中除大分子蛋白质外，其余成分都可通过毛细血管壁。液体通过毛细血管壁滤过和重吸收取决于 4 个因素，即毛细血管血压、组织液静水压、血浆胶体渗透压和组织液胶体渗透压。其中，毛细血管血压和组织液胶体渗透压是促进毛细血管内液体向外滤出而生成组织液的力量；血浆胶体渗透压和组织液静水压是促使组织液重吸收入毛细血管的力量。滤过的力量和重吸收的力量之差，称为**有效滤过压**，可用下式表示：

有效滤过压 =（毛细血管血压 + 组织液胶体渗透压）–（血浆胶体渗透压 + 组织液静水压）

不同组织中毛细血管血压是有差异的，毛细血管动脉端血压比静脉端高，在动脉端约为 32mmHg，在静脉端约为 14mmHg。组织液静水压很低，不同的组织静水压也不相同。例如，肾组织液约为 6mmHg，硬膜外、胸膜腔等组织液的静水压低于大气压，为负值，一般平均为 –2mmHg。血浆胶体渗透压约为 25mmHg，组织液胶体渗透压约为 8mmHg。以图 9-56 所见压力数值为例，可见在毛细血管动脉端的有效滤过压约为 13mmHg，液体滤出毛细血管壁生成组织液；而在毛细血管静脉端的有效滤过压为负值（–5mmHg），故组织液被重吸收。总的来说，在毛细血管动脉端滤出形成的组织液，90% 在静脉端被重吸收入血，10% 进入组织间隙中的毛细淋巴管而形成淋巴。

考点 决定有效滤过压的 4 个因素

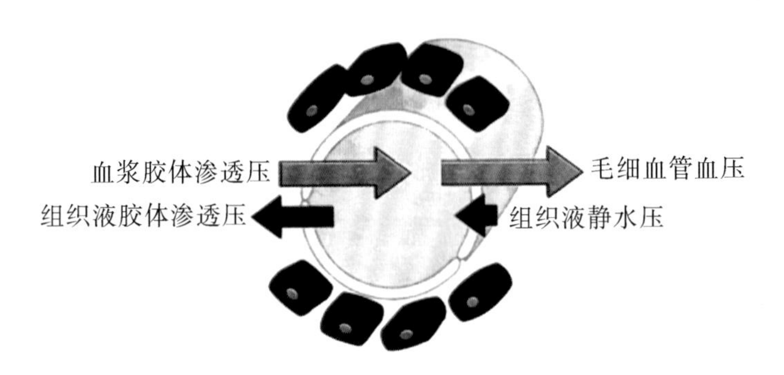

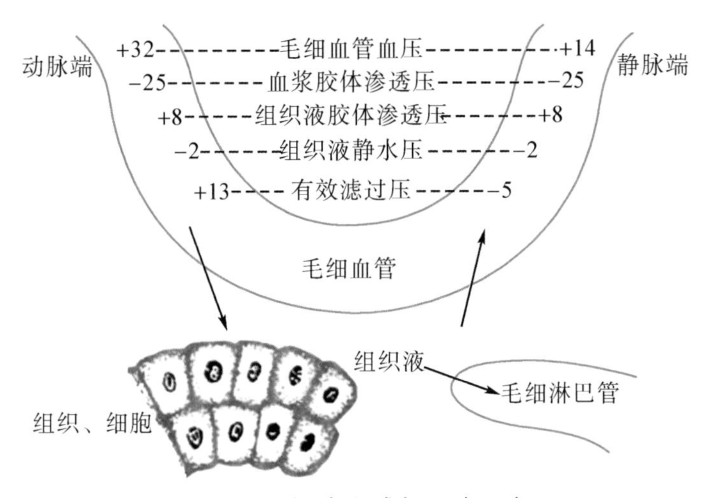

图 9-56 组织液生成与回流示意图
+代表液体滤出毛细血管的力量；-代表液体重吸收回毛细血管的力量
（图中数值单位为 mmHg）

正常情况下，组织液的生成与回流维持着动态平衡，任何原因使毛细血管血压升高、血浆胶体渗透压降低、淋巴回流障碍、毛细血管壁的通透性增高均可导致组织液的生成增多或回流减少，从而形成水肿。

（五）静脉血压与静脉血流

静脉是血液回流到心脏的通道，同时静脉容量大，起着血液存库（血库）的作用。静脉易扩张又能收缩，可有效地调节回心血量和心输出量，以适应机体不同情况的需要。

1. 静脉血压　体循环静脉的血液最后汇合于右心房，故右心房压力最低。通常将胸腔内大静脉和右心房内的血压，称为**中心静脉压**（CVP）。中心静脉压的正常值为 4 ～ 12cmH_2O。各器官或肢体的静脉血压，称为**外周静脉压**。中心静脉压的高低取决于两个因素：一是心脏的射血能力。如心脏功能良好，能及时将回心血量射出，则中心静脉压较低；如心脏功能减弱或心力衰竭，不能及时将回心血量射出，则中心静脉压升高。二是静脉血液回流的速度与血量。若回流速度慢或回流量减少，则中心静脉压低；反之则高。因此，测定中心静脉压有助于对心脏泵血功能的判断，并可作为临床上控制补液速度和补液量的主要指标。

考点 中心静脉压的概念及意义

2. 影响静脉回心血量的因素　单位时间内由静脉回流入心脏的血量，称为**静脉回心血量**。促进静脉回心血量的基本动力是外周静脉压与中心静脉压之间的压力差。凡能改变这个压力差的因素，都是影响静脉回流的因素。

（1）心脏收缩力：心脏收缩力越强，心输出量越多，心室舒张期心室内压越低，心房和大静脉中血液的抽吸力量也越大，故静脉回流量增加；相反，当右心衰竭时，右心收缩力减弱，心输出量减少，使血液淤积于右心房和腔静脉内，因而中心静脉压升高，静脉回流量减少，静脉系统淤血，患者可出现颈静脉怒张、肝大、下肢水肿等症状。如左心衰竭，则可因肺静脉血回流受阻，而造成肺淤血和肺水肿。

（2）重力和体位：静脉回流量受重力影响较大。在平卧体位，全身各静脉大都与心脏处于同一水平，血液重力对静脉回流影响不大。当体位改变（如由卧位变为直立体位）时，由于重力影响，大量血液滞留于心脏水平以下的血管中，静脉回流量减少。长期卧床或体弱久病的人，静脉管壁紧张性较低，易扩张，加之肌肉收缩无力，挤压作用减弱，故由平卧或蹲位突然站立时，血液淤滞于下肢，使静脉回流量减少，心输出量减少，动脉血压急剧下降，可出现黑矇（视网膜缺血），甚至晕厥（脑缺血）。

（3）骨骼肌的挤压作用：外周深静脉中有向心开放的静脉瓣存在，因而静脉内血液只能向心脏方向回流。骨骼肌舒张时，静脉内血压降低，可促使毛细血管血液流入静脉而重新充盈。因此，骨骼肌的节律性活动，也起到“泵血”作用。这对克服重力影响，降低下肢的静脉压，减少血液在下肢淤滞具有重要作用。

（4）呼吸运动：正常情况下，胸膜腔内为负压，有利于腔静脉和心房的扩张，促进静脉回流。吸气时胸内负压值增大，静脉回流速度加快；呼气时，胸内负压则减小，静脉回流的速度较呼气时慢。

第 4 节　心血管活动的调节

心血管系统的功能活动随着机体内、外环境的变化而发生相应的变化，以适应各器官和组织在不同情况下对血流量的需要，并保持动脉血压的相对稳定。这种适应性变化主要是在神经和体液的调节下进行的。

一、神经调节

（一）心脏和血管的神经支配

1. 心脏的神经支配　心脏同时接受心交感神经和心迷走神经的双重支配。

（1）心交感神经及其作用：支配心的交感神经来自脊髓胸 1 ～ 5 节段的灰质侧角，其节后纤维支配窦房结、房室交界、房室束、心房肌和心室肌。节后纤维释放去甲肾上腺素。心交感神经兴奋时，心率加快，心脏的兴奋传导加速，心肌收缩力增强。

（2）心迷走神经及其作用：心迷走神经节前纤维来自延髓的迷走神经背核和疑核，其节后纤维主要支配窦房结、心房肌、房室交界、房室束及其分支。节后纤维释放乙酰胆碱。心迷走神经兴奋时，心率减慢，心脏兴奋传导减慢，心肌收缩力下降。

2. 血管的神经支配　支配血管平滑肌的神经是缩血管神经纤维和舒血管神经纤维。

（1）缩血管神经纤维：又称交感缩血管神经纤维，起于脊髓胸、腰段的灰质侧角，节后纤维释放去甲肾上腺素。缩血管神经兴奋时，可引起血管收缩效应。体内所有的血管平滑肌都受缩血管神经纤维支配，其中皮肤分布最密，其次是骨骼肌和内脏，冠状动脉和脑动脉最少。

（2）舒血管神经纤维：①交感舒血管神经纤维，主要分布于骨骼肌微动脉，其神经末梢释放乙酰胆碱，引起血管舒张。②副交感舒血管神经纤维，其神经末梢释放乙酰胆碱，导致血管舒张。这类神经只分布于脑、唾液腺及外生殖器等少数器官中，主要作用是调节局部血流量。

（二）心血管中枢

中枢神经系统内与调节心血管活动有关的神经元群，称为心血管中枢。它分布在脊髓、脑干、下丘脑和大脑皮质等部位。但心血管活动的基本中枢位于延髓，包括心交感中枢、心迷走中枢和交感缩血管中枢，它们分别通过心交感神经、交感缩血管神经和心迷走神经维持并调节心和血管的活动。

（三）心血管活动的反射性调节

1. 颈动脉窦和主动脉弓压力感受性反射（又称窦 - 弓反射） 当动脉血压升高时，可引起压力感受性反射，导致心率减慢，心输出量减少，外周阻力降低，血压降低。这一反射又称为**减压反射**。

颈动脉窦和主动脉弓血管壁有对牵张刺激敏感的压力感受器（图 9-57），当动脉血压升高时，压力感受器所受牵张刺激增强，兴奋沿窦神经和主动脉神经传入延髓心血管中枢，使交感缩血管神经和心交感神经的紧张性降低，心迷走神经的紧张性增高，引起心跳减慢，心肌收缩力减弱，心输出量减少，血管舒张，外周阻力降低，从而使动脉血压回降至正常水平。相反，当动脉血压突然降低时，压力感受器所受到的刺激减弱，传入中枢的冲动减少，反射作用减弱，使动脉血压回升到正常范围。

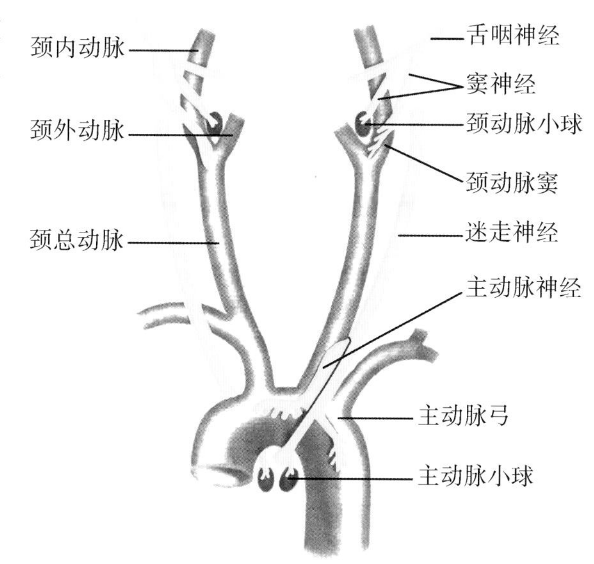

图 9-57 颈动脉窦和主动脉弓区的压力感受器和化学感受器

减压反射是一种典型的负反馈调节，当动脉血压在 80 ～ 180mmHg 范围内变化时，压力感受器对动脉血压进行快速、准确的调节，对维持动脉血压的相对稳定具有重要的生理意义。

考点 窦 - 弓反射的概念及其生理意义

2. 颈动脉小球和主动脉小球化学感受性反射 当血液中 PO_2、PCO_2、H^+ 改变时，刺激主动脉小球（主动脉体）和颈动脉小球（颈动脉体）反射性地引起肺通气的变化。化学感受性反射的效应主要是对呼吸具有经常性调节作用，对心血管活动的调节作用不明显。只有在机体缺氧、窒息、失血、动脉血压过低和酸中毒等情况下才明显调节心血管的活动，使血管收缩，血压升高，其意义在于重新分配血流量，优先保证心、肺、脑等重要器官的血液供应。

二、体液调节

（一）全身性体液调节

1. 肾上腺素和去甲肾上腺素　血液中的肾上腺素和去甲肾上腺素主要由肾上腺髓质细胞分泌，两者对心血管的作用大致相同，又各有特殊性。

（1）肾上腺素：对心肌的作用较强，可使心率加快，心肌收缩力加强，心输出量增多；同时使皮肤和腹腔血管收缩，而使骨骼肌和冠状血管舒张，因而使总外周阻力变化不大。临床上常用作强心药。

（2）去甲肾上腺素：对心肌的作用较肾上腺素弱，但对体内绝大多数血管（冠状血管除外）均有强烈的缩血管作用，能使外周阻力显著增加，从而引起动脉血压升高。临床上常用作血管的升压药。

2. 肾素 - 血管紧张素系统　血管紧张素主要由肝脏生成，无活性时称为血管紧张素原，当大失血、血压下降、肾血流量减少时，可刺激肾球旁细胞合成并分泌肾素，肾素进入血液循环后，使血管紧张素原水解形成血管紧张素Ⅰ，血管紧张素Ⅰ经过肺循环时，在血管紧张素转换酶的作用下生成血管紧张素Ⅱ，血管紧张素Ⅱ在氨基肽酶的作用下生成血管紧张素Ⅲ。血管紧张素Ⅱ和血管紧张素Ⅲ能使全身的微动脉强烈收缩，外周阻力增大，血压升高。另外，还能刺激肾上腺皮质合成和释放醛固酮，通过肾保钠、保水，提高血容量，间接使血压升高。

（二）局部性体液调节

组织细胞活动时释放的某些化学物质，如 CO_2、乳酸、H^+ 和腺苷、前列腺素、组胺和激肽等，具有舒张局部血管的作用，使局部血流量增加。

考点　肾上腺素、去甲肾上腺素和血管紧张素对心脏及血管的作用

第 5 节　淋巴系统

一、概　　述

淋巴系统由淋巴管道、淋巴组织和淋巴器官组成（图 9-58）。组织液进入毛细淋巴管即成为淋巴（液）（图 9-59），为无色透明的液体。淋巴沿着各级淋巴管道向心流动，途经诸多淋巴结的滤过，最终汇入静脉，故淋巴系统可视为静脉的辅助部分。淋巴系统不仅能协助静脉进行体液回流，淋巴组织和淋巴器官还具有产生淋巴细胞、滤过淋巴和参与免疫应答等功能。

正常人安静时每日生成 2 ～ 4L 淋巴，大致相当于全身的血浆量。淋巴回流的生理意义：①回收蛋白质，每日由淋巴带回到血液的蛋白质多达 75 ～ 200g，从而能维持血浆蛋白的正常浓度；②运输脂肪及其他物质，食物中的脂肪 80% ～ 90% 由小肠绒毛中的毛细淋巴管吸收并运输到血液；③调节体液平衡；④参与免疫应答。

考点　淋巴系统的组成及功能

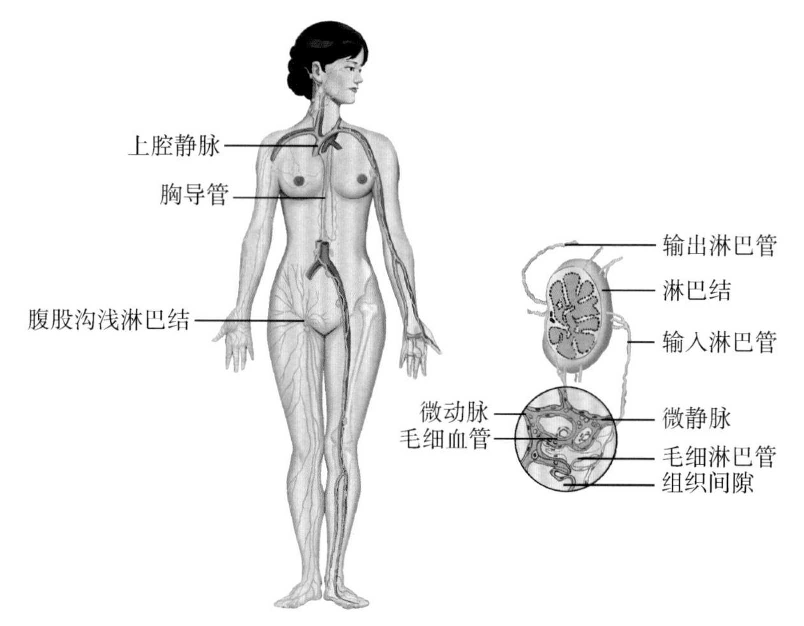

图 9-58 淋巴系统概况

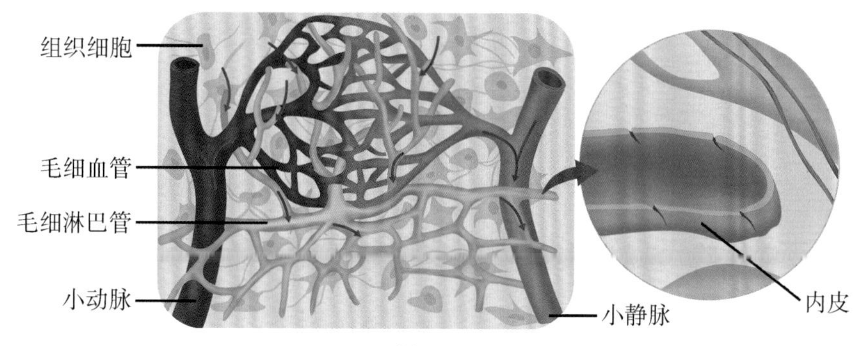

图 9-59 毛细血管及毛细淋巴管模式图

二、淋巴组织

淋巴组织又称**免疫组织**，以网状组织为支架，网孔中充满大量淋巴细胞、巨噬细胞及其他免疫细胞，是免疫应答的场所（图 9-60）。淋巴组织分为两类：①**弥散淋巴组织**，主要位于消化道和呼吸道的黏膜固有层内，淋巴细胞呈弥散状分布，与周围组织无明显的分界，以 T 细胞为主；②**淋巴小结**，又称淋巴滤泡，是以 B 细胞为主密集而成的圆形或椭圆形小体，边界清楚，如小肠黏膜固有层内的孤立淋巴小结和集合淋巴小结以及阑尾壁内的淋巴小结等。在抗原刺激下，淋巴小结增大、增多，是体液免疫应答的重要标志。

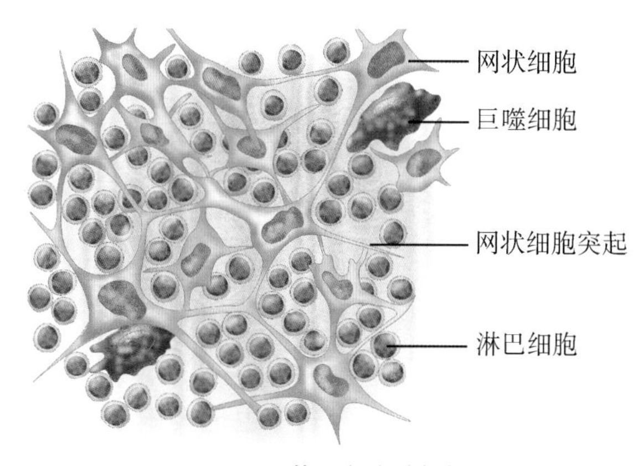

图 9-60 淋巴组织模式图

三、淋巴管道

淋巴管道包括毛细淋巴管、淋巴管、淋巴干和淋巴导管。

（一）毛细淋巴管

毛细淋巴管是淋巴管道的起始部，以膨大的盲端起始于组织间隙，彼此吻合成网，几乎遍布全身（上皮、角膜、晶状体、软骨、脑和脊髓等处无毛细淋巴管）。其管壁仅由一层叠瓦状邻接的内皮细胞构成，内皮细胞之间有较大的间隙，基膜不完整，具有比毛细血管更大的通透性，一些大分子物质，如蛋白质、细胞碎片、细菌和癌细胞等容易进入毛细淋巴管。因此，肿瘤或炎症常经淋巴管道转移。

（二）淋巴管

淋巴管由毛细淋巴管汇合而成，外观呈串珠状或藕节状，结构和配布与静脉相似，腔内有许多单向开放的瓣膜，可防止淋巴逆流。淋巴管可分浅、深两种，两者之间交通广泛。**浅淋巴管**位于浅筋膜内，与浅静脉伴行；**深淋巴管**位于深筋膜深面，多与血管神经伴行。淋巴管在向心的行径中，通常经过一个或多个淋巴结。

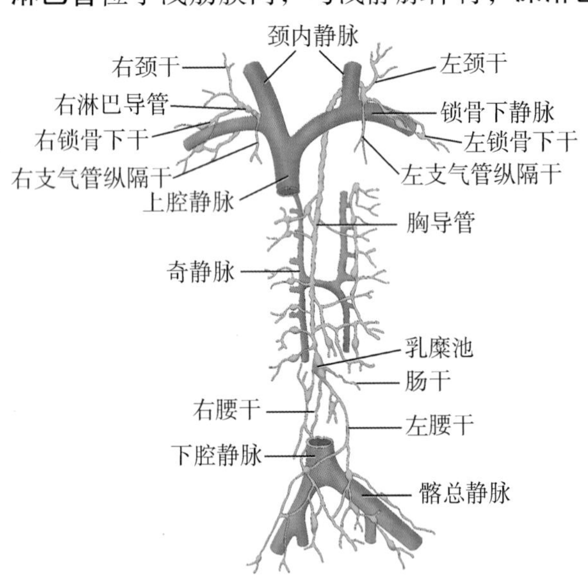

图 9-61 淋巴干和淋巴导管模式图

（三）淋巴干

全身各部的浅、深淋巴管经过一系列的淋巴结后，由最后一站淋巴结的输出淋巴管在膈下和颈根部等处汇合成较粗大的淋巴干。**淋巴干**共 9 条（图 9-61）：即收集头颈部淋巴的左、右颈干，收集上肢及部分胸壁淋巴的左、右锁骨下干，收集胸腔脏器及部分胸腹壁淋巴的左、右支气管纵隔干，收集下肢、盆部和腹腔内成对器官及部分腹壁淋巴的左、右腰干，收集腹腔内不成对器官淋巴的 1 条肠干。

（四）淋巴导管

9 条淋巴干最终汇合成两条大的淋巴导管，即胸导管和右淋巴导管（图 9-62）。

1. 胸导管　是全身最大的淋巴导管，在平第 12 胸椎下缘高度起自乳糜池。**乳糜池**为胸导管起始处的囊状膨大，位于第 1 腰椎体前方，由左、右腰干和肠干汇合而成。胸导管经膈的主动脉裂孔入胸腔，沿脊柱右前方上行于胸主动脉与奇静脉之间，经胸廓上口达颈根部注入左静脉角。在注入前还收纳左颈干、左锁骨下干和左支气管纵隔干。胸导管收集下半身及左侧上半身的淋巴，即全身 3/4 区域的淋巴。

2. 右淋巴导管　为一短干，由右颈干、右锁骨下干和右支气管纵隔干汇合而成，注入右静脉角。右淋巴导管收集右侧上半身的淋巴，即全身右上 1/4 区域的淋巴。

考点 胸导管的起始、行径、注入部位及收集范围；右淋巴导管的注入部位及收集范围

四、淋巴器官

淋巴器官又称**免疫器官**，是以淋巴组织为主要成分构成的器官，分为中枢免疫器官和外周免疫器官，两者通过血液循环及淋巴循环互相联系并构成免疫系统的完整网络。①**中枢免

疫器官，包括胸腺和骨髓，分别是淋巴干细胞分化发育成初始T细胞和初始B细胞的场所；②**外周免疫器官**，包括淋巴结、脾和扁桃体等，是T细胞、B细胞定居的场所，也是淋巴细胞对外来抗原产生免疫应答的主要部位。

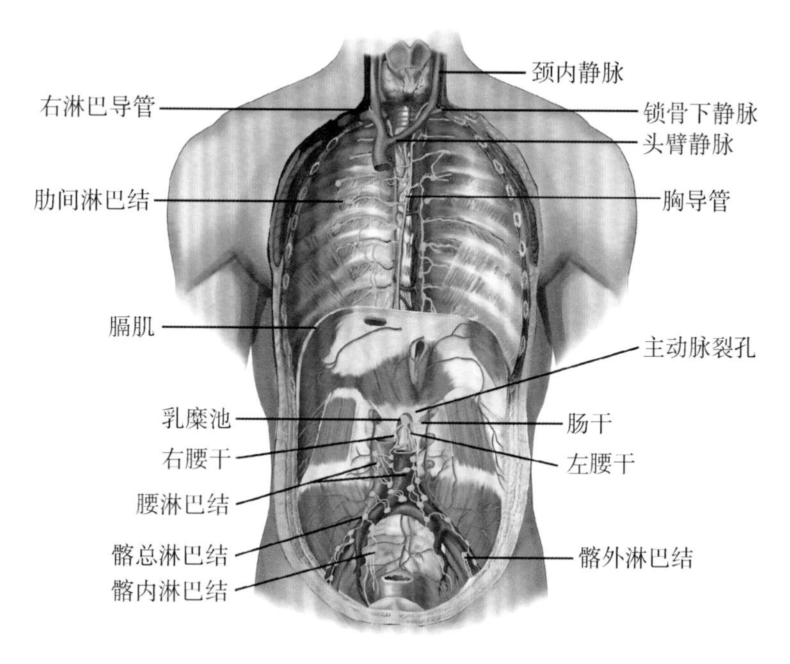

图9-62 淋巴导管模式图

（ ）淋巴结

1. 淋巴结的形态 **淋巴结**为大小不一的圆形或椭圆形灰红色小体，是淋巴流经淋巴管与淋巴导管的中转站。淋巴结多成群分布，数目不恒定，青年人有淋巴结400～450个。淋巴结的一侧隆凸，有数条**输入淋巴管**进入（图9-63）；另一侧凹陷称为**淋巴结门**，有**输出淋巴管**和神经、血管出入。由于淋巴管在向心的行径中，要经过数个淋巴结，故一个淋巴结的输出淋巴管可成为另一个淋巴结的输入淋巴管。

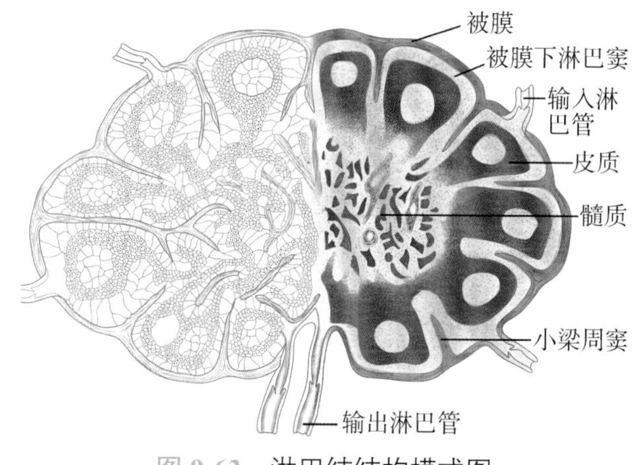

图9-63 淋巴结结构模式图

2. 淋巴结的微细结构 淋巴结表面有薄层致密结缔组织构成的被膜，被膜和淋巴结门部的结缔组织伸入淋巴结实质形成相互连接成网状的小梁。淋巴结的实质可分为浅层的皮质和深层的髓质两部分（图9-63）。

（1）皮质：位于被膜下方，由浅层皮质、副皮质区和皮质淋巴窦构成。浅层皮质主要含淋巴小结和小结之间的弥散淋巴组织，**淋巴小结**是由大量B细胞聚集而成的圆形或椭圆形小体。淋巴小结在抗原刺激下增大、增多，是体液免疫应答的重要标志。副皮质区位于皮质深层，为成片的弥散淋巴组织，主要由胸腺迁移而来的T细胞聚集而成，故称**胸腺依赖区**。给新生动物切除胸腺后，此区即不发育。皮质淋巴窦包括被膜下淋巴窦

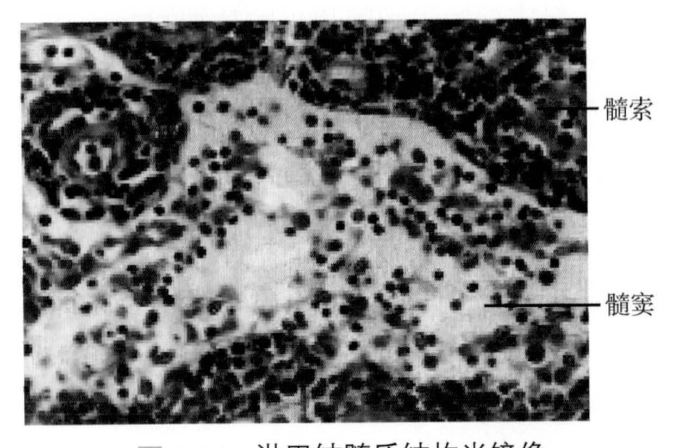

图 9-64 淋巴结髓质结构光镜像

和小梁周窦，两者相互通连，窦腔内有许多巨噬细胞等。

（2）髓质：由髓索和其间的髓窦构成（图 9-64）。**髓索**是相互连接的索条状淋巴组织，主要是 B 细胞和浆细胞，也含部分 T 细胞及巨噬细胞。**髓窦**腔内的巨噬细胞较多，故有较强的滤过功能。

3. 淋巴结内的淋巴通路　淋巴从输入淋巴管进入被膜下淋巴窦和小梁周窦，部分渗入皮质淋巴组织，然后渗入髓窦，部分经小梁周窦流入髓窦，继而汇入输出淋巴管流出淋巴结。

4. 淋巴结的功能　①淋巴结是成熟 T 细胞和 B 细胞的主要定居部位。②免疫应答的场所，淋巴结是淋巴细胞接受抗原刺激、发生适应性免疫应答的主要部位之一。③滤过淋巴，淋巴结是淋巴的有效过滤器。进入淋巴结的淋巴常带有细菌、病毒、毒素等，在缓慢地流经淋巴结时，可被巨噬细胞清除。正常淋巴结对细菌的清除率可达 99.5%，从而起到净化淋巴、防止病原体扩散的作用。

5. 淋巴结的位置和淋巴引流范围　淋巴结常聚集成群，有浅、深之分。身体浅表部的淋巴结常位于凹陷隐蔽处，如颈部、腋窝、肘窝、腹股沟、腘窝等，内脏的淋巴结多成群分布于器官门附近或血管周围，如肺门淋巴结。引流某一器官或部位淋巴的第一级淋巴结称为**局部淋巴结**，临床通常称为**前哨淋巴结**。当某器官或部位发生病变时，细菌、毒素、寄生虫或肿瘤细胞可沿淋巴管进入相应的局部淋巴结，该淋巴结进行阻截和清除这些异物，从而防止病变的扩散。此时局部淋巴结发生细胞增殖等病理变化，引起淋巴结的肿大。若局部淋巴结不能阻止病变的扩散，则病变可沿淋巴管道向远处蔓延。因此，局部淋巴结肿大常反映其引流范围存在病变。故了解淋巴结的位置、淋巴引流范围和途径，对于病变的诊断和治疗具有重要意义。

（1）头颈部淋巴结：大多分布于头颈交界处和颈内、外静脉的周围，主要包括下颌下淋巴结、颈外侧浅淋巴结、颈外侧深淋巴结和锁骨上淋巴结等（图 9-65）。**锁骨上淋巴结**位于锁骨下动脉及臂丛附近。患食管腹段癌和胃癌时，癌细胞栓子经胸导管转移至左锁骨上淋巴结，临床上检查患者时，常可在胸锁乳突肌后缘与锁骨上缘形成的夹角处触及肿大的淋巴结。

（2）上肢的淋巴结：主要为腋淋巴结（图 9-66）。**腋淋巴结**有 15 ～ 20 个，按位置分为**胸肌淋巴结**、**外侧淋巴结**、**肩胛下淋巴结**、**中央淋巴结**和**尖淋巴结** 5 群，引流上肢、乳房、胸壁和腹壁上部等处的淋巴管，其输出淋巴管汇合成锁骨下干，左侧注入胸导管，右侧注入右淋巴导管。乳腺癌常转移至腋淋巴结，引起腋淋巴结肿大。

（3）胸部的淋巴结：位于胸骨旁、气管和主支气管旁、肺门附近以及纵隔等处（图 9-67），主要收纳脐以上胸腹壁深层和胸腔脏器的淋巴，其输出淋巴管汇合成左、右支气管纵隔干，分别注入胸导管和右淋巴导管。

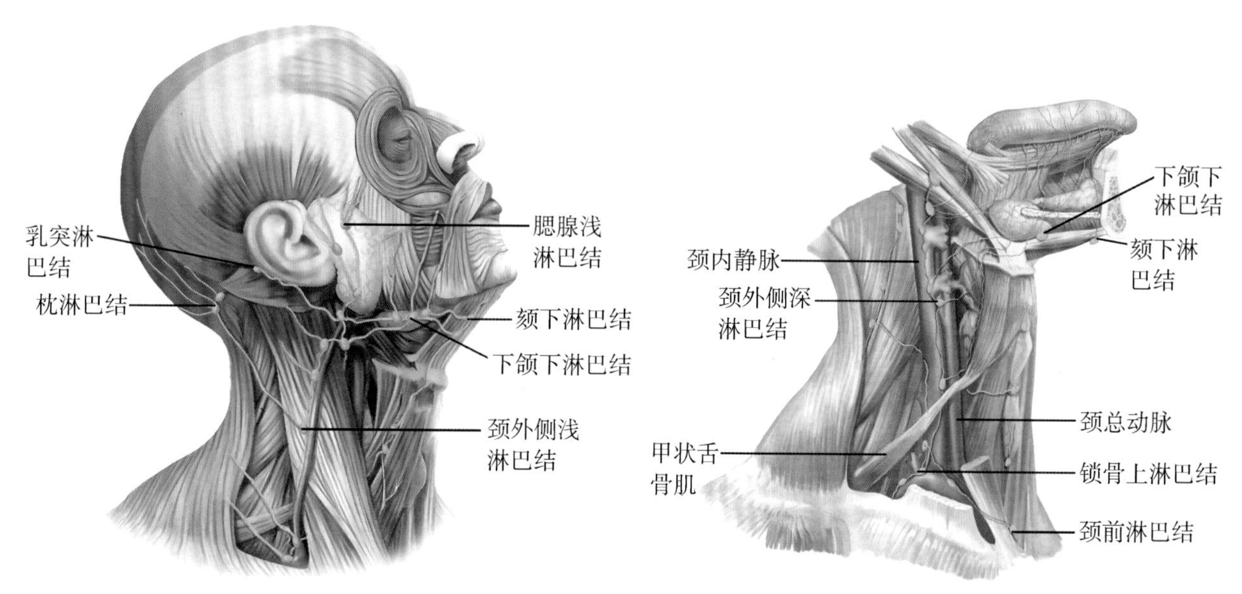

图 9-65 头颈部的淋巴结和淋巴管

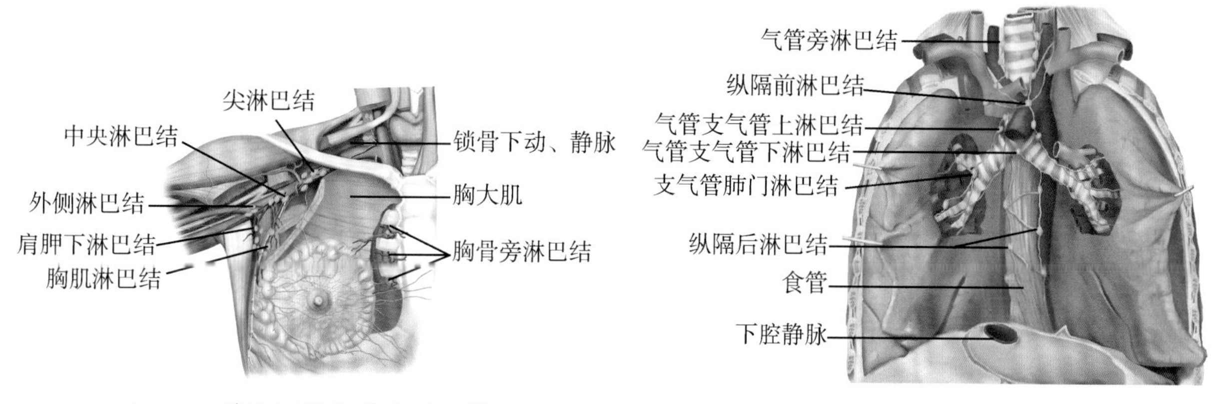

图 9-66 腋淋巴结和乳房淋巴管

图 9-67 胸腔脏器的淋巴结

（4）腹部的淋巴结：主要有腰淋巴结、腹腔淋巴结和肠系膜上、下淋巴结等（图 9-68，图 9-69）。**腰淋巴结**引流腹后壁深层结构和腹腔成对器官的淋巴。不成对器官的淋巴管注入腹腔淋巴结、肠系膜上淋巴结和肠系膜下淋巴结，其输出淋巴管汇合成肠干。

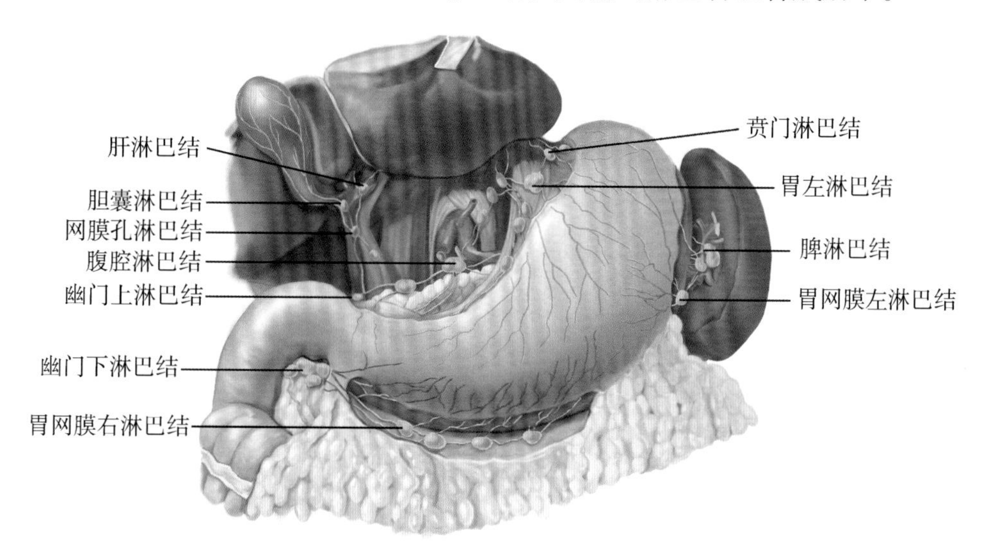

图 9-68 沿腹腔干及其分支排列的淋巴结

（5）盆部的淋巴结：包括髂内淋巴结、髂外淋巴结和髂总淋巴结（图 9-70），收纳下肢、盆壁和盆腔脏器的淋巴。**髂总淋巴结**收纳髂内淋巴结、骶淋巴结和髂外淋巴结的输出淋巴管，其输出淋巴管注入腰淋巴结。

（6）下肢的淋巴结：主要有**腹股沟浅淋巴结**和**腹股沟深淋巴结**（图 9-70），收纳腹前壁下部、臀部、会阴部、外生殖器和下肢的淋巴。

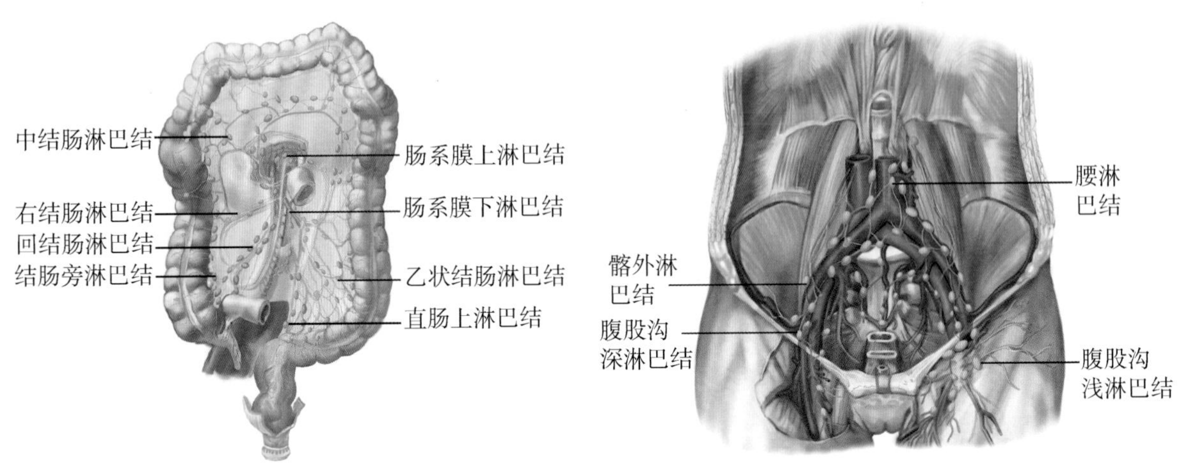

图 9-69　肠系膜上、下淋巴结

图 9-70　盆部及腹股沟淋巴结

（二）脾

1. 脾的位置和形态　**脾**（图 9-71）是人体内最大的淋巴器官，位于左季肋区，胃底与膈之间，相当于左侧第 9 ～ 11 肋的深面，其长轴与第 10 肋一致。正常时在左肋弓下触不到脾。活体脾为暗红色的实质性器官，质软而脆，故左季肋区受暴力打击时，易导致脾破裂。

脾分为膈脏两面、前后两端和上下两缘。膈面光滑隆凸，与膈相贴。脏面凹陷，近中央有血管、神经和淋巴管出入的**脾门**。上缘较锐，朝向前上方，前部有 2 ～ 3 个**脾切迹**。脾大时，脾切迹是触诊脾的标志。

考点　脾的位置、形态及功能；淋巴结和胸腺的功能

2. 脾的微细结构　脾的被膜较厚，表面覆有间皮。被膜和脾门处的结缔组织伸入脾内形成小梁，构成脾的粗支架。脾实质分为白髓和红髓两部分（图 9-72）。

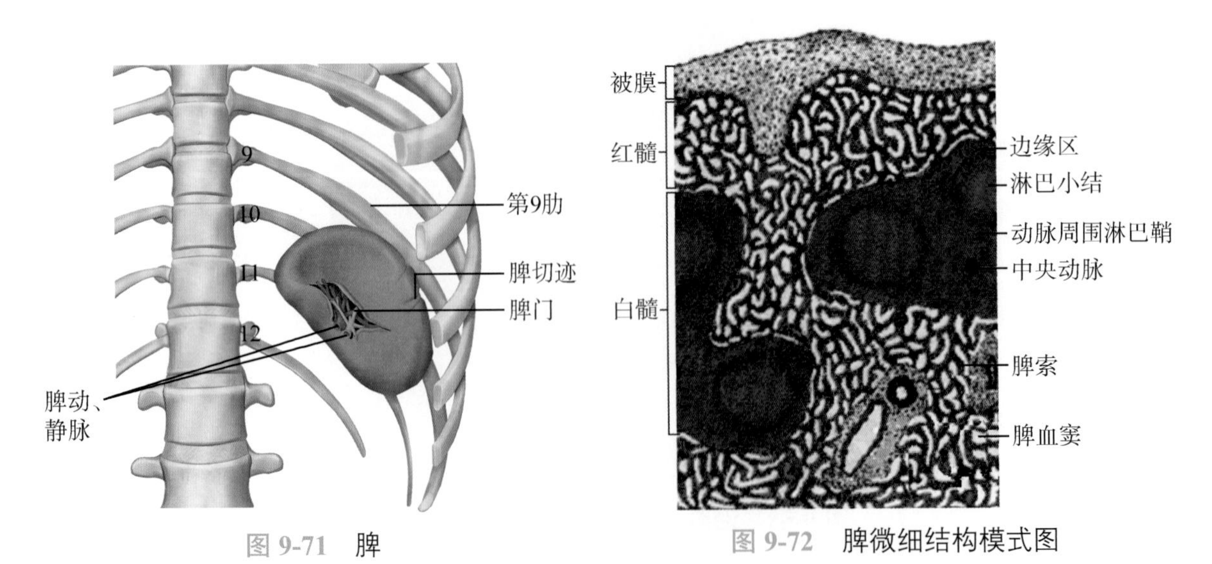

图 9-71　脾

图 9-72　脾微细结构模式图

（1）白髓：由动脉周围淋巴鞘、淋巴小结和边缘区构成。**动脉周围淋巴鞘**是围绕在中央动脉周围的、以T细胞为主的较厚弥散淋巴组织。淋巴小结位于动脉周围淋巴鞘的一侧，主要由大量的B细胞构成。在白髓与红髓交界的狭窄区域称为**边缘区**，内含T细胞、B细胞和较多巨噬细胞。边缘区是血液内抗原及淋巴细胞进入白髓的通道，是脾内首先捕获抗原、识别抗原和诱发免疫应答的重要部位。

（2）红髓：由脾索和脾血窦构成。**脾索**是由富含血细胞的淋巴组织构成的不规则索条状结构，相互交织成网，是滤过血液的主要场所。**脾血窦**位于脾索之间，腔大而不规则，窦内充满血液，脾血窦壁周围有较多的巨噬细胞。

3. 脾的功能　脾具有造血、储血、滤过血液（吞噬清除血液中的细菌、异物以及衰老的红细胞）等功能，并参与机体的免疫应答。

（三）胸腺

1. 胸腺的位置和形态　**胸腺**位于胸骨柄后方上纵隔的前部，分为不对称的左、右两叶，每叶呈扁条状或呈锥体形（图9-73）。胸腺有明显的年龄变化，新生儿和幼儿的胸腺体积相对较大，进入青春期后逐渐退化萎缩，到老年期明显缩小，大部分被脂肪组织取代。胸腺微环境改变，T细胞发育成熟减少，导致老年人的免疫功能减退。

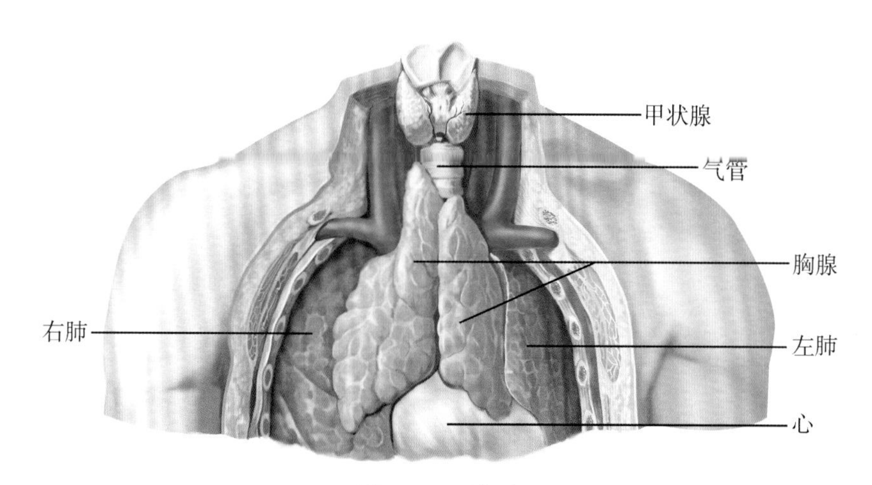

图9-73　胸腺

2. 胸腺的微细结构　胸腺表面有薄层结缔组织构成的被膜，被膜结缔组织成片状伸入胸腺内，将实质分隔成许多不完全分离的小叶。每个小叶又可分为周边的皮质和中央的髓质两部分。胸腺实质主要由胸腺细胞和胸腺上皮细胞等构成，**胸腺细胞**是处于不同分化阶段的T细胞。

3. 胸腺的功能　胸腺既是一个淋巴器官，又兼有内分泌功能。胸腺是T细胞发育的主要场所。实验证明，若切除新生小鼠的胸腺，该小鼠即缺乏T细胞。胸腺上皮细胞分泌的胸腺素和胸腺生成素是促进T细胞成熟的必要条件。

自 测 题

A_1/A_2 型题

1. 不属于心血管系统的是（　　）
   A. 毛细血管　　B. 静脉
   C. 毛细淋巴管　　D. 动脉
   E. 心
2. 关于血液循环的描述，错误的是（　　）
   A. 肺循环起始于右心室
   B. 体循环起始于左心室
   C. 体循环终止于右心房
   D. 主动脉内流动的是动脉血
   E. 肺动脉内流动的也是动脉血
3. 关于心的描述，错误的是（　　）
   A. 心位于胸腔的中纵隔内
   B. 心底朝向右后上方
   C. 心尖在体表可触及搏动
   D. 冠状沟是左、右心室的表面分界标志
   E. 左心房内的血液是动脉血
4. 临床上进行心内注射的部位通常选择在（　　）
   A. 心前区任意部位
   B. 胸骨左缘第 4 肋间隙
   C. 心尖部
   D. 左侧第 5 肋间隙
   E. 左剑肋角
5. 当心室舒张时，防止血液逆流的装置是（　　）
   A. 肺动脉瓣与主动脉瓣
   B. 二尖瓣与肺动脉瓣
   C. 二尖瓣和三尖瓣
   D. 主动脉瓣与三尖瓣
   E. 三尖瓣与肺动脉瓣
6. 心的正常起搏点是（　　）
   A. 房室结　　B. 房室束
   C. 左、右束支　　D. 窦房结
   E. 浦肯野纤维
7. 具有压力感受器的血管是（　　）
   A. 肾动脉　　B. 肺动脉
   C. 肝固有动脉　　D. 主动脉弓
   E. 胸主动脉
8. 关于脑膜中动脉的描述，错误的是（　　）
   A. 属于上颌动脉的重要分支
   B. 穿经棘孔入颅中窝
   C. 是分布于硬脑膜的血管
   D. 其前支经翼点内面上行
   E. 损伤后易引起硬脑膜下血肿
9. 测量血压时，肱动脉的听诊部位在（　　）
   A. 肱桡肌的内侧
   B. 肘窝内上方，肱二头肌腱的外侧
   C. 肘窝内上方，肱二头肌腱的内侧
   D. 肱骨内、外上髁连线的中点
   E. 肘窝内上方，肱二头肌腱的前面
10. 临床上触摸脉搏的首选动脉是（　　）
    A. 颈总动脉　　B. 桡动脉
    C. 足背动脉　　D. 肱动脉
    E. 面动脉
11. 手指外伤出血时，压迫止血的最佳部位是（　　）
    A. 手指前后　　B. 掌心
    C. 指根两侧　　D. 指尖两侧
    E. 前臂远侧
12. 面部危险三角区域发生化脓性感染时，禁忌挤压的原因是（　　）
    A. 易导致面部损伤
    B. 易加重患者疼痛
    C. 易导致颅内感染
    D. 易加重局部出血
    E. 易掩盖病情
13. 临床上常供穿刺的浅静脉应除外（　　）
    A. 面静脉　　B. 手背静脉网
    C. 大隐静脉　　D. 肘正中静脉
    E. 颈外静脉
14. 关于肝门静脉的描述，错误的是（　　）

A. 由肠系膜上静脉和脾静脉汇合而成
B. 收集腹腔内不成对器官的静脉血
C. 肝门静脉及其属支内没有静脉瓣
D. 与上、下腔静脉系之间有吻合
E. 是肝的功能性血管

15. 既是淋巴器官，又有内分泌功能的是（　　）
A. 淋巴结　　B. 胰
C. 腭扁桃体　　D. 脾
E. 胸腺

16. 新生小鼠切除胸腺后，体内将缺乏（　　）
A. 浆细胞　　B. T 细胞
C. B 细胞　　D. NK 细胞
E. 肥大细胞

17. 胃癌晚期，癌细胞常转移至（　　）
A. 右锁骨上淋巴结　B. 左颈部淋巴结
C. 左锁骨上淋巴结　D. 左腋淋巴结
E. 左腹股沟淋巴结

18. 关于心率的描述，错误的是（　　）
A. 正常人安静时 60 ～ 100 次 / 分
B. 女性心率比男性稍快
C. 新生儿心率较成人慢
D. 平时锻炼者心率较慢
E. 运动时心率较快

19. 衡量心泵血功能的基本指标是（　　）
A. 每搏输出量　　B. 中心静脉压
C. 前负荷　　D. 后负荷
E. 心输出量

20. 第一心音的产生，主要是由于（　　）
A. 房室瓣关闭　　B. 房室瓣开放
C. 动脉瓣关闭　　D. 动脉瓣开放
E. 血液冲击动脉根部

21. 影响舒张压的最主要因素是（　　）
A. 大动脉管壁弹性　B. 外周阻力
C. 心输出量　　D. 血管充盈
E. 心率

22. 主动脉和大动脉的弹性作用降低时，血压的变化是（　　）
A. 收缩压升高，舒张压降低
B. 收缩压升高比舒张压升高更明显
C. 舒张压升高比收缩压升高更明显
D. 收缩压升高，舒张压不变
E. 收缩压降低，舒张压不变

23. 阻力血管主要是指（　　）
A. 大动脉　　B. 小动脉和微动脉
C. 毛细血管　　D. 小静脉和微静脉
E. 小动脉

24. 微循环中，进行物质交换的部位是（　　）
A. 微动脉　　B. 后微动脉
C. 通血毛细血管　　D. 真毛细血管网
E. 微静脉

25. 中心静脉压的高低主要取决于（　　）
A. 平均动脉压　　B. 外周阻力
C. 呼吸运动　　D. 血管容量
E. 静脉回流血量和心脏的射血能力

26. 调节心血管活动的基本中枢位于（　　）
A. 脊髓　　B. 延髓
C. 脑干　　D. 下丘脑
E. 大脑皮质

（杨再青　申贤淑）

第10章 感觉器

感觉是客观事物在人脑的主观反映，是机体赖以生存的重要功能活动之一。体内、外环境中的各种刺激首先作用于不同的感受器或感觉器，将其转变为相应的神经冲动，并沿一定的神经传导通路传至大脑皮质的特定区域进行整合或分析处理，产生相应的感觉。由此可见，各种感觉都是由特定的感受器或感觉器、传入神经和大脑皮质的共同活动产生的。

第1节 概　　述

一、感受器和感觉器的概念

感觉器是机体感受内、外环境各种刺激的感觉装置，是产生感觉的媒介器官，由感受器及其附属结构共同构成，如视器、前庭蜗器、嗅器、味器和皮肤等。**感受器**主要是指感受内、外环境刺激而产生兴奋的感觉神经末梢结构。感受器的结构具有多样性，最简单的感受器就是感受痛觉和温度觉的游离神经末梢。感受器可以接受特定的刺激，并将其转化为神经冲动，然后由感觉神经和中枢神经系统的传导通路传至大脑皮质，产生相应的感觉。

二、感受器的分类

感受器种类繁多，遍布于人体各部，按其所在的部位和接受刺激的来源可分为3类：①**内感受器**，分布于内脏和心血管壁等处，接受来自内环境的物理和化学刺激，如颈动脉小球、主动脉小球化学感受器和颈动脉窦压力感受器等；②**外感受器**，分布于皮肤、黏膜、视器和内耳的听觉感受器等处，接受来自外环境的刺激，如触、压、痛、温度、光波、声波等的刺激；③**本体感受器**，分布于肌、肌腱、关节和内耳的位觉器等处，接受来自机体运动和平衡变化时所产生的刺激。依据感受器所接受刺激的性质不同，可分为光感受器、机械感受器、温度感受器和化学感受器等。

三、感受器的一般生理特征

1. 感受器的适宜刺激　一种感受器通常只对某种特定形式的刺激最敏感，这种形式的刺激就称为该感受器的适宜刺激。如一定波长的光波是视网膜感光细胞的适宜刺激，而一定频率的声波是听觉感受器的适宜刺激。

2. 感受器的换能作用　是指感受器能将各种形式的刺激能量（如物理、化学能等）转换为传入神经冲动的动作电位。因此，可以把感受器看成是“生物换能器”。

3. 感受器的编码功能　感受器在完成能量转换的同时，将外界刺激所含的信息转移到了传入神经动作电位的排列和组合中，称为感受器的编码功能。

4. 感受器的适应现象　若以一强度恒定的刺激持续作用于某一感受器时，传入神经冲动的频率随着时间的推移而逐渐降低的现象称为感受器的适应现象。感受器适应时间的快慢具有各自的生理意义，如触觉感受器适应很快，有利于感受器不断接受新的刺激；而痛觉感受器不容易产生适应，对机体有保护作用。

第2节 视　器

案例 10-1

患者，女性，76岁。因左眼无痛性、渐进性视力下降2年，近日自感影响正常生活而来医院眼科就诊。检查：左眼睑无红肿，瞳孔直径约3mm，对光反射灵敏，眼压正常，瞳孔区晶状体呈灰白色浑浊。临床诊断：老年性白内障（左眼）。

问题：1. 眼的折光系统是由哪几部分构成的？

2. 白内障是由眼球内的哪个结构发生病变所引起的？

视器即**眼**，由眼球和眼副器构成。眼球具有折光成像和将光刺激转换为神经冲动的功能。眼副器位于眼球的周围，对眼球起保护、支持和运动作用。

一、眼　球

眼球近似球形，位于眶内前份，前面有眼睑保护，后面借视神经连于间脑的视交叉。眼球由眼球壁和眼球的内容物构成（图10-1）。

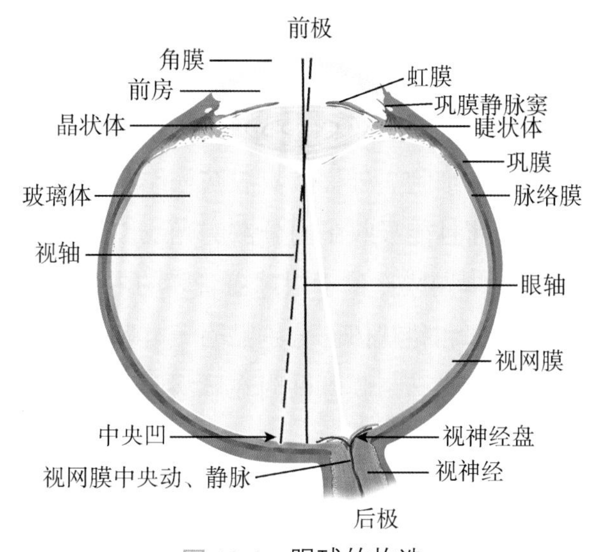

图10-1　眼球的构造

（一）眼球壁

眼球壁由外向内依次分为眼球纤维膜、眼球血管膜和视网膜3层。

1. 眼球纤维膜　由坚韧的致密结缔组织构成，具有支持和保护作用。眼球纤维膜分为角膜和巩膜两部分。

（1）角膜：占眼球纤维膜的前1/6，无色而清晰透明（图10-2），像手表盖的玻璃，有折光作用，是外界光线射入眼球经过的第一关。角膜无血管但有丰富的感觉神经末梢，故感觉十分敏锐，损伤时会引起剧烈疼痛。

（2）巩膜：占眼球纤维膜的后5/6，质地坚韧而呈乳白色，具有维持眼球外形和保护眼球内容物的作用。在巩膜与角膜交界处的深部有一环形血管，称为**巩膜静脉窦**，是房水回流的通道。

2. 眼球血管膜　含有丰富的血管和色素细胞，呈棕黑色，故又称**色素膜**。由前向后分为虹膜、睫状体和脉络膜3部分。

（1）虹膜：位于眼球血管膜的最前部，为冠状位圆盘形深色薄膜，中央的圆形小孔称为**瞳孔**，直径为 2.5 ～ 4mm。虹膜内环绕瞳孔呈环形排列的平滑肌称为**瞳孔括约肌**，在瞳孔周围呈放射状排列的平滑肌称为**瞳孔开大肌**，两者分别缩小和开大瞳孔。在弱光下或看远物时瞳孔开大，在强光下或看近物时瞳孔则缩小。在活体，透过角膜可见虹膜和瞳孔。虹膜的颜色取决于色素的种类和多寡，黄种人的虹膜多呈棕色。

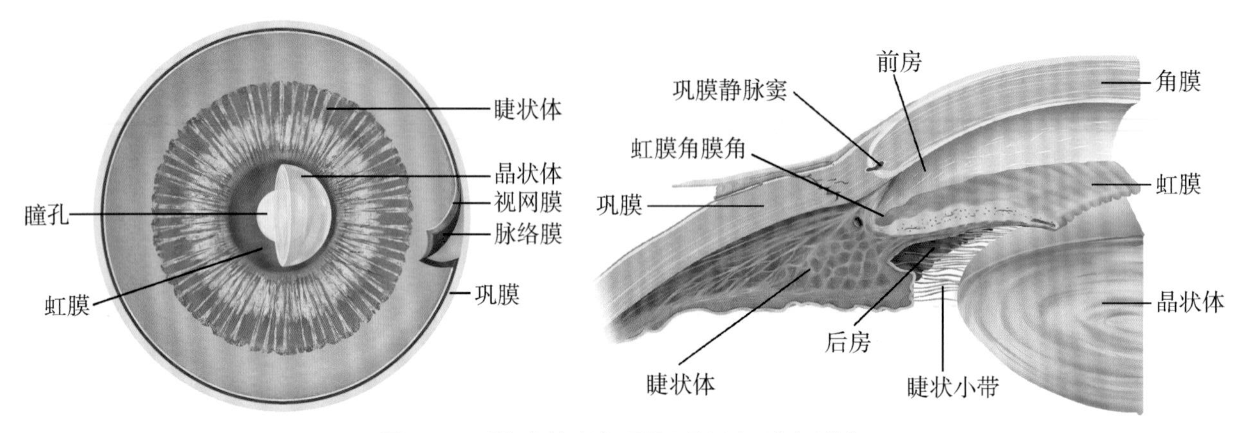

图 10-2 眼球前半部后面观及虹膜角膜角

（2）睫状体：呈环形，位于角膜与巩膜移行处的内面，在眼球的矢状切面上呈三角形，是眼球血管膜的最肥厚部分。睫状体前部有许多向内突出呈放射状排列的**睫状突**。由睫状突发出的**睫状小带**连于晶状体的周缘。睫状体内的平滑肌称为**睫状肌**。睫状体有调节晶状体曲度和产生房水的作用。

（3）脉络膜：约占眼球血管膜的后 2/3，衬于巩膜与视网膜之间，含有丰富的血管和大量的色素细胞。外面与巩膜疏松结合，内面紧贴视网膜的色素层。脉络膜不仅能营养眼球内组织，而且能吸收眼内分散的光线。

3. 视网膜　位于眼球血管膜的内面，由前向后分为虹膜部、睫状体部和脉络膜部。视网膜虹膜部和睫状体部分别贴附于虹膜和睫状体的内面，薄而无感光作用，故合称为视网膜盲部。视网膜脉络膜部贴附在脉络膜内面，为视器的感光部分，故称为视网膜视部，即通常所说的**视网膜**。

视网膜视部的后部也称眼底（图 10-3）。在视神经的起始处有一境界清楚的乳白色圆形隆起，称为**视神经盘**或**视神经乳头**，此处无感光细胞，故称为**生理性盲点**。在视神经盘的颞侧稍下方约 3.5mm 处有一黄色小区称为**黄斑**。黄斑中央凹陷称为**中央凹**，由密集的视锥细胞构成，此处无血管，是感光最敏锐的部位。

视网膜（图 10-4）视部由内、外两层构成。外层是由单层色素上皮细胞构成的色素上皮层，有保护感光细胞免受强光刺激的作用。内层是由神经细胞构成的神经层，由外向内依次为视细胞（视杆细胞与视锥细胞）、双极细胞和节细胞。①**视细胞**，是感受光线的感觉神经元，又称感光细胞，即视觉感受器，分为视杆细胞和视锥细胞两种。**视杆细胞**主要分布在视网膜周边部，只能感受弱光而不能辨别颜色；**视锥细胞**则集中在视网膜中央部，能感受强光和辨别颜色。②**双极细胞**，是连接视细胞与节细胞的双极神经元，其树突与视细胞形成突触，轴突与节细胞的树突形成突触。③**节细胞**，为多极神经元，其树突主要与双极细胞的轴突形成突触，轴突向视神经盘处汇聚，穿过脉络膜和巩膜后构成**视神经**。视网膜视部内、外两层之间有一潜在性的间隙，是造成视网膜脱离的解剖学基础。

考点 角膜和虹膜的结构特点；视神经盘和黄斑的概念

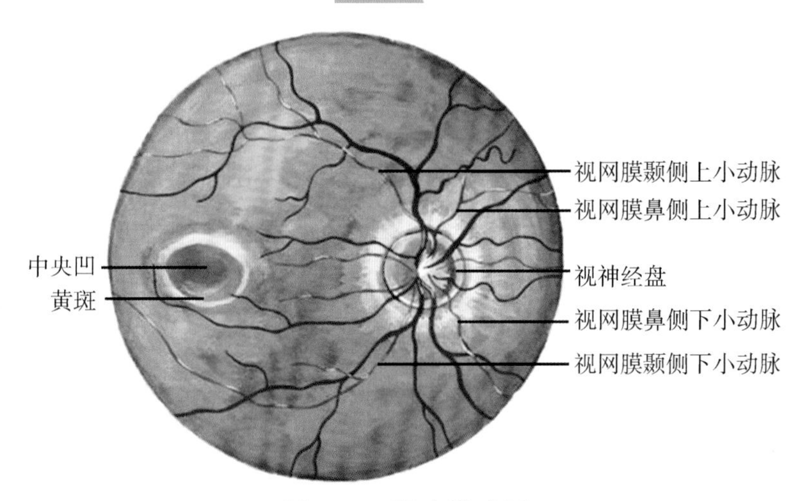

图 10-3 眼底模式图

（二）眼球的内容物

眼球的内容物包括房水、晶状体和玻璃体。它们均与角膜一样是无血管分布的具有折光（屈光）作用的透明结构，与角膜共同组成眼的折光系统。

1. 房水 为充填在眼房内无色透明的液体。**眼房**是位于角膜与晶状体之间的间隙，被虹膜分为较大的眼前房和较小的眼后房，两者借瞳孔相通。在眼前房的周边，虹膜与角膜相交界的环形腔隙称为**虹膜角膜角**或**前房角**（图 10-2）。

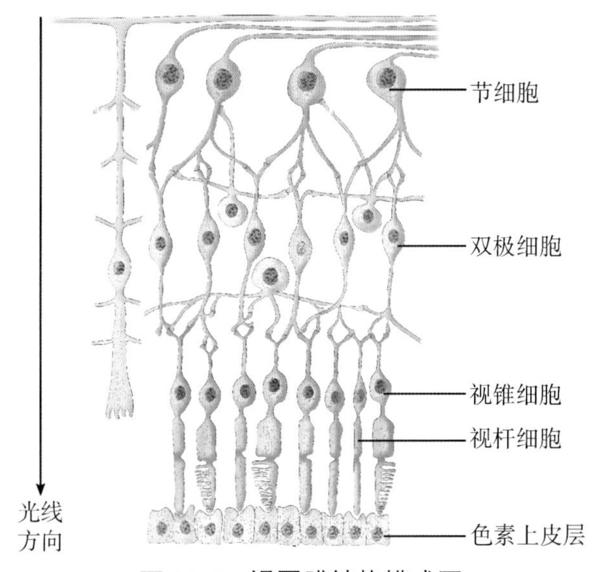

图 10-4 视网膜结构模式图

房水由睫状体产生后自眼后房经瞳孔进入眼前房，然后经虹膜角膜角进入巩膜静脉窦，最后汇入眼静脉。房水除具有折光作用外，还有营养角膜和晶状体以及维持眼内压的作用。正常情况下，房水的产生和回流保持动态平衡。若房水回流受阻时，则滞留于眼房内，可引起眼内压增高而影响视力，临床上称为青光眼。

2. 晶状体 位于虹膜与玻璃体之间，其周缘与睫状突之间有睫状小带相连。晶状体为富有弹性的双凸透镜状无色透明体，无血管和神经分布。晶状体的外面包有透明而具有高度弹性的**晶状体囊**。晶状体的周围部较软称为**晶状体皮质**，中央部较硬称为**晶状体核**。晶状体若因疾病或创伤而变浑浊则称为白内障。

3. 玻璃体 为充填于晶状体与视网膜之间的、无色透明的胶状物质，表面覆有玻璃体囊。

玻璃体除有折光作用外，尚有支撑视网膜的作用。若支撑作用减弱，则可导致视网膜剥离。若玻璃体发生浑浊时，可影响视力。

考点 眼球内容物的组成及其作用；房水的产生部位及循环途径

二、眼 副 器

眼副器包括眼睑、结膜、泪器和眼球外肌等结构。

（一）眼睑

眼睑位于眼球的前方，为一能活动的皮肤皱襞，俗称眼皮。眼睑分为上睑和下睑（图 10-5），上、下睑缘之间的裂隙称为**睑裂**。睑裂的内、外侧端分别称为**内眦**和**外眦**。睑的游离缘称为**睑缘**，长有向前弯曲的睫毛，有防止灰尘进入眼内和减弱强光照射的作用。睫毛根部有睫毛腺，睫毛腺的急性炎症称为睑腺炎。

眼睑由浅入深分为皮肤、皮下组织、肌层、睑板和睑结膜 5 层（图 10-6）。眼睑的皮肤细薄，皮下组织疏松，故可积水或出血而肿胀。睑板由致密结缔组织构成，内有**睑板腺**，其分泌物有润滑睑缘、防止泪液外溢的作用。睑板腺管阻塞时，形成睑板腺囊肿。

（二）结膜

结膜是一层薄而透明并富有血管的黏膜。按其所在部位分为 3 部：①**睑结膜**，为衬贴于上、下睑内面的部分（图 10-5），与睑板结合紧密；②**球结膜**，为覆盖于巩膜前部表面的部分；③**结膜穹隆**，位于睑结膜与球结膜的移行处，分别形成结膜上穹和结膜下穹。上、下睑闭合时，整个结膜形成的囊状腔隙称为**结膜囊**，通过睑裂与外界相通。睑结膜和结膜穹隆是沙眼的好发部位，滴眼药时即滴入结膜囊内。

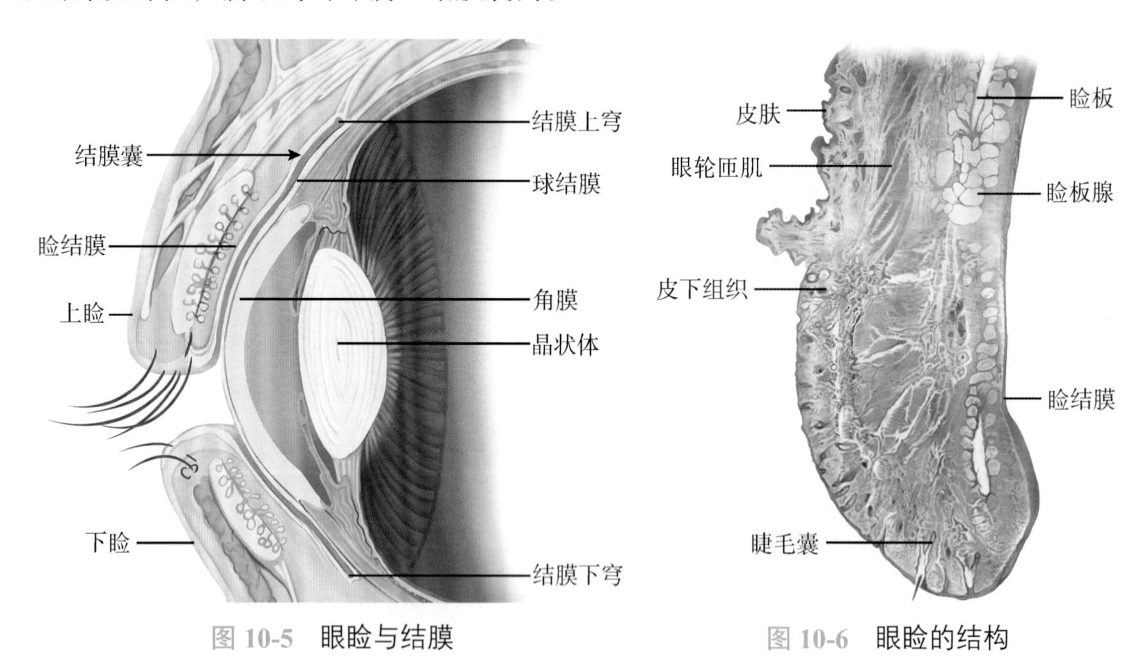

图 10-5 眼睑与结膜　　图 10-6 眼睑的结构

（三）泪器

泪器（图 10-7）由泪腺和泪道两部分组成。

1. 泪腺　位于眶上壁外侧部的泪腺窝内，有 10～20 条排泄管开口于结膜上穹的外侧。

泪腺分泌的泪液有冲洗结膜囊内异物、湿润角膜和抑制细菌生长等作用。

2. 泪道　由泪点、泪小管、泪囊和鼻泪管组成。**泪点**是位于上、下睑缘内侧端处泪乳头顶端的针眼大小的小孔，是泪小管的开口。**泪小管**为连接泪点与泪囊的小管，分为上泪小管和下泪小管。**泪囊**是位于眶内侧壁泪囊窝内的一膜性囊，上部为盲端，下端移行为鼻泪管。**鼻泪管**上部包埋于骨性鼻泪管中，下部在鼻腔外侧壁黏膜深面，末端开口于下鼻道外侧壁。

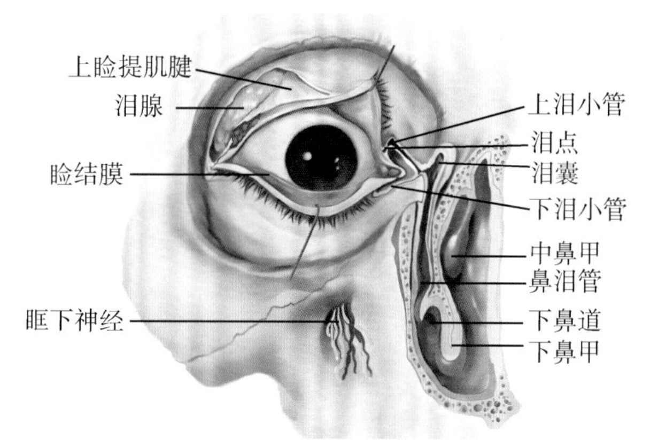

图 10-7　泪器

（四）眼球外肌

眼球外肌均为骨骼肌，共 7 块，为视器的运动装置（图 10-8）。**上睑提肌**的作用是提上睑、开大睑裂，**上直肌**收缩时使瞳孔转向上内，**下直肌**收缩时使瞳孔转向下内，**内直肌**收缩时使瞳孔转向内侧，**外直肌**收缩时使瞳孔转向外侧，**上斜肌**收缩时使瞳孔转向下外，**下斜肌**收缩时使瞳孔转向上外（图 10-9）。眼球的正常运动，并非单一眼球外肌的收缩，而是两眼多块肌协同作用的结果。

考点　结膜的分部；泪液的排出途径；眼球外肌的作用

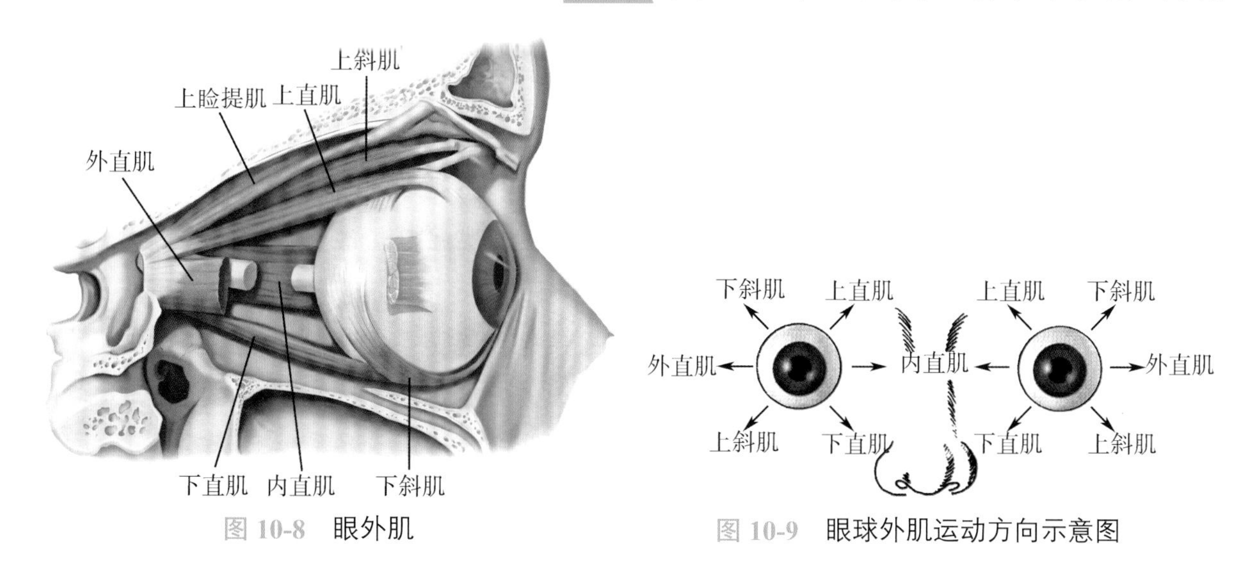

图 10-8　眼外肌

图 10-9　眼球外肌运动方向示意图

三、眼的血管与神经

（一）眼的血管

眼的血液供应来自**眼动脉**。眼动脉在颅内起自颈内动脉，经视神经管入眶（图 10-10）。眼动脉在行径中发出分支供应眼球、眼球外肌、泪腺和眼睑等。其最重要的分支是视网膜中央动脉，穿行于视神经内，至视神经盘处穿出分为视网膜颞侧上、下小动脉和视网膜鼻侧上、下小动脉，营养视网膜内层。眼的静脉主要有视网膜中央静脉和涡静脉。

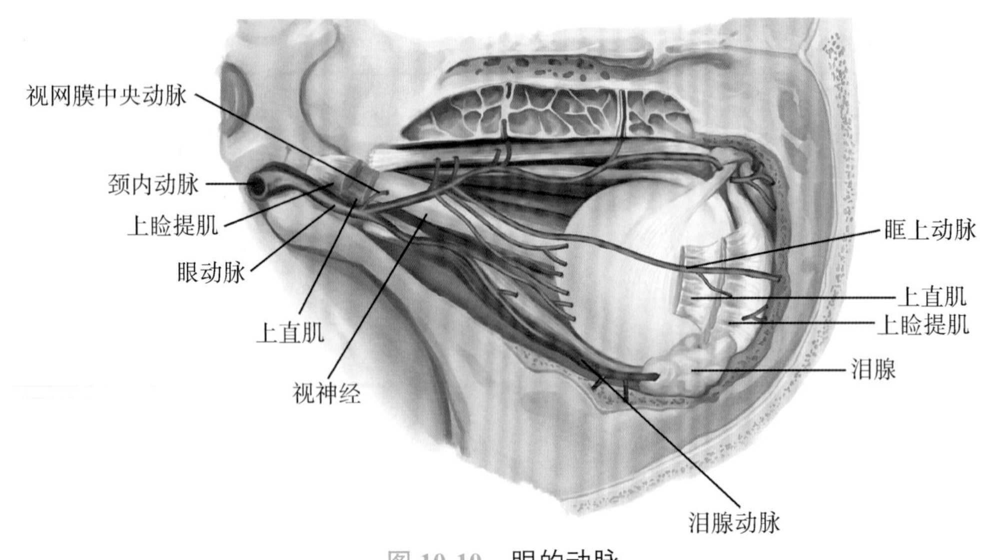

图 10-10 眼的动脉

（二）眼的神经

眼的神经支配来源较多。除视神经传导视觉外，其感觉神经来自三叉神经的眼神经。眼球外肌中的上斜肌由滑车神经支配、外直肌由展神经支配，上直肌、下直肌、内直肌、下斜肌和上睑提肌均由动眼神经支配。眼球内肌中的睫状肌和瞳孔括约肌受动眼神经的副交感神经纤维支配，瞳孔开大肌受交感神经支配。眼睑内的眼轮匝肌受面神经支配。泪腺由面神经的副交感神经纤维支配。

四、眼的功能

眼具有折光和感光功能。视觉的产生是由视觉器官、视神经和视觉中枢的共同活动完成的。光的刺激经眼的折光系统折射成像于视网膜上，通过感光细胞的换能作用，把光能转变成视神经上的动作电位，经视觉传导通路传至大脑皮质的视觉中枢而产生视觉。

（一）眼的折光功能

1. 眼的折光系统与成像　眼的折光系统是一个复杂的光学系统，包括角膜、房水、晶状体和玻璃体。眼的折光成像原理与物理学的凸透镜成像原理相似。从外界进入眼内的光线在到达视网膜前要经过角膜、房水、晶状体和玻璃体组成的凸透镜折光系统，经多次折射后才能在视网膜上形成清晰的物像。其中角膜的折射能力占 3/4，晶状体的凸度的可调性最大，即其折光的调节能力最强，在成像过程中起重要作用。

2. 眼的调节　正常眼视 6m 以外的远物时，不需调节则可在视网膜上形成清晰的物像。视 6m 以内的近物时，由于近物发出的光线有不同程度的辐散，若眼不进行调节，物像则落在视网膜之后，在视网膜上形成的是模糊不清的物像，需通过眼的调节才能形成清晰的物像。眼视近物时的调节包括晶状体变凸、瞳孔缩小和双眼会聚 3 个方面。

（1）晶状体的调节：视近物时眼的调节主要是晶状体变凸，折光力增强。其调节过程如下：当视近物时，模糊的视觉信息经视神经到达视觉中枢时，可反射性地引起动眼神经的副交感神经兴奋，使睫状肌收缩，睫状小带松弛，晶状体靠自身的弹性回位变凸（图 10-11），折光力增强，使物像前移正好落在视网膜上而形成清晰的物像。

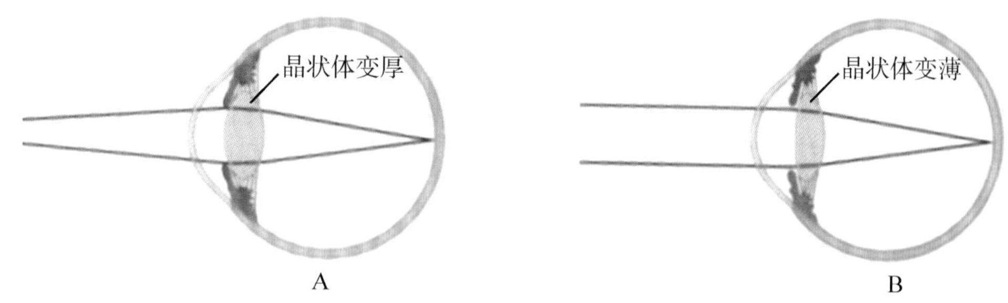

图 10-11 睫状肌对晶状体的调节作用

A. 近距视觉；B. 远距视觉

通常把眼尽最大能力调节所能看清物体的最近距离称为**近点**。近点越近，说明晶状体的弹性越好，其调节能力越强。晶状体的弹性随着年龄的增长而逐渐减退，调节能力随之减弱，近点也因而变远。老年人因晶状体弹性差，调节能力降低，表现为近点远移，看近物时模糊，看远物时正常，称为老视，俗称老花眼，可戴合适的凸透镜矫正。

（2）瞳孔的调节：瞳孔的大小可随视物的远近而改变，当视近物时，可反射性地引起双眼瞳孔缩小，称为瞳孔近反射或瞳孔调节反射。这种调节的意义在于减少进入眼内的光量，可减少由折光系统造成的球面像差及色像差，使视网膜成像更为清晰。

瞳孔的大小还可随光线的强弱而改变，强光下瞳孔缩小，弱光下瞳孔散大，称为瞳孔对光反射。瞳孔对光反射与视近物无关，是眼的一种适应功能，其意义在于调节进入眼内的光量，以保护视网膜。

瞳孔对光反射的过程为：当强光照射视网膜时，产生的冲动经视神经传入对光反射中枢，再经动眼神经中的副交感神经传出，使瞳孔括约肌收缩，瞳孔缩小。瞳孔对光反射中枢在中脑，反应灵敏，便于检查，故临床上常通过检查瞳孔对光反射来判断麻醉的深度或病情的危重程度。

（3）双眼会聚：当双眼注视一个由远移近的物体时，两眼视轴同时向鼻侧会聚的现象，称为双眼会聚。双眼会聚是两眼内直肌反射性收缩所致，其意义在于视近物时使物像始终落在两眼视网膜的对称点上，形成单一清晰的视觉，从而避免复视。

考点 眼视近物时的调节方式；瞳孔对光反射的临床意义

3. 眼的折光异常 正常眼的折光系统不需任何调节就能将平行光聚焦在视网膜上，若眼的折光系统或眼球形态异常，导致平行光线不能聚焦在视网膜上，称非正视眼，包括近视、远视和散光 3 种（表 10-1）。

表 10-1 3 种折光异常的比较

折光异常	产生原因	成像部位	矫正方法
近视	眼球前后径过长或折光力过强	物体成像于视网膜之前	佩戴合适的凹透镜
远视	眼球前后径过短或折光力过弱	物体成像于视网膜之后	佩戴合适的凸透镜
散光	角膜经纬线的曲率不一致	不能在视网膜上清晰成像	佩戴圆柱形透镜

（二）眼的感光功能

1. 视网膜的感光换能系统　视网膜中存在两种感光换能系统，即视杆系统和视锥系统。视杆系统由视杆细胞和与它们相联系的双极细胞以及节细胞等组成，对光的敏感性较高，能感受弱光刺激而引起反应，但分辨率低，不能产生色觉，只能辨别明暗和物体的大致轮廓，视物精确性差。一些只在夜间活动的动物如猫头鹰，其视网膜只含有视杆细胞。视锥系统由视锥细胞和与它们相联系的双极细胞以及节细胞等组成，对光的敏感性较低，只能在强光下起作用，但分辨率高，可辨别颜色，视物精确性高。某些只在白昼活动的动物如鸡和麻雀等，其视网膜只含有视锥细胞。两个系统构成上的不同决定了它们功能上的差异，见表10-2。

表10-2　两种感光换能系统的区别

感光换能系统	感光细胞	分布	感光色素	功能
视杆系统	视杆细胞	视网膜周边部	视紫红质	感受弱光、不能辨色
视锥系统	视锥细胞	视网膜中央部	红绿蓝3种	感受强光、辨别颜色

2. 视锥细胞与色觉　视网膜中分布有3种不同的视锥细胞，分别含有对红、绿、蓝3种光敏感的感光色素，当某一波长的光线作用于视网膜时，3种视锥细胞以一定的比例分别产生不同程度的兴奋，从而产生不同的色觉。

人眼可区分波长在400～750nm的约150种不同的颜色，若缺乏或完全没有辨色力，称为色觉障碍。色觉障碍有色盲与色弱两种。色盲是一种或多种原色色觉缺失。色盲可分为全色盲和部分色盲，全色盲较少见，部分色盲又可分红色盲、绿色盲及蓝色盲，以红色盲和绿色盲最为多见。色盲属遗传缺陷疾病，男性居多，女性少见。

3. 视杆细胞与暗适应　视杆细胞内的感光色素是视紫红质，由视黄醛和视蛋白构成。视紫红质的光化学反应是可逆的，在弱光环境中，视紫红质合成大于分解。合成的视紫红质浓度越高，视网膜对弱光的敏感性越高；在强光作用下，视紫红质分解大于合成。

$$\text{视黄醛}+\text{视蛋白}\underset{\text{强光下分解(明适应)}}{\overset{\text{弱光下合成(暗适应)}}{\rightleftharpoons}}\text{视紫红质}$$

$$\text{视黄醛}\ \overset{\text{酶}}{\updownarrow}\ \text{维生素A}$$

当人从明亮处突然进入暗处时，最初看不清任何东西，经过一定的时间后才能看清楚，这种现象称为**暗适应**。暗适应所需时间相当于感光物质视紫红质合成的时间。如合成视紫红质的原料维生素A不足，可使暗适应时间延长。如果维生素A长期摄入不足，会影响人的暗视觉，从而引起夜盲症。

当人从暗处突然进入明亮处时，最初感到耀眼的光亮，不能视物，稍待片刻后才能恢复视觉，这种现象称为**明适应**。这是由于视杆细胞在暗处蓄积了大量的视紫红质，在明亮处遇强光迅速分解，因而产生耀眼的光感。随着视紫红质的减少，视锥细胞恢复了在亮处的视觉。

4. 视力与视野 **视力**又称视敏度，是指眼分辨物体上两点间最小距离的能力。通常以视角的大小作为衡量标准。所谓的视角，是指物体上两点发出的光线射入眼球后，在节点交叉时所形成的夹角。眼能辨别两点所构成的视角越小，表现视力越好。视力表就是根据这个原理设计出来的。视角为1分的视力为正常视力，按国际视力表表示为1.0，按对数视力表示为5.0。

视野是指单眼固定注视正前方一点时，该眼所能看到的空间范围。在同一光照条件下，各种颜色的视野范围不一致，白色视野最大，其次为黄蓝色，再次为红色，绿色最小。正常人的鼻侧视野较小，颞侧视野较大。临床上检查视野，可以帮助诊断视网膜或视觉传导通路上的某些疾病。

第3节 前庭蜗器

前庭蜗器包括感受头部位置变化的前庭器（即位觉器）和感受声波刺激的蜗器（即听器）。两者在功能上虽然不同，但在结构上彼此牵连，密不可分，故通常合称为前庭蜗器，又称位听器或**耳**。前庭蜗器由外耳、中耳和内耳3部分构成（图10-12）。外耳和中耳是声波的收集和传导装置，内耳是位觉感受器和听觉感受器所在部位。

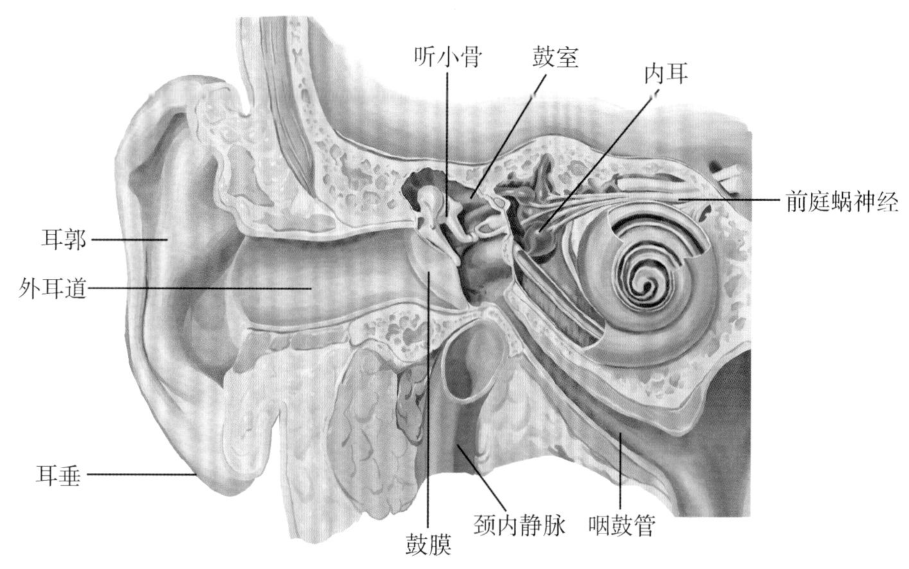

图10-12 前庭蜗器模式图

一、外 耳

外耳包括耳郭、外耳道和鼓膜3部分。耳郭可收集和辨别音源，外耳道是声波传入的通道。

（一）耳郭

耳郭位于头部的两侧，凸面向后，凹面朝向前外侧。耳郭大部分以弹性软骨为支架，外面覆以皮肤而构成，皮下组织很少。耳郭下1/3部皮下无软骨，仅含结缔组织和脂肪，称为**耳垂**，毛细血管丰富，是临床常用的采血部位。耳郭外侧面的中部凹陷，其前方有一大孔称为**外耳门**。外耳门前方的隆起称为**耳屏**。

（二）外耳道

外耳道是外耳门至鼓膜之间的弯曲管道，长 2.0 ～ 2.5cm。从外向内先向前上，继而稍向后，然后弯向前下。临床检查鼓膜时，成人须将耳郭向后上方牵拉，使外耳道变直方能观察到鼓膜。婴儿外耳道短而直，鼓膜近似水平位，故检查鼓膜时需将耳郭拉向后下方。

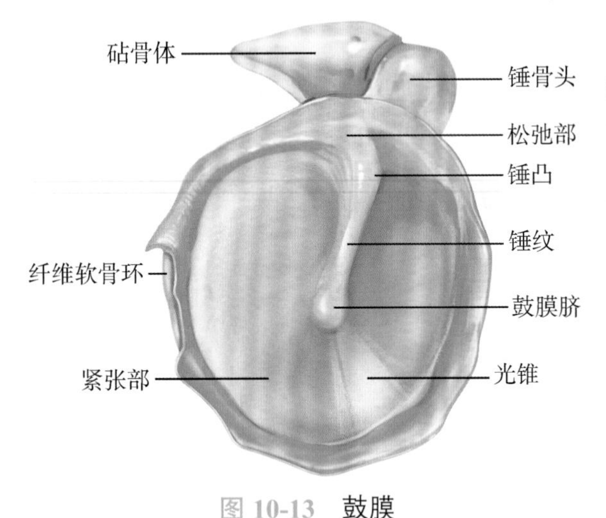

图 10-13 鼓膜

外耳道皮肤较薄，内含感觉神经末梢、毛囊、皮脂腺及耵聍腺。皮下组织稀少，皮肤与软骨膜和骨膜附着紧密，不易移动，故外耳道皮肤疖肿时疼痛剧烈。耵聍腺分泌的淡黄色黏稠液体为**耵聍**。

（三）鼓膜

鼓膜（图 10-13）是位于外耳道与鼓室之间的椭圆形半透明薄膜，与外耳道底形成 45° ～ 50° 的倾斜角。鼓膜形似漏斗状，中心向内凹陷称为**鼓膜脐**。鼓膜上 1/4 的三角区薄而松弛，称为松弛部，在活体呈淡红色；鼓膜下 3/4 坚实而紧张，称为紧张部，在活体呈灰白色。紧张部前下方有一三角形的反光区，称为**光锥**。鼓膜内陷时，光锥可变形或消失。

二、中 耳

中耳位于外耳与内耳之间，由鼓室、咽鼓管、乳突窦和乳突小房组成，为颞骨内一系列含气的不规则腔道，内衬黏膜，且相互延续。

（一）鼓室

鼓室是颞骨岩部内含气的不规则小腔，为中耳的核心，位于鼓膜与内耳外侧壁之间。前方借咽鼓管通向鼻咽部，向后经乳突窦通向乳突小房。鼓室的外侧壁（图 10-14）大部分由鼓膜构成；鼓室内侧壁（图 10-15）即内耳的外侧壁，后上方有一卵圆形孔，称为**前庭窗**；后下方的圆形小孔称为**蜗窗**，在活体被第 2 鼓膜封闭。

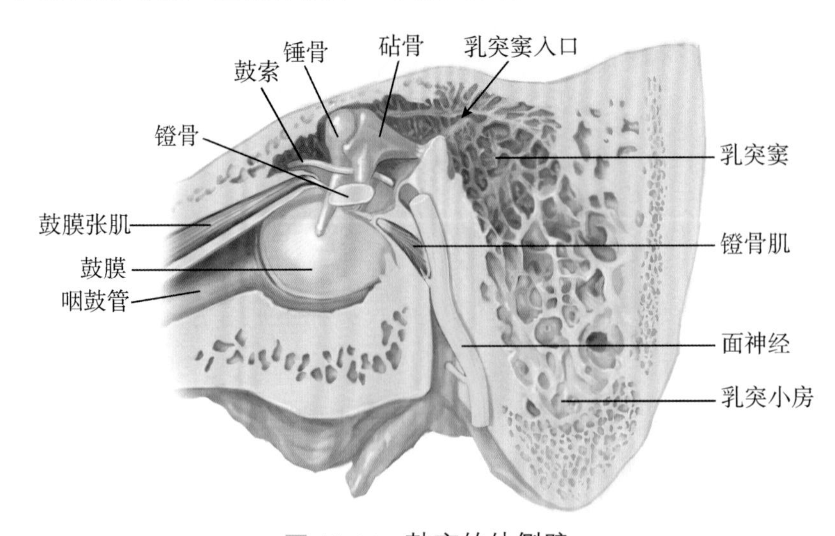

图 10-14 鼓室的外侧壁

鼓室内的3块听小骨由外侧向内侧依次为**锤骨**、**砧骨**和**镫骨**（图10-16）。锤骨柄末端附着于鼓膜脐，砧骨连于锤骨与镫骨之间，镫骨底封闭前庭窗。3块听小骨在鼓膜与前庭窗之间以关节和韧带连结成听骨链，形成曲轴杠杆系统。当声波振动鼓膜时，通过听骨链的杠杆运动，镫骨底在前庭窗上来回摆动，将声波的振动转换成机械能传入内耳。

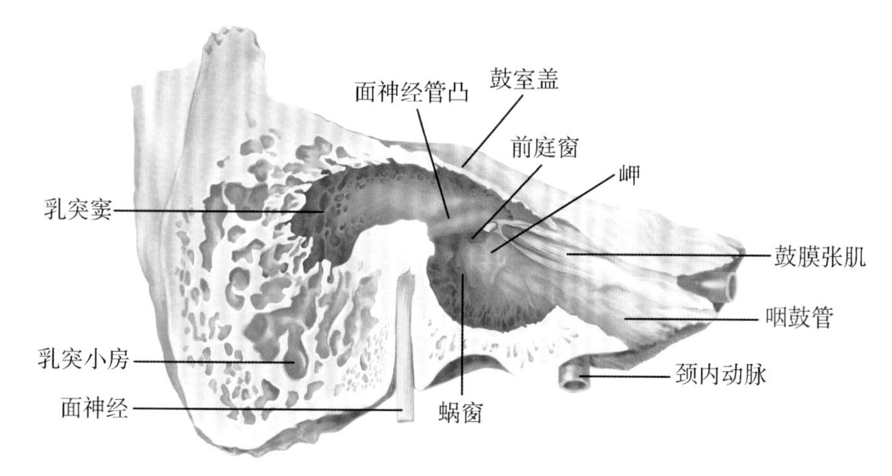

图10-15 鼓室内侧壁

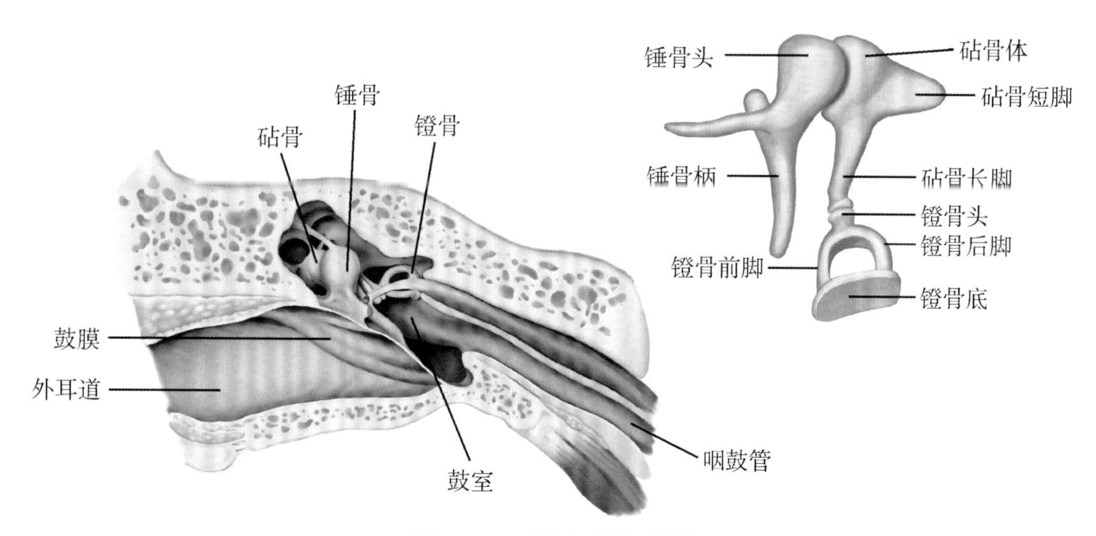

图10-16 听小骨与鼓膜

（二）咽鼓管

咽鼓管为连通鼻咽部与鼓室之间的管道，长3.5～4.0cm。咽鼓管的外侧端开口于鼓室前壁，内侧端开口于鼻咽部侧壁的咽鼓管咽口。咽鼓管咽口平时处于关闭状态，仅在吞咽或打呵欠时可暂时开放，空气经咽鼓管进入鼓室，以保持鼓膜内外压力的平衡，有利于鼓膜的振动。幼儿的咽鼓管较成人短而平直（图10-17），管径也较大，故咽部感染易沿咽鼓管侵入鼓室而引起中耳炎。

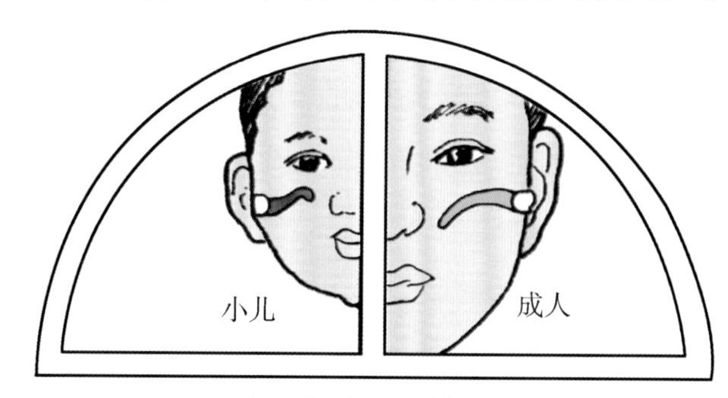

图10-17 小儿与成人咽鼓管比较示意图

（三）乳突窦和乳突小房

乳突窦是鼓室与乳突小房之间的较大腔

隙，向前开口于鼓室后壁的上部，向后下与乳突小房相通，为鼓室与乳突小房之间的交通要道。**乳突小房**为颞骨乳突内许多形态不一、大小不等、互相通连的含气小腔。由于乳突小房、乳突窦与鼓室的黏膜相延续，故中耳炎时可经乳突窦蔓延至乳突小房而引起乳突炎。

（四）中耳的功能

鼓膜、听骨链和内耳前庭窗之间的联系构成了声音从外耳传向耳蜗的有效通路。中耳的主要功能是将空气中的声波振动准确高效地传递到内耳，其中鼓膜和听骨链在传音过程中还起增压作用。鼓膜就像电话机受话器中的振膜，是一个压力承受装置，具有良好的频率响应和较小的失真度，能将声波如实地传递给听骨链。听骨链通过杠杆作用不仅能把声波从鼓膜传至内耳前庭窗，还可以增大声波的传导效应。

考点 中耳的组成及其连通关系；听小骨的名称；幼儿咽鼓管的特点

三、内　耳

内耳又称迷路，位于颞骨岩部的骨质内，介于鼓室与内耳道底之间，由构造复杂的骨迷路和膜迷路两部分构成（图10-18）。骨迷路是由颞骨岩部密质骨构成的骨性隧道，膜迷路是套在骨迷路内封闭的膜性管和囊，似骨迷路的铸型。骨迷路与膜迷路之间充满外淋巴，膜迷路内含有内淋巴，内、外淋巴互不相通。

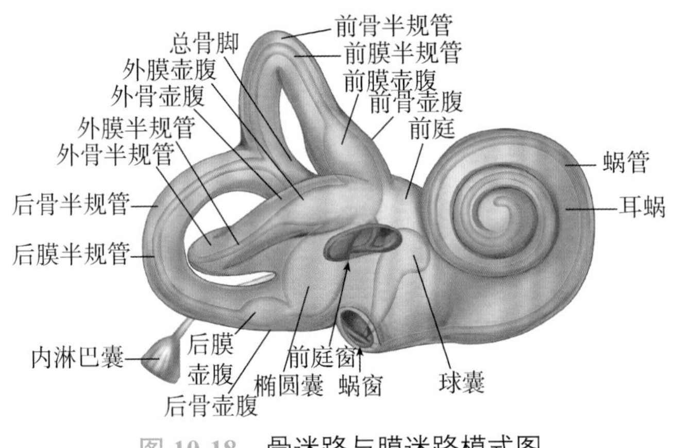

图 10-18　骨迷路与膜迷路模式图

（一）骨迷路

骨迷路由后外向前内依次分为骨半规管、前庭和耳蜗3部分，三者形态各异，但彼此连通。

1. 前庭　是位于骨迷路中部近似椭圆形的腔隙。前庭的后部借5个小孔与3个骨半规管相通，前部有一大孔通向耳蜗。外侧壁即鼓室内侧壁，有前庭窗和蜗窗。

2. 骨半规管　为3个“C”形互成直角排列的弯曲小管，按其位置分别称为**前骨半规管**、**后骨半规管**和**外骨半规管**。因前、后骨半规管的两个单骨脚合成一个总骨脚，故3个骨半规管共有5个孔开口于前庭。

3. 耳蜗　位于前庭的前方，形似蜗牛壳，蜗底朝向后内侧的内耳道底，蜗顶朝向前外侧（图10-19）。耳蜗由骨性蜗螺旋管环绕蜗轴约两圈半构成。蜗螺旋管被蜗轴发出的骨螺旋板和膜迷路分隔成3条管道，即上方的**前庭阶**、下方的**鼓阶**和中间的**蜗管**。前庭阶起自前庭，鼓阶终于蜗窗上的第二鼓膜。前庭阶和鼓阶内充满外淋巴，两者在蜗顶处借蜗孔彼此相通。

（二）膜迷路

膜迷路是套在骨迷路内封闭的膜性小管和囊，借纤维束固定于骨迷路。膜迷路由相互连通的椭圆囊、球囊、膜半规管和蜗管组成。在膜迷路的特定部位有位觉和听觉感受器。

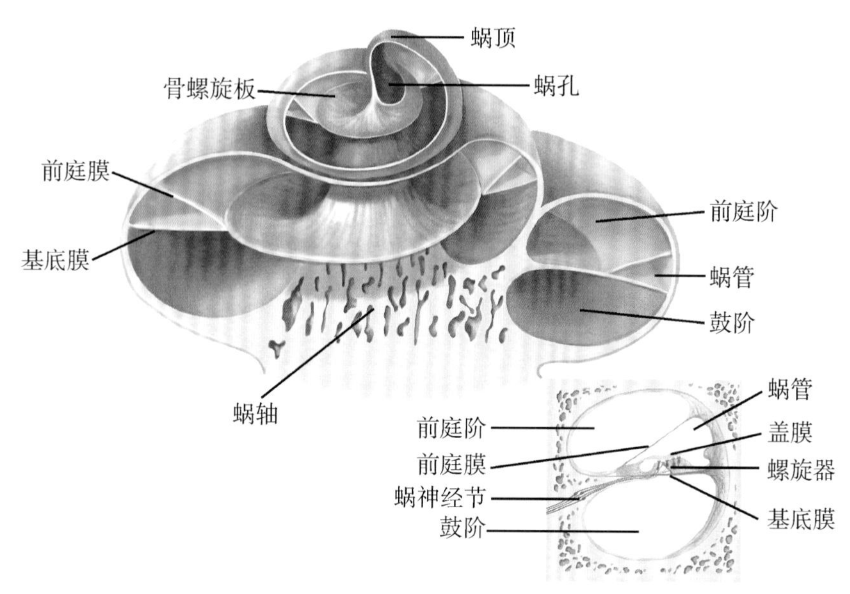

图 10-19 耳蜗纵切模式图

1. 椭圆囊和球囊 是位于前庭内的两个相互连通的膜性小囊。椭圆囊位于前庭的后上方。球囊位于椭圆囊的前下方，其下端与蜗管相连。在椭圆囊底和前壁上有**椭圆囊斑**，在球囊内的前壁上有**球囊斑**。椭圆囊斑和球囊斑均属位置觉感受器，能感受头部静止的位置及直线变速运动引起的刺激。当人体头部的位置改变或做直线变速运动时，由于惯性及重力作用引起内淋巴振动，刺激囊斑毛细胞使之兴奋，神经冲动经前庭神经传入中枢，人体产生头部位置或变速运动感觉，并引起相应的姿势反射，以维持身体平衡。

2. 膜半规管 位于同名骨半规管内。在骨壶腹内的膜半规管有相应膨大的膜壶腹，在膜壶腹内壁上有隆起的**壶腹嵴**，为位置觉感受器，能感受头部旋转变速运动的刺激。当人体进行旋转运动时，壶腹嵴的毛细胞受到惯性作用而兴奋，3 个壶腹嵴分别将头部在三维空间中的运动变化转变成神经冲动，经前庭神经传入中枢产生旋转感觉，并引起姿势反射，以维持身体平衡。

前庭器在受刺激而产生不同位置感觉和运动觉的同时，还产生各种姿势调节反射和内脏功能的变化，称为**前庭反应**，其意义在于维持机体一定的姿势和保持身体平衡。当人类前庭器受到过强或过久的刺激时，可引起一系列内脏性功能反应，如恶心、呕吐、眩晕、皮肤苍白、心率加快、血压下降等现象，在部分人中，这种现象特别明显，表现为晕车、晕船等，可能是因为其前庭器的功能过于敏感。

3. 蜗管 套在蜗螺旋管内，即位于耳蜗内前庭阶与鼓阶之间的膜性管道。蜗管的横切面呈三角形，上壁为前庭膜，将前庭阶与蜗管隔开；下壁由骨螺旋板和螺旋膜壁即基底膜构成，并与鼓阶相隔。基底膜上有**螺旋器**，又称 Corti 器，是听觉感受器。

考点 壶腹嵴、椭圆囊斑、球囊斑和螺旋器的位置及功能

4. 声波传入内耳的途径 声波由外耳传入内耳有气传导和骨传导两条途径。

（1）气传导：是指声波经外耳道引起鼓膜的振动，再经听骨链和前庭窗进入耳蜗的传导途径，即声波→外耳道→鼓膜→听骨链运动→前庭窗→引起前庭阶外淋巴的振动→前庭膜振

动→蜗管内淋巴的振动→螺旋器受到刺激→蜗神经→脑桥（换神经元）→内侧膝状体（换神经元）→大脑皮质的听觉中枢，是声波传导的主要途径（图 10-20）。此外，鼓膜的振动也可引起鼓室内空气的振动，再经蜗窗的第 2 鼓膜传入耳蜗。这一传导途径在正常情况下不重要，仅在听骨链有病变时才可发挥一定的传音作用，但此时的听力较正常时大为减弱。

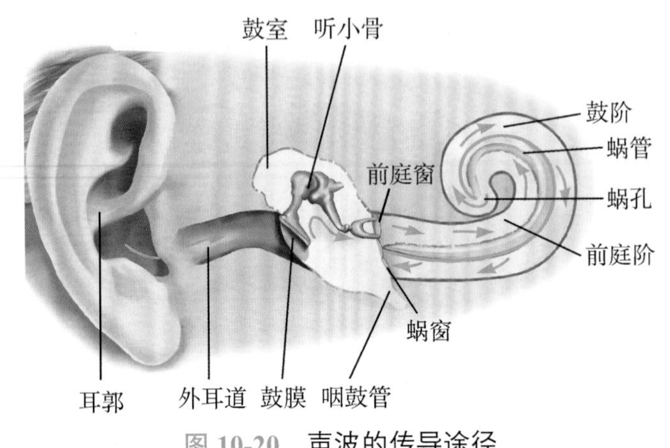

图 10-20 声波的传导途径

（2）骨传导：是指声波经颅骨（骨迷路）传导至耳蜗的途径。正常情况下，骨传导的敏感性比气传导低得多，因此，人们几乎感觉不到它的存在。当鼓膜或中耳病变引起传音性耳聋时，气传导明显受损，而骨传导不受影响；而当耳蜗病变引起感音性耳聋时，气传导和骨传导均受损。因此，临床上可通过检查患者气传导和骨传导受损情况来判断听觉异常的产生部位和原因。

无论声波是从哪条途径传入内耳，均可引起基底膜的振动，刺激螺旋器毛细胞使之兴奋，通过换能作用将声波振动的机械能转变为毛细胞膜的电位变化，触发与其相连的蜗神经产生动作电位，由蜗神经通过听觉传导通路传至大脑皮质的听觉中枢而产生听觉。

考点 气传导的途径

第 4 节 皮 肤

皮肤覆盖于身体表面，是人体面积最大的器官，成人皮肤面积约为 1.7m^2。皮肤由表皮和真皮构成（图 10-21），借皮下组织与深部组织相连。皮肤内有丰富的感觉神经末梢，能感受外界的多种刺激。皮肤具有保护深部组织、参与免疫应答、调节体温以及排泄和吸收等功能。

一、表 皮

表皮位于皮肤的浅层，由角化的复层扁平上皮（图 10-22）构成，无血管分布。根据表皮的厚度，皮肤可分为厚皮和薄皮两种。手掌及足底部的皮肤最厚，而眼睑、阴茎和小阴唇等处的皮肤最薄。表皮细胞分为角质形成细胞和非角质形成细胞两大类。

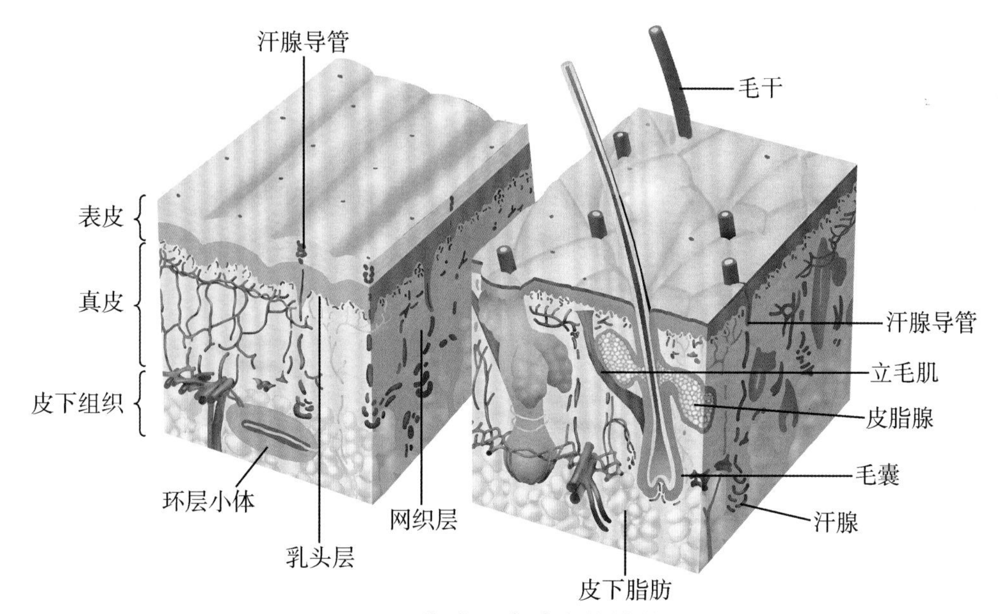

图 10-21 手指掌面皮肤光镜结构模式图

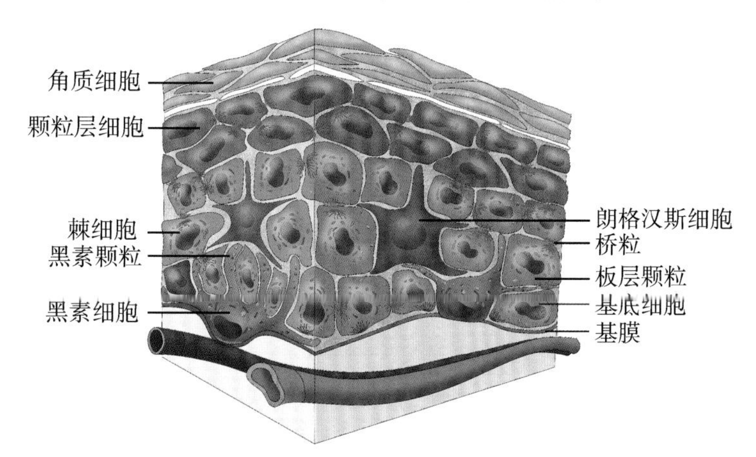

图 10-22 角化的复层扁平上皮超微结构模式图

1. 角质形成细胞 手掌和足底的表皮结构由基底至表面可分为基底层、棘层、颗粒层、透明层和角质层 5 层。基底层内的基底细胞是表皮的干细胞，不断分裂、增殖形成的部分子细胞脱离基膜后，进入棘层，分化为棘细胞并失去分裂能力。在皮肤创伤愈合中，基底细胞具有重要的再生修复作用。角质形成细胞不断脱落和更新，其周期为 3 ～ 4 周。

2. 非角质形成细胞 散在分布于角质形成细胞之间，包括黑素细胞、朗格汉斯细胞和梅克尔细胞。①**黑素细胞**，是生成黑色素的细胞。细胞体多分散于基底细胞之间，其突起伸入基底细胞和棘细胞之间。人种间的黑素细胞数量无明显差别，肤色深浅主要取决于黑素细胞合成黑素颗粒的能力及分布。在人体的乳头、阴囊、阴茎、大阴唇、会阴及肛门附近等处色素较深。②**朗格汉斯细胞**，散在于棘层浅部，是一种抗原呈递细胞，能捕获皮肤中的抗原物质，处理后形成的复合物分布于细胞表面，然后细胞游走出表皮，进入毛细淋巴管，随淋巴流迁至淋巴结，将抗原呈递给 T 细胞，引发免疫应答。

二、真 皮

真皮是位于表皮深面的致密结缔组织，分为乳头层和网织层，两者间无明确分界（图

10-21）。人体各部真皮的厚度不等，一般为 1 ～ 2mm。

1. 乳头层　为紧靠表皮的薄层较致密结缔组织，因向表皮突起形成真皮乳头而得名。手指掌侧的真皮乳头层内含有较多的触觉小体。

2. 网织层　为乳头层下方较厚的致密结缔组织，内有粗大的胶原纤维束交织成网，并有许多弹性纤维，赋予皮肤较大的韧性和弹性。网织层还含有较多的血管、淋巴管和神经，深部常见环层小体。

在真皮下方为**皮下组织**，即解剖学所称的**浅筋膜**。皮下注射（图 10-23）是将少量药液或生物制剂注入皮下组织的方法。由于皮下组织结构疏松，且血管丰富，故有利于药物的吸收，如胰岛素注射等。

考点 皮内注射法和皮下注射法的注入部位

链接

皮内注射法

皮内注射法是将少量药液或生物制品注射于表皮与真皮之间的方法（图 10-23），常用于药物过敏试验或预防接种。临床上做青霉素过敏试验时，药液被注射到表皮与真皮之间，这里有许多肥大细胞，如果它们已对青霉素处于致敏状态，那么很快便会在皮试的局部形成类似荨麻疹的红晕硬块。用于过敏试验时宜取前臂掌侧下段正中部，因该处皮肤较薄，颜色较浅，易于注射和辨认局部反应。

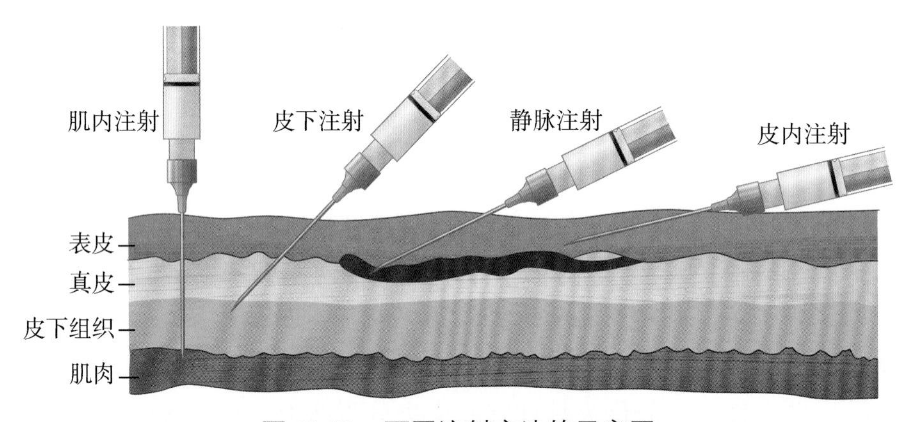

图 10-23　不同注射方法的示意图

三、皮肤的附属器

皮肤的附属器（图 10-24）是由表皮衍生而来的，包括毛、皮脂腺、汗腺和指（趾）甲。

1. 毛　人体皮肤除手掌、足底等处外，均有毛分布。露在皮肤表面的为**毛干**，埋在皮肤内的为**毛根**，包在毛根外面的为**毛囊**。毛根和毛囊的下端膨大为毛球，**毛球**是毛和毛囊的生长点。在毛与皮肤表面呈钝角的一侧，有一束平滑肌连接毛囊与真皮，收缩时能使毛竖立，故称为**立毛肌**。立毛肌受交感神经支配，在遇冷或感情冲动时收缩，使毛发竖立，从而产生鸡皮疙瘩的现象。

2. 皮脂腺　除手掌、足底和足侧部外，其余部位皮肤均有皮脂腺。**皮脂腺**多位于毛囊与立毛肌之间，其分泌的皮脂经导管排入毛囊上部或直接排到皮肤表面。皮脂具有润泽皮肤和保护毛发的作用。

3. 汗腺　遍布于全身大部分皮肤内，以手掌和足底处最多。汗腺分泌部位于真皮深层和皮下组织内，导管开口于皮肤表面的汗孔。**汗腺**分泌是机体散热的主要方式，具有调节体温、湿润皮肤和排泄代谢产物等作用。有些人腋窝的大汗腺过于发达，如分泌过盛并且分泌物被细菌分解，则产生腋臭。

4. 指（趾）甲　位于手指和足趾的背面（图 10-25），露出体表的部分为**甲体**，甲体下面的复层扁平上皮和真皮为**甲床**，甲体的近端埋在皮肤内的部分为**甲根**。甲体周缘的皮肤皱襞为**甲襞**，甲襞与甲体之间的沟为**甲沟**，是手指炎症的好发部位（如甲沟炎）。甲根附着处的甲床上皮为**甲母质**，是甲体的生长区。指（趾）甲受损或拔除后，如甲母质仍保留，则甲仍能再生。

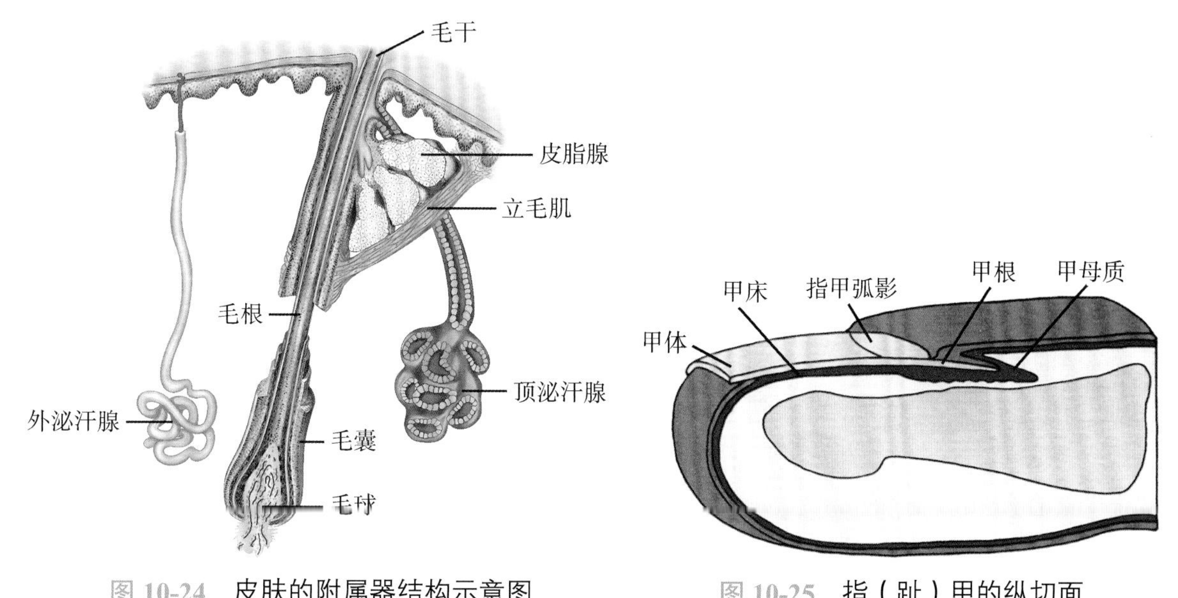

图 10-24　皮肤的附属器结构示意图

图 10-25　指（趾）甲的纵切面

四、皮 肤 痛

当伤害性刺激作用于皮肤时，能引起皮肤痛，痛觉感受器是游离神经末梢。在各种伤害性刺激的作用下，受损细胞释放的致痛物质（如 K^+、H^+、组胺、5- 羟色胺、缓激肽、前列腺素等）作用于游离神经末梢，产生神经冲动传入中枢而引起痛觉。皮肤可出现两种性质不同的痛觉，首先出现的是尖锐而定位明确的刺痛，称为**快痛**，持续时间较短；稍后出现的是烧灼性的钝痛，称为**慢痛**，特点是持续时间较长，定位不明确，常伴有强烈的情绪反应及心血管和呼吸的改变。皮肤损伤或炎症引起的皮肤痛，常以慢痛为主。快痛主要经特异投射系统到达大脑皮质感觉区；慢痛则主要投射到扣带回。

自 测 题

A_1/A_2 型题

1. 关于角膜的描述，错误的是（　　）
   A. 是入射光线最先接触的结构
   B. 呈乳白色
   C. 无血管分布
   D. 感觉极为敏锐
   E. 具有折光作用

2. 瞳孔位于下列何结构上（　　）

A. 视网膜　B. 角膜
C. 虹膜　D. 睫状体
E. 脉络膜

3. 关于视网膜的描述，错误的是（　　）
A. 中央凹位于视神经盘中央
B. 视神经盘处无感光细胞
C. 视杆细胞只能感受弱光
D. 节细胞的轴突构成视神经
E. 中央凹是感光和辨色最敏锐的部位

4. 产生房水的结构是（　　）
A. 眼房　B. 晶状体　C. 玻璃体
D. 睫状体　E. 泪腺

5. 视器中可调节眼折光力的结构是（　　）
A. 晶状体　B. 角膜　C. 房水
D. 玻璃体　E. 瞳孔

6. 视紫红质的合成需要（　　）
A. 维生素 B　B. 维生素 A
C. 维生素 E　D. 维生素 C
E. 维生素 D

7. 正常人视野由大到小的顺序是（　　）
A. 蓝、红、绿、白　B. 红、绿、白、蓝
C. 白、蓝、红、绿　D. 绿、白、蓝、红
E. 白、蓝、绿、红

8. 临床检查成人鼓膜时须将耳郭拉向（　　）
A. 后上方　B. 后下方　C. 下方
D. 上方　E. 前方

9. 放爆竹时，你若在现场观看，最好是张开口或捂住耳朵、闭上口。这种做法主要是为了（　　）
A. 保护耳蜗内的听觉感受器
B. 使咽鼓管张开，保护听小骨
C. 防止听觉中枢受损伤
D. 保持鼓膜内外气压平衡
E. 防止内耳的壶腹嵴受损伤

10. 内耳的听觉感受器是（　　）
A. 壶腹嵴　B. 膜壶腹
C. 椭圆囊斑　D. 球囊斑
E. 螺旋器

11. 皮内注射是将药液注入（　　）
A. 真皮内　B. 表皮与真皮之间
C. 皮下组织内　D. 表皮内
E. 真皮网织层内

12. 皮下注射是将药液注入（　　）
A. 表皮内　B. 真皮内
C. 皮下组织内　D. 真皮乳头层内
E. 表皮与真皮之间

13. 患者，女性，7 岁。看电视时喜欢斜视，看书时离书很近，经检查诊断为眼屈光不正。请问眼折光系统的组成应除外（　　）
A. 角膜　B. 虹膜　C. 玻璃体
D. 房水　E. 晶状体

14. 患者，男性，78 岁。因视物日渐模糊不清而来医院就诊，经检查诊断为白内障。请问白内障发生在（　　）
A. 玻璃体　B. 虹膜　C. 房水
D. 晶状体　E. 角膜

15. 患者，女性，8 岁。看物时有复视，检查发现双眼向前看时，右眼瞳孔偏向上外，眼球不能转向下外方，这可能是哪块肌瘫痪所致（　　）
A. 上斜肌　B. 下斜肌　C. 内直肌
D. 外直肌　E. 上直肌

16. 患者，男性，7 岁。两周前因受凉而出现上呼吸道感染症状，服药后有所好转，但近日体温突然高达 39℃，并伴右外耳道有黄色脓液流出而来医院就诊。请问细菌感染最有可能来自（　　）
A. 外耳道途径　B. 咽鼓管途径
C. 血液途径　D. 乳突窦途径
E. 乳突小房途径

（莫智明　杨丽芳）

第11章 神经系统

第1节 概 述

神经系统包括脑和脊髓，以及与脑和脊髓相连并分布于全身各处的周围神经。神经系统是人体各系统中结构和功能最为复杂，并起主导作用的调节系统。人体内各系统器官在神经系统的协调控制下，完成统一的生理功能。例如，跑步时，除了肌肉收缩外，同时出现呼吸加深加快、心搏增加、出汗等一系列的生理变化。神经系统协调人体各系统器官的功能活动，使人体成为一个有机的整体，维持机体内环境的相对稳定，适应外环境的变化，并且能认识及改造外界环境。

一、神经系统的分布

神经系统在结构和功能上是一个整体，其分为中枢神经系统和周围神经系统（图 11-1）。**中枢神经系统**包括位于颅腔内的脑和椎管内的脊髓，**周围神经系统**包括与脑相连的脑神经和与脊髓相连的脊神经。周围神经系统又依据分布部位不同分为分布于体表、骨、关节和骨骼肌的**躯体神经**及分布于内脏、心血管、平滑肌和腺体的**内脏神经**。根据其功能又分为感觉神经和运动神经，**感觉神经**是将神经冲动自感受器传向中枢，故又称**传入神经**；**运动神经**是将中枢的神经冲动传向周围的效应器，故又称**传出神经**。内脏神经中的传出纤维即内脏运动神经，控制平滑肌、心肌的运动和腺体的分泌，内脏运动神经又可分为交感神经和副交感神经。

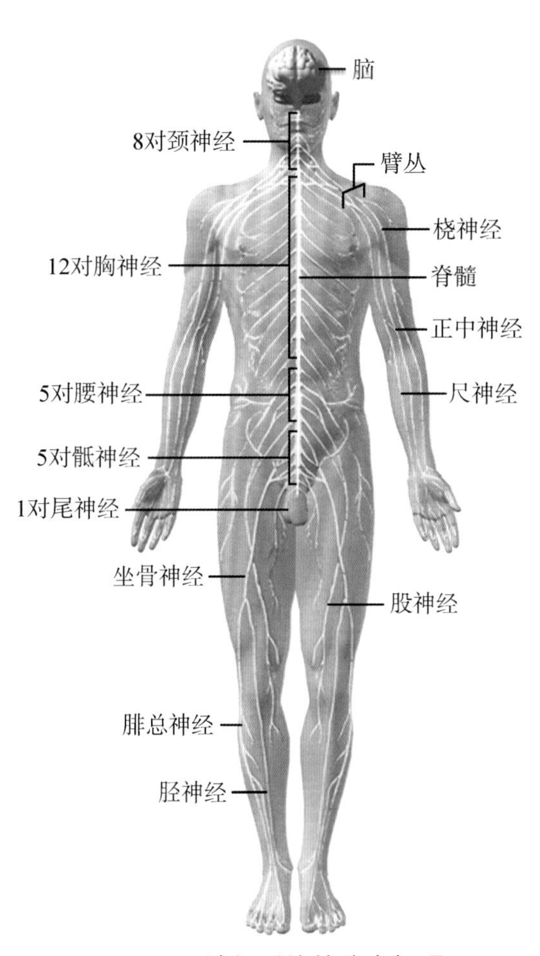

图 11-1 神经系统的分布概观

二、神经系统的组成

神经系统主要由神经组织即神经元和神经胶质细胞组成。神经元是神经系统的基本结构和功能单位，具有接受刺激、传导神经冲动和整合信息的功能。神经胶质细胞对神经元起支持、营养、保护和绝缘作用。神经系统的复杂功能是与神经系统特殊的形态结构分不开的，组成神经系统的无数神经元及其突起以其特殊的连接方式——突触，建立起庞大而复杂的神经网络，把全身各组织、器官和系统紧密地联系在一起，使神经系统具有反射、联系、整合和调节等多种复杂功能。

三、神经系统的功能活动

神经系统在人体功能调节方面起主导作用，其功能主要有3个方面：①感觉功能，是指感受器接受的各种体内、外刺激转变成神经冲动传向中枢，经过分析、综合，产生相应的感觉，如听觉、视觉、嗅觉、味觉、触觉、痛觉等。②调节功能，神经系统通过对感受器传入的信息进行分析、综合，进而对相应的器官活动进行调节，或引起某些行为的改变。③语言与心理活动功能，说话、唱歌、吹奏、绘画等语言活动以及意识、情感、思维等心理活动都是在神经系统主导下实现的。

四、神经系统功能活动的一般规律

（一）神经纤维传导兴奋的特征

神经纤维的主要功能是传导兴奋（动作电位），在神经纤维上传导的动作电位又称**神经冲动**。神经纤维传导兴奋具有如下特征：①完整性，神经纤维结构和功能的完整性是其传导兴奋的必要条件。如果神经纤维受损或局部应用麻醉药，均可使兴奋传导受阻。②绝缘性，一条神经干中含有许多根神经纤维，但每根神经纤维传导兴奋时基本上互不干扰，此即神经纤维的绝缘性，其生理意义在于保证神经调节的精确性。③双向性，在实验条件下，人为刺激神经纤维上的任何一点，产生的动作电位可同时向两端传导。但在体内神经冲动总是由胞体传向神经末梢，表现为传导的单向性。④相对不疲劳性，连续电刺激神经数小时至十几小时，神经纤维仍然保持其传导兴奋的能力，表现为相对不疲劳性。

考点 神经纤维传导兴奋的特征

（二）神经元之间的信息传递

神经元之间的信息传递是通过突触来实现的。突触是神经元与神经元之间或神经元与效应细胞之间相互接触并传递信息的部位。

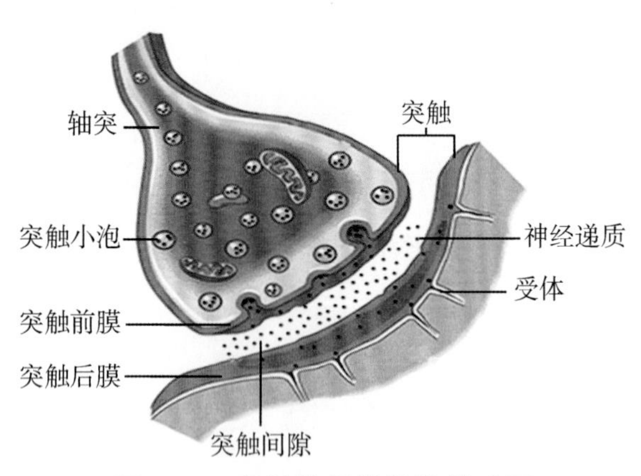

图 11-2 突触的超微结构模式图

1. 突触的基本结构　典型的突触由突触前膜、突触间隙和突触后膜3部分构成（图11-2）。突触之前的神经元称为**突触前神经元**，突触之后的神经元称为**突触后神经元**。突触前神经元轴突末梢分支末端膨大形成突触小体，突触小体内有许多囊泡状的突触小泡，内含神经递质。突触后膜上有与相应神经递质发生特异性结合的受体。

2. 突触传递　突触前神经元的信息通过突触传递给突触后神经元的过程，称为**突触传递**。其传递的过程为：突触前神经元兴奋时，动作电位很快传至轴突末梢，使突触前膜上的 Ca^{2+} 通道开放，Ca^{2+} 由突触间隙进入突触小体内，促使突触小泡与突触前膜融合并通过出胞作用释放神经递质。神经递质经突触间隙扩散并与突触后膜上的特异性受体结合，使突触后膜对离子的通透性发生改变。若突触前膜释放的是兴奋性递质，就会使 Na^{+} 进入突触后神经元内，使突触后膜产生局部去极化，即产生兴奋性突触后电位。当突触后电位增大至一定程度时，便引起动作电位，即突触后神经元兴奋；若突触前膜释放的是抑制性递质，就会使 Cl^{-} 和 K^{+} 进入突触后神经元内较多，导致突触后膜超极化，形成抑制性突触后电位，突触后神经元则呈现抑制效应。

神经系统内神经元之间的连接形式复杂多样，一个突触前神经元的轴突末梢通常可与多个突触后神经元构成突触联系，而一个突触后神经元也可与多个突触前神经元的轴突末梢构成突触联系，其中既有兴奋性突触联系，也有抑制性突触联系。因此，一个神经元是兴奋还是抑制主要取决于这些突触传递产生的综合效应。

（三）中枢兴奋传播的特征

反射中枢是指中枢神经系统内，为完成某一反射活动所必需的神经细胞群及其突触联系。中枢信息传递要经过一个或多个突触接替，故中枢兴奋传递明显不同于神经纤维上的冲动传导，具有以下特征。

1. 单向传播　突触传递只能由突触前神经元传递给突触后神经元，这是由突触的结构特点所决定的。因为神经递质是由突触前神经元释放的，受体分布在突触后膜上。这种单向传播保证了神经系统活动有规律地进行。

2. 中枢延搁　兴奋通过中枢的突触时，要经历神经递质的释放、扩散以及与突触后膜受体结合等环节，耗时相对较长，这种现象称为**中枢延搁**或**突触延搁**。在多突触反射中，兴奋所通过的突触数目越多，中枢延搁时间就越长。

3. 总和　由单根神经纤维传入的单一神经冲动，一般不能引起突触后神经元产生动作电位。但是由一根神经纤维连续传入冲动或从多根神经纤维同时传入冲动至同一个神经元，则每个兴奋冲动引起的兴奋性突触后电位就会叠加起来达到阈电位，使突触后神经元产生动作电位，这种现象称为总和。

4. 后发放　在反射活动中，当对传入神经的刺激停止后，传出神经仍在一定的时间内继续发放冲动，使反射活动仍持续一段时间，这种现象称为**后发放**。神经元之间是环式联系及中间神经元的作用是后发放的主要原因。

5. 兴奋节律的改变　在反射活动中，传入神经和传出神经的冲动频率并不一致。这是因为突触后神经元常同时接受多个突触前神经元的突触传递，突触后神经元自身的功能状态也可能不同。因此，最后传出冲动的频率取决于各种影响因素的综合效应。

考点 突触的概念、结构及传递过程；中枢兴奋传播的特征

（四）神经递质

神经递质是指由突触前神经元合成并释放，能特异性作用于突触后神经元或效应器细胞

的受体，并产生一定效应的信息传递物质。神经递质和受体是化学突触传递最重要的物质基础，也是药理学和临床上用于治疗疾病的重要环节，因而意义十分重大。

目前已知的神经递质有 100 多种，根据它们存在和释放部位的不同，分为外周神经递质和中枢神经递质两类。**外周神经递质**主要有乙酰胆碱（Ach）和去甲肾上腺素（NE）。**中枢神经递质**比外周神经递质多而复杂，主要有乙酰胆碱、单胺类（包括去甲肾上腺素、多巴胺、5- 羟色胺）、氨基酸类和肽类等。

五、神经系统的常用术语

在神经系统内，神经元的胞体和突起在不同的部位有不同的组合和编排方式，因而拥有不同的术语名称（图 11-3）。

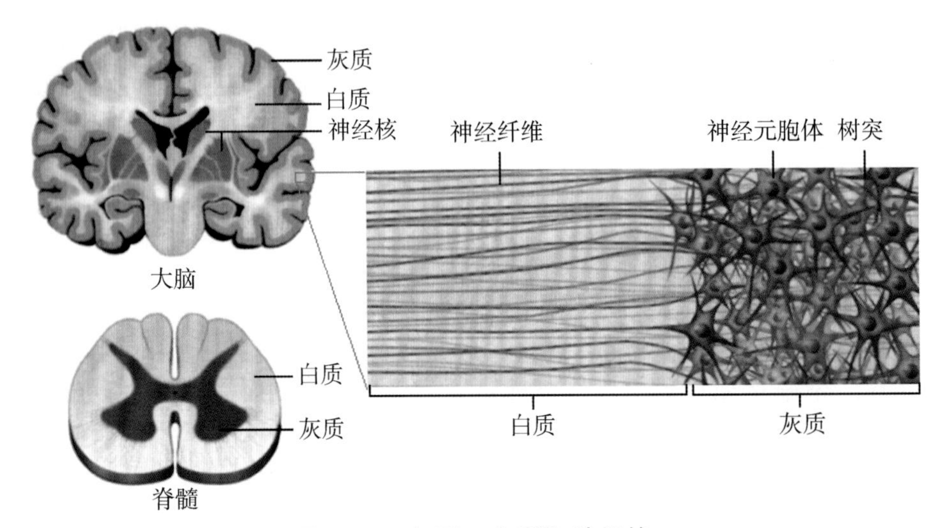

图 11-3　灰质、白质和神经核

1. 灰质和皮质　在中枢神经系统中，神经元的胞体和树突聚集的部位，在新鲜标本上色泽灰暗，故称为**灰质**。配布于大脑和小脑表面的灰质称为**皮质**。

2. 白质和髓质　在中枢神经系统中，神经纤维聚集的部位，在新鲜标本上因神经纤维髓鞘色泽白亮而称为**白质**。位于大脑和小脑皮质深部的白质称为**髓质**。

3. 神经核和神经节　在中枢神经系统中（皮质除外），形态和功能相似的神经元胞体聚集形成的灰质团或柱，称为**神经核**。在周围神经系统中，神经元胞体聚集处称为**神经节**，如脊神经节等。

4. 纤维束和神经　在中枢神经系统中，起止、行径和功能基本相同的神经纤维集合在一起，称为**纤维束**。神经纤维在周围神经系统中聚集为粗细不等的**神经**。

5. 网状结构　在中枢神经系统的某些部位，神经纤维交织成网，神经元的胞体散在其中，形成灰质与白质混杂排列的结构，称为**网状结构**，如脑干网状结构。

考点 神经系统的区分和常用术语

第 2 节　中枢神经系统

案例 11-1

患者，男性，9 岁。因发热、头痛，伴喷射状呕吐而急诊入院。既往有结核病接触史。体格检查：神志模糊，时有惊厥，颈部强直，腱反射亢进。经腰椎穿刺被确诊为结核性脑膜炎。

问题：1. 腰椎穿刺时，通常选择在何处进行？确定穿刺部位的重要骨性标志是什么？

2. 穿刺针需穿经哪些结构才能到达蛛网膜下隙？

一、脊　髓

（一）脊髓的位置和外形

1. 脊髓的位置　**脊髓**位于椎管内，上端在平枕骨大孔处与延髓相连，下端在成人平第 1 腰椎体下缘，新生儿可达第 3 腰椎体下缘。

2. 脊髓的外形　脊髓是呈前后略扁的圆柱状结构，长 42 ～ 45cm。全长粗细不等，有两个梭形膨大部（图 11-4），上方的**颈膨大**相当于第 4 颈髓节段至第 1 胸髓节段，是臂丛发出处，连有分布到上肢的神经；下方的**腰骶膨大**相当于第 1 腰髓节段至第 3 骶髓节段，是腰骶丛发出处，连有分布到下肢的神经。脊髓的末端变细呈圆锥状，称为**脊髓圆锥**。自脊髓圆锥末端向下延续为一条细长的由软脊膜形成的**终丝**，止于尾骨的背面，起固定脊髓的作用。

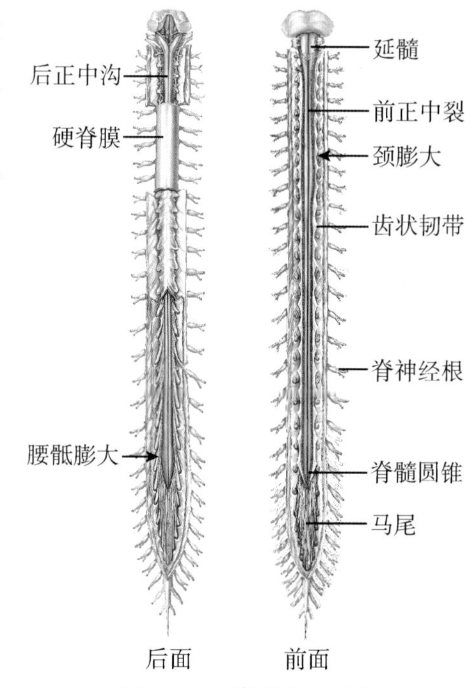

图 11-4　脊髓的外形

脊髓的表面有 6 条平行排列的纵沟（图 11-5），前面正中的沟较深，称为**前正中裂**，其两侧有左右对称的**前外侧沟**，有脊神经前根穿出；后面正中的沟较浅，称为**后正中沟**，其两侧有左右对称的**后外侧沟**，有脊神经后根进入脊髓。

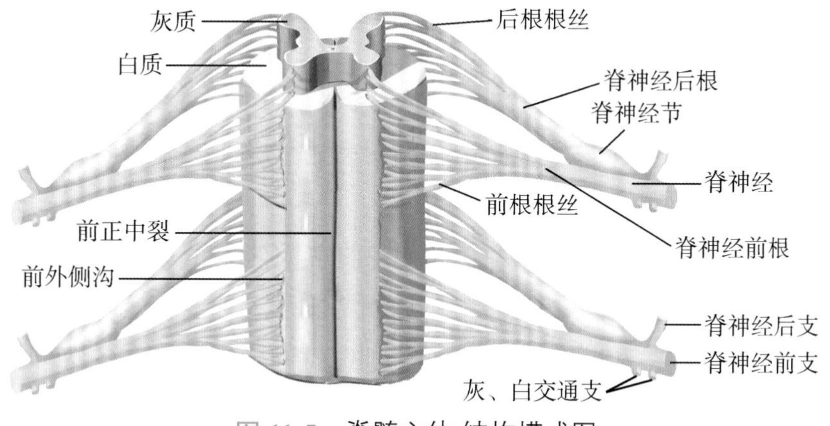

图 11-5　脊髓立体 结构模式图

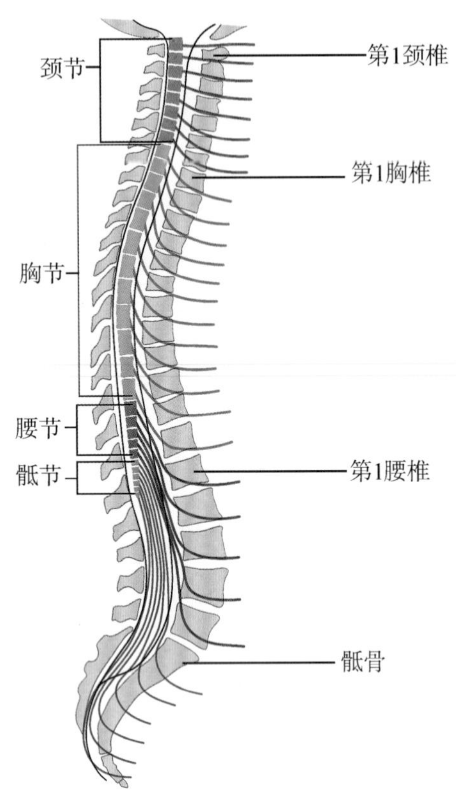

图 11-6 脊髓节段与椎骨的对应关系

脊髓的两侧连有 31 对脊神经，通常把每一对脊神经前、后根所连的一段脊髓称为一个**脊髓节段**，故脊髓相应地划分为 31 个节段，即 8 个颈节、12 个胸节、5 个腰节、5 个骶节和 1 个尾节（图 11-6）。因成人脊髓比脊柱短，脊髓各节段与同序数的椎骨不完全对应。腰、骶、尾部的脊神经根在到达相应的椎间孔之前要在椎管内下行一段距离，在脊髓圆锥以下围绕终丝形成**马尾**。由于成人第 1 腰椎以下已无脊髓而只有马尾，故临床上常选择在第 3、4 或第 4、5 腰椎棘突之间进行腰椎穿刺获取脑脊液或注入麻醉药，以避免损伤脊髓。

（二）脊髓的内部结构

脊髓由灰质和白质两部分构成（图 11-7）。在脊髓的横切面上，可见中央有一细小的中央管，围绕中央管周围的是颜色发暗的 H 形灰质，灰质外围是颜色浅淡的白质。

1. 灰质　纵贯脊髓全长而形成灰质柱。每侧灰质的前部扩大为**前角**，含有成群排列的前角运动神经元，其轴突自前外侧沟浅出，参与脊神经前根的构成，随脊神经支配躯干肌和四肢肌。灰质的后部较狭细，称为**后角**，主要由与感觉传导有关的联络神经元组成，接受脊神经后根传入的躯体和内脏感觉纤维。在脊髓胸 1 至腰 3 节段的灰质前、后角之间还有向外侧突出的**侧角**，是交感神经的低级中枢，为交感神经节前神经元胞体所在部位。在脊髓骶 2 ～ 4 节段，相当于侧角的部位有**骶副交感核**，是副交感神经在脊髓的低级中枢，为支配盆腔脏器的副交感神经节前神经元胞体所在部位。

考点 脊髓的位置和外形

2. 白质　位于灰质的周围。每侧白质借脊髓表面的纵沟分为 3 个索，前正中裂与前外侧沟之间为前索，前、后外侧沟之间为外侧索，后外侧沟与后正中沟之间为后索。每个索都由密集的纵行纤维束构成，包括联络脑与脊髓的长距离上、下行纤维束以及联络脊髓内部各节段间的短距离固有束（图 11-8）。

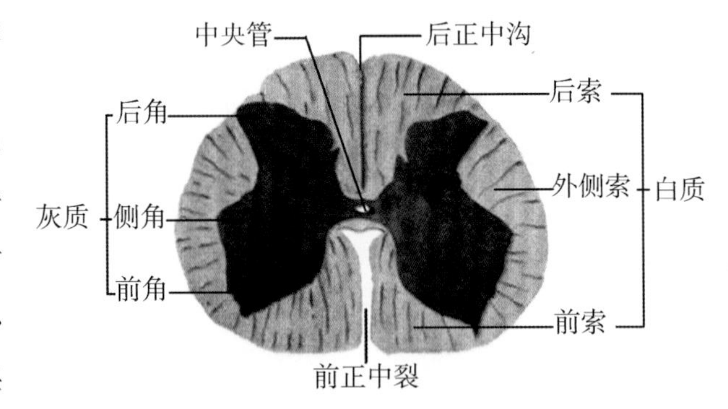

图 11-7 脊髓横切面

（1）上行（感觉）纤维束

1）薄束和楔束：位于后索，由同侧脊神经节内假单极神经元的中枢突组成。薄束在内侧，楔束在外侧，分别传导同侧下半身和上半身（头面部除外）的本体感觉（肌、肌腱、关节等的位置觉、运动觉和震动觉）和精细触觉（如辨别两点间距离和物体的纹理粗细等）。薄束和楔束上行至延髓，分别终止于薄束核和楔束核。

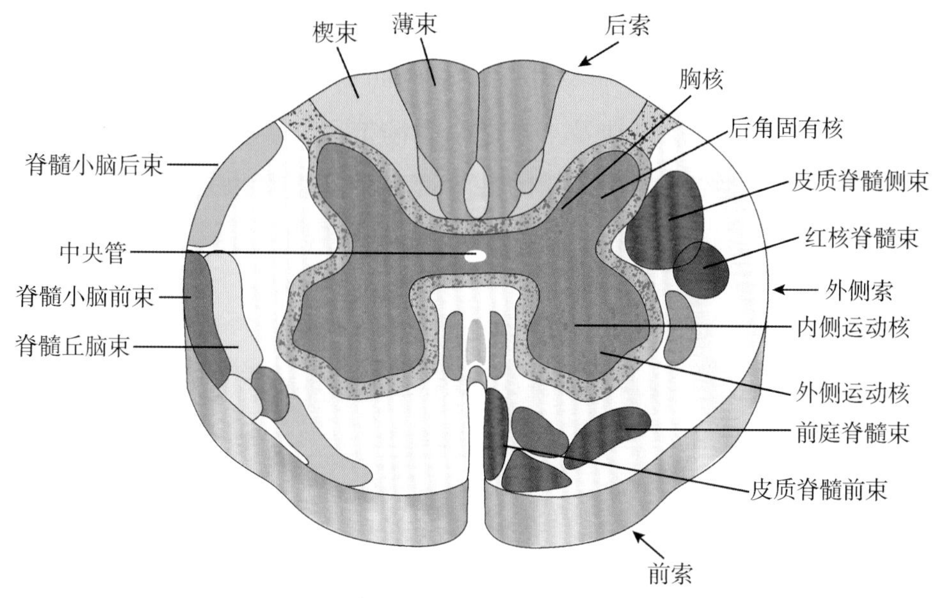

图 11-8 脊髓白质各传导束分布示意图

2）脊髓丘脑束：包括位于外侧索的**脊髓丘脑侧束**和前索的**脊髓丘脑前束**，它们是由脊髓后角神经元的轴突交叉至对侧形成的上行纤维束。脊髓丘脑束传导对侧躯干和上、下肢的痛觉、温度觉和粗触觉。

（2）下行（运动）纤维束

1）皮质脊髓束：起始于大脑皮质运动区，下行至延髓下部时，大部分纤维在延髓经**锥体交叉**交叉至对侧（图 11-9），在脊髓外侧索中下行，形成皮质脊髓侧束，终止于同侧脊髓前角运动神经元。少数未交叉的纤维则在同侧脊髓前索中下行，形成皮质脊髓前束，终止于双侧脊髓前角运动神经元。

2）红核脊髓束：起始于中脑红核，终止于脊髓前角运动神经元，调节屈肌的肌张力。

（三）脊髓的功能

1. 传导功能　脊髓内的上、下行纤维束具有“上传下达”的作用，是实现其传导功能的物质基础。因此，脊髓白质是脑与躯干、四肢的感受器和效应器发生联系的重要枢纽。

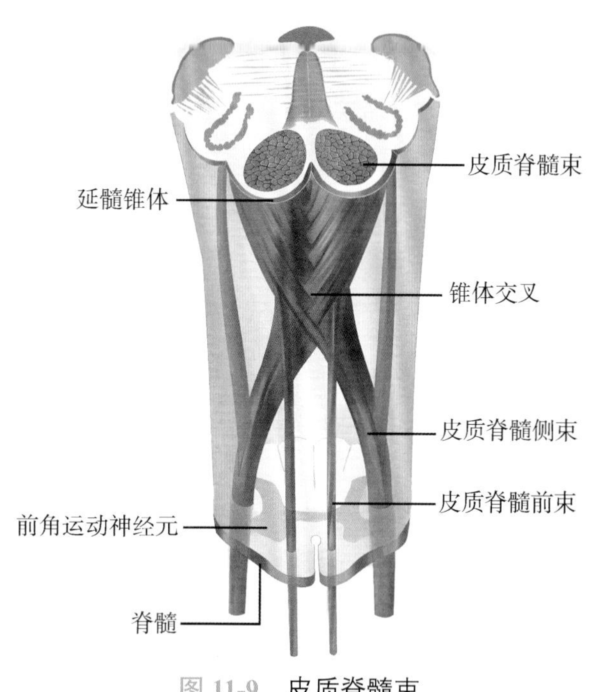

图 11-9 皮质脊髓束

2. 反射功能　脊髓灰质是许多简单反射的低级中枢。脊髓通过固有束和前、后根可以完成一些脊髓固有的躯体反射和内脏反射。

（1）躯体反射：是指通过骨骼肌的收缩而表现出来的反射活动，如牵张反射等。**牵张反射**是指骨骼肌受外力牵拉时，能反射性地引起受牵拉肌肉的收缩。它是维持机体姿势及完成躯体运动的基础。牵张反射分为腱反射和肌紧张两种类型。

1）腱反射：是指快速牵拉肌腱时发生的牵张反射，表现为被牵拉肌肉快速而明显地缩短。如快速叩击膝部髌骨下方的髌韧带，引起股四头肌反射性收缩的膝反射等。腱反射是单突触反射，其反射中枢常只涉及 1 ～ 2 个脊髓节段，反射范围只局限于受牵拉的肌肉。腱反射减弱或消失，常提示反射弧的某个部分损伤，腱反射亢进常提示控制脊髓的高位中枢有病变。因此，临床上常通过检查腱反射来了解神经系统的功能状态或病变部位（表 11-1）。

表 11-1　临床上常检查的腱反射

反射名称	检查方法	传入神经	中枢部位	传出神经	效应器	反射效应
膝反射	叩击髌韧带	股神经	脊髓腰 2 ～ 4 前角	股神经	股四头肌	膝关节伸直
跟腱反射	叩击跟腱	胫神经	脊髓腰 4 ～骶 3 前角	胫神经	腓肠肌	踝关节跖屈
肱二头肌反射	叩击肱二头肌腱	肌皮神经	脊髓颈 5 ～ 7 前角	肌皮神经	肱二头肌	肘关节屈曲
肱三头肌反射	叩击肱三头肌腱	桡神经	脊髓颈 5 ～胸 1 前角	桡神经	肱三头肌	肘关节伸直

2）肌紧张：是指缓慢而持续牵拉肌腱时发生的牵张反射，表现为被牵拉的肌肉持续而轻度地收缩。肌紧张是维持躯体姿势最基本的反射活动，是姿势反射的基础。肌紧张反射弧的任何部分受到破坏，肌紧张将减弱或消失，表现为肌肉松弛，人体无法维持正常姿势。

（2）内脏反射：脊髓是某些内脏反射活动如血管张力反射、排便反射、排尿反射、发汗反射和阴茎勃起反射等的初级中枢。脊髓的反射活动受高位中枢的控制，高位中枢可加强或抑制脊髓的反射活动。

3. 脊髓休克　是指脊髓在与高位中枢离断后，横断面以下的脊髓暂时丧失反射活动的能力而进入无反应状态的现象，简称**脊休克**。脊休克主要表现为横断面以下脊髓所支配的躯体和内脏反射均减退或消失，如骨骼肌紧张减弱或消失、外周血管扩张、血压下降、发汗反射消失、粪尿积聚潴留。经过一段时间脊休克可逐渐恢复。

脊休克的产生主要是由脊髓突然失去了高位中枢的控制作用所致。脊休克的产生和恢复，说明脊髓完成的一些反射活动是在高位中枢的调控下进行的。

考点 牵张反射和脊髓休克的概念

二、脑

脑位于颅腔内，成人脑的平均重量约 1400g，脑分为端脑、间脑、中脑、脑桥、延髓和小脑 6 部分。通常把延髓、脑桥和中脑合称为脑干（图 11-10）。

（一）脑干

1. 脑干的位置　**脑干**位于颅后窝的前部，介于脊髓与间脑之间，自下而上由延髓、脑桥和中脑 3 部分组成（图 11-10），脑干表面依次与第Ⅲ～Ⅻ对脑神经根相连。

2. 脑干的外形

（1）腹侧面（图 11-11）：**延髓**形似倒置的圆锥体，是脊髓向上的直接延续，脊髓中所有的沟裂均延伸至延髓。其下端在枕骨大孔处与脊髓相连，上端与脑桥之间以横行的**延髓脑桥沟**为界。前正中裂两侧的纵行隆起，称为**锥体**，内有皮质脊髓束通过。皮质脊髓束的大部分纤维在锥体下部左右交叉，形成外观上可见的发辫状锥体交叉。在前外侧沟内有舌下神经根出脑。在锥体背侧的后外侧沟内，自上而下依次连有舌咽神经、迷走神经和副神经的根丝。

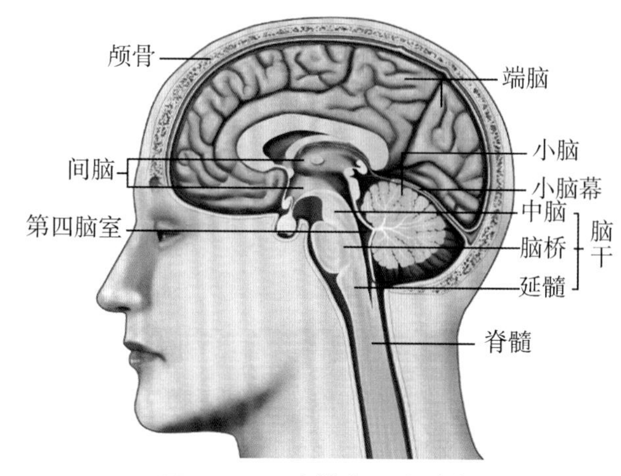

图 11-10　脑的位置和分部

脑桥位于脑干的中部，其腹侧面宽阔膨隆的部分为脑桥基底部。基底部正中的纵行浅沟为容纳基底动脉的**基底沟**。基底部向后外逐渐变窄，在移行处连有粗大的三叉神经根。在脑桥下缘的延髓脑桥沟内，由内侧向外侧依次有展神经、面神经和前庭蜗神经根附着。

中脑腹侧面有一对粗大的柱状隆起，称为**大脑脚**。两侧大脑脚之间的凹陷为**脚间窝**，内有动眼神经根出脑。

（2）背侧面（图 11-12）：延髓下部后正中沟两侧的两对纵行隆起分别称为**薄束结节**和**楔束结节**，其深面藏有**薄束核**和**楔束核**。延髓背侧面上部与脑桥共同构成**菱形窝**，即第四脑室的底。菱形窝中部的横行**髓纹**作为延髓与脑桥在背侧面的分界线。中脑背侧面有两对圆形的隆起，上方的一对为**上丘**，是**视觉反射中枢**；下方的一对为**下丘**，是**听觉反射中枢**。下丘下方连有唯一从脑干背侧面出脑的滑车神经根。

考点　脑干的组成及其相连的脑神经名称

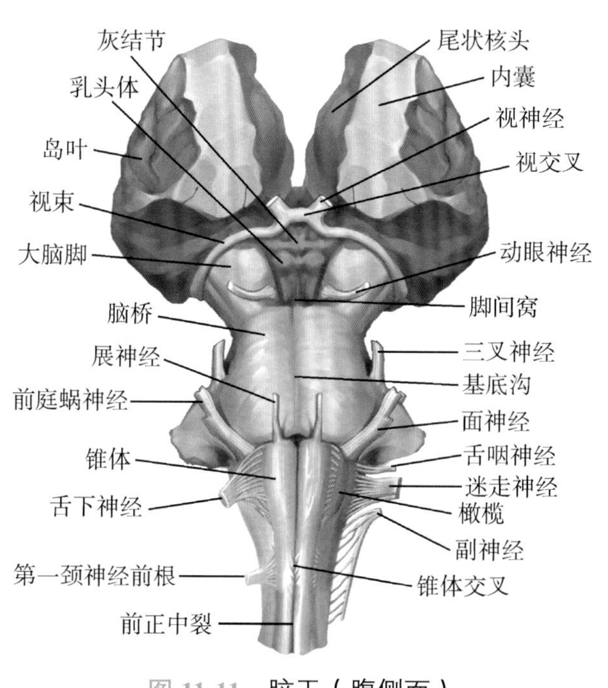

图 11-11　脑干（腹侧面）

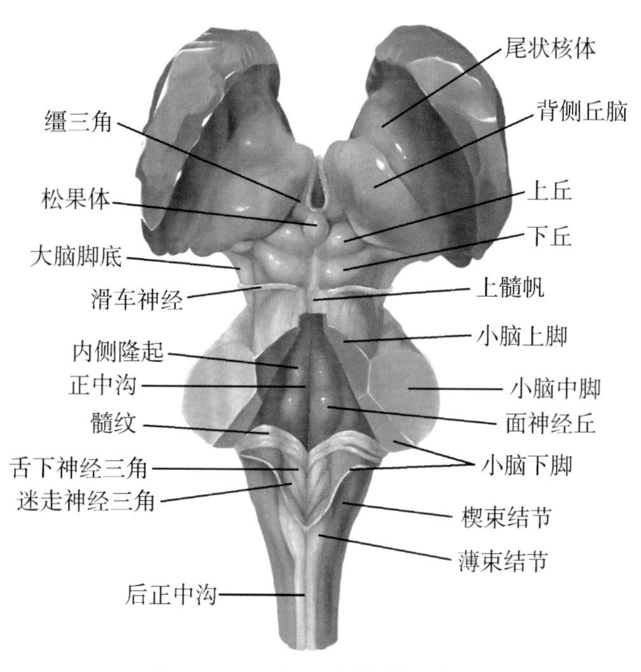

图 11-12　脑干（背侧面）

3. 脑干的内部结构　远比脊髓复杂，由灰质、白质和网状结构 3 部分构成。

（1）灰质：脑干的灰质不再像脊髓灰质那样是一个连续的、纵贯脊髓全长的灰质柱，而是分散形成大小不等、性质不同的独立神经核团，分为脑神经核和非脑神经核两大类。

1）脑神经核：是指脑干内直接与第Ⅲ～Ⅻ对脑神经相连的神经核，是脑神经的起始或终止核团，可分为躯体运动核、内脏运动核、躯体感觉核和内脏感觉核 4 种。脑神经核的名称多与相连的脑神经相一致。脑神经核在脑干内的位置，大致与脑神经的连脑部位相对应（图 11-13）。即中脑内含有与动眼神经和滑车神经有关的神经核，脑桥内含有与三叉神经、展神经、面神经和前庭蜗神经有关的神经核，延髓内含有与舌咽神经、迷走神经、副神经和舌下神经有关的神经核。

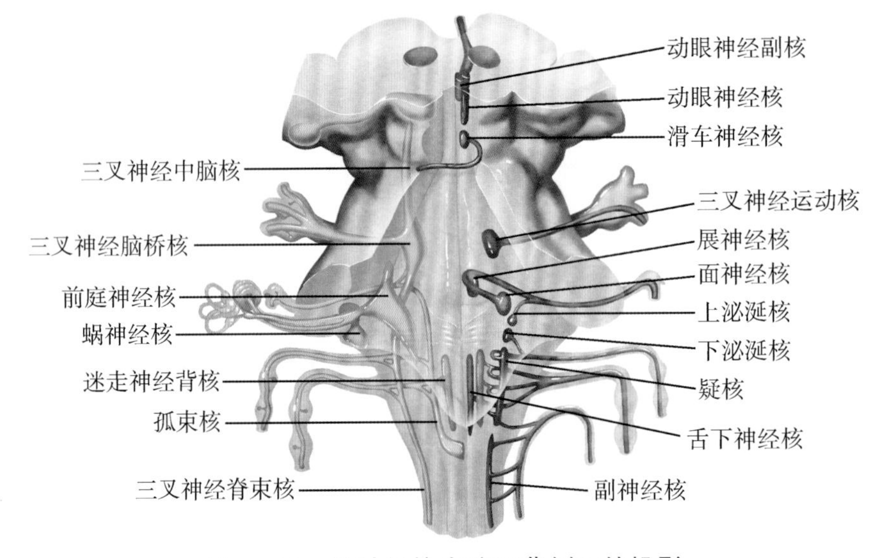

图 11-13　脑神经核在脑干背侧面的投影

2）非脑神经核：是脑干内不直接与脑神经相连的神经核团，为上、下行传导通路的中继核和脑干网状结构中的网状核，与脑或脊髓之间存在着广泛的联系，如位于延髓内的薄束核和楔束核（图 11-14），中脑内的**红核**和**黑质**等（图 11-15）。

（2）白质：主要由上行与下行纤维束组成，大多是脊髓上、下行纤维束的续行段。

1）内侧丘系：由薄束核和楔束核发出的纤维，在延髓中央管腹侧经内侧丘系交叉后形成的上行纤维束组成，终止于丘脑腹后外侧核，传导对侧躯干及上、下肢的本体感觉和精细触觉。

2）脊髓丘系：是脊髓丘脑束的续行，终止于丘脑腹后外侧核，传导对侧躯干及上、下肢的痛觉、温度觉和粗触觉。

3）三叉丘脑束：终止于丘脑腹后内侧核，传导对侧头面部的痛觉、温度觉和触压觉。

4）锥体束：由大脑皮质运动区发出的控制骨骼肌随意运动的下行纤维组成，其中一部分纤维在下行过程中，陆续终止于脑干内的各脑神经躯体运动核，称为皮质核束；另一部分纤维下行至脊髓，止于脊髓前角运动神经元，称为皮质脊髓束。

考点　内侧丘系、脊髓丘系的纤维来源、分布及功能

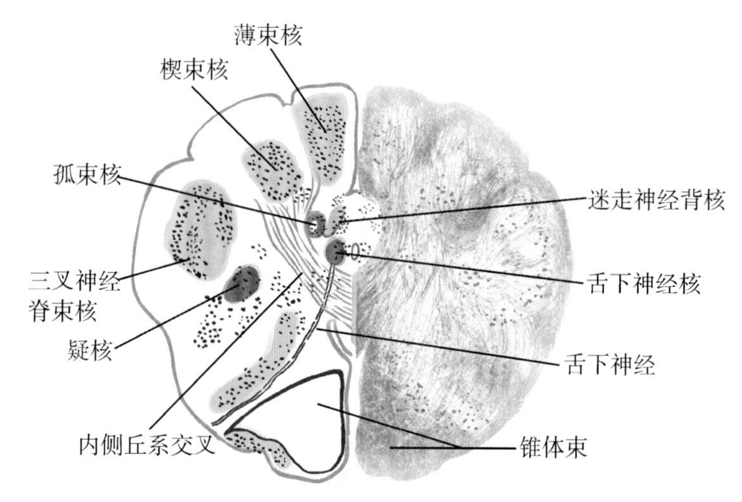

图 11-14 经延髓内侧丘系交叉横切面

（3）网状结构：在脑干内，除了边界清楚的脑神经核和非脑神经核以及长距离的纤维束外，还有一些界限不清、纤维交错排列、神经元散在分布的区域，称为网状结构。脑干网状结构与各级中枢均有广泛联系，是非特异投射系统的结构基础。

4. 脑干的功能

（1）传导功能：联系大脑、间脑、小脑与脊髓之间的上、下行纤维束，均必须经过脑干，故脑干具有传导功能。

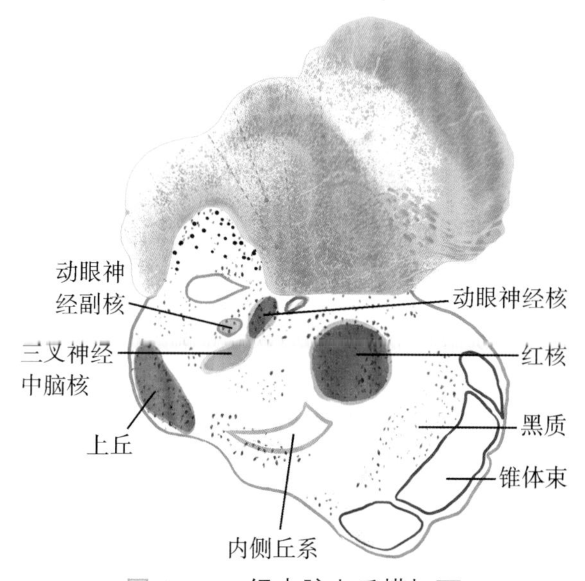

图 11-15 经中脑上丘横切面

（2）对大脑皮质的作用：脑干网状结构存在具有上行唤醒作用的非特异投射系统，能使大脑皮质维持觉醒状态，因而将这一系统称为脑干网状结构上行激动系统。动物实验和临床发现，切断或者损伤此系统，将导致昏睡不醒。例如，苯巴比妥的催眠作用、乙醚的麻醉作用就是阻断了上行激动系统的结果。

链接

觉醒与睡眠

觉醒与睡眠是人类维持生命必不可少的生理过程，两者昼夜交替。人只有在觉醒时才能进行各种体力劳动和脑力活动，睡眠则能使人的精力和体力得到恢复，还能促进生长发育、提高学习能力。因此，充足的睡眠对促进人体身心健康，保证人精力充沛地从事各种活动至关重要。

（3）对肌紧张的调节：脑干网状结构中存在抑制肌紧张的抑制区和加强肌紧张的易化区。它们分别通过下行神经传导通路到达脊髓，对肌紧张起抑制或加强的作用。某些高位中枢也可通过脑干网状结构抑制区或易化区，引起抑制或加强肌紧张的作用。

图 11-16 去大脑僵直

在高位中枢的调控下，脑干网状结构抑制区和易化区的活动相对保持平衡，易化区的活动明显占优势，从而维持正常的肌紧张。若这种平衡被打破，则会出现肌紧张减弱或增强。在动物中脑的上、下丘之间切断脑干，动物出现四肢伸直、头尾昂起，脊柱挺硬的角弓反张状态，称为**去大脑僵直**（图 11-16）。它的发生是因为切断了大脑皮质运动区、纹状体等高位中枢与脑干网状结构抑制区的功能联系，造成抑制区活动减弱而易化区活动相对增强，结果使全身伸肌紧张、亢进，从而出现去大脑僵直的现象。如人类在脑干损伤时，也会出现类似去大脑僵直的现象。

（4）对内脏活动的调节：脑干中有许多重要的内脏活动中枢。延髓内有调节心血管反射和呼吸运动的重要中枢，这些部位严重受损会导致死亡，故延髓有生命中枢之称。此外，脑桥有呼吸调整中枢和角膜反射中枢，中脑有瞳孔对光反射中枢。

（二）小脑

1. 小脑的位置和外形　**小脑**位于颅后窝内，在延髓和脑桥的背侧。小脑中间缩窄的部分为**小脑蚓**，两侧膨大的部分为**小脑半球**（图 11-17）。小脑半球下面前内侧部靠近枕骨大孔处有一对椭圆形膨隆，称为**小脑扁桃体**，其前方邻近延髓，下方是枕骨大孔。当颅脑外伤或颅内肿瘤等导致颅内压升高时，小脑扁桃体被挤压而嵌入枕骨大孔，形成小脑扁桃体疝或枕骨大孔疝，压迫延髓内的生命中枢而危及生命。

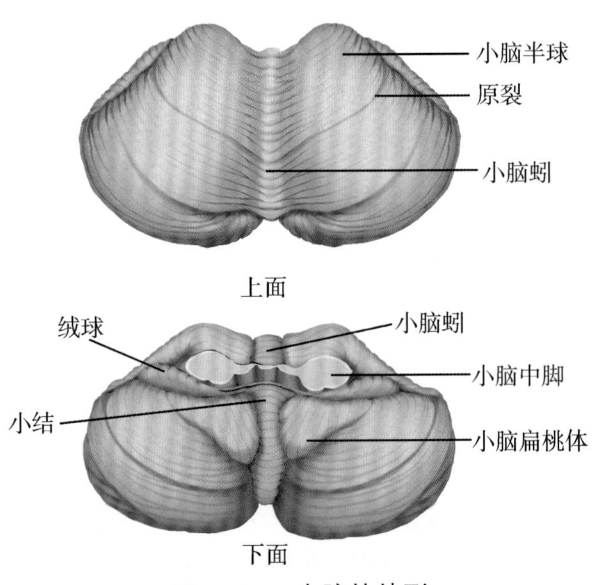

图 11-17 小脑的外形

2. 小脑的内部结构　分布在小脑表面的灰质，称为**小脑皮质**（图 11-18）。位于小脑深面的白质，称为**小脑髓质**。埋藏在髓质内的灰质团块，称为**小脑核**，由内侧向外侧依次为顶核、球状核、栓状核和齿状核。

3. 小脑对躯体运动的调节　小脑是调节躯体运动的重要中枢，根据小脑的传入、传出纤维联系，可将小脑划分成前庭小脑、脊髓小脑和皮质小脑 3 个主要功能部分（图 11-19），与各级中枢有着广泛而密切的联系，它们在躯体运动的调节过程中分别发挥着维持身体平衡、调节肌紧张和协调随意运动及运动设计等不同的作用。酒精中毒时首先危害小脑，影响身体平衡功能。

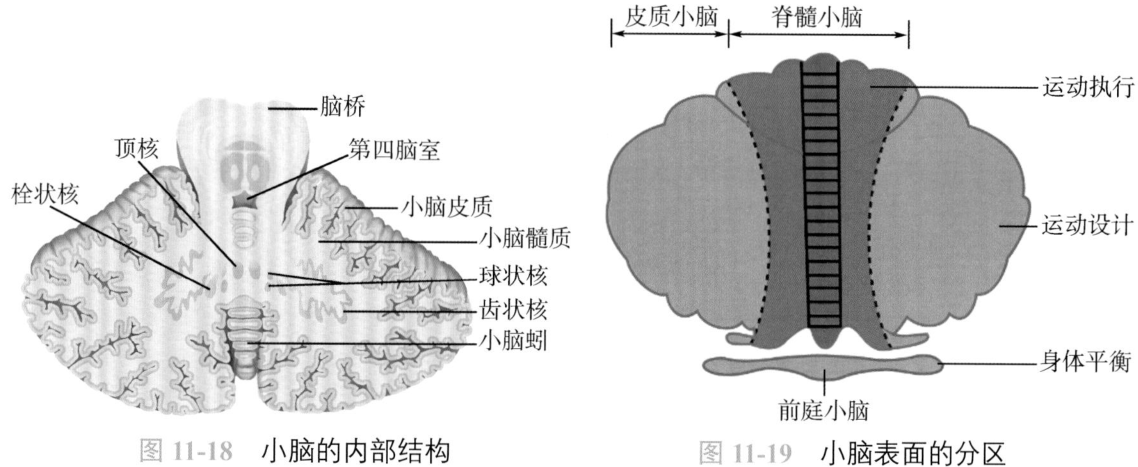

图 11-18　小脑的内部结构

图 11-19　小脑表面的分区

4. 第四脑室　是位于延髓、脑桥和小脑之间的室腔，底即菱形窝，顶朝向小脑。第四脑室向上通中脑水管，向下通脊髓中央管，并借第四脑室正中孔和外侧孔与蛛网膜下隙相交通（图 11-20）。

考点　小脑的位置；小脑扁桃体的位置及临床意义

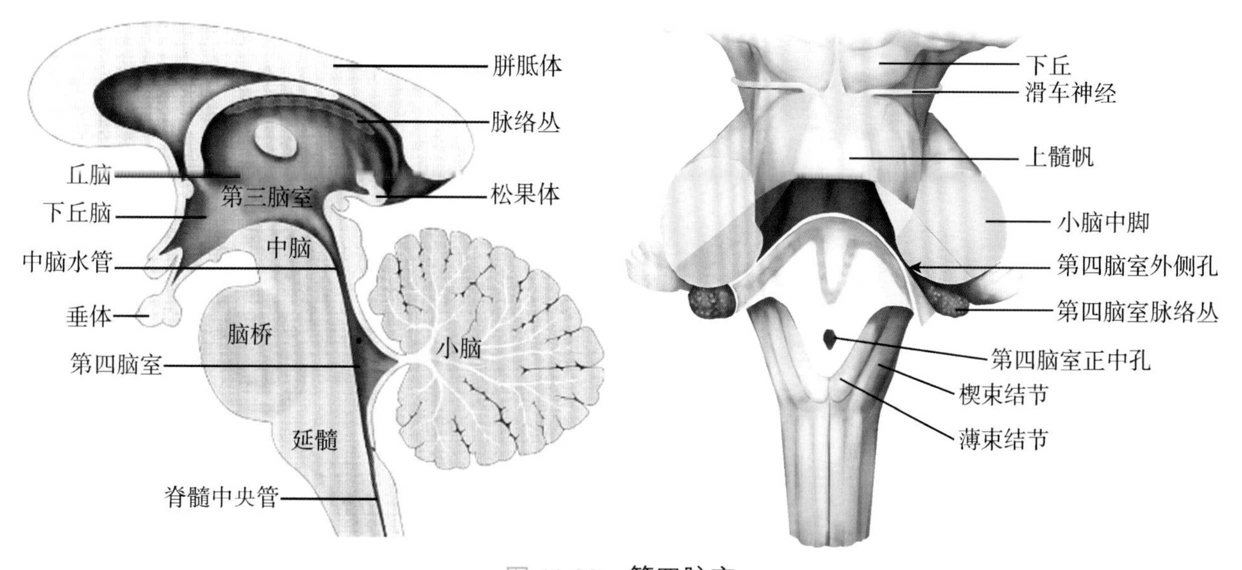

图 11-20　第四脑室

（三）间脑

间脑位于中脑与端脑之间（图 11-21），大部分被大脑半球掩盖，仅有前下部一小部分露于脑底。间脑可分为背侧丘脑（即丘脑）、上丘脑、下丘脑、后丘脑和底丘脑 5 部分。

1. 丘脑

（1）丘脑的位置和形态：**丘脑**是位居间脑背侧份的一对卵圆形灰质团块，被 Y 形白质内髓板分隔为前核群、内侧核群和外侧核群 3 个核群。外侧核群腹侧部的后部称为腹后核，此核再进一步分为**腹后内侧核**和**腹后外侧核**（图 11-22），前者接受三叉丘系和味觉纤维，后者接受内侧丘系和脊髓丘系的纤维。腹后内、外侧核发出的纤维参与组成丘脑中央辐射，经内囊后肢投射到大脑皮质的躯体感觉中枢。因此，丘脑是除嗅觉以外的各种感觉传导通路的最后中继站。

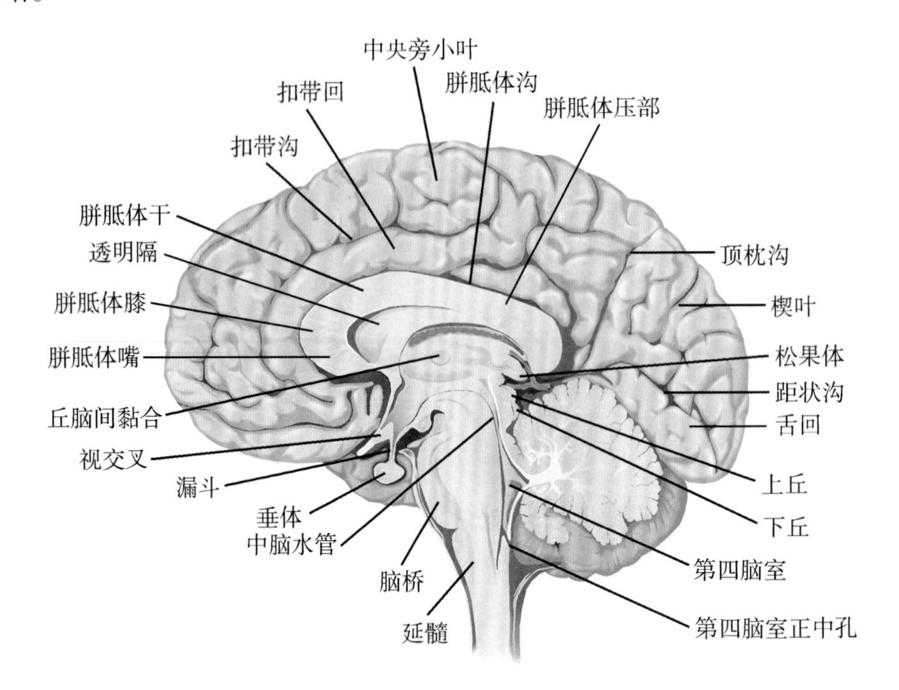

图 11-21 脑的正中矢状切面

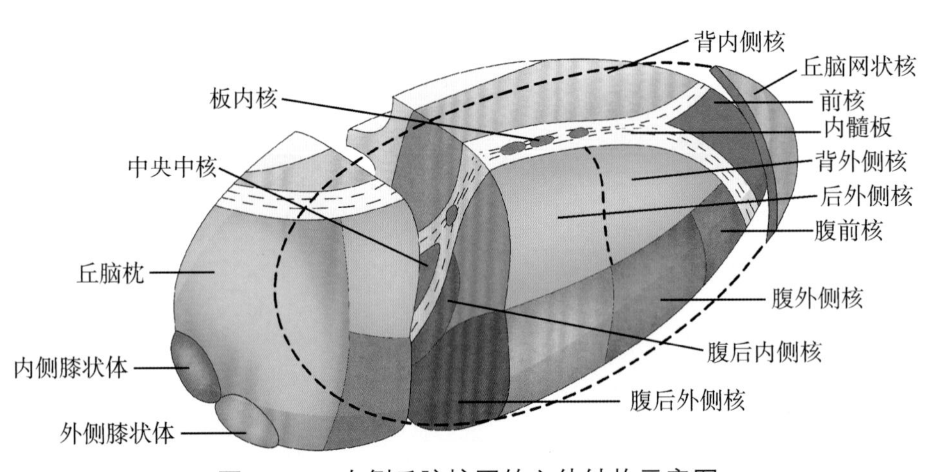

图 11-22 右侧丘脑核团的立体结构示意图

（2）感觉投射系统：丘脑是除嗅觉以外的各种感觉传导通路的最后中继站，根据丘脑各部分向大脑皮质投射特征的不同，将感觉投射系统（图 11-23）分为特异投射系统和非特异投射系统。

1）特异投射系统：除嗅觉以外的各种感觉冲动经脊髓、脑干上行到丘脑特异感觉接替核（包括丘脑腹后内侧核、丘脑腹后外侧核、内侧膝状体和外侧膝状体），换元后发出特异投射纤维，投射至大脑皮质的特定区域（即相应的感觉中枢），这一投射系统称为特异投射系统。其特点是每一种感觉的传导路径都是专一的，外周感受区域与大脑皮质感觉中枢之间具有点对点的投射关系。其主要功能是引起特定的感觉（如痛觉、温度觉、触压觉、视觉和听觉等），并激发大脑皮质发出神经冲动。

2）非特异投射系统：各种特异投射系统的传入纤维经过脑干时，发出侧支与脑干网状结构的神经元发生突触联系，经多次换元后抵达丘脑，在丘脑非特异投射核（髓板内核群）

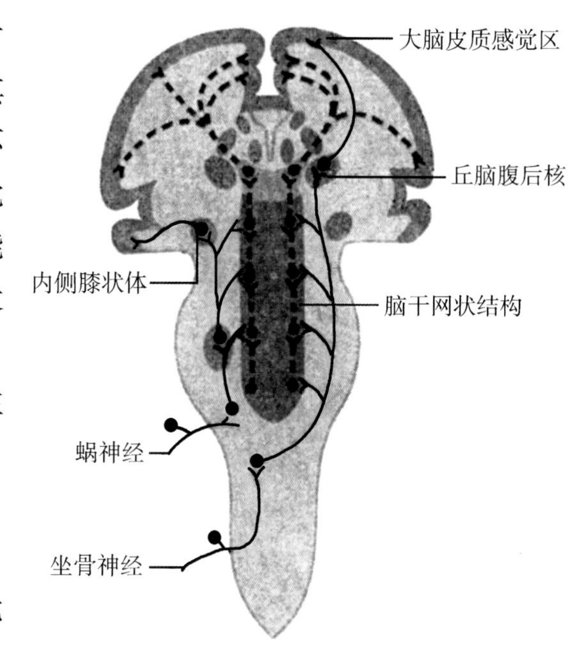

图 11-23 感觉投射系统示意图
实线代表特异投射系统；虚线代表非特异投射系统

换元后再发出纤维，弥散性投射到大脑皮质的广泛区域，这一投射系统称为非特异投射系统。其特点是外周感受区域与大脑皮质感觉中枢之间不具备点对点的投射关系，失去了原有的专一感觉传导功能，是各种感觉共同上传的途径，故不能引起各种特定感觉。其主要功能是维持和改变大脑皮质的兴奋状态，使大脑皮质维持觉醒状态。前面介绍的脑干网状结构上行激动系统的作用主要是通过非特异投射系统来完成的。

考点 特异投射系统与非特异投射系统的区别

2. 后丘脑　是位于丘脑后下方的一对隆起，分别称为**内侧膝状体**和**外侧膝状体**，前者与听觉冲动传导有关，后者与视觉冲动传导有关。

3. 下丘脑　位于丘脑的前下方，包括**视交叉**、**灰结节**和**乳头体**，以及灰结节下方所连的**漏斗**和**垂体**（图 11-24）。下丘脑内有许多神经核团，重要的有**视上核**和**室旁核**，两者分泌的抗利尿激素和缩宫素经下丘脑 - 神经垂体束输送到神经垂体储存，并在需要时释放入血液。

下丘脑是较高级的内脏活动调节中枢，它与大脑皮质的边缘系统、脑干网状结构及垂体之间保持密切的联系，广泛调节内脏活动。如参与调节体温、摄食、水平衡、内分泌、情绪反应和生物节律等生理过程。

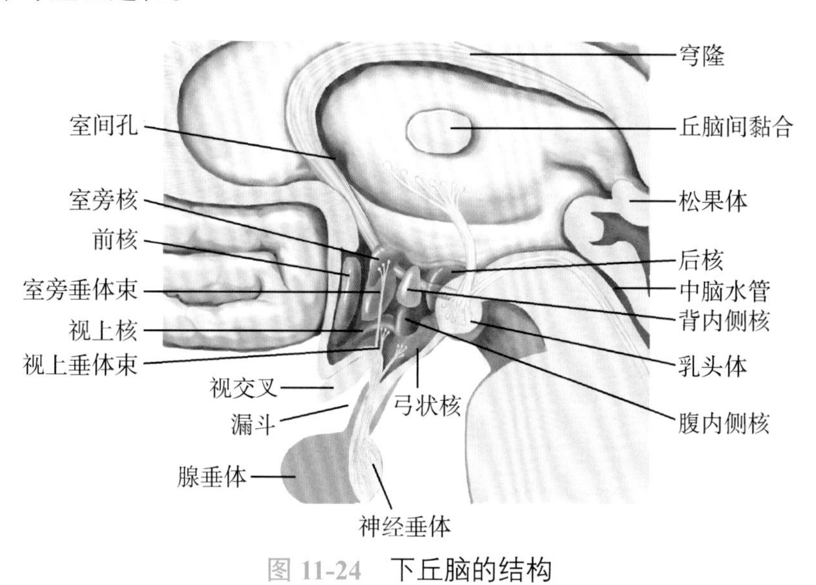

图 11-24 下丘脑的结构

4. 第三脑室　是位于两侧丘脑和下丘脑之间的矢状位狭窄间隙。前方借左、右室间孔与两侧大脑半球内的侧脑室相通，后方借中脑水管通向第四脑室。

考点 丘脑腹后内侧核和腹后外侧核的纤维联系；下丘脑的组成

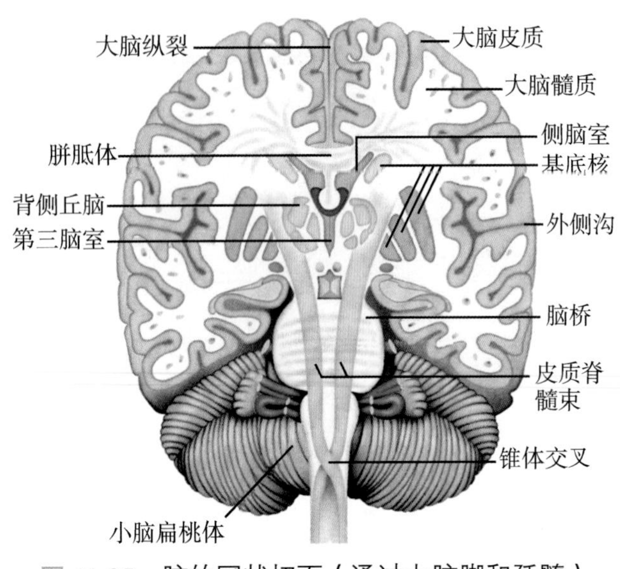

图 11-25 脑的冠状切面（通过大脑脚和延髓）

（四）端脑

端脑是脑的最高级部位，被**大脑纵裂**分为左、右两个大脑半球（图 11-25），纵裂底部是连接左、右大脑半球的胼胝体。端脑与小脑之间以**大脑横裂**分隔。

1. 端脑的外形和分叶 每侧大脑半球可分为 3 个面，即宽广隆凸的上外侧面、两半球相对的内侧面和凹凸不平的下面。

（1）大脑半球的分叶（图 11-26）：大脑半球的表面凹凸不平，凹陷处称为**大脑沟**，沟与沟之间隆起的部分称为**大脑回**。在每侧大脑半球有 3 条深而恒定的沟：**外侧沟**起自半球的下面，转至上外侧面而行向后上方；**中央沟**起自半球上缘中点的稍后方，斜向前下方，几乎到达外侧沟；**顶枕沟**位于半球内侧面的后部，从前下方斜向后上方并转延至上外侧面。借上述 3 条沟将每侧大脑半球分为 5 个叶：①**额叶**，是中央沟以前、外侧沟以上的部分，与躯体运动、语言及高级思维活动有关；②**顶叶**，是顶枕沟与中央沟之间、外侧沟以上的部分，与躯体感觉、味觉及语言等有关；③**颞叶**，是外侧沟以下的部分，与听觉、语言和学习记忆功能有关；④**枕叶**，是顶枕沟以后的部分，与视觉信息整合有关；⑤**岛叶**，隐藏于外侧沟深处，呈三角形岛状，被额、顶、颞叶所掩盖的部分，与内脏感觉有关。

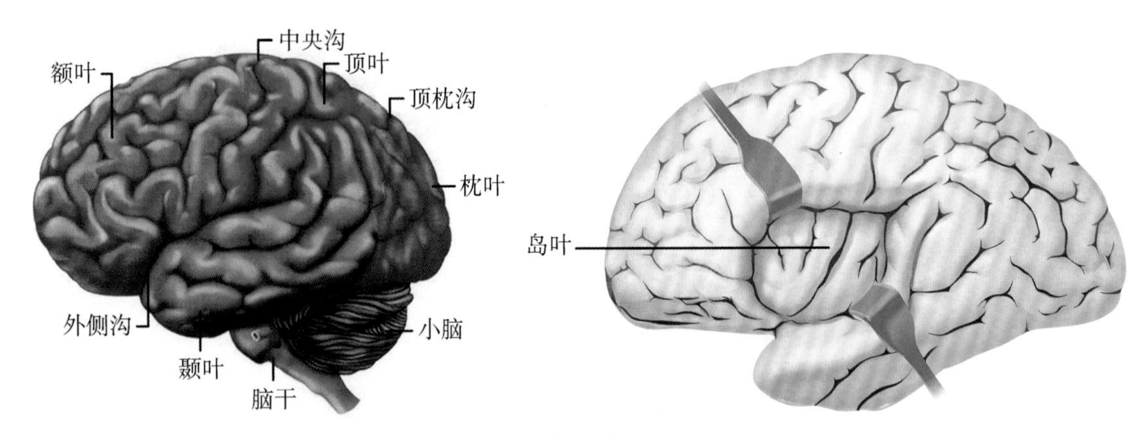

图 11-26 大脑半球的分叶

（2）大脑半球上外侧面的沟和回（图 11-27）：①额叶，在中央沟的前方，有与之平行的**中央前沟**，两沟之间为**中央前回**。在中央前沟的前方，有两条与半球上缘大致平行的**额上沟**和**额下沟**，将中央前沟之前的额叶分为**额上回**、**额中回**和**额下回**。②顶叶，在中央沟的后方，有与之平行的**中央后沟**，两沟之间为**中央后回**。在中央后沟的后方有一条与半球上缘平行的**顶内沟**，将顶叶的其余部分分为顶上小叶和顶下小叶。顶下小叶又分为包绕外侧沟末端的**缘上回**和包绕颞上沟末端的**角回**。③颞叶，在外侧沟的下方，有两条大致与之平行的**颞上**

沟和**颞下沟**，两沟将颞叶分为**颞上回**、**颞中回**和**颞下回**。颞上回转入外侧沟下壁有两三条横行的**颞横回**。

考点 大脑半球的分叶及上外侧面的重要沟回

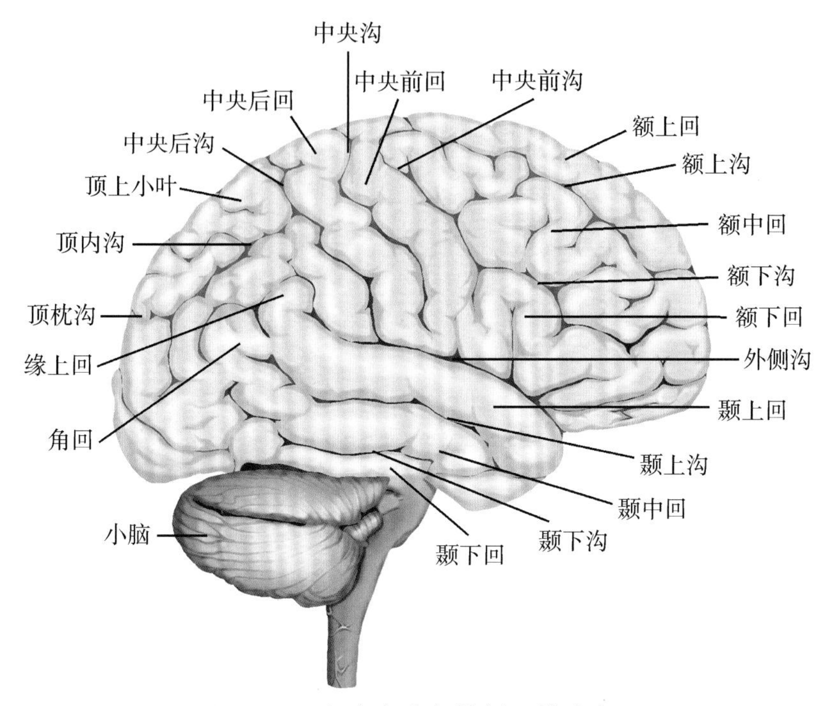

图 11-27 大脑半球上外侧面的沟和回

（3）大脑半球内侧面的沟和回（图 11-28）：在中部有前后方向上略呈弓形的**胼胝体**，其背面有**胼胝体沟**。在胼胝体沟的上方有与之平行的**扣带沟**，两沟之间为**扣带回**。在扣带回中部的上方，由中央前、后回延伸至大脑半球内侧面的部分称为**中央旁小叶**。在胼胝体的后方，有与顶枕沟呈 T 形相交的**距状沟**。在距状沟的前方有与海马沟平行的**侧副沟**，**海马沟**与侧副沟之间的部分为**海马旁回**，其前端弯曲称为**钩**。

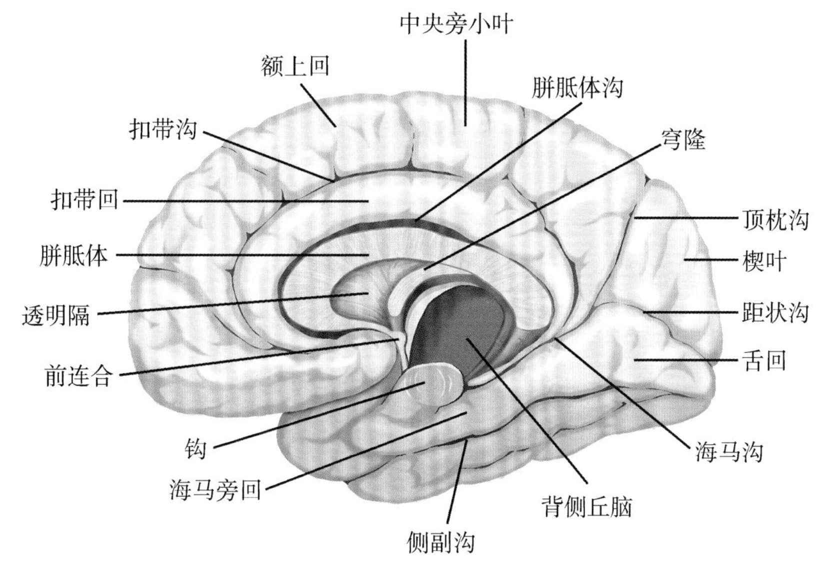

图 11-28 大脑半球内侧面的沟和回

（4）大脑半球下面的沟和回（图 11-29）：额叶下面有纵行的**嗅束**，其前端膨大为**嗅球**，与嗅神经相连。嗅束向后扩大为**嗅三角**。嗅球和嗅束均与嗅觉冲动传导有关。

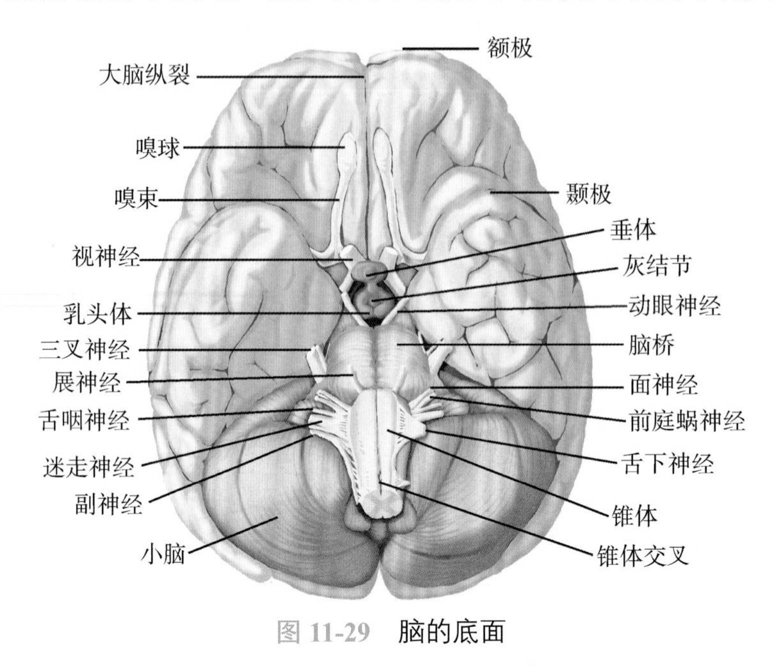

图 11-29 脑的底面

2. 端脑的内部结构　由浅入深分为大脑半球表面的皮质（灰质）、皮质深面的髓质（白质）和髓质内的基底核，大脑半球内部的腔隙为侧脑室。

（1）大脑皮质的功能定位：大脑皮质是神经系统的最高中枢，是高级神经活动的物质基础。人类在长期进化的过程中，大脑皮质的不同部位，逐渐形成了接受某些刺激，完成某些反射活动的相对集中区即功能区，称为**皮质功能定位**，这些具有特定功能的脑区称为**中枢**（图 11-30，图 11-31）。

1）第Ⅰ躯体运动区（大脑皮质运动区）：位于中央前回和中央旁小叶的前部，是控制躯体运动最重要的区域。对躯体运动的调控具有以下特征：①交叉性支配，即一侧皮质运动区支配对侧躯体的骨骼肌，但头面部肌肉，除下部面肌和舌肌受对侧支配外，其余部分均为双侧性支配。②功能定位精细，呈倒置安排，但头面部代表区的内部安排仍然是正立的。③运动代表区的大小与运动的精细和复杂程度有关。运动越精细越复杂，其相应肌肉在皮质运动区所占的范围就越大。

考点　大脑皮质运动区对躯体运动调控的特征

2）第Ⅰ躯体感觉区（躯体感觉中枢）：位于中央后回和中央旁小叶的后部，接受丘脑腹后核传来的对侧半身的痛、温、触、压觉以及位置和运动感觉。其感觉投射规律：①躯干、四肢部分的感觉为交叉性投射，即躯体一侧的传入冲动向对侧大脑皮质投射，但头面部感觉的投射是双侧性的。②投射区的空间定位是上下倒置，但头面部投射区的内部安排是正立的。③投射区的大小与感觉的灵敏程度有关，感觉灵敏度高的部位如拇指等皮质代表区较大。

3）视区（视觉中枢）：位于枕叶内侧面距状沟两侧的皮质，接受同侧外侧膝状体发出的视辐射。

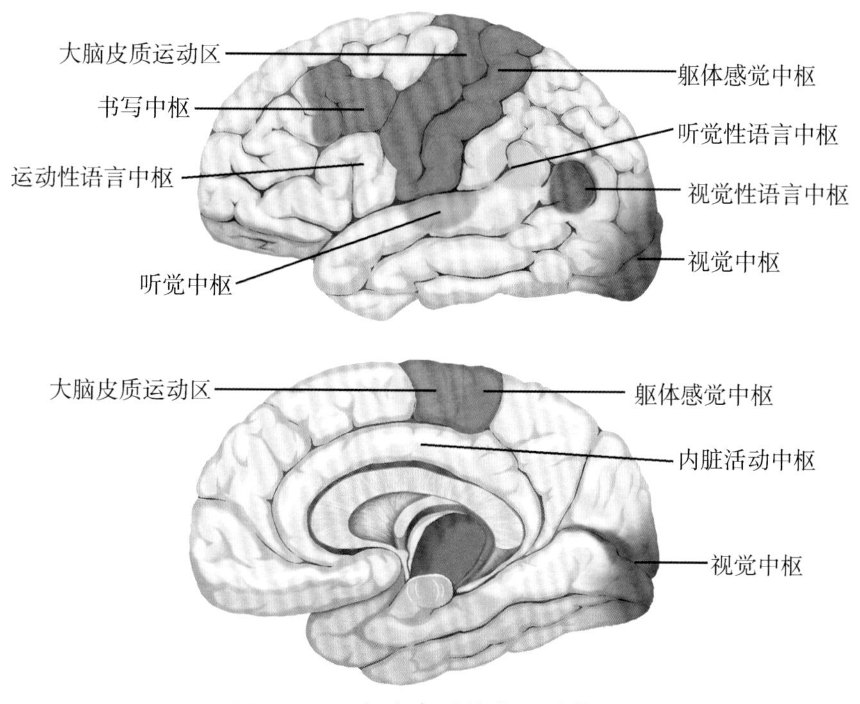

图 11-30　大脑皮质的主要功能区

4）听区（听觉中枢）：位于颞横回，接受内侧膝状体发出的听辐射。每侧听觉区接受来自两耳的听觉冲动，故一侧听觉区受损，不致引起全聋。

5）嗅区：位于海马旁回的钩附近。

6）语言中枢：语言是人类相互交流思想和传递信息的工具。语言中枢是人类大脑皮质特有的功能区，语言中枢所在的大脑半球称为优势半球，绝大多数人的语言中枢位于左侧大脑半球。语言中枢包括说话、听话、书写和阅读 4 个中枢：①**运动性语言中枢**（说话中枢），位于额下回后部。若此区受损伤，患者虽能发音，但丧失了说话的能力，称为运动性失语症。②**听觉性语言中枢**（听话中枢），位于颞上回后部。若此区受损伤，患者虽听觉正常，能够听到别人的讲话，但听不懂别人讲话的意思，也不能理解自己讲话的意义，即所答非所问，称为感觉性失语症。③**书写中枢**，位于额中回后部。若此区受损伤，患者的手虽运动正常，但不能写出原来会写的文字符号，称为失写症。④**视觉性语言中枢**（阅读中枢），位于角回。若此区受损伤，患者视觉虽无障碍，但不能理解文字符号的含意，称为失读症。

考点　大脑皮质各中枢的位置

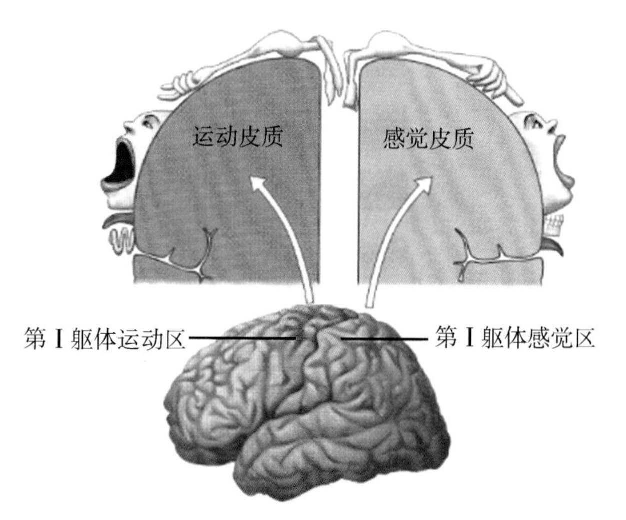

图 11-31　第Ⅰ躯体运动区和第Ⅰ躯体感觉区投射示意图

（2）基底核：是埋藏在大脑半球白质内灰质核团的总称，因靠近脑底而得名，由尾状核、豆状核和杏仁体组成（图 11-32，图 11-33）。**尾状核**位于丘脑背外侧，是由前向后弯曲的圆柱体，末端在侧脑室下角的前端与**杏仁体**

相连。**豆状核**位于丘脑的外侧，在水平切面上呈尖向内侧的楔形，被穿行于其中的白质板分成3部，外侧部最大称为**壳**，内侧两部合称**苍白球**。尾状核与豆状核统称为**纹状体**，与躯体运动调控有关。尾状核和壳是较新的结构，合称**新纹状体**；苍白球是纹状体中较古老的部分，称为**旧纹状体**。

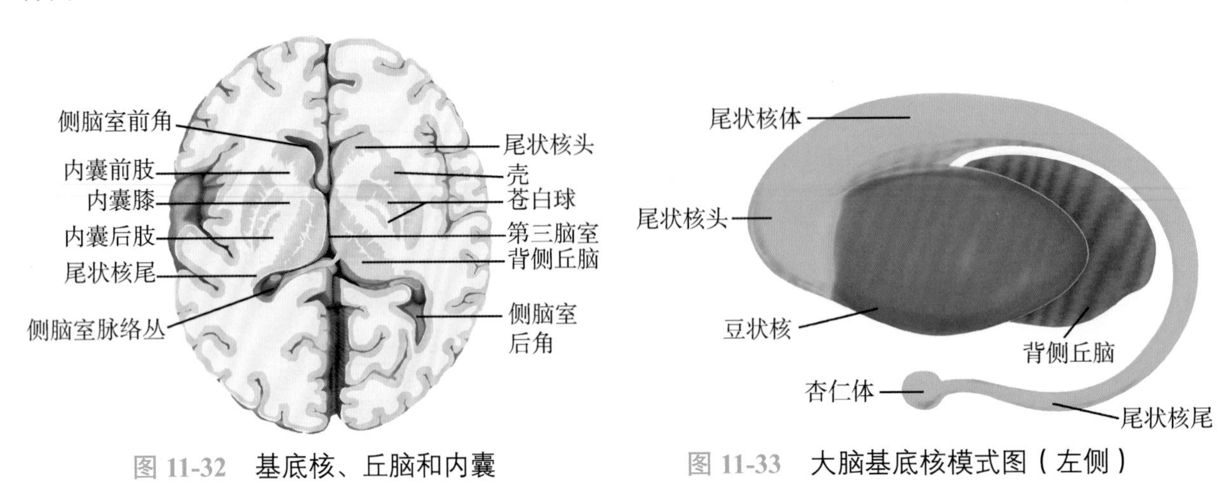

图 11-32 基底核、丘脑和内囊

图 11-33 大脑基底核模式图（左侧）

基底核可能与随意运动的产生和稳定、肌紧张的调节、本体感觉传入信息的处理等都有关系。另外，基底核可能还参与运动的设计和程序编制。基底核损伤的临床表现可分为两大类：一类是运动过少而肌紧张增强，如帕金森病；另一类是运动过多而肌紧张降低，如舞蹈症。

考点 基底核的组成和新、旧纹状体的概念

（3）大脑半球的髓质：由大量神经纤维构成，主要包括联络纤维、连合纤维和投射纤维。①**联络纤维**，是联系同侧大脑半球各部皮质的纤维；②**连合纤维**，是连接左、右大脑半球相应部位皮质的纤维，大脑纵裂底的胼胝体是最大的连合纤维；③**投射纤维**，由联系大脑皮质与皮质下各中枢之间的上、下行纤维组成，绝大部分纤维经过内囊（图 11-34）。

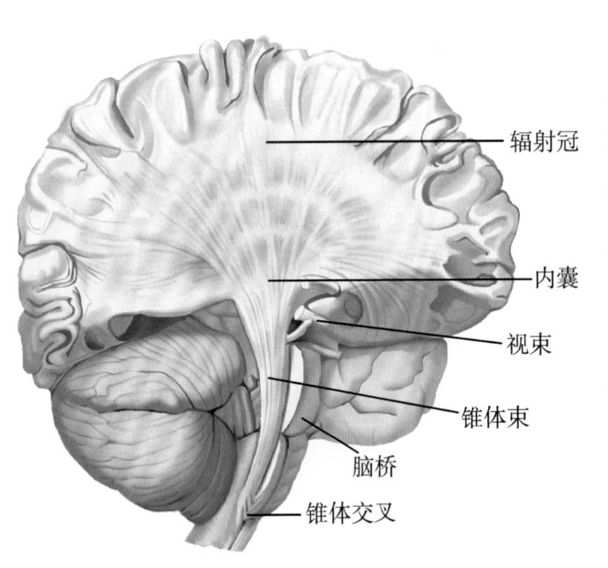

图 11-34 大脑的投射纤维

内囊是位于尾状核、丘脑与豆状核之间的宽厚白质纤维板，可分为3部分（图 11-35）：①**内囊前肢**，位于豆状核与尾状核之间，有下行的额桥束和上行到额叶的丘脑前辐射通过；②**内囊膝**，位于前、后肢会合处，有皮质核束通过；③**内囊后肢**，位于豆状核与丘脑之间，有皮质脊髓束、皮质红核束、丘脑中央辐射、顶枕颞桥束、视辐射和听辐射通过。因此，内囊是大脑皮质与皮质下各中枢联系的交通要道。

考点 内囊的位置、分部及各部通过的纤维束

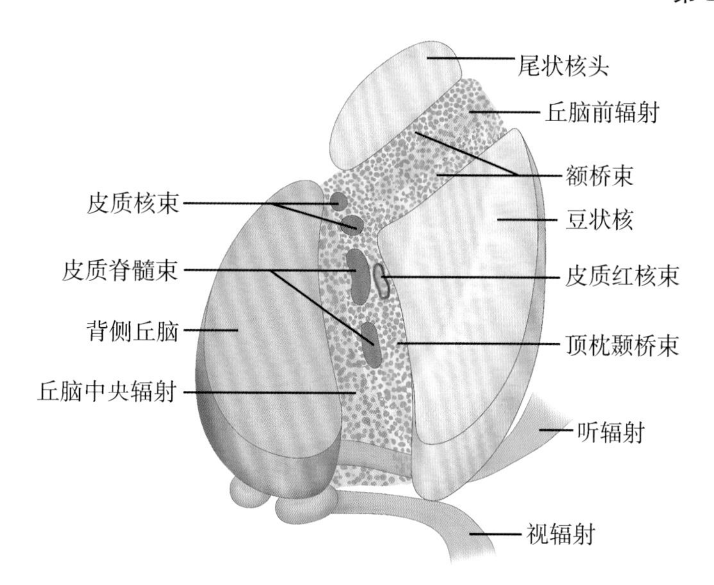

图 11-35 内囊结构模式图

链接

三偏征

当一侧内囊损伤时，患者可出现对侧半身浅、深感觉障碍（丘脑中央辐射受损所致）、对侧半身痉挛性瘫痪（皮质脊髓束、皮质核束受损所致）和双眼对侧视野同向性偏盲（视辐射受损所致），即临床上所谓的三偏征。

（4）侧脑室：是位于两侧大脑半球内左、右对称的一对腔隙（图 11-36），内含脑脊液，前借室间孔与第三脑室相交通。侧脑室可分为 4 部：中央部位于顶叶内，前角伸入额叶内，后角向后伸入枕叶内，下角向前下伸入颞叶内。

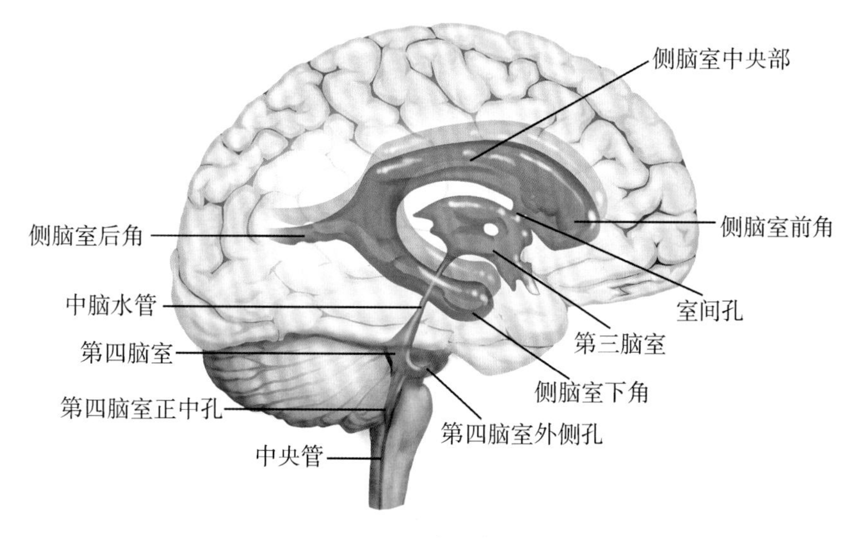

图 11-36 脑室投影图

3. 边缘系统　是由边缘叶及与其联系密切的皮质和皮质下结构（如杏仁体、下丘脑和丘脑的前核群等）等共同组成。边缘叶由扣带回、海马旁回、海马和齿状回等，加上岛叶前部、颞极共同构成。边缘系统是调节内脏活动的高级中枢，参与对血压、心率、呼吸、胃肠、瞳孔、体温、汗腺、排尿、排便等的调节，故有内脏脑之称。此外，边缘系统还与情绪反应、学习与记忆以及性活动等密切相关。

三、脑和脊髓的被膜

脑和脊髓的表面由外向内依次包有硬膜、蛛网膜和软膜 3 层被膜，具有支持、保护脑和脊髓的作用。

（一）硬膜

硬膜由厚而坚韧的致密结缔组织构成，包裹脊髓的为**硬脊膜**（图 11-37），包裹脑的为**硬脑膜**（图 11-38）。

1. 硬脊膜　上端附着于枕骨大孔边缘，与硬脑膜相延续；下端在第 2 骶椎以下逐渐变细，包裹终丝，末端附着于尾骨的背面。硬脊膜与椎管内面骨膜之间的狭窄间隙，称为**硬膜外隙**，其内呈负压，内含疏松结缔组织、脂肪组织和椎内静脉丛等，并有脊神经根通过。临床上进行硬膜外麻醉术，就是将麻醉药注入此间隙，以阻滞脊神经根的传导。

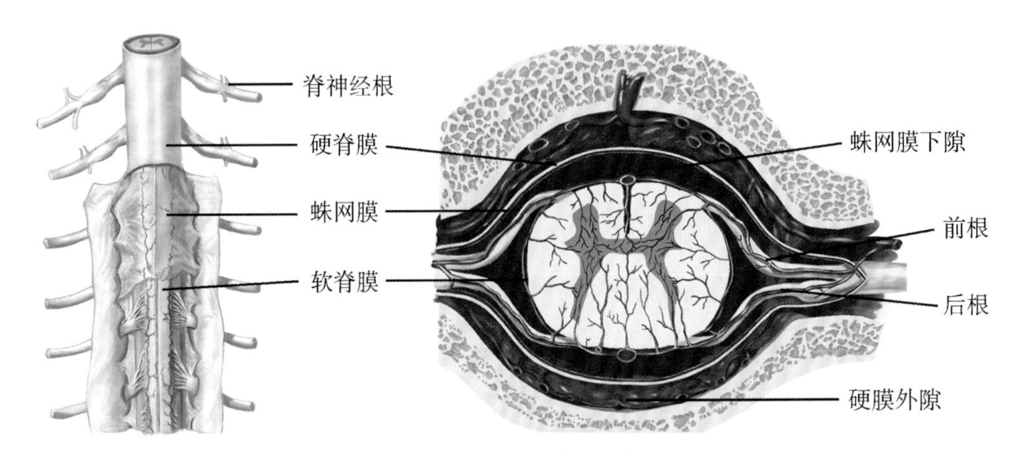

图 11-37　脊髓的被膜

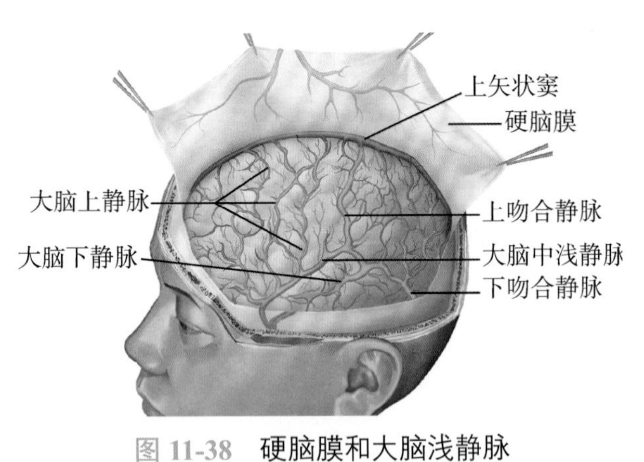

图 11-38　硬脑膜和大脑浅静脉

2. 硬脑膜　是厚而坚韧的双层膜，由内、外两层构成，有丰富的神经和血管行经其间。与硬脊膜相比较有如下特点。

（1）外层为颅骨内面的骨膜（图 11-39），与颅盖骨结合疏松，与颅底则结合紧密，故颅顶骨骨折易形成硬脑膜外血肿，而颅底骨折时易撕裂硬脑膜和蛛网膜造成脑脊液外漏。如颅前窝骨折时，脑脊液可流入鼻腔而形成鼻漏。

（2）硬脑膜内层在某些部位折叠，形成伸入大脑纵裂内的**大脑镰**和伸入大脑横裂内的**小脑幕**（图 11-40），使脑不致移位而更好地得到固定和保护。

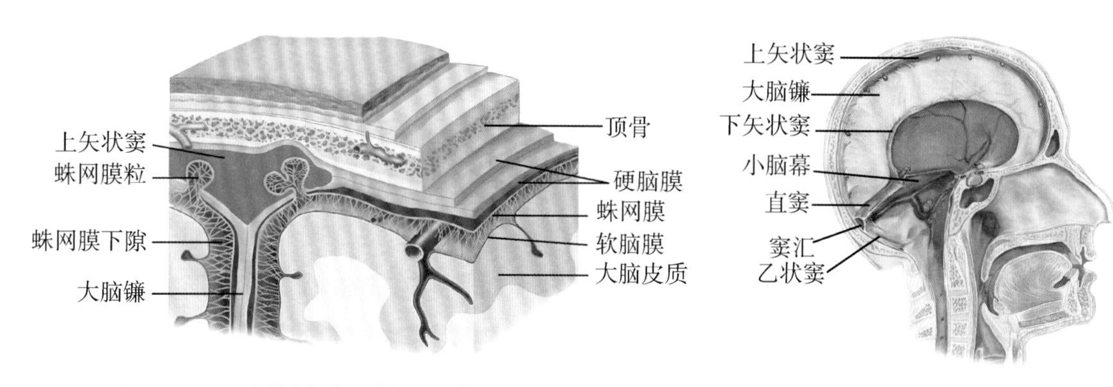

图 11-39 脑的被膜和蛛网膜粒

图 11-40 硬脑膜及硬脑膜窦

（3）硬脑膜在某些部位内、外两层彼此分开，内面衬以内皮细胞，构成含有静脉血的**硬脑膜窦**。窦壁无平滑肌，不能收缩，故损伤时出血难止，易形成颅内血肿。主要的硬脑膜窦有**上矢状窦**、**下矢状窦**、**直窦**、**窦汇**、**横窦**、**乙状窦**和**海绵窦**等。海绵窦位于蝶骨体的两侧，因形似海绵而得名。窦腔内侧壁有颈内动脉和展神经通过，在海绵窦的外侧壁，自上而下有动眼神经、滑车神经、三叉神经的分支眼神经和上颌神经通过（图 11-41）。

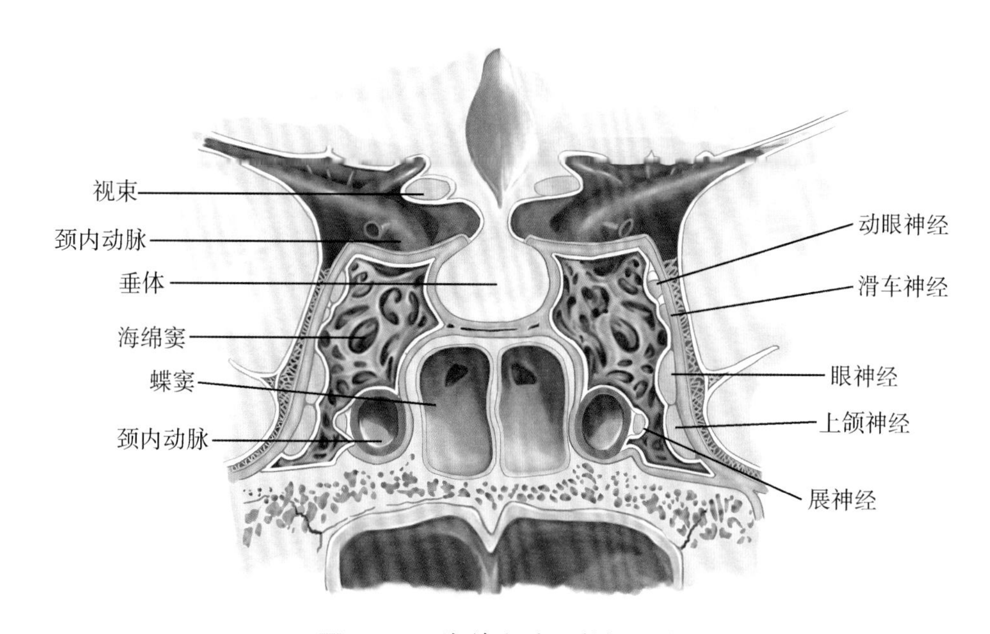

图 11-41 海绵窦（冠状切面）

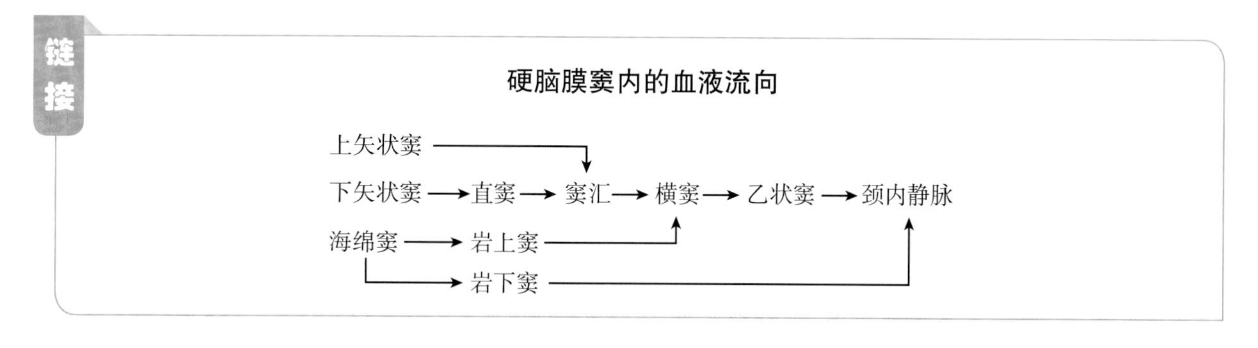

（二）蛛网膜

蛛网膜位于硬膜与软膜之间，为一层缺乏血管的半透明结缔组织薄膜。脊髓蛛网膜向上与脑蛛网膜相延续。蛛网膜与软膜之间的腔隙，称为**蛛网膜下隙**，其内充满脑脊液。蛛网膜下隙在某些部位扩大，形成蛛网膜下池。在小脑与延髓之间有**小脑延髓池**，临床上可经枕骨大孔行小脑延髓池穿刺。在脊髓下端与第 2 骶椎平面之间有**终池**，内有马尾和脑脊液。临床上常在此进行穿刺，以获取脑脊液或注入某些药液。脑蛛网膜在上矢状窦附近形成许多菜花状突起突入上矢状窦内，称为**蛛网膜粒**。脑脊液可通过蛛网膜粒渗入硬脑膜窦内，回流入静脉。

链接

腰椎穿刺术

腰椎穿刺术是将穿刺针刺入蛛网膜下隙，获取脑脊液进行检查或注射药液进行治疗的一项技术。根据脊髓的位置，成人常选择在第 3、4 腰椎棘突间隙，小儿选择在第 4、5 腰椎棘突间隙进行穿刺可不伤及脊髓。左、右髂嵴最高点的连线经过第 4 腰椎棘突或第 3、4 腰椎棘突间隙，可作为腰椎穿刺进针的定位标志，将该标志线上方或下方的棘突间隙作为穿刺点均可。穿刺针由浅入深依次穿经皮肤、浅筋膜、棘上韧带、棘间韧带、黄韧带、硬膜外隙、硬脊膜、蛛网膜而到达终池。

（三）软膜

软膜为一层薄而透明的、富有血管的结缔组织膜，紧贴在脑和脊髓的表面，并伸入它们的沟裂内，分别称为软脑膜和软脊膜。**软脊膜**在脊髓下端向下延续为细长的终丝。在脑室的一定部位，**软脑膜**及其血管与该部的室管膜上皮共同构成脉络组织。在某些部位，脉络组织的血管反复分支成丛，连同其表面的软脑膜和室管膜上皮一起突入脑室形成**脉络丛**，产生脑脊液。

考点 硬膜外隙和蛛网膜下隙的概念及其临床意义

四、脑和脊髓的血管

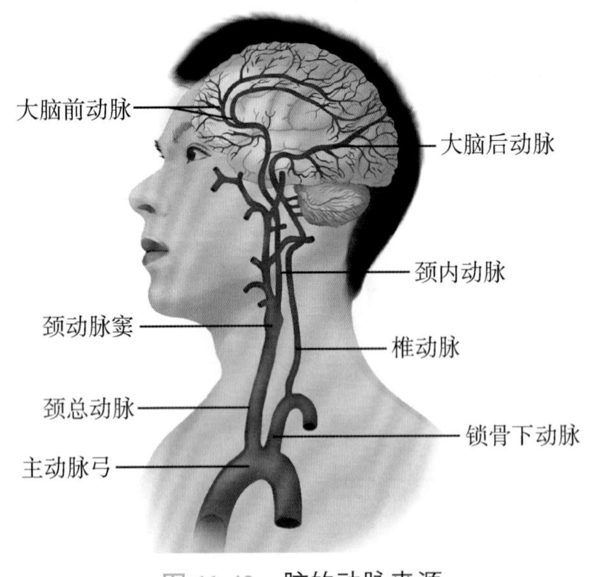

图 11-42 脑的动脉来源

（一）脑的血管

脑是体内代谢最旺盛的器官，对缺氧极其敏感。任何原因致使脑血流量减少或中断，均可导致脑神经细胞缺氧损伤，造成严重的神经精神障碍。

1. 脑的动脉　来源于颈内动脉和椎动脉（图 11-42，图 11-43）。以顶枕沟为界，大脑半球的前 2/3 和部分间脑由**颈内动脉**供应，大脑半球后 1/3 及部分间脑、脑干和小脑由**椎动脉**供应。两者的分支可分为皮质支和中央支（图 11-44）。**皮质支**供应大脑皮质及其深面的髓质，**中央支**供应基底核、内囊及间脑等。

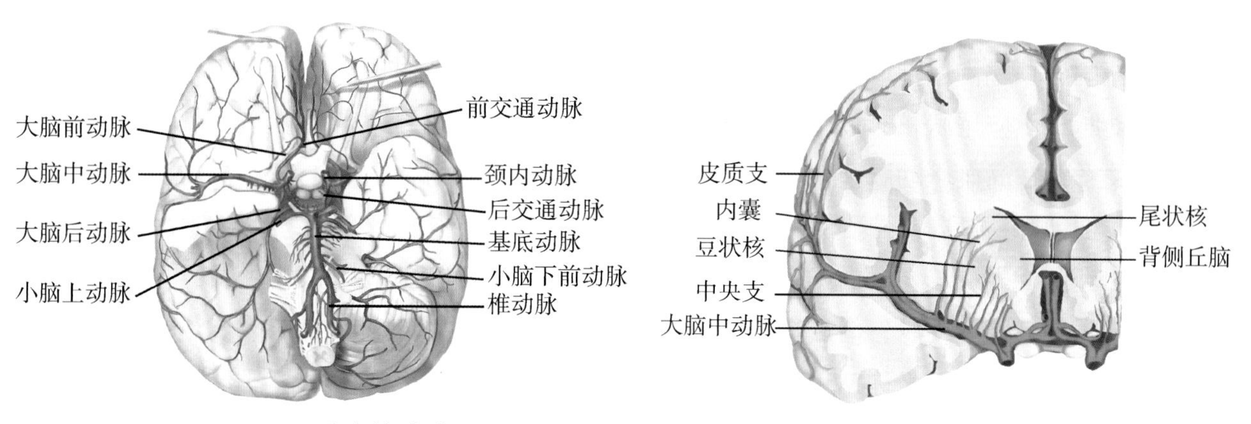

图 11-43 脑底的动脉

图 11-44 大脑中动脉的皮质支和中央支

（1）颈内动脉：起自颈总动脉，经颈动脉管入颅腔，穿过海绵窦至视交叉外侧，分出大脑前动脉、大脑中动脉、后交通动脉和眼动脉等分支。

1）大脑前动脉：向前内行进入大脑纵裂，与对侧的同名动脉借前交通动脉相连，然后沿胼胝体背侧向后行。皮质支分布于顶枕沟以前的大脑半球内侧面（图 11-45）和上外侧面（图 11-46）的上部；中央支供应尾状核、豆状核前部和内囊前肢。

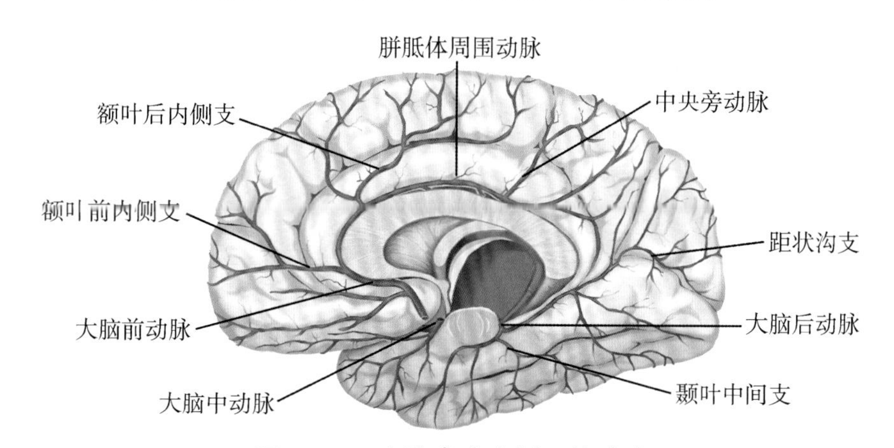

图 11-45 大脑半球内侧面的动脉

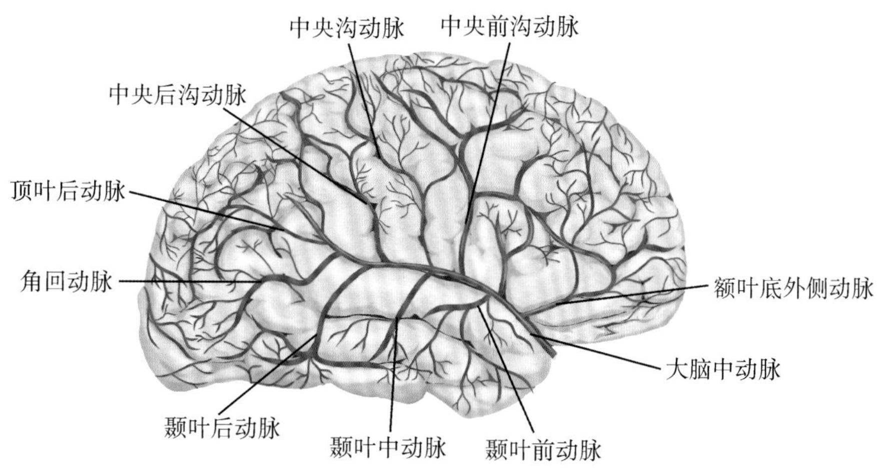

图 11-46 大脑半球上外侧面的动脉

2）大脑中动脉：是颈内动脉的直接延续，向外沿大脑外侧沟走行。皮质支分布于大脑半球上外侧面顶枕沟以前的大部分。大脑中动脉起始段发出一些垂直向上的细小中央支，又称**豆纹动脉**，供应尾状核、豆状核、内囊膝和后肢的前部。豆纹动脉行程呈 S 形弯曲，因血流动力关系，在高血压动脉硬化时容易破裂，故又称**出血动脉**。

（2）椎动脉：起自锁骨下动脉，向上穿经第 6 至第 1 颈椎的横突孔，经枕骨大孔入颅腔。在脑桥与延髓交界处，左、右椎动脉汇合成一条**基底动脉**，沿脑桥基底沟上行，至脑桥上缘处分为左、右大脑后动脉，借后交通动脉与颈内动脉吻合。

（3）大脑动脉环：又称 Willis 环，位于脑底部，环绕在视交叉、灰结节和乳头体的周围，由前交通动脉、两侧大脑前动脉、颈内动脉、后交通动脉和大脑后动脉吻合而成封闭式动脉环。当构成此环的某一动脉血流减少或被阻断时，可在一定程度上通过此大脑动脉环使血液重新分配而起代偿作用，以维持脑的血液供应。

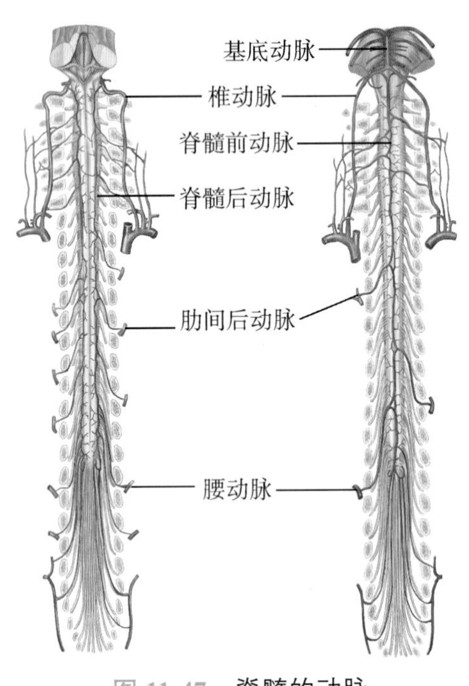

图 11-47 脊髓的动脉

2. 脑的静脉　不与动脉伴行，可分为浅、深两组。浅组位于大脑半球表面，收集皮质及皮质下髓质的静脉血；深组收集大脑深部的髓质、基底核、间脑、脑室脉络丛等处的静脉血。两组之间互相吻合，但最终经硬脑膜窦回流至颈内静脉。

考点 脑的动脉来源及分布概况；大脑动脉环的构成

（二）脊髓的血管

1. 脊髓的动脉　有椎动脉和节段性动脉两个来源（图 11-47）。椎动脉发出的**脊髓前动脉**和**脊髓后动脉**在下行过程中，不断得到节段性动脉 - 肋间后动脉和腰动脉等发出分支的补充，以保障足够的血液供应脊髓。

2. 脊髓的静脉　较动脉多而粗，脊髓前、后静脉由脊髓内的小静脉汇集而成，通过前、后根静脉注入硬膜外隙的椎内静脉丛。

五、脑脊液及其循环

脑脊液是循环于脑室系统（包括左右侧脑室、第三脑室、中脑水管和第四脑室）（图 11-20）、蛛网膜下隙和脊髓中央管内的无色透明液体，对中枢神经系统起缓冲、保护、营养作用，运输代谢产物以及维持正常颅内压的作用。成人脑脊液总量约 150ml，处于不断地产生、循环和回流的动态平衡状态之中。脑脊液循环途径中若发生阻塞（如中脑水管阻塞），可导致脑积水和颅内压升高，进而使脑组织受压、移位，甚至形成脑疝而危及生命。

脑脊液主要由各脑室脉络丛产生，其循环途径见图 4-48、图 11-49。

考点 脑脊液的产生部位及循环途径

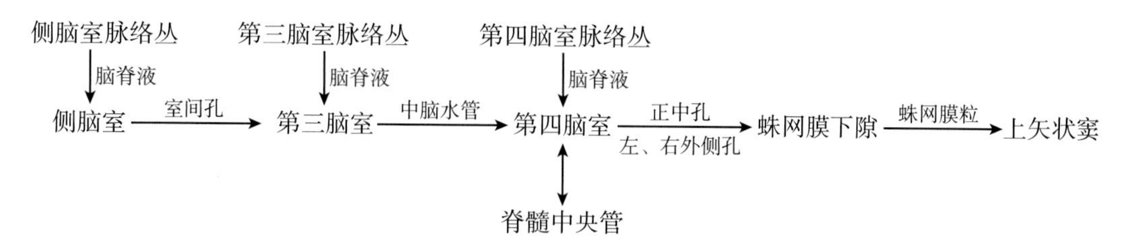

图 11-48　脑脊液循环途径

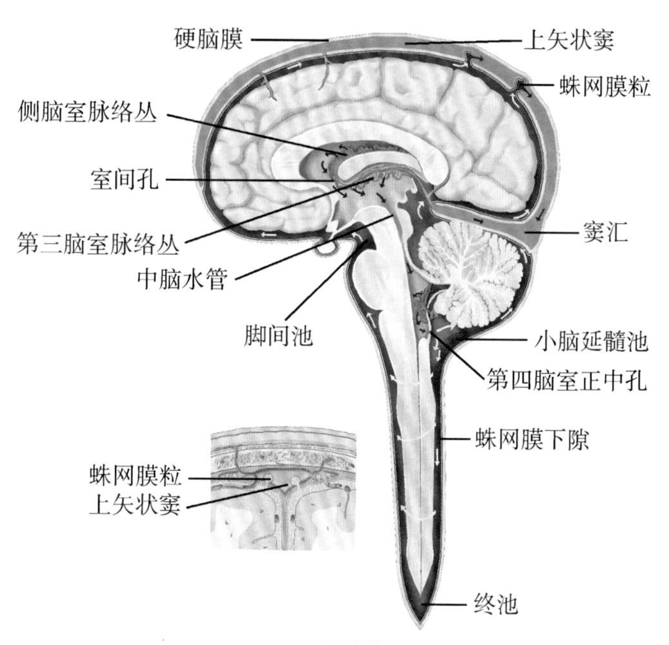

图 11-49　脑脊液循环模式图

六、血 - 脑屏障

在中枢神经系统内，毛细血管内的血液与脑和脊髓的神经细胞之间存在具有选择性通透作用的结构，称为**血 - 脑屏障**。其结构基础是脑和脊髓内毛细血管的内皮细胞、内皮细胞之间的紧密连接、基膜以及毛细血管外周由星形胶质细胞形成的胶质膜（图 3-42）。血 - 脑屏障的主要功能是阻止有害物质进入神经组织，以维持中枢神经系统内环境的相对稳定，保证其功能的正常进行。

第 3 节　周围神经系统

周围神经系统是指除中枢神经系统以外，分布于全身各处的神经结构和神经组织。根据与中枢神经系统的连接部位和分布区域的不同，通常把周围神经系统分为脊神经、脑神经和内脏神经 3 部分。脊神经是指与脊髓相连的周围神经部分，主要分布于躯干和四肢；脑神经是指与脑相连的周围神经部分，主要分布于头面部，也可远至胸、腹腔脏器；内脏神经作为脑神经和脊神经的纤维成分，分别与脑和脊髓相连，主要分布于内脏、心血管和腺体。

一、脊　神　经

脊神经共 31 对。根据脊神经与脊髓的连接关系，将其分为颈神经 8 对（C_1 ～ C_8）、胸神经 12 对（T_1 ~ T_{12}）、腰神经 5 对（L_1 ~ L_5）、骶神经 5 对（S_1 ~ S_5）和尾神经 1 对（C_0）（图 11-1）。

脊神经是混合性神经，前根属运动性，含有躯体运动和内脏运动纤维；后根属感觉性，含有躯体感觉和内脏感觉纤维（图 11-50）。每对脊神经均由前根与后根在椎间孔处汇合而成（图 11-51）。在椎间孔附近，后根上有一膨大的**脊神经节**，内含假单极神经元的胞体。

脊神经出椎间孔后立即分为混合性的前支和后支等（图 11-50）。后支较细，经相邻椎骨横突之间或骶后孔向后走行，主要分布于项、背、腰骶部的深层肌和皮肤。前支粗大，分布于躯干前外侧和四肢的肌及皮肤。除胸神经前支外，其余各部的前支则分别交织成颈丛、臂丛、腰丛和骶丛，再由神经丛发出分支分布到相应的区域。

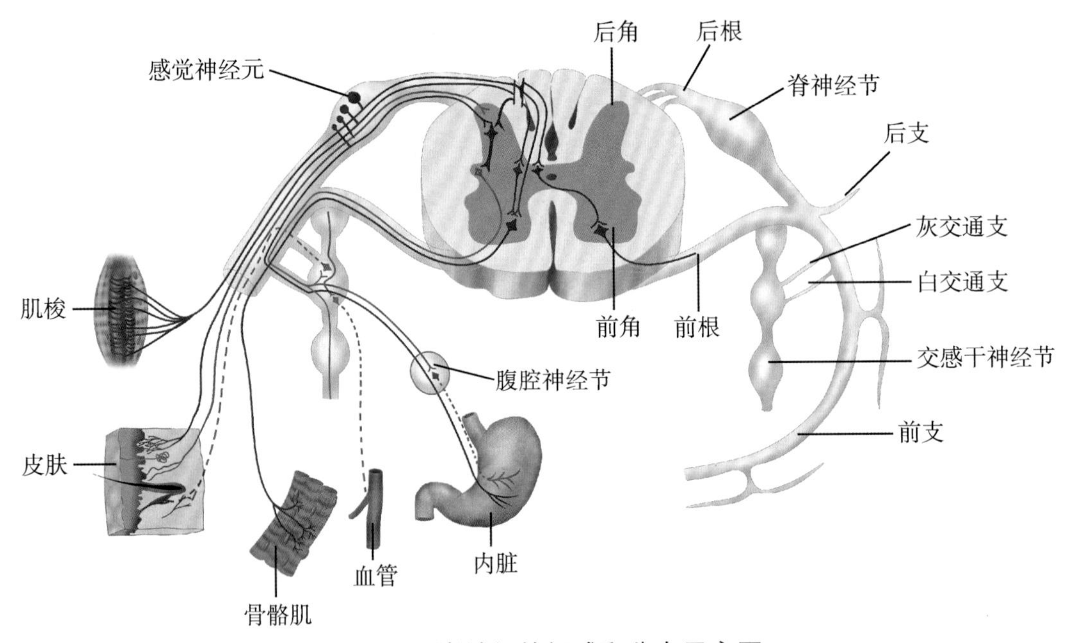

图 11-50　脊神经的组成和分布示意图

（一）颈丛

1. 颈丛的组成和位置　**颈丛**由 C_1 ~ C_4 的前支组成，位于胸锁乳突肌上部的深面。

2. 颈丛的分支　可分为皮支和肌支两类。

（1）皮支：由胸锁乳突肌后缘中点附近穿出（图 11-51），呈放射状分布于枕部、耳郭、颈前部、肩部和胸上部的皮肤。其浅出部位置表浅，是颈部浅层结构浸润麻醉的一个阻滞点。

（2）肌支：主要为**膈神经**，由 C_3 ~ C_5 的前支组成，沿前斜角肌的前面下行，经锁骨下动、静脉之间入胸腔，越过肺根前方，沿心包两侧下行至膈（图 11-52）。其运动纤维支配膈，感觉纤维分布于胸膜、心包和膈下面的部分腹膜。一般认为右膈神经的感觉纤维尚分布到肝、胆囊和肝外胆道的浆膜。膈神经受刺激时可产生呃逆，损伤时出现同侧半的膈肌瘫痪，严重者可有窒息感。

（二）臂丛

1. 臂丛的组成和位置　**臂丛**（图 11-53）由 C_5 ~ C_8 的前支和 T_1 前支的大部分组成。经锁骨下动脉的后上方穿斜角肌间隙浅出，继而经锁骨后方进入腋窝，围绕腋动脉排列。臂丛在锁骨中点后方位置表浅且较集中，易在体表摸到，此部位常作为臂丛阻滞麻醉的部位。

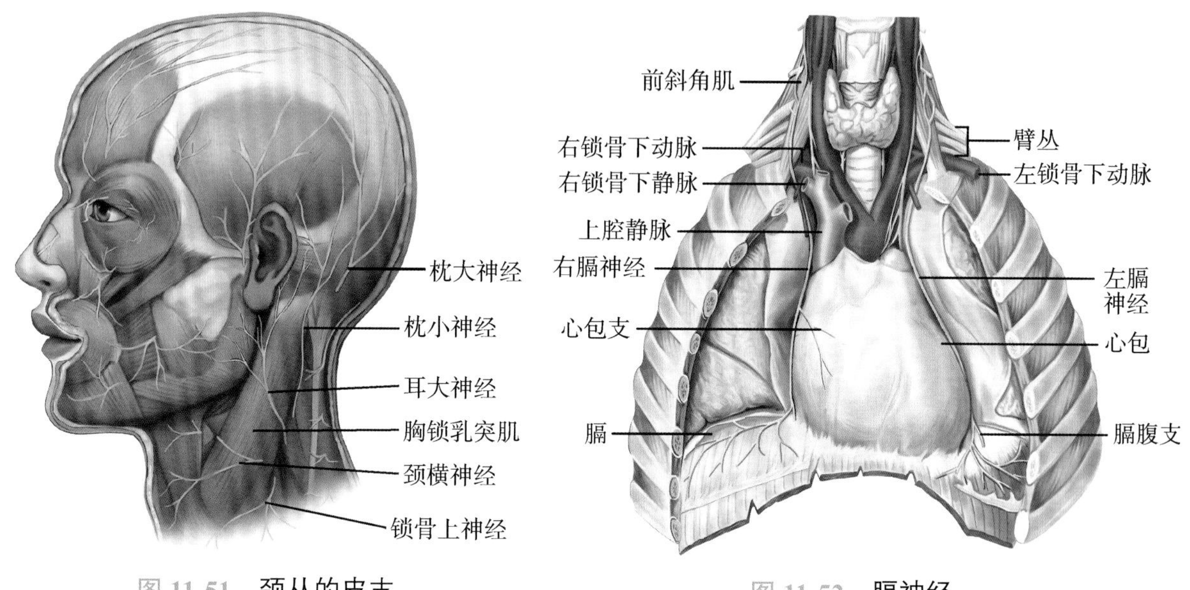

图 11-51　颈丛的皮支

图 11-52　膈神经

2. 臂丛的分支　主要分布于上肢的肌和皮肤（图 11-54，图 11-55）。

（1）肌皮神经（C_5 ～ C_7）：自臂丛发出后，向外下斜穿喙肱肌，经肱二头肌和肱肌之间下行，肌支支配喙肱肌、肱二头肌和肱肌。终支为皮支，在肘关节稍下方穿出深筋膜，分布于前臂外侧的皮肤，称为**前臂外侧皮神经**。

（2）正中神经（C_6 ～ T_1）：沿肱二头肌内侧沟伴肱动脉下行至肘窝，再沿前臂正中下行于指浅、深屈肌之间，经腕管到达手掌。肌支支配除肱桡肌、尺侧腕屈肌和指深屈肌尺侧半以外的所有前臂前群肌以及拇收肌以外的鱼际肌等；皮支分布于手掌桡侧 2/3、桡侧 3 个半指的掌面及其中、远节指背面的皮肤。正中神经干损伤后，除出现拇指、示指和中指的远节皮肤感觉障碍明显外，运动障碍则表现为猿手畸形（图 11-56）的特殊症状。

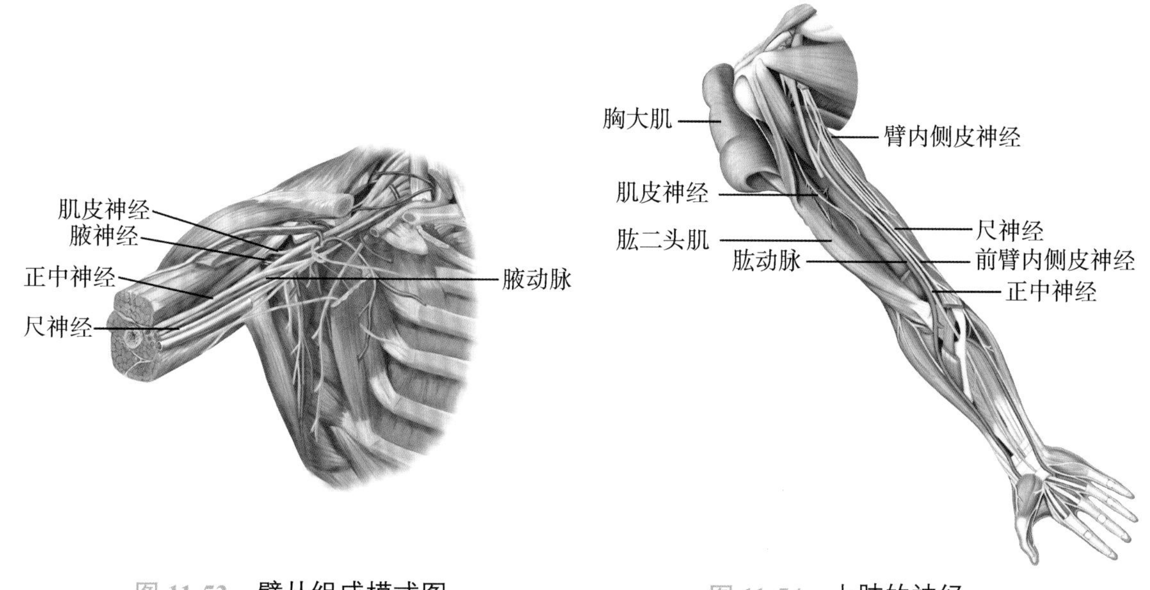

图 11-53　臂丛组成模式图

图 11-54　上肢的神经

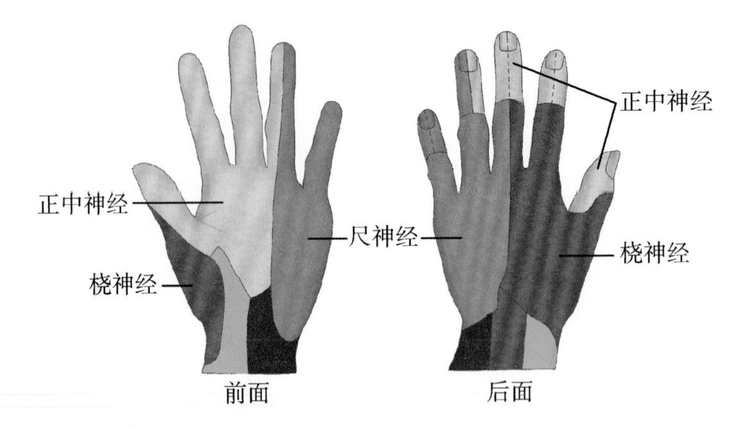

图 11-55 手部皮肤的神经分布

（3）尺神经（C_8 ～ T_1）：在肱二头肌内侧伴肱动脉下行至臂中部，然后转向后下，经肱骨内上髁后方的尺神经沟进入前臂，伴尺动脉内侧下行至手掌。肌支支配尺侧腕屈肌、指深屈肌尺侧半、拇收肌、手肌内侧群和中间群的大部分；皮支分布于手掌尺侧 1/3、尺侧一个半指掌面的皮肤和手背尺侧半及尺侧两个半指背面的皮肤。在尺神经沟处，尺神经位置表浅又贴近骨面，骨折时易损伤。损伤后除出现手掌及手背内侧缘皮肤感觉障碍外，运动障碍则表现为爪形手畸形（图 11-57）。

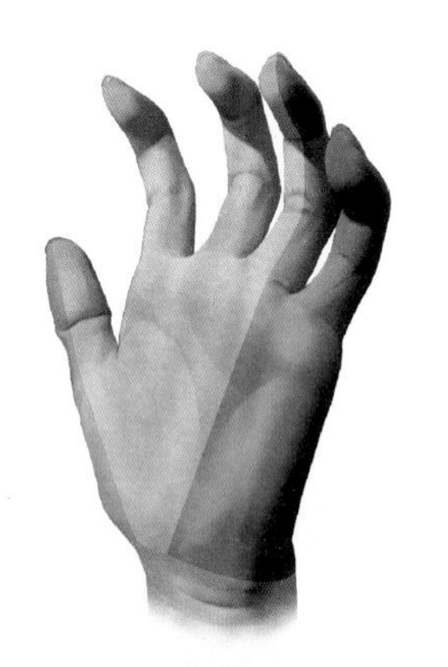

图 11-56 猿手畸形

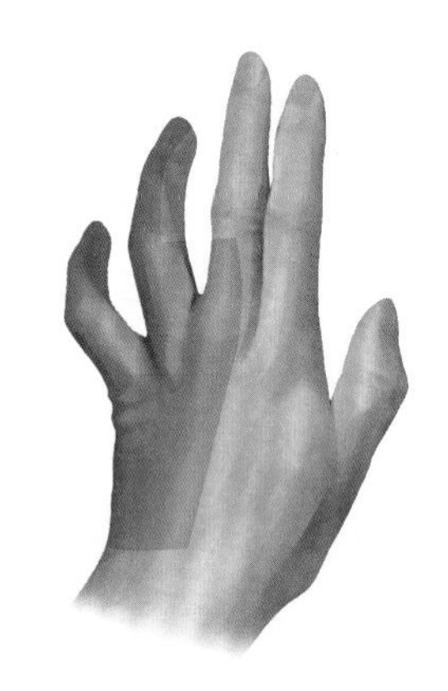

图 11-57 爪形手畸形

（4）桡神经（C_5 ～ T_1）：在肱三头肌深面，紧贴肱骨中段背侧的桡神经沟向外下行（图 11-58），在肱骨外上髁前方肱桡肌与肱肌之间分为浅、深两支，即皮支和肌支。皮支分布于臂和前臂背面以及手背桡侧半和桡侧两个半手指近节背面的皮肤；肌支支配肱三头肌、肱桡肌和前臂后群肌。肱骨中段骨折易合并桡神经损伤，主要表现为抬前臂时呈垂腕畸形（图 11-59），感觉障碍以虎口处皮肤最为明显。

（5）腋神经（C_5 ～ C_6）：自臂丛发出后，伴旋肱后血管穿经腋窝后壁的四边孔后，绕肱骨外科颈后方至三角肌深面，肌支支配三角肌和小圆肌（图 11-58），皮支由三角肌后缘穿出，分布于肩部和臂外侧区上部的皮肤。肱骨外科颈骨折或被拐杖压迫，均可造成腋神经损伤而致三角肌瘫痪、臂不能外展的表现。

考点 颈丛、臂丛的组成以及主要分支的分布概况

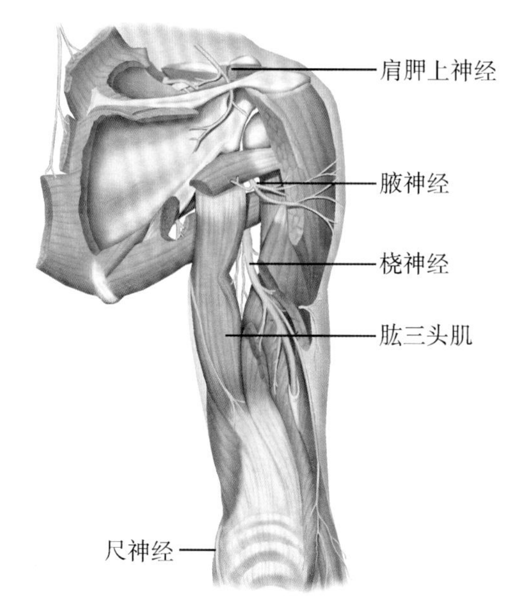

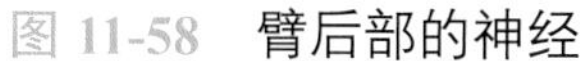
图 11-58 臂后部的神经

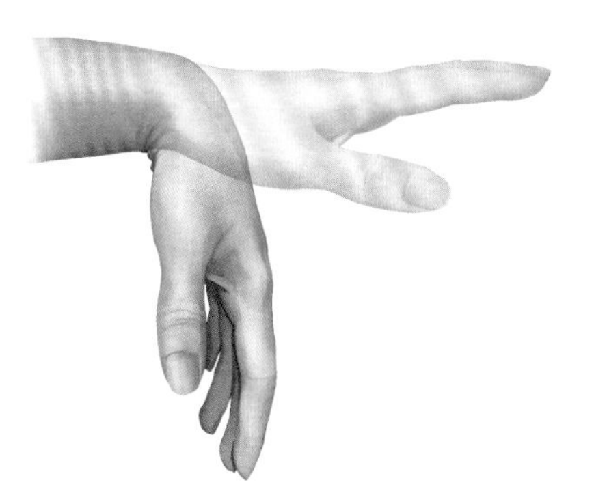
图 11-59 垂腕畸形

（三）胸神经前支

胸神经前支共 12 对（T_1 ～ T_{12}），除 T_1 的大部分参与臂丛组成，T_{12} 的少部分参与腰丛组成外，其余均不形成神经丛。T_1 ～ T_{11} 位于相应的肋间隙中，称为**肋间神经**；T_{12} 位于第 12 肋下方，故称为**肋下神经**。肋间神经（图 11-60）在肋间内、外肌之间，肋间血管的下方，沿各肋沟前行。胸神经前支主要分布于肋间肌、腹壁肌和胸腹壁皮肤及胸膜、腹膜等处。

胸神经前支（图 11-61）在胸、腹壁皮肤的分布有明显的节段性，各神经分布区呈带状由上而下按顺序依次排列。其中，T_2 分布区相当于胸骨角平面，T_4 相当于乳头平面，T_6 相当于剑突平面，T_8 相当于两侧肋弓中点连线的平面，T_{10} 相当于脐平面，T_{12} 相当于脐与耻骨联合连线中点平面。临床上常以上述节段性分布平面为标志检查感觉障碍的脊髓节段位置。

考点 胸神经前支的节段性分布概况

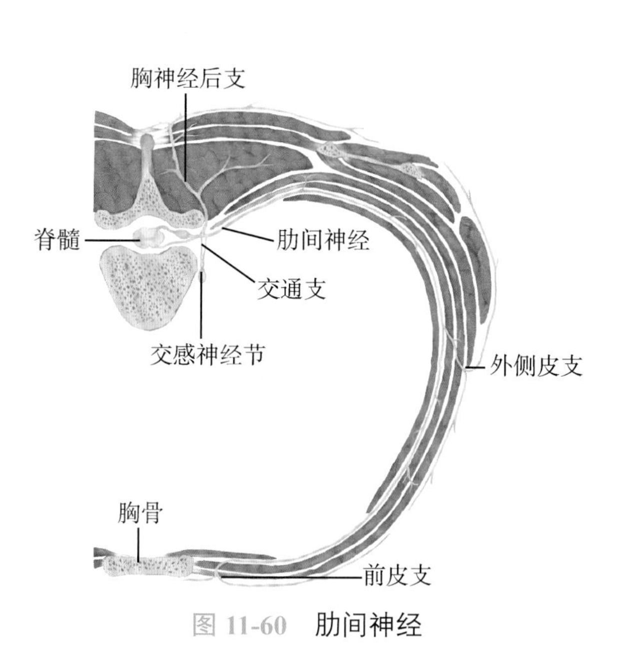

图 11-60 肋间神经

T_2 T_4 T_6 剑突 T_8 肋弓 T_{10} 脐 T_{12}

图 11-61 胸神经前支的节段性分布

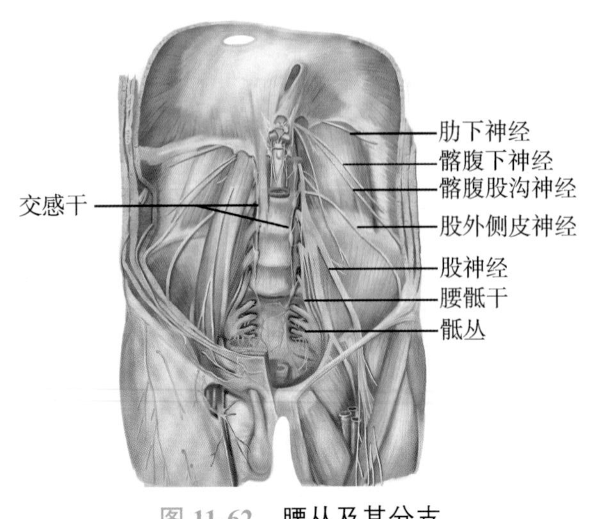

图 11-62 腰丛及其分支

（四）腰丛

1. 腰丛的组成和位置 **腰丛**由 T_{12} 前支的一部分、L_1 ～ L_3 前支和 L_4 前支的一部分组成（图 11-62）。腰丛位于腰大肌深面，腰椎横突的前方。

2. 腰丛的分支 主要分布于腹股沟区及大腿的前内侧部。

（1）髂腹下神经和髂腹股沟神经：主要分布于腹股沟区的肌和皮肤，髂腹股沟神经还分布于阴囊或大阴唇皮肤。

（2）股神经（L_2 ～ L_4）：是腰丛中最大的分支，股神经先在腰大肌与髂肌之间下行，约在腹股沟韧带中点稍外侧，穿经腹股沟韧带深面、股动脉外侧进入股三角区（图 11-63），随即分为数支。肌支支配股四头肌和缝匠肌等，皮支除分布于大腿前面和膝关节前面的皮肤外，还发出一长的皮支**隐神经**，伴大隐静脉沿小腿内侧面下行达足内侧缘，分布于小腿内侧面和足内侧缘的皮肤。股神经损伤后的主要表现为坐位时不能伸膝，即膝反射消失。

（3）闭孔神经（L_2 ～ L_4）：沿盆腔侧壁前行，穿闭膜管出盆腔至大腿内侧（图 11-63）。肌支支配大腿内收肌群，皮支分布于大腿内侧面的皮肤。

（五）骶丛

1. 骶丛的组成和位置 **骶丛**由 L_4 前支的一部分与 L_5 前支合成的腰骶干以及全部骶神经和尾神经的前支组成。骶丛位于盆腔内，骶骨和梨状肌的前面，髂内血管和输尿管的后方。

2. 骶丛的分支 主要分布于盆部、臀部、会阴、大腿后部、小腿和足部的肌及皮肤（图 11-64）。

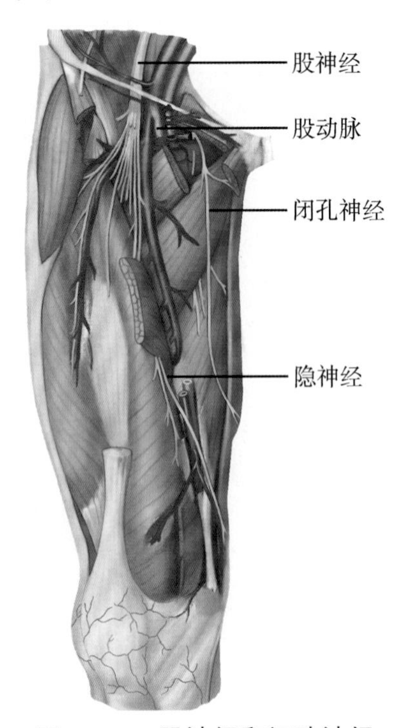

图 11-63 股神经和闭孔神经

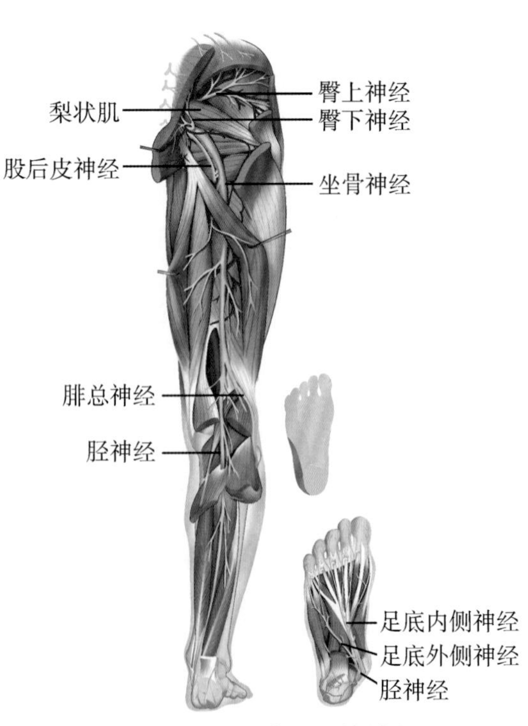

图 11-64 下肢后面的神经

（1）臀上神经：伴臀上血管经梨状肌上孔出盆腔至臀部，行于臀中、小肌之间，支配臀中肌、臀小肌等。

（2）臀下神经：伴臀下血管经梨状肌下孔出盆腔至臀部，行于臀大肌深面，支配臀大肌等。

（3）阴部神经（$S_2 \sim S_4$）：经梨状肌下孔出盆腔至臀部，分布于肛门、会阴部和外生殖器的肌及皮肤（图 11-65）。在行肛门及会阴部手术时，常需麻醉阴部神经。

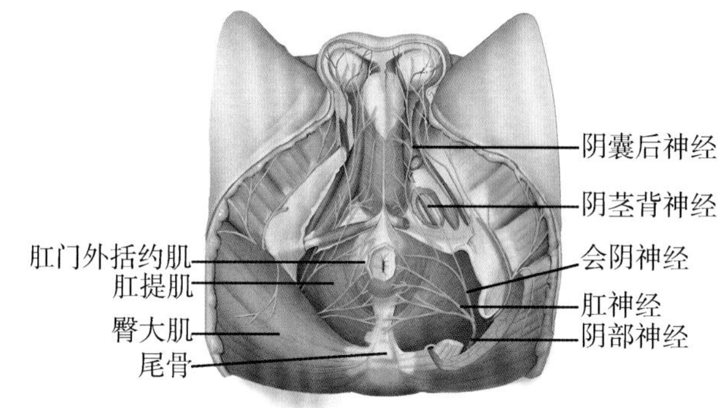

图 11-65 阴部神经及其分支（男性）

（4）坐骨神经（$L_4 \sim S_3$）：是全身最粗的神经，经梨状肌下孔出盆腔至臀大肌深面，经股骨大转子与坐骨结节连线中点下行至股后部，在股二头肌长头的深面下行至腘窝，通常在腘窝上角处分为胫神经和腓总神经。坐骨神经本干发出肌支支配股二头肌、半腱肌和半膜肌。

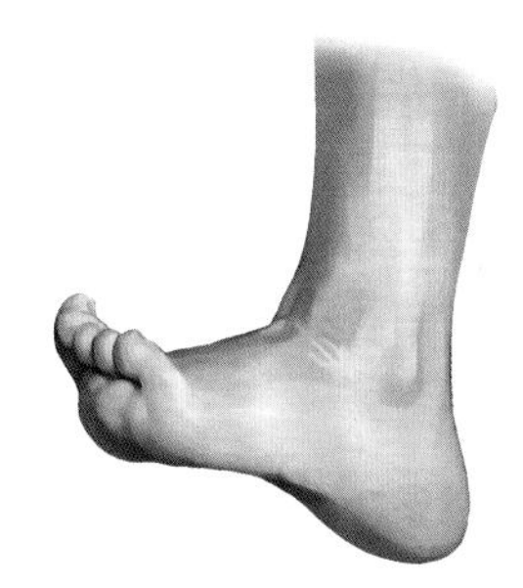

图 11-66 钩状足畸形

1）胫神经：是坐骨神经本干的直接延续，沿腘窝中线在小腿三头肌深面伴胫后动、静脉下行，经内踝后方至足底，分为**足底内侧神经**和**足底外侧神经**。胫神经的肌支支配小腿后群肌和足底肌，皮支分布于小腿后面及足底部的皮肤。胫神经损伤的主要表现为足呈背屈伴外翻位，即钩状足畸形（图 11-66）。

2）腓总神经：在腘窝上方与胫神经分离后沿股二头肌内侧缘行向下外，绕腓骨头后方至腓骨颈外侧向前，穿腓骨长肌分为腓浅神经和腓深神经（图 11-67）。**腓浅神经**在腓骨长肌、腓骨短肌与趾长伸肌之间下行，发出肌支支配腓骨长肌和腓骨短肌，终支在小腿中、下 1/3 交界处浅出为皮支，分布于小腿外侧、足背和第 2 ～ 5 趾背的皮肤。**腓深神经**伴胫前血管在胫骨前肌与䠹长伸肌之间下行，沿途发出肌支支配小腿前群肌，终支伴足背动脉向前，肌支支配足背肌，皮支分布于第 1、2 趾背面相对缘的皮肤。腓总神经在绕经腓骨颈处位置表浅，易受损伤。损伤后可造成所支配肌瘫痪而出现马蹄内翻足畸形（图 11-68）。

考点 腰丛、骶丛的组成和位置以及主要分支的分布概况

二、脑 神 经

脑神经共 12 对，其序号用罗马数字表示，顺序为：Ⅰ嗅神经、Ⅱ视神经、Ⅲ动眼神经、Ⅳ滑车神经、Ⅴ三叉神经、Ⅵ展神经、Ⅶ面神经、Ⅷ前庭蜗神经、Ⅸ舌咽神经、Ⅹ迷走神经、Ⅺ副神经、Ⅻ舌下神经（图 11-69）。脑神经中含有躯体感觉、躯体运动、内脏感觉和内脏运动 4 种纤维成分。由于每对脑神经内所含的纤维成分不一，故其性质也有所不同。其中，第Ⅰ、Ⅱ、Ⅷ对为感觉性脑神经，第Ⅲ、Ⅳ、Ⅵ、Ⅺ、Ⅻ对为运动性脑神经，第Ⅴ、Ⅶ、Ⅸ、Ⅹ对为混合性脑神经。脑神经中的内脏运动纤维为副交感性质，存在于第Ⅲ、Ⅶ、Ⅸ、Ⅹ对脑神经内。

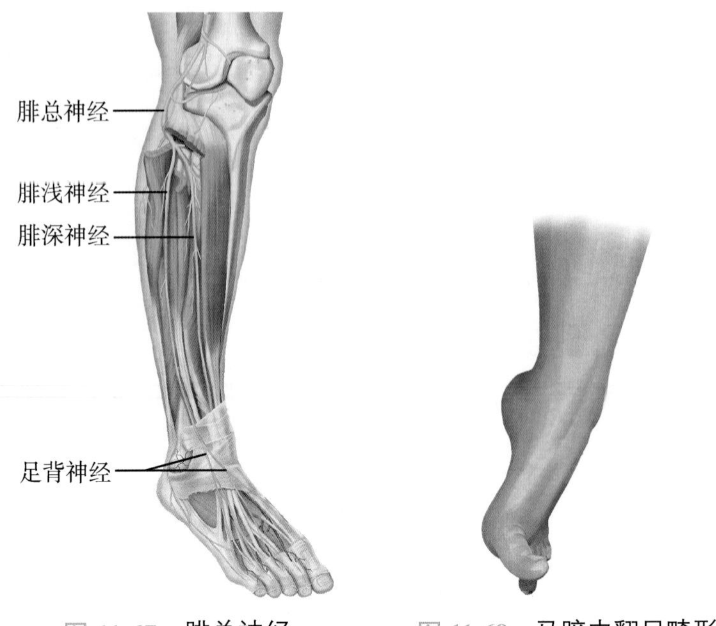

图 11-67 腓总神经　　图 11-68 马蹄内翻足畸形

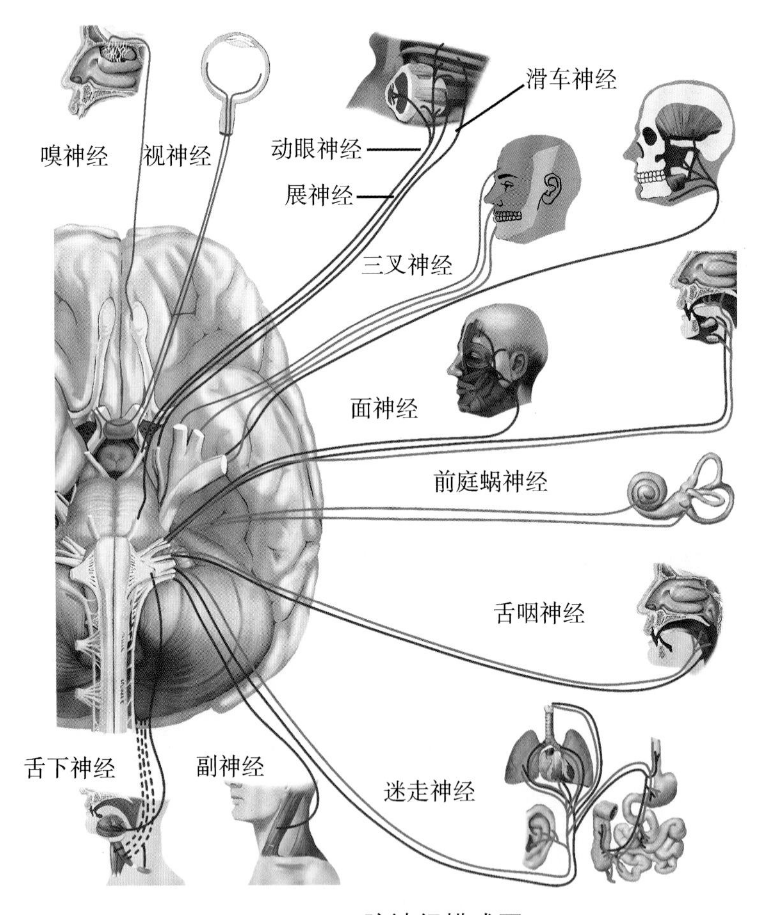

图 11-69 脑神经模式图

1. 嗅神经　为感觉性脑神经，由鼻黏膜嗅区内的嗅细胞中枢突聚集成 20 多条嗅丝即嗅神经，分别穿筛孔入颅前窝，终止于嗅球（图 11-70），传导嗅觉。颅前窝骨折累及筛板时，可造成嗅觉障碍和脑脊液鼻漏。

2. 视神经　为感觉性脑神经，由视网膜节细胞轴突在视神经盘处聚集穿过巩膜而构成，向后穿视神经管入颅中窝，形成视交叉，再经视束连于间脑的外侧膝状体，传导视觉。

3. 动眼神经 为运动性脑神经，内含躯体运动和内脏运动两种纤维。动眼神经由中脑脚间窝出脑，穿经海绵窦的外侧壁，向前经眶上裂入眶（图 11-71，图 11-72）。躯体运动纤维支配上直肌、内直肌、下直肌、下斜肌和上睑提肌；内脏运动（副交感）纤维支配瞳孔括约肌和睫状肌，参与瞳孔对光反射和晶状体调节反射。动眼神经损伤可导致所支配肌瘫痪，出现患侧上睑下垂，瞳孔斜向外下方及瞳孔散大，瞳孔对光反射消失等症状。

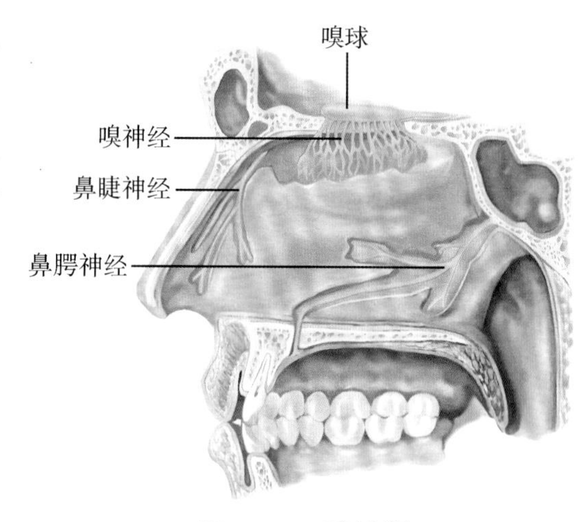

图 11-70 嗅神经

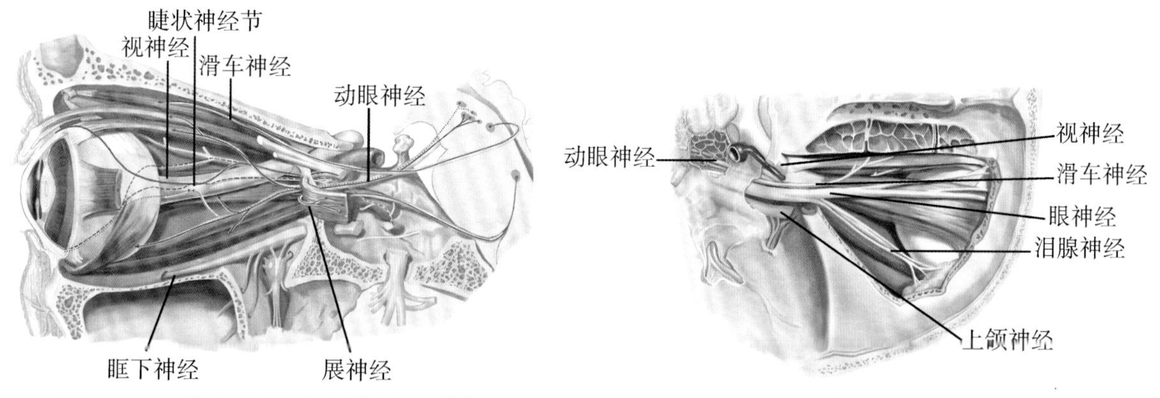

图 11-71 眶内神经（左外侧面观） 图 11-72 眶内神经（上面观）

4. 滑车神经 为运动性脑神经，自中脑背侧下丘的下方出脑，绕大脑脚向前，穿经海绵窦外侧壁，经眶上裂入眶，支配上斜肌。

5. 三叉神经 为混合性脑神经，含有躯体感觉和躯体运动两种纤维，可分为眼神经、上颌神经和下颌神经三大分支（图 11-73，图 11-74）。①**眼神经**，为感觉性神经，穿经海绵窦

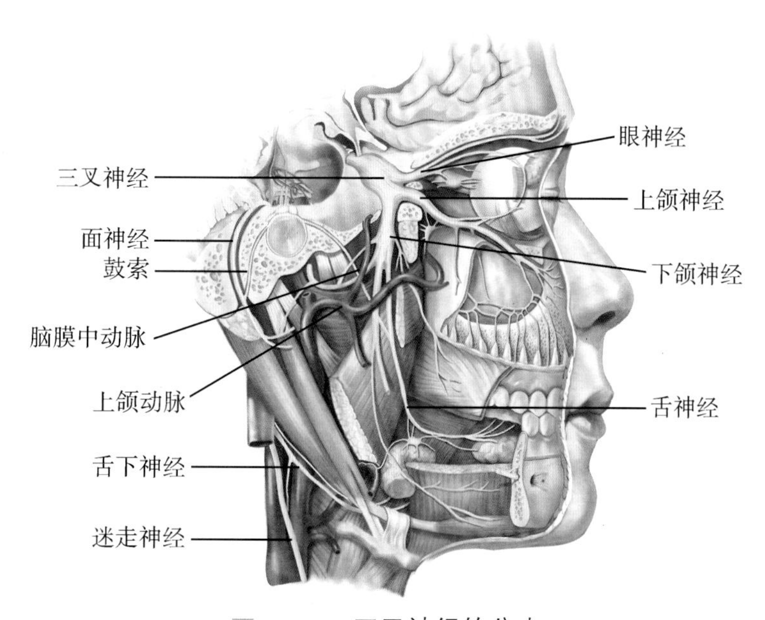

图 11-73 三叉神经的分支

外侧壁前行，经眶上裂入眶，分布于眼球、结膜、泪腺以及鼻背和睑裂以上的皮肤。②**上颌神经**，为感觉性神经，穿经海绵窦外侧壁前行，经圆孔出颅腔，经眶下裂入眶延续为眶下神经。上颌神经分布于睑裂与口裂之间的皮肤、上颌牙、牙龈以及鼻腔和口腔黏膜。③**下颌神经**，为混合性神经，经卵圆孔出颅腔，躯体感觉纤维分布于下颌牙、牙龈、舌前 2/3 的黏膜以及口裂以下的皮肤等；躯体运动纤维支配咀嚼肌。

6. 展神经　为运动性脑神经，自延髓脑桥沟中点的两侧出脑，向前穿经海绵窦，再经眶上裂入眶，支配外直肌。

7. 面神经　为混合性脑神经，含有躯体运动、内脏运动和内脏感觉 3 种纤维。其基本行径为：面神经→延髓脑桥沟出脑→内耳门→内耳道→面神经管→茎乳孔出颅腔。①躯体运动纤维，经茎乳孔出颅腔，向前穿过腮腺后，呈放射状发出颞支、颧支、颊支、下颌缘支和颈支，支配面部表情肌和颈阔肌（图 11-75）；②内脏运动（副交感）纤维，支配泪腺、舌下腺和下颌下腺的分泌；③内脏感觉纤维，分布于舌前 2/3 的味蕾，传导味觉。

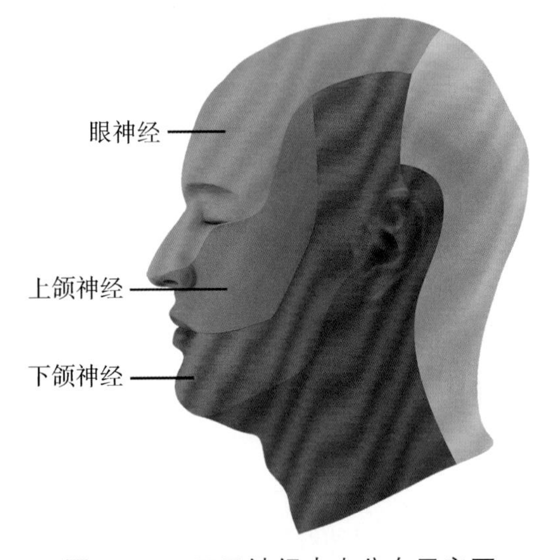

图 11-74　三叉神经皮支分布示意图

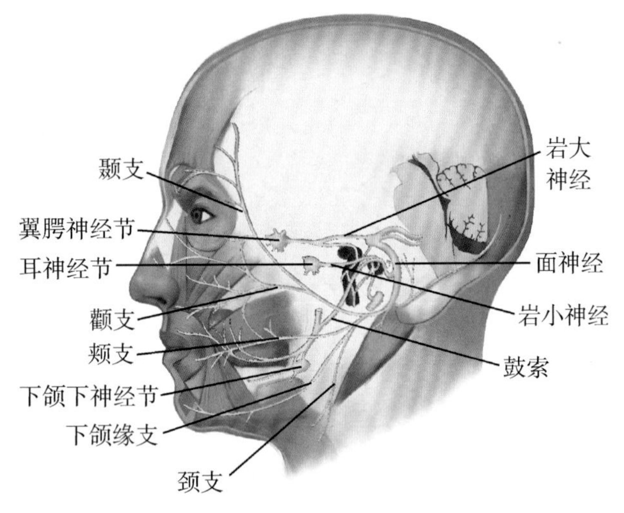

图 11-75　面神经在面部的分支

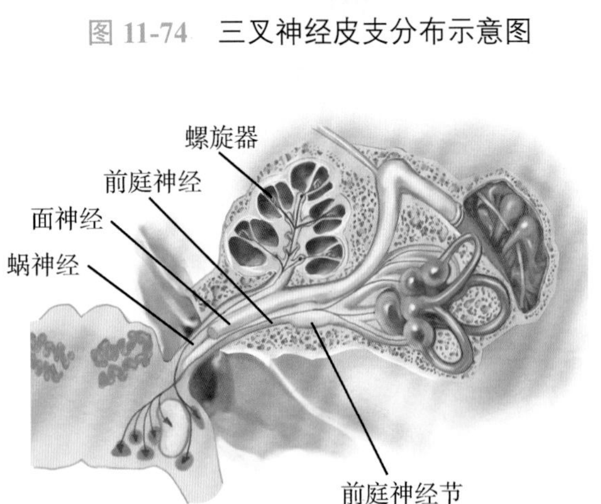

图 11-76　前庭蜗神经

8. 前庭蜗神经　为感觉性脑神经，由前庭神经和蜗神经组成（图 11-76）。①**前庭神经**，传导平衡觉。位于内耳道底前庭神经节的周围突分布于球囊斑、椭圆囊斑和壶腹嵴位置觉感受器，中枢突组成前庭神经与蜗神经伴行，出内耳门经延髓脑桥沟入脑干。②**蜗神经**，传导听觉。位于内耳蜗轴内蜗神经节的周围突分布于螺旋器，中枢突组成蜗神经，伴随前庭神经入脑干。

9. 舌咽神经　为混合性脑神经，含有 4 种纤维成分。舌咽神经连于延髓，经颈静脉孔出颅腔，下行于颈内动、静脉之间，继而弓形入舌（图 11-77）。①躯体运动纤维，支配咽部肌。②内脏运动（副交感）纤维，支配腮腺的分泌。③躯体感觉纤维，分布于耳后皮肤。④内脏感觉纤维，分布于舌后 1/3 的黏膜和味蕾、咽及中耳等处的黏膜。由内脏感觉纤维组成的颈动脉窦支分布于颈动脉窦和颈动脉小球。

10. 迷走神经　为混合性脑神经，是人体内行径最长、分布范围最广的脑神经，含有4种纤维成分。①躯体运动纤维，支配软腭和咽喉肌；②内脏运动（副交感）纤维，管理颈、胸、腹部多种脏器的运动和腺体的分泌；③内脏感觉纤维，分布于颈、胸、腹部的多种脏器；④躯体感觉纤维，分布于耳郭、外耳道的皮肤等处。

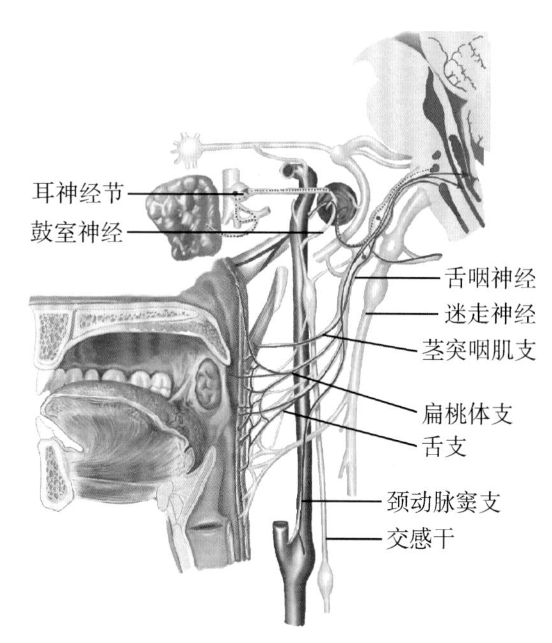

图 11-77　舌咽神经和迷走神经

迷走神经连于延髓，经颈静脉孔出颅腔，伴颈部大血管下行至颈根部，经胸廓上口入胸腔，在食管前、后面分别形成食管前、后丛，在食管下段集中延续为迷走神经前、后干，然后穿食管裂孔进入腹腔（图 11-78，图 11-79），分布于胃、肝、胰、脾和肾以及结肠左曲以上的消化管。

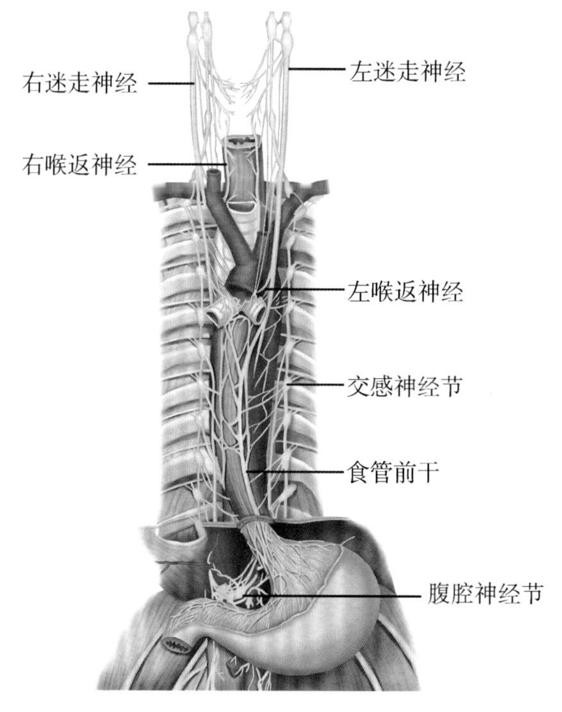

图 11-78　迷走神经胸部的分支

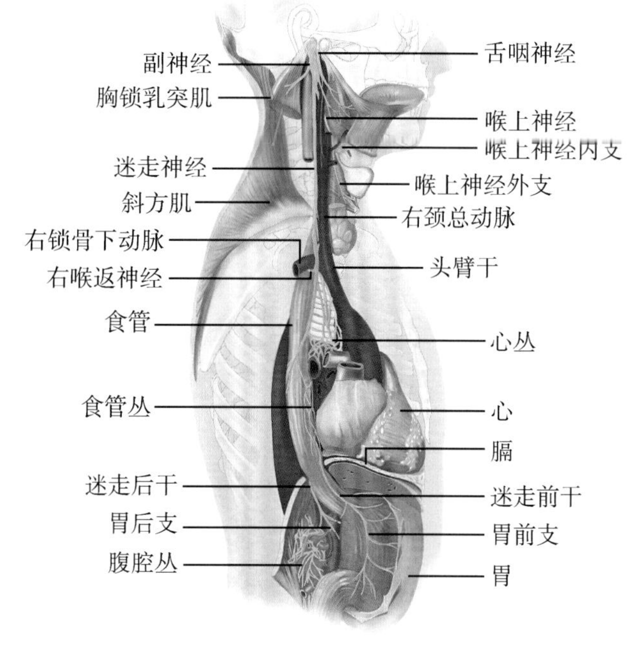

图 11-79　迷走神经分布示意图

迷走神经发出的重要分支（图 11-80）有：①**喉上神经**，沿颈内动脉内侧下行，在舌骨水平分为内、外支，分布于部分喉肌及声门裂以上的喉黏膜。②**喉返神经**，左喉返神经勾绕主动脉弓，右喉返神经勾绕右锁骨下动脉，向上返行至颈部。在颈部，两侧的喉返神经均上行于食管与气管之间的沟内，至甲状腺侧叶深面进入喉内，分数支分布于大部分喉肌及声门裂以下的喉黏膜。

11. 副神经　为运动性脑神经，经颈静脉孔出颅腔后，支配胸锁乳突肌和斜方肌（图 11-81）。

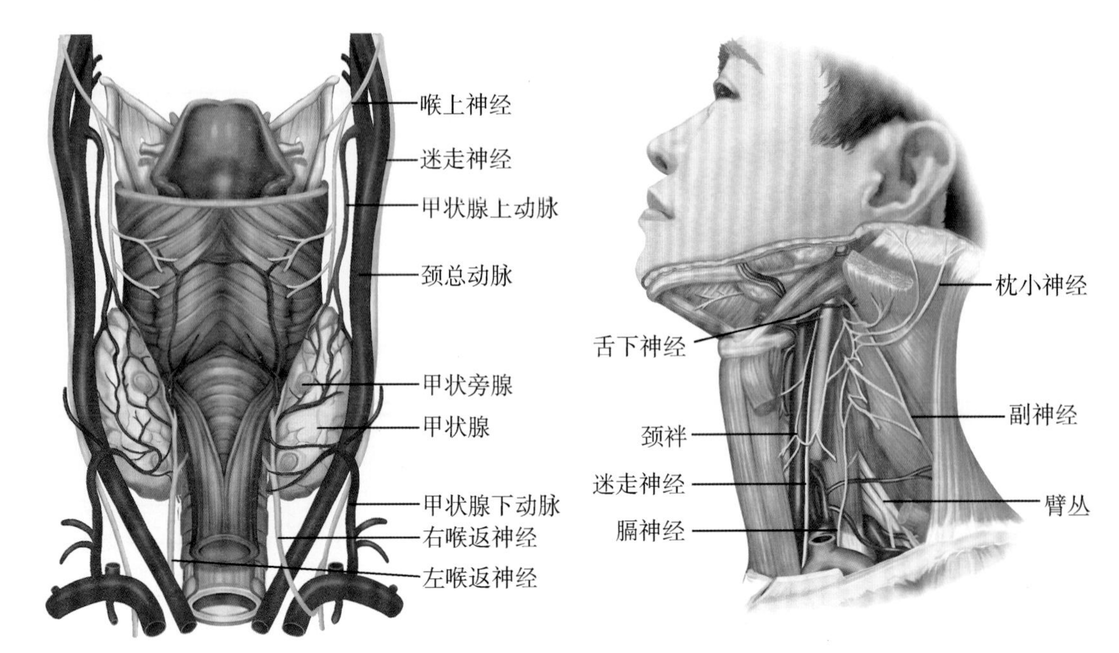

图 11-80 喉上神经和喉返神经　　图 11-81 副神经和舌下神经

12. 舌下神经　为运动性脑神经，从延髓的前外侧沟出脑，经舌下神经管出颅腔，支配舌内肌和大部分舌外肌。一侧舌下神经损伤，由于患侧颏舌肌瘫痪，健侧颏舌肌收缩正常，伸舌时舌尖偏向患侧。

考点 脑神经的名称、性质、出入颅的部位及分布概况

三、内脏神经

内脏神经是指分布于内脏、心血管和腺体的神经，含有感觉和运动两种纤维成分。内脏运动神经的主要功能是调节内脏、心血管的活动和腺体的分泌，这一功能通常不受人的意志控制，故又称为**自主神经**。内脏感觉神经将来自内脏、心血管等处的感觉冲动传入中枢，引起内脏反射，也可传到大脑皮质产生内脏感觉。

（一）内脏运动神经

内脏运动神经（图 11-82）与躯体运动神经在形态结构和功能上存在着较大差异，两者的差异主要表现在以下几个方面：①支配对象不同，躯体运动神经支配骨骼肌，一般都受意志的控制；内脏运动神经则支配平滑肌、心肌和腺体，在一定程度上不受意志控制。②纤维成分不同，躯体运动神经只有一种纤维成分，而内脏运动神经则包括交感和副交感两种纤维成分，且多数器官同时接受交感和副交感神经的双重支配，交感和副交感神经对同一器官的作用往往是相互拮抗的。例如，迷走神经的副交感神经纤维抑制心脏活动，交感神经则兴奋心脏活动。③神经元数目不同，躯体运动神经从低级中枢到达效应器（骨骼肌）前经过一个神经元，而内脏运动神经从低级中枢到达效应器（通常是指平滑肌、心肌和外分泌腺）前则需经过两个神经元。第 1 个神经元称为**节前神经元**，胞体位于脑干和脊髓内，其轴突称为**节前纤维**；第 2 个神经元称为**节后神经元**，胞体位于内脏神经节内，其轴突称为**节后纤维**。④分布形式不同，躯体运动神经以神经干的形式分布于效应器，而内脏运动神经的节后纤维通常是先在效应器周围形成神经丛，再由神经丛分支至效应器。

根据形态、功能和药理学的特点，内脏运动神经分为交感神经和副交感神经两部分，它们都有各自的中枢部和周围部。

1. 交感神经 **交感神经**的低级中枢位于脊髓胸1至腰3节段的灰质侧角，节前纤维即从灰质侧角的神经元发出。周围部由交感干、交感神经节以及节前纤维和节后纤维等组成（图11-83）。

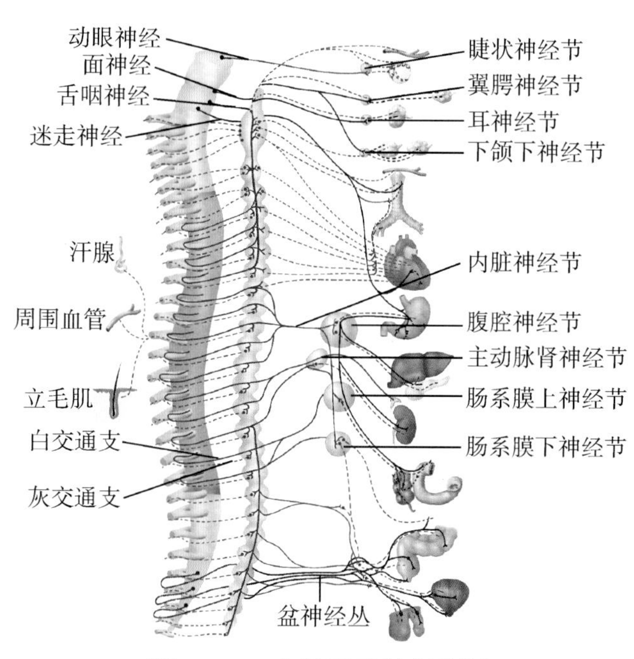

图11-82 内脏运动神经概况

（1）交感神经节：依其所处的位置不同，分为椎旁神经节和椎前神经节。**椎旁神经节**位于脊柱两旁，每侧有19～24个。同侧相邻椎旁神经节之间借节间支相连，形成上至颅底、下至尾骨的串珠样**交感干**，故椎旁神经节又称**交感干神经节**。**椎前神经节**位于脊柱前方，包括腹腔神经节、主动脉肾神经节和肠系膜上、下神经节等，分别位于同名动脉根部附近（图11-84）。

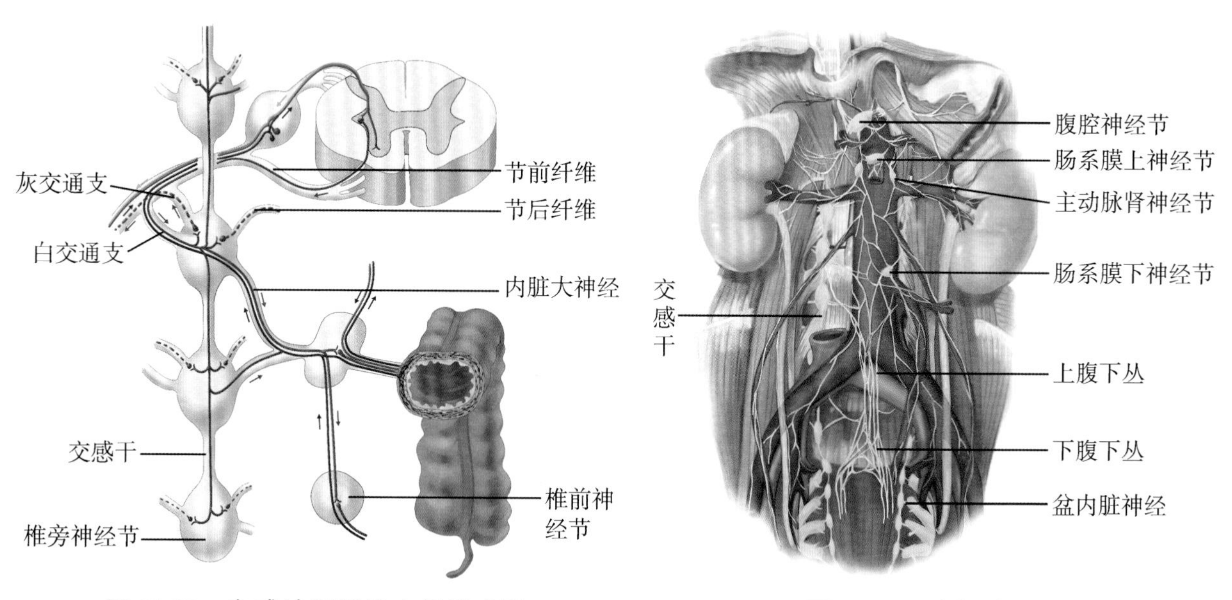

图11-83 交感神经纤维走行模式图

图11-84 腹部神经丛

（2）交感神经节前纤维的去向：由脊髓胸 1 至腰 3 节段灰质侧角发出的节前纤维，经脊神经前根、脊神经、交通支进入交感干后有 3 种不同的去向：①终止于相应的椎旁神经节内更换神经元；②在交感干内上升或下降，然后再终止于上方或下方的椎旁神经节内更换神经元；③穿过椎旁神经节，至椎前神经节内更换神经元。

（3）交感神经节后纤维的去向：由交感神经节发出的节后纤维也有 3 种不同的去向。①经交通支返回 31 对脊神经，随脊神经分布于头颈部、躯干和四肢的血管、汗腺、立毛肌和瞳孔开大肌等；②攀附于动脉表面形成同名神经丛，并随动脉分支分布到所支配的器官；③由交感神经节直接分布到所支配的器官。

（4）交感神经的分布概况：由交感神经低级中枢发出的节前纤维，在交感神经节更换神经元后，其节后纤维分布于头、颈、胸腔、腹腔、盆腔脏器等，以及四肢的血管、汗腺、立毛肌和瞳孔开大肌等。

2. 副交感神经　**副交感神经**的低级中枢位于脑干内的副交感神经核和脊髓骶 2 ～ 4 节段的骶副交感核。周围部包括副交感神经节以及进出此节的节前纤维和节后纤维。副交感神经节多位于所支配器官的附近或器官的壁内，分别称为**器官旁节**和**器官内节**。由脑干副交感神经核发出的节前纤维随Ⅲ、Ⅶ、Ⅸ、Ⅹ对脑神经走行分布；由脊髓骶 2 ～ 4 节段的骶副交感核发出的节前纤维，随骶神经出骶前孔后从骶神经中分出，组成**盆内脏神经**加入盆丛（图 11-85），随**盆丛**分支分布到盆腔脏器，在脏器附近或脏器壁内的副交感神经节交换神经元，节后纤维支配结肠左曲以下的消化管和盆腔脏器。

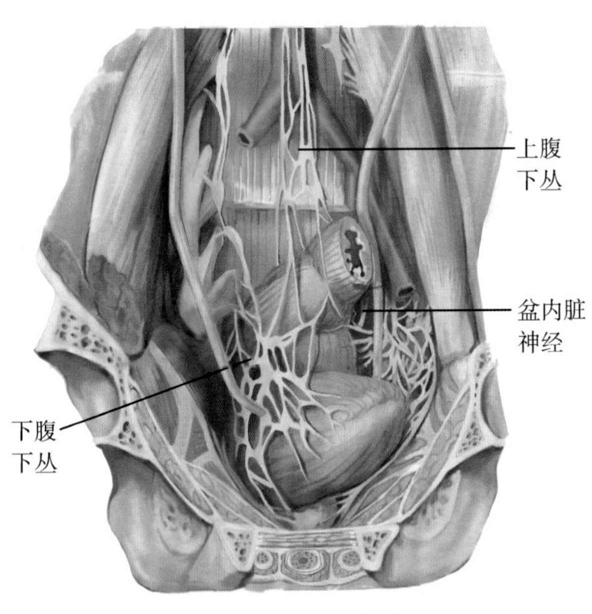

图 11-85　盆腔内脏神经丛

3. 交感神经与副交感神经的主要区别　交感神经和副交感神经同属内脏运动神经，且常对同一器官进行双重神经支配。但两者在来源、形态结构、分布范围和功能等方面又各有其特点，两者的主要区别，见表 11-2。

考点　交感神经与副交感神经的主要区别

表 11-2　交感神经与副交感神经的主要区别

项目	交感神经	副交感神经
低级中枢的部位	脊髓胸 1 至腰 3 节段的灰质侧角	脑干内的副交感神经核和脊髓骶 2 ～ 4 节段的骶副交感核
周围神经节的位置	椎旁神经节或椎前神经节	器官旁节或器官内节
节前、节后纤维	节前纤维短，节后纤维长	节前纤维长，节后纤维短
分布范围	分布范围广泛，分布于大部分血管、内脏平滑肌、心肌、腺体、瞳孔开大肌和立毛肌等	仅分布于内脏平滑肌、心肌、腺体、瞳孔括约肌和睫状肌等

4. 内脏运动神经的主要功能及其生理意义

（1）内脏运动神经的主要功能（表 11-3）

（2）内脏运动神经活动的生理意义：交感神经是一个应激系统，如在缺氧、剧痛、寒冷、失血等情况下，交感神经活动明显加强，心率加快、血压升高、血糖升高等。其主要生理意义在于动员机体的潜在力量，以适应环境的急剧变化。人在安静时，副交感神经的活动增强，其主要生理意义在于促进消化吸收、蓄积能量、加强排泄、休整恢复，保证机体安静时基本生命活动的正常进行。

考点 内脏运动神经活动的生理意义

表 11-3 内脏运动神经的主要功能

器官	交感神经	副交感神经
循环系统	心率加快、心肌收缩力加强，皮肤血管、腹腔内脏血管收缩，骨骼肌血管收缩（胆碱能神经除外）	心率减慢，心肌收缩力减弱
消化系统	抑制胃肠运动，促进括约肌收缩，促进唾液腺分泌黏稠唾液，抑制胃液、胰液、胆汁的分泌	促进胃肠运动，促进括约肌舒张，促进唾液腺分泌稀薄唾液，促进胃液、胰液、胆汁的分泌
呼吸系统	支气管平滑肌舒张	支气管平滑肌收缩
泌尿系统	促进尿道括约肌收缩、膀胱逼尿肌舒张，抑制排尿	促进膀胱逼尿肌收缩、尿道括约肌舒张，促进排尿
生殖系统	使未孕子宫平滑肌舒张，已孕子宫平滑肌收缩	—
眼	使瞳孔开大肌收缩，瞳孔开大	使瞳孔括约肌收缩，瞳孔缩小
皮肤	促进汗腺分泌，使立毛肌收缩	—
内分泌系统	促进肾上腺髓质分泌儿茶酚胺类激素	促进胰岛素分泌
新陈代谢	促进肝糖原分解	—

5. 内脏运动神经的信息传递　是通过节前纤维和节后纤维释放的外周递质与节后神经元或效应器上相应受体结合产生作用来实现的。

（1）内脏运动神经的递质与神经纤维分类：内脏运动神经释放的递质主要是乙酰胆碱和去甲肾上腺素。根据所释放的递质不同，将内脏运动神经纤维分为两类：①**胆碱能纤维**，是指末梢释放乙酰胆碱的神经纤维，包括交感神经节前纤维、副交感神经节前和节后纤维、少数交感神经节后纤维（支配骨骼肌血管、汗腺等）。支配骨骼肌的躯体运动神经纤维也释放乙酰胆碱，属于胆碱能纤维。②**肾上腺素能纤维**，是指末梢释放去甲肾上腺素的神经纤维，包括绝大多数交感神经节后纤维。

（2）内脏运动神经的受体

1）胆碱能受体：是指能与乙酰胆碱结合的受体。根据药理学特性，分为以下两类。

毒蕈碱受体（M 受体）：是指能与毒蕈碱结合的胆碱能受体，主要分布于副交感神经节后纤维支配的效应细胞、交感神经节后纤维支配的汗腺和骨骼肌血管的平滑肌细胞膜上。乙酰胆碱与 M 受体结合后，可产生一系列副交感神经兴奋的效应，称为**毒蕈碱样作用**，简称**M样作用**。如心脏活动抑制，支气管平滑肌、胃肠平滑肌、膀胱逼尿肌、瞳孔括约肌收缩，消化腺、汗腺分泌增加和骨骼肌血管舒张等。阿托品是M受体阻断剂。

烟碱受体（N受体）：是指能与烟碱结合的胆碱能受体。N受体又分为N_1与N_2受体两个亚型，N_1受体分布于内脏运动神经节后神经元细胞膜上，乙酰胆碱、烟碱等与N_1受体结合，可引起节后神经元兴奋；N_2受体位于骨骼肌的运动终板膜上，与乙酰胆碱结合可引起骨骼肌兴奋。筒箭毒是N_1和N_2受体的阻断剂，故临床手术中常作为肌肉松弛剂使用。

2）肾上腺素能受体：是指能与肾上腺素和去甲肾上腺素结合的受体。分布于肾上腺素能纤维所支配的效应器细胞膜上，分为α受体和β受体两类。

α受体：主要分布于皮肤、肾、胃肠等的血管平滑肌细胞上。肾上腺素和去甲肾上腺素与α受体结合后产生的平滑肌效应以兴奋为主，如血管收缩、已孕子宫收缩、瞳孔开大肌收缩等；但对小肠平滑肌却表现为抑制性效应，使小肠平滑肌舒张。酚妥拉明是α受体阻断剂。

β受体：可分为β_1受体和β_2受体。β_1受体主要分布于心肌细胞膜上，肾上腺素和去甲肾上腺素与β_1受体结合后产生兴奋效应，如心率加快、心肌收缩力增强等。β_2受体分布于支气管、胃、肠、子宫及许多血管平滑肌细胞上，肾上腺素和去甲肾上腺素与β_1受体结合后产生的平滑肌效应则为抑制性的，包括血管、子宫、小肠、支气管等的平滑肌舒张。普萘洛尔（心得安）能阻断β受体，但对β_1、β_2受体无选择性。阿替洛尔主要阻断β_1受体，而丁氧胺则主要阻断β_2受体。

考点 胆碱能受体和肾上腺素能受体的概念及其分布

（二）内脏感觉神经

内脏器官除有交感神经和副交感神经支配外，还有内脏感觉神经分布。内脏感觉神经通过分布于内脏和心血管壁等处的内感受器接受来自内脏的各种刺激，并将内脏感觉冲动传导至大脑皮质，产生内脏感觉，中枢可直接通过内脏运动神经或间接通过体液途径来调节内脏器官的活动。

（三）内脏痛与牵涉痛

内脏痛常由机械性牵拉、痉挛、缺血和炎症等刺激所致，是临床常见的一种症状，具有以下特点：①定位不准确，是内脏痛的最主要特点；②疼痛发生缓慢、持续时间较长，对刺激的分辨能力差；③对机械性牵拉、痉挛、缺血、炎症等刺激敏感，而对切割、烧灼等刺激不敏感；④常伴有牵涉痛。

牵涉痛是指某些内脏器官发生病变引起体表特定部位发生疼痛或疼痛过敏的现象。牵涉痛可发生在患病器官邻近的皮肤区，也可发生在与患病器官相距较远的皮肤区。例如，心绞痛时，则会感到心前区、左肩及左臂内侧的皮肤疼痛（图11-86）；胆囊炎、胆石症发作时，常在右肩部感到疼痛；阑尾炎早期，腹痛常发生在上腹部或脐周围。牵涉痛是造成临床误诊的常见原因之一，故正确认识牵涉痛对诊断某些疾病具有一定的参考价值。

考点 牵涉痛的概念及临床意义

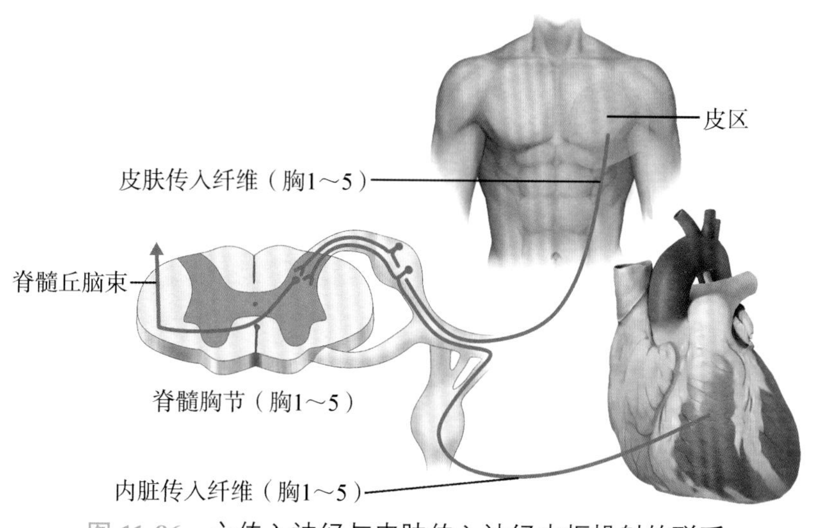

图 11-86 心传入神经与皮肤传入神经中枢投射的联系

第 4 节 神经系统的传导通路

神经系统的传导通路是指联系大脑皮质与感受器和效应器之间神经冲动的传导通路，包括感觉（上行）传导通路和运动（下行）传导通路。前者是指感受器将内、外环境的各种刺激所产生的神经冲动传至大脑皮质的神经通路，是反射弧组成中的传入部分；后者是指大脑皮质发出的神经冲动传至躯体和内脏效应器的神经通路，是反射弧组成中的传出部分。

一、感觉传导通路

（一）躯干和四肢意识性本体感觉与精细触觉传导通路

本体感觉又称深感觉，是指肌、肌腱、关节等在运动或静止时产生的位置觉、运动觉和震动觉，如人在闭眼时能感知身体各部的位置及运动状态。在本体感觉传导通路中还传导皮肤的精细触觉。此通路由 3 级神经元组成（图 11-87）：第 1 级神经元为脊神经节内的假单极神经元，其周围突随脊神经分布于躯干、四肢的肌、肌腱、关节等处的本体感受器和皮肤的精细触觉感受器，中枢突经脊神经后根进入脊髓后索，分为长的升支和短的降支。其中，来自第 5 胸节以下的升支形成薄束，来自第 4 胸节以上的升支形成楔束。两束上行至延髓分别终止于薄束核和楔束核。短的降支至脊髓灰质后角或脊髓灰质前角，完成脊髓牵张反射。第 2 级神经元的胞体位于延髓的薄束核和楔束核内，此二核发出的纤维向前绕过中央管的腹侧左右交叉，形成内侧丘系交叉，交叉后的纤维在延髓中线两侧上行，形成内侧丘系，向上终止于丘脑的腹后外侧核。第 3 级神经元的胞体位于丘脑的腹后外侧核内，其发出的纤维参与组成丘脑中央辐射，经内囊后肢投射至大脑皮质中央后回的中、上部和中央旁小叶后部，部分纤维投射至中央前回。

（二）躯干和四肢的浅感觉传导通路

传导皮肤、黏膜的痛觉、温度觉、粗触觉和压觉的传导通路又称浅感觉传导通路，由 3 级神经元组成（图 11-88）：第 1 级神经元为脊神经节内的假单极神经元，其周围突随脊神经分布于躯干和四肢皮肤内的感受器。中枢突经脊神经后根进入脊髓，终止于脊髓灰质后角。第 2 级神经元的胞体位于脊髓灰质后角内，发出的纤维上升 1 ～ 2 个脊髓节段后交叉至对侧，形成脊髓丘脑束，向上终止于丘脑的腹后外侧核。第 3 级神经元的胞体位于丘脑的腹后外侧核内，其发出的纤维参与组成丘脑中央辐射，经内囊后肢投射至大脑皮质中央后回的中、上部和中央旁小叶后部。

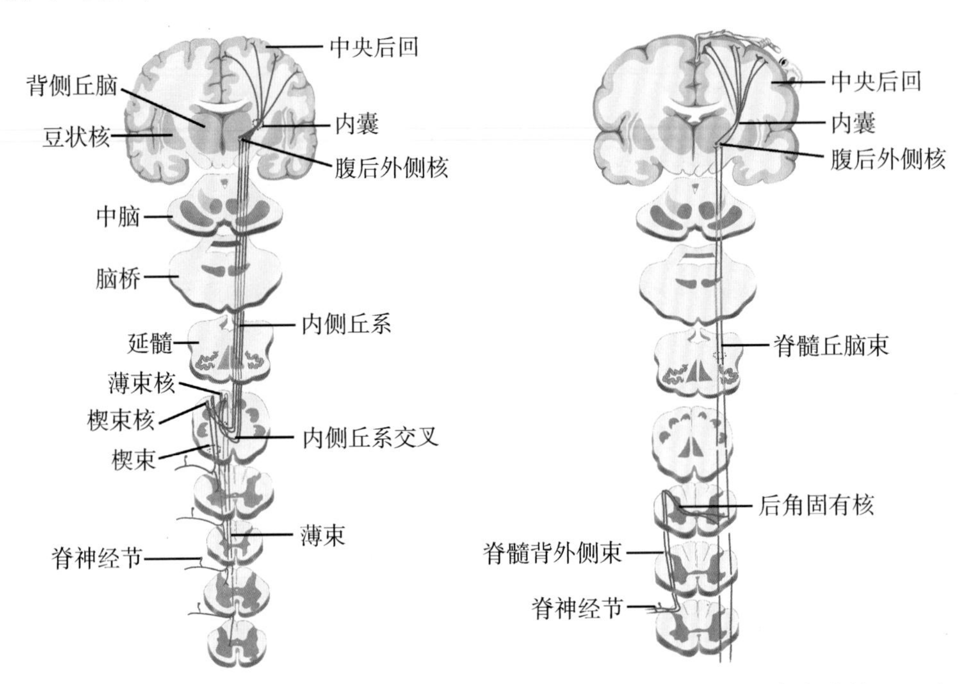

图 11-87 躯干和四肢意识性本体感觉和精细触觉传导通路

图 11-88 躯干和四肢的浅感觉传导通路

（三）头面部的浅感觉传导通路

由 3 级神经元组成（图 11-89）：第 1 级神经元为三叉神经节内的假单极神经元，其周围突经相应的三叉神经分支分布于头面部皮肤及口鼻黏膜的相关感受器，中枢突经三叉神经根进入脑桥，终止于三叉神经感觉核群。第 2 级神经元的胞体位于三叉神经感觉核群内，它们发出的纤维交叉至对侧形成三叉丘脑束，向上终止于丘脑的腹后内侧核。第 3 级神经元的胞体位于丘脑的腹后内侧核内，其发出的纤维参与组成丘脑中央辐射，经内囊后肢投射至中央后回下部。

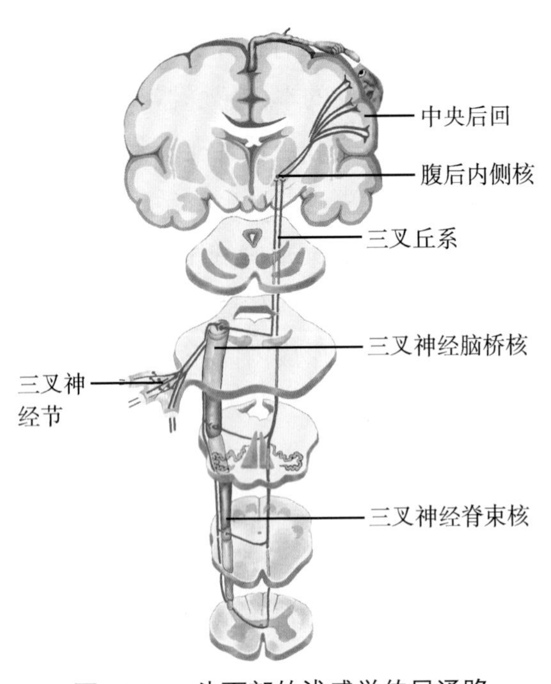

图 11-89 头面部的浅感觉传导通路

（四）视觉传导通路和瞳孔对光反射通路

1. 视觉传导通路　由 3 级神经元组成（图 11-90）：第 1 级神经元为视网膜内的双极细胞，其周围突与视觉感受器即视锥细胞和视杆细胞相联系，中枢突则与视网膜节细胞形成突触。第 2 级神经元为视网膜内的节细胞，其轴突在视神经盘处聚集成视神经，经视神经管入颅腔，形成视交叉后延为左、右视束，绕过大脑脚主要终止于外侧膝状体。在视交叉中，来自两眼视网膜鼻侧半的纤维交叉，进入对侧视束中；颞侧半的纤维不交叉，进入同侧视束中。因此，左侧视束含有来自两侧视网膜左侧半的纤维，右侧视束含有来自两侧视网膜右侧半的纤维。第3级神经元的胞体位于间脑的外侧膝状体内，其发出的纤维组成视辐射，经内囊后肢的后部投射至大脑枕叶距状沟两侧的视觉中枢，产生视觉。

2. 瞳孔对光反射通路　瞳孔对光反射是指光照射一侧瞳孔，引起两眼瞳孔缩小的反射。光照射侧的瞳孔缩小称为**直接对光反射**，未照射侧的瞳孔缩小则称为**间接对光反射**。瞳孔对光反射的通路如下（图11-90）：光刺激→视网膜→视神经→视交叉→两侧视束→中脑瞳孔对光反射中枢→两侧动眼神经副核→两侧动眼神经（节前纤维）→睫状神经节→节后纤维→两侧瞳孔括约肌收缩→两侧瞳孔缩小。

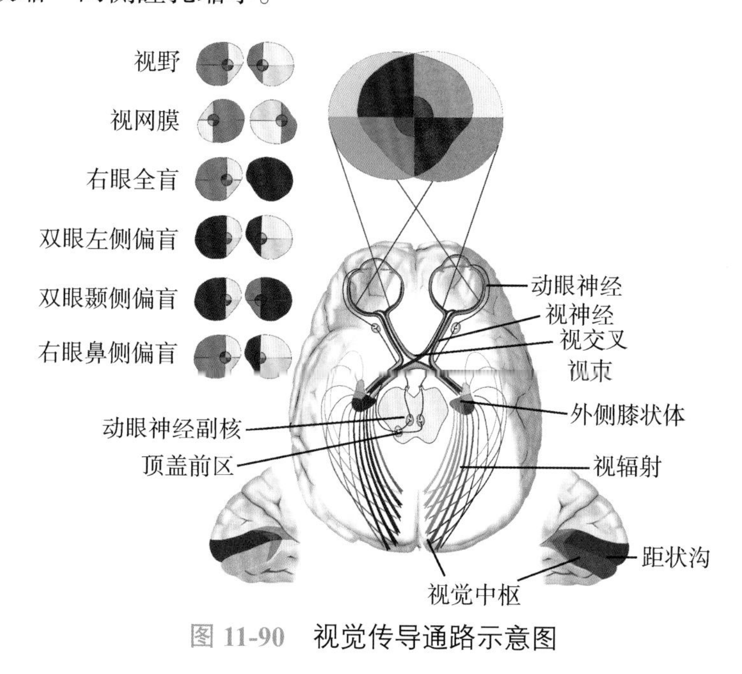

图11-90　视觉传导通路示意图

考点　感觉传导通路各级神经元胞体所在的位置、纤维束交叉的部位以及投射区域

二、运动传导通路

运动传导通路常指躯体运动传导通路，是指从大脑皮质至躯体运动效应器（骨骼肌）之间的神经联系，包括锥体系和锥体外系两部分。大脑皮质运动区对躯体运动的控制是通过锥体系和锥体外系协同完成的。

（一）锥体系

锥体系为管理骨骼肌随意运动的下行纤维束，由上运动神经元和下运动神经元组成。上运动神经元由位于中央前回和中央旁小叶前部大脑皮质等处的锥体细胞组成，其轴突组成下行的锥体束。其中，终止于脊髓前角运动神经元的下行纤维束称为**皮质脊髓束**，终止于脑干内脑神经躯体运动核的下行纤维束称为**皮质核束**。下运动神经元为脑干内脑神经躯体运动核（动眼神经核、滑车神经核、三叉神经运动核、展神经核、面神经核、疑核、副神经核和舌下神经核）和脊髓前角运动神经元，它们的轴突分别构成脑神经和脊神经的躯体运动纤维，随脑神经和脊神经支配相应的骨骼肌。

1. 皮质脊髓束（图 11-91） 由中央前回中、上部和中央旁小叶前部大脑皮质等处的锥体细胞轴突集中而成，经内囊后肢、大脑脚和脑桥基底部下行至延髓锥体。在锥体下端，75% ～ 90% 的纤维经锥体交叉越至对侧，在脊髓外侧索中下行，形成皮质脊髓侧束，沿途逐节终止于同侧的脊髓前角运动神经元，主要支配四肢肌。在延髓内未交叉的小部分纤维，则在同侧脊髓前索中下行，形成皮质脊髓前束。皮质脊髓前束在下行过程中大部分纤维逐节交叉至对侧，终止于脊髓前角运动神经元，少部分纤维始终不交叉而止于同侧脊髓前角运动神经元，这些纤维主要支配躯干肌。由上可知，躯干肌受两侧大脑皮质支配，而上、下肢肌则受对侧大脑皮质支配，故一侧皮质脊髓束在锥体交叉前受损，主要引起对侧肢体的瘫痪，而对躯干肌的运动没有明显的影响；在锥体交叉后受损，主要引起同侧肢体瘫痪。

2. 皮质核束（图 11-92） 主要由中央前回下部的锥体细胞轴突集中而成，经内囊膝下行至脑干后，大部分纤维陆续终止于双侧的脑神经躯体运动核，再由上述脑神经核发出的躯体运动纤维，随相应脑神经支配眼球外肌、咀嚼肌、睑裂以上的面肌、咽喉肌、胸锁乳突肌和斜方肌。小部分纤维完全交叉到对侧，终止于面神经核下部和舌下神经核，支配对侧睑裂以下的面肌和舌肌，即面神经核的下部和舌下神经核只接受对侧皮质核束的支配。故当一侧皮质核束受损时，只会出现对侧睑裂以下面肌和舌肌的瘫痪，表现为对侧鼻唇沟消失，口角歪向患侧，伸舌时舌尖偏向健侧，为**核上瘫**。而当一侧面神经核或面神经（下运动神经元）受损时，会出现同侧面肌全部瘫痪，表现为额纹消失，不能闭眼，口角下垂，鼻唇沟消失等（图 11-93）。一侧舌下神经核或舌下神经（下运动神经元）受损则会出现同侧舌肌瘫痪，表现为伸舌时舌尖偏向患侧，为**核下瘫**（图 11-94）。

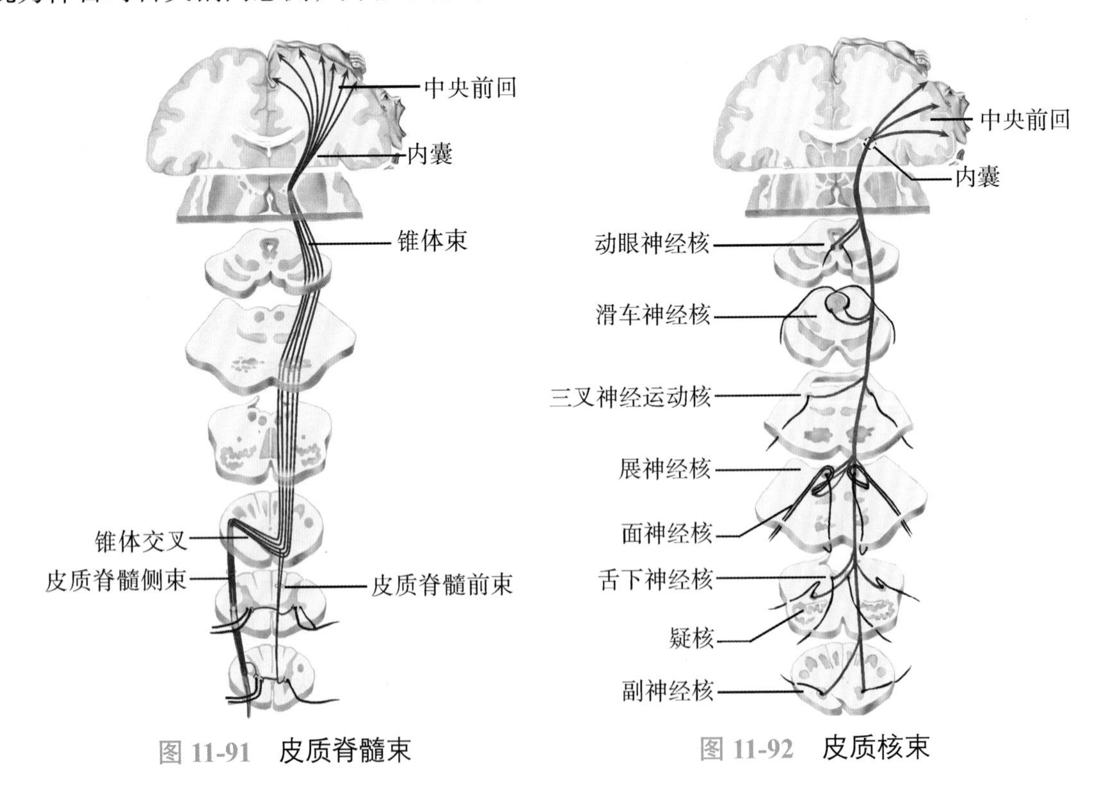

图 11-91 皮质脊髓束　　图 11-92 皮质核束

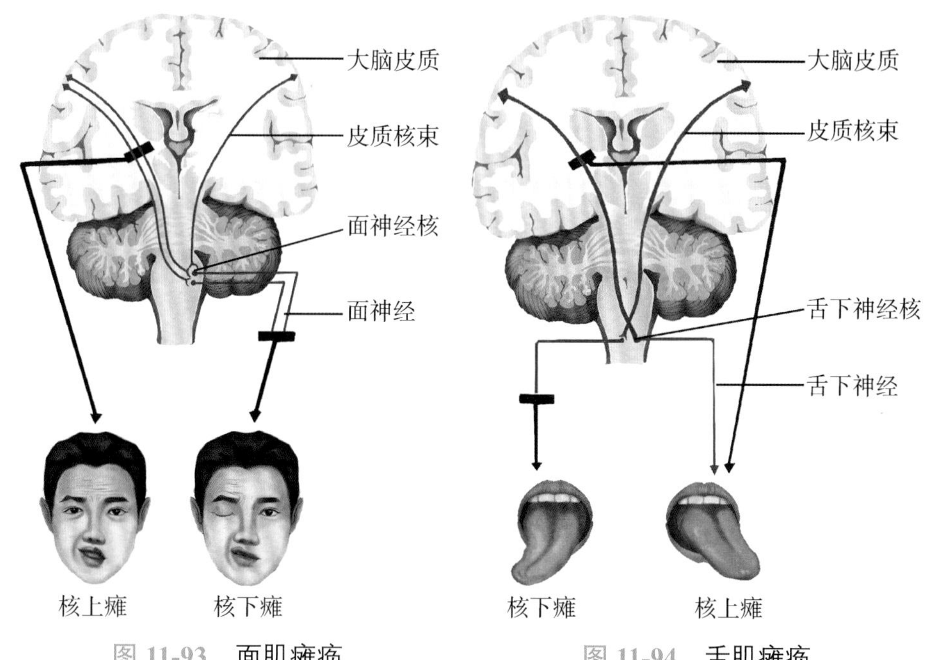

图 11-93 面肌瘫痪　　图 11-94 舌肌瘫痪

锥体系的主要功能是传达大脑皮质运动区的指令，发动随意运动，调节精细动作，保持运动的协调性。

考点 皮质脊髓束纤维交叉的部位及其与下运动神经元的联系

（二）锥体外系

锥体外系是指锥体系以外的影响和控制骨骼肌运动的传导通路。结构十分复杂，锥体外系的纤维起自大脑皮质，在下行过程中与纹状体、丘脑、红核、黑质、小脑及脑干网状结构等发生广泛联系，并经多次更换神经元后，下行终止于脑神经躯体运动核和脊髓前角运动神经元。

锥体外系的主要功能是调节肌张力、协调肌肉活动、维持体态姿势和习惯性动作，如走路时双臂自然协调地摆动等。

自 测 题

A_1/A_2 型题

1. 突触的兴奋性递质与突触后膜结合，主要使后膜（　　）
   A. 对 Na^+ 通透性降低
   B. 对 Ca^{2+} 通透性增高
   C. 对 Na^+ 通透性增高
   D. 对 K^+ 通透性增高
   E. 对 Cl^- 通透性增高
2. 关于脊髓节段的描述，错误的是（　　）
   A. 共有 31 个节段　B. 7 个颈节
   C. 12 个胸节　D. 5 个腰节
   E. 5 个骶节
3. 唯一自脑干背面出脑的脑神经是（　　）
   A. 滑车神经　B. 舌下神经
   C. 动眼神经　D. 展神经
   E. 三叉神经
4. “生命中枢”位于（　　）
   A. 端脑　B. 脑桥

C. 中脑　　D. 丘脑
E. 延髓

5. 特异投射系统的主要作用是（　　）
A. 调节内脏功能　　B. 引起特定感觉
C. 引起牵涉痛　　D. 协调肌紧张
E. 使大脑皮质维持睡眠状态

6. 关于脊神经的描述，错误的是（　　）
A. 共有 31 对
B. 脊神经是混合性神经
C. 前支为运动性
D. 后根属感觉性
E. 前根属运动性

7. 某患者左腕部被刀割伤后 1 小时急诊入院，检查发现左手小指掌、背侧皮肤感觉障碍，提示哪条神经可能受到了损伤（　　）
A. 正中神经　　B. 桡神经
C. 尺神经　　D. 肌皮神经
E. 腋神经

8. 肱骨外科颈骨折最易损伤的神经是（　　）
A. 肌皮神经　　B. 桡神经
C. 正中神经　　D. 腋神经
E. 尺神经

9. 在内踝前方进行大隐静脉注射时，若药物外漏可能刺激（　　）
A. 隐神经　　B. 腓深神经
C. 腓浅神经　　D. 胫神经
E. 腓总神经

10. 关于三叉神经的描述，错误的是（　　）
A. 为混合性脑神经
B. 分为眼神经、上颌神经和下颌神经三大分支
C. 上颌神经为运动性神经
D. 下颌神经为混合性神经
E. 眼神经经眶上裂入眶

11. 管理腮腺分泌的副交感神经纤维来自（　　）
A. 舌下神经　　B. 迷走神经
C. 面神经　　D. 舌咽神经
E. 三叉神经

12. 拥有最多支配区的脑神经是（　　）
A. 三叉神经　　B. 舌咽神经
C. 迷走神经　　D. 面神经
E. 动眼神经

13. 支配舌肌的脑神经是（　　）
A. 舌咽神经　　B. 下颌神经
C. 面神经　　D. 迷走神经
E. 舌下神经

14. 躯干、四肢本体感觉传导通路第 2 级神经元的胞体位于（　　）
A. 脊神经节　　B. 丘脑腹后内侧核
C. 丘脑腹后外侧核　D. 脊髓灰质后角
E. 薄束核和楔束核

15. 交感神经兴奋可引起（　　）
A. 支气管平滑肌收缩
B. 肠蠕动增强
C. 心率加快
D. 瞳孔缩小
E. 膀胱逼尿肌收缩

16. 副交感神经兴奋可引起（　　）
A. 支气管平滑肌舒张
B. 肝糖原分解
C. 心率加快
D. 瞳孔缩小
E. 瞳孔开大

17. 引起心脏抑制的胆碱能受体是（　　）
A. α 受体　　B. M 受体
C. N 受体　　D. β_1 受体
E. β_2 受体

18. 不易引起内脏痛的刺激是（　　）
A. 缺血　　B. 牵拉
C. 炎症　　D. 切割
E. 痉挛

19. 患者，男性，15 岁。因外伤造成左臂肱骨中段骨折而急诊入院。检查发现患侧虎口区皮肤感觉消失，抬前臂时呈垂腕状态，其原因可能是骨折伴有下列何神经损伤（　　）

A. 肌皮神经　　B. 桡神经
C. 正中神经　　D. 尺神经
E. 腋神经

20. 患者，男性，18岁。在打篮球时与他人发生冲撞而造成左小腿外伤，X线片显示左侧腓骨头处骨折，除小腿外侧和足背皮肤感觉障碍外，还出现马蹄内翻足畸形。其原因可能是骨折合并下列何神经损伤（　　）
A. 胫神经　　B. 腓总神经
C. 腓浅神经　　D. 腓深神经
E. 坐骨神经

21. 临床上做脑神经功能检查时，医生将手指置于患者眼睑上，试图翻开眼睑，并令患者用力闭眼。此方法是测试下列哪条脑神经的功能（　　）
A. 三叉神经　　B. 动眼神经
C. 面神经　　D. 眼神经
E. 滑车神经

22. 急性胆囊炎患者表现为右肩部疼痛，这种疼痛属于（　　）
A. 转移性疼痛　　B. 胆绞痛
C. 牵涉痛　　D. 皮肤痛
E. 内脏痛

A_3/A_4 型题

（23～25题共用题干）

患者，女性，76岁。因突然晕倒后不省人事而急诊入院。检查发现右侧偏身感觉障碍，右侧肢体偏瘫，双侧视野右侧半偏盲，伸舌时舌尖偏向右侧，右侧鼻唇沟变浅，口角歪向左侧。临床诊断：左侧内囊出血。在讨论中提出了以下问题：

23. 关于内囊的描述，错误的是（　　）
A. 在端脑的水平切面上，呈"><"形
B. 由投射纤维组成
C. 损伤后仅出现同侧症状
D. 分为前肢、膝和后肢3部分
E. 是丘脑、尾状核与豆状核之间的白质

24. 内囊前肢的血液供应主要来自（　　）
A. 大脑前动脉　　B. 大脑中动脉
C. 大脑后动脉　　D. 基底动脉
E. 后交通动脉

25. 左侧内囊出血引起的右侧肢体运动障碍，主要是因为损伤了（　　）
A. 皮质核束　　B. 皮质脊髓束
C. 脊髓丘脑束　　D. 丘脑中央辐射
E. 额桥束

（26～27题共用题干）

患者，男性，16岁。因玩耍时不慎被一坚硬的飞行物击破头部右侧颞区而急诊入院。检查发现：右侧颞区皮肤破裂出血，伴有喷射状呕吐，右侧瞳孔散大，对光反射迟钝。医生怀疑有颅内出血，行头部CT检查，诊断为硬膜外血肿。在讨论中提出了以下问题。

26. 硬膜外血肿的形成，是由脑膜中动脉破裂所致。该动脉起始于（　　）
A. 上颌动脉　　B. 颞浅动脉
C. 颈外动脉　　D. 面动脉
E. 舌动脉

27. 患者出现硬膜外血肿，关于硬脑膜的描述，错误的是（　　）
A. 为厚而坚韧的致密结缔组织膜
B. 硬脑膜窦收纳脑的静脉血
C. 眼静脉直接注入上矢状窦
D. 与颅底各骨连接紧密
E. 与颅盖骨连接疏松，故颅顶部骨折易形成硬膜外血肿

（王之一）

第12章 内分泌系统

案例 12-1

患者，女性，42岁，发现颈部肿大5年，近日常感心悸、失眠、怕热、多汗，食量加大但体重却减轻而来医院就诊。体格检查：体温37.7℃，脉搏116次/分钟，呼吸22次/分钟，血压120/70mmHg，甲状腺弥漫性、对称性肿大。实验室检查：游离T_3升高、游离T_4升高。初步诊断：甲状腺功能亢进。

问题：1. 甲状腺位于何处？具有怎样的功能？

2. 甲状腺功能亢进的患者为何会出现心悸、怕热多汗、食量增加等现象？

第1节 概 述

一、内分泌系统的组成及功能

内分泌系统是机体重要的功能调节系统，由内分泌腺和散在分布于其他器官内的内分泌细胞组成。**内分泌腺**在结构上是独立的器官，体积小、重量轻，包括甲状腺、甲状旁腺、肾上腺、垂体、松果体和胸腺（图12-1）。其结构特点是腺细胞排列成团状、索状或围成滤泡状，无输送分泌物的导管，有丰富的毛细血管。**内分泌细胞**是指散在分布于胰腺内的胰岛、睾丸内的间质细胞、卵巢内的卵泡和黄体以及神经系统与消化管壁内的内分泌细胞等。

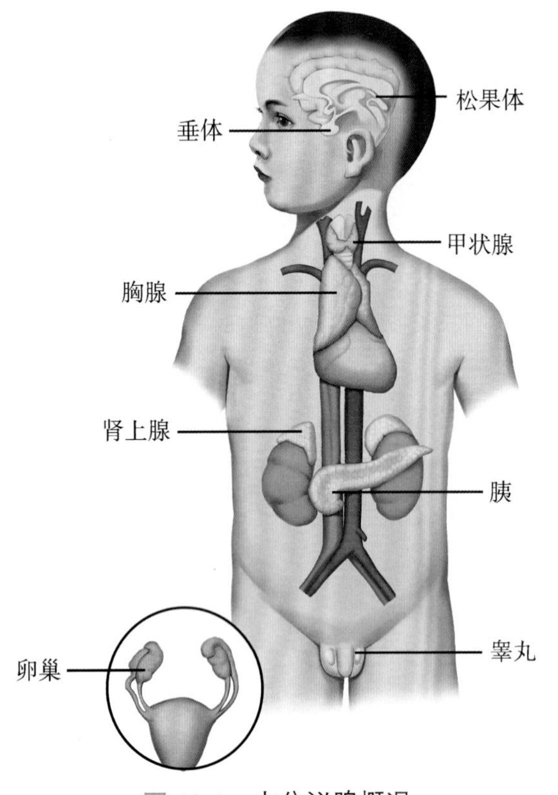

图12-1 内分泌腺概况

由内分泌腺或内分泌细胞分泌的具有高效能生物活性的物质统称为**激素**，是内分泌系统完成调节功能的物质基础。内分泌系统以分泌各种激素的形式，通过体液途径，调节机体的新陈代谢、生长发育、生殖及各种功能活动等过程，维持机体内环境稳态。

考点 内分泌系统的组成；激素的概念

二、激素的分类

激素按化学性质可分为含氮激素和类固醇激素两类。

1. 含氮激素　此类激素分子结构中含有氮元素，包括肽类（下丘脑调节肽、甲状旁腺激素、降钙素、胃肠激素）、蛋白质类（胰岛素、甲状旁腺素及腺垂体激素）和胺类（肾上腺素、去甲肾上腺素和甲状腺激素），这一类激素容易被胃肠道消化酶所分解而破坏（甲状腺激素例外），作为药物使用时不宜口服。

含氮激素的作用机制可用第二信使学说来说明。含氮激素分子较大，一般不能进入细胞内，可以看作是第一信使与细胞膜上的受体结合，通过一系列反应途径激发细胞内第二信使物质生成，如环 - 磷酸腺苷（cAMP）、三磷酸肌醇（IP3）、二酰甘油（DG）等，实现其生理调节作用（图 12-2）。

2. 类固醇激素　此类激素常以胆固醇为原料合成，化学结构与胆固醇相似。主要包括肾上腺皮质激素（如皮质醇、醛固酮）和性激素（如雄激素、雌激素和孕激素）。这类激素不易被消化酶破坏，作为药物使用时可以口服。

类固醇激素的作用机制可用基因表达学说来说明。类固醇激素分子量小、呈脂溶性，能透过细胞膜直接进入靶细胞内，与胞内受体结合成激素 - 胞质受体复合物（图 12-2），再进入细胞核内，与核内受体结合，形成激素 - 核受体复合物，从而启动或抑制 DNA 转录，促进或抑制 mRNA 的形成，结果诱导或减少某种特定蛋白质的合成，从而引起调节效应。

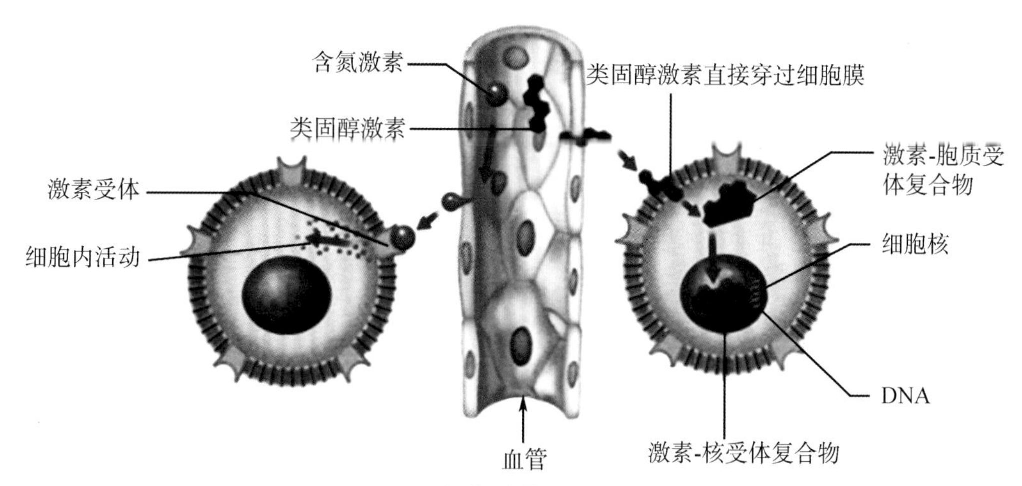

图 12-2　激素的作用机制示意图

三、激素作用的一般特征

虽然激素对靶细胞的调节效应不尽相同，但可表现出一些共同的作用特征。

1. 特异性　激素释放入血液后，有选择性地只作用于某些器官、组织和细胞的特性，称激素作用的特异性。主要取决于分布于靶细胞的相应受体。虽然多种激素可通过血液循环广泛接触各部位的器官、腺体、组织和细胞，但各种激素只选择性地作用于特定的目标——靶，故分别称为该激素的**靶器官**、**靶腺**、**靶组织**和**靶细胞**。激素与靶的特异关系是内分泌系统发挥特异调节效应的基础。

2. 信使作用　激素在内分泌细胞与靶细胞之间充当化学信使，仅将生物信息传递给靶细胞，只能使原有的生理生化过程加速或减慢、增强或减弱。在发挥作用的过程中，激素对其所作用的细胞，既不添加新功能，也不提供额外能量。

3. 高效能作用　生理状态下，激素在血液中浓度很低，但其作用却十分显著。其原因在于当激素与受体结合后，在细胞内发生一系列效应逐级放大的酶促反应，形成一个高效能的生物信息放大系统。因此，血液中激素浓度的较小变化也会引起巨大的生物效应，从而引起相应的功能异常。

4. 激素之间相互作用　激素与激素之间往往存在着相互影响，表现为协同作用、拮抗作用和允许作用。

（1）协同作用：是指多种激素联合作用时所产生的倍增效应，即大于各激素单独作用所产生效应的总和。如生长激素、肾上腺素、胰高血糖素及糖皮质激素虽然作用的环节不同，但在升糖效应上有协同作用。

（2）拮抗作用：是指两种不同的激素调节同一生理活动时，产生相互对抗的效应。如胰岛素降低血糖，而生长激素、肾上腺素、胰高血糖素及糖皮质激素则升高血糖，它们起相互拮抗的作用。

（3）允许作用：是指某种激素本身并不能直接对某些器官、组织或细胞产生生理效应，但它的存在却使另一激素的作用明显增强。如糖皮质激素本身对心肌和血管平滑肌并无直接的收缩作用，但只有它存在时，去甲肾上腺素才能充分发挥其缩血管作用。

考点 激素的概念及激素作用的一般特征

第 2 节　垂体与下丘脑

一、垂体的位置和形态

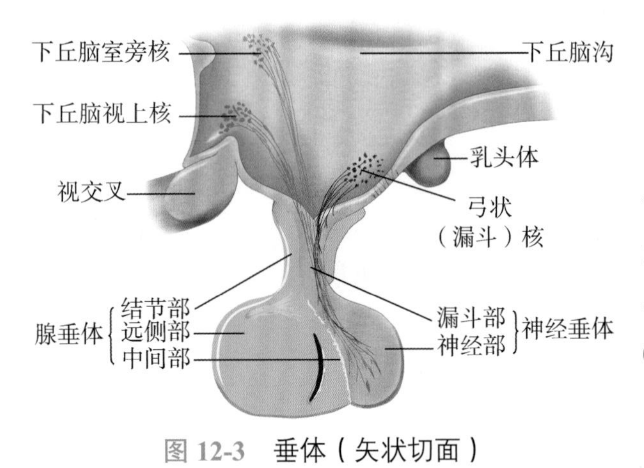

图 12-3　垂体（矢状切面）

垂体是位于颅中窝蝶骨体上面垂体窝内的一椭圆形小体，重约 0.5g，垂体由腺垂体和神经垂体两部分组成。神经垂体分为神经部和漏斗两部分，漏斗与下丘脑相连。腺垂体分为远侧部、结节部和中间部 3 部分（图 12-3）。腺垂体的远侧部又称为**垂体前叶**，神经垂体的神经部和腺垂体的中间部合称为**垂体后叶**。

二、腺垂体远侧部的微细结构和功能及其与下丘脑的关系

（一）腺垂体远侧部的微细结构和功能

腺垂体远侧部是垂体的主要部分，在 HE 染色的标本中，腺细胞分为嗜色细胞和嫌色细胞两类。嗜色细胞又分为嗜酸性细胞和嗜碱性细胞两种（图 12-4）。

1. 嗜酸性细胞　数量较多，胞质呈嗜酸性，能分泌**生长激素**（GH）和**催乳素**（PRL）。

（1）生长激素的生理作用

1）促进机体生长：机体的生长发育受多种激素的调节（表 12-1），而生长激素是起关键

性作用的激素。生长激素能促进机体各组织、器官的生长，尤其是对骨骼、肌肉及内脏器官的作用最为明显。若幼年时期生长激素分泌不足，则生长发育迟缓，甚至停滞，身材矮小，但智力正常，称为侏儒症；若幼年时期生长激素分泌过多，则生长发育过快，身材高大，引起巨人症。成年后如果生长激素分泌过多，因骺软骨已钙化闭合，长骨不再增长，只能刺激肢端骨、面颅骨及软组织异常增生，出现手足粗大、下颌突出和肝、肾增大，称为肢端肥大症。

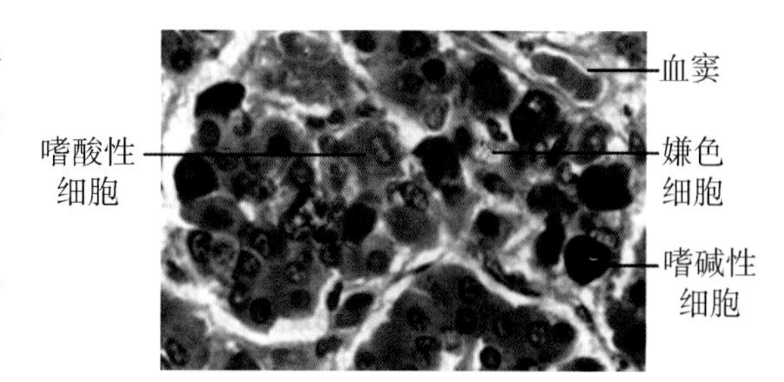

图 12-4　腺垂体远侧部光镜结构

表 12-1　调节生长发育部分激素的主要作用

激素	主要作用
生长激素	全身组织器官生长，尤其是骨骼与肌肉等
甲状腺激素	维持胚胎时期生长发育，尤其是脑发育；促进生长激素分泌，提供允许作用
胰岛素	与生长激素协同作用，促进胎儿生长；促进蛋白质合成
肾上腺皮质激素	抑制躯体生长；抑制蛋白质合成
雄激素	促进青春期躯体生长；促进骺软骨钙化闭合；促进肌肉增长
雌激素	促进青春期躯体生长；促进骺软骨钙化闭合

2）调节物质代谢．生长激素具有促进蛋白质合成、脂肪分解和升高血糖的作用。由生长激素分泌过多引起高血糖所造成的糖尿，称为垂体性糖尿。

（2）催乳素的生理作用：主要是促进乳腺发育生长，引起并维持成熟乳腺泌乳。

考点 生长激素的生理作用

2. 嗜碱性细胞　数量较少，胞质呈嗜碱性，可分泌 3 种激素：①**促甲状腺激素**（TSH），能促进甲状腺激素的合成和分泌。②**促肾上腺皮质激素**（ACTH），主要促进肾上腺皮质束状带细胞分泌糖皮质激素。③**促性腺激素**，包括**卵泡刺激素**（FSH）和**黄体生成素**（LH）。FSH 在女性促进卵泡的发育，在男性则促进精子的发生。LH 在女性促进排卵和黄体形成，在男性则促进睾丸间质细胞分泌雄激素，故又称**间质细胞刺激素**（ICSH）。

促甲状腺激素、促肾上腺皮质激素和促性腺激素均有各自的靶腺，分别形成下丘脑 - 腺垂体 - 甲状腺轴、下丘脑 - 腺垂体 - 肾上腺皮质轴和下丘脑 - 腺垂体 - 性腺轴，通过靶腺发挥作用（图 12-5，图 12-6）。靶腺激素还可通过反馈联系分别对腺垂体和下丘脑起调节作用，从而使血液中各相关激素的浓度保持相对稳定。

3. 嫌色细胞　数量多，体积小，功能尚不清楚。

（二）下丘脑 - 腺垂体系统

下丘脑与腺垂体的功能联系是通过垂体门脉系统实现的。由下丘脑促垂体区神经内分泌细胞分泌的下丘脑调节肽（表 12-2），通过垂体门脉系统运输至腺垂体，调节腺垂体相关激素的分泌，构成了下丘脑 - 腺垂体系统。

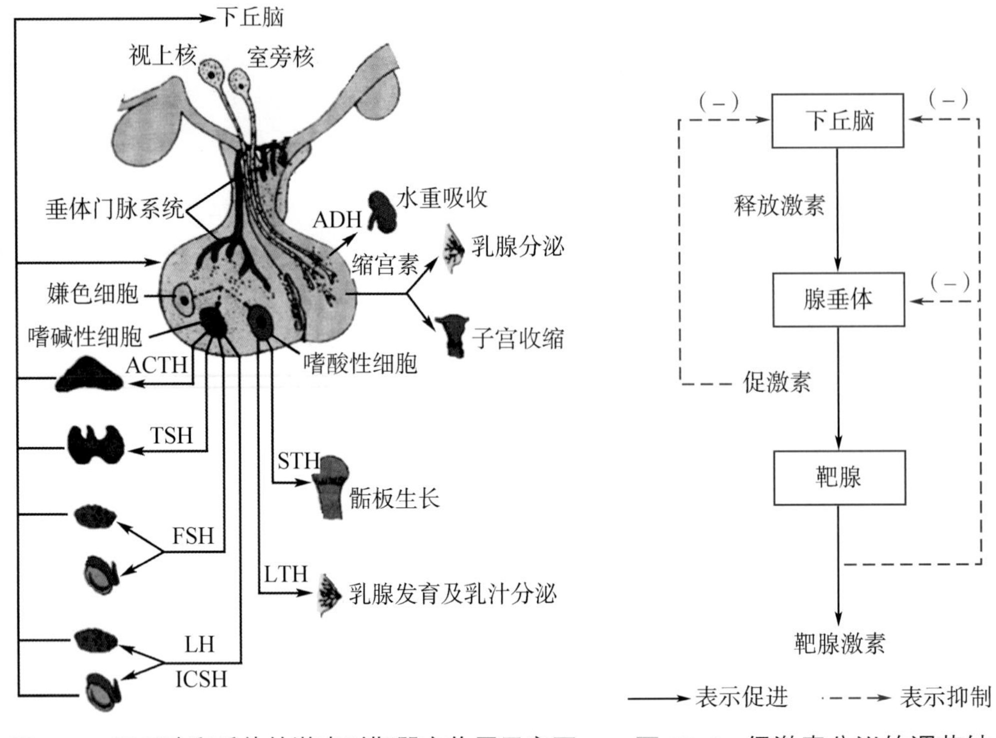

图 12-5 下丘脑和垂体的激素对靶器官作用示意图

图 12-6 促激素分泌的调节轴

表 12-2 下丘脑调节肽的种类和主要作用

下丘脑调节肽	主要作用
促甲状腺激素释放激素	促进促甲状腺激素的分泌
促肾上腺皮质激素释放激素	促进促肾上腺皮质激素的分泌
促性腺激素释放激素	促进黄体生成素、卵泡刺激素的分泌
生长激素释放抑制激素	抑制 GH、TSH、LH、FSH、PRL、ACTH 等分泌
生长激素释放激素	促进生长激素的分泌
催乳素释放肽	促进催乳素的分泌
催乳素抑制因子	抑制催乳素的分泌

三、神经垂体的微细结构和功能及其与下丘脑的关系

（一）神经垂体的微细结构

神经垂体主要由大量的无髓神经纤维和神经胶质细胞构成，含有较丰富的毛细血管。无髓神经纤维是下丘脑视上核和室旁核神经内分泌细胞轴突形成的下丘脑 - 神经垂体束（图 12-7）。

（二）下丘脑 - 神经垂体系统

下丘脑**视上核**和**室旁核**的神经内分泌细胞合成的**抗利尿激素**和**缩宫素**通过下丘脑 - 神经垂体束的轴突运输至神经垂体储存，当机体需要时由此释放入血，构成了下丘脑 - 神经垂体系统，故神经垂体可视为下丘脑的延伸部分。由此可见，下丘脑与神经垂体直接相连，在结构和功能上是一个整体。神经内分泌细胞的胞体位于下丘脑，是合成激素的部位；轴突位于神经垂体，是储存和释放下丘脑视上核和室旁核分泌激素的场所。

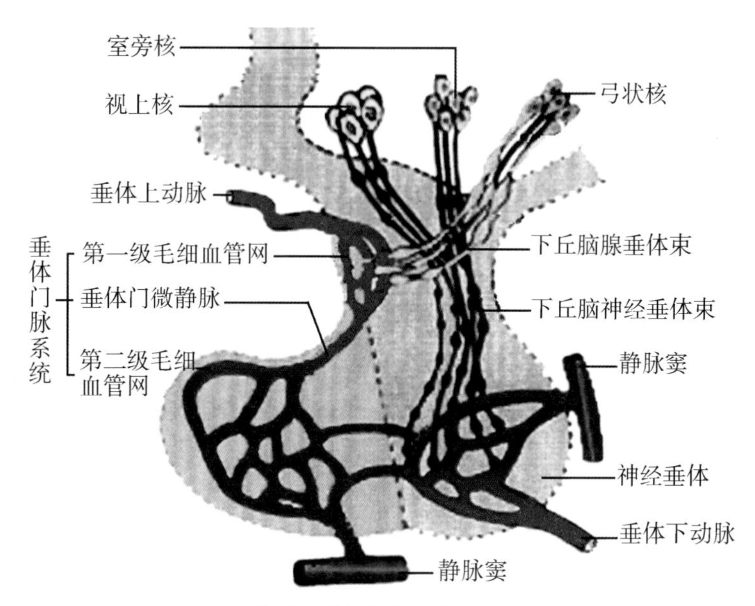

图 12-7　垂体的血管分布及其与下丘脑的关系

1. 抗利尿激素（ADH）的生理作用　主要是促进肾远曲小管和集合管对水的重吸收而发挥抗利尿作用，还可引起皮肤、肌肉和内脏的血管收缩，使血压升高，故又称**血管升压素**（VP）。生理情况下，血浆中 ADH 浓度很低，抗利尿作用十分明显，对正常血压没有调节作用。当机体失血时，ADH 释放量明显增加，对升高和维持动脉血压起重要作用。临床上某些内脏出血时，可使用大剂量 ADH 进行紧急止血。

2. 缩宫素的生理作用　缩宫素又称**催产素**（OXT），主要靶器官是子宫和乳腺，其主要作用是在分娩时刺激子宫收缩和在哺乳期促进乳汁的排出。在分娩过程中，胎儿刺激子宫颈可反射性地引起 OXT 分泌增加，使子宫收缩进一步增强，起到"催产"的作用。临床上可将 OXT 用于引产及产后出血。OXT 能使哺乳期乳腺腺泡周围的肌上皮细胞收缩，促使乳汁排放。

第 3 节　甲状腺和甲状旁腺

一、甲　状　腺

（一）甲状腺的位置和形态

甲状腺是人体最大的内分泌腺，位于颈前部，形如 H，由左、右两个侧叶和中间的甲状腺峡构成（图 12-8），**甲状腺侧叶**贴附于喉下部和气管上部的前外侧，**甲状腺峡**多位于第 2 ～ 4 气管软骨环的前方。约 50% 人的甲状腺峡向上伸出一个锥状叶，少数人甲状腺峡可缺如。甲状腺借结缔组织附着于喉软骨上，故吞咽时可随喉上、下移动。

考点　甲状腺的形态

（二）甲状腺的微细结构

甲状腺表面包有薄层结缔组织被膜，腺实质由大量甲状腺滤泡和滤泡旁细胞构成（图 12-9），滤泡间有少量结缔组织和丰富的毛细血管。

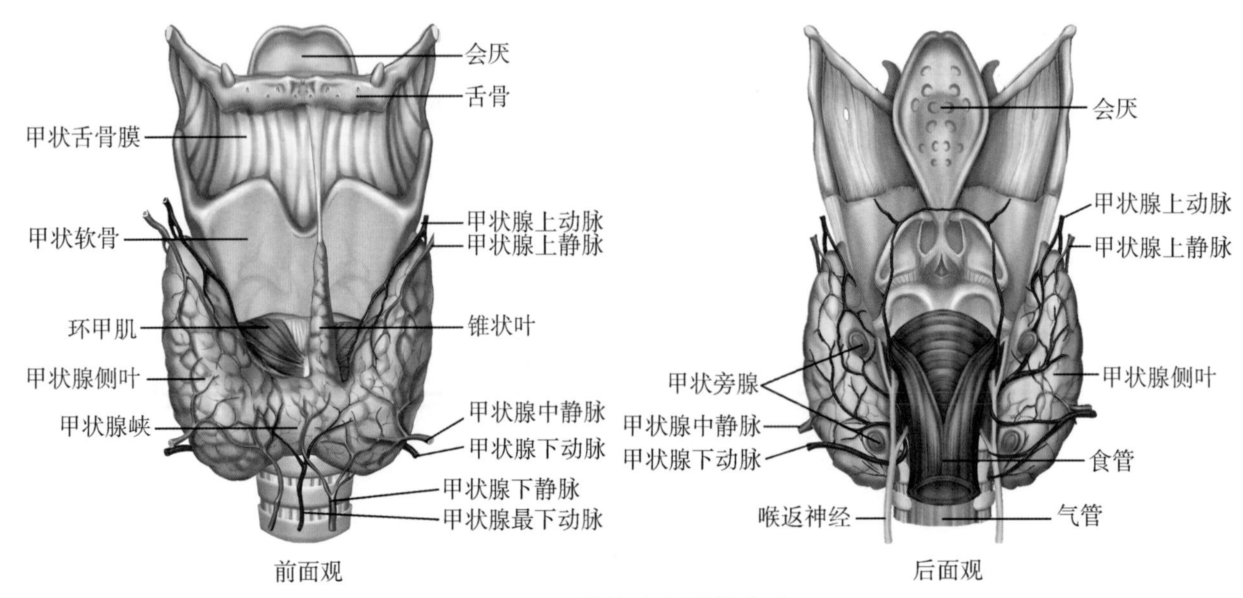

图 12-8 甲状腺和甲状旁腺

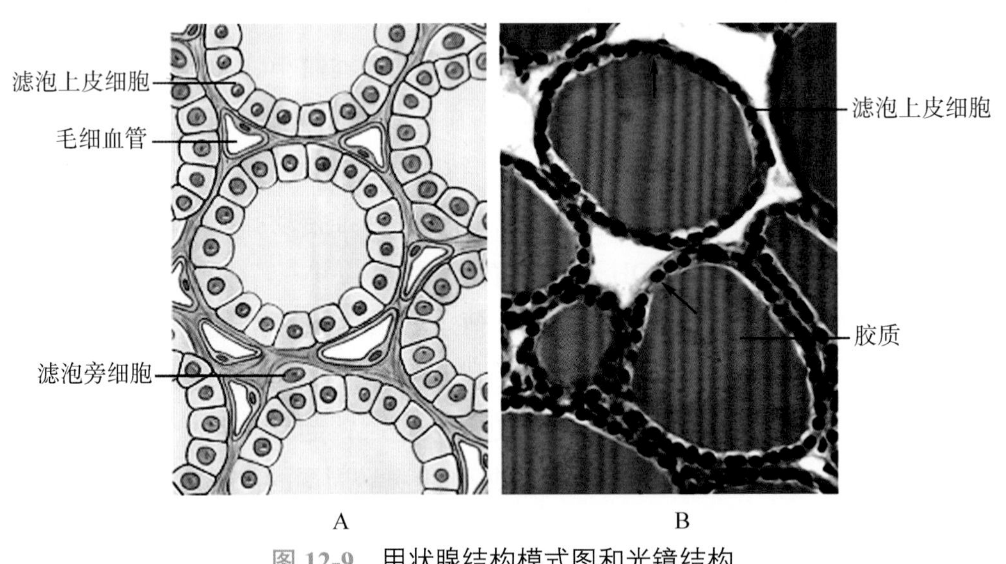

图 12-9 甲状腺结构模式图和光镜结构

A. 甲状腺结构模式图；B. 甲状腺光镜结构像

1. 甲状腺滤泡　大小不等，呈圆形或不规则形。滤泡壁由单层立方的滤泡上皮细胞围成，滤泡腔内充满均质状的嗜酸性胶质，是滤泡上皮细胞的分泌物，其主要成分为碘化的甲状腺球蛋白。

滤泡上皮细胞能合成和分泌甲状腺激素。**甲状腺激素**（TH）主要包括甲状腺素，又称四碘甲腺原氨酸（T_4）和三碘甲腺原氨酸（T_3）。T_4 的含量较 T_3 高，约占分泌总量的 97%，但 T_3 的生物活性却高 T_4 约 5 倍。合成甲状腺激素的基本原料是酪氨酸和碘。酪氨酸在体内可以合成，碘则必须依靠食物供给。国人从食物中摄入碘量为 100 ～ 200μg/d，其中约 1/3 进入甲状腺。国际上推荐的碘摄入量为 150μg/d，妊娠期和哺乳期均需适当增加碘的摄入量，应≥ 200μg/d。甲状腺激素的正常合成需要碘 60 ～ 75μg/d，若低于 50μg/d 将影响甲状腺激素的正常合成，从而影响甲状腺的功能。目前，我国已普遍供应碘盐来防治碘缺乏病。

2. 滤泡旁细胞　常单个嵌在滤泡上皮细胞之间或散在分布于甲状腺滤泡间的结缔组织内

（图 12-9），体积略大而着色较淡。滤泡旁细胞能分泌**降钙素**。

考点 甲状腺滤泡上皮细胞和滤泡旁细胞分泌的激素

（三）甲状腺激素的生理作用

甲状腺激素在体内的作用十分广泛，其主要作用是促进物质代谢与能量代谢，促进生长发育。

1. 促进新陈代谢

（1）促进能量代谢：甲状腺激素具有显著的产热效应，可提高机体的耗氧量，增加产热量，使代谢增强，基础代谢率升高，故测定基础代谢率有助于了解甲状腺的功能。临床上甲状腺功能亢进的患者，因产热过多而表现为怕热多汗，基础代谢率升高；甲状腺功能低下的患者则相反，因产热不足而喜热怕冷，基础代谢率降低。

（2）促进物质代谢：甲状腺激素对糖、脂肪和蛋白质三大营养物质的合成与分解均有影响。

1）蛋白质代谢：生理情况下，甲状腺激素能加速肌肉、骨、肝、肾等组织蛋白质合成，有利于幼年时期机体的生长发育。但甲状腺激素分泌过多时，则加速组织蛋白质分解，特别是促进骨骼肌和骨的蛋白质分解，致使肌肉消瘦、乏力，并导致血钙升高和骨质疏松。甲状腺激素分泌不足时，蛋白质合成减少，但组织间黏蛋白增多，可引起黏液性水肿。

2）糖代谢：甲状腺激素可促进小肠黏膜对糖的吸收，增强糖原分解与糖异生，并能加强肾上腺素、胰高血糖素、糖皮质激素和生长激素的升糖作用，使血糖升高。但甲状腺激素也可同时加强外周组织对糖的利用，从而降低血糖。故甲状腺功能亢进的患者进食后，血糖可迅速升高，甚至出现糖尿，但随后又快速降低。

3）脂肪代谢：甲状腺激素能促进脂肪的分解，而对胆固醇的作用则是既能促进合成，又能加速胆固醇在肝脏降解，但降解速度超过合成。故甲状腺功能亢进的患者，血中胆固醇含量常低于正常，甲状腺功能低下的患者血中胆固醇水平高于正常。

2. 促进生长发育　甲状腺激素是维持人体正常生长发育不可缺少的激素，特别是对脑和长骨的发育尤其重要。甲状腺激素与生长激素具有协同作用，促进组织分化、生长与发育成熟。胚胎时期缺碘而导致甲状腺激素合成不足或出生后甲状腺功能低下的婴幼儿，脑和长骨的发育可出现明显障碍，表现为智力低下，身材矮小，称为呆小症或克汀病。

3. 促进神经系统活动　甲状腺激素能提高中枢神经系统的兴奋性。因此，甲状腺功能亢进的患者，常表现为易激动、注意力不集中、烦躁不安、兴奋失眠等；而甲状腺功能低下的患者，则表现为记忆力减退、反应迟钝、表情淡漠及嗜睡等。

4. 促进心血管活动　甲状腺激素可使心率加快，心肌收缩力增强，心输出量增多。临床上常利用心率作为判断甲状腺功能亢进或低下的一个敏感而重要的指标。甲状腺功能亢进的患者表现为心动过速、心肌肥大，甚至因心肌过度劳累而导致心力衰竭。

考点 甲状腺激素的生理作用；呆小症的概念

（四）甲状腺激素分泌的调节

甲状腺激素的合成和分泌主要受下丘脑 - 腺垂体 - 甲状腺轴的调节。此外，甲状腺还可

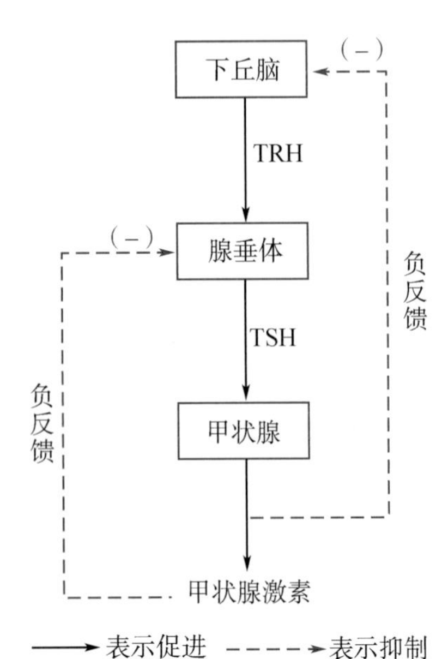

图 12-10 甲状腺功能调节示意图

进行一定程度的自身调节。

1. 下丘脑 - 腺垂体 - 甲状腺轴的调节　下丘脑分泌的促甲状腺激素释放激素（TRH）经垂体门脉系统作用于腺垂体，促进 TSH 的合成和释放。TSH 作用于甲状腺，刺激甲状腺合成和分泌甲状腺激素，并促进腺体增生。当血中甲状腺激素浓度升高时，可反馈性地抑制 TSH 和 TRH 的分泌，继而使甲状腺激素释放减少。这种负反馈作用是体内甲状腺激素浓度维持生理水平的重要机制（图 12-10）。

2. 甲状腺的自身调节　甲状腺本身具有适应碘的供应变化、调整摄取碘和合成甲状腺激素的能力。当饮食中缺碘时，甲状腺摄碘能力增强，使甲状腺激素的合成与释放不致因碘供应不足而减少。相反，当饮食中碘过多时，甲状腺对碘的摄取减少，甲状腺激素的合成也不致过多。这是一种有限度的、缓慢的自身调节机制。若长期缺碘，超过上述自身调节的限度，血液中甲状腺激素浓度将降低，通过反馈调节可使 TSH 分泌增多，刺激甲状腺腺泡增生，导致甲状腺肿大，临床上称为单纯性甲状腺肿，俗称粗脖子病（图 12-11）。

考点 引起巨人症、肢端肥大症、侏儒症、呆小症和甲状腺功能亢进的主要原因

二、甲状旁腺

（一）甲状旁腺的位置和形态

甲状旁腺为棕黄色、黄豆大小的扁椭圆形腺体，一般有上、下两对，贴附于甲状腺侧叶的后面（图 12-8）。有时可埋入甲状腺实质内，而使手术时寻找困难。

（二）甲状旁腺的微细结构

甲状旁腺的腺细胞排列成索状或团状，分为主细胞和嗜酸性细胞两种（图 12-12）。主细胞是构成甲状旁腺的主要细胞，能合成和分泌**甲状旁腺激素**。嗜酸性细胞常单个或成群分布于主细胞之间，目前功能尚不清楚。

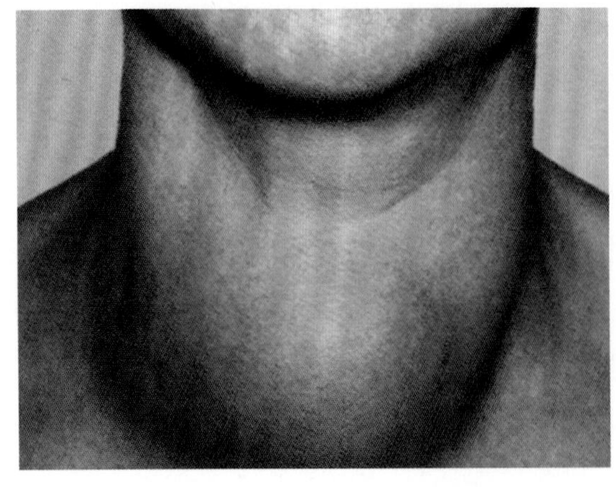
图 12-11 单纯性甲状腺肿

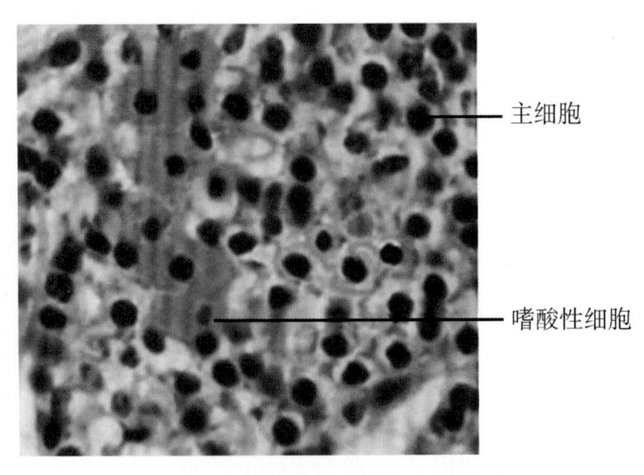

图 12-12 甲状旁腺的光镜结构

三、调节钙磷代谢的激素

钙和磷是人体内的重要元素，血钙浓度的高低直接关系到神经肌肉的兴奋性、腺体的分泌和骨代谢的平衡。机体中直接参与钙、磷代谢调节的激素主要有 3 种，即甲状旁腺激素（PTH）、降钙素（CT）和 1，25- 二羟维生素 D_3（即钙三醇）。

（一）甲状旁腺激素

1. 甲状旁腺激素的生理作用　主要是升高血钙、降低血磷，是体内调节血钙浓度的最主要激素。临床上进行甲状腺手术时，若不慎误将甲状旁腺摘除，将导致严重的低血钙，患者出现手足搐搦。若不及时治疗，可因喉部肌肉痉挛而窒息死亡。甲状旁腺激素的主要靶器官是骨和肾。

（1）对骨的作用：骨是机体钙的储存库。PTH 通过刺激破骨细胞的活动，加速骨基质的溶解，动员骨钙进入血液，使血钙升高。若甲状旁腺功能亢进时，则可引起骨质过度吸收，导致骨质疏松并易发生骨折。

（2）对肾的作用：PTH 可促进肾远曲小管对钙的重吸收，同时抑制肾近端小管对磷的重吸收，促进磷的排出，故可升高血钙、降低血磷。

（3）对小肠的间接作用：PTH 具有激活肾内 1，25- 羟化酶的作用，使无活性的 1，25- 二羟维生素 D_3 转变为有活性的 1，25- 二羟维生素 D_3，后者可促进小肠上皮细胞对钙的吸收，使血钙升高（图 12-13）。

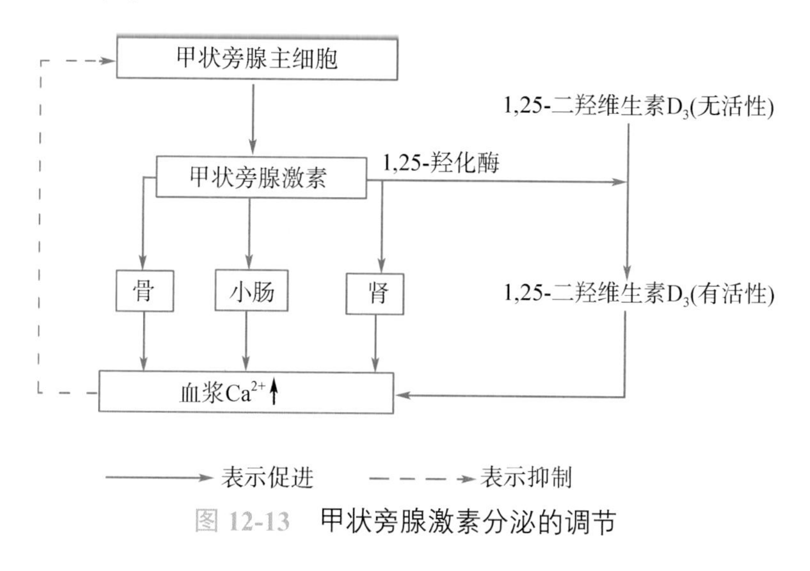

图 12-13　甲状旁腺激素分泌的调节

2. 甲状旁腺分泌的调节　血钙浓度是调节 PTH 分泌的最主要因素。当血钙浓度降低时，促进 PTH 分泌增加，使血钙浓度回升；反之，血钙浓度升高时，则 PTH 分泌减少，血钙浓度下降（图 12-13）。因此，若长期缺钙，会引起甲状旁腺增生。如佝偻病患儿，因血钙浓度长期偏低，往往出现甲状旁腺增大。

（二）降钙素

1. 降钙素的生理作用　主要是降低血钙，与甲状旁腺激素刚好相反。骨和肾是降钙素的主要靶器官。降钙素有抑制破骨细胞活动、加强成骨细胞活动的作用，故可使溶骨过程减弱、成骨过程加强，增加钙、磷在骨中的沉积，从而使血钙和血磷浓度降低。此外，降钙素还能抑制肾小管对钙、磷、钠和氯的重吸收，增加了这些离子在尿中的排出量，导致血钙和血磷浓度降低。

2. 降钙素分泌的调节　降钙素的分泌主要受血钙浓度的调节。当血钙浓度升高时，降钙素分泌增多；反之，则降钙素分泌减少。

第4节　肾　上　腺

一、肾上腺的位置和形态

肾上腺左、右各一，呈黄色，位于肾的上内方，与肾共同包被于肾筋膜内。左肾上腺近似半月形，右肾上腺呈三角形（图 12-14）。肾上腺的前面有不太明显的肾上腺门，是血管、神经和淋巴管进出之处。

考点　肾上腺的形态

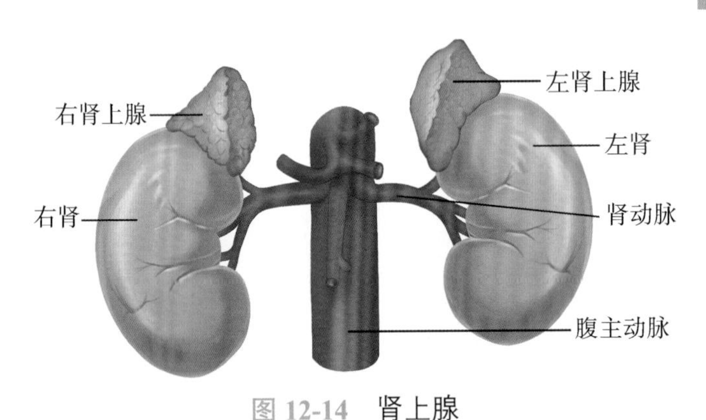

图 12-14　肾上腺

二、肾上腺的微细结构与功能

肾上腺表面包有结缔组织被膜，其实质由周边的皮质和中央的髓质两部分构成（图 12-15）。

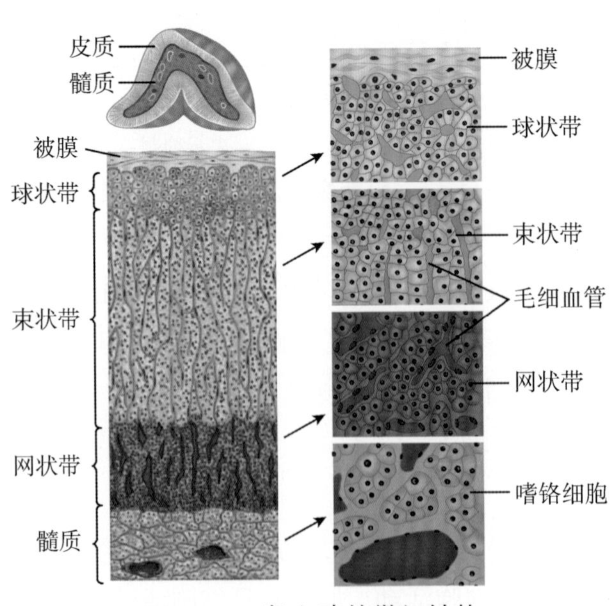

图 12-15　肾上腺的微细结构

1. 皮质　约占肾上腺体积的 80%。依据皮质细胞的形态和排列特征，由外向内将皮质分为球状带、束状带和网状带 3 个带（图 12-15）。①**球状带**，位于被膜下方，腺细胞排列成团球状。球状带细胞分泌**盐皮质激素**，主要是醛固酮，调节体内钠、钾和水的平衡（醛固酮的生理作用和分泌调节详见第 7 章泌尿系统）。②**束状带**，是皮质中最厚的部分。腺细胞排列成垂直于腺体表面的单行或双行的细胞索。束状带细胞分泌**糖皮质激素**，主要是皮质醇。③**网状带**，位于皮质的最内层。腺细胞排列成条索状并相互吻合成网。网状带细胞主要分泌雄激素，也分泌少量雌激素和糖皮质激素。

（1）糖皮质激素的生理作用：广泛而复杂，对多种器官、组织都有影响，主要有以下几个方面。

1）对物质代谢的影响：①糖代谢，糖皮质激素具有抗胰岛素作用，能抑制外周组织对葡萄糖的利用，还可促进糖异生，使血糖升高。因此，糖皮质激素分泌过多时，可引起血糖升高，甚至出现糖尿；相反，肾上腺皮质功能低下时则可出现低血糖。②蛋白质代谢，糖皮质激素可促进肝外组织，尤其是肌组织的蛋白质分解，并加速氨基酸进入肝脏，生成肝糖原。糖皮质激素分泌过多或长期使用糖皮质激素，由于蛋白质分解增强，患者可出现肌肉消瘦、骨质疏松、皮肤变薄、淋巴组织萎缩等现象。③脂肪代谢，糖皮质激素能促进脂肪分解，增强脂肪酸在肝内的氧化过程，有利于糖异生。糖皮质激素分泌过多时，由于不同部位脂肪组织对糖皮质激素的敏感性不同，可导致脂肪组织由四肢向躯干重新分布，形成面圆（满月脸）、背厚（水牛背）、躯干发胖（悬垂腹）而四肢消瘦的向心性肥胖的特殊体型。

2）对水盐代谢的影响：糖皮质激素可增加肾小球血浆流量，使肾小球滤过率增加，有利于水的排出。此外，糖皮质激素还有较弱的保钠排钾作用。

3）对其他组织器官的影响：①对血细胞的影响，糖皮质激素可使循环血液中红细胞、血小板和中性粒细胞数量增加，而使淋巴细胞和嗜酸性粒细胞数量减少。淋巴细胞和嗜酸性粒细胞减少已成为临床上诊断肾上腺皮质功能亢进的一个重要指标。②对循环系统的影响，糖皮质激素能提高血管平滑肌对儿茶酚胺的敏感性（即糖皮质激素的允许作用），从而提高儿茶酚胺的缩血管效应，这对维持正常动脉血压具有重要意义，故临床上常用糖皮质激素来增强去甲肾上腺素的升压作用。③对消化系统的影响，糖皮质激素能提高胃腺细胞对迷走神经和促胃液素的敏感性，促进胃酸和胃蛋白酶原的分泌。若长期大量应用糖皮质激素可诱发或加重胃溃疡。

4）在应激反应中的作用：当机体受到各种有害刺激，如创伤、失血、感染、中毒、缺氧、寒冷、饥饿等时，将立即引起 ACTH 和糖皮质激素分泌增多，引起机体一系列适应性和耐受性的反应，称为**应激反应**。通过应激反应，可增强机体对各种有害刺激的耐受、适应能力，以维持生存。糖皮质激素具有抗炎、抗毒、抗过敏、抗休克等作用。

（2）糖皮质激素分泌的调节：糖皮质激素的分泌主要受下丘脑 - 腺垂体 - 肾上腺皮质轴的调节。下丘脑分泌的 CRH 通过垂体门脉系统作用于腺垂体，促进腺垂体 ACTH 的合成与分泌，ACTH 则可促进肾上腺皮质的增生和刺激糖皮质激素的合成与分泌。血中的糖皮质激素对腺垂体和下丘脑有反馈性调节作用。当糖皮质激素浓度升高时，可通过负反馈抑制 CRH 和 ACTH

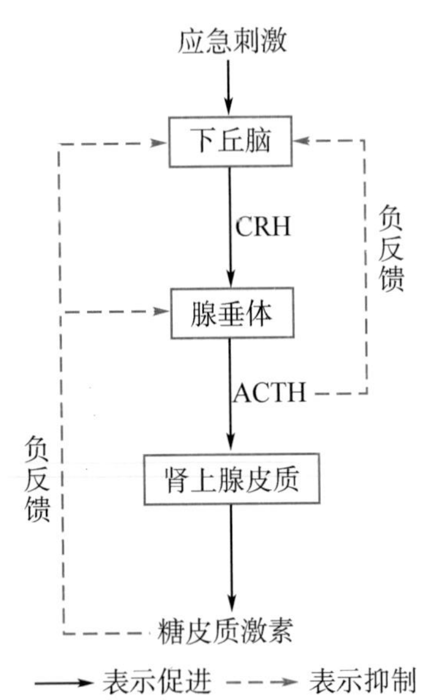

图 12-16 糖皮质激素分泌调节示意图

的分泌（图 12-16），从而维持体内糖皮质激素水平的稳态。此外，ACTH 对 CRH 的分泌也有负反馈调节作用。临床上，长期使用糖皮质激素的患者，可反馈性抑制 ACTH 的释放，导致肾上腺皮质萎缩。若突然停药，将引起肾上腺皮质功能不全的症状，甚至危及生命。因此，长期用药时，不能骤然停药，应逐步减量，缓慢停药。或在用药期间间断给予 ACTH，以防止肾上腺皮质发生萎缩。

考点 糖皮质激素的生理作用

2. 髓质　主要由排列成索状或团状的髓质细胞构成，还有少量散在分布的交感神经节细胞。髓质细胞体积较大，若用铬盐处理标本，胞质内可见黄褐色的嗜铬颗粒，故又称**嗜铬细胞**（图 12-15）。嗜铬细胞分泌**肾上腺素**和**去甲肾上腺素**，嗜铬细胞的分泌活动受交感神经节前纤维支配。

（1）肾上腺髓质激素的生理作用：肾上腺髓质分泌的肾上腺素和去甲肾上腺素均属于儿茶酚胺。两种激素对心血管、内脏平滑肌及代谢的作用相似，但也有差别（表 12-3）。肾上腺髓质激素的作用与交感神经密切相关，在应急反应中起着重要作用。

表 12-3　肾上腺素与去甲肾上腺素的主要作用

项目	肾上腺素	去甲肾上腺素
心脏	心率加快、心肌收缩力加强、心输出量增加	心率减慢（减压反射的作用）
血管及外周阻力	皮肤、内脏小动脉收缩，冠状动脉、骨骼肌小动脉舒张，外周总阻力降低或不变	除冠状动脉舒张外，其他小动脉强烈收缩，外周总阻力明显升高
血压	血压升高，主要是强心作用所致	血压明显升高，主要是外周总阻力升高所致
内脏平滑肌	舒张（作用强）	舒张（作用弱）
支气管平滑肌	舒张（作用强）	舒张（作用弱）
瞳孔	扩大（作用强）	扩大（作用弱）
血糖	升高（作用强，促进糖原分解和糖异生）	升高（作用弱）
中枢神经系统	兴奋性提高，能引起激动和焦虑	兴奋性提高，但不引起激动和焦虑

（2）肾上腺髓质激素分泌的调节：①交感神经的作用，肾上腺髓质受交感神经节前纤维支配，交感神经兴奋能促进肾上腺髓质激素的分泌。交感神经与肾上腺髓质的结构、功能关系密切，故合称为**交感-肾上腺髓质系统**。任何导致交感神经兴奋性加强的紧急状态，如运动、情绪激动、疼痛、出血等，都能促进肾上腺髓质激素大量分泌，使各器官系统的活动及代谢增强，机体反应灵敏，警觉性和应变能力提高，即引起应急反应。它与应激反应两者相辅相成，共同增强机体对有害刺激的应变、适应能力。② ACTH 的作用，腺垂体分泌的 ACTH 可直接刺激肾上腺髓质激素的合成或间接通过糖皮质激素促进肾上腺髓质激素的分泌。

考点 应急反应和应激反应的概念

第 5 节　胰　　岛

胰岛为胰的内分泌部，由医生朗罕于 1869 年首先发现，故又称朗罕小岛。胰岛细胞主要有 4 种类型，其中 A 细胞分泌胰高血糖素，B 细胞分泌胰岛素，D 细胞分泌生长抑素，PP 细胞分泌胰多肽。胰岛素和胰高血糖素是机体调节正常糖、脂肪及蛋白质代谢的重要激素。

一、胰 岛 素

1965 年，我国科学家首次用化学方法人工合成了具有高度生物活性的牛胰岛素结晶，为探索人类生命的奥秘作出了重大贡献。正常人空腹状态下，血清胰岛素浓度为 35 ～ 145pmol/L，半衰期只有 5 ～ 8 分钟，主要在肝脏被胰岛素酶灭活，少量胰岛素在肌肉和肾灭活。

（一）胰岛素的生理作用

胰岛素是体内促进合成代谢的关键激素，对维持血糖浓度的相对稳定起重要作用，也是体内生理情况下唯一能降低血糖的激素。

1. 对糖代谢的作用　胰岛素是调节血糖浓度的关键激素。胰岛素一方面促进全身组织对葡萄糖的摄取和利用，加速葡萄糖转变为糖原和脂肪酸并储存起来，即增加血糖的去路；另一方面则抑制糖原分解和糖异生，即减少血糖的来源，因而使血糖浓度降低。胰岛素分泌不足时，将引起机体代谢紊乱，由于血糖升高超过肾糖阈而出现糖尿。患者常有三多一少的典型表现，即多尿、多饮、多食、体重下降，但目前很多病例已不再出现这些典型表现。

2. 对脂肪代谢的作用　胰岛素能促进脂肪的合成与储存，抑制脂肪的分解，降低血中脂肪酸的浓度。当胰岛素缺乏时，脂肪分解增强，血脂升高，易引起动脉硬化。此外还可产生大量酮体，引起酮血症或酸中毒。

3. 对蛋白质代谢的作用　胰岛素能加速细胞对氨基酸的摄取，促进蛋白质的合成，并抑制蛋白质的分解，因而能促进机体的生长，但胰岛素必须与生长激素共同作用时才能发挥明显的促生长效应。

考点 胰岛素的生理作用

医者仁心

项坤三

中国工程院院士项坤三建立了国内首个大数量糖尿病样本信息库，首先发现中国人线粒体基因突变糖尿病患者，开创了基因诊断用于糖尿病日常临床工作的先例，首次提出中国人 2 型糖尿病患者的体脂分布特征及中国人糖兴奋后胰岛素分泌的特点，为我国糖尿病的研究作出了不可磨灭的贡献。项坤三院士曾说：“我们有着一个共同的任重道远的最终目标，就是要消除糖尿病对我国民众健康的危害。”

（二）胰岛素分泌的调节

1. 血糖浓度　是调节胰岛素分泌的最重要因素。胰岛 B 细胞对血糖浓度的变化十分敏感，血糖浓度升高时，可直接刺激胰岛 B 细胞，使胰岛素分泌增加；当血糖浓度降至正常时，胰岛素分泌量也迅速恢复到基础分泌水平，从而维持血糖浓度的相对稳定。此外，当血中氨基酸和脂肪酸的水平升高时，也能促进胰岛素分泌。

2. 激素的作用 胃肠激素均有促进胰岛素分泌的作用；胰高血糖素、生长激素、甲状腺激素、糖皮质激素等都可通过升高血糖间接刺激胰岛素分泌；肾上腺素则抑制胰岛素的分泌。

3. 神经调节 胰岛受迷走神经和交感神经的双重神经支配。迷走神经兴奋既可直接促进胰岛素分泌，也可通过刺激胃肠激素释放而间接地促进胰岛素分泌。交感神经兴奋时，可通过释放肾上腺素而抑制胰岛素的分泌。

二、胰高血糖素

（一）胰高血糖素的生理作用

胰高血糖素的作用与胰岛素相反，最主要的作用是升高血糖。它能促进肝糖原分解，促进糖异生，从而使血糖升高，并能使氨基酸加快进入细胞转化为葡萄糖。胰高血糖素还能促进脂肪分解，生成酮体增多。

胰高血糖素可通过旁分泌促进胰岛 B 细胞分泌胰岛素和 D 细胞分泌生长抑素。另外，大量的胰高血糖素具有增强心肌收缩力、促进胆汁分泌以及抑制胃液分泌的作用。

（二）胰高血糖素分泌的调节

1. 血糖浓度 是调节胰高血糖素分泌的重要因素。当血糖浓度降低时，可促进胰高血糖素的分泌；当血糖浓度升高时，胰高血糖素分泌则减少。

2. 激素的作用 胰岛素可通过降低血糖间接地促进胰高血糖素的分泌；另外，胰岛素和生长抑素还可通过旁分泌直接作用于相邻的 A 细胞，抑制胰高血糖素的分泌。

3. 神经调节 交感神经兴奋时，可促进胰高血糖素的分泌；而迷走神经兴奋时，则可抑制胰高血糖素的分泌。

第 6 节 松 果 体

一、松果体的位置和形态

松果体为一灰红色的椭圆形腺体，长约 0.8cm，宽约 0.5cm，位于上丘脑的后上方，以柄附着于第三脑室顶的后部（图 12-1），因形似松果而得名。松果体在儿童时期较发达，一般 7 岁左右开始退化，青春期后可有钙盐沉积，甚至钙化形成脑砂，可作为 X 线诊断颅内占位病变的定位标志。

二、松果体的微细结构与功能

松果体主要由松果体细胞、神经胶质细胞和无髓神经纤维构成。松果体细胞分泌的**褪黑素**具有广泛的生理作用：①抑制下丘脑 - 腺垂体 - 性腺轴的活动，褪黑素能通过抑制腺垂体分泌促性腺激素而间接影响生殖腺的活动，具有防止性早熟的作用。松果体发生病变时，可出现性早熟和生殖器官过度发育。②参与机体的免疫调节、生物节律的调整。③具有镇静、催眠、镇痛等作用。

自 测 题

A_1/A_2 型题

1. 关于内分泌腺的描述，错误的是（　　）
   A. 甲状腺是人体内最大的内分泌腺
   B. 甲状旁腺共有 4 个
   C. 神经垂体能分泌抗利尿激素和缩宫素
   D. 松果体在 7 岁以前较发达
   E. 肾上腺右侧呈三角形，左侧近似半月形
2. 成年后，生长激素分泌过多将会引起（　　）
   A. 巨人症　B. 侏儒症
   C. 甲状腺功能亢进　D. 黏液性水肿
   E. 肢端肥大症
3. 不属于腺垂体分泌的激素的是（　　）
   A. 生长激素　B. 黄体生成素
   C. 催乳素　D. 缩宫素
   E. 促甲状腺激素
4. 关于甲状腺的描述，错误的是（　　）
   A. 由左、右侧叶和中间的峡部构成
   B. 滤泡上皮细胞分泌降钙素
   C. 峡部位于第 2 ～ 4 气管软骨环的前方
   D. 吞咽时甲状腺可随喉上、下移动
   E. 幼儿甲状腺功能低下可致呆小症
5. 下列哪个内分泌腺分泌的激素不足时，将引起血钙下降（　　）
   A. 甲状腺　B. 垂体　C. 松果体
   D. 肾上腺　E. 甲状旁腺
6. 调节甲状腺功能的主要激素是（　　）
   A. 生长激素　B. 甲状旁腺激素
   C. 甲状腺激素　D. 促甲状腺激素
   E. 降钙素
7. 幼年时期生长激素分泌过多将导致（　　）
   A. 巨人症　B. 黏液性水肿
   C. 侏儒症　D. 甲状腺肿
   E. 肢端肥大症
8. 对去甲肾上腺素的缩血管作用具有允许作用的激素是（　　）
   A. 胰岛素　B. 甲状旁腺激素
   C. 甲状腺激素　D. 肾上腺素
   E. 糖皮质激素
9. 向心性肥胖是由下列哪种激素分泌增多所致（　　）
   A. 甲状腺激素　B. 甲状旁腺激素
   C. 糖皮质激素　D. 肾上腺素
   E. 胰岛素
10. 糖尿病的发生与胰岛的哪种细胞有关（　　）
   A. A 细胞　B. B 细胞
   C. 浆液性细胞　D. D 细胞
   E. PP 细胞
11. 生理情况下唯一能降低血糖的激素是（　　）
   A. 甲状腺激素　B. 生长激素
   C. 糖皮质激素　D. 胰岛素
   E. 胰高血糖素
12. 刺激胰岛素分泌的主要原因是（　　）
   A. 促胃液素释放　B. 血糖浓度升高
   C. 迷走神经兴奋　D. 胰高血糖素释放
   E. 血糖浓度降低
13. 食物中长期缺碘可引起（　　）
   A. 甲状腺功能亢进　B. 甲状腺组织萎缩
   C. 单纯性甲状腺肿　D. 腺垂体功能减退
   E. 神经垂体功能减退
14. 呆小症与侏儒症的最大区别是（　　）
   A. 身材比例适当　B. 身材更矮小
   C. 内脏增大　D. 智力低下
   E. 肌肉发育不良

（杨丽芳）

第 13 章
人胚早期发育

人胚胎在母体子宫中发育历时 38 周（约 266 天），分为 3 个时期：①**胚前期**，是指从受精到第 2 周末二胚层胚盘出现；②**胚期**，是指从第 3 周至第 8 周末，胚的各器官、系统与外形发育初具雏形；③**胎期**，是指从第 9 周至出生，此期内胎儿逐渐长大，各器官、系统陆续发育成形，部分器官出现了一定的功能活动。胚期质变剧烈，胎期量变显著。

人胚早期发育是指从受精卵形成至第 8 周末的胚发育过程，主要包括受精、卵裂、胚泡形成、植入、胚层形成及分化、器官原基及胚体外形的建立等。

案例 13-1

患者，女性，26 岁，已婚，停经 8 周。因突发左下腹部撕裂样疼痛，伴恶心、呕吐而急诊入院。妇科检查：子宫略大，左侧子宫附件区压痛明显，阴道有点状出血，阴道后穹饱满。尿 hCG（+），B 型超声提示直肠子宫陷凹有积液，经阴道后穹穿刺有鲜血。初步诊断：异位妊娠（输卵管破裂）出血。

问题：1. 子宫附件通常是指哪些器官？

2. 何谓异位妊娠？受精和植入的部位通常在何处？

3. 直肠子宫陷凹与阴道后穹之间有何关系？

一、生殖细胞和受精

（一）生殖细胞

生殖细胞又称**配子**，包括精子和卵子。精子为单倍体细胞，核型为 23，X 或 23，Y，它们具有定向运动的能力和使卵子受精的潜力，但尚无受精能力。这是由于精子头的外表面被一层来自精液中的糖蛋白覆盖，能阻止顶体酶释放。精子通过子宫和输卵管时，阻止顶体酶释放的糖蛋白被去除，从而使精子获得了使卵子受精的能力，此现象称为**精子获能**。精子在女性生殖管道内的受精能力一般可维持 24 小时。

从卵巢排出的卵子处于第 2 次减数分裂的中期，进入并停留在输卵管壶腹部。当与精子相遇，受到精子穿入其内的激发，卵子才完成第 2 次减数分裂。若未受精，则在排卵后 12 ～ 24 小时退化。

（二）受精

受精是指精子与卵子结合形成受精卵的过程。一般发生在排卵后的 12 小时之内，受精的部位多为输卵管壶腹部。

1. 受精的过程　正常成年男性一次可射出 3 亿～ 5 亿个精子，但由阴道穿过子宫颈管、子宫腔和输卵管子宫口而抵达输卵管壶腹部的只有 300 ～ 500 个强壮精子。大量获能的精子接触到卵子周围的放射冠时，释放顶体酶、解离放射冠（图 13-1），在透明带中溶蚀出一条孔道，随即精子完全进入卵子内。然后，透明带结构发生变化即**透明带反应**，从而阻止了其他精子穿越透明带，保证了人类正常的**单卵受精**。与此同时，卵子受到精子的激发，迅速完成第 2 次减数分裂，形成一个成熟的卵了（染色体核型为 23，X）和一个第 2 极体。此时精子和卵子的细胞核逐渐膨大，分别称为**雄原核**和**雌原核**。两个原核逐渐靠拢，核膜消失，染色体混合，形成一个二倍体的受精卵即合子，受精过程完成。

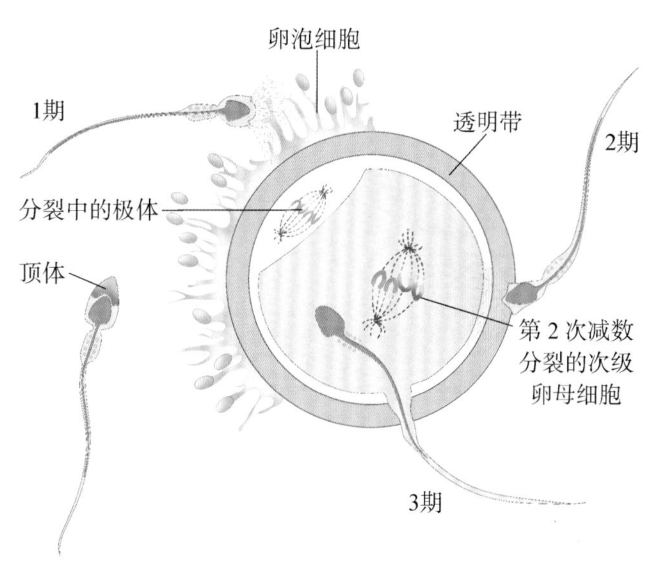

图 13-1　受精过程示意图

2. 受精的意义　①受精标志着新生命的开始，受精卵具有强大的生命力，能不断进行细胞分裂和分化，发育成新的个体；②受精卵的染色体数目恢复成 46 条，来自父母双方遗传物质的重新组合，使新个体既维持了双亲的遗传特点，又具有与亲代不完全相同的性状；③受精决定性别，带有 Y 染色体的精子与卵子结合发育为男性，带有 X 染色体的精子与卵子结合则发育为女性。

考点　受精的概念、时间及部位

二、卵裂、胚泡形成和植入

（一）卵裂

受精卵一旦形成，便借助输卵管平滑肌的蠕动和内膜上皮细胞纤毛的摆动一边向子宫腔方向移动，一边进行细胞分裂。受精卵早期进行的细胞分裂称为**卵裂**，卵裂产生的子细胞称为**卵裂球**。受精后第 3 天，卵裂球数目达到 12 ～ 16 个，共同组成一个外观形似桑葚的实心胚，称为**桑葚胚**（图 13-2）。

（二）胚泡形成

桑葚胚进入子宫腔后继续分裂，于受精后第 4 天形成一个囊泡状的**胚泡**。胚泡壁由单层细胞构成，与吸收营养有关，故称为**滋养层**，主要发育成胎儿的附属结构；胚泡（图 13-3）中心的腔称为**胚泡腔**；位于胚泡腔内一侧的一群细胞称为**内细胞群**，将来主要发育成胎儿。

位于内细胞群一侧的滋养层称为**极端滋养层**。胚泡形成后，其外面的透明带溶解而消失，胚泡逐渐孵出与子宫内膜接触，开始植入。

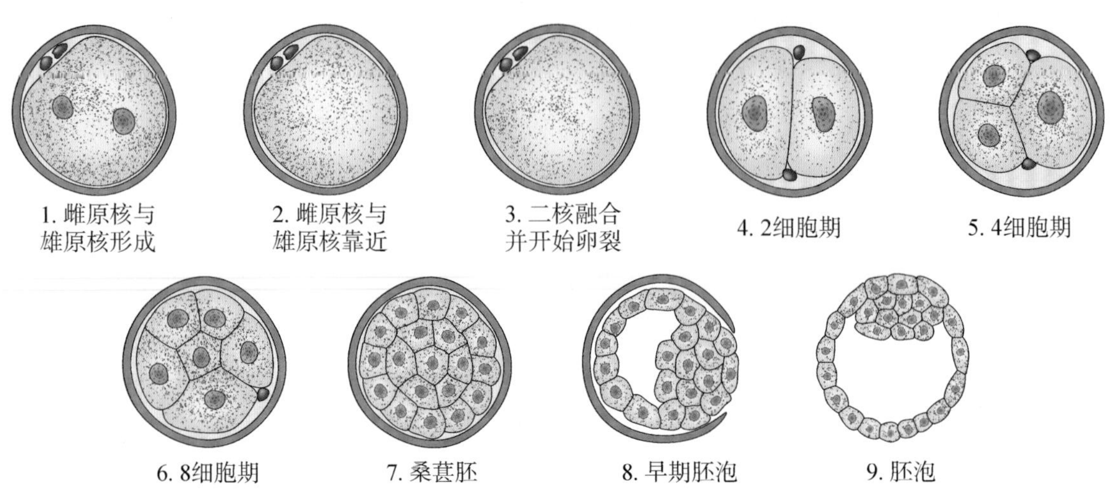

图 13-2 卵裂和胚泡形成示意图

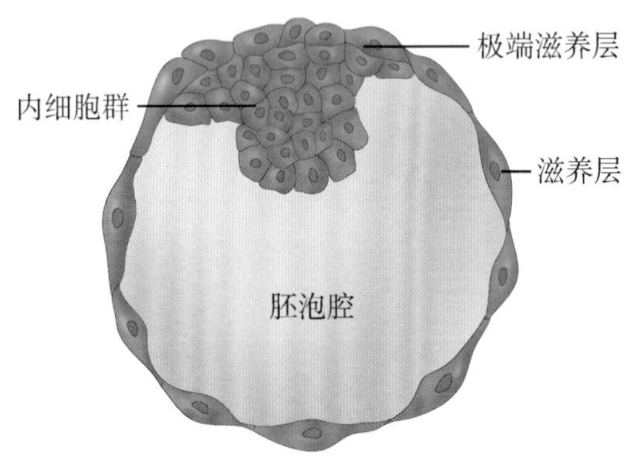

图 13-3 胚泡结构模式图

（三）植入

胚泡逐渐埋入子宫内膜的过程，称为**植入**或**着床**。植入于受精后第 5 ～ 6 天开始，第 11 ～ 12 天完成。植入时，内细胞群侧的极端滋养层先黏附在子宫内膜上（图 13-4），并分泌蛋白水解酶，在内膜溶蚀出一个缺口，然后胚泡陷入缺口，逐渐被包埋其中。当胚泡全部埋入子宫内膜后，内膜表面缺口修复，植入完成。

胚泡的植入部位通常在子宫体部和底部，最多见于子宫体后壁（图 13-5）。若植入位于近子宫颈处，在此形成的胎盘称为**前置胎盘**，自然分娩时胎盘可堵塞产道，导致胎儿娩出困难，需行剖宫产。若胚泡在子宫体腔以外部位植入，则称为**异位妊娠**，常发生在输卵管，还可见于子宫阔韧带、卵巢表面等。

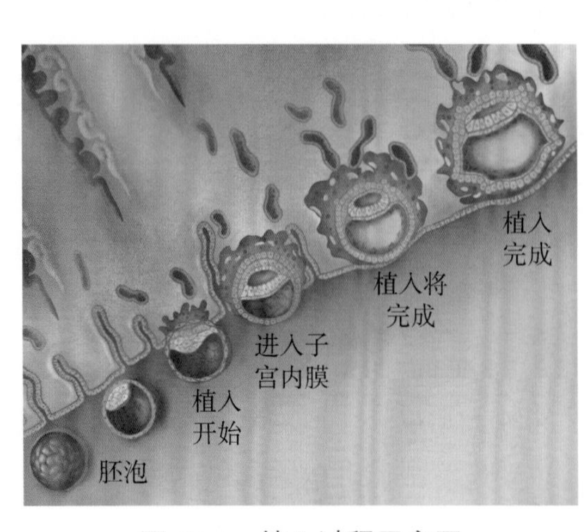

图 13-4 植入过程示意图

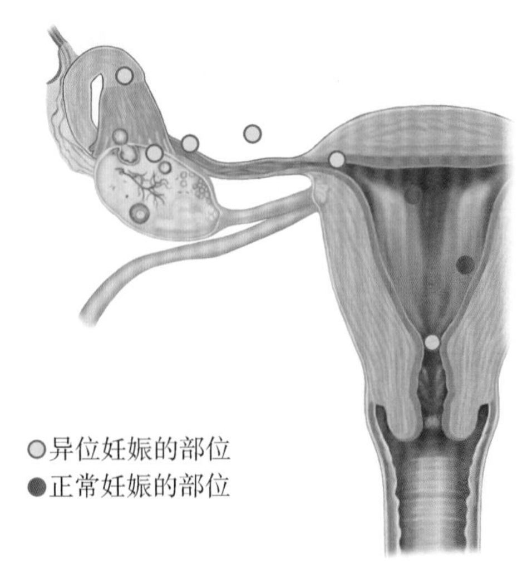

图 13-5 胚泡植入的正常部位和异位妊娠

植入时的子宫内膜正处于分泌期。植入后的子宫内膜发生了一系列适应性变化而改称**蜕膜**。根据蜕膜与胚的位置关系，将其分为 3 部分（图 13-6）：①**底蜕膜**，是位居胚深面的蜕膜；②**包蜕膜**，是覆盖在胚子宫腔面侧的蜕膜；③**壁蜕膜**，是子宫其余部分的蜕膜。

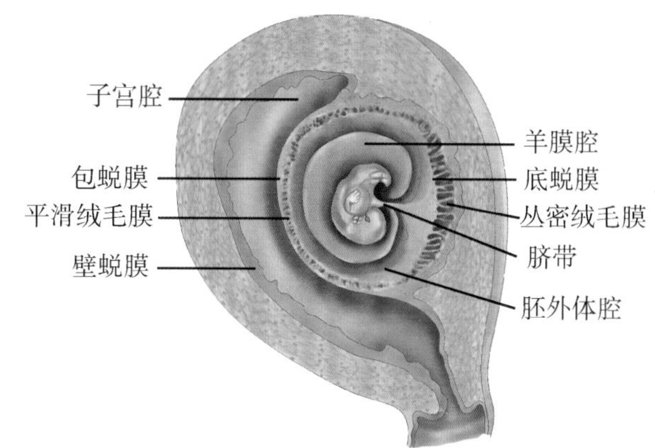

图 13-6　胚胎与子宫蜕膜关系模式图

考点 植入的概念、部位及其开始和结束的时间

三、胚层的形成与分化

（一）三胚层的形成

1. 二胚层胚盘的形成　在第 2 周胚泡植入过程中，内细胞群增殖分化逐渐形成一个由上胚层和下胚层紧密相贴的圆盘状结构，即**二胚层胚盘**，它是人体发生的原基。在上、下胚层形成的同时，**上胚层**的背侧形成一个充满羊水的羊膜腔，**下胚层**的腹侧则形成一个卵黄囊。

2. 三胚层胚盘的形成　第 3 周初，上胚层部分细胞增殖较快，在上胚层中轴线的一侧聚集形成一条纵行的细胞柱，称为**原条**。原条的细胞向深部迅速增殖内陷，在上、下胚层之间向周边扩展迁移。一部分细胞在上、下胚层之间形成一个新的细胞夹层，即**中胚层**；另一部分细胞则迁入下胚层，并逐渐全部置换了下胚层而形成一层新的细胞，称为**内胚层**。在内胚层和中胚层出现之后，原上胚层改名为**外胚层**。至第 3 周末，内、中、外 3 个胚层形成三胚层胚盘（图 13-7，图 13-8），3 个胚层均起源于上胚层。

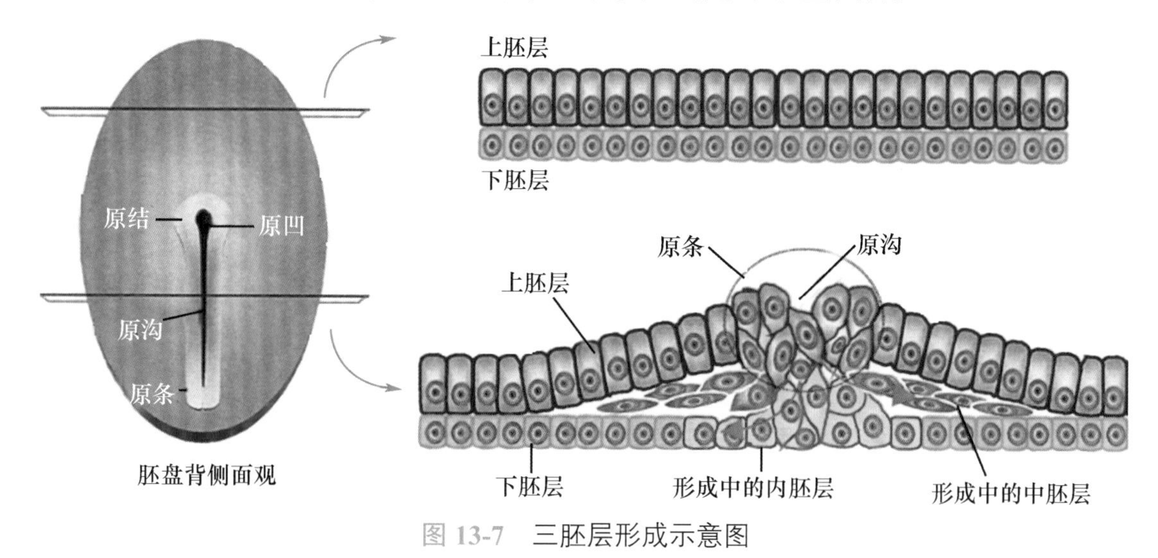

图 13-7　三胚层形成示意图

（二）三胚层的分化

在胚胎发育过程中，结构和功能相同的细胞分裂增殖，形成结构和功能不同的细胞，称为分化。在第 4 ～ 8 周，3 个胚层逐渐分化形成各器官的原基。外胚层主要分化成神经系统、皮肤的表皮及其附属器等；中胚层的细胞通常先形成间充质，然后分化为各种结缔组织、肌组织和血管等；内胚层主要分化成咽喉及其以下的消化管、消化腺、呼吸道和肺的上皮组织等。

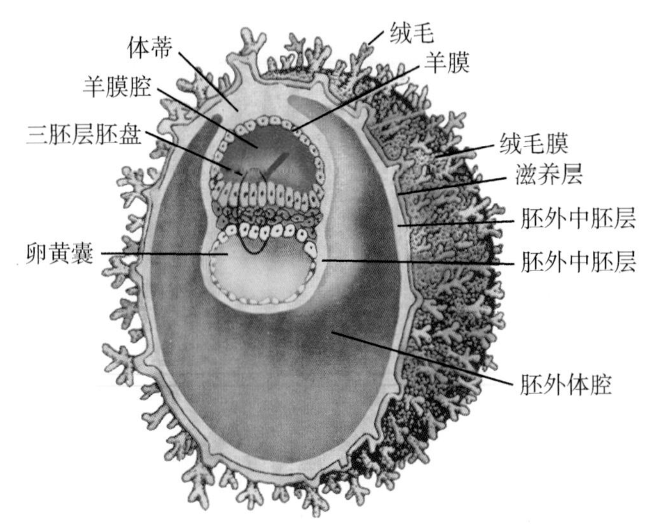

图 13-8 第 3 周初的胚剖面模式图

四、胎膜和胎盘

胎膜和胎盘是胚胎的附属结构，不参与胚体的构成，但起保护、营养、呼吸和排泄等作用。胎儿娩出后，胎膜和胎盘即与子宫壁分离，并被排出体外，总称衣胞。

（一）胎膜

胎膜包括绒毛膜、羊膜、卵黄囊、尿囊和脐带（图 13-9）。胎膜均来源于胚泡，与胚胎有着共同的来源，但却有着不同的结局。卵黄囊和尿囊都是早期胚的一过性结构，在胚胎后期先后退化。

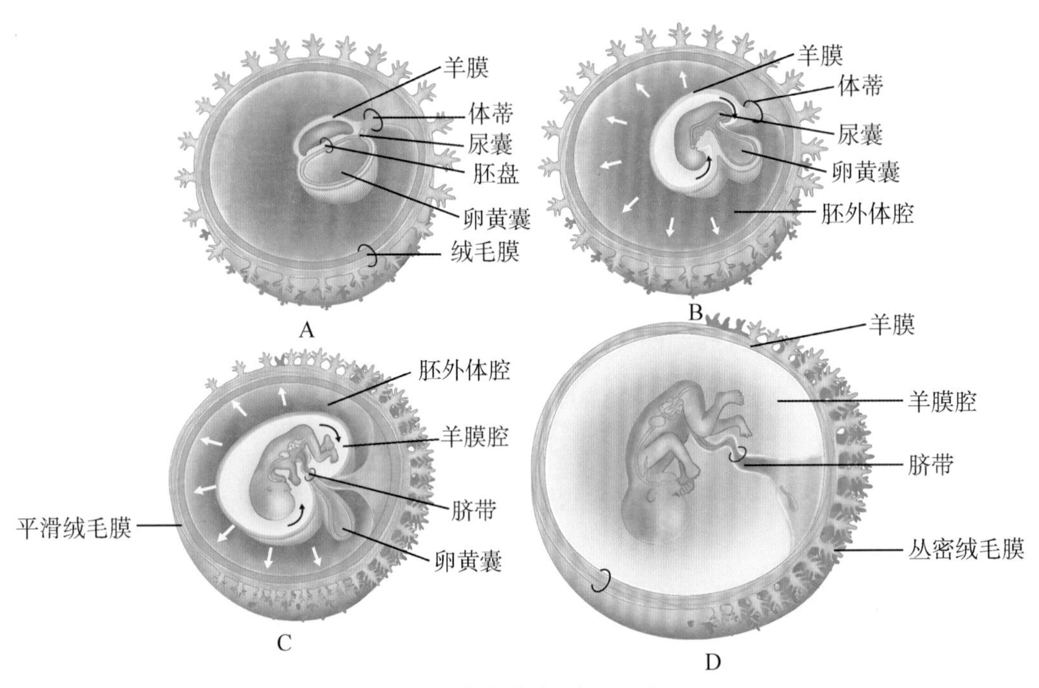

图 13-9 胎膜演变过程示意图

A. 3 周；B. 4 周；C. 10 周；D. 20 周

1. 绒毛膜　由滋养层等发育而成。胚胎早期，整个绒毛膜表面的绒毛均匀分布。之后，由于包蜕膜侧的绒毛血供不足而逐渐退化、消失，形成表面无绒毛的**平滑绒毛膜**。底蜕膜侧的绒毛则因血供充足而反复分支，生长茂密，形成**丛密绒毛膜**，参与胎盘的构成。绒毛膜的绒毛浸浴在**绒毛间隙**的母体血中（图 13-10），具有从母体血中吸收 O_2 和营养物质，并排出 CO_2 和代谢产物的功能。

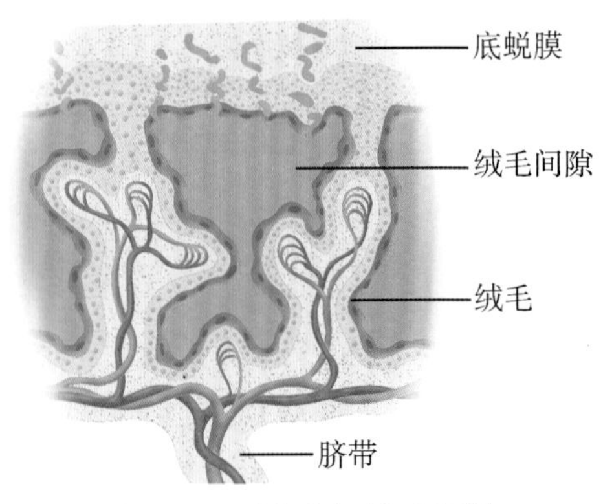

图 13-10 绒毛与绒毛间隙

2. 羊膜　为一层无血管的半透明薄膜，羊膜腔内充满**羊水**，胚胎浸泡在羊水中生长发育。妊娠早期的羊水无色透明，由羊膜不断分泌和吸收；妊娠中期以后，胎儿开始吞咽羊水，其消化、泌尿系统的排泄物及脱落的上皮细胞也进入羊水，使羊水变得浑浊。

羊膜和羊水在胚胎发育过程中对胚胎起着重要的保护作用，如胚胎可以在羊水中较自由地活动，有利于骨骼和肌肉的发育，并防止胚胎局部粘连或受外力的挤压与振荡。临产时，羊水还具有扩张子宫颈、冲洗和润滑产道的作用。

羊水量随着胚胎的长大而逐渐增多，妊娠 38 周约 1000ml，此后羊水量逐渐减少。妊娠晚期羊水量少于 300ml 者，称为**羊水过少**，常由胎儿无肾或尿道闭锁所致。妊娠期间羊水量超过 2000ml 者，称为**羊水过多**，常见于胎儿消化道闭锁或无脑儿。

3. 脐带　是连于胚胎脐部与胎盘间的条索状结构，是胎儿与母体间进行物质交换的通道，为胚胎的生命线。脐带外被覆羊膜，内含一条脐静脉、两条脐动脉和脐血管周围的黏液性结缔组织等。足月妊娠的脐带长度为 30 ～ 100cm，平均长度为 55cm。脐带短于 30cm 者，称为脐带过短，胎儿娩出时易导致胎盘早剥；脐带长度超过 100cm 者，称为脐带过长，易造成脐带绕颈、绕体、打结、脱垂或脐带受压。

链接

生命银行

所谓生命银行是指人们将自己孩子出生时的脐带血即胎儿娩出后从脐静脉抽出的胎盘血，储存在医院的干细胞库中，等孩子将来万一有病需要时取出，用来挽救孩子的生命，或提供给亲属和合适的非亲属使用。由于脐带血比红骨髓易于得到，人们已经把它视为新生儿带给人类的一份厚礼。

（二）胎盘

1. 胎盘的形态结构　**胎盘**是由胎儿的丛密绒毛膜与母体的底蜕膜共同构成的圆盘形结构（图 13-11）。胎盘的胎儿面光滑，覆有羊膜，脐带附着于中央或稍偏。胎盘的母体面粗糙，为剥离后的底蜕膜，可见 15 ～ 30 个由浅沟分隔的胎盘小叶。胎盘小叶之间有由底蜕膜形成的胎盘隔。**胎盘隔**之间的腔隙称为**绒毛间隙**，其内充满母体血，绒毛浸在母体血中，便于物质交换（图 13-12）。

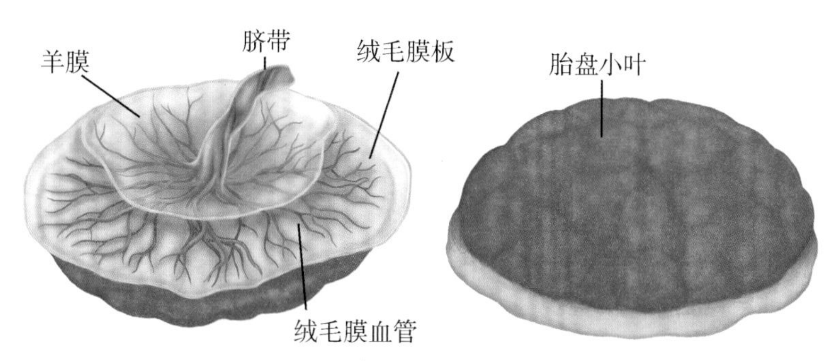

图 13-11　胎盘的形态结构模式图

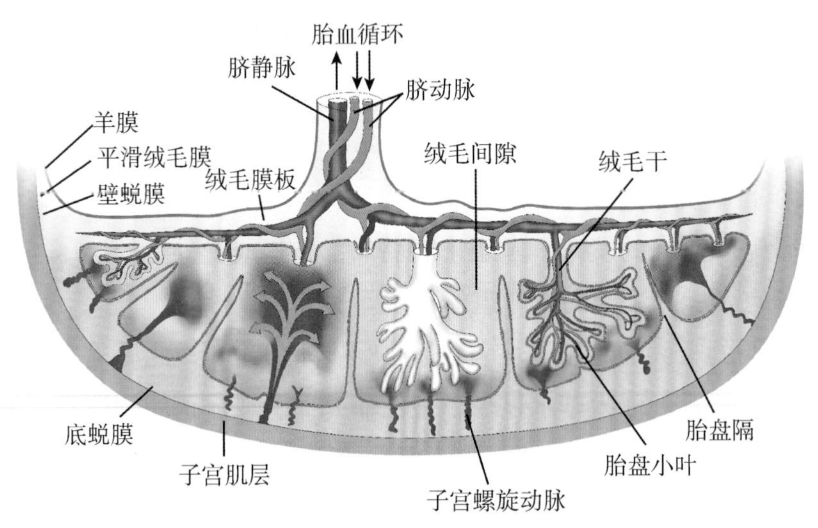

图 13-12 胎盘结构与血液循环模式图

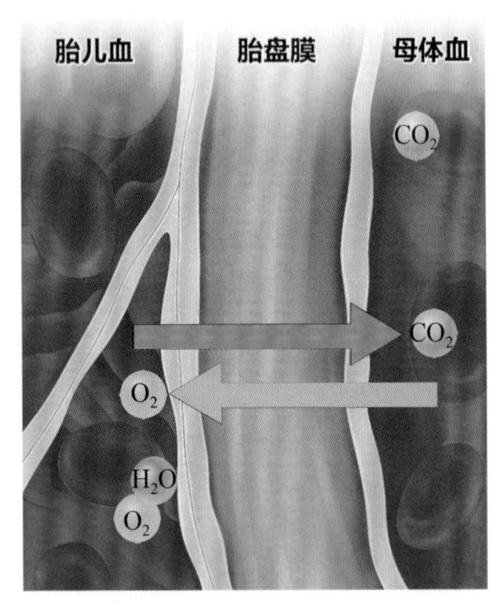

图 13-13 胎盘膜

2. 胎盘的血液循环和胎盘膜

（1）胎盘的血液循环：胎盘内有母体和胎儿两套血液循环系统，母体和胎儿的血液在各自封闭的管道内循环，互不相混，但可进行物质交换。母体血从子宫螺旋动脉流入绒毛间隙，与绒毛毛细血管内的胎儿血进行物质交换后，经子宫静脉流回母体。胎儿的静脉血经脐动脉及其分支流入绒毛内的毛细血管，与绒毛间隙内的母体血进行物质交换后成为动脉性质的血，经脐静脉回流入胎儿体内。

（2）胎盘膜：胎儿血与母体血在胎盘内进行物质交换所通过的结构，称为**胎盘膜**或**胎盘屏障**（图 13-13）。早期胎盘膜较厚，发育后期胎盘膜变薄，更有利于物质交换。

3. 胎盘的功能

（1）物质交换：是胎盘的主要功能，胎儿通过胎盘从母体血中获得营养物质和 O_2，排出代谢产物和 CO_2。胎盘膜的屏障作用极为有限，多数细菌虽不能通过胎盘膜，但各种病毒和大部分药物均可通过胎盘膜而进入胎儿体内，故孕妇不可轻易服用未经医生核准的药物，以免影响胎儿的正常发育。

（2）内分泌功能：胎盘能合成和分泌多种激素，对维持正常妊娠起重要作用。主要有：①**人绒毛膜促性腺激素**（hCG），能促进母体黄体的生长发育，以维持妊娠。受精后第 10 天可从孕妇血清中测出，成为诊断早孕的最敏感方法，临床上还可通过检测孕妇尿 hCG，来诊断是否怀孕。②**人胎盘催乳素**，既能促进母体乳腺生长发育，又可促进胎儿的生长发育。③**孕激素**和**雌激素**，于妊娠后第 4 个月开始分泌，以后逐渐增多并逐步替代了母体卵巢孕激素和雌激素的功能，起着继续维持妊娠的作用。

考点 胎盘的构成及功能

五、双胎、多胎和联体双胎

1. 双胎　又称孪生，其发生率约占新生儿的 1%。双胎有两种：一种是**双卵孪生**，即母体一次排出两个卵子，分别受精发育为两个胚胎，约占双胎的 70%。两个胎儿有各自的胎膜和胎盘，性别相同或不同，外貌和生理特征的差异如同一般的兄弟姐妹，仅是同龄而已。另一种是**单卵孪生**，即由一个受精卵发育为两个胚胎，约占双胎的 30%。两者的遗传基因完全一样，故性别、血型及外貌等均相同。形成单卵孪生的原因（图 13-14）：①从受精卵发育出两个胚泡，它们分别植入，两个胎儿有各自的羊膜腔和胎盘；②一个胚泡内出现两个内细胞群，各自发育成一个胚胎；③一个胚盘上出现两个原条与脊索，形成两个神经管，发育为两个胚胎。

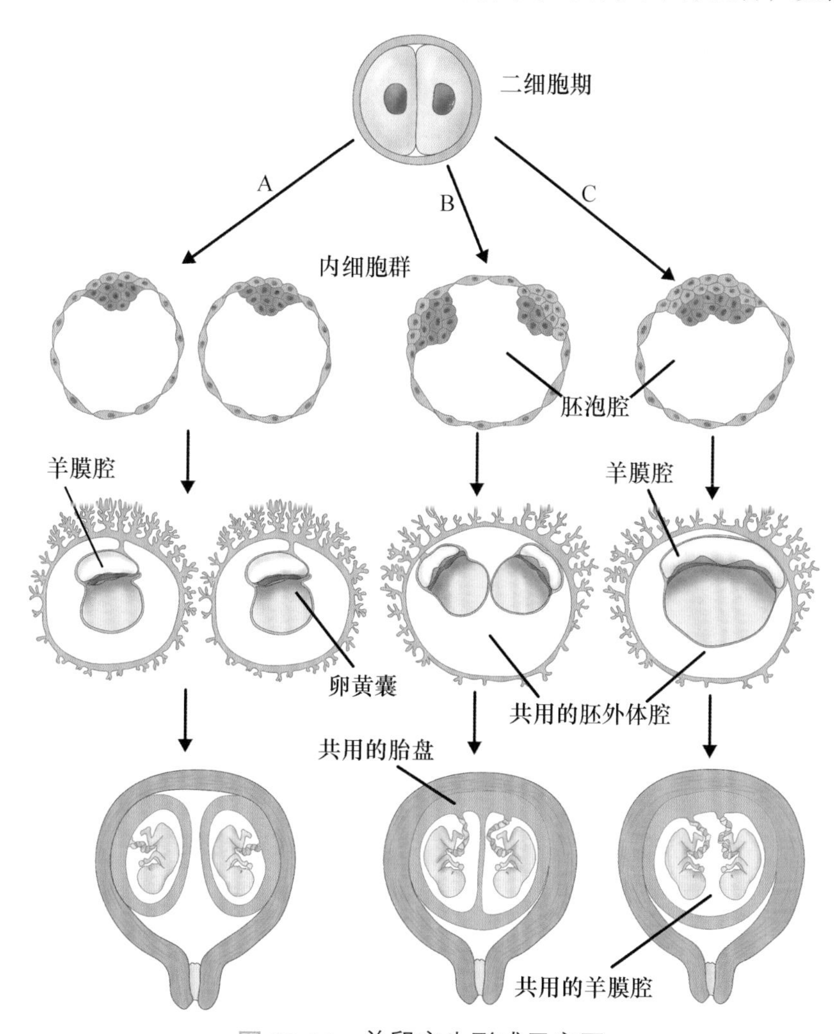

图 13-14　单卵孪生形成示意图

A. 从受精卵发育出两个胚泡；B. 一个胚泡内形成两个内细胞群；C. 一个胚盘上出现两个原条

2. 多胎　一次娩出两个或两个以上新生儿为多胎。其可以是单卵性、多卵性或混合性，以混合性为多。

3. 联体双胎　是指两个未完全分离的单卵双胎。当一个胚盘上出现两个原条并分别发育为两个胚胎时，若两个原条靠得较近，胚体形成时发生局部连接，则导致联体双胎。根据连接的部位可分为头联体双胎、臀联体双胎、胸腹联体双胎等（图 13-15）。若联体双胎中明显一大一小，则小的称为寄生胎或胎中胎。联体双胎的发生率为单卵双胎的 1/1500。

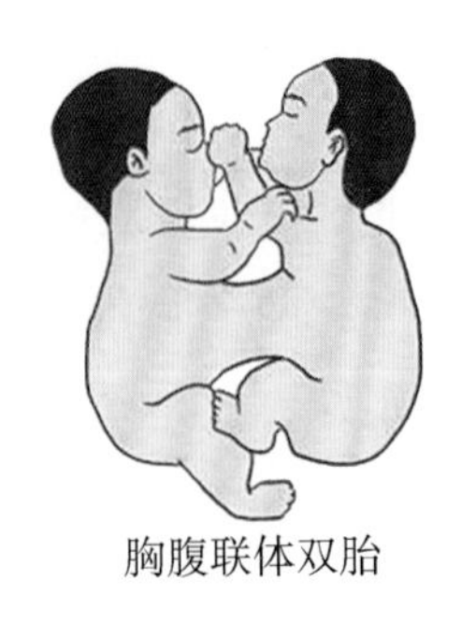

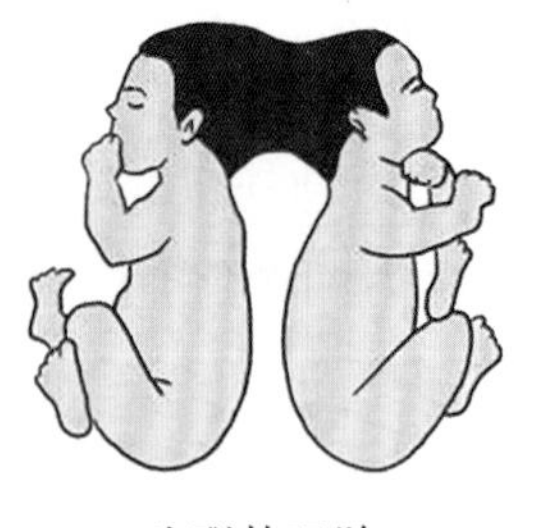

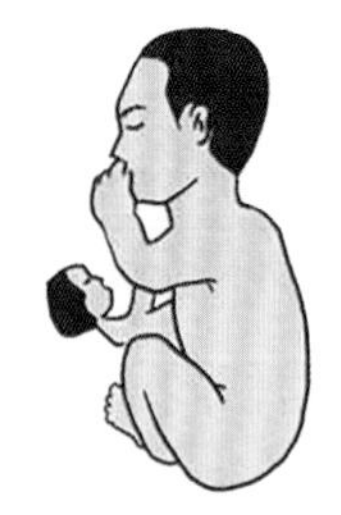

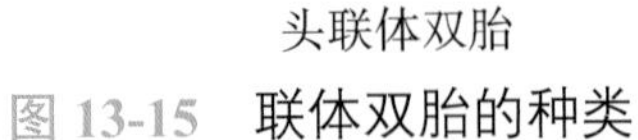
图 13-15 联体双胎的种类

六、先天性畸形概述

先天性畸形是指由胚胎发育紊乱所致的出生时就存在的各种形态结构异常。先天性畸形发生的原因包括遗传因素、环境因素以及两者的相互作用。遗传因素可分为染色体畸变、基因突变和发育信号通路异常。能引起先天性畸形的环境因素统称为**致畸因子**，主要通过影响母体周围的外环境、母体的内环境以及胚体周围的微环境这 3 个方面影响胚胎发育。致畸因子主要有生物性致畸因子、物理性致畸因子、致畸性药物、致畸性化学因子及其他致畸因子 5 类。多数畸形是环境因素与遗传因素相互作用的结果，主要表现在两个方面：一方面是环境致畸因子通过引起染色体畸变和基因突变而导致先天性畸形；另一方面是胚胎的遗传特性决定和影响胚胎对致畸因子的易感程度。处于不同发育阶段的胚胎对致畸因子的敏感程度不同，最容易发生畸形的发育时期称为**致畸敏感期**。受精后第 3 ～ 8 周是致畸敏感期，故在这一时期的孕期保健尤为重要。

考点 致畸敏感期的概念

自 测 题

A_1/A_2 型题

1. 受精后至胚泡植入子宫内膜的时间是（　　）
   A. 1 ～ 2 天　B. 3 ～ 4 天
   C. 5 ～ 6 天　D. 7 ～ 8 天
   E. 9 ～ 10 天
2. 胚初具人形的时间是在受精后的（　　）
   A. 1 周末　B. 2 周末
   C. 4 周末　D. 8 周末
   E. 9 周末
3. 卵子受精的部位通常在（　　）
   A. 腹膜腔　B. 输卵管漏斗
   C. 输卵管子宫部　D. 输卵管峡部
   E. 输卵管壶腹部
4. 胚泡植入的部位通常在（　　）
   A. 输卵管
   B. 子宫阔韧带
   C. 子宫体或子宫底部
   D. 腹膜腔
   E. 近子宫颈管内口处
5. 胚泡完全埋入子宫内膜是在受精后的（　　）
   A. 12 小时内　B. 2 ～ 3 天
   C. 5 ～ 6 天　D. 11 ～ 12 天
   E. 14 ～ 15 天
6. 前置胎盘是由于胚泡植入在（　　）

A. 输卵管开口处　　B. 子宫颈处
C. 子宫底　　D. 子宫后壁
E. 子宫前壁

7. 胚泡植入后子宫内膜改称为（　　）
A. 胎盘膜　　B. 绒毛膜
C. 胎膜　　D. 羊膜
E. 蜕膜

8. 三胚层均起源于（　　）
A. 内细胞群　　B. 滋养层
C. 胎膜　　D. 羊膜
E. 原条

9. 由外胚层分化形成的结构是（　　）
A. 皮肤的真皮　　B. 神经系统
C. 生殖系统　　D. 消化系统
E. 肌组织

（赵国志）

第14章 新陈代谢

第1节　蛋白质和核酸化学

一、蛋白质化学

蛋白质是人体的重要组成成分和含量最丰富的大分子，是生命活动的物质基础，几乎存在于所有的组织器官内，约占人体固体成分的45%，在细胞中可达细胞干重的70%以上。

（一）蛋白质的分子组成

1. 蛋白质的元素组成　所有蛋白质都含有碳、氢、氧、氮4种基本元素。多数蛋白质含有硫，有些蛋白质还含有少量的磷和铁、铜、锌、锰、钴、钼、碘等。各种蛋白质的含氮量很接近，平均为16%。

```
        COOH
         |
$H_2N$—C—H
         |
         R
```

图14-1　α-氨基酸的结构通式

2. 蛋白质的基本组成单位——氨基酸　自然界中已发现的氨基酸有300余种，但组成人体蛋白质的氨基酸只有20种，除甘氨酸外，均为L-α-氨基酸，氨基酸的结构通式见图14-1，不同氨基酸其侧链（R）各异。

考点　蛋白质的基本组成元素；计算样品中蛋白质的含量

3. 蛋白质分子中氨基酸的连接方式　氨基酸彼此通过肽键连接，相邻氨基酸之间脱水形成的化学键即为肽键，通过肽键连接起来形成的化合物称为肽（图14-2）。2个氨基酸形成的肽为二肽，3个氨基酸形成的肽为三肽，依次类推。10个以内的氨基酸脱水缩合生成的肽为寡肽，更多的氨基酸缩合生成的肽称为多肽。肽链中的氨基酸分子因脱水缩合而不完整，称为氨基酸残基。

$$H_2N-\underset{R_1}{CH}-COOH + H_2N-\underset{R_2}{CH}-COOH \rightarrow H_2N-\underset{R_1}{CH}-CO-HN-\underset{R_2}{CH}-COOH$$

N-端　肽键　C-端

图14-2　肽与肽键

蛋白质就是由许多氨基酸残基组成的多肽链。一般50个以上的氨基酸残基组成的化合物称为蛋白质，50个以下的氨基酸残基组成的化合物仍称为多肽。例如，由39个氨基酸残基组成的促肾上腺皮质激素称为多肽，而由51个氨基酸残基组成的胰岛素称为蛋白质。

（二）蛋白质的分子结构

蛋白质分子复杂的结构可分为一级、二级、三级、四级4个层次，一级结构为蛋白质的基本结构或化学结构，二、三、四级结构为蛋白质的空间结构。

1. 蛋白质分子的一级结构　蛋白质分子中，氨基酸的排列顺序称为蛋白质分子的一级结构。牛胰岛素是第一个被测定一级结构的蛋白质分子（图 14-3）。

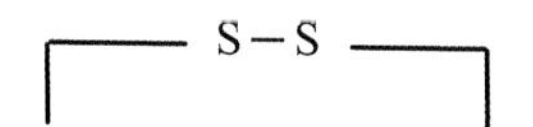

A 链　H_2N-甘-异亮-缬-谷-谷酰-半胱-半胱-苏-丝-异-半胱-丝-亮-酪-谷酰-亮-谷-天冬酰-酪-半胱-天冬酰-COOH

B 链　H_2N-苯-缬-天冬酰-谷酰-组-亮-半胱-甘-丝-组-亮-缬-谷-丙-亮-酪-亮-缬-半胱-甘-谷-精-甘-苯-

苯-酪-苏-脯-赖-丙-COOH

图 14-3　牛胰岛素的一级结构

2. 蛋白质分子的空间结构　在一级结构的基础上，蛋白质分子可旋转、盘曲、折叠形成特定的三维空间结构。蛋白质分子的空间结构包括二级、三级和四级结构（图 14-4）。蛋白质分子的多肽链盘曲、折叠形成的长链骨架称为蛋白质的二级结构。二级结构多肽链进一步折叠形成三级结构。每一条具有完整三级结构的多肽链，称为亚基，亚基与亚基之间以非共价键相连，形成了蛋白质分子的四级结构。并非所有的蛋白质都有四级结构。

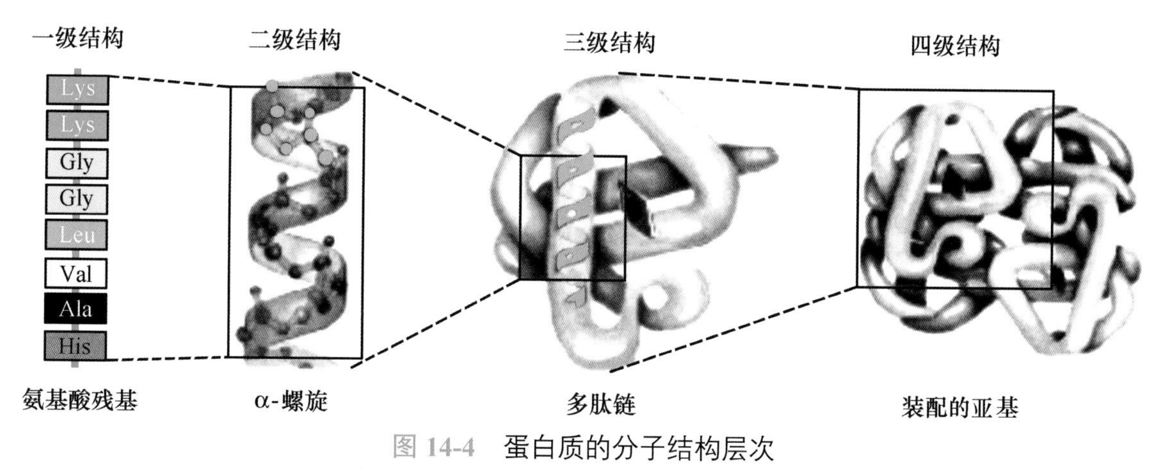

图 14-4　蛋白质的分子结构层次

（三）蛋白质分子结构与功能的关系

1. 一级结构与功能的关系　①蛋白质分子的一级结构是空间结构与功能的基础，只有形成正确空间结构的蛋白质才具有生物学活性；②一级结构相似的蛋白质具有相似的高级结构与功能，如不同哺乳类动物的胰岛素分子都是由 A 和 B 两条肽链组成的，并且一级结构中仅有个别氨基酸有差异，因而它们都执行着相同的调节糖代谢的生理功能；③蛋白质的一级结构中某些重要氨基酸序列异常可引起疾病，称为分子病，如正常人血红蛋白 β 亚基第 6 位氨基酸是谷氨酸，而镰状细胞贫血患者体内的血红蛋白中，谷氨酸被缬氨酸替代，导致血红蛋白聚集成丝，相互黏着，使红细胞变成镰刀状且极易破碎，产生贫血。

2. 空间结构与功能的关系　蛋白质的空间结构是其生物活性的基础，空间结构发生改变，其功能也随之改变。蛋白质空间构象的异常变化会引起疾病的发生，此类疾病称为蛋白质的构象病。有些蛋白质错误折叠后相互聚集，常形成淀粉样纤维沉淀，产生毒性而导致疾病，如人纹状体脊髓变性、阿尔茨海默病、亨廷顿病、牛海绵状脑病等。

（四）蛋白质的变性

在某些理化因素的作用下，蛋白质的空间构象被破坏，从而导致其理化性质改变和生物活性丧失，称为蛋白质变性。引起蛋白质变性的物理因素有高温、高压、紫外线等；化学因素有强酸、强碱、重金属盐、有机溶剂、生物碱试剂等。在医学上，蛋白质变性原理常被用来消毒灭菌、保存生物制品等。

二、核酸化学

核酸是生物信息大分子，是生物遗传的物质基础。核酸分为脱氧核糖核酸（DNA）和核糖核酸（RNA）两类。DNA 存在于细胞核和线粒体中，是遗传信息的载体；RNA 存在于细胞质、细胞核和线粒体中，参与遗传信息的表达，在某些病毒中 RNA 也可作为遗传信息的载体。

（一）核酸的分子组成

1. 核酸的元素组成　核酸由碳、氢、氧、氮、磷 5 种元素组成，其中磷元素含量比较恒定，一般为 9% ～ 10%，故测定样品中磷的含量，可以推算出核酸含量。

2. 核酸的组成成分　包括磷酸、戊糖和含氮碱基（表 14-1）。DNA 和 RNA 的磷酸是相同的，戊糖和含氮碱基则不同。戊糖分为核糖和脱氧核糖两种，核糖存在于 RNA 中，脱氧核糖存在于 DNA 中。碱基是含氮的杂环化合物，包括嘌呤碱基和嘧啶碱基两种。嘌呤碱基分为腺嘌呤和鸟嘌呤，嘧啶碱基分为胞嘧啶、胸腺嘧啶和尿嘧啶。

表 14-1　核酸的基本组成成分

组成成分	RNA	DNA
磷酸	磷酸 H_3PO_4	磷酸 H_3PO_4
戊糖	核糖	脱氧核糖
含氮碱基	腺嘌呤（A）	腺嘌呤（A）
	鸟嘌呤（G）	鸟嘌呤（G）
	胞嘧啶（C）	胞嘧啶（C）
	尿嘧啶（U）	胸腺嘧啶（T）

3. 核酸的基本组成单位——核苷酸　DNA 的基本组成单位是脱氧核糖核苷酸，RNA 的基本组成单位是核糖核苷酸。戊糖与碱基通过糖苷键连接而成的化合物称为核苷，核苷则再与磷酸通过酯键形成核苷酸（图 14-5）。

考点　核酸的组成成分及基本组成单位

（二）核酸的分子结构

1. 核酸的一级结构　核苷酸之间以磷酸二酯键相互连接形成多聚核苷酸链。多聚核苷酸链有两个游离的末端，一端为戊糖 C-5′ 上的磷酸，称为 5′- 端，另一端为戊糖 C-3′ 上的羟基，

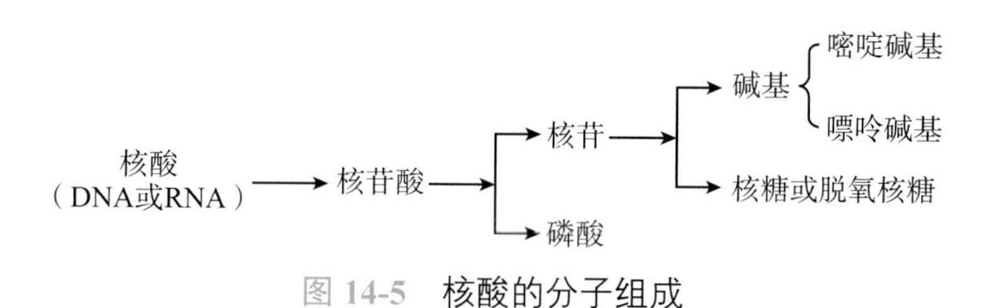

图 14-5　核酸的分子组成

称为 3′- 端，因而核酸具有方向性。多聚核苷酸链中核苷酸的排列顺序称为核酸的一级结构，由于核苷酸间的差异主要是碱基不同，所以也称为碱基序列。

2. 核酸的空间结构　分为二级结构和三级结构。DNA 分子的二级结构为双链螺旋结构（图 14-6），其主要特征为：① DNA 分子由两条反向平行的多聚脱氧核苷酸链组成，盘旋为右手双螺旋结构；②两条链之间的碱基通过氢键互补配对，A 与 T 之间形成 2 个氢键，G 与 C 之间形成 3 个氢键。DNA 分子在双螺旋结构的基础上，进一步盘绕、折叠、压缩，在蛋白质的参与下形成超螺旋三级结构。

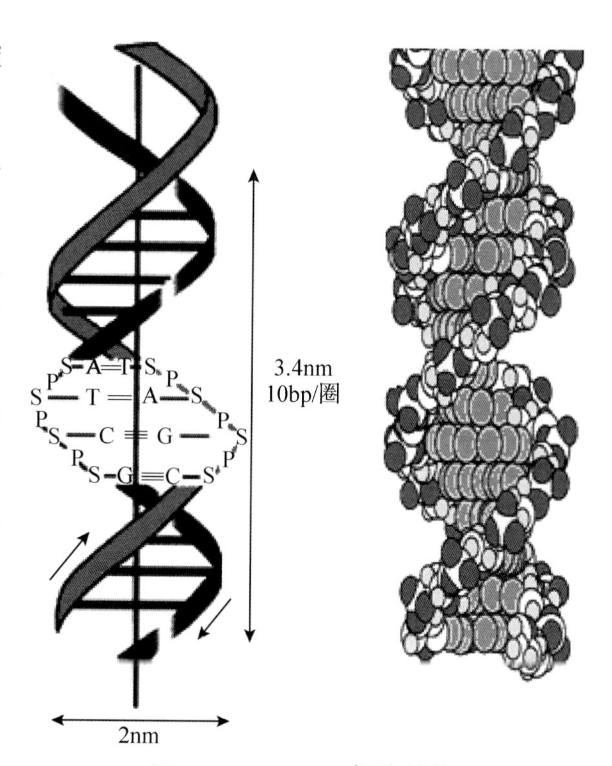

图 14-6　DNA 双螺旋结构

体内 RNA 种类繁多，通常以单链形式存在，可通过链内的碱基配对盘曲折叠形成局部双螺旋二级结构，二级结构进一步折叠形成三级结构。如 tRNA 分子的二级结构为三叶草形（图 14-7）。

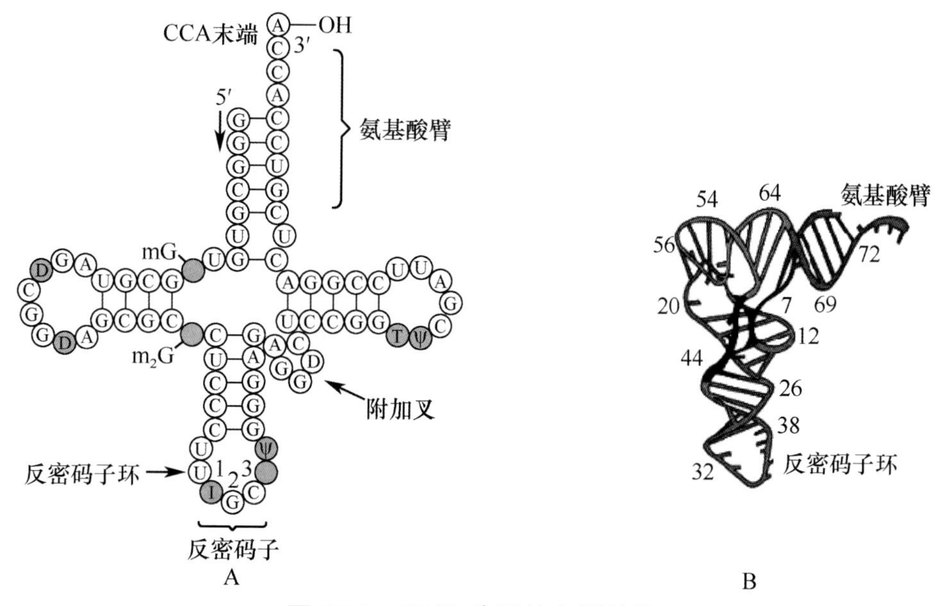

图 14-7　tRNA 分子的空间结构

A. tRNA 的二级结构；B. tRNA 的三级结构

第2节　酶和维生素

一、酶

酶是由活细胞产生的具有高效、特异催化功能的蛋白质（少数为核酸）。组成生物体新陈代谢的各种化学反应，几乎都是在酶催化下进行的。酶催化的化学反应称为**酶促反应**，被催化的物质称为**底物**，反应生成的物质称为**产物**，酶具有的催化能力称为**酶活性**，酶丧失催化能力称为**酶失活**。

（一）酶的分子组成

根据酶的化学组成，分为单纯酶和结合酶两大类。

1. 单纯酶　是单纯由蛋白质构成的酶，如脲酶、淀粉酶、蛋白酶、脂肪酶等。

2. 结合酶　是由蛋白质部分和非蛋白质部分共同组成的酶，其中蛋白质部分称为酶蛋白，主要决定酶促反应的特异性；非蛋白质部分称为**辅助因子**，主要决定酶促反应的类型。酶蛋白与辅助因子单独存在时均无催化活性，只有结合在一起形成复合物（全酶），才具有催化活性。

辅助因子按其与酶蛋白结合的不同紧密程度，可分为辅酶与辅基两类。与酶蛋白结合疏松的称为**辅酶**，与酶蛋白结合紧密的称为**辅基**。辅助因子可以是金属离子（如 K^{+}、Mg^{2+}、Zn^{2+}），也可以是小分子有机物（多为 B 族维生素），其具有参与催化反应、稳定酶结构、传递电子及质子（或基团）等作用。金属离子是最常见的辅助因子，约 2/3 的酶含有金属离子，均是人体必需的矿质元素。

（二）酶促反应的特点

1. 特异性　酶对其所催化的底物具有严格的选择性，即一种酶只能作用于一种（一类）化合物，或一定化学键，催化一定化学反应并产生一定的产物。

2. 高效性　酶的催化效率比一般催化剂快 10^{7} ～ 10^{13} 倍，比非催化反应高 10^{8} ～ 10^{20} 倍。

3. 不稳定性　酶的化学本质是蛋白质，凡能使蛋白质变性的理化因素（强酸、强碱、有机溶剂、高温、紫外线、剧烈振荡等），都可使酶蛋白变性，甚至导致酶失活。

4. 可调节性　酶活性可受多种因素的调节，如温度、pH、代谢物、产物浓度、激素和神经等的调节。如果酶的数量不足、种类缺少、功能异常，就会导致人生病或死亡。

（三）酶原与酶原激活

有些酶在细胞内合成或初分泌时，或在其发挥作用前没有催化活性，这种无活性酶的前身物质称为**酶原**。酶原是体内某些酶暂不表现催化活性的一种特殊存在形式。酶原在一定条件下转变为有活性酶的过程称为**酶原激活**。酶原激活的实质就是酶活性中心的形成或暴露的过程。胃蛋白酶、胰蛋白酶等许多消化酶，最初分泌时均以无活性的酶原形式存在，在一定条件下才能转化成具有催化活性的酶。如胰蛋白酶原刚合成或初分泌时无活性，进入小肠后，受肠激酶作用，活性中心形成，从而成为具有催化活性的胰蛋白酶。

酶原激活的生理意义在于既可保护自身组织不被细胞产生的蛋白酶进行自身消化，又可使酶原到达特定部位或环境后发挥其催化作用。

考点 酶原的概念；酶原激活的生理意义

（四）同工酶

催化的化学反应相同，但酶的分子结构、理化性质、免疫特性不同的一组酶，称为**同工酶**。同工酶不仅存在于生物的同一种属或同一个体的不同组织中，甚至还存在于同一细胞的不同细胞器中，在代谢调节中起着重要的作用。在已发现的几百种同工酶中，在临床中应用最广的是乳酸脱氢酶（LDH）和肌酸激酶（CK）。

乳酸脱氢酶是由H亚基和M亚基组成的四聚体，这两种亚基以不同的比例组成5种同工酶，即LDH_1、LDH_2、LDH_3、LDH_4、LDH_5（表14-2）。LDH同工酶在各种组织器官中的分布与含量不同，在心肌中LDH_1活性最高，骨骼肌中LDH_5活性最高。在临床上常根据同工酶谱活性与含量的改变对疾病进行诊断，如急性心肌梗死患者血清中LDH_1明显升高，而急性肝炎患者血清中LDH_5明显升高。

表14-2 人体各组织器官LDH同工酶的活性 单位：%

LDH	红细胞	白细胞	骨骼肌	心肌	肺	肾	肝	脾	血清
LDH_1	44	22	0	73	14	43	2	10	27.1
LDH_2	43	49	0	24	34	44	4	25	34.7
LDH_3	12	33	50	3	35	12	11	10	20.9
LDH_4	1	60	16	0	5	1	27	20	11.7
LDH_5	0	0	79	0	12	0	56	5	5.7

（五）酶与医学的关系

1. 酶与疾病的发生 酶催化的化学反应是新陈代谢过程的前提，如酶缺陷或活性异常，都可致病。现已发现140多种遗传性代谢缺陷病，是由酶的遗传性缺陷所致（表14-3）。酶活性异常多见于中毒性疾病，如有机磷农药中毒、重金属盐中毒以及氰化物中毒等。

表14-3 遗传性酶缺陷

相应疾病	白化病	肌病	苯丙氨酸尿症	半乳糖血症	蚕豆病	高铁血红蛋白血症	新生儿黄疸
酶缺陷	酪氨酸酶	肌腺苷酸脱氢酶	苯丙氨酸羟化酶系	1-磷酸半乳糖尿苷移换酶	葡萄糖-6-磷酸脱氢酶	高铁血红蛋白还原酶	谷胱甘肽过氧化物酶

2. 酶与疾病的诊断 健康人体内，酶的活性或含量恒定在特定范围内，许多疾病可引起体液中酶的活性或含量的改变。因此，检测血清中酶量或活性变化，有助于疾病的辅助诊断和预后判断。如急性肝炎是谷丙氨基转移酶活性升高；十二指肠溃疡是胃蛋白酶活性下降。

3. 酶与疾病的治疗 某些酶可作为药物用于疾病的治疗。酶最早的药物作用为助消化，如胃蛋白酶、胰蛋白酶、胰脂肪酶、胰淀粉酶等用于消化腺功能下降而导致的消化不良。有些酶可用于清洁伤口和抗炎，如胰蛋白酶、溶菌酶、木瓜蛋白酶、菠萝蛋白酶等。

有些酶具有溶解血栓的疗效，如链激酶、尿激酶、纤溶酶等可用于治疗心、脑血管血栓等疾病。

二、维 生 素

维生素是维持机体正常生命活动所必需的一类小分子有机化合物。具有如下共同特点：①不构成机体组织成分，也不提供能量，但参与调节物质和能量代谢；②体内不能合成或合成量很少，必须从外界环境中摄取补充；③机体对其需要量很小，但不能缺乏。

（一）维生素的分类

维生素种类多，化学结构差异大。目前发现的维生素按其溶解性质分为脂溶性维生素和水溶性维生素两大类（表 14-4）。

表 14-4 两类维生素的区别

类型	包括	溶解性	体内储存	体内过量	摄取过多
脂溶性维生素	维生素 A、维生素 D、维生素 E、维生素 K	有机溶剂和脂类	一定储量	可储存	可中毒
水溶性维生素	B 族维生素、维生素 C	水	少	尿排出	一般不中毒

（二）维生素缺乏的原因

维生素不能在体内合成，或者合成的量难以满足机体的需要，因此必须经常予以补充，否则会导致相应维生素缺乏症（表 14-5）。维生素缺乏的主要原因有以下几方面。

表 14-5 各种维生素的来源、功能与缺乏症

名称	食物来源	主要功能	缺乏症
维生素 A	肝、蛋黄、牛奶、胡萝卜、红橙深绿色蔬菜	①构成视紫红质；②维持上皮组织结构的完整；③促进生长发育；④抗氧化作用	夜盲症、眼干燥症
维生素 D	鱼肝油、蛋黄、肝、奶类	①调节钙、磷吸收；②促进骨盐沉积	佝偻病（儿童） 软骨病（成人）
维生素 E	植物油、坚果类、肉类、动物性食物	①抗氧化作用；②与生殖功能有关；③调节血小板的聚集；④保护肝细胞	流产、早产
维生素 K	肝、绿叶植物、肠道细菌合成	①促进凝血因子合成；②参与骨盐代谢	凝血障碍
维生素 B_1	谷类外皮、酵母、豆类、瘦肉、蛋类、坚果等	①参与氧化脱羧反应；②促进胃肠消化吸收功能	脚气病 胃肠功能障碍
维生素 B_2	绿叶蔬菜、蛋类、酵母等	①参与生物氧化反应；②参与抗氧化作用，保护巯基化合物的巯基	舌炎、唇炎、阴囊炎、皮炎、口角炎等
维生素 PP	肉类、谷类、花生、鱼类、蔬菜、谷类	①构成多种脱氢酶的辅酶；②参与生物氧化反应	癞皮病
维生素 B_6	肝、蛋黄、谷类、豆类、花生、白菜、肠道细菌合成	①构成氨基转移酶和氨基脱羧酶的辅酶；②参与氨基酸分解代谢	未发现

续表

名称	食物来源	主要功能	缺乏症
泛酸	各种动植物性食物、肠道细菌合成	①构成辅酶A，是酰基转移酶的辅酶；②可转移酰基	未发现
生物素	各种动植物性食物、肠道细菌合成	构成羧化酶的辅酶，参与物质代谢的羧化反应	未发现
叶酸	绿叶蔬菜、酵母、肝、肠道细菌合成	构成一碳单位转移酶的辅酶，促进红细胞成熟	巨幼红细胞性贫血
维生素 B_{12}	动植物性食物、发酵豆制品	转甲基酶和变位酶的辅酶	巨幼红细胞性贫血
维生素C	新鲜蔬菜、水果	①参与羟化反应；②参与氧化还原反应；③抗病毒作用	坏血病

1. 摄入量不足　食物中供给的维生素不足或储存、烹调方法不当，造成维生素大量破坏与流失，如淘米过度、煮稀饭加碱、米面加工过细均可使维生素 B_1 大量丢失破坏。

2. 吸收障碍　多见于消化系统疾病的患者，如长期腹泻、消化道梗阻、胆道疾病等。

3. 需要量增加或排出量增多　生长期儿童、孕妇、乳母、重体力劳动者以及长期高热和慢性消耗性疾病患者对维生素的需要量增加，但未能及时得到补充。哺乳、大量出汗、长期大量使用利尿剂等使维生素排出增多。

4. 某些药物引起的维生素缺乏　长期服用抗生素，使肠道正常菌群的生长受到抑制，可引起某些由肠道细菌合成的维生素缺乏，如维生素K、维生素 B_6、叶酸等。

考点　各种维生素缺乏引起的疾病

第3节　糖　代　谢

案例 14-1

患者，女性，40岁。近期发现易饥饿，食欲亢进，总吃不饱；烦渴多饮，尿量增多；疲乏无力，体重减轻。在家人极力劝说下前往医院就诊。经查：空腹血糖8.6mmol/L，餐后2小时血糖14.3mmol/L；经询：患者的外祖父、母亲均为糖尿病患者。诊断为糖尿病。

问题：1. 正常人的血糖浓度是多少？

2. 何为高血糖？何为低血糖休克？

糖是含多羟基的醛或酮类化合物，由C、H、O这3种元素组成，广泛存在于人体内。其生理功能：①氧化供能，是糖的主要生理功能，人体所需能量的50%～70%来自糖的氧化分解；②重要碳源，糖代谢的中间产物可转变成其他的含碳化合物，如氨基酸、脂肪酸、核苷酸等；③重要化合物的前体及组织细胞的结构成分，糖及糖的衍生物除构成结缔组织、神经组织、细胞膜、核酸等外，还构成激素、酶、免疫球蛋白等具有特殊生理功能的糖蛋白。

糖是人类食物的主要成分，占食物总量的50%以上。食物中的糖类分为单糖（葡萄糖、果糖）、二糖（蔗糖、麦芽糖、乳糖）和多糖（植物淀粉、动物糖原、纤维素），以淀粉为主。淀粉的消化主要在小肠内进行，在胰淀粉酶的催化下，淀粉水解生成糊精、麦芽糖等中间产物，最终生成葡萄糖。消化后的单糖（主要是葡萄糖）才能经肠黏膜吸收，再经肝门静脉入肝，少量在肝内进行代谢，大部分通过血液循环运送至全身各组织细胞内进行代谢（图 14-8）。糖代谢主要是指葡萄糖在机体内的一系列复杂的化学反应。

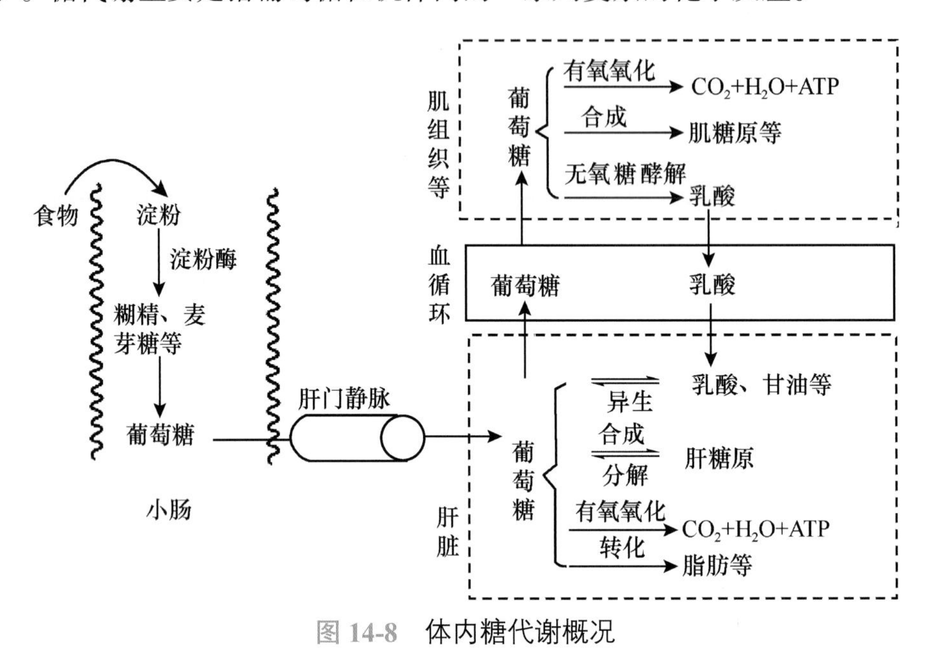

图 14-8 体内糖代谢概况

一、糖在体内的氧化分解

糖在体内的分解代谢主要有无氧糖酵解、有氧氧化和磷酸戊糖途径 3 种方式。

（一）糖的无氧氧化（糖酵解）

当机体处于相对缺氧情况（如剧烈运动）时，葡萄糖或糖原分解生成乳酸，并产生能量的反应过程称为糖的无氧氧化。因该过程与酵母菌使糖生醇发酵的过程非常相似，故又称为糖酵解。糖酵解的全部反应过程均在细胞液中进行，常见于成熟红细胞和肌组织。

1. 基本过程　可分为两个阶段：①第一阶段，葡萄糖或糖原分解为丙酮酸，称为酵解途径。其反应过程：首先葡萄糖或糖原经磷酸化生成 6- 磷酸葡萄糖，其次 1 分子的 6- 磷酸葡萄糖经过多步反应生成 2 分子的丙酮酸。本阶段的反应过程在肝是可逆的，因为肝具有逆行过程的全部特异酶类。②第二阶段，丙酮酸还原生成乳酸。糖酵解的大多数反应是可逆的，这些可逆反应的方向、速率由底物和产物的浓度控制。

2. 生理意义　①迅速提供能量，是糖酵解最主要的生理意义，这对肌肉收缩尤为重要，在机体处于应激状态时，可快速产生能量满足生理需要；②机体缺氧时获得能量的有效方式，当机体缺氧或剧烈运动肌局部血流量不足时，能量主要通过糖酵解获得，在一些病理情况下，如严重贫血、大量失血、呼吸障碍、循环衰竭等，机体则因供氧不足而使糖酵解加强，甚至过度，导致乳酸堆积而产生酸中毒；③某些组织细胞的重要供能途径，成熟的红细胞内由于缺乏线粒体，其生命活动所需的能量完全依靠糖无氧氧化供应，少数组织如视网膜、肾髓质、皮肤、睾丸等，即便在有氧条件下，也主要依靠糖的无氧氧化供能。

（二）糖的有氧氧化

在有氧条件下，葡萄糖或糖原彻底氧化分解生成 CO_2 和 H_2O，并释放大量能量的反应过程，称为**糖的有氧氧化**。糖的有氧氧化是机体主要的供能方式，体内大多数组织细胞都能通过有氧氧化而获得能量。

1. 反应过程

（1）葡萄糖氧化生成丙酮酸：这一阶段和糖酵解过程基本相同，在细胞液中进行。

（2）丙酮酸氧化脱羧生成乙酰辅酶 A：丙酮酸从细胞液进入线粒体，在丙酮酸脱氢酶复合体的催化下进行氧化脱羧，生成乙酰辅酶 A。丙酮酸脱氢酶复合体属于多酶复合体，体内多种 B 族维生素（如维生素 B_1、维生素 B_2、泛酸等）参与构成该复合体。该复合体中的维生素若缺乏，则可导致糖代谢障碍，如维生素 B_1 缺乏时，丙酮酸氧化脱羧受阻，导致丙酮酸堆积，能量供应不足，严重者引起以消化系统、神经系统和心血管系统症状为主的全身性疾病，俗称脚气病。

（3）三羧酸循环（TAC）：从乙酰辅酶 A 与草酰乙酸缩合生成含有 3 个羧基的柠檬酸开始，经过一系列的代谢反应，再生成草酰乙酸的循环反应过程，称为三羧酸循环或柠檬酸循环。三羧酸循环在系列酶的催化下，经过 4 次脱氢、2 次脱羧完成，整个循环是不可逆的。脱羧产生的 CO_2 则通过血液运输到呼吸系统而被排出，脱下的氢在线粒体中呼吸链的作用下与氧反应生成 H_2O，产生 ATP。

2. 生理意义 ①机体供能的主要方式，人体内绝大多数组织细胞通过糖的有氧氧化获取能量，在有氧条件下，糖氧化分解所释放的能量远远大于糖酵解过程；②三羧酸循环是糖、脂肪和蛋白质三大物质代谢的枢纽；③三羧酸循环是糖、脂肪和蛋白质三大物质代谢彻底氧化的共同途径，糖、脂肪和蛋白质在体内代谢最终生成乙酰辅酶 A，然后进入三羧酸循环彻底氧化分解成 CO_2 和 H_2O，并产生能量。

考点 糖的无氧氧化、有氧氧化的概念及其生理意义

（三）磷酸戊糖途径

磷酸戊糖途径是葡萄糖氧化分解的另一条重要途径，因在代谢过程中有磷酸戊糖的产生，所以称为磷酸戊糖途径。它的功能不是产生 ATP，而是产生细胞所需的具有重要生理作用的特殊物质，如 NADPH（还原型烟酰胺腺嘌呤二核苷酸磷酸）和 5- 磷酸核糖。主要在肝脏、红细胞等组织细胞中进行，全部过程在细胞液中发生。该途径的主要生理意义：①为核酸的生物合成提供 5- 磷酸核糖，与核酸代谢密切相关；②提供 NADPH，作为供氢体参与多种代谢，如参与脂肪酸、胆固醇、类固醇激素的生物合成，保持红细胞膜中谷胱甘肽的还原性，维持红细胞的稳定等。

考点 磷酸戊糖途径的产物及生理意义

二、糖异生作用

糖异生作用是指非糖物质（生糖氨基酸、乳酸、丙酮酸及甘油等）转变为葡萄糖或糖原的过程。糖异生途径基本上是糖酵解途径的逆过程，糖异生的最主要器官是肝，其次为肾，

长期饥饿时肾的糖异生能力加强。

糖异生的生理意义：①维持饥饿时血糖浓度的相对恒定，这是糖异生最重要的生理意义，在空腹或饥饿情况下，机体主要依靠糖异生维持血糖浓度的恒定；②利于乳酸的作用，在某些生理或病理情况下，如剧烈运动时，肌糖原酵解产生大量乳酸，大部分可经血液运到肝脏，通过糖异生作用合成肝糖原或葡萄糖以补充血糖，血糖再经血液运输到各组织中继续氧化提供能量，这个过程称为乳酸循环（图 14-9），乳酸循环可避免损失乳酸以及防止由乳酸堆积而引起的酸中毒。

考点 糖异生的概念及其生理意义

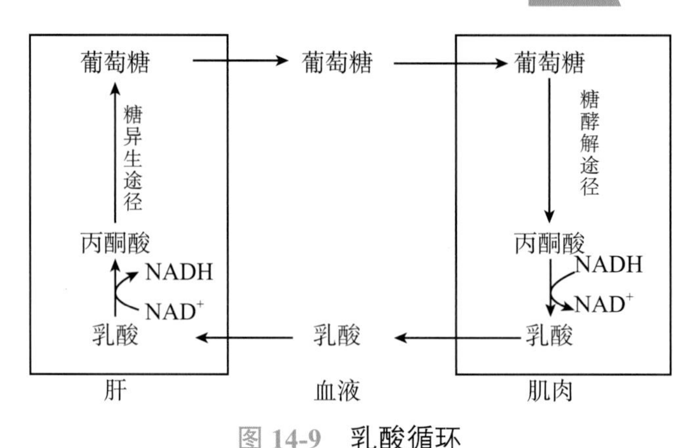

图 14-9 乳酸循环

三、糖原的合成与分解

糖原是体内糖的储存形式，主要存在于肝和肌肉，分别称为**肝糖原**和**肌糖原**。人体肝糖原总量 70 ～ 100g，肌糖原总量 180 ～ 300g。

由单糖合成糖原的过程称为**糖原的合成**，在肝和肌组织均可进行。由肝糖原直接分解为葡萄糖的过程称为**糖原的分解**。糖原的合成与分解的生理意义：①储存能量；②调节血糖浓度；③利用乳酸，肝可经糖异生途径利用糖酵解产生的乳酸合成糖原。

四、血糖及其调节

血液中所含的葡萄糖称为**血糖**。血糖浓度是反映体内糖代谢状况的一项重要指标。正常人血糖浓度是相对恒定的，为 3.89 ～ 6.11mmol/L。要维持血糖浓度的相对恒定，必须保持血糖来源与去路的动态平衡。

考点 血糖的概念与正常浓度范围

（一）血糖的来源与去路

1. 血糖的来源　①食物中的糖是血糖的主要来源；②肝糖原分解是空腹血糖的直接来源；③非糖物质如甘油、乳酸及生糖氨基酸通过糖异生作用生成葡萄糖，在长期饥饿时作为血糖的来源（图 14-10）。

2. 血糖的去路　①在各组织细胞中氧化分解提供能量，这是血糖的主要去路；②在肝及肌组织中进行糖原合成；③转变为其他糖及非糖物质，如核糖、脂肪、非必需氨基酸等。血糖浓度过高时，由尿液排出。血糖浓度大于肾糖阈值（8.88 ～ 9.99mmol/L），即超过肾小管重吸收葡萄糖的能力，可出现糖尿。糖尿有生理性和病理性两类。

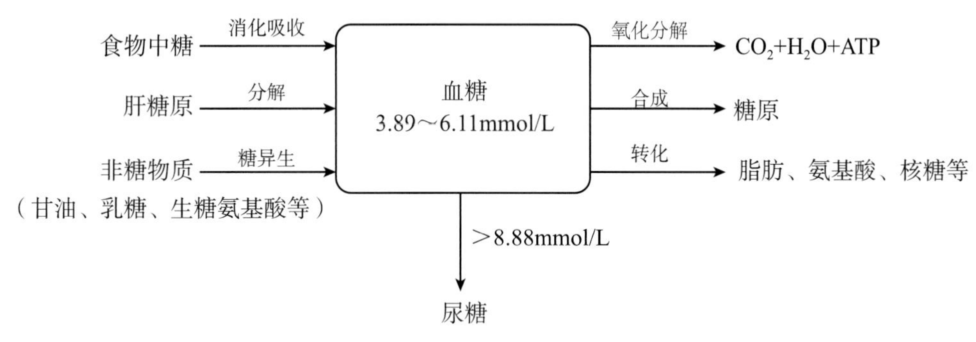

图 14-10 血糖的来源与去路

（二）血糖浓度的调节

正常人体内存在着精细的调节血糖来源和去路动态平衡的机制，从而保持血糖浓度的相对恒定。

1. 肝调节　肝是调节血糖浓度的主要器官，通过肝糖原的合成与分解及糖异生作用，来维持血糖浓度的相对恒定。当血糖浓度低时，肝糖原的分解及糖异生作用增强；而血糖浓度高时，则糖原合成增加。

2. 激素调节　血糖浓度主要依靠激素调节。调节血糖浓度的激素分为降低和升高两类：①降低血糖浓度的激素，即胰岛素，是体内唯一降低血糖浓度的激素；②升高血糖浓度的激素，主要有胰高血糖素、肾上腺素、糖皮质激素等。

考点 调节血糖浓度的激素

（三）血糖浓度异常

1. 高血糖　是指空腹血糖浓度高于6.1mmol/L。血糖浓度超过肾糖阈值，则出现糖尿。生理性高血糖和糖尿（如饮食性糖尿、情感性糖尿等）有一过性特点，不需治疗即可恢复正常；而病理性高血糖和糖尿，是疾病所导致的代谢异常，需要进行特殊的治疗。

2. 低血糖　是指空腹血糖浓度低于3.9mmol/L。低血糖会影响脑细胞的功能，出现头晕、心悸、出冷汗等症状，甚至昏迷，称为**低血糖休克**。引起低血糖的原因有饥饿或不能进食、胰岛素使用过量、胰岛B细胞增生或肿瘤、垂体前叶或肾上腺皮质功能减退、严重肝脏疾病等。

第4节　脂类代谢

患者，男性，25岁。大学毕业后从事计算机软件开发工作。工作2年来，几乎每天超过8小时的时间伏案在电脑旁，常食高脂、高糖食物，很少运动，体重急速上升，由毕业时的60kg变为80kg。近期单位组织体检，体检报告显示为脂肪肝。

问题：1. 何为脂肪肝？

2. 何为高脂血症？高脂血症是哪些疾病发生发展的危险因素？

脂类是脂肪和类脂的总称。脂肪是3分子脂肪酸和1分子甘油形成的酯，故称为甘油三酯或三酰甘油。人体内的脂肪主要分布在皮下组织、大网膜和肾周围等部位，因受营养状况和机体活动量等因素的影响而变动，故又称可变脂。脂肪的主要生理功能：①储能和供能；②保持体温和保护内脏；③提供必需脂肪酸；④促进脂溶性维生素的吸收。类脂主要指磷脂、糖脂、胆固醇及胆固醇酯等，总量相对恒定，故又称固定脂或基本脂。类脂的主要生理功能是构成细胞膜，其次是转变为多种重要的生物活性物质参与代谢。

一、脂肪代谢

（一）脂肪的分解代谢

1. 脂肪的动员　甘油三酯的分解代谢是从脂肪的动员开始的。脂肪动员是指在脂肪酶的作用下，脂肪逐步水解释放游离脂肪酸和甘油，供其他组织细胞氧化利用的过程。

2. 甘油的代谢　甘油直接由血液运输至肝、肾、肠等组织利用。甘油可转变成磷酸丙糖，经糖分解代谢途径氧化供能，也可经糖异生途径转变成糖原或葡萄糖。

3. 脂肪酸的氧化分解　除脑组织和成熟的红细胞外，大多数组织都能氧化脂肪酸，其中以肝、心、骨骼肌能力最强。线粒体是脂肪酸氧化的主要场所。在O_2充足时，脂肪酸彻底氧化产生CO_2、H_2O及大量能量。

4. 酮体的生成与利用　酮体是脂肪酸在肝不彻底氧化的产物，包括乙酰乙酸（占30%）、β-羟丁酸（占70%）、丙酮（微量）3种。肝因含有活性较强的合成酮体酶系，脂肪酸在肝氧化生成的乙酰辅酶A，部分会用于合成酮体，因肝细胞缺乏利用酮体的酶系，酮体需通过血液运输至肝外组织才能彻底氧化。

酮体生成的生理意义：酮体是肝脏向肝外组织输出脂肪类能源的一种形式，是饥饿时脑组织和肌肉的主要能源。正常人血中酮体含量为0.03～0.5mmol/L，但在饥饿、低糖高脂膳食、糖尿病时，脂肪动员增加，肝生酮作用超过肝外组织利用，可使血中酮体含量升高，称为酮血症。严重糖尿病患者血中酮体含量可高出正常人数十倍，导致酮症酸中毒。血中酮体超过肾阈值，便可随尿排出，引起酮尿。此时，血丙酮含量也大大增加，通过呼吸道排出，产生特殊的烂苹果气味。

考点 酮体的概念及酮体生成的生理意义

（二）脂肪的合成代谢

甘油三酯主要在肝、脂肪组织及小肠等组织的细胞液中合成，其中以肝组织最为活跃。但肝细胞不能储存甘油三酯，需与载脂蛋白、磷脂、胆固醇等物质组装成极低密度脂蛋白分泌入血，运输至肝外组织。

甘油和脂肪酸是合成脂肪的基本原料。机体能利用葡萄糖分解代谢的中间产物乙酰辅酶A合成脂肪酸。小肠黏膜主要利用摄取食物中甘油三酯消化产物重新合成甘油三酯，并以乳糜微粒的形式运送至脂肪组织、肝等器官。

二、胆固醇代谢

人体内胆固醇总含量约为140g，以游离胆固醇和胆固醇酯两种形式广泛分布于各组织中，但分布不均匀，大约 1/4 分布在脑及神经组织；肝、肾、肠等内脏及皮肤、脂肪组织中也较多；肌肉组织含量较低；肾上腺、卵巢等合成类固醇激素的腺体含量较高。

1. 胆固醇的来源　人体内胆固醇的来源有两个：通过动物性食物获取的外源性胆固醇和体内自身合成的内源性胆固醇。除成年脑组织和成熟的红细胞外，几乎全身各组织均可合成胆固醇，每天合成量为 1g 左右。肝是合成胆固醇能力最强的器官，合成量占全身合成总量的 70% ～ 80%，其次是小肠，约合成 10%。合成胆固醇的原料是乙酰辅酶 A。

2. 胆固醇的去路　人体内胆固醇的去路有 3 个：①构成细胞膜成分；②转变为重要的生物活性物质，在肝转化成胆汁酸是胆固醇的主要代谢去路，胆汁酸具有促进脂类的消化和预防胆结石的功效，胆固醇还可转变成类固醇激素（如肾上腺皮质激素、性激素）、维生素 D_3 等物质；③排泄，肠道中的胆固醇可经肠道细菌还原成粪固醇，随粪便排出体外。

考点　胆固醇的来源、转化与排泄途径

三、血脂与血浆脂蛋白

1. 血脂　是指血浆中所含脂类的总称，主要包括甘油三酯、磷脂、胆固醇、胆固醇酯、游离脂肪酸等。血脂不如血糖含量稳定，受年龄、性别、职业、膳食、运动、代谢等诸多因素的影响，波动范围较大，但通常在 12 小时内恢复正常。

2. 血浆脂蛋白　由于脂类食物难溶于水，所以血浆中的脂类不是以游离的形式存在的，而是以与载脂蛋白结合形成脂蛋白的形式存在。用电泳（或密度）分类法将血浆脂蛋白分为 4 类（表 14-6）。血浆脂蛋白由蛋白质、甘油三酯、胆固醇和磷脂等成分组成，其是脂类在血浆中存在及转运的主要形式。

表 14-6　血浆脂蛋白的分类、组成、合成部位及功能

分类	密度法	乳糜微粒(CM)	极低密度脂蛋白（VLDL）	低密度脂蛋白（LDL）	高密度脂蛋白（HDL）
	电泳法	乳糜微粒	前 β- 脂蛋白	β- 脂蛋白	α- 脂蛋白
成分（%）	甘油三酯	80 ～ 95	50 ～ 70	10	5
	胆固醇	1 ～ 4	15	40 ～ 50	20
	磷脂	5 ～ 7	15	20	25
	蛋白质	0.5 ～ 2	5 ～ 10	20 ～ 25	50
合成部位		小肠黏膜细胞	肝细胞	血浆	肝细胞、小肠黏膜细胞、血浆
主要生理功能		转运外源性脂肪	转运内源性脂肪	转运内源性胆固醇	逆向转运胆固醇

血浆中 LDL 及 VLDL 增高的患者，冠心病的发病率显著升高，而 HDL 的水平与冠心病的发病率呈负相关。HDL 含量较高者，冠心病发病率较低；缺乏 HDL 的人，即使胆固醇含量不高，也易发生动脉粥样硬化。总之，血浆 LDL、VLDL 含量升高和 HDL 含量降低是导致动脉粥样硬化的关键因素。

考点　血浆脂蛋白的分类及主要生理功能

3. 脂类代谢紊乱

（1）高脂血症：空腹血脂浓度高于正常值，称为**高脂血症**。临床上常见的有高胆固醇血症和高甘油三酯血症。由于血脂在血浆中主要是以脂蛋白的形式存在，所以高脂血症又称为高脂蛋白血症。不同脂蛋白的异常可引起不同类型的高脂血症。高脂血症按病因可分为原发性和继发性两大类，原发性高脂蛋白血症与脂蛋白的组成和代谢过程中的载脂蛋白、酶和受体等先天性缺陷有关；继发性高脂蛋白血症常继发于其他疾病，如糖尿病、肾病、肝病及甲状腺功能减退等。高脂血症是动脉粥样硬化、冠心病发生发展的危险因素。如果肝中脂类含量超过肝湿重的 10%，且主要是甘油三酯堆积，肝细胞脂肪化超过 30% 即为脂肪肝。

考点 高脂血症的概念及分类

（2）肥胖症：体内脂肪含量超过标准体重的 20% 或体重指数大于 25kg/m^2 者为肥胖。世界卫生组织公布的体重指数（BMI）计算公式为：体重指数 = 体重（kg）÷ 身高^2（m^2）。我国规定 BMI 在 24 ～ 26kg/m^2 为轻度肥胖；BMI 在 26 ～ 28kg/m^2 为中度肥胖；BMI ＞ 28kg/m^2 为重度肥胖。引起机体肥胖的原因很多，除遗传因素和内分泌失调外，主要原因是饮食过多、消耗过少，导致过多的糖、脂肪酸、甘油、氨基酸等转变成甘油三酯储存于脂肪组织中。

第 5 节　蛋白质代谢与核酸代谢

体内蛋白质合成、分解和转变成其他物质都是以氨基酸为中心来进行的。因此，氨基酸代谢是蛋白质合成与分解代谢的中心内容。

一、蛋白质的营养作用

（一）蛋白质的生理功能

1. 维持组织细胞的生长、更新和修复　此功能是蛋白质最重要的功能。机体必须摄取足量的蛋白质，才能维持组织细胞的生长、更新和修补的需要。这对于处于生长发育期的儿童、孕妇以及康复期的患者尤为重要。

2. 参与体内多种重要的生理活动　体内许多具有特殊生物活性的物质均为蛋白质，如酶、蛋白质类激素、抗体、载体、部分凝血因子等都是蛋白质。人体的一切生理活动都离不开蛋白质，蛋白质是生命活动的重要物质基础。

3. 氧化供能　每克蛋白质在体内氧化分解可释放 17.19kJ 的能量。成人每日约有 18% 的能量来自蛋白质的分解代谢，但蛋白质氧化供能可由糖和脂肪代替。

（二）蛋白质的需要量

人体必须经常补充足够的蛋白质才能维持正常的生理活动。人体对蛋白质的需要量是根据氮平衡试验来确定的。

1. 氮平衡　是指人体每日摄入和排出氮的比例，可反映正常人蛋白质的代谢状态。食物中的含氮物质主要是蛋白质，且蛋白质的含氮量比较恒定（16%），故测定食物中的含氮量，即可反映蛋白质的摄入量。蛋白质经分解代谢所产生的含氮物质，主要通过粪、尿排出，故排出氮量可以反映体内蛋白质的分解量。测定人每日摄入氮量和排出氮量的比例，了解蛋白质平衡关系的方法，称为**氮平衡试验**。氮平衡有 3 种情况：①氮的总平衡，摄入氮 = 排出氮，表示蛋白质的分解与合成处于动态平衡，如营养正常的成年人；②氮的正平衡，摄入氮＞排出氮，表示蛋白质的合成量多于分解量，如儿童、孕妇及恢复期的患者等；③氮的负平衡，摄入氮＜排出氮，表示蛋白质的合成量少于分解量，如饥饿或消耗性疾病的患者等。

2. 生理需要量　根据氮平衡试验获得，成人每日最低分解蛋白质约为 20g，而食物蛋白质不能全部被人体吸收利用，故成人每日蛋白质最低需要量为 30 ～ 50g，这样才能维持总氮平衡，2000 年我国营养学会推荐成人每日蛋白质的需要量为 80g。蛋白质代谢为正氮平衡的人群，对蛋白质的需要量还要大些。

（三）蛋白质的营养价值

构成人体蛋白质基本结构单位的氨基酸有 20 种，分为必需氨基酸和非必需氨基酸两类。人体需要而不能自身合成，必须由食物提供的 8 种氨基酸，称为**必需氨基酸**。包括赖氨酸、色氨酸、苏氨酸、苯丙氨酸、甲硫氨酸、亮氨酸、异亮氨酸、缬氨酸。人体可以合成，不必由食物供应的其余 12 种氨基酸，称为**非必需氨基酸**。

蛋白质营养价值的高低取决于食物蛋白质中所含必需氨基酸的种类、数量及比例。由于动物蛋白质中必需氨基酸的种类、比例更接近于人体，故营养价值高。几种营养价值较低的蛋白质混合食用，彼此之间所含的必需氨基酸可以得到互相补充，从而提高蛋白质的营养价值，称为食物蛋白质的互补作用。

考点 我国成人每日蛋白质的需要量；必需氨基酸的概念及种类

二、氨基酸的代谢

（一）氨基酸的来源与去路

体内游离氨基酸分布在血液和组织中，构成氨基酸的代谢库。正常情况下，代谢库内氨基酸的来源与去路处于动态平衡（图 14-11）。

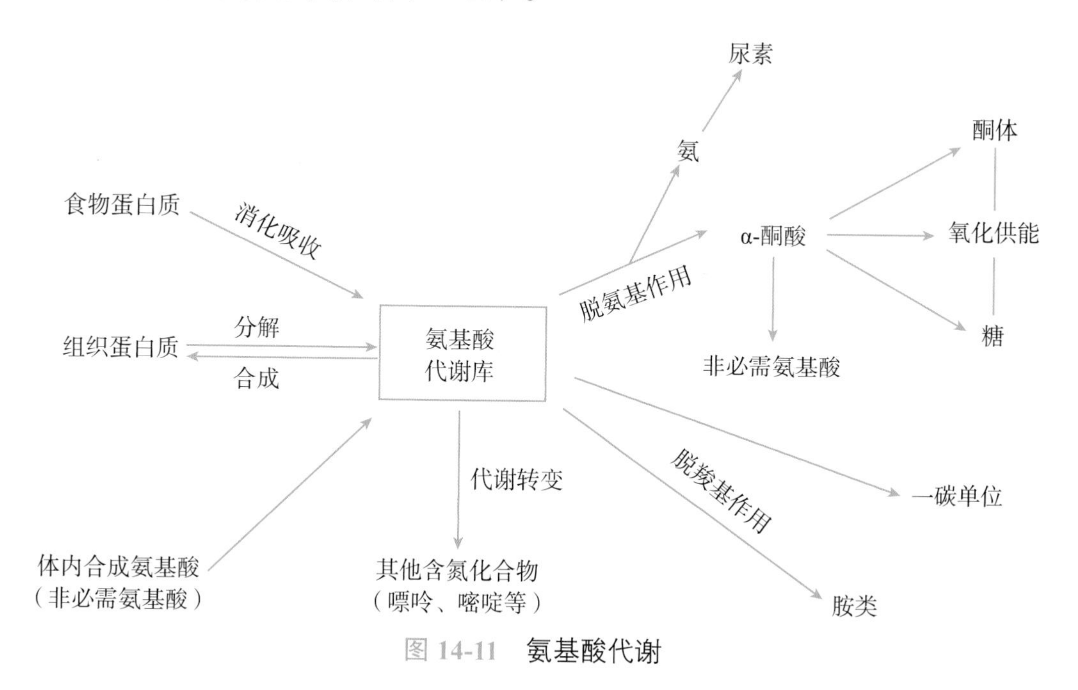

图 14-11　氨基酸代谢

（二）氨基酸的脱氨基作用

氨基酸脱去氨基，形成α-酮酸的过程称为脱氨基作用，是氨基酸分解代谢的主要途径，全身各组织均可进行，肝和肾的作用最强。体内脱氨基的方式有氧化脱氨基、转氨基、联合脱氨基等，以联合脱氨基作用最为重要。

1. 氧化脱氨基作用　是指在酶的催化下，氨基酸脱氢氧化生成亚氨基酸，再水解成α-酮酸和游离氨的过程。体内以L-谷氨酸脱氢酶最为重要，肝脏中含量最高，骨骼肌中含量最少。

$$\text{L-谷氨酸} \xrightleftharpoons[\text{NAD}^+ \rightarrow \text{NADH+H}^+]{\text{L-谷氨酸脱氢酶}} \text{亚谷氨酸} \xrightleftharpoons[-H_2O]{+H_2O} \text{α-酮戊二酸 + 氨}$$

2. 转氨基作用　是指在氨基转移酶（简称转氨酶）的催化下，α-氨基酸的氨基转移到α-酮酸的酮基上，生成相应的α-酮酸和α-氨基酸的过程。此反应可逆，是体内合成非必需氨基酸的重要途径。氨基转移酶只分布在细胞内，正常血清中含量甚少。当某种原因使细胞膜的通透性增高或组织损坏、细胞破裂时，氨基转移酶可大量释放入血液，使血清中氨基转移酶活性明显升高。例如，急性肝炎患者血清中，丙氨酸氨基转移酶（ALT）活性显著升高；心肌梗死患者血清中，天冬氨酸氨基转移酶（AST）活性明显上升。

考点 ALT和AST的临床诊断意义

$$\text{α-氨基酸 + α-酮酸} \xrightleftharpoons{\text{转氨酶}} \text{α-酮酸 + α-氨基酸}$$

3. 联合脱氨基作用　氨基转移酶催化的反应，只发生了氨基的转移，并未真正脱下氨基。转氨基作用与谷氨酸氧化脱氨基作用联合，使氨基酸的α-氨基脱下并产生游离氨的过程，称为联合脱氨基作用。这种作用是体内各种氨基酸脱氨基的主要途径。其方式是：氨基酸先与α-酮戊二酸发生转氨基作用，生成相应的α-酮酸和谷氨酸，后者再在L-谷氨酸脱氢酶催化下，脱去氨基又生成α-酮戊二酸（图14-12）。此反应全过程是可逆的，故联合脱氨基作用是体内合成非必需氨基酸的主要途径。

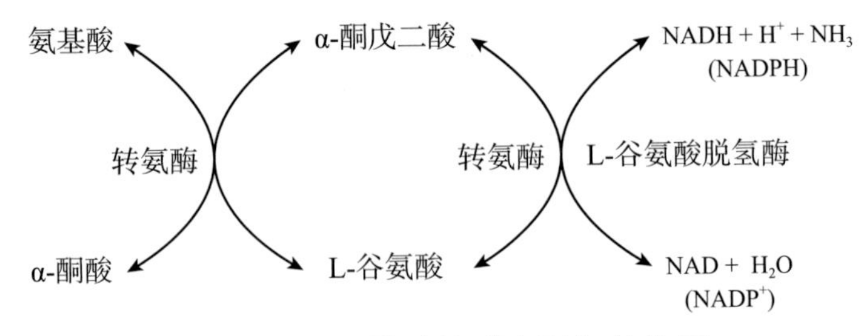

图14-12　氨基酸的联合脱氨基作用

（三）血液中氨的来源与去路

体内各组织中氨基酸分解产生的氨以及由肠道吸收来的氨进入血液，形成血氨。正常生理情况下，血氨水平在47～65μmol/L。氨是有毒物质，尤其是脑组织对氨的毒性作用尤为敏感。氨在体内的来源与去路保持动态平衡。

1. 氨的来源

（1）氨基酸脱氨基产生的氨：是体内氨的主要来源，胺类分解也可产生氨。

（2）肠道吸收的氨：肠道细菌腐败作用可产生氨；未被消化吸收的蛋白质和氨基酸在肠道细菌作用下产生氨；肠道尿素经细菌脲酶水解也产生氨。肠道产氨量较多，每日约 4g。氨的吸收与肠道 pH 有关，碱性条件下，氨多以 NH_3 分子形式吸收入血；酸性条件下，多以 NH_4^+ 的形式随粪便排出体外。临床上对高血氨患者采用弱酸性透析液做结肠透析，禁止用碱性肥皂水灌肠，就是为了减少氨的吸收。

（3）肾产生的氨：肾小管上皮细胞中的谷氨酰胺，在谷氨酰胺酶的催化下水解释放出氨和谷氨酸。这些氨可分泌到小管液中与 H^+ 结合为 NH_4^+，再以铵盐的形式随尿液排出。这对调节机体酸碱平衡起着重要的作用。酸性尿有利于氨的排泄，碱性尿不利于氨的排泄。因此，高血氨患者慎用碱性利尿剂。

2. 氨的去路　①合成尿素，这是体内氨的主要去路，肝是体内合成尿素的最主要器官，尿素可随尿液排出体外，约占排出氮量的 80%；②合成谷氨酰胺；③再利用，参与非必需氨基酸、含氮碱（嘌呤碱、嘧啶碱）等含氮化合物的合成。

考点　体内氨的主要来源与去路

3. 高血氨　正常生理情况下，血氨的来源与去路保持动态平衡，血氨的浓度保持较低水平，一般不超过 60μmol/L。氨在肝内合成尿素是维持这种平衡的关键。当肝功能严重受损时，尿素合成发生障碍，血氨浓度升高，称为高血氨症。大量氨进入脑组织后，引起大脑功能障碍，严重时可发生昏迷。

三、核苷酸的分解代谢

核苷酸是核酸的基本结构单位，是合成核酸的原料。人体内的核苷酸主要由机体细胞自身合成，因此与糖、脂类、蛋白质不同，食物中的核酸不属于营养必需物质。

1. 嘌呤核苷酸的分解代谢　主要在肝、小肠及肾内进行。人体内的嘌呤碱最终被分解生成尿酸，经肾随尿液排出体外。正常人血浆中尿酸含量为 0.12～0.36mmol/L，男性略高于女性。当进食高嘌呤饮食、体内核酸大量分解（如白血病、恶性肿瘤等）或患肾疾病而使尿酸排泄障碍时，均可导致血中尿酸增高。尿酸水溶性较差，当血清尿酸浓度超过 0.48mmol/L 时，就会出现尿酸盐晶体，可沉积于关节、软组织、软骨及肾等处，导致关节炎、尿路结石及肾疾病，从而引起痛风症。别嘌呤醇有抑制嘌呤核苷酸合成的作用，故临床上常用别嘌呤醇治疗痛风症。

2. 嘧啶核苷酸的分解代谢　主要在肝内进行，最终产物有 NH_3、CO_2、β- 丙氨酸、β- 氨基异丁酸。嘧啶碱的降解产物均易溶于水，可直接随尿液排出或进一步分解。

考点　痛风症产生的原因

第 6 节　物质代谢的整合与调节

体内各种物质的代谢都是同时进行、互相联系、互相依存的，并且物质代谢的方向、速度和强度均受机体的精细调节。

一、物质代谢的相互联系

（一）ATP 是储存能量及消耗能量的共同形式

糖、脂肪、蛋白质是人体的主要能量物质，它们通过共同的中间代谢产物乙酰辅酶 A 而进入三羧酸循环，最终分解为 CO_2 和 H_2O，释放的能量均以 ATP 的形式储存。从供能角度看，三大营养物质的利用可以互相代替、互相制约。正常情况下，供能以糖和脂肪为主，并尽量减少蛋白质的消耗。

（二）糖、脂肪、蛋白质代谢通过中间代谢产物相互转变

糖、脂肪、蛋白质（氨基酸）的代谢过程是相互关联的（图 14-13），三者之间可以相互转变。当摄入葡萄糖超过体内需要时，可转化为脂肪储存于脂肪组织，并导致肥胖；脂肪的甘油部分可转变为糖。大部分氨基酸均可转化为糖，而糖可参与非必需氨基酸生成。氨基酸能转变为脂肪，脂肪水解的甘油可转变为非必需氨基酸，但量很少。若一种物质代谢障碍，则会引起其他物质代谢的紊乱。如患糖尿病时，糖代谢紊乱，会引起脂代谢、蛋白质代谢甚至水盐代谢紊乱。

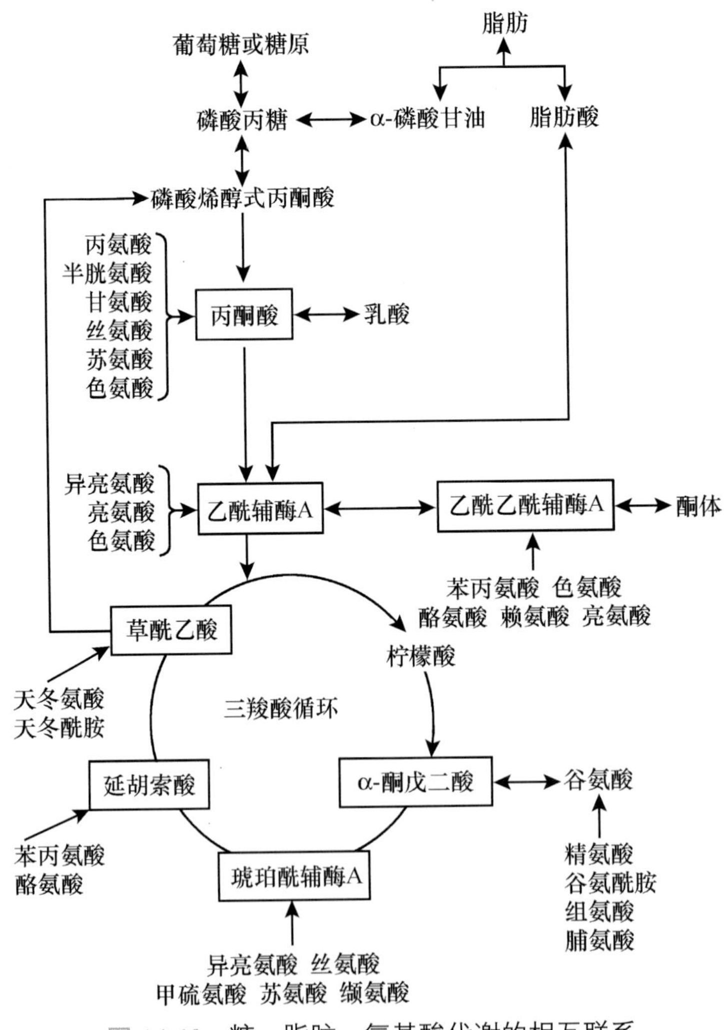

图 14-13 糖、脂肪、氨基酸代谢的相互联系

二、肝在物质代谢中的作用

(一)肝的特点

肝是物质代谢的中枢器官，几乎参与了体内各类物质的代谢。①肝由肝门静脉和肝固有动脉双重供血，使肝细胞既能从肝固有动脉获得丰富的 O_2 和代谢产物，又能从肝门静脉获得来自胃肠道吸收的大量营养物质；②肝有肝静脉和胆道两大输出系统，既向其他组织器官输出代谢产物，也向消化道排出代谢产物、毒物；③肝有丰富的血窦，血流缓慢，肝细胞与血液接触面积大，有利于物质交换；④肝细胞内酶的种类多、含量大，有些酶为肝特有，为物质代谢提供了物质基础；⑤肝细胞内有丰富的线粒体、内质网、溶酶体等细胞器，为物质代谢提供了有利的场所。

(二)肝在糖代谢中的作用

肝在糖代谢中的核心作用，是通过糖原的合成、分解、糖异生作用来维持血糖浓度的相对恒定。肝受损时，肝糖原合成与分解及糖异生能力降低，可出现耐糖能力降低、餐后高血糖、饥饿低血糖症状。

(三)肝在脂类代谢中的作用

肝在脂类的消化、吸收、运输、分解与合成等方面均起重要作用。肝细胞分泌的胆汁可促进食物中脂类物质的消化吸收，当肝受损或出现胆道阻塞时，胆汁酸不能合成或排入肠道，就会出现脂类消化吸收不良，患者易出现脂肪泻、厌油腻食物等临床症状。肝是脂肪酸、脂肪、胆固醇、磷脂、血浆脂蛋白合成的主要场所，肝功能障碍时，胆固醇合成减少，磷脂合成障碍，血浆脂蛋白合成受阻，导致肝内脂肪不能正常运出，引起脂肪肝。肝是脂肪酸氧化分解和生成酮体的场所，脂肪酸经系列分解过程释放能量供肝细胞需要，酮体运输至肝外组织，为脑和肌组织等供能。

(四)肝在蛋白质代谢中的作用

肝在蛋白质的合成和分解中起着重要的作用。肝不仅合成自身所需蛋白质，还可合成大部分血浆蛋白、纤维蛋白原、凝血酶原、脂蛋白等，在血液中执行维持渗透压、物质运输、凝固血液等功能。肝是合成尿素的特异性器官，体内氨基酸分解代谢产生的氨具有毒性，肝可将其转化为尿素而排出体外。肝功能严重受损时，由于合成尿素的能力降低，可使血液中氨浓度升高，是导致肝性脑病的原因之一。

(五)肝在维生素代谢中的作用

肝在维生素的吸收、储存、代谢等方面都有重要作用。肝细胞分泌的胆汁酸既可促进脂类的消化，也可协助脂溶性维生素的吸收。肝是维生素 A、维生素 D、维生素 K 等多种维生素的储存场所，某些维生素的代谢转化也在肝中进行，如肝细胞可以将胡萝卜素转化为维生素 A。

(六)肝在激素代谢中的作用

肝是激素灭活的主要器官。激素在发挥生理功能后，活性减弱或丧失的现象，称为激素的灭活。肝疾病时，可使体内多种激素因灭活作用降低而过多积聚，进而会引起某些激素的调节功能紊乱，如血中雌激素水平异常升高，可使局部小动脉扩张，出现蜘蛛痣或肝掌、男性乳房发育等。

三、肝外重要组织器官的物质代谢特点及其联系

心肌细胞可利用多种营养物质及其代谢中间产物为能源，优先利用脂肪酸氧化分解供能。心肌主要通过有氧氧化脂肪酸、酮体和乳酸获得能量，极少进行糖酵解。心肌在饱食状态下不排斥利用葡萄糖，餐后数小时或饥饿时利用脂肪酸和酮体，运动中或运动后则利用乳酸。

脑功能复杂，活动频繁，能量消耗多且连续。人脑重仅占体重的2%，但其耗氧量却占全身耗氧量的20%～25%，是静息状态下耗氧量最大的器官。脑没有糖原，也没有作为能量储存的脂肪及蛋白质用于分解代谢，因而脑主要依赖糖获取能量。脑每天消耗葡萄糖约100g，即使在血糖很低时脑组织也能有效利用葡萄糖。长期饥饿血糖供应不足时，脑主要利用酮体供能。

骨骼肌主要氧化脂肪酸，剧烈运动时产生大量乳酸。因而运动是减肥最科学的方法之一。骨骼肌有一定的糖原储备，剧烈运动时糖无氧氧化供能大大增加，产生大量乳酸，通过乳酸循环实现再利用。

成熟的红细胞内没有线粒体，不能进行有氧氧化，也不能利用脂肪酸和其他非糖物质作为能源，所以成熟的红细胞只能依赖糖酵解获取能量。

脂肪组织是储存和释放能量的主要场所，也能将糖和一些氨基酸转化为脂肪。饥饿时脂肪动员加强，分解加速，并合成酮体供机体利用。

第7节 能量代谢与体温

一、能量代谢

伴随物质代谢所发生的能量的释放、储存、转移和利用的过程，称为**能量代谢**。

（一）能量的来源与去路

食物中的糖、脂肪、蛋白质是机体能量的来源，其中70%以上来自糖的分解，其余能量由脂肪提供，糖和脂肪供能不足时，蛋白质才被分解供能。营养物质氧化分解释放的能量，50%以上转化为热能，用以维持体温；其余能量以化学能的形式储存在三磷酸腺苷（ATP）中，因此ATP是体内直接的供能物质。

（二）影响能量代谢的因素

1. 肌肉活动　对能量代谢的影响最为显著，机体的任何轻微活动，都可以提高能量代谢率。

2. 精神活动　人体处于激动、愤怒、恐惧及焦虑等紧张状态下，能量代谢率可显著增加，这与精神紧张可引起骨骼肌张力增高、甲状腺激素和肾上腺素分泌增多有关。

3. 食物的特殊动力效应　摄入食物后，使人体产生额外热量的现象，称为食物的特殊动力效应。食物的特殊动力效应在各种营养物质中是不同的，蛋白质最强，糖和脂肪次之。

4. 环境温度　人在安静状态时的能量代谢，在 20 ～ 30℃的环境中最为稳定。环境温度过低或过高时，能量代谢均增加。

考点　影响能量代谢的因素

（三）基础代谢

1. 基础代谢和基础代谢率的概念　机体在基础状态下的能量代谢，称为**基础代谢**。单位时间内的基础代谢，称为**基础代谢率**（BMR）。基础状态是指人体在清晨、清醒、空腹、静卧、免除思虑、环境温度为 18 ～ 25℃时的状态。基础状态下，人体的各种生命活动和代谢都比较稳定，能量消耗仅限于维持心跳、呼吸等基本的生命活动。

2. 基础代谢率的正常值及其意义　基础代谢率随年龄、性别不同而有所不同，男性略高于同年女性，幼年比成年高，且随着年龄的增长，基础代谢率逐渐降低。各种疾病中，甲状腺功能改变对基础代谢率影响最显著。甲状腺功能亢进时，基础代谢率比正常值高 25% ～ 80%；甲状腺功能低下时，基础代谢率比正常值低 20% ～ 40%。

考点　基础状态和基础代谢率的概念

二、体　　温

体温是指机体深部的平均温度。人体具有相对恒定的体温，是保证机体进行新陈代谢和正常生命活动的必要条件。

（一）体温的正常值及其变动

1. 体温的正常值　人体的深部温度不易测定，临床上通常用口腔、直肠和腋窝的温度来代表体温。正常情况下，直肠温度为 36.5 ～ 37.7℃，口腔温度为 36.3 ～ 37.2℃，腋窝温度为 36.0 ～ 37.0℃。

2. 体温的正常波动　在生理情况下，体温可随昼夜、年龄、性别、肌肉活动和精神因素等而有所变化。

（1）昼夜波动：体温在一昼夜之内呈周期性波动，清晨 2 ～ 6 时最低，午后 1 ～ 6 时最高，幅度一般不超过 1℃。体温这种昼夜周期性的波动称为昼夜节律或日节律。

（2）性别：成年女性体温平均比男性体温高 0.3℃，且随月经周期呈现节律性波动，排卵前体温较低，排卵日最低，排卵后体温升高 0.3 ～ 0.5℃（图 14-14）。因此，测定女性的基础体温可以了解有无排卵及确定排卵日期。

（3）年龄：随着年龄的增长，人体体温逐渐降低。新生儿的体温调节机制发育不完善，体温调节能力差，易受环境温度的影响；老年人代谢率降低、活动少，外界温度变化代偿的能力较差，故应注意保暖。

（4）其他因素：肌肉活动、情绪激动都可以使体温略有升高，因而应在安静状态下测定体温，应避免在小儿哭闹时测定其体温。此外，精神紧张、环境温度、进食等对体温也有一定的影响。

考点　体温的正常值

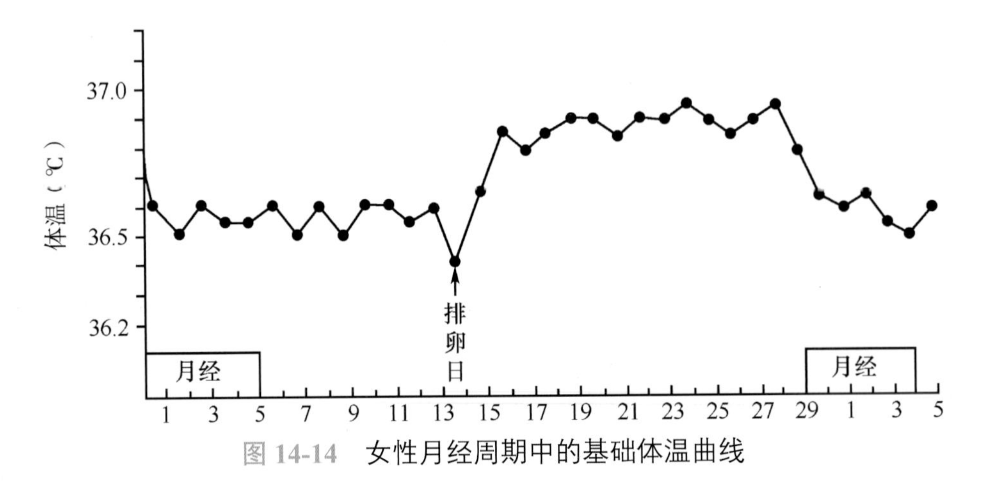

图 14-14 女性月经周期中的基础体温曲线

（二）机体的产热与散热

机体在体温调节机制的调控下，使产热过程和散热过程处于动态平衡，从而维持正常的体温。

1. 产热 安静状态下，内脏是主要的产热器官，以肝产热最多。劳动或运动时，骨骼肌的产热量很大，是机体的主要产热器官。

2. 散热 人体的主要散热器官是皮肤，其散热方式如下。

（1）辐射散热：是机体以热射线的形式将热量传给外界较冷物质的散热方式。辐射散热量同皮肤与环境间的温度差、机体有效辐射面积等因素有关。气温与皮肤的温差越大，或机体有效辐射面积越大，辐射的散热量就越多。安静状态下，辐射散热量占总散热量的 60%。

（2）传导散热：是机体将热量直接传给接触的冷物体的散热方式。传导散热与接触物体的温度差、接触面积、导热性等因素有关，温度差和接触面积越大、导热性越强，散发的热量就越多。床单、衣服属于热的不良导体，可保暖；冰袋、冰帽属于热的良导体，可降温。

（3）对流散热：是机体通过气体或液体的流动来交换热量的散热方式。人体皮肤温度高于同皮肤接触的空气温度时，人体的热量传给与皮肤接触的空气层，这层空气受热流走，周围冷空气补位，形成对流，不断将体热散发。对流散热与气温、风速等因素有关，气温越低、风速越大，对流散热量越多。衣物可减少对流散热，故可御寒。

（4）蒸发散热：是指机体通过体表水分蒸发带走热量的散热方式。常温条件下，每蒸发 1g 水可使机体散失 2.4kJ 热量。当环境温度等于或高于皮肤温度时，辐射、传导和对流的散热方式停止，蒸发散热成为机体唯一的散热方式。临床上采用乙醇擦浴高热患者体表，可增加蒸发散热，达到降温的目的。

蒸发散热分为不感蒸发和发汗两种方式：①不感蒸发，是体液中的水直接渗到皮肤和呼吸道黏膜表面而被蒸发的散热方式，不被察觉、持续进行，不感蒸发量每日通过呼吸道蒸发为 200 ～ 400ml，皮肤蒸发为 600 ～ 800ml，给患者补液时，应考虑不感蒸发丧失的液体量；②发汗，是汗腺分泌的汗液被蒸发的散热方式，可察觉，故又称可感蒸发，在环境温度高于皮肤温度、劳动或运动时，发汗是有效的散热途径。蒸发散热受空气湿度的影响比较大，空气湿度高，体表水不易被蒸发，散热减少。高温高湿环境中，人易中暑。

考点 常见的几种主要散热方式

（三）体温的调节

人体体温的相对恒定，是在神经、体液的调节下，机体产热与散热过程达到动态平衡的结果。体温调节包括自主性体温调节和行为性体温调节两个方面：①**自主性体温调节**，是机体通过神经反射进行的内在、自主的体温调节机制，如当外界温度改变时，机体通过增减皮肤血流量、寒战和发汗来调节产热过程和散热过程，以维持体温的相对稳定，其基本中枢位于下丘脑的视前区-下丘脑前部。②**行为性体温调节**，是机体通过一定的行为活动对体温的调节，如人穿衣、拱肩缩背防寒，踏步增加产热御寒等行为；在温热的环境中减少衣着、开动空调设备等降温措施。就人而言，行为性体温调节是有意识的活动，是对自主性体温调节的补充。

考点 体温调节的基本中枢

自测题

A_1/A_2 型题

1. 100g肉类样品中蛋白氮的含量为3.52g，该样品含蛋白质为（　　）
   A. 10g　B. 3.25g　C. 5.0g　D. 22g　E. 20g
2. 引起蛋白质变性的物理因素为（　　）
   A. 强酸　B. 强碱　C. 尿素　D. 乙醇　E. 加热煮沸
3. 酶的化学本质是（　　）
   A. 蛋白质　B. 类脂　C. 脂肪酸　D. 糖　E. 维生素
4. 缺乏维生素C会导致（　　）
   A. 巨幼红细胞性贫血　B. 夜盲症　C. 坏血病　D. 佝偻病　E. 脚气病
5. 食物中淀粉的主要消化部位是（　　）
   A. 口　B. 胃　C. 肝　D. 小肠　E. 脾
6. 糖、脂肪、蛋白质三大物质代谢的枢纽是（　　）
   A. 三羧酸循环　B. 糖酵解　C. 生成酮体　D. 生成丙酮酸　E. 糖异生
7. 调节血糖最主要的器官是（　　）
   A. 脑　B. 肾　C. 肠　D. 胰　E. 肝
8. 成熟的红细胞生命活动所需的能量依赖于（　　）
   A. 有氧氧化　B. 无氧氧化　C. 糖原分解　D. 糖异生　E. 磷酸戊糖途径
9. 长期饥饿时脑组织中的能量主要来自（　　）
   A. 葡萄糖氧化　B. 乳酸氧化　C. 脂肪酸氧化　D. 酮体氧化　E. 氨基酸氧化
10. 生成酮体的部位是（　　）
   A. 脑　B. 肾　C. 肠　D. 肝

E. 骨骼肌

11. 合成胆固醇能力最强的器官是（　　）

A. 小肠　　B. 肾

C. 心　　D. 肺

E. 肝

12. 具有预防动脉粥样硬化作用的脂蛋白是（　　）

A. HDL　　B. LDL

C. VLDL　　D. CM

E. IDL

13. 尿酸排出的主要器官是（　　）

A. 肝　　B. 皮肤

C. 肾　　D. 肺

E. 小肠

14. 嘌呤碱在体内分解代谢的终产物是（　　）

A. 尿素　　B. 尿酸

C. 肌酸　　D. β- 丙氨酸

E. 胆碱

15. 物质代谢的核心器官是（　　）

A. 脑　　B. 肾

C. 肠　　D. 胰

E. 肝

16. 剧烈运动后，血中乳酸含量增加的原因是（　　）

A. 糖的有氧氧化增强

B. 糖异生作用增强

C. 糖酵解作用增强

D. 三羧酸循环加速

E. 磷酸戊糖途径的作用加速

17. 体内能直接供能的主要储能物质是（　　）

A. ATP　　B. ADP

C. 糖原　　D. 脂肪酸

E. 胆固醇

18. 影响能量代谢最显著的因素是（　　）

A. 食物　　B. 温度

C. 时间　　D. 精神活动

E. 肌肉活动

19. 给高热患者用冰袋散热的方式是（　　）

A. 辐射散热　　B. 传导散热

C. 对流散热　　D. 蒸发散热

E. 不感蒸发

20. 基础代谢的环境温度为（　　）

A. 0 ～ 10℃　　B. 10 ～ 20℃

C. 18 ～ 25℃　　D. 30 ～ 35℃

E. 35 ～ 40℃

（杨全凤）

第15章 水、无机盐代谢与酸碱平衡

第1节 水与无机盐代谢

水是机体含量最多的成分，同一个体不同的组织器官、不同的生长发育时期，含水量均不同。无机盐占体重4%～5%。水和无机盐对构成组织细胞结构、保持动态酸碱平衡等具有重要作用。

一、体 液

体液由体内的水和溶解于水中的无机盐及有机物组成，是分布于细胞内外的液体。体液分为细胞内液和细胞外液，体液的分布、含量和组成的稳定是维持正常生命活动的必要条件。

（一）体液的分布与含量

成人体液含量约占体重的60%，其中细胞内液约占体重的40%，细胞外液约占体重的20%，细胞外液中的血浆约占体重的5%，其余的15%为组织液。极少部分组织液分布于一些密闭的腔隙内，如关节腔、颅腔、胸膜腔、腹膜腔等处，称为**第三间隙液**。由于第三间隙液是由上皮细胞分泌产生的，故又称为**跨细胞液**。

体液的含量和分布因年龄、性别、胖瘦的不同而异。年龄越小，体液占体重的比例越大，如新生儿约占体重的80%，老年人占45%～50%。因脂肪疏水，故肥胖者的体液含量比相同体重的瘦者少；脂肪较多的女性，体液含量比相同体重的男性少。

（二）体液中的电解质及分布特点

体液物质包括电解质和非电解质。电解质主要是各类无机盐、蛋白质（表15-1）、有机酸等，非电解质包括尿素、葡萄糖、氧气、二氧化碳等。体液中电解质的分布特点为：①细胞内液中的主要阳离子是K^+，主要阴离子是HPO_4^{2-}、Pr^-（蛋白质），细胞外液中的主要阳离子是Na^+，主要阴离子是Cl^-、HCO_3^-；②体液呈电中性，阴、阳离子电荷总数相等；③细胞内、外液渗透压基本相等；④血浆蛋白质含量远大于组织液，这种差别对维持血容量恒定、保证血液与组织液之间水的正常交换具有重要的生理意义。

考点 体液的概念、分布与含量；体液中电解质的分布特点

表 15-1 体液中的主要电解质含量 单位：mmol/L

电解质	Na^+	K^+	Cl^-	HCO_3^-	HPO_4^{2-}	Pr^-
细胞内液	10	160	2	8	140	55
组织液	145	4	115	30	2	1
血浆	142	4	103	27	2	16

二、水 平 衡

水在体内以结合水和自由水两种形式存在。**结合水**是指与蛋白质、多糖等结合在一起的大部分水；**自由水**是指可以自由流动的小部分水。

1. 水的生理功能　①参与和促进物质代谢，水是体内一切代谢反应的场所，可以作为反应物直接参与水解、氧化还原、脱水等重要反应。②调节体温，水具有比热、蒸发热、流动性大等特性，利于维持产热和散热的平衡，使全身各处体温基本保持一致，对体温调节起重要作用。③润滑作用，唾液、泪液、关节液等以水为溶剂而具有润滑作用。④运输作用，水是良好的溶剂，有利于体内营养物质和代谢产物的运输。⑤维持组织的形态与功能，结合水参与维持各组织器官的形态、硬度和弹性。

2. 水的摄入与排出　**水平衡**是指机体每日水摄入量和排出量处于动态平衡，对人体体液量的恒定具有重要作用（表 15-1，表 15-2）。正常成人每日尿量约为 1500ml，成人每日排泄溶解状态的代谢产物，至少需要 500ml 尿液才能清除，故正常成人每日排出最低尿量为 500ml。

考点　水的生理功能；水的最低生理需要量以及少尿的标准

表 15-2 正常成人每日水的出入量

项目	摄入水量（ml）	项目	排出水量（ml）
饮水	1000 ～ 1500	尿	1000 ～ 1500
食物水	700	粪	150
内生水（代谢水）	300	呼吸蒸发	350
		皮肤蒸发	500
总入量	2000 ～ 2500	总出量	2000 ～ 2500

三、无机盐代谢

（一）无机盐的生理功能

1. 维持体液渗透压和酸碱平衡　Na^+ 和 Cl^- 维持细胞外液渗透压，K^+ 和 HPO_4^{2-} 维持细胞内液渗透压。Na^+、K^+、HCO_3^-、HPO_4^{2-} 构成体液缓冲体系，维持体液酸碱平衡。

2. 维持细胞正常的新陈代谢　①作为酶的辅助因子或激活剂影响酶活性，如细胞色素中的 Fe^{2+}、淀粉酶中的 Cl^-、激酶类中的 Mg^{2+} 等；②直接参与或影响物质代谢，如 Ca^{2+} 与肌钙蛋白结合激活骨骼肌与心肌收缩，Na^+ 参与小肠对葡萄糖的吸收等。

3. 维持神经和肌肉的应激性　神经肌肉的应激性与多种无机离子的浓度及比例有关。

$$\text{神经肌肉的应激性} \propto \frac{[Na^+]+[K^+]}{[Ca^{2+}]+[Mg^{2+}]+[H^+]}$$

血浆 Na^+、K^+ 浓度增高时，神经肌肉的应激性增高，而 Ca^{2+}、Mg^{2+}、H^+ 浓度增高时，神经肌肉的应激性降低。Ca^{2+} 浓度降低时，神经肌肉的应激性增强，可出现手足抽搐等。

$$\text{心肌细胞的应激性} \propto \frac{[Na^+]+[Ca^{2+}]+[OH^-]}{[K^+]+[Mg^{2+}]+[H^+]}$$

K^+ 对心肌有抑制作用，当血钾浓度升高时，心肌的应激性降低，可出现心动过缓、心率减慢、传导阻滞和收缩力减弱，甚至心脏停搏。当血钾浓度过低时，心肌的应激性增强，可出现心率加快，心律失常及心室颤动，严重者心搏停止于收缩期。

4. 构成骨、牙及其他组织　骨中无机盐占骨干重的 65% ～ 70%，主要有 Ca^{2+}、Mg^{2+}、Na^+、PO_4^{3-} 等；磷脂是细胞膜的主要成分，其他组织及体液中也含有无机盐。

考点　Ca^{2+}、K^+ 对神经肌肉及心肌应激性的影响

（二）钠、氯代谢

1. 含量与分布　正常血清钠含量为 135 ～ 145mmol/L，其中 50% 分布于细胞外液，10% 在细胞内液，40% 储存在骨中。血清氯含量为 98 ～ 106mmol/L，主要分布于细胞外液。

2. 吸收与排泄　钠、氯主要来自食盐，摄入的钠几乎全部经小肠吸收。钠、氯主要经肾随尿排出，少量随汗液和粪便排泄。肾排钠的特点为多吃多排，少吃少排，不吃不排。因此，一般不会出现低钠血症，但在严重腹泻、呕吐或长期大量出汗时，在补充水分的同时应适当补钠。钠如果摄入过量，易引起高血压、肥胖、动脉硬化等疾病。

（三）钾代谢

1. 含量与分布　正常血清钾含量为 3.5 ～ 5.5mmol/L，其中 98% 分布于细胞内液，2% 在细胞外液。影响钾分布的因素：①物质代谢，合成代谢时 K^+ 进入细胞，血钾浓度降低；分解代谢时 K^+ 移出细胞，血钾浓度升高。②酸碱平衡，酸中毒时常伴有高钾血症，碱中毒时伴有低钾血症。

2. 吸收与排泄　钾主要来自植物性食物及肉类。成人需钾量为 2 ～ 4g/d，90% 在肠道被吸收，正常进食者一般不会缺钾。摄入的钾 90% 经肾排泄，10% 经粪便和汗液排出。肾对钾的排泄特点：多吃多排，少吃少排，不吃也排。

考点　肾排钠、钾的特点

（四）钙、磷代谢

1. 含量与分布　钙盐和磷酸盐是人体含量最多的无机盐。正常成人体内含钙量为 700 ～ 1400g，一般以结合钙和离子钙两种形式存在，血钙浓度为 2.25 ～ 2.75mmol/L；含磷量为 400 ～ 800g，血磷浓度为 1.0 ～ 1.6mmol/L。其中 99% 以上的钙和 86% 以上的磷以骨盐形式分布于骨和牙组织中，其余部分存在于体液和软组织内。

2. 吸收与排泄　成人每日需钙量为 0.5 ～ 1.0g，吸收部位主要在十二指肠和空肠。影响钙吸收的因素主要有：① 1，25- 二羟维生素 D_3，可促进肠道对钙磷的吸收和肾对钙磷的重吸收；②酸性环境，可促进钙的吸收，而食物中的碱性草酸、鞣酸易与钙形成不溶性钙盐而妨碍钙的吸收；③年龄，钙的吸收率随年龄的增长而下降，老年人易缺钙而发生骨质疏松。

成人每日需磷量为 1.0 ～ 1.5g，食物中的磷需消化水解成无机磷酸盐后才能被吸收，吸收的部位主要在空肠，吸收率约为 70%。凡影响钙吸收的因素也影响磷的吸收。成人每日排出的钙中约有 80% 从肠道排出，20% 经肾排出。肾排泄的钙量受血钙浓度的影响，当血钙浓度低时，肾对钙的重吸收增加，尿钙接近于零。磷的排泄与钙相反，每日由粪便排出的磷占总排磷量的 20% ～ 40%，60% ～ 80% 的磷经肾排出。

第 2 节　酸碱平衡

酸碱平衡是指机体通过一系列的调节作用，使体液 pH 维持在恒定范围内的过程。如机体发生酸碱平衡紊乱，则可导致酸中毒或碱中毒。

一、体内酸碱物质的来源

体内大量酸碱物质是在分解代谢过程中产生的，正常膳食条件下，人体内产生的酸性物质多于碱性物质。

（一）酸性物质的来源

1. 挥发性酸　是指碳酸，是体内酸性物质的主要来源。糖、脂肪和蛋白质体内氧化分解代谢的终产物是 CO_2 和 H_2O，CO_2 与 H_2O 能结合生成碳酸，并经肺重新分解为 CO_2 呼出体外，故称挥发性酸。富含糖、蛋白质、脂肪的大米、面粉、土豆、肉类等均属于成酸食物。

2. 固定酸　是指物质代谢过程中产生的，不能由肺呼出，主要通过肾随尿排出的酸性物质，如丙酮酸、乳酸、乙酰乙酸、β- 羟丁酸、硫酸、磷酸、尿酸等。

3. 药物　氯化铵、阿司匹林等药物可在体内产酸。

（二）碱性物质的来源

1. 成碱食物　是体内碱性物质的主要来源，如蔬菜、水果中所含的柠檬酸盐、苹果酸盐和草酸盐等有机酸盐，进入机体氧化分解的金属离子，可与体内 HCO_3^- 结合生成碱性盐。

2. 代谢产生　如氨基酸分解代谢产生的氨、胺等。

3. 药物　如碳酸氢钠、氢氧化铝等。

二、酸碱平衡的调节

机体对酸碱平衡的调节，主要通过血液缓冲、肺缓冲、肾调节、细胞缓冲 4 个方面的协同作用实现。

（一）血液缓冲体系的调节

1. 血液的缓冲体系　血液中含有多种由弱酸及其弱酸盐构成的成对存在的缓冲物质，称为缓冲对。在人体血液中主要的缓冲对有 5 种：$NaHCO_3/H_2CO_3$、Na_2HPO_4/NaH_2PO_4、

Pr^-/HPr、Hb^-/HHb、$HbO_2^-/HHbO_2$，具有迅速缓冲酸碱度的能力，但因缓冲物质本身被消耗而持续时间短。其中 $NaHCO_3/H_2CO_3$ 缓冲对最重要，因为其含量最多且易受呼吸和肾的调节，但只能缓冲固定酸，不能缓冲挥发酸。挥发酸的缓冲主要靠非碳酸氢盐缓冲体系，特别是 Hb^-/HHb、$HbO_2^-/HHbO_2$。

2. 血液缓冲体系的缓冲作用 酸碱物质进入血液后，被血液稀释及缓冲体系缓冲后，转变为弱酸、弱碱物质，使血液 pH 不会发生明显改变。

（1）对酸的缓冲：包括对挥发性酸和固定酸的调节。

1）对挥发性酸的缓冲：主要由红细胞中的血红蛋白缓冲体系缓冲，此过程与血红蛋白的运氧过程相偶联。体内代谢产生的 CO_2 由血液扩散入红细胞，经酶催化合成 H_2CO_3，H_2CO_3 经血红蛋白体系缓冲作用，生成 $KHCO_3$ 和 HHb，使血液 pH 适度下降。

$$CO_2+H_2O \longrightarrow H_2CO_3 \qquad H_2CO_3+KHb \longrightarrow KHCO_3+HHb$$

2）对固定酸（HA）的缓冲：主要被 $NaHCO_3$ 缓冲，生成弱酸 H_2CO_3，血液 pH 下降不明显。随后 H_2CO_3 经血液循环输送到肺，分解成 CO_2 排出体外。

$$HA+NaHCO_3 \longrightarrow NaA+H_2CO_3 \qquad H_2CO_3 \longrightarrow CO_2+H_2O$$

（2）对碱的缓冲：主要由 H_2CO_3 缓冲，使强碱 BOH 转变为弱碱盐 $BHCO_3$，血液的 pH 升高不明显。$BHCO_3$ 可由肾调节排出。

$$BOH+H_2CO_3 \longrightarrow BHCO_3+H_2O$$

（二）肺对酸碱平衡的调节

肺通过控制 CO_2 的排出量，调节血浆 H_2CO_3 浓度，从而保持血液正常的 pH。肺的呼吸作用受呼吸中枢控制，当血液中 pH 降低时，通过缓冲作用产生较多的 H_2CO_3，H_2CO_3 分解成 CO_2 和 H_2O，PCO_2 升高，呼吸中枢兴奋性增强，呼吸加深加快，CO_2 排出增多；反之，血液中 pH 升高时，PCO_2 下降，呼吸中枢兴奋性降低，呼吸变浅变慢，CO_2 排出减少。肺的调节一般在酸碱紊乱 10 ～ 30 分钟后发生。

（三）肾对酸碱平衡的调节

肾对酸碱平衡的调节主要是通过肾小管上皮细胞的泌氢、泌氨、泌钾、重吸收钠作用完成的。肾的调节作用是在酸碱平衡紊乱发生后数小时开始，作用缓慢但调控能力强，持续时间久。

1. $NaHCO_3$ 的重吸收 肾小管上皮细胞内的 CO_2 和 H_2O 在碳酸酐酶催化下产生 H_2CO_3，H_2CO_3 解离成 H^+ 和 HCO_3^-，H^+ 分泌至管腔与原尿中 $NaHCO_3$ 的 Na^+ 进行交换，重新进入肾小管上皮细胞内的 Na^+ 与 HCO_3^- 形成 $NaHCO_3$ 转运入血。H^+-Na^+ 交换是 $NaHCO_3$ 重吸收的基础（图 15-1）。

2. 尿液酸化 主要在远端肾小管形成。远曲小管和集合管上皮细胞内的 CO_2 和 H_2O 在碳酸酐酶催化下产生 H_2CO_3，H_2CO_3 解离成 H^+ 和 HCO_3^-，H^+ 分泌至管腔与原尿中 Na_2HPO_4 的 Na^+ 进行交换，重吸收的 Na^+ 与 HCO_3^- 结合入血，补充了血液缓冲固定酸所消耗的 $NaHCO_3$，Na_2HPO_4 转变成 NaH_2PO_4 随尿排出，使尿液酸化（图 15-2）。

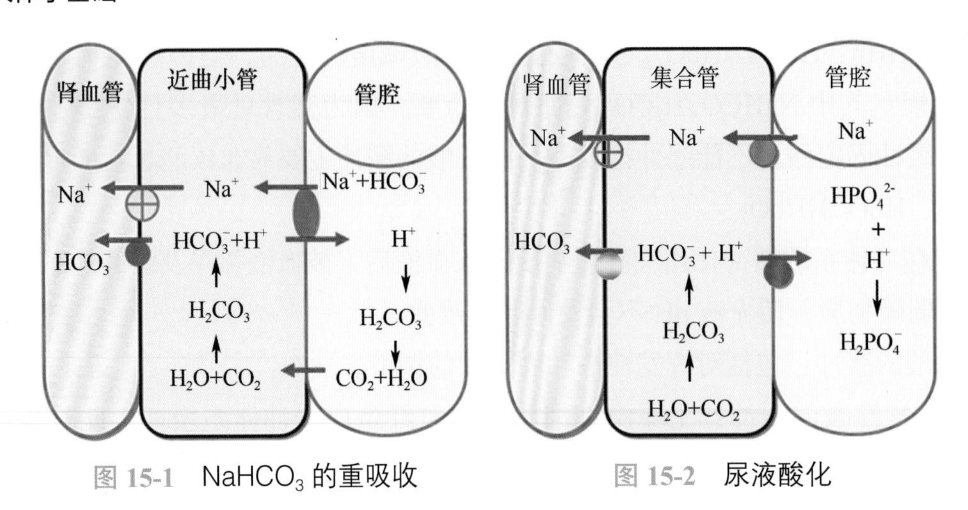

图 15-1 $NaHCO_3$ 的重吸收　图 15-2 尿液酸化

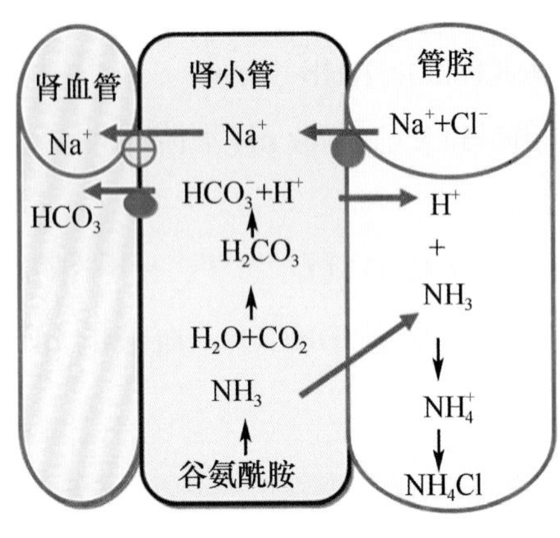

图 15-3 NH_4^+ 的分泌

3. NH_4^+ 的分泌　肾小管上皮细胞内的谷氨酰胺在谷氨酰胺酶的催化下生成氨（NH_3），NH_3 弥散入肾小管管腔，与肾小管上皮细胞分泌的 H^+ 结合生成 NH_4^+，NH_4^+ 与原尿中 NaCl 的 Na^+ 交换，以 NH_4Cl 的形式随尿排出（图 15-3）。

（四）组织细胞对酸碱平衡的调节

机体大量组织细胞内液也是酸碱平衡的缓冲池，细胞内外 H^+、K^+ 等离子的交换可以调节细胞外液的酸碱度。当细胞外液 H^+ 浓度过高时，H^+ 弥散入细胞内，K^+ 移出细胞外；反之，当细胞外液 H^+ 浓度过低时，H^+ 由细胞内移出，K^+ 进入细胞内。因此，酸中毒时常伴有高钾血症，碱中毒则伴有低钾血症（图 15-4）。

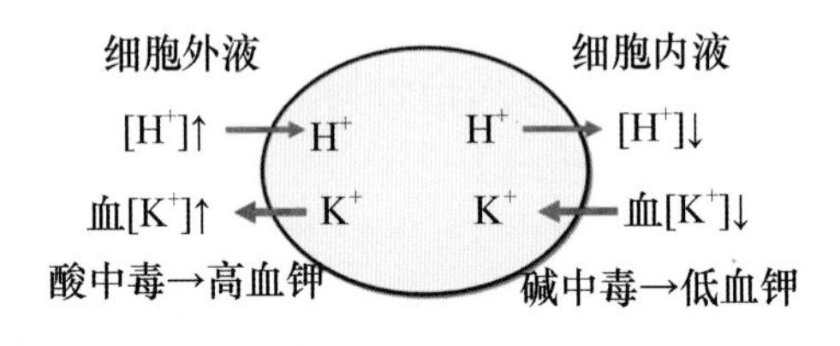

图 15-4 细胞内外 H^+-K^+ 作用

三、酸碱平衡紊乱

（一）判断酸碱平衡的生化指标

1. 血浆 pH　正常值为 7.35 ～ 7.45。血浆 pH ＜ 7.35，称为**酸中毒**；pH ＞ 7.45，称为**碱中毒**。

2. 二氧化碳分压（PCO_2）　是指物理溶解于血浆中的 CO_2 所产生的张力。动脉血正常值为 33 ～ 46mmHg（1mmHg=0.133kPa），平均为 40mmHg，是判断呼吸性酸碱平衡紊乱的重要指标。PCO_2 ＞ 46mmHg，见于呼吸性酸中毒、代偿后代谢性碱中毒；PCO_2 ＜ 33mmHg，见于呼吸性碱中毒、代偿后代谢性酸中毒。

3. 血浆 HCO_3^- 的浓度　分标准 HCO_3^-（SB）和实际 HCO_3^-（AB）两种：① SB，指在全血标准条件下（38℃、PCO_2=40mmHg、血氧饱和度 =100%）测得的血浆中 HCO_3^- 的含量，

是判断代谢性酸碱平衡紊乱的重要指标；②AB，指在实际条件下测得的血浆中HCO_3^-的含量。正常人AB=SB，为21～27mmol/L，平均24mmol/L。AB > SB，见于呼吸性酸中毒、代偿后代谢性碱中毒；AB < SB，见于呼吸性碱中毒、代偿后代谢性酸中毒。

（二）酸碱平衡紊乱的基本类型

根据原发改变是代谢因素还是呼吸因素，是单一的失衡还是两种以上的酸碱失衡同时存在，酸碱平衡紊乱可分为单纯型酸碱平衡紊乱和混合型酸碱平衡紊乱。单纯型酸碱平衡紊乱分为4种：①**代谢性酸中毒**，是指原发性HCO_3^-减少而导致的pH下降，是临床最常见的酸碱平衡失常；②**呼吸性酸中毒**，是指原发性PCO_2升高而导致的pH下降；③**代谢性碱中毒**，是指原发性HCO_3^-增多而导致的pH升高；④**呼吸性碱中毒**，是指原发性PCO_2减少而导致的pH升高。

自测题

A_1/A_2型题

1. 正常成人细胞内液总量约占体重的（　　）
   A. 20%　B. 30%　C. 40%
   D. 50%　E. 60%
2. 正常成人体液性质为（　　）
   A. 中性　B. 阳性　C. 阴性
   D. 酸性　E. 碱性
3. 正常成人每日最低尿量为（　　）
   A. 100m1　B. 200m1　C. 300ml
   D. 400m1　E. 500m1
4. 既能提高神经肌肉兴奋性，又能降低心肌兴奋性的离子是（　　）
   A. Na^+　B. K^+　C. Ca^+
   D. Mg^{2+}　E. H^+
5. 关于肾排钾叙述正确的是（　　）
   A. 多吃少排　B. 少吃多排
   C. 不吃不排　D. 不吃也排
   E. 少吃不排
6. 体内固定酸主要是通过（　　）
   A. 肾排出　B. 呼吸排出
   C. 汗液排出　D. 胆汁排出
   E. 粪便排出
7. 挥发性酸为（　　）
   A. H_2CO_3　B. HCl　C. H_2PO_4
   D. H_2SO_4　E. 乳酸
8. 酸中毒引起高血钾的主要原因是（　　）
   A. NH_4^+-Na^+交换增加
   B. H^+-Na^+交换加强
   C. 使细胞内K^+逸出加强
   D. 醛固酮分泌减少
   E. 肾衰竭
9. 下列说法中，错误的是（　　）
   A. 蔬菜和瓜果是成碱食物
   B. 糖、脂肪、蛋白质是成碱食物
   C. 成酸食物主要产生挥发酸
   D. 碱性食物可以降低体内H_2CO_3的含量
   E. 普通膳食条件下，体内酸性物质来源远比碱性物质多
10. 患者，男性，42岁。因腹部手术输入大量库存血，应防止发生（　　）
    A. 低血钾，酸中毒
    B. 高血钾，碱中毒
    C. 高血钠，酸中毒
    D. 高血钾，酸中毒
    E. 低血钾，碱中毒

（杨全凤）

实验指导

实验1　ABO血型的鉴定

【实验目的】　学会用玻片法鉴定ABO血型，加深对血型分类依据的理解。

【实验用物】　抗A血型定型试剂和抗B血型定型试剂、采血针、双凹玻片、一次性无菌微量采血管、试管、0.5%碘伏、消毒棉球、竹签、玻璃蜡笔、显微镜等。

【实验内容与方法】

1. 取一块双凹玻片，用玻璃蜡笔在两端分别标记A、B字样。

2. 在玻片A端、B端凹面中央分别加入抗A血型定型试剂和抗B血型定型试剂各1滴，注意不能混淆。

3. 耳垂或指端局部消毒，用消毒过的采血针刺破皮肤，血液流出后，用一次性微量采血管采少量血液。

4. 用两根竹签各取少量血液，分别加入A、B两端定型试剂中，并充分混匀。

5. 静置10～15分钟后，用肉眼观察有无凝集现象。肉眼不易分辨者可用显微镜观察。

6. 根据有无凝集现象判定受检者血型（实验图1）。

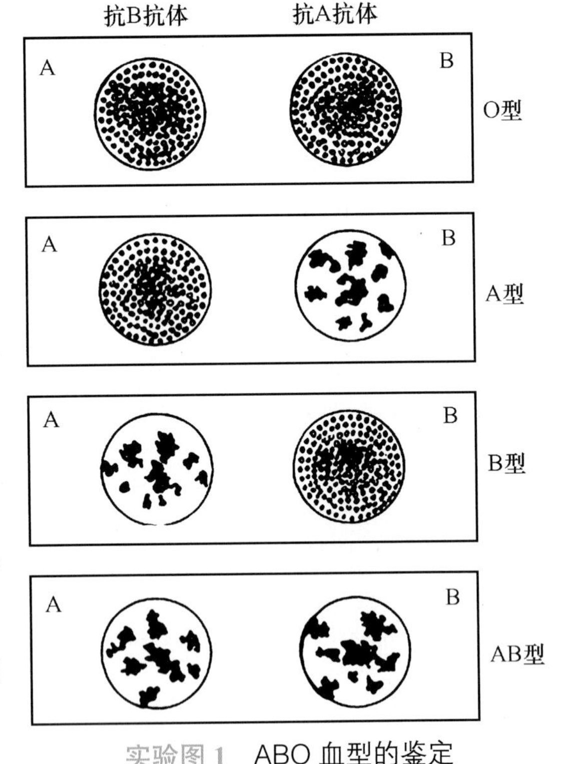

实验图1　ABO血型的鉴定

【注意事项】

1. 采血针和采血部位要严格消毒，以防感染。

2. 用竹签混匀时，2根竹签要专用，严防两种抗体接触，严禁混淆。

3. 注意区分凝集反应和血凝现象。发生红细胞凝集时，肉眼观察呈朱红色颗粒，且液体清亮。肉眼分辨不清时使用低倍镜进行辨别。

实验2　躯干骨和颅骨

【实验目的】

1. 掌握躯干骨的组成以及各骨的名称、位置和形态结构特点；颅骨的分部及各部颅骨的名称和位置，新生儿颅前、后囟的位置及形态。

2. 在活体上能准确地摸到躯干骨和颅骨的重要骨性标志。

【实验用物】 人体骨架标本、躯干骨标本、整颅标本、颅的水平切和正中矢状切标本、下颌骨标本、新生儿颅标本。

【实验内容与方法】

1. 在人体骨架标本上，观察椎骨、胸骨、肋骨的位置和形态，并确认胸骨角与第 2 肋软骨的关系。在游离椎骨标本上，分别观察各自的形态及主要结构。

2. 对照人体骨架标本，在活体上触摸颈静脉切迹、第 7 颈椎棘突、胸骨角、肋弓、剑突和骶角等重要骨性标志。

3. 在整颅标本上，首先观察颅骨的分部、各颅骨在整颅中的位置，其次在颅顶外面观察颅缝的位置。在下颌骨标本上，依次辨认下颌体、下颌支、牙槽弓、颏孔、髁突、冠突、下颌孔和下颌角等结构。在整颅和颅的水平切标本上，依次观察颅底内面、外面、颅的侧面和前面的主要形态结构，辨认颅底内面各窝内的主要裂孔。在新生儿颅标本上，观察前、后囟的位置及形态特征。

4. 对照颅骨标本，在活体上触摸下颌角、枕外隆凸、颧弓、乳突、下颌角、髁突和舌骨等重要骨性标志。

实验 3 四 肢 骨

【实验目的】

1. 掌握上肢骨和下肢骨的组成以及各骨的名称、位置和形态结构特点。

2. 在活体上能准确地摸到四肢骨的重要骨性标志。

【实验用物】 人体骨架标本、四肢骨游离标本。

【实验内容与方法】 在人体骨架标本上，辨明上、下肢骨各骨的名称、位置及邻接关系。在上、下肢骨游离标本上，分别观察各骨的形态特点及主要结构。对照人体骨架标本，在活体上触摸锁骨、肩胛冈、肩峰、肩胛下角、肱骨内外上髁、鹰嘴、尺桡骨茎突、髂嵴、髂前上棘、髂后上棘、髂结节、耻骨结节、大转子、髌骨、胫骨粗隆、胫骨前缘与内侧面、腓骨头、内踝和外踝等重要骨性标志。

实验 4 骨连结和骨骼肌

【实验目的】

1. 掌握关节的基本结构，脊柱和胸廓的组成，肩关节、肘关节、髋关节和膝关节的组成及结构特点，骨盆的组成及分部，膈的位置及 3 个裂孔分别通过的结构。

2. 熟悉胸锁乳突肌、斜方肌、背阔肌、竖脊肌、胸大肌、三角肌、肱二头肌、肱三头肌、臀大肌、股四头肌、缝匠肌、小腿三头肌的位置。

【实验用物】 人体骨架标本，椎骨连结和脊柱标本，已打开关节囊的颞下颌关节、肩关节、肘关节、髋关节、膝关节标本，男、女性骨盆标本或模型，全身肌肉标本以及四肢肌标本，膈标本或模型。

【实验内容与方法】

1. 在人体骨架标本上，观察脊柱的位置及组成，胸廓的组成。

2. 在椎骨连结标本上，观察椎间盘和前、后纵韧带的位置，棘上韧带、棘间韧带和黄韧带的附着部位。在脊柱标本上，从前面观察椎体自上而下的大小变化，从后面观察棘突纵行排列情况，从侧面观察4个生理性弯曲的位置和方向。

3. 在已被打开关节囊的颞下颌关节、肩关节、肘关节、髋关节、膝关节标本上，观察各关节的组成及结构特点，并在活体上验证各关节的运动。

4. 在男、女性骨盆标本或模型上，观察骨盆的组成，确认大、小骨盆的分界。

5. 在全身肌肉和四肢肌标本上，确认胸锁乳突肌、斜方肌、背阔肌、竖脊肌、胸大肌、三角肌、肱二头肌、肱三头肌、臀大肌、臀中肌、臀小肌、梨状肌、股四头肌、缝匠肌、小腿三头肌的位置。

6. 在膈标本或模型上，观察膈的位置，辨认各个裂孔分别通过的结构。

实验5 消化系统

【实验目的】

1. 掌握消化管各段的位置、形态结构、分部及连通关系，肝、胰和胆囊的位置、形态结构及胆汁、胰液的排出途径，阑尾根部和胆囊底的体表投影。

2. 熟悉消化系统的组成及上、下消化道的范围。

【实验用物】 消化系统概观标本，口腔模型，腹腔脏器标本，人体半身模型，头颈部正中矢状切标本或模型，肝、胆囊、胰和十二指肠标本或模型，男、女性盆腔正中矢状切标本或模型。

【实验内容与方法】

1. 在消化系统概观标本和人体半身模型上，观察消化系统的组成及上、下消化道的组成器官，确认消化管各段的连通关系。

2. 对照口腔模型，以活体为主，采取照镜子自己观察或互相观察的方法，依次观察舌尖、舌乳头、舌系带、舌下阜、舌下襞、腭垂、腭扁桃体。

3. 在头颈部正中矢状切标本或模型上，确认咽的位置、分部及其连通关系。

4. 在离体食管标本上，确认3个狭窄的部位，并测量食管的长度。

5. 在腹腔脏器标本上，观察胃、小肠、大肠的位置、形态、分部及毗邻。在离体的胃剖开标本上，观察胃的皱襞，并辨认幽门括约肌。在切开的十二指肠标本上，确认十二指肠大乳头与胆总管和胰管的开口。在回盲部切开标本上，观察回盲瓣的形态、阑尾的开口部位。在男、女性盆腔正中矢状切标本或模型上，确认直肠的位置和肛管黏膜形成的结构。

6. 在腹腔脏器标本上，观察肝和胰的位置。在肝的离体标本或模型上，观察肝的形态及脏面的结构。在肝、胆囊、胰及十二指肠标本上，首先观察胆囊的位置、形态和分部以及肝外胆道的组成，其次观察胰的形态和分部以及胰头与十二指肠的位置关系。

7. 在活体上确认阑尾根部和胆囊底的体表投影。

实验6 呼吸系统

【实验目的】

1. 掌握呼吸系统的组成及连通关系，气管的位置，左、右主支气管的特点，肺的位置、形态和分叶，胸膜腔的构成及肋膈隐窝的位置。

2. 熟悉鼻旁窦的位置和开口部位，喉的位置与喉腔的分部，肺与胸膜下界的体表投影。

【实验用物】 呼吸系统概观标本或模型，胸腹前壁剖开标本，头颈部正中矢状切面标本或模型，鼻旁窦标本，喉软骨标本或模型，喉腔标本，喉连气管与支气管树标本，左、右肺标本或模型，纵隔模型。

【实验内容与方法】

1. 在呼吸系统概观和头颈部正中矢状切标本上，观察鼻、咽、喉、气管、主支气管和肺的位置及其连通关系。

2. 在活体上相互观察鼻根、鼻背、鼻尖、鼻翼、鼻孔、鼻唇沟。在头颈部正中矢状切面标本和鼻旁窦标本上，观察鼻腔外侧壁的结构、鼻旁窦的位置，并寻认鼻旁窦的开口部位。

3. 在活体上观察喉的位置，辨认气管切开术的位置。在喉软骨标本或模型上，观察喉软骨的位置。在喉腔标本上，指出喉口、前庭襞、声襞、声门裂、喉前庭、声门下腔。在喉连气管与支气管树标本上，确认左、右主支气管的形态差异。

4. 在肺标本或模型上，观察肺尖、肺底、肺前缘的形态以及左、右肺的裂隙和分叶。

5. 在胸腹前壁剖开标本上，首先观察肺的位置，比较左、右肺的形态差异，注意肺尖与锁骨、肺底与膈的位置关系；其次观察胸膜的配布和壁胸膜各部的转折移行关系，确认肋膈隐窝的位置，比较胸膜下界与肺下界的位置关系。

6. 对照标本，在活体上触摸喉结、环状软骨弓和气管颈部。

实验7 泌尿系统和生殖系统

【实验目的】

1. 掌握泌尿系统、生殖系统的组成，肾的位置、外形和剖面结构，输尿管的3处狭窄，膀胱的形态、毗邻和膀胱三角的位置，女性尿道的特点、毗邻及开口部位，男性尿道的分部、狭窄及弯曲，输卵管的分部和子宫的位置、形态及分部。

2. 熟悉男、女性生殖器官的位置和形态结构。

【实验用物】 男、女性泌尿生殖系统概观标本或模型，游离肾及肾的冠状切面标本或模型，通过肾中部横切的腹膜后间隙器官标本或模型，男、女性盆腔正中矢状切面标本或模型，膀胱的冠状切面标本，乳房标本或模型，腹膜标本或模型。

【实验内容与方法】

1. 在男性泌尿生殖系统概观标本或模型上，观察泌尿系统和男性生殖系统的组成及各器官的位置、形态和相互连接关系。

2. 在游离肾和腹膜后间隙器官标本或模型上，观察并确认肾的位置、形态及3层被膜，辨认出入肾门的结构。沿肾盂向下观察输尿管的行程并寻认狭窄部位。在女性盆腔正中矢状切面标本上，观察输尿管与子宫动脉的交叉情况。

3. 在肾的冠状切面标本或模型上，辨认肾皮质、肾锥体、肾乳头、肾柱、肾小盏、肾大盏、肾盂。

4. 在女性盆腔正中矢状切面标本或模型上，观察膀胱的位置、形态及毗邻，女性尿道的特点、毗邻及开口部位。在膀胱的冠状切面标本上，确认膀胱三角并寻找输尿管间襞。

5. 在男性盆腔正中矢状切面标本或模型上，观察前列腺的位置和形态，辨认男性尿道的分部、狭窄和弯曲。

6. 在女性生殖系统概观标本或模型上，观察各器官的位置、形态和相互连接关系。在女性盆腔正中矢状切面标本或模型上，观察输卵管的分部和子宫的位置、毗邻、形态、分部及子宫腔的连通关系，阴道的位置及毗邻，并查看阴道后穹与直肠子宫陷凹的毗邻关系。

7. 在乳房标本或模型上，观察乳房的位置、形态和构造，并注意输乳管的走行方向。

8. 在腹膜标本或模型上，确认大网膜、网膜孔、小肠系膜、横结肠系膜、阑尾系膜、肝胃韧带、肝十二指肠韧带、冠状韧带、镰状韧带。在男、女性盆腔正中矢状切面标本或模型上，分别确认直肠膀胱陷凹、直肠子宫陷凹和膀胱子宫陷凹。

实验8 心　　脏

【实验目的】

1. 掌握心脏的位置、外形、心各腔的形态结构及其相互关系。

2. 熟悉心脏的体表投影和冠状动脉的起始、行程及其分支分布。

【实验用物】 切开心包的胸腔标本，完整成人离体心脏标本，切开心房和心室的离体心脏标本或模型，心的血管标本或模型。

【实验内容与方法】

1. 在切开心包的胸腔标本上，观察心脏的位置，查看心与肺、胸骨、胸膜和肋的毗邻关系。在完整成人离体心脏标本上，观察心的外形，确认心尖、心底、左缘、右缘、下缘、胸肋面及膈面，辨认心表面的冠状沟和前、后室间沟，注意它们与心房和心室的关系。

2. 在切开心房和心室的离体心脏标本或模型上分别观察：①右心房，辨认右心耳、上下腔静脉口和右房室口，在右房室口与下腔静脉口之间寻找冠状窦口。在房间隔的中下部确认卵圆窝。②右心室，观察右房室口周缘的三尖瓣与腱索、乳头肌之间的连接关系。在右房室口的左前方寻找肺动脉口，并注意肺动脉瓣的形态及开口方向。③左心房，辨认左心耳，寻找4个肺静脉口和左房室口。④左心室，观察左房室口周缘的二尖瓣与腱索、乳头肌之间的连接关系。在主动脉口处观察主动脉瓣的形态及开口方向。

3. 在切开心房和心室的离体心脏标本或模型上，辨认心内膜、心肌膜和心外膜。比较心房壁与心室壁，以及左、右心室壁的厚度。在左、右心室之间，寻找室间隔，辨认其肌部和膜部。

4. 在心的血管标本或模型上，在主动脉根附近寻认左、右冠状动脉的起始，并追踪其行程、分支和分布。在冠状沟的后部寻认冠状窦，观察其形态和接受的属支。

5. 在切开心包的胸腔标本上，辨认纤维心包和浆膜心包，区分浆膜心包的脏层与壁层，观察心包腔的构成，确认心包前下窦。

6. 结合标本确定心在胸前壁的体表投影，并在活体上确认心尖的搏动部位。

实验 9　血管和淋巴系统

【实验目的】

1. 掌握主动脉的行程、分部及各部的主要分支和分布，头颈、上肢、胸部、腹部、盆部和下肢的动脉主干名称、起始、行经及其主要分支和分布。全身主要浅静脉的起始、行经及注入部位，肝门静脉的组成、主要属支和收集范围，脾的位置和形态。

2. 熟悉颈总动脉、面动脉、颞浅动脉、肱动脉、桡动脉、股动脉和足背动脉的搏动部位及压迫止血点。上、下腔静脉的组成和主要属支及收集范围，胸导管的起始、行经和注入部位，右淋巴管的注入部位。

【实验用物】　心及全身血管标本或模型，头颈部、躯干动静脉标本或模型，上、下肢动静脉标本或模型，全身浅层结构标本或模型，脾标本和小儿胸腺标本，肝门静脉系标本或模型。

【实验内容与方法】

1. 在心及全身血管标本或模型上，观察主动脉的起始、行经、分部和主动脉弓的三大分支，全身各部动脉干、肠系膜上下动脉、肾动脉和睾丸动脉的起止、行经和分布概况，腹腔干的三大分支，髂内动脉的分支，确认子宫动脉与输尿管的位置关系。

2. 在头颈部、躯干动静脉标本或模型上，观察左、右颈总动脉的起始、行经和分支，辨认颈动脉窦。对照标本，在活体上确认面动脉和颞浅动脉的压迫止血点。

3. 在上、下肢动静脉标本或模型上，观察左、右锁骨下动脉的起始和行经，并寻找椎动脉。依次辨认上、下肢动脉干的起始、行经和分布概况。注意肱动脉与肱二头肌腱的位置关系。对照标本，在活体上确定测量血压时的听诊部位，触摸桡动脉、股动脉和足背动脉的搏动部位，并确认肱动脉和股动脉的压迫止血点。

4. 在全身浅层结构标本或模型上，依次查看锁骨上淋巴结、腋淋巴结和腹股沟浅、深淋巴结等。观察面静脉、颈外静脉和上、下肢浅静脉的起始、行经及注入部位。

5. 在头颈部、躯干动静脉标本或模型上，观察上、下腔静脉的组成、行经和注入部位，确认奇静脉的行经、注入部位和收集范围，查找胸导管的起始、行经和注入部位。

6. 在肝门静脉系标本或模型上，观察肝门静脉的合成、主要属支和注入部位，辨认食管静脉丛、直肠静脉丛和脐周静脉网，并由此追踪观察肝门静脉高压时的侧支循环途径。

7. 在腹腔和离体脾标本上，观察脾的位置和形态，并确认脾门和脾切迹。在小儿胸腺标本上，观察胸腺的位置、形态和大小。

实验 10　心音和血压

【实验目的】

1. 熟练掌握间接测量动脉血压的方法（测定肱动脉的收缩压和舒张压）。

2. 学会人体心音的听取方法。

【实验用物】　血压计、听诊器（主要由耳件和胸件构成）。

【实验内容与方法】

1. 人体心音的听取

（1）确定听诊部位：①受试者解开上衣，面向明亮处，静坐。检查者坐在受试者对面。②观察或用手触诊受试者心尖搏动的位置和范围。③对照图 9-11 确定心音听诊的各个部位：二尖瓣听诊区位于左锁骨中线内侧第 5 肋间隙处。主动脉瓣有两个听诊区，第一听诊区在胸骨右缘第 2 肋间隙处，第二听诊区在胸骨左缘第 3、4 肋间隙处。肺动脉瓣听诊区在胸骨左缘第 2 肋间隙处。三尖瓣听诊区在胸骨下端近剑突稍偏右或稍偏左处。

（2）听取心音：检查者戴好听诊器后，用右手拇指、示指和中指轻持听诊器的胸件，紧贴受试者胸壁，以与胸壁不产生摩擦为度。按照二尖瓣区、主动脉瓣区、肺动脉瓣区、三尖瓣区的顺序依次听取心音。注意仔细分辨第一心音和第二心音，比较不同听诊区第一、二心音的强弱。听诊内容主要包括心率和心律。

2. 人体动脉血压的测量

（1）血压计的结构：血压计主要有汞柱式血压计、表式血压计（弹簧式）和电子血压计 3 种。汞柱式血压计由玻璃刻度管、汞槽、袖带和橡皮充气球 4 部分组成。玻璃检压计上端与大气相通，下端通汞槽。两者之间装有开关，用时打开，使两者相通。不用时应使汞回到汞槽内，然后关闭开关，以防汞漏出。袖带是一个外包布套的长方形橡皮气囊，橡皮管分别与测压计的汞槽和橡皮充气球相连通。橡皮充气球是一个带有放气阀的球状橡皮囊。

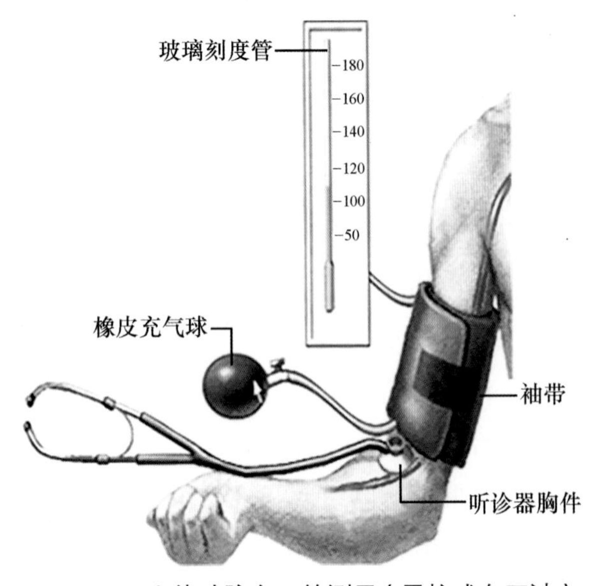

实验图 2　人体动脉血压的测量（汞柱式血压计）

（2）测量人体动脉的血压（实验图 2）：①受试者静坐 5 ～ 10 分钟，让受试者脱去一臂衣袖。②松开血压计上橡皮充气球的螺帽，驱出袖带内的残留气体，然后将螺帽旋紧。③让受试者前臂放于桌上，手臂向上，使前臂与心脏处于同一水平，将袖带缠在臂部，袖带下缘至少在肘关节上方 2cm，松紧适宜。④在肘窝内侧先触及肱动脉搏动，再将听诊器胸件置于肱动脉搏动最明显处，然后戴好听诊器。⑤用橡皮充气球均匀充气至肱动脉搏动音消失再升高 20 ～ 30mmHg。随即松开充气球螺帽，徐徐放气，汞柱缓慢下降，仔细听诊。当听到第一声咚咚样血管音时，血压计上所示汞柱刻度即为收缩压。⑥继续缓慢放气，当搏动音突然减弱或消失，此时血压计所示的汞柱刻度则为舒张压。血压记录常用收缩压 / 舒张压 mmHg 来表示。

【注意事项】

1. 室内要保持安静。在戴听诊器时，注意耳件的弯曲方向与外耳道一致。

2. 听诊时听诊器的胸件按压要适度，橡皮胶管不要触及他物，以免相互摩擦而产生杂音，影响听诊效果。

实验 11　视器和前庭蜗器

【实验目的】

1. 掌握眼球壁各层的位置、分部及形态结构，耳的组成及分部，位、听觉感受器的位置。

2. 熟悉眼球内容物的组成及其形态，鼓膜的位置和形态。

【实验用物】　眼球标本或模型，眼球外肌标本或模型，耳全貌标本或模型，听小骨标本，内耳放大模型。

【实验内容与方法】

1. 在眼球标本或模型上，观察眼球壁的层次结构、眼球内容物的位置和视神经的附着部位。在眼球外肌标本或模型上，确认眼球外肌的附着部位，并理解其作用。

2. 在活体上互相辨认角膜，巩膜，虹膜，瞳孔，上、下睑，睫毛，睑结膜，球结膜，内眦和泪点等结构，并转动眼球，体会眼球的运动与眼球外肌的关系。

3. 在耳全貌标本或模型上，观察耳的组成。辨认前庭窗、蜗窗和听小骨的位置，乳突小房和咽鼓管与鼓室的连通关系。结合活体观察耳郭的形态、外耳道的弯曲和鼓膜的位置。在内耳放大模型上，观察骨迷路和膜迷路的形态、结构以及位、听觉感受器的位置。

实验 12　瞳孔对光反射、瞳孔近反射和色觉

【实验目的】

1. 学会瞳孔对光反射和近反射的检查方法。

2. 检查眼的辨色能力，学会色觉的检查方法。

【实验用物】　手电筒、遮光板、指示棒、色盲检查图。

【实验内容与方法】

1. 瞳孔对光反射　①直接对光反射，在较暗处，先观察受试者两眼瞳孔是否等大，然后用手电筒照射受试者一侧眼，可见其瞳孔缩小；停止照射后，瞳孔又恢复到原来的大小。

②间接对光反射，用遮光板将受试者两眼视野分开，检查者用手电筒照射一侧眼，可见另一侧眼瞳孔也缩小。瞳孔大小可参考下列数值：正常瞳孔的直径为 2.5 ～ 4mm，小于 2mm 者为瞳孔缩小，大于 5mm 者为瞳孔散大。

2. 瞳孔近反射　让受试者注视正前方的指示棒，观察其瞳孔大小；再让受试者目不转睛地注视指示棒由远处迅速移至眼前，观察其瞳孔变化，双眼是否向鼻侧靠近。

3. 色觉检查　在明亮而均匀的自然光线下，检查者向受试者逐页展示色盲图，嘱受试者尽快回答所见的数字或图形，注意受试者回答是否正确、时间是否超过 30 秒。若有错误，可查阅色盲图中的说明，确定受试者属于哪种类型的色盲。检查应在明亮而均匀的自然光线下进行，不宜在直射日光或灯光下检查，否则会影响检查结果。色盲检查图与受试者眼睛的距离应保持在 30cm 左右。

实验 13　中枢神经系统

【实验目的】

1. 掌握脊髓的位置和外形，脑的分部，脑干的组成和外形以及第Ⅲ～Ⅻ对脑神经的连脑部位，大脑半球的分叶和各面的主要沟回，内囊的位置和分部，脑和脊髓被膜的配布，脑脊液的产生部位及循环途径，大脑动脉环的组成。

2. 熟悉脊髓灰质、白质的分部，小脑的位置和外形，丘脑的位置和分部，大脑前动脉和大脑中动脉的行径及分布概况。

【实验用物】　脊髓标本，脊髓横切面模型，整脑标本或模型，脑干、间脑标本或模型，小脑标本或模型，脑干电动模型，脑正中矢状切面、水平切面标本或模型，基底核模型，脑、脊髓被膜标本或模型，脑血管标本或模型。

【实验内容与方法】

1. 在脊髓标本上，观察脊髓的外形，确认颈膨大、腰骶膨大、脊髓圆锥、终丝。在脊髓横切面模型上，观察脊髓灰质、白质的分部并确认中央管。

2. 在整脑标本或模型上，观察脑的分部，并确认大脑纵裂和大脑横裂。在脑干、间脑标本或模型上，确认延髓、脑桥和中脑，分别观察腹侧面和背侧面的重要表面结构，辨认第Ⅲ～Ⅻ对脑神经在脑干的附着部位。利用脑干电动模型显示脑干内的上、下行纤维束。

3. 在脑、小脑标本或模型上，观察小脑的位置和外形，确认小脑蚓、小脑半球、小脑扁桃体及第四脑室。在脑干、间脑标本和脑正中矢状切面标本或模型上，观察间脑的位置，确认第三脑室、背侧丘脑、内外侧膝状体和组成下丘脑的各结构。

4. 在脑正中矢状切面标本或模型上，首先辨认其上外侧面、内侧面和下面，然后确认外侧沟、中央沟、顶枕沟和 5 个叶，最后依次辨认大脑半球各面的主要沟回及其所在的部位。

5. 在基底核模型上，辨认尾状核、豆状核及杏仁体。在脑水平切面标本或模型上，观察大脑皮质、基底核、侧脑室、内囊的位置和分部。

6. 在脑、脊髓被膜标本或模型上，逐层辨认硬膜、蛛网膜和软膜，确认硬膜外隙的位置及内容，观察大脑镰、小脑幕和硬脑膜窦的位置及沟通关系。

7. 在脑血管标本或模型上，确认颈内动脉、大脑中动脉、大脑前动脉、大脑后动脉、椎动脉、基底动脉以及大脑动脉环的位置和组成。

实验 14　周围神经系统和神经系统的传导通路

【实验目的】

1. 掌握脊神经的组成和各神经丛重要分支的分布概况，12 对脑神经的名称、连脑部位及分布概况。

2. 熟悉胸神经前支的分布规律，交感神经和副交感神经低级中枢的部位。

【实验用物】　脊神经标本或模型，颈丛与臂丛标本，腰丛与骶丛标本，头颈部神经标本，眶内结构标本或模型，内脏神经标本或模型，感觉和运动传导通路模型。

【实验内容与方法】

1. 在脊神经标本或模型上，确认脊神经前根、后根、脊神经节和脊神经出椎间孔后分出的前、后支。

2. 在颈丛与臂丛标本上，首先在胸锁乳突肌后缘中点辨认颈丛皮支的分布，并观察膈神经的行经及分布概况。其次在锁骨中点深面寻找臂丛，在腋动脉周围进一步观察臂丛的重要分支，确认肌皮神经、正中神经、桡神经、尺神经、腋神经的行经及分布概况。

3. 在腰丛与骶丛标本上，观察腰丛的位置，确认闭孔神经、股神经的行经及分布概况。在盆腔内梨状肌的前方，确认骶丛的位置，辨认臀上神经、臀下神经、阴部神经和坐骨神经，并追寻坐骨神经的行经及分支分布概况。

4. 在脑标本或模型上，确认 12 对脑神经的连脑部位，归纳脑神经的性质。在眶内结构标本或模型上，确认动眼神经、滑车神经、眼神经、展神经的行经及分布概况。在头颈部神经标本上，确认三叉神经、面神经、舌咽神经、迷走神经的行经及分布概况。

5. 在内脏神经标本或模型上，观察交感神经和副交感神经的低级中枢部位，确认交感干、交感神经节、副交感神经节的位置及节后纤维的分布概况。

6. 在感觉和运动传导通路模型上，分别观察各传导通路的组成以及各级神经元胞体所在位置和纤维交叉的部位，分析不同部位损伤出现的临床表现。

实验 15　人体肺活量的测定和体温的测量

【实验目的】

1. 熟练掌握人体体温测量的方法。

2. 学会人体肺活量的测定方法。

【实验用物】　电子肺活量计、水银体温表（摄氏）、含氯消毒液、纱布。水银体温表是由一根标有刻度的真空玻璃毛细管构成，其下端储有汞，刻度是 35 ～ 42℃，每一度分成

10 个小格，每一小格 0.1℃。汞遇热膨胀，沿毛细管上升，可从毛细管的刻度读取实测温度。在汞端与毛细管的连接处有一狭窄结构，可防止上升的汞在体温表离开体表后遇冷下降。水银体温表分为口表、腋表和肛表 3 种，口表的汞端细而长，腋表的汞端扁而长，肛表的汞端粗而短。

【实验内容与方法】

1. 人体肺活量的测定　①首先将肺活量计接上电源，然后按下电源开关，待液晶显示器闪烁 8888 数次后再显示 0，表明肺活量计已进入工作状态。②从消毒液中取出塑料吹嘴，插入进气软管的一端，进气软管的另一端旋入仪表进气口后即可开始使用。③受试者手握吹嘴下端，取站立位，首先尽力深吸气至最大限度，迅速捏鼻，然后嘴部贴紧吹嘴，徐徐向仪器内呼气，直至不能再呼气为止。此时，显示器上所反映的数值即为测试者的肺活量。连续测试两次，取最大值。辅导教师应密切观察，以防学生因呼吸不充分、漏气或再吸气而影响测定结果的真实性和准确性。

2. 体温的测量　测量体温前，应将体温表汞柱甩至 35℃以下，不要碰撞他物，以免破碎；进食冷、热饮后，不要马上测量体温；读取温度时，手持水银体温表一端，不要触及汞端。

（1）口温测量方法：将浸泡于消毒液中的体温表取出，流水冲洗干净，纱布擦干，将汞柱甩至 35℃以下，然后把口表汞端放于舌下热窝处，闭口但勿用牙咬，用鼻呼吸。3 分钟后取出，读取温度并记录。

（2）腋温测量方法：解开上衣，有汗时擦干腋窝，将体温表放在腋窝深处紧贴皮肤，屈臂内收夹紧体温表。10 分钟后取出，读取温度并记录。

（3）肛表测量法：润滑肛表汞端，轻轻插入肛门 3 ～ 4cm，测量 3 分钟后取出，读取温度并记录。

（4）比较运动前后的体温变化：受检者静坐 10 分钟后，按上述方法测量口温并记录。然后让受检者室外运动（跑步、打球、弹跳等）20 分钟，接着立即测量口温并记录，与运动前体温进行比较。

（5）注意事项：①测体温前，检查体温计有无破损，甩表时不可撞击他物。②清洁时不可在热水或沸水中进行。③如不慎咬破体温计时，应及时清除口腔内碎玻璃片，然后再口服蛋清液或牛奶以延缓汞的吸收，并及时到医院做进一步的处理。

参 考 文 献

丁文龙，刘学政，2018. 系统解剖学 . 9 版 . 北京：人民卫生出版社

李继承，曾园山，2018. 组织学与胚胎学 . 9 版 . 北京：人民卫生出版社

马恒东，孙玉锦，2020. 生理学 . 3 版 . 北京：科学出版社

覃庆河，2015. 解剖生理学基础 . 2 版 . 北京：科学出版社

王庭槐，2018. 生理学 . 9 版 . 北京：人民卫生出版社

王之一，2017. 解剖学基础 . 3 版 . 北京：人民卫生出版社

王之一，高云兰，2015. 解剖学基础 . 2 版 . 北京：科学出版社

王之一，覃庆河，2016. 正常人体学基础 . 4 版 . 北京：科学出版社

王之一，王俊帜，2013. 解剖学基础 . 2 版 . 北京：科学出版社

徐达传，唐茂林，2012. 系统解剖学 . 北京：科学出版社

张卫光，张雅芳，武艳，2018. 系统解剖学 . 4 版 . 北京：北京大学医学出版社

邹锦慧，洪乐鹏，朱建刚，2014. 人体解剖学 . 4 版 . 北京：科学出版社

自测题参考答案

第 1 章　绪论

1. A　2. D　3. C　4. D　5. A　6. C　7. E　8. B

第 2 章　细胞

1. A　2. E　3. B　4. C　5. A　6. E　7. E　8. A　9. C　10. D　11. B　12. A

第 3 章　基本组织

1. B　2. C　3. D　4. A　5. E　6. E　7. A　8. D　9. C　10. E　11. D　12. C　13. B　14. E　15. C　16. C　17. A　18. E　19. A　20. E　21. E　22. D

第 4 章　运动系统

1. E　2. C　3. D　4. B　5. E　6. B　7. B　8. C　9. D　10. C　11. D　12. D　13. A　14. C　15. B　16. E　17. A　18. C　19. C　20. D　21. B

第 5 章　消化系统

1. B　2. E　3. E　4. A　5. B　6. D　7. B　8. C　9. B　10. E　11. B　12. C　13. D　14. D　15. E　16. C　17. D　18. B　19. D　20. A　21. E　22. E　23. A　24. A

第 6 章　呼吸系统

1. E　2. B　3. C　4. A　5. C　6. C　7. D　8. E　9. B　10. E　11. C　12. B　13. A　14. B　15. C　16. A　17. B　18. D　19. A　20. D　21. C

第 7 章　泌尿系统

1. C　2. D　3. B　4. A　5. B　6. C　7. B　8. B　9. D　10. E　11. A　12. D　13. B　14. D　15. D　16. E　17. B

第 8 章　生殖系统

1. A　2. B　3. E　4. C　5. D　6. E　7. B　8. D　9. E　10. D　11. A　12. E

第 9 章　循环系统

1. C　2. E　3. D　4. B　5. A　6. D　7. D　8. E　9. C　10. B　11. C　12. C　13. A　14. B　15. E　16. B　17. C　18. C　19. E　20. A　21. B　22. A　23. B　24. D　25. E　26. B

第 10 章　感觉器

1. B　2. C　3. A　4. D　5. A　6. B　7. C　8. A　9. D　10. E　11. B　12. C　13. B　14. D　15. A　16. B

第 11 章　神经系统

1. C　2. B　3. A　4. E　5. B　6. C　7. C　8. D　9. A　10. C　11. D　12. C　13. E　14. E　15. C　16. D　17. B　18. D　19. B　20. B　21. C　22. C　23. C　24. A　25. B　26. C　27. C

第 12 章　内分泌系统

1. C　2. E　3. D　4. B　5. E　6. D　7. A　8. E　9. C　10. B　11. D　12. B　13. C　14. D

第 13 章　人胚早期发育

1. C　2. D　3. E　4. C　5. D　6. B　7. E　8. A　9. B

第 14 章　新陈代谢

1. D　2. E　3. A　4. C　5. D　6. A　7. E　8. B　9. D　10. D　11. E　12. A　13. C　14. B　15. E　16. C　17. A　18. E　19. B　20. C

第 15 章　水、无机盐代谢与酸碱平衡

1. C　2. A　3. E　4. B　5. D　6. A　7. A　8. C　9. B　10. E